采矿技术

陈国山 主编

北 京
冶 金 工 业 出 版 社
2011

内 容 提 要

本书内容涵盖矿山生产过程的全部技术，包括矿山凿岩技术、矿山爆破技术、矿山井巷施工技术、矿山提升运输技术、矿石回采技术、矿井通风环境检测技术、矿井供水排水技术、露天采矿技术。

本书可作为从事矿山生产的技术人员和管理人员的必备书，也可作为本科及高职院校采矿专业的教材或参考书。

图书在版编目（CIP）数据

采矿技术/陈国山主编. —北京：冶金工业出版社，2011.2

ISBN 978-7-5024-5319-0

Ⅰ. ①采… Ⅱ. ①陈… Ⅲ. ①矿山开采 Ⅳ. ①TD8

中国版本图书馆 CIP 数据核字（2011）第 017871 号

出 版 人 曹胜利
地　　址 北京北河沿大街嵩祝院北巷 39 号，邮编 100009
电　　话 （010）64027926 电子信箱 yjcbs@cnmip.com.cn
责任编辑 俞跃春 美术编辑 李 新 版式设计 葛新霞
责任校对 王贺兰 责任印制 牛晓波
ISBN 978-7-5024-5319-0
北京百善印刷厂印刷；冶金工业出版社发行；各地新华书店经销
2011 年 2 月第 1 版，2011 年 2 月第 1 次印刷
787mm × 1092mm 1/16；24.25 印张；586 千字；378 页
49.00 元

冶金工业出版社发行部 电话：(010)64044283 传真：(010)64027893
冶金书店 地址：北京东四西大街 46 号(100010) 电话：(010)65289081(兼传真)
（本书如有印装质量问题，本社发行部负责退换）

前　　言

现代科学技术飞速发展，新思想、新方法、新技术不断涌现。近年来，国民经济的高速发展，对矿产资源需求越来越大，为了指导矿山生产、提高矿山技术人员和管理人员的水平，提高矿产资源的回收利用率，我们在多年教学、生产实际经验的基础上编写了本书。

在编写过程中，我们略去了采矿的基本概念和纯理论知识，将重点放在矿山生产过程中所需的生产技术上，突出实用性，目的是为矿山生产技术人员提供一本非常实用的专业参考书。

参加本书编写的有吉林电子信息职业技术学院陈国山、刘兴科、李长权、戚文革、孙文武、王洪胜、包丽娜，吉林昊融集团于文、王世忠，夹皮沟黄金矿业公司张洪龙、马杰，通钢矿业公司陈金奎、宋霁洪，珲春紫金矿业公司何春明、林峰。全书由陈国山教授担任主编，并制定编写计划、主持编写及统稿。

由于编者水平所限，书中不足之处，敬请读者批评指正。

编　者

2010 年 10 月 1 日

目　　录

1 凿岩技术

1.1 岩石分级

由于表征岩石性质的参数较多且较为复杂，为使工程爆破的设计施工人员对岩石的性质有一个整体把握，必须进行岩石分级。岩石分级广泛应用于各种与岩石有关的工程施工中，但由于问题的复杂性、各种类型工程差异性以及各学术派别观点的不一致，有关岩石分级的方法很多，而且目前尚无统一的或比较公认的分级方法，在工程施工中可考虑不同的工程特点参考选用。下面简要介绍几种有代表性的岩石分级方法。

1.1.1 按岩石坚固性分级

按岩石坚固性分级的方法是20世纪20年代苏联学者普洛吉亚柯夫提出来的。他经过长期的研究，建立了一种岩石坚固性的抽象概念，即岩石的坚固性是凿岩性、爆破性和采掘性等的综合，也是岩石物理、力学性质的体现。岩石坚固性在各种方式的破坏中的表现是趋于一致的。例如，某种岩石在各种破坏条件下，若难于凿岩，也难于爆破，难于崩落、破碎等。普氏用岩石强度、凿岩速度、凿碎单位体积岩石所消耗的功和单位炸药消耗量等多项指标来综合表征岩石的坚固性，并按岩石坚固性系数值的大小将岩石分为10个等级，如表1-1所示。由于生产力和科学技术的飞速发展，普氏当年采用的多项指标已经不适用，只剩下一个静载抗压强度指标沿用至今，即现在的普氏坚固性系数值直接用岩石的单轴抗压强度来确定。

表1-1 普氏岩石分级简表

等 级	坚固性程度	典型的岩石	普氏坚固性系数 f
Ⅰ	最坚固	最坚固、致密和有韧性的石英岩、玄武岩及其他各种特别坚固岩石	20
Ⅱ	很坚固	很坚固花岗岩、石英斑岩、硅质片岩，较坚固的石英岩，最坚固的砂岩和石灰岩	15
Ⅲ	坚固	致密花岗岩，很坚固砂岩和石灰岩、石英质矿脉，坚固的砾岩，极坚固的铁矿石	10
Ⅲa	坚固	坚固的石灰岩、砂岩、大理岩，不坚固花岗岩、黄铁矿	8
Ⅳ	较坚固	一般的砂岩、铁矿	6
Ⅳa	较坚固	砂质页岩、页岩质砂岩	5
Ⅴ	中等	坚固的黏土质岩石，不坚固的砂岩和石灰岩	4
Ⅴa	中等	各种不坚固的页岩，致密的泥灰岩	3
Ⅵ	较软弱	软弱的页岩，很软的石灰岩、白垩、岩盐、石膏、冻土、无烟煤，普通泥灰岩、破碎砂岩、胶结砾岩、石质土壤	2
Ⅵa	较软弱	碎石质土壤、破碎页岩、凝结成块的砾石和碎石，坚固的烟煤、硬化黏土	1.5

续表 1-1

等　级	坚固性程度	典型的岩石	普氏坚固性系数 f
Ⅶ	软弱	致密黏土、软弱的烟煤、坚固的冲积层、黏土质土壤	1.0
Ⅶa	软弱	轻砂质黏土、黄土、砾石	0.8
Ⅷ	土质岩石	腐殖土、泥煤、轻砂质土壤、湿砂	0.6
Ⅸ	松散性岩石	砂、山麓堆积、细砾石、松土、采下的煤	0.5
Ⅹ	流沙性岩石	流沙、沼泽土壤、含水黄土及其他含水土壤	0.3

$$f = \frac{R}{10}$$

式中　f——普氏坚固性系数；

　　R——岩石的单轴抗压强度，MPa。

普氏岩石坚固性分级方法抓住了岩石抵抗各种破坏方式能力趋于一致的这个主要性质，并从数量上用一个简单明了的岩石坚固性系数 f 表示这种共性，所以在工程爆破中被广泛采用。但是，由于岩石坚固性这个概念过于概括，因而只能作为笼统的、总的分级。实际上有些岩石的可钻性、可爆性和稳定性并不趋于一致。有的岩石易于凿岩，难爆破；相反，有的岩石难凿岩，易爆破。而且以小块岩石试件的静载单向抗压强度来表征岩石的坚固性是不妥当的。

1.1.2　矿山工程岩石分级法

我国目前岩石分级状况，在概念上是普氏分级，而普氏系数 f 值的确定并无统一标准。为了适应现代化生产的需要，东北工学院（东北大学）在综合考虑了爆破材料、工艺、参数等标准后进行了爆破漏斗实验和声波测定，根据爆破漏斗的体积、大块率、小块率、平均合格率和波阻抗等大量数据，运用数理统计多元回归分析以及电子计算机处理，得出了岩石可爆性指数 F 的公式，并按 F 值的大小将岩石划分为五级，如表 1-2 所示。

表 1-2　矿山工程岩石可爆性分级

级　别		F	爆破性程度	代表性岩石
Ⅰ	$Ⅰ_1$	<29	极易爆	千枚岩、破碎性砂岩、泥质板岩、破碎性白云岩
	$Ⅰ_2$	29.001~38		
Ⅱ	$Ⅱ_1$	38.001~46	易　爆	角砾岩、绿泥片岩、米黄色白云岩
	$Ⅱ_2$	46.001~53		
Ⅲ	$Ⅲ_1$	53.001~63	中　等	阳起石石英岩、煌斑岩、大理岩、灰白色白云岩
	$Ⅲ_2$	63.001~68		
Ⅳ	$Ⅳ_1$	68.001~74	难　爆	磁铁石英岩、角闪斜长片麻岩
	$Ⅳ_2$	74.001~81		
Ⅴ	$Ⅴ_1$	81.001~86	极难爆	矽卡岩、花岗岩、矿体浅色砂岩、石英片岩
	$Ⅴ_2$	>86		

$$F = \ln\left[\frac{e^{67.22}K_d^{7.42}(\rho C)^{2.03}}{e^{38.44V}K_p^{1.89}K_x^{4.75}}\right]$$

式中　F——岩石可爆性指数；

K_d——大块率,%;

K_x——小块率,%;

K_p——平均合格率,%;

ρC——岩石波阻抗,$10^5 g/(cm^2 \cdot s)$。

这种岩石爆破性分级方法虽然可在现场进行测定，具有可行性，但存在的问题是块度测定工作量及劳动强度都很大，并有一定的随机性，求算指数的计算也不够简便，方法有待于完善。

1.1.3 隧道工程分级法

为适应我国铁路及公路隧道建设发展的需要，在总结我国隧道围岩分类的基础上，并参考国内外有关围岩分类的成果，以1972年制定的我国铁路隧道围岩分类法，该分类法考虑了岩石强度、岩体破碎程度、地下水、风化程度等因素，以定性为主。增加了完整性系数、体积节理数、岩石质量指标、岩石点荷载强度、岩体声波或地震波纵波速度等定量指标，又有工程地质条件的定性描述，提出了以岩体质量数作为划分我国铁路隧道围岩分类法的岩体级别的主要综合定性指标的新方案。此外，表1-3还简要叙述各级岩体的毛洞稳定性。将隧道工程岩体（围岩）分成五级，见表1-3。我国铁路隧道就是使用这种方法进行岩体（围岩）分级的。

表1-3 我国隧道工程岩体（围岩）分级法

级别		主要工程地质特征	岩体质量数（*RMQ*）	毛洞稳定状态（单、双线）
Ⅰ		极坚硬、极完整岩体，呈整体或厚层结构，节理裂隙极不发育，含少量大间距或分散的节理。$J_v<5$ 条/m^3，$R_b>100MPa$，$V_{pm}>5.0km/s$	100~85	极稳定、无塌方，可能产生岩爆
Ⅱ	Ⅱ$_1$	坚硬完整岩体，呈块状结构或层间结合良好的中厚层状结构，节理裂隙较发育。$J_v=5\sim15$ 条/m^3，$R_b>60MPa$，$V_{pm}>4.0\sim5.5km/s$	85~65	稳定，局部有小塌方
	Ⅱ$_2$	中等坚硬完整岩体，呈大块状整体或厚层状结构，节理不发育。$J_v\leqslant5$ 条/m^3，$R_b=30\sim60MPa$，$V_{pm}=4\sim5km/s$	80~65	稳定，局部有小塌方
Ⅲ	Ⅲ$_1$	坚硬块状岩体，呈碎裂镶嵌结构，节理裂隙中等发育，含小断层，层状岩体结合力一般。$J_v=15\sim25$ 条/m^3，$R_b\approx60MPa$，$V_{pm}=3.5\sim4.5km/s$	65~45	暂时稳定，由于局部不稳定块体的坍塌可能引起较大的塌方
	Ⅲ$_2$	中等坚硬、中等完整岩体，呈碎裂镶嵌结构或中厚层块状结构和软硬互层结构。$J_v=5\sim15$ 条/m^3，$R_b\approx30\sim60MPa$，$V_{pm}=3.4\sim4.0km/s$	60~45	暂时稳定，有不稳定块体塌落
	Ⅲ$_3$	软质完整岩体，呈整体-巨块状结构，节理裂隙稍发育。$J_v=5\sim15$ 条/m^3，$R_b=20\sim30MPa$，$V_{pm}=3.0\sim4.0km/s$	65~45	暂时稳定，高应力时容易产生塑性变形和剪切破坏

续表 1-3

级别		主要工程地质特征	岩体质量数（*RMQ*）	毛洞稳定状态（单、双线）
Ⅳ	$Ⅳ_1$	坚硬、中等坚硬、完整性差的岩体，呈小块状碎裂结构，或层状结构，块体间结合力一般，节理裂隙较发育，时有小断层。$J_v=25\sim35$条/m^3，$R_b\approx30\sim60$MPa，$V_{pm}=2.5\sim3.5$km/s	40 ~ 25	稳定性差，有较多的松动坍塌，能引起继发性大塌方
	$Ⅳ_2$	软质中等完整岩体，呈块状或层状结构，节理裂隙中等发育。$J_v=15\sim25$条/m^3，$R_b\approx10\sim20$MPa，$V_{pm}=2.0\sim3.0$km/s	45 ~ 25	稳定性差，除有松动坍塌外，容易产生塑性变形和剪切破坏，能引起继发性大塌方
	$Ⅳ_3$	老黄土，有一定胶结的砾石土。$V_{pm}=1.5\sim2.0$km/s	45 ~ 25	暂时稳定至极不稳定，松动坍塌或塑性变形，可能有较大塌方
Ⅴ	$Ⅴ_1$	松散或松软结构岩体，多处破碎或严重风化带，节理裂隙极发育。$J_v>35$条/m^3，$R_b<10$MPa，$V_{pm}<2.0$km/s	<25	不稳定至极不稳定，松动坍塌或剪切破坏往往形成大的塌方
	$Ⅴ_2$	除$Ⅳ_3$以外的其他土类围岩		

注：R_b为岩石饱和抗压极限强度；

J_v为体积节理数（条/m^3）；

RMQ 为岩石质量指标（%）；

V_{pm}为岩体声波或地震波纵波速度（km/s）。

1.2 岩石的破碎机理

凿岩是指在岩体中穿凿孔眼。凿岩作业是岩石穿爆作业主要工序之一，工作量较大，花费时间较多，对穿爆效率影响很大，特别是在难钻和特难钻的坚硬岩石中更甚。要提高凿岩效率，必须对岩石的可钻性及穿孔破岩机理进行分析研究。

1.2.1 岩石的可钻性

可钻性是用来表示岩石钻眼难易程度的指标，是岩石物理、力学性质在钻眼的具体条件下的综合反映。

凿岩机械的效率取决于穿孔的速度，而穿孔速度取决于下列因素：

（1）在凿岩工具的作用下，岩石的破坏阻力（主要因素）；

（2）凿岩工具的种类、形状及工作方式（冲击式、回转式等）；

（3）轴压力和转速；

（4）孔径及深度；

（5）排渣方式、速度和清渣彻底性。

所有这些因素与凿岩机械的工艺参数有关。而参数的选择，首先与岩石的可钻性有关。

岩石的可钻性取决于岩石本身的抗压和抗剪强度、凿岩工具工作原理及其类型、孔底岩渣的粒度和形状。岩石的可钻性，常用工艺性指标表示，例如，可以采用钻速、钻每米炮孔所需要的时间、钻头的进尺（钎头在变钝以前的进尺数）、钻每米炮孔磨钝的钎头数或破碎单位体积岩石消耗的能量等来表示岩石的可钻性。显而易见，上述工艺性指标，必须在相同条件下（除岩石条件外）来测定，才能进行比较。

下面介绍两种测试岩石可钻性的方法。一种方法是在考虑了压力 σ、剪切力 τ 及岩石的体积密度 γ 影响因素的基础上，以岩石的钻进难度相对指标 ω 来比较岩石的可钻性。确定 ω 值时可以考虑以下几种情况：

（1）压力 σ、剪切力 τ 在钻进过程中具有决定意义。冲击式钻进，压力的破坏作用占主要地位；回转式钻进，以剪切力作用为主。相对评价岩石的难钻性时，压力和剪切力的破坏作用可以认为是相等的。

（2）确定钻进速度时，岩体的裂隙度可忽略不计，只是在确定岩石坚固性指标时才考虑。

（3）因为只有经常的排出岩渣才能破坏岩石，所以在评价可钻性时，必须考虑岩石的体积密度 γ。

这样，ω 值可以用经验公式确定：

$$\omega = 0.007(\sigma + \tau) + 0.7\gamma$$

根据 ω 值，岩石可钻性分为 5 个等级，25 个类别：

Ⅰ级——易钻的（$\omega = 1 \sim 5$）；类别：1，2，3，4，5。

Ⅱ级——中等难钻的（$\omega = 5.1 \sim 10$）；类别：6，7，8，9，10。

Ⅲ级——难钻的（$\omega = 10.1 \sim 15$）；类别：11，12，13，14，15。

Ⅳ级——很难钻的（$\omega = 15.1 \sim 20$）；类别：11，16，18，19，20。

Ⅴ级——最难钻的（$\omega = 20.1 \sim 25$）；类别：21，22，23，24，25。

指标 $\omega > 25$ 时，属于级外。对于具体的岩石条件，可用指标 ω 来考虑钻机的功率、参数和钻进速度的计算。

另一种方法是从冲击式凿岩中抽象出来的。它是利用重锤（4kg 重锤）自由下落时产生的固定冲击功，冲击钎头而破碎岩石，根据破岩效果来衡量岩石破碎的难易程度。其可钻性指标包括两项：

（1）凿碎比功。即破碎单位体积岩石所做的功，用 a 表示，单位为 J/cm^3。

（2）钎刃磨钝宽。即岩石的磨蚀性，用 b 表示，单位为 mm。

一般来说，凿碎比功是衡量可钻性的主要指标，钎刃磨钝宽是第二位的，两者既有区别又有联系。

凿碎比功的计算，先量出纯凿深 H（为最终深度减去初始深度值），再算出凿孔的体积，于是凿碎比功 a 为：

$$a = \frac{4NA}{\pi d^2 H}$$

式中 d——实际孔径（一般探钎头直径计），cm；

H——纯凿深，cm；

N——冲击次数；

A——单次冲击功，J。

同一类型的岩石，凿碎比功 a 值与钎刃磨钝宽 b 值的关系是，随着 a 值的增大，b 值也增大。但是实验资料表明，钎刃磨钝宽与岩石种类有很大关系，凿碎比功相同的岩石，（尤其是石英的含量）不同，钎刃磨钝宽有很大的差别。而岩性相近时，岩石越硬，凿碎比功越大，钎刃磨钝宽也相应增大。因此，a 与 b 既有联系，又有区别。它们反映了岩石可钻性的两个不同侧面。a 值大小，对凿岩速度有明显影响，而反映岩石磨蚀性的 b 值，则在凿岩耗刀率方面有明显影响。因此，在衡量岩石掘进难易程度时，两者应该同时考虑，才能从岩石抵抗破岩刀具和磨蚀破岩刀具的能力的两个方面，说明岩石的可钻性，并预估其凿岩效果。

1.2.2 凿岩破岩机理

凿岩按凿岩工具破碎岩石的原理，可分为冲击式凿岩和旋转式凿岩等。根据岩石的物理性质的不同，可采用不同的凿岩方式。在脆性岩石中一般采用冲击式凿岩，塑性岩石一般采用旋转式凿岩。

冲击式凿岩，就是利用钎子的冲击作用，将岩石凿碎。如图 1-1 所示，当钎头在冲击力作用下凿到岩石上时，钎刃便切入其中。此时，钎刃下方和旁侧的岩石被破坏，形成一条凿沟 A-A；随后将钎头转动一个角度，再进行下一次冲击，形成第二条凿沟 B-B。若钎头的冲击力足够大，转动角度适合，两条凿沟之间的扇形岩体，在凿 B-B 凿沟的同时，就会被剪切破坏。上述过程循环往复，钎头便不断凿碎岩石，炮孔就可逐渐加深。但必须及时排除岩粉，并对凿岩机施以轴向推力，使钎刃可靠地接触孔底岩石，才能更有效地破岩。

对于钎刃是如何侵入岩石的，现在的破岩理论都认为，在冲击力 F 的作用下（静力压入也是同样的），岩石在钎刃下方被压成致密的核状，此时侵入深度而不大。但当 F 增大到一定程度、达到岩石的塑性极限时，便产生向两侧作用的推力，使两侧岩石发生剪切破坏，侵入深度就突然增大，故侵入深度呈突跃式，而且破碎坑的体积总比钎头侵入岩石部分的体积大。

这种冲击破岩法，对坚硬岩石的破碎很有效，所需的轴推力不大，钻机机构简单，能在潮湿的条件下可靠地工作，因此被广泛采用。但是它的效率低、能耗大、噪声也大。

旋转式凿岩，就是利用钎子连续地旋转切削破碎岩石的钻孔方法。它的破岩机理如图 1-2 所示。在轴向压力 P 的作用下，钎刃被压入岩石，同时钎刃不停地旋转，由旋转力矩 M 推动钎刃产生切削力 G 向前切削岩石，使孔底岩石连续地沿螺旋线被破坏。由于岩石具有脆性，所以它的破坏是在钎刃前一块接一块地崩落，粉尘颗粒较大。

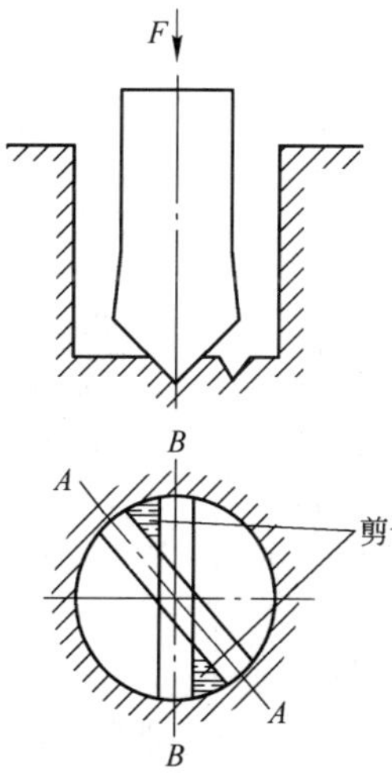

图 1-1　冲击式破岩机理

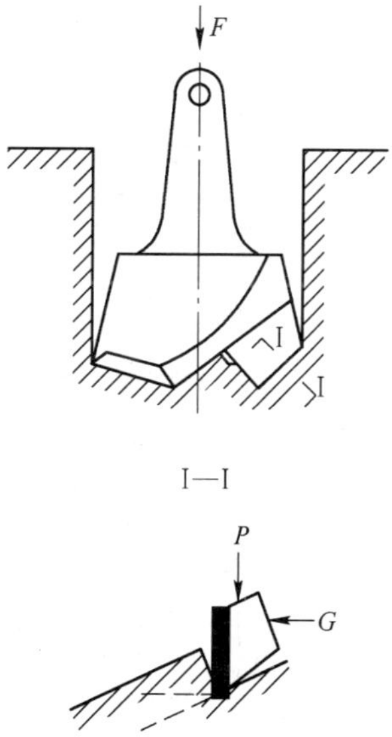

图 1-2　旋转式破岩机理

1.3　凿岩工具及设备

1.3.1　凿岩机械分类

凿岩机械根据应用的动力，可以分为气动（风动）、液压、电动、内燃、水压凿岩机械。气动凿岩机械有：气动凿岩机和气动潜孔钻机；液压的有支腿式和导轨式；电动的有手持式、支腿式和导轨式。按用途可以分为掘进凿岩台车（钻车）和采矿凿岩台车。按行走方式可以分为轨轮式、履带式和轮胎式。按辅助设备可以分为支腿式、钻架式、台车式。

凿岩机械型号应该表示出每种产品的名称、结构形式、用途和主要规格，从而使人们一看到凿岩机的型号就有一个明晰的概念。凿岩机械的型号是按类别、组别、型别分类原则编制的。一般由类别、组别、型别代号与主要参数代号两部分组成。如需增添特性代号时，其特性代号置于类别、组别、型别代号与主要参数代号之间，由类别、组别、型别代号、特性代号、主要参数代号等组成，如表 1-4 所示。

1.3.2　凿岩机工作机构

凿岩要根据炮孔的布置和每一炮孔的深度、角度要求来进行，因此凿岩机由冲击、回转、推进、冲洗、移位等部分组成如图 1-3 所示。

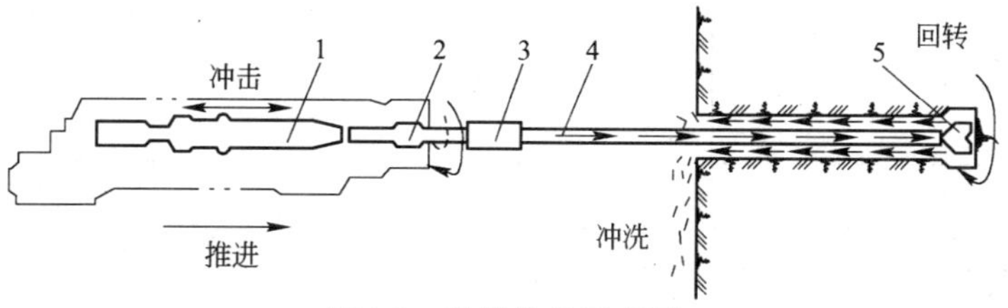

图 1-3　凿岩作业示意图

1—活塞；2—钎尾；3—接杆套；4—钎杆；5—钎头

表1-4 凿岩机型号标注表

类别	组别	型别	特性代号	产品名称及型号	主要参数	
					名称	单位符号
凿岩机 Y（岩）	风动	手持式	—	手持式凿岩机 Y	机器重量	kg
			P（频）	手持式高频凿岩机 YP	机器重量	kg
			C（尘）	手持式集尘凿岩机 YC	机器重量	kg
		气腿式 T（腿）	—	气腿式凿岩机 YT	机器重量	kg
			P（频）	气腿式高频凿岩机 YTP	机器重量	kg
			C（尘）	气腿式集尘凿岩机 YTC	机器重量	kg
		向上式 S（上）	—	向上式凿岩机 YS	机器重量	kg
			C（侧）	向上式侧向凿岩机 YSC	机器重量	kg
			P（频）	向上式高频凿岩机 YSP	机器重量	kg
			D（多）	向上式多用凿岩机 YSD	机器重量	kg
		导轨式 G（轨）	—	导轨式凿岩机 YG	机器重量	kg
			P（频）	导轨式高频凿岩机 YGP	机器重量	kg
			Z（转）	导轨式独立回转凿岩机 YGZ	机器重量	kg
	内燃 N（内）	手持式	—	内燃凿岩机 YN	机器重量	kg
			F（附）	带附缸内燃凿岩机 YNF	机器重量	kg
	液压 Y（液）	导轨式 G（轨）	—	导轨式液压凿岩机 YYG	机器重量	kg
	电动 D（电）	手持式	—	手持式电动凿岩机 YD	机器重量	kg
		支腿式 T（腿）	—	支腿式电动凿岩机 YDT	机器重量	kg
		导轨式 G（轨）	—	导轨式电动凿岩机 YDG	机器重量	kg
凿岩台车 C（车）	井下				名义推进力	kN
		轨轮式 G（轨）	J（掘）	轨轮式掘进台车 CGJ	装凿岩机台数	台
		履带式 L（履）	J（掘）	履带式掘进台车 CLJ	装凿岩机台数	台
		轮胎式 T（胎）	J（掘）	轮胎式掘进台车 CTJ	装凿岩机台数	台
凿岩辅助设备 F（辅）	腿 T（腿）	—	—	气腿 FT	名义推进力	kN
		侧向式 C（侧）	—	侧向式气腿 FTC	名义推进力	kN
		下向式 X（下）	—	下向式气腿 FTX	名义推进力	kN
		—	S（水）	水腿 FTS	名义推进力	kN
			Y（液）	油腿 FTY	名义推进力	kN
			J（机）	机械腿 FTJ	重量	kg
	架 J（架）	Z（柱）	—	凿岩柱架 TJZ	柱架最低高度	dm
		S（双）	—	双柱式凿岩柱架 FJS	柱架最低高度	dm
		Y（圆）	—	圆盘式凿岩台架 FJY	柱架最低高度	dm
		D（吊）	—	伞式吊架 FJD	吊架最小支撑直径	m
		H（环）	—	环式吊架 FJH	吊架最小支撑直径	m
	注油器 Y（油）		—	注油器 FY	容油量	mL
	集尘器 C（尘）		—	集尘器 FC	容尘量	mL
	磨钎机 M（磨）		—	风动磨钎机 FM	砂轮直径	mm

各类凿岩机中，以气腿式凿岩机在金属矿山中应用最广，其结构具有代表性。现以YT-23型（7655）气腿式凿岩机为例，说明风动凿岩机的一般构造。YT-23型气腿凿岩机外观如图1-4所示，由凿岩机、气腿、风管（包括注油器）、水管、钎子等组成。

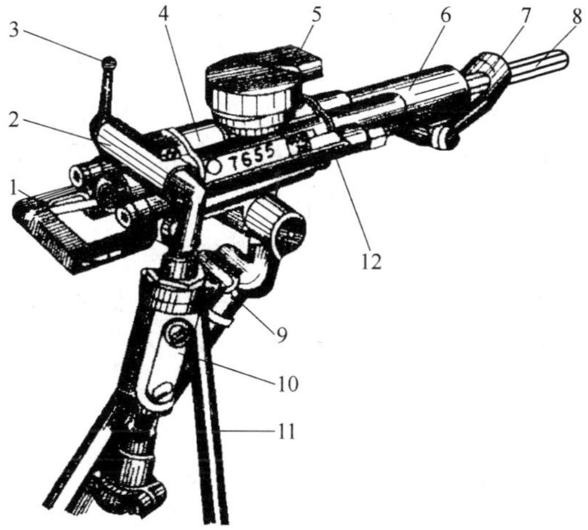

图1-4　YT-23型气腿凿岩机外形图

1—手把；2—柄体；3—操纵阀手柄；4—气缸；5—消声罩；6—机头；7—钎卡；8—钎杆；9—气腿；10—自动注油器；11—水管；12—连接螺栓

YT-23型凿岩机由柄体2、气缸4和机头6等主要部件组成。从安装在柄体2上的进风管进入机器的压缩空气，通过操纵阀手柄3实现空气的进给、停止以及强力吹扫炮孔。清洗炮孔的水通过入水管11进入连接在柄体内的注水机构。柄体、机体、机头三部分用两根螺栓牢固地连接。在机体的排气口上安有消声罩。气缸的下部有气腿连接孔，用以同气腿相连。凿岩机工作时，钎子插在机头内的钎尾套中，由钎卡7卡住，用以拔钎。在把手内装有扳机，用以操纵气腿快速缩回。

1.3.2.1　冲击配气机构

冲击配气机构是凿岩机的主要部件，它由气缸、活塞、配气装置及排气系统组成。冲击机构靠配气阀的交替变换位置，适时改变进气方向，将压气分配到气缸的前腔与后腔，推动活塞作高速往复运动；并以一定的动能冲击钎尾，实现凿岩。

1.3.2.2　转钎机构

回转功能是使钎头每冲击一次回转到一个新的位置，进行新的岩石破碎；同时在回转过程中，也可将已发生裂纹的岩石表面部分剥落下来。转角适宜，可以提高凿岩速度。由于钎子与孔底孔壁之间的摩擦、钎子本身的惯性、转钎机构内部的摩擦以及妨碍钎子转动的其他阻力，要求转动机构具有足够的扭矩和转动功率，这样才能确保凿岩机稳定工作。

根据钎杆回转力矩传递方式的不同，凿岩机的转钎机构可以分为外回转、内回转两大类。

1.3.2.3　冲洗排粉

凿岩过程中，炮孔底部的岩石不断被钎头冲击破碎成岩粉，必须及时将它排除，才能继续钻进。冲洗机构是从炮孔内清除被破碎下来的岩屑，如果冲洗不足，炮孔底部将发生重复凿磨，不但使凿孔速度减慢，而且使钎头加速磨损，甚至在个别情况下卡钻。冲洗介质多用压力水或压缩空气。用压缩空气时，为防止产生粉尘，必须有岩粉收集器等除尘装置或气水合用。用压力水做冲洗介质时，因通过凿岩机的部位不同，可分为中心给水和旁侧给水两种。

1.3.2.4 推进与支撑机构

凿岩机工作行程是靠压气推进活塞向前运动的，同时也反作用于机体，它使机体与活塞成反向运动，产生轴向振动与反冲力。为保证风动凿岩机的正常工作，工作时必须对机体施加一定的轴向推力，以抵消凿岩机的反向冲力，保证钎头与孔底的正常接触。同时，凿岩工作需要凿岩机支撑、推进和退回凿岩机。因此，必须有推进和支撑机构，一是推动凿岩机和钎具压向岩石工作面，并使钎头在凿孔时始终与岩石接触；二是从炮孔中退出钎具，准备凿下一个炮孔。用手直接拿着推进的凿岩机，称为手持式凿岩机；用支腿做推进的凿岩机称为支腿式凿岩机，分为水平（见图1-5）和上向式，如图1-6所示，用推进装置（通称推进器）推进的凿岩机称为导轨式凿岩机。推进器可安装在柱架或台架上，如图1-7所示，也可安装在钻车上，如图1-8所示。

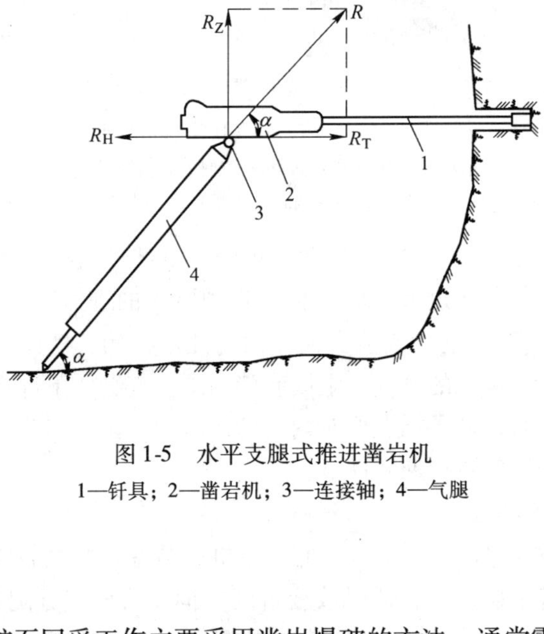

图1-5 水平支腿式推进凿岩机

1—钎具；2—凿岩机；3—连接轴；4—气腿

1.3.3 凿岩机具

矿山井巷掘进和矿石回采工作主要采用凿岩爆破的方法，通常需要在岩石和矿石中钻凿不同深度、不同直径的炮孔。根据所钻凿的孔深和孔径的不同，分为浅孔凿岩、中深孔凿岩及深孔凿岩。

一般孔深小于3～5m、孔径为30～46mm的称为浅孔；孔深为5～15m、孔径为50～70mm的称为中深孔；孔深大于15m、孔径大于90mm的称为深孔。

浅孔凿岩机具又称为钎子。钎子按结构形式可分为整体钎子和活动钎子两种，如图1-9所示。整体钎子是由钎头1、钎身3、钎尾5组成的一个不可拆卸的整体。这种钎子的特点是传递冲击能量损失小，适用于钻凿直径36～38mm以下的炮孔。它凿岩效率高，但修磨时搬运工作量大。活动钎子是由钎头1和钎杆（包括钎梢2、钎身3、钎肩4、钎尾5）组成，它与整体钎子的主要区别是钎头和钎杆可拆开。这样，可以更换钎头，提高钎

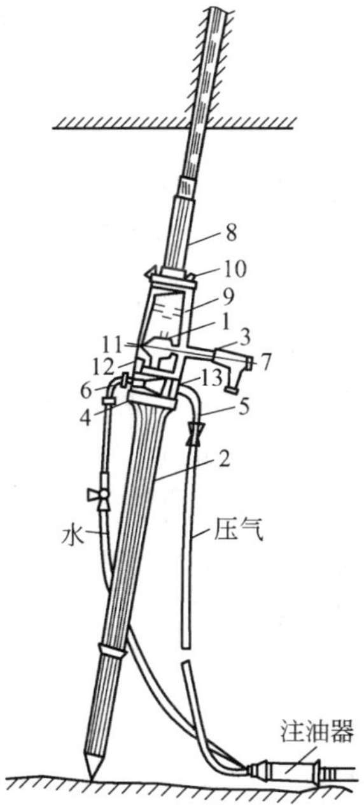

图 1-6 向上式（伸缩式）支腿式凿岩机

1—气缸；2—推进器（气腿）；3—把手；4—启动手柄；5—风管接头；6—水管接头；7—减压按钮；8—机头；9—螺栓；10—螺帽；11—突起部；12—盖帽；13—机尾

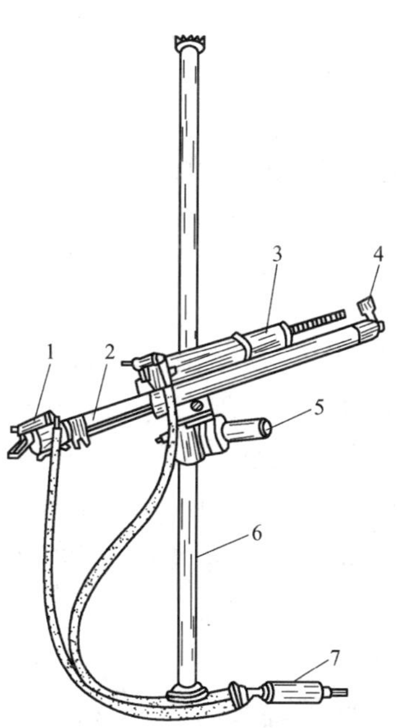

图 1-7 柱架支撑推进式凿岩机

1—推进马达；2—推进器；3—凿岩机；4—夹钎器；5—横臂；6—立柱；7—自动注油器

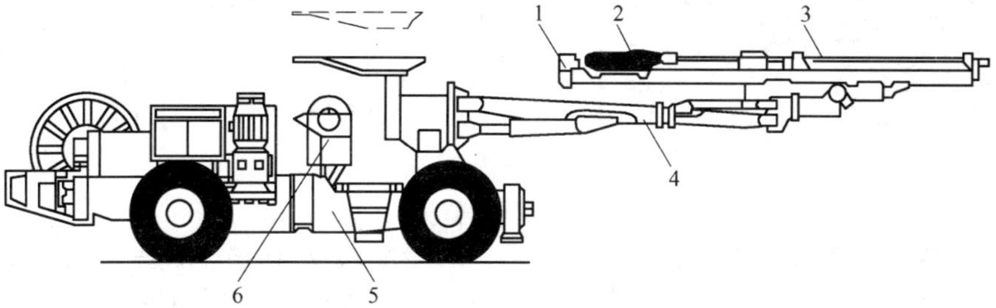

图 1-8 钻车支撑推进式凿岩机

1—推进装置；2—凿岩机；3—钻杆；4—钻臂；5—钻车底盘；6—控制系统

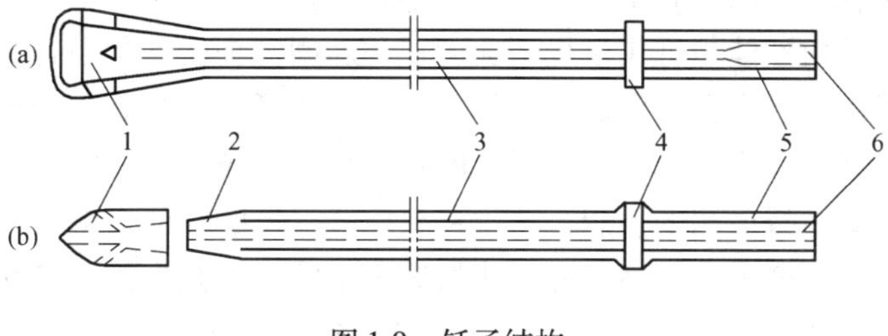

图 1-9 钎子结构

（a）整体钎子；（b）活动钎子

1—钎头；2—钎梢；3—钎身；4—钎肩；5—钎尾；6—中心水孔

杆的利用率；钎头修磨时可减少钎杆的搬运量，并有利于研制高质量的硬质合金钎头，以适应不同岩性和凿岩机对钎头的要求。

1.3.4.1　钎头

钎头是直接破碎矿岩的部分，它的形状、结构、材质、加工工艺等是否合理，都直接影响凿岩效率及其本身的使用寿命。凿岩工作对钎头的要求是：形状和结构合理，凿岩速度高，耐磨性强，有足够的机械强度，排粉性能好，使用寿命长，制造和修磨方便以及成本低廉。

钎头依形状、尺寸的不同，钎头上硬质合金可分为片状和柱齿状两种。硬质合金片镶制的钎头有一字形钎头、十字形钎头等。钎头直径通常为38～43mm。

一字形钎头［见图1-10（a）］的制造和修磨简单，对岩性和机型的适应能力较强，适用于冲击功小于98J的风动冲击式凿岩机钻凿$f \leqslant 16$的坚硬、中硬和中硬以下的岩石，但在节理、裂隙发育和韧性较大的岩矿中，容易卡钎，凿岩效果差。

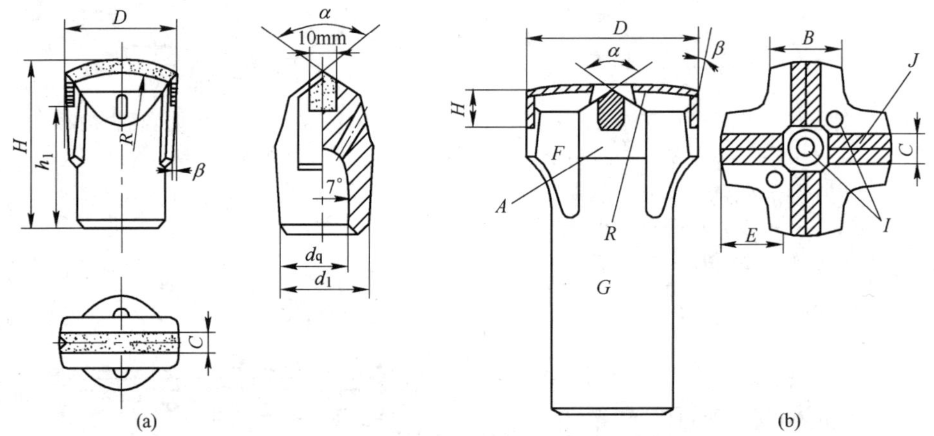

图1-10　钎头

α—刃角；β—隙角；A—钎头体形；B—翼厚；C—合金片厚度；D—钎头直径；E—合金片宽度；F—排粉沟；G—钎头与钎杆连接部；H—合金片高度；I—冲洗孔；J—钎刃；R—刃弧半径

十字形钎头［见图1-10（b）］的硬质合金片之间成直角，故制造和修磨比一字形钎头复杂，合金的用量也较多，适用于重型风动或液压凿岩机钻凿极坚韧、高磨蚀性的岩石，用于节理、裂隙发育的岩石中效果良好，不易卡钎。

柱齿合金钎头是由断续刃钎头演变而成的一种新型钎头。它是在钎头体上冷压、镶焊或热嵌几颗圆柱形硬质合金柱齿而成。其优点是：柱齿可按炮孔底面积合理布置，受力均匀；凿岩时，容易开门，不易卡钎，炮孔较圆；岩屑呈颗粒状，重复破碎少，工作面粉尘浓度低；凿岩速度高。按最初的设想，这种钎头应具有自磨性能。但实践表明，即使是耐磨性最好的球形柱齿同样也会逐渐磨钝，凿岩速度下降，因此也需要进行修磨。只是在两次修磨之间的间隔一般比片状钎头长4～5倍，故修磨费用低，适用于在正面磨蚀严重的硬脆岩层中钻孔。

钎头在凿岩时的受力状态很复杂。实践表明，一个直径为40mm左右的钎头，当使用寿命为150~200m时，大约要被冲击3×10^6次，其破坏属于金属疲劳性破坏。钎头体一般用45号和55号钢制造，其破坏形式是涨裤、裂裤或断腰。因此，为了提高钎头的使用寿命，除了改进结构设计外，正确选用壳体材料和热处理工艺也十分重要。如果采用ZK55SiMnMo、ZK40MnMoV、ZKSiMnMoV等合金钢制造，其综合性能比较好，价格相比40Cr增加不多。这样，虽然材料成本有所增加，但使用寿命大大提高，钻凿每米炮孔费用比过去还是有所降低。

1.3.3.2 钎杆

如前所述，钎杆是由钎梢、钎身、钎肩和钎尾等组成（见图1-9）。钎梢是钎杆与钎头连接的部分；钎身的作用是传递冲击能量和扭矩；钎肩又称为钎耳或领盘，其作用是防止钎尾插入凿岩机气缸和脱离机头；钎尾是直接承受冲击力、轴推力和回转力矩的部分；中心孔是压气和冲洗水的通道，用于排除岩粉。在凿岩过程中，钎杆承受着冲击疲劳应力、弯曲应力和扭转应力以及矿坑水的侵蚀。所以对钎杆的要求是：应具有足够的抗弯曲疲劳强度和良好的微观塑性和循环韧性，具有抵抗矿坑水和井下潮湿空气侵蚀的能力，加工工艺性好和成本低。

钎杆断面形状，通常有内切圆直径为22mm、25.4mm的中空六角形和直径为32mm的中空圆形，中心孔径为5~7mm。在钎杆断面积相等的条件下，六角形断面的抗弯能力、相对强度都比圆形好，并且排粉间隙大，排粉效果好。因此。浅孔凿岩用的钎杆，大都是中空六角形断面。用于制造钎杆的钢材称为钎钢。一般采用非镍铬的低合金钢（如ZK55SiMnMo，ZK35SiMnMoV等）和其他新材料，具有强度高、抗疲劳性能好、耐腐蚀、价格低等优点，使用的平均寿命为150~250m。

钎尾有三种常用的形式，如图1-11所示。图1-11（a）为手持式和气腿式凿岩机使用的带圆环钎肩的六角形断面钎尾；图1-11（b）为导轨式凿岩机使用的带凸台（二翼或三翼）钎肩圆形断面钎尾；图1-11（c）为向上式凿岩机使用的无钎肩的六角形断面钎尾。

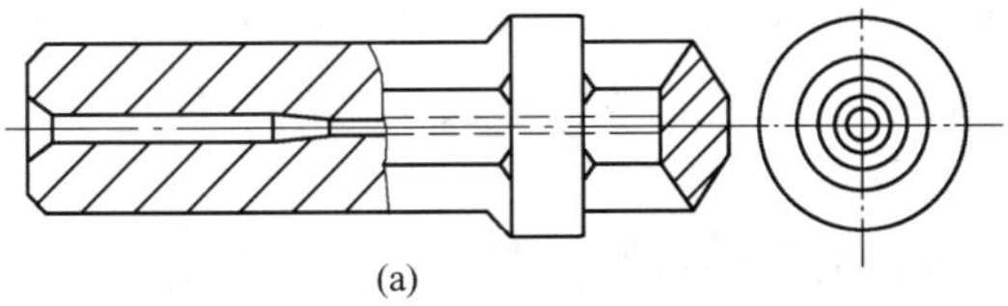
(a)

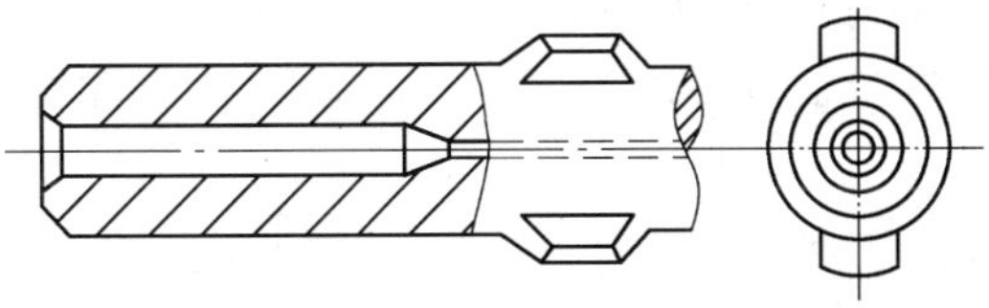
(b)

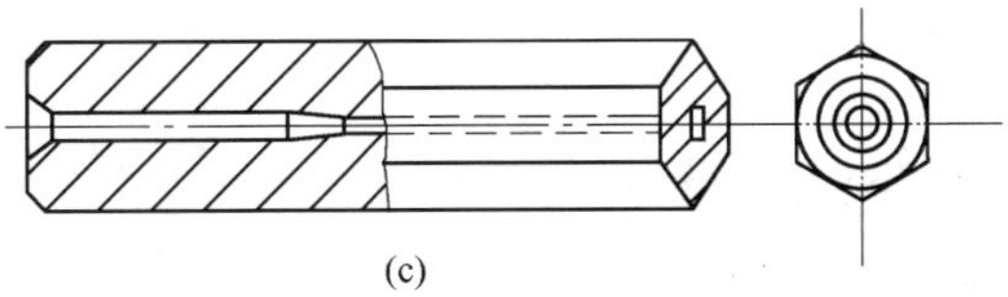
(c)

图1-11 钎尾的结构形式

钎尾是承受和传递能量的部位，其规格和淬火硬度对凿岩速度有很大的影响。因此要求钎尾长度、断面尺寸与凿岩机的回转套筒相吻合，一般为（108±1.0）mm×(22±0.5）mm或（108±1.0）mm×(25±0.5）mm；端面平整，并垂直于钎杆中心轴线，以免偏心碰撞，保证冲击能量得到充分利用。钎尾的淬火硬度应略低于凿岩机活塞的硬度，以保持后者具有较长的寿命。钎尾端面硬度一般控制在HRC48～53范围内。

在使用向上式凿岩机时，所用的钎杆虽然没有钎肩，但是由于凿岩机与气腿是一整体，常常使用一套钎杆才能完成一个孔的钻凿工作。这一套钎杆的尺寸从短到长，直到达到所要求的孔深为止。每两个钎杆长度之差为一定值，这一定值的大小等于气腿的推进长度。

钎头与钎杆的连接质量，直接影响到冲击能量的传递效率和钎头、钎杆的使用寿命。因此其连接方式应该紧密可靠，能量损失少，坚固耐用，装卸方便和制造简便。

1.3.4 气动凿岩机

气动凿岩机也称风动凿岩机，是用压气驱动，以冲击为主，间歇回转（内回转式凿岩机）或连续回转（独立回转式凿岩机，也称外回转式凿岩机）的一种小直径的凿岩设备。目前，我国地下金属矿山凿岩作业主要还是用气动凿岩机，少数有条件的矿山采用液压凿岩机。同时，在铁路、公路、水电建设和国防施工中，气动凿岩机也是不可缺少的重要施工机具。

凿岩机按支撑方式分为四种机型：

（1）手持式凿岩机。这类凿岩机的重量较轻，一般在25kg以下，工作时用手扶着操作。可以打各种小直径和较浅的炮孔。一般只打向下的孔和近于水平的孔。由于它靠人力操作，劳动强度大，冲击能和扭矩较小，凿岩速度慢，现在地下矿山很少用它。属于此类的凿岩机有Y3、Y26等型号。

（2）气腿式凿岩机。如前所述，这类凿岩机安装在气腿上进行操作，气腿能起支撑和推进作用，这就减轻了操作者的劳动强度，凿岩效率比前者高，可钻凿深度为2～5m、直径34～42mm的水平或带有一定倾角的炮孔，被矿山广泛使用。如YT23（7655）、YT24、YT28、YTP26等型号均属此类凿岩机。

气腿式凿岩机类型虽多，但其构造则大同小异。有些虽然主要参数不同、重量不等、尺寸不一，但是结构基本相似；有的采用不同配气及转钎机构，而其余机构则无大区别。各类凿岩机中，以气腿式凿岩机应用最广，且其结构具有代表性，凿岩机各部分机构作用如前所述。

（3）上向式（伸缩式）凿岩机。这类凿岩机的气腿与主机在同一纵轴线上（见图1-6），并连成一体，因而又有“伸缩式凿岩机”之称，专用于打60°～90°的向上炮孔，主要用于采场和天井中凿岩作业。一般重量为40kg左右，钻孔深度为2～5m，孔径为36～48mm。YSP45型凿岩机属此类。

（4）导轨式凿岩机。该类型凿岩机机器重量较大（一般为35～100kg），一般安装在凿岩钻车或柱架的导轨上工作，因而称为导轨式。它可打水平和各个方向的炮孔，孔径为40～80mm，孔深一般在5～10m以上，最深可达20m。YG40、YG80、YGZ70、YGZ90等型号属于此类。

导轨式凿岩机主要用来钻凿中深孔。因孔较深，必须接杆凿岩。也就是说，凿岩是随着孔的加深，要用螺纹连接套逐根接长钎杆。炮孔凿完后再逐根使钎杆与连接套分离，将它们从炮孔内取出。为此，转钎机构必须能双向回转，即能带动钎杆正转和反转（装卸钎杆时）。同时，导轨式凿岩机质量都较大，必须装在推进器的导轨上进行凿岩，因此，称之为导轨式凿岩机。它与钻架（支柱）或钻车配套使用。

导轨式凿岩机有内回转和外回转两类，为了完成凿岩、接杆、卸杆、支撑、换位等任务。导轨式凿岩机还应装置包括推进器、气动支柱和圆盘导轨架等附属装置，推进器作为导轨式气动凿岩机的附属装置，在地下矿山中常见的有气动马达推进器和气缸钢绳（链条）推进器两类。

立柱是一个双作用气缸，又称顶向千斤顶，气动支柱在工作面的架设及与导轨架的连接如图 1-12 所示。它可使凿岩机钻凿任意方向的炮孔。通常在立柱下部装一台小绞车，在立柱上部装一个滑轮，用钢绳上下移动横臂和左右移动导轨架。

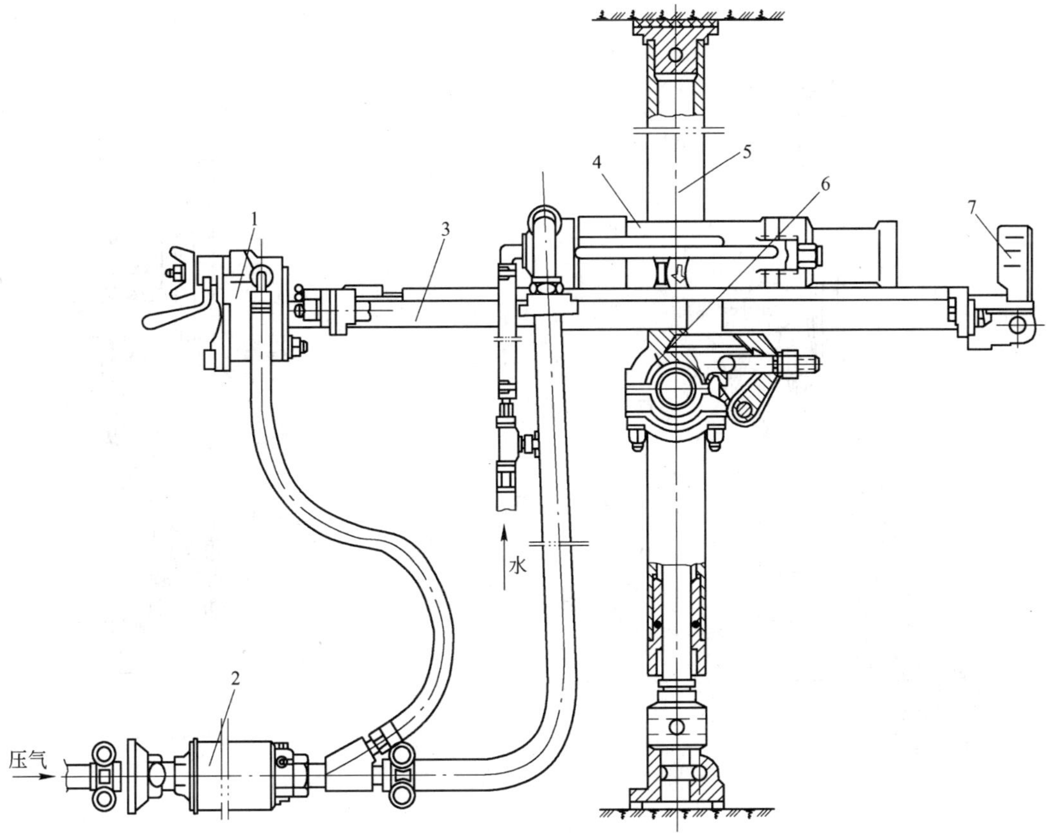

图 1-12　立柱、横臂与推进器架设情况

1—气动马达；2—自动注油器；3—导轨架；4—凿岩机与托座；5—立柱；6—横臂；7—夹钎器

圆盘导轨架是在采场中，用导轨式凿岩机钻凿扇形中深孔专用支架。整个设备由工作部分和操纵部分组成，两者用气、水管连接。由于两部分分开，可在离工作面较远处操

纵，对安全有利。工作部分由柱架、气动马达推进器、转盘及手摇绞车组成；操纵部分由注油器、气水阀组及司机座组成，图 1-13 是 FJY-24 型圆盘导轨架。

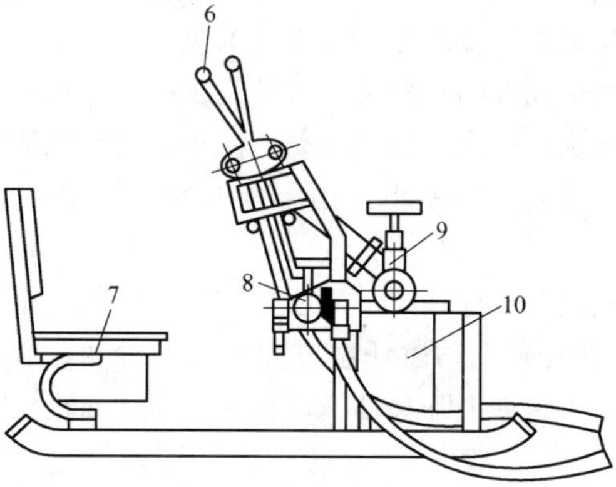

(a)

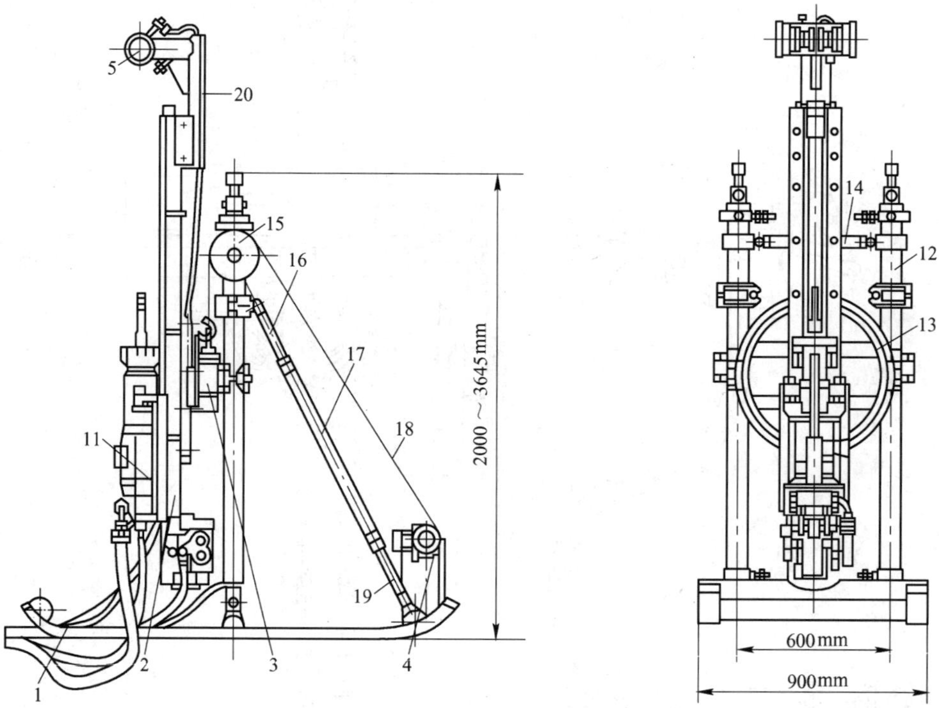

(b) (c)

图 1-13 FJY-24 型圆盘导轨架

(a) 操纵部分；(b) 圆盘导轨架侧视；(c) 圆盘导轨架正视

1—撬板；2—气动马达推进器；3—横梁；4—手摇绞车；5—夹钎器；6—操纵手柄；7—司机座；8—水阀；9—总进气阀；10—注油器；11—凿岩机；12—立柱；13—转盘；14—横杆；15—滑轮；16—左螺杆；17—拉杆；18—钢绳；19—右螺杆；20—连接板

1.3.5 液压凿岩机

液压凿岩机按其配油方式可分为两大类：有阀型和无阀型。前者按阀的结构又可分为套阀式和芯阀式（或称外阀式）；按回油方式分，又有单面回油和双面回油两种，在单面回油中，又分前腔回油和后腔回油两种。常用型号有 TYYG-20、YYG-260B、YYG-90A（单面回油）、YYG-80（双面回油）。

液压凿岩机也同气动凿岩机基本相同，主要由冲击机构、转钎机构、钎尾反弹吸收装置和机头部分（内含供水装置与防尘系统等部分）组成，如图 1-14 所示。

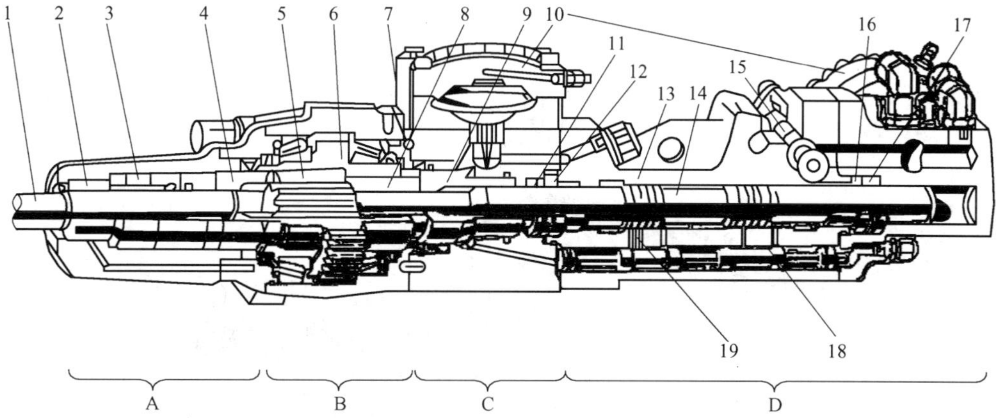

图 1-14 液压凿岩机结构图

A—机头部分；B—转钎机构；C—钎尾反弹吸收装置；D—冲击机构

1—钎尾；2—耐磨衬套；3—供水装置；4—止动环；5—传动套；6—齿轮套；7—单向阀；8—转钎套筒衬套；9—缓冲活塞；10—缓冲蓄能器；11—密封套；12—活塞前导向套；13—缸体；14—活塞；15—阀芯；16—活塞后导向套；17—密封套；18—行程调节柱塞；19—油路控制孔道

1.3.6 掘进凿岩台车

掘进凿岩台车也称掘进凿岩钻车，凿岩钻车的使用标志着矿山凿岩机械化的水平已进入一个更高的阶段。凿岩钻车与气腿式凿岩机相比较，凿岩钻车既能够精确地钻凿出一定角度和孔位的炮孔，又可以装长钎杆（可长 5.5m）钻凿较深和直径较大（64mm）的炮孔，而且能提供最优的轴推力，并使工人远离工作面操作，以及由一人可操纵多台凿岩机。因此，使用凿岩钻车能够提高凿岩效率、节省劳动力、降低生产成本，同时改善工人的劳动条件和减轻工人的劳动强度。

掘进钻车主要用于地下矿山巷道、铁路与公路隧道、水工涵洞等地下掘进工程，也可用于钻凿锚杆孔、充填法或房柱法采矿的炮孔，它适用于巷道断面为 3.2 ~ 150m^2的场合。

1.3.6.1 掘进钻车的分类

掘进钻车的结构五花八门，因此分类方法很多，现综述如下：

（1）按凿岩机动力，分有气动掘进钻车和液压掘进钻车（因气动钻车的调幅定位也是由液压动力控制的，所以后者也称全液压掘进钻车）。

（2）按行走底盘，分有轨轮式、轮胎式、履带式和门架式四种（后者仅用于大断面隧道掘进）。

（3）按钻臂的运动方式，分有直角坐标式、极坐标式、复合坐标式和直接定位式四种。

（4）按钻臂数目，分有单臂钻车、双臂钻车和多臂钻车。

（5）按不同的原动力源，分有电驱动的、柴油机驱动的。

（6）按自动化程度，分有全自动、半自动和手动控制的钻车。

掘进钻车（见图1-15）的机构主要包括推进器、钻臂、操作台、动力系统（压气、电、水、液压）和行走底盘。

图1-15 掘进凿岩台车实物图

1.3.6.2 CGJ-2型气动掘进钻车

CGJ-2型钻车的结构如图1-16所示，为双臂气动轨轮式自行掘进钻车。

车体与行走机构由车架、两对车轮组、稳车装置、行走直流电机及其传动装置、挂斗、操纵台等组成。车架20为型钢和钢板焊接结构，是整个钻车的底座，车架下部安装有前后两个轮对，使钻车能在轨道上运行，车架上部安装钻臂、稳车装置、行走电机及减速器、油泵和操纵台。

稳车装置的作用是在钻车进行凿岩作业时，使钻车固定，防止钻车倾倒或移动，保证钻车工作稳定。CGJ-2型钻车的稳车装置是由一个安装在车架上的顶向气缸12和车架下部的两个支撑气缸25组成，两者用一个气阀控制。

钻车的行走是由直流电机经两级减速传到主动轮对轴上实现的，减速比为9.36，钻车行走速度为6～8km/h。

在钻车车架后部，连接着一个挂斗1，在它上面安装控制器2、电阻器3和司机座。

钻臂为直角坐标式、螺旋副式转柱、内四连杆平移机构。推进器为气动马达—螺杆式，一次推进行程为1800mm。

为了尽量减少凿岩机打底孔的角度，同时使帮孔也尽量接近设计边界，保证巷道两帮和底板平整，CGJ-2型钻车的推进器底部安装有一个回转油缸22，可以使推进器导轨架翻转0°～180°。

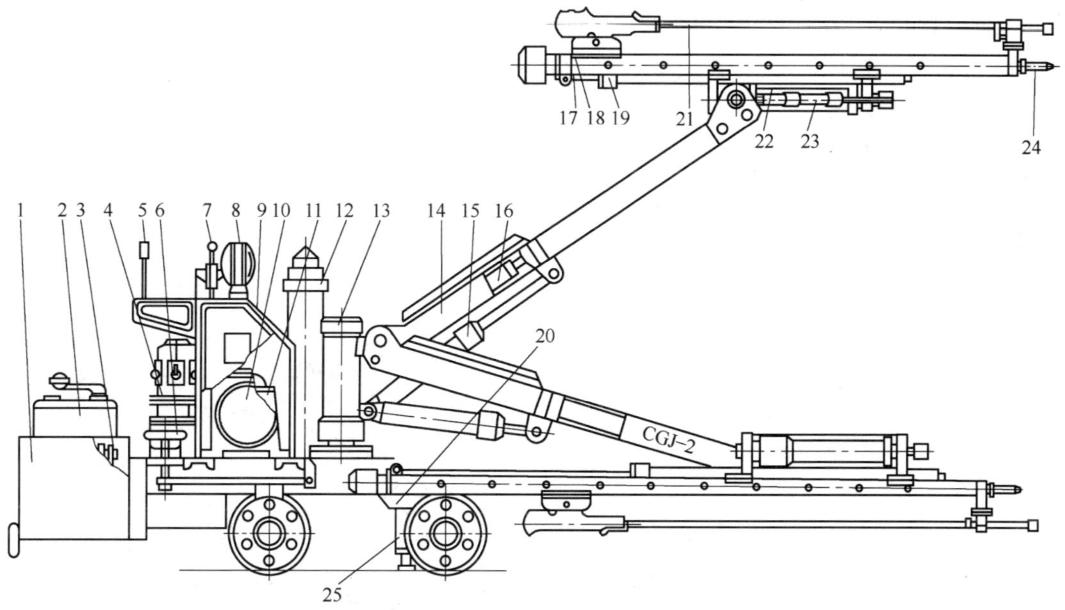

图 1-16 CGJ-2 型双臂平巷掘进钻车

1—挂斗；2—控制器；3—电阻器；4—气动马达；5—液压操纵手柄；6—制动器；7—供气操纵手柄；8—照明灯；9—操纵台；10—电动机；11—减速器；12—顶向气缸；13—转柱；14—钻臂；15—起落油缸；16—仰俯角油缸；17—凿岩机；18—推进器；19—补偿油缸；20—车架；21—钎杆；22—回转油缸；23—摆角油缸；24—顶尖；25—支撑气缸

1.3.6.3 轮胎式凿岩钻车

图 1-17 是轮胎式凿岩钻车，主要部件包括推进器、钻臂、回转机构、平移机构及托架、转柱、车体、行走装置、操作台、凿岩机和钻具。

（1）推进器。推进器的作用是在凿岩时完成推进或退回凿岩机的动作，并对钎具施加足够的推力。

（2）钻臂。钻臂 5 是支撑托架、推进器、凿岩机进行凿岩作业的工作臂，它的前端与托架铰接（十字铰），舌端与转柱 7 相铰接。由支臂缸 12、摆臂缸、仰俯角缸及摆角缸 4 四个油缸来执行钻臂和推进器的上下摆角与水平左右摆角运动，其动作符合直角坐标原理，因此称为直角坐标钻臂。支臂缸使钻臂作垂直面的升降运动，摆臂缸使钻臂作水平面的左右摆臂运动；仰俯角缸使推进器作垂直面的仰俯角运动，摆角缸使难进器作水平摆角运动。

（3）补偿机构。补偿缸联系着托架和推进器，其一端与托架铰接，另一端与推进器铰接，组成补偿机构。这一机构的作用是使推进器作前后移动，并保持推进器有足够的推力。因为钻臂是以转柱的铰接点为圆心作摆动的机构，当它作摆角运动时，推进器顶尖与工作面只能有一点接触（即切点），随着摆角的加大，顶尖离开接触点的距离也增大，凿岩时必须使顶尖保持与工作面接触，因此必须设置补偿机构。通常采用油缸或气缸来使推进器作前后直线移动。补偿缸的行程由钻臂运动时所需的最大补偿距离而定。

（4）托架。托架3是钻臂与推进器之间相联系的机构，它的上部有燕尾槽托持着推进器，左端与钻臂相铰接，依靠摆角缸4、仰俯角缸的作用可使推进器作水平摆角和仰俯角运动。

（5）转柱。转柱7安装在车体上，它与钻臂相铰接，是钻臂的回转机构，并且承受着钻臂的推进器的全部重量。

（6）车体。车体10上布置着操作台、油箱、电器箱、油泵、行走装置和稳车支腿等，还有液压、电气、供水等系统。车体上带有动力装置。车体对整台钻车起着平衡与稳定的作用。

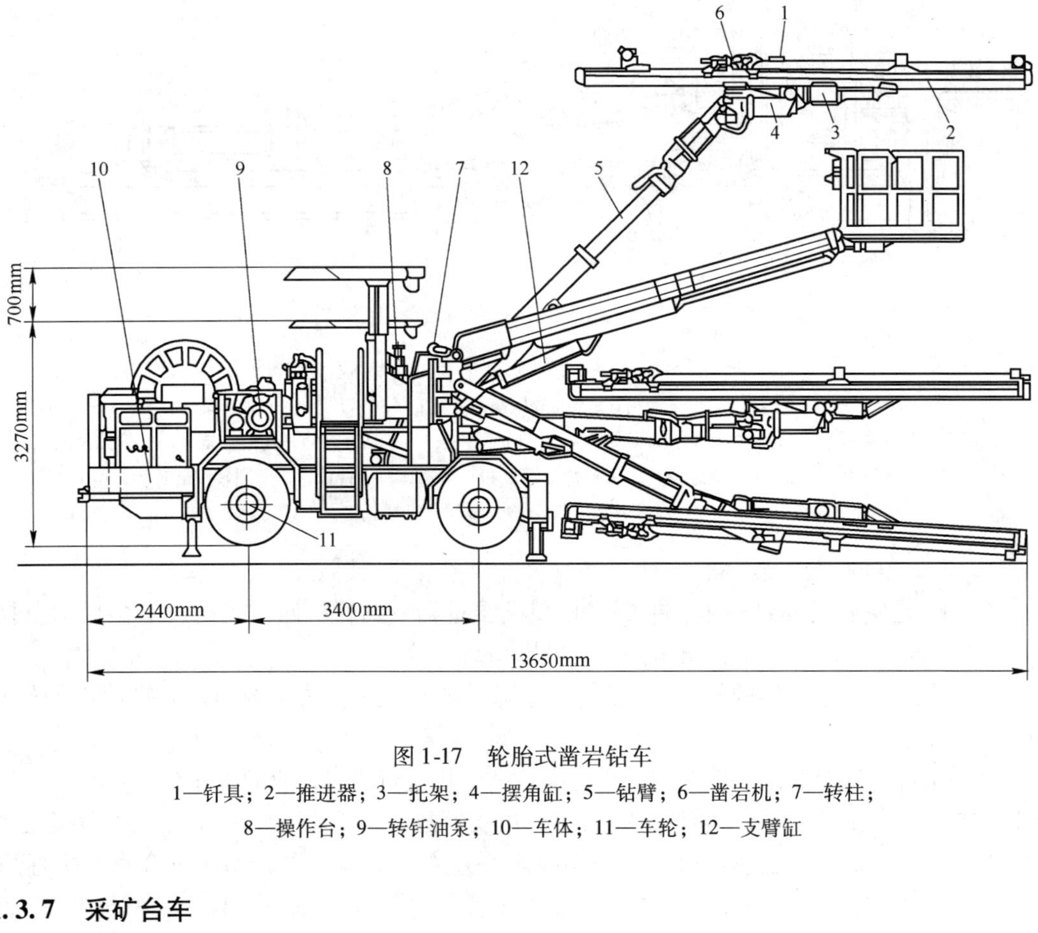

图1-17　轮胎式凿岩钻车

1—钎具；2—推进器；3—托架；4—摆角缸；5—钻臂；6—凿岩机；7—转柱；8—操作台；9—转钎油泵；10—车体；11—车轮；12—支臂缸

1.3.7　采矿台车

1.3.7.1　采矿台车分类

采矿凿岩台车也称钻车，是为回采落矿而进行钻凿炮孔的设备。不同的采矿方法，需要钻凿不同方向、不同孔径、不同孔深的炮孔。因此也就有了不同种类的地下采矿凿岩钻车。

地下采矿凿岩钻车的分类方法如下：

（1）按照凿岩方式，可分为顶锤式钻车和潜孔式钻车。

（2）按照钻孔深度，可分为浅孔凿岩钻车和中深孔凿岩钻车。

（3）按照配用凿岩机数量，可分为单机、双机，也称为单臂、双臂钻车。

（4）按照钻机的行走方式，可分为轨轮式、履带式、轮胎式采矿钻车。

（5）按照动力源，可分为液压钻车和气动钻车。

（6）按照炮孔排列形式，可分为环形孔钻车和扇形孔钻车。

（7）按照炮孔是否平行，可分为有平移机构钻车和无平移机构钻车。

1.3.7.2 采矿台车基本动作

钻车的基本动作有行走、炮孔的定位与定向、推进器补偿、凿岩机推进、凿岩钻孔五种，分述如下：

（1）钻车的行走。地下采矿钻车一般都要能自行移动，行走方式可分为轨轮、履带、轮胎，行走驱动力可由液压马达或气动马达提供。

（2）炮孔的定位与定向。采矿钻车要能按采矿工艺所要求的炮孔位置与方向钻孔，炮孔的定位与定向动作由钻臂变幅机构和推进器的平移机构完成。

（3）推进器的补偿运动。推进器的前后移动又称为推进器的补偿运动，一般都由推进器的补偿油缸完成。

（4）凿岩机的推进。在采矿钻车凿岩作业时，必须对凿岩机施加一个轴向推进力（又称轴压力），以克服凿岩机工作时的后坐力（又称反弹力），使得钻头能够贴紧炮孔底部的岩石，以提高凿岩钻孔的速度。凿岩机的推进动作是由推进器完成的。

（5）凿岩钻孔。这是钻车最基本的动作，由凿岩系统完成。

除了以上五种基本运动外，尚有钻车的调水平，稳车，接卸钻杆，夹持钻杆，集尘等辅助动作。

1.3.7.3 采矿台车基本结构

为完成钻车的各个动作，钻车必须具有相应的机构，这些不同的机构又可划分为三大部分：

（1）底盘。底盘可完成转向、制动、行走等动作。钻车底盘的概念常把内燃机等原动机也包括在内，是工作机构的平台。

（2）工作机构。完成炮孔定位、定向、推进、补偿等动作，钻车的工作机构由定位系统和推进系统组成。

（3）凿岩机与钻具。凿岩机与钻具可完成破岩钻孔作业，凿岩机有冲击、回转、排渣等功能。凿岩机可分为液压凿岩机与气动凿岩机两大类，钻具由钎尾、钻杆、连接套、钻头组成。

1.3.7.4 采矿凿岩台车实例

采矿凿岩台车的种类繁多，图 1-18 是 CTC Y10 型全液压采矿钻车。CTC Y10 型全液压采矿钻车为胶轮自行式单机凿岩钻车，主要用于金属矿山水平分层充填法采矿，钻凿向上平行炮孔，炮孔深 3 ~ 4m，要求顶板高度为 3.2 ~ 4m。本机完全采用液压传动，电气和液压控制，具有行走方便、移位迅速、调整孔位准确、开孔稳定、耗能低、劳动强度小等特点。

图 1-19 是 CYTC12 型轮胎式全液压采矿钻车，它是在 PTJ 11 型铰接式底盘，装上一套钻臂、推进器和 COP 1238ME 型液压凿岩机，配备了合理的、自动化程度较高的电气系统、液压系统和气水系统。该钻车主要用于井下矿山崩落采矿，钻凿垂直面或倾斜面的扇形或环形炮孔，并可以在垂直方向上钻凿 1.5m 深的平行炮孔，该钻车也适用于巷道掘进，最小断面为 3.5m × 4m，适合于深孔接杆凿岩，孔深可达 30m。

图 1-18 CTC Y10 型全液压采矿钻车

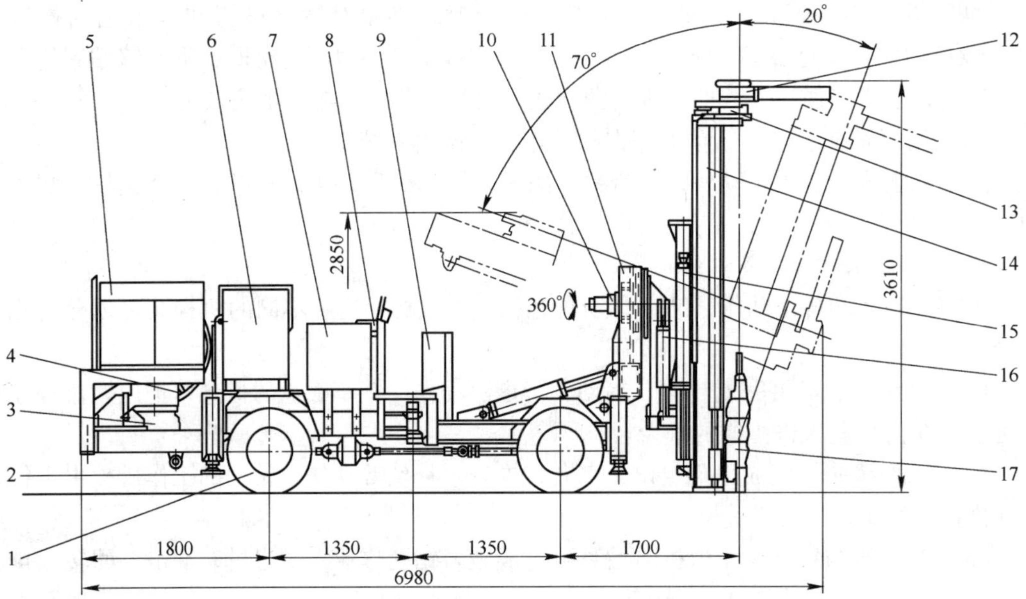

图 1-19 CYTC12 型轮胎式全液压采矿钻车（单位：mm）

1—PTJ11 型轮胎铰接式底盘；2—千斤顶；3—液压油泵；4—电缆卷筒；5—配电箱；6—低压控制箱；7—空压机支架；8—行走操纵盘；9—液压元件箱；10—CH30 型回转机构；11—俯仰臂；12—导流器；13—夹钎器；14—推进器导轨；15—CTC12 型推进器托座；16—摆臂；17—COP1238 型液压凿岩机

1.3.8 潜孔钻机

潜孔钻机的工作原理和普通冲击回转式风动凿岩机一样。风动凿岩机将冲击回转机构做在一起，冲击能通过钻杆传递给钻头，而潜孔钻机将冲击机构（冲击器）独立出来，潜入孔底。无论钻孔多深，钻头都是直接安装在冲击器上，不用通过钻杆传递冲击能，因而减少了冲击能的损失。潜孔钻机也正是由于冲击机构潜入孔底而得名，其结构如图 1-20 所示。

潜孔钻机是一种大孔径深孔钻孔设备。在地下采矿中，与接杆式深孔凿岩相比，潜孔钻机钻孔效率高，不受孔深限制、孔径大，适合大型采矿方法；露天采矿中，和牙轮钻机相比，具有结构简单、使用方便、成本低、不受孔深限制、可以钻凿斜孔等优点，但钻孔效率没有牙轮钻机高。目前国内中小型露天矿山基本上都使用潜孔钻机，大型露天矿山作为辅助钻孔设备。大型地下深孔采矿方法多数采用潜孔钻机，少数采用牙轮钻机。

潜孔钻机分露天和地下两大类。地下潜孔钻机由于受空间限制，一般结构紧凑、体积小、拆装方便，多数采用钻架支撑；大型地下潜孔钻机自带行走机构。地下潜孔钻机的穿孔直径为 80 ~ 200mm，以孔径 100mm 左右为主。露天潜孔钻机分轻型、中型和重型。轻型一般本身不带空压机和行走机构，另配空压机和钻架，近几年生产的露天潜孔钻机也有自带行走机构的，机重在 10t 以下，孔径 100mm 左右；中型一般自带履带式行走机构，不带空压机，机重 15 ~ 20t，孔径 150 ~ 170mm；重型自带空压机和履带式行走机构，机重 30 ~ 50t，孔径大于 200mm。

常用潜孔的型号、规格如表 1-5 所示。

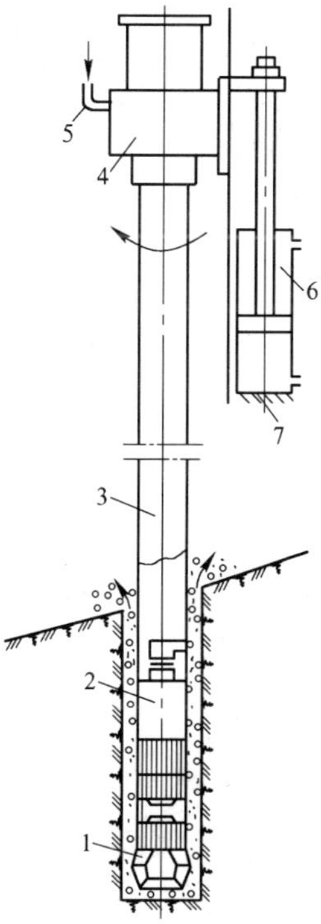

图 1-20 潜孔钻机作业示意图
1—钻头；2—冲击器；3—钻杆；4—气接头；5—进气管；6—加减压气缸；7—钻架

井下潜孔钻机的型号很多，现在以 QZJ 型井下潜孔钻机为例简介其构造。QZJ 型井下潜孔钻机其 QZJ-80A、QZJ-100A 或 QZJ-100B 型的构造和工作原理都基本相同，现以用得较多的 QZJ-100B 型潜孔钻机为例，说明其构造如图 1-21 所示，它属于低气压非自行式潜孔钻机。它由钻具、回转供风机构、推进调压机构、操纵机构、凿岩钻架（支柱）等部分组成。

表 1-5 常用潜孔钻机的型号、规格

型 号	外形尺寸长×宽×高/mm×mm×mm	机重/t	适用巷道宽×高/m×m	钻孔方向	回转马达功率/kW
QZJ-100A（YQ-100A）	850×550×330	0.6	2.5×3	水平及向下	电机 3
QZJ-100B（YQ-100B）	2380×400×470	0.55	2.5×3	任意	气马达 3.4
CTCQ500	3970×181×2180	2.63	2.83×3	上向扇形或平行	气马达 3.4

型 号	转速/r·min^{-1}	推进行程/m	推力/kN	行走方式	行走功率/kW	总耗气量/m^3·min^{-1}
QZJ-100A（YQ-100A）	89	1.1	6			6
QZJ-100B（YQ-100B）	90	1.1	6			12
CTCQ500	90	1.1	6	胶轮	2×3.7	14

（1）回转供风机构。如图1-21所示，它由风动马达12、减速箱11和风接头、钻杆接头等组成。风马达直接与减速箱连接。减速箱采用四级圆柱直齿轮减速，其输出轴为空心轴。空心轴前端用螺栓与钻杆接头连接，把回转扭矩传给钻具。空心轴内部安装不随空心轴转动的供气管道，由操纵阀来的气、水混合物经此进入钻杆直达冲击器。采用风马达作为回转机构的原动机，可以无级调速，有利于提高钻孔效率。

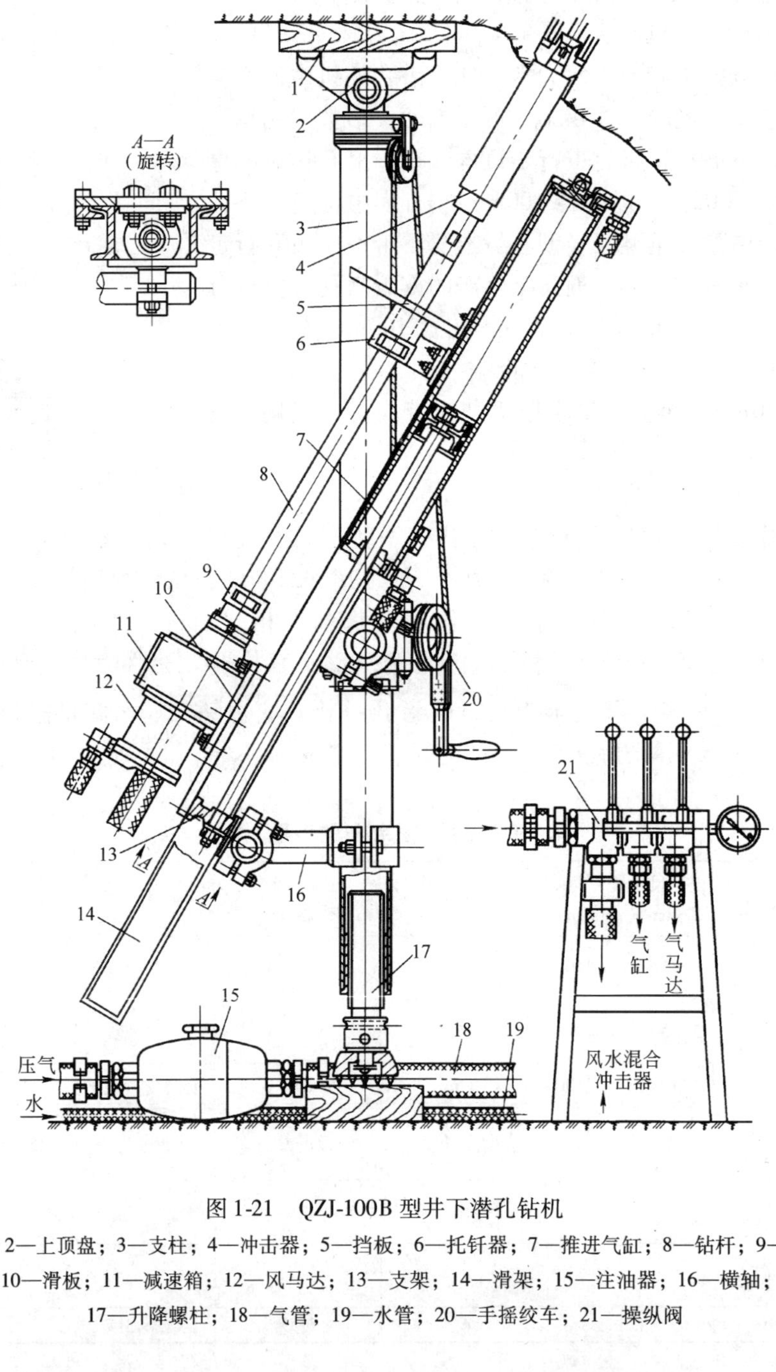

图1-21 QZJ-100B型井下潜孔钻机

1—垫木；2—上顶盘；3—支柱；4—冲击器；5—挡板；6—托钎器；7—推进气缸；8—钻杆；9—卸钎器；10—滑板；11—减速箱；12—风马达；13—支架；14—滑架；15—注油器；16—横轴；17—升降螺柱；18—气管；19—水管；20—手摇绞车；21—操纵阀

（2）推进调压机构。推进调压机构由推进气缸 7、滑板 10、支架 13、滑架 14 组成。用螺栓将回转供风机构和支架连接在滑板上。压气通过管道进入气缸作用于活塞上，活塞杆通过支架带动滑板，使回转供风机构沿滑架向前滑动，钻具则以一定的轴压（推）力作用于孔底，实现钻孔作业。调节气缸的进气压力，便可实现在合理轴推力下钻孔。QZJ-100A 型钻机采用气缸链条推进并调压，而 QZJ-100B 型采用单气缸直接推进并调压，取消了链条传动机构，因而机构更简单、体积小、重量轻，便于井下搬运，易于制造和维修。

（3）操纵阀。操纵阀 21 上有三个手柄。左手柄控制回转用风马达，有正、反、停三个位置；中间手柄控制推进气缸的往复运动，有进、退、停三个位置；右手柄控制开、停冲击器的气、水混合物，有开、闭两个位置；供水量由水阀来控制，在操纵阀进气的前方装有注油器 15。

（4）凿岩钻架。凿岩钻架由上顶盘 2、支柱 3、横轴 16、升降螺柱 17、手摇绞车 20 等组成。使用时根据硐室高度调整升降螺柱，使支柱紧顶在顶板和底板上。横轴由三件组成，用以适应不同的孔向（可旋转 360°），升高或降低钻机则由手摇绞车操纵。

2 爆破技术

2.1 岩石的爆破机理

在工程爆破中，利用炸药爆破来破碎岩体，至今仍然是一种最有效和应用最广泛的手段。在炸药爆炸作用下，岩体是如何破碎的，多年来国内外众多学者对此进行了探索，提出了许多理论和学说。然而由于岩石不均质性和各向异性等自然因素，以及炸药爆炸本身的高速瞬时性，给人们揭示岩石的破碎规律造成了种种困难，迄今对岩石的爆破破碎机理，仍然了解很不够，因而所提出的各种破岩理论还只能算是假说。

2.1.1 岩石爆破破岩机理假说

目前公认的岩石爆破破岩机理有三种理论：爆生气体膨胀作用理论；爆炸应力波反射拉伸理论；爆生气体和应力波综合作用理论。

2.1.1.1 爆生气体膨胀作用理论

爆生气体膨胀作用理论认为炸药爆炸引起岩石破坏，主要是高温高压气体产物膨胀做功的结果。爆生气体膨胀力引起岩石质点的径向位移，由于药包距自由面的距离在各个方向上不一样，质点位移所受的阻力就不同，最小抵抗线方向阻力最小、岩石质点位移速度最高。正是由于相邻岩石质点移动速度不同，造成了岩石中的剪切应力，一旦剪切应力大于岩石的抗剪强度，岩石即发生剪切破坏。破碎的岩石又在爆生气体膨胀推动下沿径向抛出，形成一倒锥形的爆破漏斗坑，如图 2-1 所示。

该理论的实验基础是早期用黑火药对岩石进行爆破漏斗试验中所发现的均匀分布的、朝向自由面方向发展的辐射裂隙，这种理论称为静作用理论。

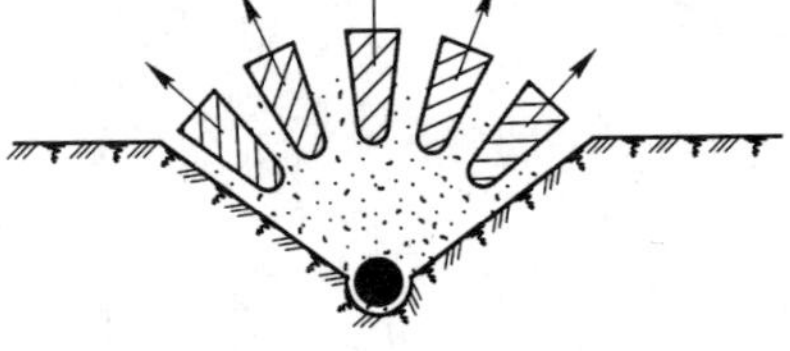

图 2-1 爆生气体的膨胀作用

2.1.1.2 爆炸应力波反射拉伸理论

爆炸应力波反射拉伸理论认为，岩石的破坏主要是由于岩体中爆炸应力波在自由面反射后形成反射拉伸波的作用。岩石的破坏形式是拉应力大于岩石的抗拉强度而产生的，岩石是被拉断的。其实验基础是岩石杆件的爆破试验和板件爆破试验。

杆件爆破试验是用长条岩石杆件，在一端安置炸药爆炸，则靠炸药一端的岩石被炸碎，而另一端岩石由于应力波的反射拉伸作用而被拉断成许多块，杆件中间部分没有明显的破坏，如图 2-2 所示。板件爆破试验是在松香平板模型的中心钻一小孔，插入雷管引爆，除平板中心形成和装药的内部作用相同的破坏，在平板的边缘部分形成了由自由面向中心发展的拉断区，如图 2-3 所示。

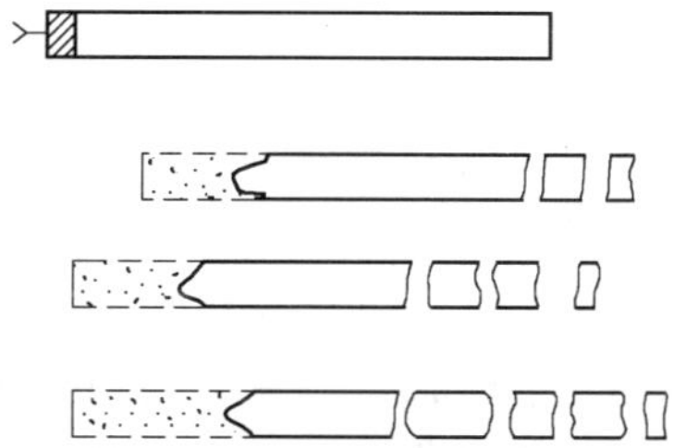

图 2-2 不同装药量的岩石杆件爆破试验

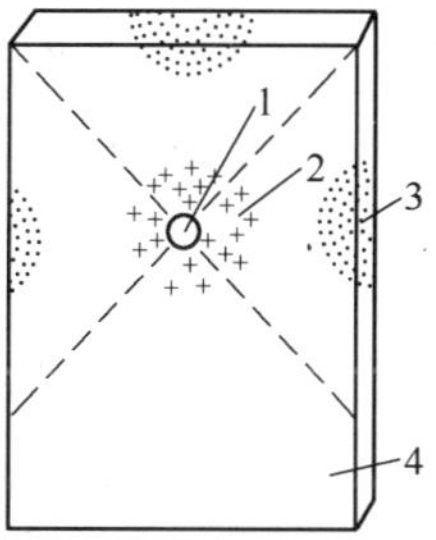

图 2-3 板件爆破试验
1—小孔；2 —破碎区；3—拉伸区；4—振动区

以上试验说明了拉伸波对岩石的破坏作用，这种理论称为动作用理论。

2.1.1.3 爆生气体和应力波综合作用理论

爆生气体和应力波综合作用理论认为，岩石爆破破碎是爆生气体膨胀和爆炸应力波综合作用的结果，从而加强了岩石的破碎效果。因为冲击波对岩石的破碎作用时间短，而爆生气体的作用时间长，所以爆生气体的膨胀，促进了裂隙的发展；同样，反射拉伸波也加强了径向裂隙的扩展。

至于哪一种作用是主要作用，应根据不同的情况来确定。黑火药爆破岩石，几乎不存在动作用。而猛炸药爆破时，又很难说是气体膨胀起主要作用，因为往往猛炸药的爆容比硝铵类混合炸药的爆容要低。岩石性质不同，情况也不同。对松软的塑性土壤，波阻抗很低，应力波衰减很大，这类岩土的破坏主要靠爆生气体的膨胀作用。而对致密坚硬的高波阻抗岩石，应主要靠爆炸应力波的作用，才能获得较好的爆破效果。

综合作用理论的实质是：岩体内最初裂隙的形成是由冲击波或应力波造成的，随后爆生气体渗入裂隙并在准静态压力作用下，使应力波形成的裂隙进一步扩展，即炸药爆炸的动作用和静作用在爆破破岩过程中的综合体现。

爆生气体膨胀的准静态能量，是破碎岩石的主要能源。冲击波或应力波的动态能量与介质特性和装药条件等因素有关。哈努卡耶夫认为，岩石波阻抗不同，破坏时所需应力波峰值不同，岩石波阻抗高时，要求高的应力波峰值，此时冲击波或应力波的作用就显得重要，他把岩石按波阻抗值分为三类，见表 2-1。

表 2-1 岩石的波阻抗分类

岩 石 类 别	波阻抗/$g\cdot(cm^2\cdot s)^{-1}$	破 坏 作 用
高阻抗岩石	$15\times10^5\sim25\times10^5$	主要取决于应力波，包括入射波和反射波
中阻抗岩石	$5\times10^5\sim15\times10^5$	入射应力波和爆生气体的综合作用
低阻抗岩石	$<5\times10^5$	以爆生气体形成的破坏为主

2.1.2 爆破破岩内部作用和外部作用

炸药在岩体内爆炸时所释放出来的能量，是以冲击波和高温高压的爆生气体形式作用于岩体。由于岩石是一种不均质和各向异性的介质，因此在这种介质中的爆破破碎过程，是一个十分复杂的过程。

2.1.2.1 爆破的内部作用

在炸药类型一定的前提下，对单个药包爆炸作用进行分析。

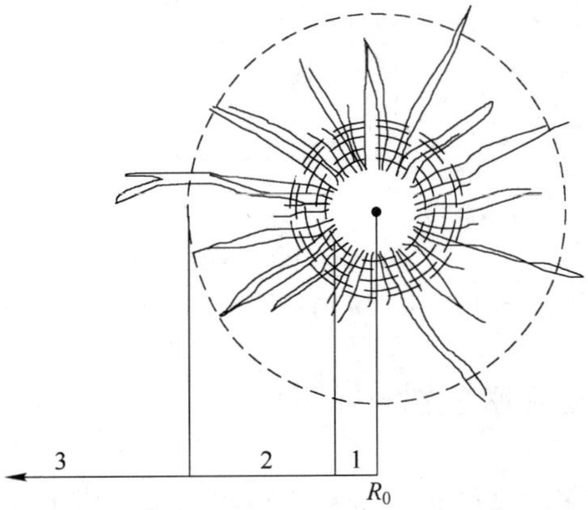

图 2-4 药包在无限岩体内的爆炸作用

R_0—药包半径；

1—近区（压缩粉碎区），(2～7) R_0；

2—中区（破裂区），(8～150) R_0；

3—远区（震动区），大于（150～400）R_0

岩石内装药中心至自由面的垂直距离称为最小抵抗线，通常用 W 表示。对于一定的装药量来说，若最小抵抗线 W 超过某一临界值时，可以认为药包处在无限介质中。此时当药包爆炸后，在自由面上不会看到地表隆起的迹象。也就是说，爆破作用只发生在岩石内部，未能达到自由面。药包的这种作用，叫做爆破的内部作用。

炸药在岩石内爆炸后，引起岩体产生不同程度的变形和破坏。如果设想将经过爆破作用的岩体切开，便可看到如图 2-4 所示的剖面。根据炸药能量的大小、岩石可爆性的难易和炸药在岩体内的相对位置，岩体的破坏作用可分近区、中区和远区三个主要部分，亦即压缩粉碎区、破裂区和震动区三个部分。

A 压缩粉碎区形成特征

所谓爆破近区是指直接与药包接触、邻近的那部分岩体。当炸药爆炸后，产生两三千摄氏度以上的高温和几万兆帕的高压，形成每秒数千米速度的冲击波，伴之以高压气体在微秒量级的瞬时内作用在紧靠药包的岩壁上，致使近区的坚固岩石被击碎成为微小的粉粒(为0.5～2mm)，把原来的药室扩大成空腔，称为粉碎区；如果所爆破的岩石为塑性岩石(如黏土质岩石、凝灰岩、绿泥岩等)，则近区岩石被压缩成致密坚固的硬壳空腔，称为压缩区。

爆破近区的范围与岩石性质和炸药性能有关。比如，岩石密度越小，炸药威力越大，空腔半径就越大。通常压缩粉碎区约为药包半径 R_0 的 2～7 倍，破坏范围虽然不大，但却消耗了大部分爆炸能。工程爆破中应该尽量减少压缩粉碎区的形成，从而提高炸药能量的有效利用。

B 破裂区的形成特征

炸药在岩体中爆炸后，强烈的冲击波和高温、高压爆轰产物将炸药周围岩石破碎压缩成粉碎区（或压缩区）后，冲击波衰减为应力波。应力波虽然没有冲击波强烈，剩余爆轰产物的压力和温度也已降低，但是，它们仍有很强大的能量，将爆破中区的岩石破坏，形成破裂区。

通常破裂区的范围比压缩粉碎区大得多，比如压缩粉碎区半径一般为（2～7）R_0，而破裂区的半径则为（8～150）R_0，所以，破裂区是工程爆破中岩石破坏的主要部分。破裂区主要是受应力波的拉应力和爆轰产物的气楔作用形成的，如图 2-5 所示。由于应力作用的复杂性，破裂区中有径向裂隙、环向裂隙和剪切裂隙。

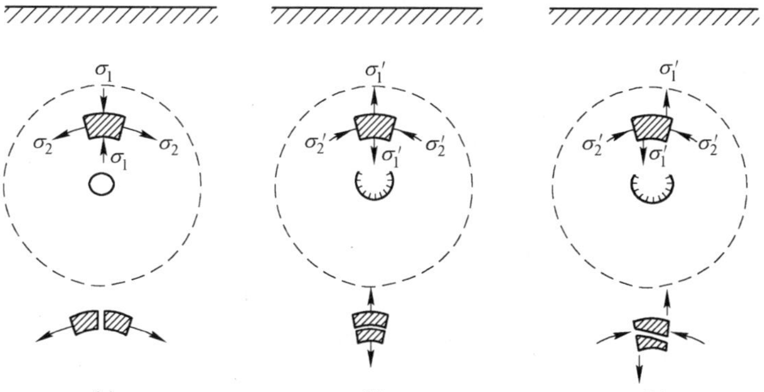

图 2-5 破裂区裂隙形成应力作用示意图

（a）径向裂隙；（b）环向裂隙；（c）剪切裂隙

σ_1—径向压应力；σ_2—切向拉应力；σ'_1—径向拉应力；σ'_2—切向压应力

C 震动区效应

爆破近区（压缩、粉碎区）、中区（破裂区）以外的区域称为爆破远区。该区的应力波已大大衰减，渐趋于正弦波，部分非正弦波性质的小振幅振动，仍具有一定强度，足以使岩石产生轻微破坏。当应力波衰减到不能破坏岩石时，只能引起岩石质点作弹性振动，形成地震波。

爆破地震瞬间的高频振动可引起原有裂隙的扩展，严重时可能导致露天边坡滑坡、地下井巷的冒顶片帮以及地面或地下建筑物构筑物的破裂、损坏或倒塌等。地震波是构成爆破公害的危险因素。因此必须掌握爆破地震波危害的规律，采取降震措施，尽量避免和防止爆破地震的严重危害。

2.1.2.2 爆破的外部作用

在最小抵抗线的方向上，岩石与另一种介质（空气或水等）的接触面，称为自由面，也叫临空面。当最小抵抗线 W 小于临界抵抗线 W_C 时，炸药爆炸后除发生内部作用外，自由面附近也发生破坏。也就是说，爆破作用不仅只发生在岩体内部，还可达到自由面附近，引起自由面附近岩石的破坏，形成鼓包、片落或漏斗。这种作用叫做爆破的外部作用。

目前解释岩石爆破破岩机理认识较为统一的有三种理论，前已叙述。

综合上述论述，可以归纳出下列几点重要结论：

（1）应力波来源于爆轰冲击波，它是破碎岩石的能源，但气体产物的静膨胀作用同样是十分重要的能源。

（2）坚硬岩石中，冲击波作用明显，而软岩中则气体膨胀作用明显，这一点在选择炸药爆速和确定装药结构时应加以考虑。

（3）粉碎区为高压作用结果，因岩石抗压强度大且处在三向受压状态，故粉碎区范围不大；裂隙区为应力波作用结果，其范围取决于岩性。片落区是应力波从自由面处反射的结果，此处岩石处于受拉应力状态，由于岩石的抗拉强度极低，故拉断区范围较大；震动区为弹性变形区，岩石未被破坏。

（4）大多数岩石坚硬有脆性，易被拉断。这就启示人们，应当尽可能为破岩创造拉断的破坏条件。应力反射面的存在是有利条件，在工程爆破中，如何创造和利用自由面是爆破技术中的重要问题。

2.1.3 爆破漏斗与爆破理论

2.1.3.1 爆破漏斗

A 爆破漏斗的形成

在工程爆破中，往往是将炸药包埋置在一定深度的岩体内进行爆破。设一球形药包，埋置在平整地表面下一定深度的坚固均质的岩石中爆破。如果埋深相同、药量不同；或者药量相同、埋深不同，爆炸后则可能产生近区、中区、远区，或者还产生片落区以及爆破漏斗。

在均质坚固的岩体内，当有足够的炸药能量，并与岩体可爆性相匹配时，在相应的最小抵抗线等爆破条件下，炸药爆炸产生两三千摄氏度以上的高温和几万兆帕的高压，形成每秒几千米速度的冲击波和应力场，作用在药包周围的岩壁上，使药包附近的岩石被挤压，或被击碎成粉粒，形成了压缩粉碎区。此后，冲击波衰减为压应力波，继续在岩体内自爆源向四周传播，使岩石质点产生径向位移，构成径向压应力和切向拉应力的应力场，形成与粉碎区贯通的径向裂隙。

高压爆生气体膨胀的气楔作用助长了径向裂隙的扩展。由于能量的消耗，爆生气体继续膨胀，但压力迅速下降。当爆源的压力下降到一定程度时，原先在药包周围岩石被压缩过程中积蓄的弹性变形能释放出来，并转变为卸载波，形成朝向爆源的径向拉应力。当此拉应力大于岩石的抗拉强度时，岩石被拉断，形成环向裂隙。

在径向裂隙与环向裂隙出现的同时，由于径向应力和切向应力共同作用的结果，又形成剪切裂隙。纵横交错的裂隙，将岩石切割破碎，构成了破裂区（中区），这是岩石被爆破破坏的主要区域。

当应力波向外传播到达自由面时，产生反射拉伸应力波。该拉应力大于岩石的抗拉强度时，地表面的岩石被拉断形成片落区，在径向裂隙的控制下，破裂区可能一直扩展到地表面，或者破裂区和片落区相连接形成连续性破坏。与此同时，大量的爆生气体继续膨胀，将最小抵抗线方向的岩石表面鼓起、破碎、抛掷，最终形成倒锥形的凹坑，此凹坑称为爆破漏斗。如图 2-6 所示。

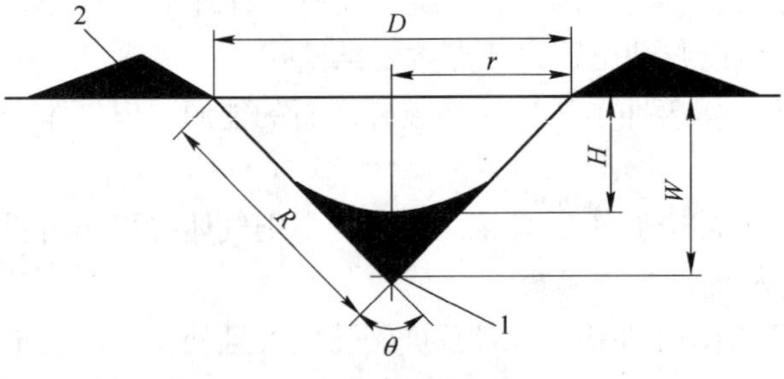

图 2-6 爆破漏斗及参数

D—爆破漏斗直径；H—爆破漏斗可见深度；r—爆破漏斗半径；W—最小抵抗线；
R—爆破漏斗作用半径；θ—爆破漏斗展开角；
1—药包；2—爆堆

B　爆破漏斗的参数

设一球状药包在自由面条件下爆破形成爆破漏斗的几何尺寸，如图4-8所示。其中爆破漏斗三要素是指最小抵抗线 W，爆破漏斗半径 r 和漏斗作用半径 R。最小抵抗线 W 表示药包埋置深度，是岩石爆破阻力最小的方向，也是爆破作用和岩块抛掷的主导方向，爆破时，一部分岩块被抛出漏斗外，形成爆堆；另一部分岩块抛出之后又回落到爆破漏斗内。

在工程爆破中，经常应用爆破作用指数（n），这是一个重要的参数，它是爆破漏斗半径 r 和最小抵抗线 W 的比值，即

$$n = \frac{r}{W}$$

C　常见漏斗形式

爆破漏斗是一般工程爆破最普遍、最基本的形式。根据爆破作用指数 n 值的大小，爆破漏斗有如下四种基本形式如图2-7所示。

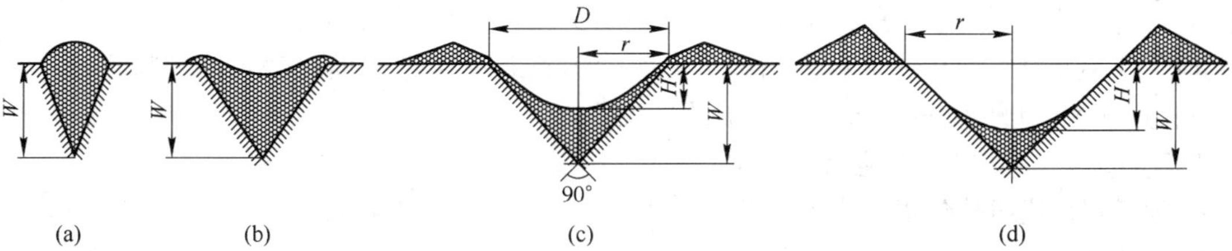

图2-7　爆破漏斗的四种基本形式

（a）松动爆破漏斗；（b）减弱抛掷爆破漏斗（加强松动漏斗）；（c）标准抛掷爆破漏斗；（d）加强抛掷爆破漏斗

（1）松动爆破漏斗［见图2-7（a）］。爆破漏斗内的岩石被破坏、松动，但并不抛出坑外，不形成可见的爆破漏斗坑，此时 $n \approx 0.75$。它是控制爆破常用的形式。$n < 0.75$ 时，不形成从药包中心到地表面的连续破坏，即不形成爆破漏斗。例如工程爆破中采用的扩孔（扩药壶）爆破形成的爆破漏斗就是松动爆破漏斗。

（2）减弱抛掷爆破漏斗，如图2-7（b）所示。爆破作用指数为 $0.75 < n < 1$，成为减弱抛掷漏斗（又称加强松动漏斗），它是井巷掘进常用的爆破漏斗形式。

（3）标准抛掷爆破漏斗［见图2-7（c）］。爆破作用指数 $n = 1$ 时，漏斗展开角 $\theta = 90°$，形成标准抛掷漏斗。在确定不同种类岩石的单位炸药消耗量时，或者确定和比较不同炸药的爆炸性能时，往往用标准爆破漏斗的体积作为检查的依据。

（4）加强抛掷爆破漏斗，如图2-7（d）所示。爆破作用指数 $n > 1$，漏斗展开角 $\theta > 90°$。当 $n > 3$ 时，爆破漏斗的有效破坏范围并不随炸药量的增加而明显增大，实际上，这时炸药的能量主要消耗在岩块的抛掷上。在工程爆破中，加强抛掷爆破漏斗的作用指数为 $1 < n < 3$，根据爆破具体要求，一般情况下取 $n = 1.2 \sim 2.5$。这是露天抛掷大爆破或定向抛掷爆破常用的形式。

在工程爆破中，要根据爆破的目的选择爆破漏斗类型。如在筑坝、山坡公路的开挖爆破中，应采用加强抛掷爆破漏斗，以减少土石方的运输量；而在开挖沟渠的爆破中，则应采用松动爆破漏斗，以免对沟体周围破坏过大而增加工作量。

2.1.3.2　利文斯顿爆破理论

利文斯顿在各种岩石、不同炸药量、不同埋深的爆破漏斗试验的基础上，提出了以能量平衡为准则的岩石爆破破碎的爆破漏斗理论。他认为炸药在岩体内爆破时，传给岩石能量的多少和速度的快慢，取决于岩石的性质、炸药性能、药包重量、炸药的埋置深度和位置及起爆方法等因素。在岩石性质一定的条件下，爆破能量的多少取决于炸药量的多少、炸药能量释放的速度与炸药起爆的速度。假设有一定数量的炸药埋于地下某一深处爆炸，它所释放的绝大部分能量被岩石所吸收。当岩石所吸收的能量达到饱和状态时，岩体表面开始产生位移、隆起、破坏以至被抛掷出去。如果没有达到饱和状态时，岩石只呈弹性变形，不被破坏。

2.1.3.3　自由面对爆破的影响

自由面在爆破破坏过程中起着重要作用，它是形成爆破漏斗的重要因素之一。自由面既可以形成片落漏斗，又可以促进径向裂隙的延伸，并且还可以大大减少岩石的夹制性，有了自由面，爆破后岩石才能从自由面方向破碎、移动和抛掷。

自由面数越多，爆破破岩越容易，爆破效果也越好。当岩石性质、炸药情况相同时，随着自由面的增多，炸药单耗将明显降低，炮孔与自由面的夹角越小，爆破效果越好。当其他条件不变时，炮孔位于自由面的上方时，爆破效果较好（但此时可能大块产出率较高）；炮孔位于自由面的下方时，爆破效果较差。

2.1.3.4　单排成组药包齐发爆破

为了解释成组药包爆破应力波的相互作用情况，有人在有机玻璃中用微型药包进行了模拟爆破试验，并同时用高速摄影装置将试块的爆破破坏过程摄录下来进行分析研究。分析研究后认为，当药包同时爆破，在最初几微秒时间内，应力波以同心球状从各爆点向外传播。经十几微秒后，相邻两药包爆轰波相遇，产生相互叠加，于是在模拟试块中出现复杂的应力变化情况，应力重新分布，沿炮孔中心连心线得到加强，而炮孔连心线中段两侧附近则出现应力降低区。

应力波和爆轰气体联合作用爆破理论认为，应力波作用于岩石中的时间虽然极为短暂，然而爆轰气体产物在炮孔中却能较长时间地维持高压状态。在这种准静态压力作用下，炮孔连心线各点上产生切向拉伸应力，最大应力集中于炮孔连心线同炮孔壁相交处，如图2-8所示。因而拉伸裂隙首先在炮孔壁，然后沿炮孔连心线向外延伸，直至贯通相邻两炮孔。这种解释很有说服力，而且生产现场也证明，相邻齐发爆破炮孔间的拉伸裂隙是从孔壁沿连心线向外发展的。

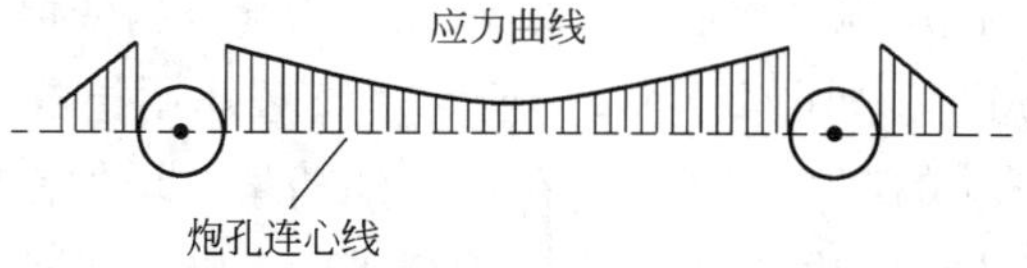

图2-8　拉伸应力作用

根据上述理论，适当增大相邻炮孔距离，并相应减少最小抵抗线，可避免左右相邻的压应力和拉应力相互抵消作用，有利于减少大块岩石的产生。此外，相邻两排炮孔的梅花形布置比矩形布置更为合理，这一点已经被生产中采用大孔距、小抵抗线爆破取得良好效果所证明。

2.1.3.5 多排成组药包齐发爆破

多排成组药包齐发爆破时，只有第一排炮孔爆破具有优越的自由面条件，继后各排炮孔爆破均受到较大的夹制作用。所以多排成组药包齐发爆破效果不佳，工程实际中很少应用，一般被微差爆破所代替。

2.2 爆破材料

2.2.1 起爆材料

雷管是用来起爆炸药或导爆索的，它是一种最基本的起爆材料。雷管的引爆过程是通过火焰或电能首先使雷管上部起爆药着火，起爆药很快由燃烧转为爆轰。爆轰波将雷管下部的高猛炸药激发，从而完成整个雷管的爆炸。

雷管的种类很多，工业雷管按点火方式分类如图 2-9 所示。

- 雷管
  - 火雷管
  - 电雷管
    - 瞬发电雷管
    - 延期电雷管
      - 秒或半秒电雷管
      - 毫秒电雷管
  - 非电雷管
    - 瞬发非电雷管
    - 秒或半秒非电雷管
    - 毫秒非电雷管

图 2-9　雷管点火方式

按管壳材料可分为：金属（铜、铁、铝等）管壳雷管和非金属（塑料、纸等）管壳雷管。金属管壳强度高，加工容易，制成的雷管封闭性能好，有利于防潮抗水。缺点是铝壳雷管不能用于有瓦斯和矿尘爆炸危险的矿山；铜壳管壳的原材料缺乏，价格较高，且不能装填叠氮化铅；铁壳雷管强度高、来源广，但它能与硫氰酸铅起化学反应。塑料壳雷管用量少、尺寸易变、强度低、起爆威力小。纸壳雷管用量大，大部分火雷管和相当一部分延期雷管都是纸壳雷管，其材料来源广，但强度低、不抗水、防潮能力差。

导火索也称作导火线，它是一种用作传递火焰的索状点火材料。索芯是黑火药。导火索主要用于引爆火雷管或黑火药包。在索式秒延期雷管中，它还可作为延期元件，在花炮、军工制品（手榴弹、爆破筒等）中，也常用作延期元件。但在有瓦斯、煤尘或矿尘爆炸危险的场所不能使用。

2.2.1.1 火雷管

在工业雷管中，火雷管是最基本、最简单的一个品种。它由火焰直接引爆，火焰是通过导火索等传递的。火雷管结构简单，生产效率高，使用方便、灵活，价格低廉，不受各种杂电、静电及感应电的干扰。故至今仍被广泛使用。但必须指出，由于导火索难以避免的速燃、缓燃等缺点，在使用过程中产生过大量爆破事故。因而，极大地限制了它的用量和使用范围。

A 火雷管的结构

火雷管由管壳、正起爆药、副起爆药、加强帽等组成。管壳的一端开口，另一端封闭并带有凹槽，起聚能作用，其结构如图 2-10 所示，规格尺寸见表 2-2。

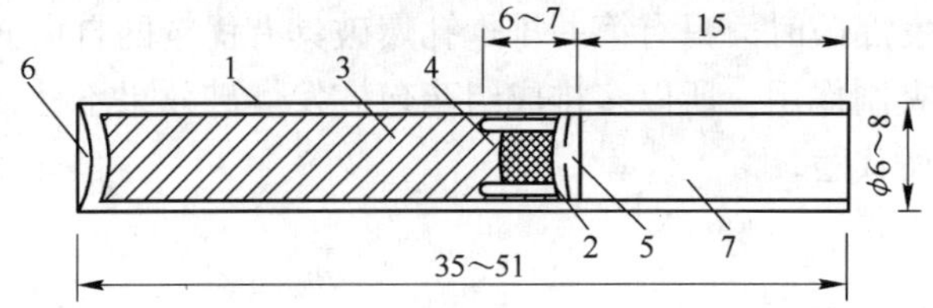

图 2-10 火雷管构造（单位：mm）

1—管壳；2—加强帽；3—副起爆药；4—正起爆药；5—中心孔；6—聚能穴；7—开口端

表 2-2 国产 6 号和 8 号火雷管的规格尺寸 （mm）

雷管材料	雷管编号	雷管壳			加强帽（铜、铝、铁）			
		外径	内径	全长	外径	内径	全长	帽孔直径
铜、铝、铁、	6 号	6.6 ±0.1	6.22 ±0.04	35 ±1	6.16 ±0.06	6.55 ±0.05	6.5 ±1	2.0
铜、铝、铁	8 号	6.6 ±0.1	6.22 ±0.04	40 ±1	6.16 ±0.06	6.55 ±0.05	6.5 ±1	2.0
纸	8 号	7.8 ±0.3	6.25 ±0.1	40 ±1	6.16 ±0.06	5.55 ±0.05	6.5 ±1	2.0

a 管壳

管壳有一定的机械强度，能减少正、副起爆药、爆炸时的侧向扩散，保证起爆能力，管壳还可以避免起爆药受外部能量的直接作用，保证安全，并可提高雷管的防潮能力。

金属管壳一端开口供插入导火索，另一端封闭，冲压成聚能穴（见图 2-10）。纸管壳则为两端开口，先将副起爆药压制成圆锥形或半球形凹穴，再在凹穴表面涂上防潮剂。

b 正起爆药

正起爆药是火雷管组成的关键部分，它在导火索火焰的作用下迅速爆轰。正起爆药具有良好的火焰感度，而且它的爆速能急速增长到稳定爆轰速度。6 号和 8 号雷管的正起爆药量相同。

c 副起爆药（主装药）

副起爆药（主装药）通常是黑索金或泰安，其净装药量为：6 号雷管不低于 0.4g，8 号雷管不低于 0.6g。副起爆药一般对火焰不很敏感，它需要由正起爆药爆轰起爆，但爆炸威力大，故在制造雷管时通常将两者配合使用。雷管的起爆能力与副起爆的性能（主要是爆速和猛度）、装药密度、装药量等有关。

d 加强帽

加强帽为中心带有一小孔的金属罩，多由铜片或铁片冲压而成，它有三个作用：减少起爆药的暴露面积，提高抗震能力，避免外力作用，加强雷管的安全性；防止起爆药受潮，增加雷管的防潮能力；促使起爆药爆炸时压力的增长，提高雷管起爆的可靠性和起爆能力。加强帽中心孔设有一个直径 20mm 的传火孔，其作用是让导火索产生的火焰通过传火孔引爆正起爆药，再由正起爆药激发雷管的副起爆药爆炸。为防止杂物、水汽侵入和起爆药散失，中心孔及加强帽周围常采取防潮处理。

B 雷管号数和起爆能力

工业雷管按其装药量的多少分为 10 个等级。号数愈大，起爆药量愈多，起爆能力愈强。较常用的是6号和8号雷管，表2-3列出了6号、8号两种雷管的装药量。按作用的不同，火雷管又可分为延发火雷管和瞬发火雷管两种。

表2-3　工业雷管装药量

雷管号数	起爆药药重/g			主装药药重/g			
	二硝基重氮酚	雷汞	叠氮铅	黑索金或钝化黑索金	特屈儿	黑索金（TNT）	特屈儿（TNT）
6号	0.3±0.02	0.4±0.02	0.1±0.02 (0.21±0.02)	0.4±0.02	0.4±0.02	0.5±0.02	
8号	0.3~0.367 ±0.02	0.4±0.02	0.1±0.02 (0.21±0.02)	0.7~0.72 ±0.02	0.7~0.72 ±0.02	0.7~0.72 ±0.02	0.7~0.72 ±0.02

安全规程规定：每100发雷管装入一个纸盒内，纸盒必须蜡封防潮。每50或75盒雷管装入一个包装箱内。

C　火雷管的检验

经验表明，在爆破工程实践中，有时因雷管质量不合格或检查不严，常常发生拒爆现象，影响爆破效果和爆破作业安全。因此，在爆破作业的准备工作中，应对火雷管作必要的检验。

D　火雷管储存有效期

纸壳火雷管的有效期一般为1年，其他管壳雷管为2年。如对储存过久的火雷管的质量有怀疑时，应进一步作火雷管爆炸威力的试验。

2.2.1.2　电雷管

电雷管按作用不同可分为普通发电雷管和普通延期电雷管两种。延期电雷管又可分为秒延期电雷管和毫秒延期电雷管两种。

A　普通瞬发电雷管

瞬发电雷管是在起爆电流足够大的情况下通电即爆的电雷管，又称作即发电雷管，实际上是一个火雷管与电力点火装置的结合体。

a　瞬发电雷管的结构

瞬发电雷管的构造如图2-11所示。按点火装置的不同，瞬发电雷管分为药头式和直插式两种。

直插式瞬发电雷管的特点是：起爆药DDNP（二硝基重氮酚）是松装的，而点火装置的桥丝直接插入起爆药中，没有加强帽。这对雷管的起爆能力是不利的，故往往需要将起爆药量增大。

药头式瞬发电雷管的特点是，桥丝周围涂有引火药并制成圆珠状，桥丝在电流作用下发热引起点火头燃烧，火焰穿过加强帽中心孔，引起起爆药爆炸。

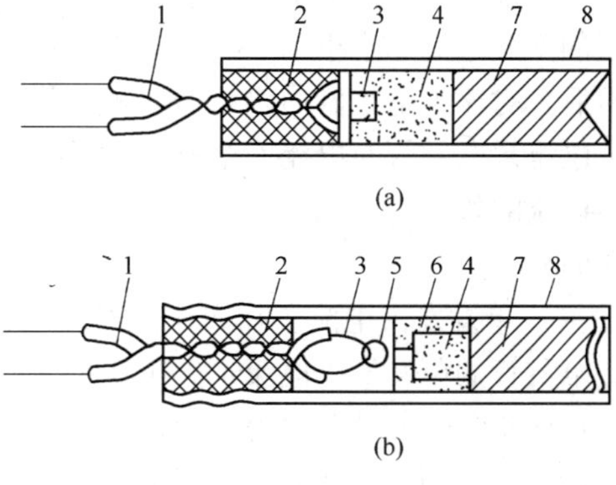

图2-11　瞬发电雷管

(a) 直插式；(b) 药头式

1—脚线；2—密封塞；3—桥丝；4—起爆药；5—引火头；6—加强帽；7—加强药；8—管壳

b 瞬发电雷管的性能参数

电雷管的性能参数是国家制定与爆破相关的法规、标准，是生产厂家进行质量检验，用户进行验收，爆破工程技术人员进行电爆网路设计、选用起爆电源和检测仪表的重要依据。电雷管的性能参数主要有全电阻、最低准爆电流、最高安全电流、点燃时间、传导时间、点燃起始能等。

（1）电雷管全电阻。电雷管全电阻包括桥丝电阻和脚线电阻。国产电雷管电阻值可参考表2-4。

表2-4 国产电雷管电阻

桥丝材料	桥丝电阻/Ω	脚线长度/m	脚线材料	全电阻/Ω
康铜	0.7~1.0	2	铁线	2.5~4
			铜线	1~1.5
镍铬	2.5~3.0	2	铁线	5.6~6.3
			铜线	2.8~3.8

由表2-4看出，2m长铁脚线电雷管的全电阻不大于6.3Ω，上下线差值不大于2.0Ω；当采用铜脚线时，其全电阻不大于4.0Ω，上下线差值不大于1.0Ω。电雷管在出厂时，允许电阻值有一定的误差范围。因此在使用单个电雷管时，电阻值在规定范围内均属合格。电雷管在使用之前，要用爆破专用电表逐个测定每个电雷管的阻值，剔除断路、短路和阻值异常的电雷管。《爆破安全规程》规定：用于同一爆破网路的电雷管应为同厂同型号产品，康铜桥丝雷管的电阻值差不得超过0.3Ω，镍铬桥丝雷管的电阻值差不得超过0.8Ω，否则难以同时起爆甚至造成部分雷管拒爆。当使用电雷管大规模成组爆破时，若不能满足此要求，也应尽量把电阻值接近的雷管编在一组使用。

（2）最低准爆电流。电雷管通以恒定的直流电流能使引火头必定引燃的最小电流，称为最低准爆电流。国产电雷管的最低准爆电流一般不大于0.7A。

（3）安全电流。在5min内不发火的恒定直流电流称为安全电流。国家标准规定，电雷管的安全电流不小于0.18A。安全电流的试验测试方法为：20发电雷管串联连接，测量电阻后，对该组电雷管通以0.18A的恒定直流，通电时间5min，电雷管均不爆炸为合格。安全电流是电雷管对电流安全的一个指标。在设计爆破专用仪表时，安全电流是选择仪表输出电流的依据。为确保安全，《爆破安全规程》规定，爆破专用电表的工作电流应小于30mA。

（4）单发发火电流。在30s内发火的恒定直流电流称为单发发火电流。国家标准规定，电雷管的单发发火电流不大于0.45A。单发发火电流的数值是通过采用数理统计的方法进行试验和数据处理而得到的，是可靠引爆单发电雷管的最小准爆电流。

（5）点燃时间。电雷管从开始通电到引火头引燃的时间称为点燃时间。

（6）传导时间。电雷管从引火头引燃到发生爆炸的时间称为传导时间。传导时间对成组电雷管齐发爆破有重大意义，较长的传导时间使敏感度稍有差别的电雷管成组爆炸成为可能。

（7）点燃起始能。根据焦耳-楞次定律，当桥丝电阻一定时，桥丝的发热量和电流平方与通电时间的乘积成正比。把恰能使引火头点燃的电流平方与通电时间的乘积 I^2t，称为点燃起始能 K_B。点燃起始能是表示雷管敏感程度的重要参数。点燃起始能值愈小，说明它对电能的敏感度愈高，否则反之。

成组电雷管的准爆条件：电雷管成组起爆时，由于各个雷管点燃起始能的差异，对电能的敏感程度不尽相同。点燃起始能低的电雷管首先点燃，炸断电路，致使点燃起始能高的电雷管因未获得足够的点燃起始能而产生拒爆。因此，为了保证成组电雷管的准爆，必须满足下列条件：

$$t_{B最低} + t_{D最低} \geqslant t_{B最高} \tag{2-1}$$

式中 $t_{B最低}$——点燃起始能最低的电雷管的点燃时间（最敏感电雷管）；

$t_{B最高}$——点燃起始能最高的电雷管的点燃时间（最钝感电雷管）；

$t_{D最低}$——点燃起始能最低的电雷管的传导时间（最敏感电雷管）。

点燃起始能最低的电雷管的点燃时间与传导时间之和应大于点燃起始能最高的电雷管的点燃时间。假设 I 为保证成组电雷管起爆的准爆电流，则：

$$I^2 t_{D最低} \geqslant I^2 t_{B最高} - I^2 t_{B最低} \tag{2-2}$$

因为

$$K_B = I^2 t_B$$

所以

$$I^2 \geqslant \frac{K_{B最高} - K_{B最低}}{t_{D最低}} \tag{2-3}$$

或者

$$I \geqslant \sqrt{\frac{K_{B最高} - K_{B最低}}{t_{D最低}}} \tag{2-4}$$

尽管单个电雷管的最低准爆电流不大于 0.7A，但考虑到成组电雷管中不同雷管点燃起始能的差异，为了可靠起见，《爆破安全规程》规定，电力起爆时，流经每个雷管的电流为：一般爆破，交流电不小于 2.5A，直流电不小于 2A；大爆破，交流电不小于 4A，直流电不小于 2.5A。因交流电的变化曲线呈正弦曲线变化，任一瞬间的电流值均不相等，为保证起爆的可靠性，就必须提高单个雷管的起爆电流。

c 瞬发电雷管的发火装置

瞬发电雷管的发火装置如图 2-12 所示，其结构由下列元件组成：

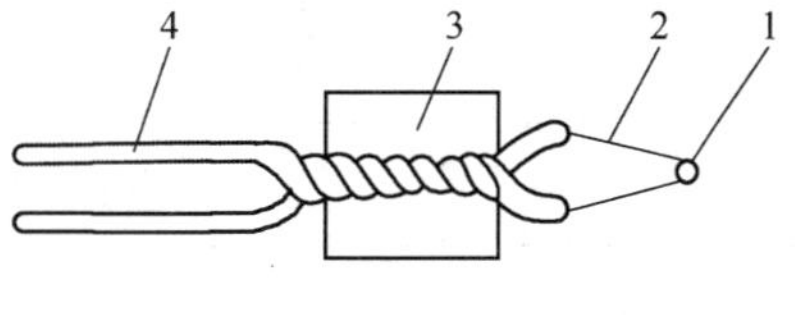

图 2-12 电引火头

1—药头（引火药）；2—桥丝；3—塑料柱；4—脚线

（1）引火药。其成分一般为可燃剂和氧化剂的混合物。目前各厂家使用的引火药归纳起来有三类：氯酸钾—硫氰酸铅类，氯酸钾—木炭类，氯酸钾—木炭再加 DDNP（二硝基重氮酚）15%。

（2）桥丝。有康铜丝和镍铬丝两种。

（3）塑料柱。一般为高压聚乙烯注塑而成。

（4）脚线。脚线材料有铜和铁两种。紫铜丝的直径为 0.45mm，长度为（2.0 ± 0.1）m（根据用户需要规定），电阻为 0.10 ~ 0.12Ω/m。

d 瞬发电雷管的技术指标

瞬发电雷管的主要技术指标如下：

（1）外观。表面应符合要求。

（2）尺寸。雷管长45～50mm，外径8.5mm，脚线长度1.5～3m。

（3）电阻。采用镍铬合金细丝作桥丝材料。铁脚线电雷管全电阻为（6.3±1.0）Ω，铜脚线电雷管全电阻为（4.0±0.5）Ω。

（4）最大安全电流。通0.1A恒定直流电流30s不爆炸。

（5）最小发火电流。通0.6A恒定直流电，30s必须起爆；20发雷管串联，通1.2A恒定直流电应全爆。

（6）铅板穿孔和串联试验。8号雷管应炸穿5mm厚铅板；6号雷管应炸穿4mm厚铅板。穿孔直径应不小于雷管外径。

（7）振动试验。在振动机上，频率每分钟（60±1）次，落高150mm，连续振动10min，雷管的各项性能指标不变。

（8）封口牢固性。荷重2kg，1min内封口塞无肉眼可见的移动和损坏。

（9）在规定的储存条件下，储存期为2年。

B 普通延期电雷管

延期电雷管是通以足够电流之后，还要经过一定时间才能爆炸的电雷管。延期电雷管按时间间隔的长短可分为秒延期电雷管、半秒延期电雷管和毫秒延期电雷管。

a 秒和半秒延期电雷管

秒和半秒延期电雷管的结构如图2-13所示。电引火元件与起爆药之间的延期装置是用精制导火索段或在延期体壳内压入延期药构成的，延期时间由延期药的装药长度、药量和配比来调节。索式结构的秒或半秒延期电雷管在管壳上钻有两个起防潮作用的排气孔，排出延期装置燃烧时产生的气体。起爆过程是：通电后引火头发火，引起延期装置燃烧，延迟一段时间后雷管爆炸。秒或半秒延期雷管的延期时间和脚线标志颜色如表2-5和表2-6所示。

表2-5 秒延期电雷管的段别与秒量

段 别	延期时间/s	脚线标志颜色	段 别	延期时间/s	脚线标志颜色
1	0	灰红	5	4.8	绿红
2	1.2	黄	6	6.2	绿黄
3	2.3	蓝	7	7.7	绿蓝
4	3.5	白			

表2-6 半秒延期电雷管的段别与秒量

段 别	延期时间/s	脚线标志颜色
1	0	雷管壳上印有段别标志，每发雷管还有段别标签
2	0.5	
3	1.0	
4	1.5	
5	2.0	
6	2.5	
7	3.0	
8	3.5	
9	4.0	
10	4.5	

在有瓦斯和煤尘爆炸危险的工作面不准使用秒延期电雷管。

b 毫秒延期电雷管（微差电雷管）

毫秒延期电雷管简称毫秒雷管，主要用于微差爆破。近年来，它的应用范围不断扩大，在控制爆破中，已成为不可缺少的起爆器材。毫秒延期电雷管有等间隔和非等间隔之分。段与段之间的间隔时间相等的称为等间隔；间隔时间不相等的称为非等间隔，如表 2-7 中的第 2、4 毫秒系列产品及$\frac{1}{4}$秒系列，分别以 25ms、20ms、$\frac{1}{4}$s 为段间间隔，而第 1、3 系列产品为非等间隔毫秒延期电雷管。

我国毫秒延期电雷管的结构有多种形式，按延期药的装配关系可分为装配式［见图 2-14（a)］和直填式，如图 2-14（b）所示。装配式又有管式、索式和多芯式结构。

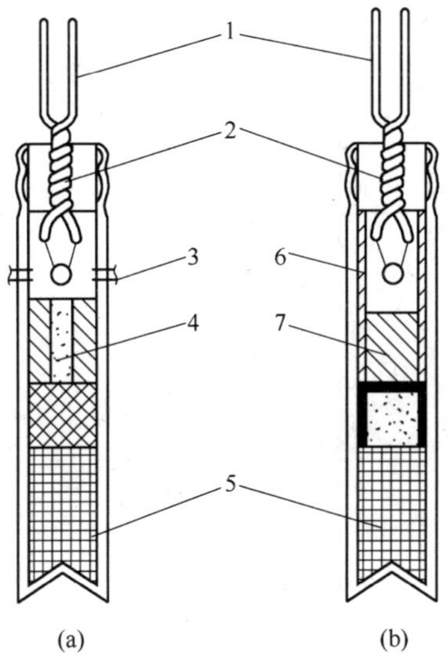

图 2-13 秒和半秒延期电雷管
（a）索式结构；（b）装配式结构
1—脚线；2—电引火线；3—排气孔；
4—精制导火索；5—火雷管；
6—延期体壳；7—延期药

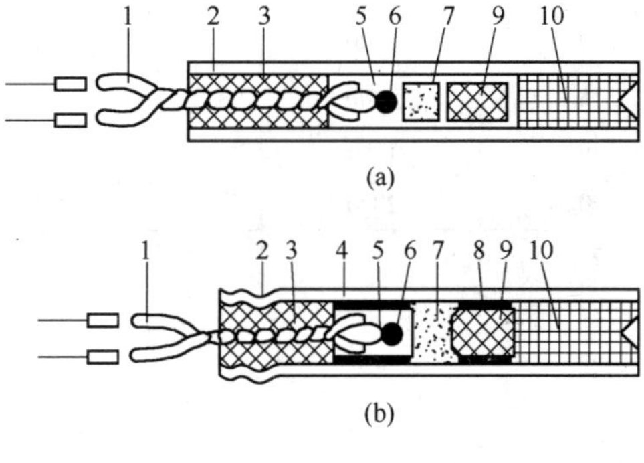

图 2-14 毫秒延期电雷管
（a）装配式；（b）直填式
1—脚线；2—管体；3—塑料塞；4—长内管；5—气室；
6—引火头；7—压装延期药；8—加强期；
9—起爆药；10—加强药

（1）直填式。这种结构是把延期药直接装入雷管内，见图 2-14（b）。其优点是工艺简单，缺点是压药压力需严格控制，压力过大，起爆药将被“压死”而产生半爆。

（2）装配式。装配式结构，见图 2-14（a)，被广泛应用。其优点是结构简单，延期药可承受高压而不受起爆药的限制，生产时延期体与火雷管分开，加工后装配，因此安全性能良好，国内毫秒延期电雷管段别与秒量见表 2-7。

表 2-7 国内毫秒延期电雷管段别与秒量

段 别	第 1 毫秒系列/ms	第 2 毫秒系列[①]/ms	第 3 毫秒系列/ms	第 4 毫秒系列/ms	$\frac{1}{4}$秒系列/s
1	0	0	0	0	0
2	25	25	25	25	0.25
3	50	50	50	45	0.50
4	75	75	75	65	0.75
5	110	100	100	85	1.00
6	150		128	105	
7	200		157	125	
8	250		190	145	1.25
9	310		230	165	1.50
10	380		280	185	
11	460		340	205	
12	550		410	225	
13	650		480	250	
14	760		550	275	
15	880		625	300	
16	1020		700	330	
17	1200		780	360	
18	1400		860	395	
19	1700		945	430	
20	2000		1035	470	
21			1125	510	
22			1225	550	
23			1350	590	
24			1500	630	
25			1675	670	
26			1875	710	
27			2075	750	
28			2300	800	
29			2550	850	
30			2800	900	
31			3050		

① 第 2 毫秒系列为煤矿许用毫秒延期电雷管。

目前，我国毫秒延期电雷管的延期元件更多的是采用铅质延期体，同时取消了加强帽。铅质延期体主要经过以下工序加工而成：首先在壁厚 3mm 左右，长度 300mm 左右，内径大于 10mm 的铅锑合金管内装入定量延期药，经专用模具引拔至一定细度后切成一定长度的中间料管；然后再将 3 根（或 5 根）这样的中间料管装入一根铅锑合金大套管内，经多次引拔后到外径为 6.15 ~ 6.27mm；最后按要求的延期时间切成一定长度，这样就形成了3芯（或5芯）的铅锑合金延期体，简称铅质延期体。铅质延期体内的延期药分布均匀，延期精度高，所以在毫秒延期雷管中得到了广泛的应用。

c 延期电雷管的作用原理

电雷管通电后，桥丝电阻产生热量点燃引火药头，引火药头迸发出的火焰引燃延期元件或延期药，延期元件或延期药按确定的速度燃烧，并在延迟一定时间后将雷管引爆。毫秒延期电雷管在工程爆破中的用途越来越广泛，如降低爆破地震、保护边坡、控制飞石等爆破有害效应，控制爆破和水利水电工程爆破的保护地基基础等。发展趋势是：段数多，秒量精度高；发展等间隔毫秒电雷管，多品种，形成系列化，有抗杂电、抗静电、耐高温、抗深水等各种毫秒延期电雷管，以适应各种特殊爆破的需要。

C 特种电雷管

普通电雷管遇到较大杂散电流时，有可能发生早爆事故。此外，雷电、射频电或静电也能使起爆系统发生意外事故。针对这种情况，必须研制抗杂散电流、抗静电干扰的特种电雷管。有特殊要求时使用的电雷管简介如下。

a 抗杂散电流毫秒延期电雷管

抗杂散电流毫秒延期电雷管简称抗杂电雷管，按其抗杂电的原理可分为容抗式、无桥丝式、低阻桥丝式三种，我国有无桥丝式和低阻桥丝式两种抗杂电雷管。

（1）无桥丝式抗杂电毫秒电雷管。这种电雷管的特点是导电药代替桥丝。这种雷管的结构，除药头外，与普通毫秒电雷管相同，其爆炸性能也与普通工业8号雷管相同。这种雷管的优点是具有一定的抗杂电能力，能满足绝大部分矿山抗杂电的要求，群爆性能好，结构简单，使用方便，在串并联网路使用时，只要连接各串的雷管数平衡，不需电阻平衡，因此免去了复杂的网路计算；缺点是每个雷管电阻的范围大，网路连好后，难以用仪表进行检查。

（2）低阻桥丝式抗杂毫秒电雷管。这种电雷管的特点是采用低阻紫铜丝作为桥丝。这种结构的优点是：结构简单，除桥丝与普通电雷管桥丝有区别外，其他方面均与普通毫秒电雷管相同，具有较高的抗杂电能力，能满足国内大部分有杂电的矿山爆破的要求。缺点是电阻很小，当两极短路时，很难用仪表查出，而且所用起爆能量大，起爆能量大部分消耗在网路线路上，因此对网路绝缘要求很高，否则容易产生拒爆。

b 无起爆药毫秒延期电雷管

无起爆药毫秒延期电雷管是目前世界上最先进和最安全的雷管。其结构特点是取消了雷管中最敏感的起爆药，整个雷管只装单一的猛炸药或混合猛炸药，并解决了无起爆药电雷管的群爆问题。由于雷管中取消了起爆药，因此雷管生产厂就可取消生产起爆药的车间，避免了生产起爆药时的危险性及对空气和环境的污染，并且生产、运输、使用、储存安全性好，结构简单，可以与普通毫秒延期电雷管一样使用。

由于这种电雷管具有上述独特优点，因此它显示出强大的生命力，预计不久的将来将取代所有的有起爆药的雷管，并将制成各种电、非电、耐高温等系列产品，用于各个领域的工程爆破中。

要注意：毫秒延期电雷管在有瓦斯或煤尘爆炸危险的煤层中，使用时最后一段的延期时间不得超过130ms。

c 煤矿许用电雷管

允许在有瓦斯和煤尘爆炸危险的环境中使用的电雷管，统称为煤矿许用电雷管（又称安全电雷管）。煤矿许用电雷管分为瞬发和毫秒延期两种类型，为确保雷管的爆炸不致引起瓦斯和煤尘的爆炸，煤矿许用雷管在普通电雷管的基础上采取了以下措施：

（1）为消除雷管爆炸时产生的高温和火焰的引燃作用，在雷管的副起爆药（主装药）内加入适量的消焰剂或采用其他有利于控制起爆药的爆温、火焰长度和火焰延续时间的添加剂。

（2）为消除雷管爆炸飞散出的灼热碎片或残渣的引燃作用，禁止使用铝质管壳。

（3）采用铅质5芯延期体减少了延期药用量，并能吸收燃烧热，同时具有抑制延期药燃烧残渣喷出的作用。

（4）采用燃烧温度低、气体生成量少的延期药，加强雷管的密封性，避免延期药燃烧时火焰喷出管体引爆瓦斯或煤尘。

（5）煤矿许用毫秒延期电雷管的段别分为5段，最长延期时间不超过130ms。

在有瓦斯与煤尘爆炸危险的环境中施工，必须遵守《煤矿安全规程》的有关规定，使用煤矿许用炸药和煤矿许用电雷管。

2.2.1.3 导火索

A 导火索的种类和结构

导火索按用途可分为普通导火索、缓燃导火索、高秒量导火索、安全导火索和防水导火索等。一般地说，普通导火索的每米燃速约为100～125s。缓燃导火索每米燃速可达200s，而高秒量导火索均在200s以上。显然，缓燃导火索和高秒量导火索是相对于普通燃速导火索而言的，是通过调整药芯黑火药的配比和使用炭化程度不同的木炭来实现的；安全导火索的特点是在燃烧过程中其包裹层不燃烧；防水导火索从结构上看，有一塑料包裹层，具有较好的防水性能，适用于水孔爆破或水下爆破作业。

根据结构特点的不同或者说按照被覆材料的不同，导火索可分为全棉线导火索，3层纸导火索和塑料导火索三种。全棉导火索的被覆材料主要是棉线，内衬以纸条作包缠物，石油沥青作防潮剂，具有较好的防潮能力，适用于潮湿度较大的爆破作业。3层纸导火索以纸条代替部分棉纱，适用于干燥和潮湿度不大的爆破作业中。塑料导火索的突出特点在于有一塑料包裹层，因而有较好的防水性能，适用于水下爆破作业。此外还有双层沥青导火索、褐煤导火索和炭导火索等新产品。

用途不同的导火索其结构也各有所异，但各种导火索的基本结构乃是相同的。普通工业导火索是以一定密度的黑火药为药芯（中间有3根芯线通过），其外包裹3层棉线和3层纸条（中间一层为防潮层涂沥青）。外层线用21支纱4根，中层线用10支纱4根（有时用塑料纤维或玻璃纤维代替），内层线用10支纱12～13根，芯线用32支纱4根，纸条用80g/m^{2}牛皮纸或导火索专用纸，如图2-15所示。

导火索常见的质量问题有：断药、细药；线层包得不整齐，燃烧时可能透火；药芯密度太小，可能产生速燃。

B 导火索的质量标准

工业导火索的规格必须符合下列要求：

（1）外观。外表一般呈白色，表面粗细和绕线均匀；无损伤、变形、发霉、油污、剪断处散头等现象，外层线允许断线1根，但长度不超过6m；外层线排得不匀的长度不超过10cm，索头要用防潮剂密封。

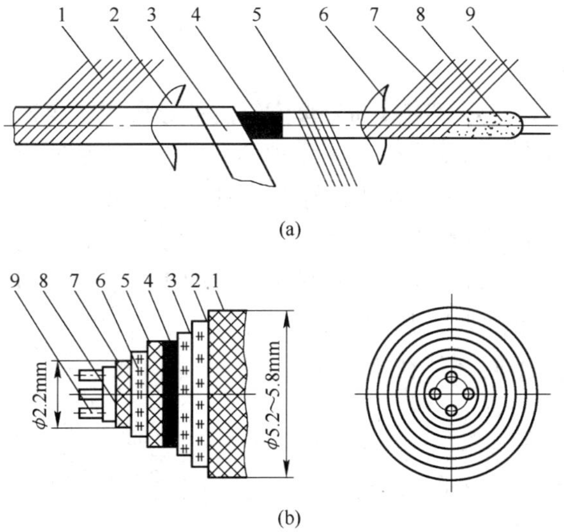

图 2-15 导火索的结构示意图

（a）解剖图；（b）剖视图

1—外层线；2—外层纸（挂涂料）；3，5—中层线；4—防潮层；

6，7—内层纸；8—药芯；9—芯线

（2）尺寸。导火索外径（5.5 ±0.3）mm，药芯直径 2.2mm，每盘长为（250 ±2）m 和（100 ±1）m 两种，其中最短的一根不小于 2m；

（3）药芯质量。每米导火索所含黑火药的质量一般为 7 ~9g。

（4）喷火强度。在内径为 6 ~7mm，长度为 150 ~200mm 的标准玻璃管中进行喷火试验时，应能将 40mm 外的另一段导火索点燃。

（5）燃烧速度。燃速一般为 100 ~125m/s。

（6）燃烧性能。在导火索燃烧过程中，不应发生断火、透火（燃烧时有火星从索壳喷出的现象），外层燃烧、速燃和爆燃（燃烧时伴随有爆声）等现象。

（7）抗水性能。在 1m 深的常温（20℃）的静水中浸泡 2h（塑料导火索浸泡 5h 后），剪去受潮索头，燃速及燃烧性能不变。

（8）耐热及耐寒性能。在温度为 45℃的恒温箱中放置 2h，不应有黏结和外壳破坏现象。在温度为 -25℃的条件下放置 1h，不应有裂纹和折断现象。

（9）储存性能。当导火索储存于通风、干燥的库房内，且储存温度不超过 40℃时，其有效储存期一般为 2 年。

延期导火索的质量规格与工业导火索的不同之处是：外径 5.9 ~6.1mm；药芯直径 2.5mm；燃速有 60 ~80m/s 至 290 ~320m/s 等 6 种规格；而且规定每 100mm 长度的秒量偏差，高秒量为 1.5s，其余为 1s。其他指标同工业导火索一样。

2.2.2 传爆材料

2.2.2.1 导爆索

导爆索是以猛炸药（如黑索金或泰安）为索芯，以棉、麻或人造纤维等为被覆材料，能够传递爆轰波的一种索状起爆器材。它经雷管起爆后可以引爆其他炸药或另一根导爆索。

A 导爆索的种类

根据使用条件不同，导爆索有普通导爆索、震源导爆索、煤矿许用导爆索、油井导爆索、金属导爆索、切割索和低能导爆索等多种类型。常用的是普通导爆索和煤矿许用导爆索（又称安全导爆索）。普通导爆索是目前生产和使用量最多的一种导爆索。它有一定的抗水性能，能直接起爆常用的炸药，工程上所用的导爆索均属此类。许多煤矿用导爆索爆轰时产生的火焰较小，温度较低，专供有矿尘危险的煤矿爆破使用。

普通导爆索的结构如图2-16所示。它与普通导火索相似，其不同之处在于采用高猛炸药黑索金或泰安作索芯。在索芯中间有3根芯线，在药芯外有3层棉纱、纸条缠绕，并有两层防潮层，在最外除潮层上涂有红色或红黄相间的颜料，作为与导火索相区别的标志。

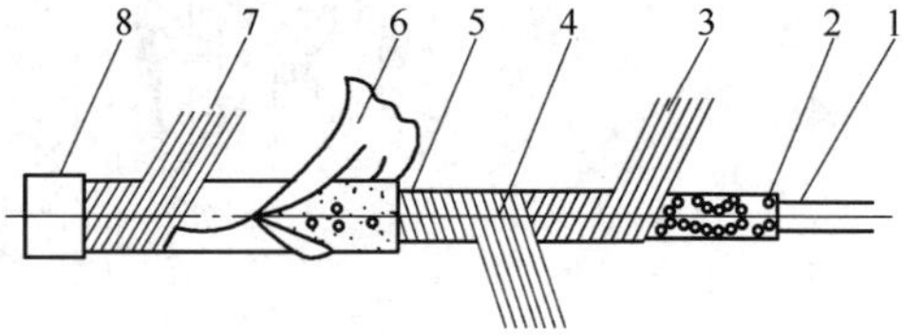

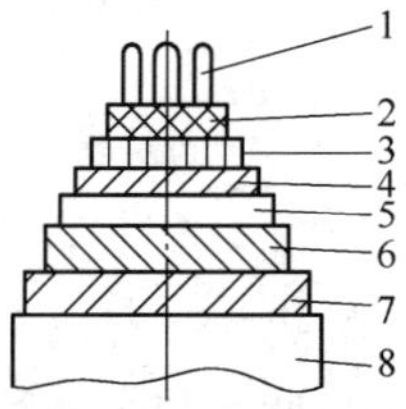

图2-16 导爆索结构

1—药线；2—药芯；3—内层线；4—中层线；5—防潮层；6—纸条；7—外层线；8—涂料层

B 导爆索的质量标准

以黑索金为药芯的普通导爆索的质量规格（技术要求）如下：

（1）外观。其线绕或塑料管加工成红色或白色、红绿白线间绕。线绕应无严重折伤、油脂和污垢，外层线不得同时断两根及两根以上，断一根的长度不得超过7m，每盘索卷不多于3段，最短一根长度不得小于2m，索头要套有金属或塑料防潮帽或浸涂防潮剂。

（2）药量。12～14g/m。

（3）外径。外径为5.8～6.2mm，每卷长（50±0.5）m。

（4）爆速。爆速在6000m/s以上。

（5）起爆性能。用2m长的导爆索能完全起爆一个200g的TNT药块。

（6）传爆性能。按规定方法联结后，用8号雷管起爆，应爆轰完全。

（7）抗水性能。棉线导爆索在0.5m深，水温10～25℃的静水中浸泡24h后，传爆性能不变；塑料导爆索在水压为50kPa，水温为10～25℃的静水中浸泡5h后，传爆性能不变。

（8）耐热性能。在（50±2）℃的条件下保温6h，外观及传爆性能不变。

（9）耐寒性能。在（40±2）℃的条件下冻2h，取出后仍能连接成水手结，按规定连接法用8号雷管起爆，爆轰完全。

（10）耐折性能。按耐热、耐低温性能试验的条件保温后做弯曲试验，药芯不洒出，内层线不露出，然后按规定的方法连接，爆轰完全。

（11）耐喷燃试验。导爆索断面药芯被导火索喷燃时，不爆轰。

（12）耐拉强度。导爆索承受500N拉力后，仍能保持爆轰性能。

(13) 导爆索储存有效期 2 年。

C 导爆索的特点及适用范围

a 导爆索起爆的特点

导爆索起爆法主要具有如下优点：

(1) 爆破网路设计简单，操作方便。与电力起爆法相比，准备工作量少，不需对爆破网路进行计算。

(2) 能提高炸药的爆速和传爆稳定性，可消除深炮孔的间隙效应。

(3) 起爆准确可靠，能同时起爆多个药包。同时便于可靠地起爆长大药包、间隔药包以及用雷管不易起爆的炸药。

(4) 可使间隔一定距离的药室或炮孔同时起爆。

(5) 不需在药包中连接雷管，安全性高，出现瞎炮（拒爆炮孔）时较易处理。

(6) 不受杂散电流和雷电以及其他各种电感应的影响（除非雷电直接击中导爆索）。

(7) 防水品种的抗水性能好，两端密封后浸入 0.5m 深的静水中 24h 后，仍能可靠传爆。

导爆索起爆的缺点有：

(1) 价格较贵。

(2) 所需炮孔直径较大（药包一侧间隙在 6.5mm 以上）。

(3) 爆破网路不能使用仪器仪表检测。

(4) 爆声大，且使爆孔内炸药的威力有所降低。无法对已经堵塞的炮孔或导硐中的导爆索的状态进行准确判断。

b 导爆索的适用范围

各种不同导爆索的适用范围是：

(1) 普通导爆索（非安全导爆索）。有一定的抗水性和耐高低温的性能，能直接起爆一般常用工业炸药。主要用于无瓦斯、煤尘爆炸危险的露天药室爆破和深孔分段爆破，或与继爆管配合，作无电毫秒爆破的起爆材料。但在煤矿井下严禁使用。

(2) 煤矿许用导爆索。它可用于煤矿井下，也可用于有瓦斯、煤尘爆炸危险的采掘工作面起爆药卷，在炮孔深度大于 2.5m 时，应用较为普遍。

(3) 高抗水导爆索适用于深水爆破作业。它从两方面增强其抗水能力：一方面是用抗水性好的材料包覆外层，如塑料外皮导爆索；另一方面是用高抗水炸药，如将药芯做成塑性的高威力炸药。

(4) 震源导爆索用于起爆钝感炸药或作为地震勘探的震源，每米药量 40g 以上，有些特殊用途的导爆索，每米炸药量可达 100g。

c 导爆索使用注意事项

导爆索的药芯与雷管的副起爆药（主装药）都是黑索金或泰安，可以把导爆索看作是一个“细长而连续的小号雷管”。机械冲击和导火索喷出的火焰不能可靠地将导爆索引爆，必须使用雷管或起爆药柱、炸药等大于雷管起爆能力的火工品将其引爆。导爆索可以直接引爆具有雷管感度的炸药，不需在插入炸药的一端连接雷管。导爆索在使用中严禁冲击和挤压，当需剪断时，只准用利刀剪切，不论其长度大小严禁点燃，以防发生意外爆炸。特别应注意的是，被水或油浸渍过久的导爆索，会失去接受传导爆轰波的能力。所以在铵油炸药的药包中，使用其导爆索时，必须用塑料布包裹，使其与油源隔开，避免被炸药中的柴油侵蚀而失去爆炸能力。

2.2.2.2 继爆管

导爆索爆速在600m/s以上，因此单纯的导爆索起爆网路中，各药包几乎是齐发爆破。继爆管配合导爆索使用可以达到毫秒延期起爆。

A 继爆管的结构

继爆管种类很多，常用的国内产品有YMB-1型双向继爆管和单向继爆管。双向继爆管的结构，如图2-17所示。它由两端的导爆索分别连接的毫秒延期雷管及中间的消爆元件组成，主动端和被动端可互换。单向继爆管的结构如图2-18所示。继爆管实质上是由不带电点火装置的毫秒延期雷管和消爆管、导爆索等组成。

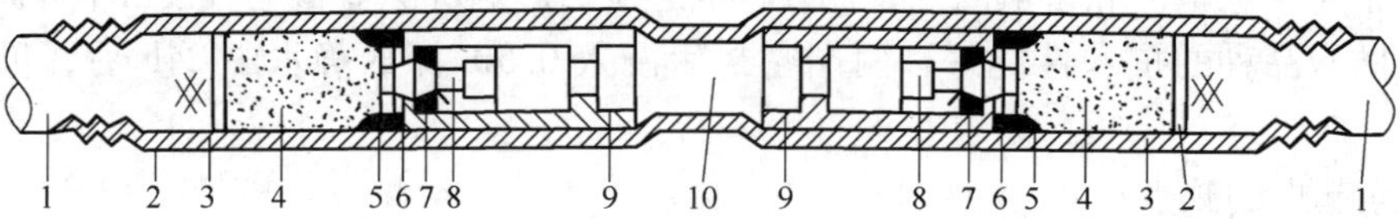

图2-17 YMB-1型双向毫秒继爆管

1—导爆索；2—外套管；3—雷管体；4—二硝基重氮酚；5—加强帽；6—内管；7—延期药；8—小帽；9—阻闸帽；10—缩孔

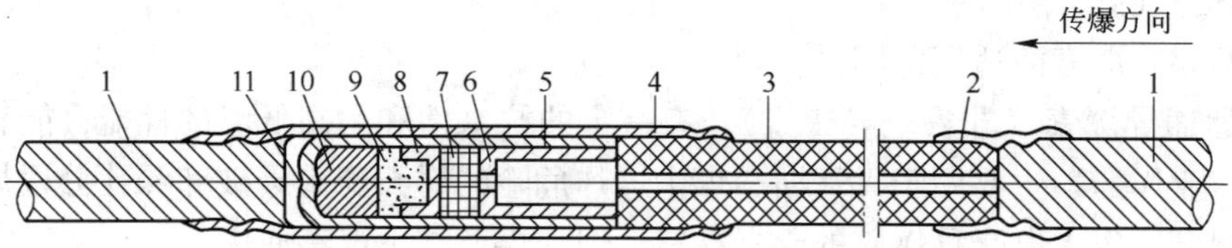

图2-18 单向继爆管

1—导爆索；2—连接管；3—消爆管；4—外套管；5—大内管；6—纸垫；7—延期药；8—加强帽；9—起爆药；10—加强药；11—雷管壳

B 继爆管的工作原理

继爆管的工作原理是：爆源方向的导爆索爆炸的高温气体产物通过消爆管和长内管的气室后，压力和湿度都有所降低，形成一股热气流。这股热气流能可靠地点燃缓燃剂，而又不至于击穿缓燃剂发生早爆。经过若干毫秒的时间间隔以后延期药引起正、副起爆药爆炸，从而引爆连接在尾端的导爆索爆炸。这样，两根导爆索中间经过一只继爆管就可以延迟一段爆轰传递时间。单向继爆管的工作原理与双向继爆管基本相似，不同的是主动端和被动端不能互换且主动端没有延期药，双向继爆管是二硝基重氮酚（DD）爆轰产生高温高压射流引燃主、被动端的延期药，而单向继爆管则是导爆索的爆轰产生高温高压射流引燃延期药。

双向继爆管具有对称的结构，无首尾之分，使用时两端均可作起爆端（起爆端的雷管只起传爆作用)，因而使用方便，但消耗的器材和原料比单向的多一倍。单向继爆管是不对称结构，只能从固定的一端起爆（成品有首尾标记），因而使用时不能接错，否则将拒爆。

C 继爆管的主要性能

继爆管的主要性能有：

(1) 延期时间。目前有7个段别的毫秒延期继爆管，其情况如表2-8所示。

表2-8 单向继爆管的延期时间

段 别	1	2	3	4	5	6	7
名义延期时间/ms	15	30	50	75	100	125	150
允许误差/ms		0	0	0	0	0	0

(2) 起爆力。铅板穿孔试验结果表明，继爆管与未装压延期药的火雷管无明显差异，其起爆力不低于8号工业雷管。

(3) 高低温性能。在高温 (40±2)℃ 和低温 (－40±2)℃ 条件下试验，产品性能无明显变化。

(4) 传爆性能。使用时，当爆破网路中的主导爆索与继爆管尾部的导爆索的搭接长度不小于150~200mm时，其传爆性能完全可靠。

(5) 抗水性能。放入1m深的水里，2h后取出做传爆试验应完全传爆。

此外，经过浸蜡处理的继爆管，可在有水条件下使用。

2.2.2.3 导爆管

塑料导爆管是内壁涂覆有极薄层炸药粉末的空心塑料软管。不同型号的导爆管所用的塑料品种不完全相同，颜色也不一样。涂覆在内壁上的混合粉末中常用的炸药有奥克托金、黑索金、泰安、梯恩梯、二硝基乙脲、特屈儿，可以用单一品种或两种及两种以上的混合物。

A 导爆管的构造

普通型号（H-2型）塑料导爆管的结构如图2-19所示，它是一外径（3+0.1）mm或（3-0.2）mm，内径（1.4±0.10）mm高压聚乙烯透明塑料管，呈乳白色，涂敷在内壁上的炸药量为14~18mg/m（91%为奥克托金或黑索金，9%为铅粉）。塑料管每米最大重量为5.5g。另外，还有一些用非高压聚乙烯（尼龙、聚丙烯、低压聚乙烯等）为管材的塑料导爆管，以适应特殊条件的爆破需要。

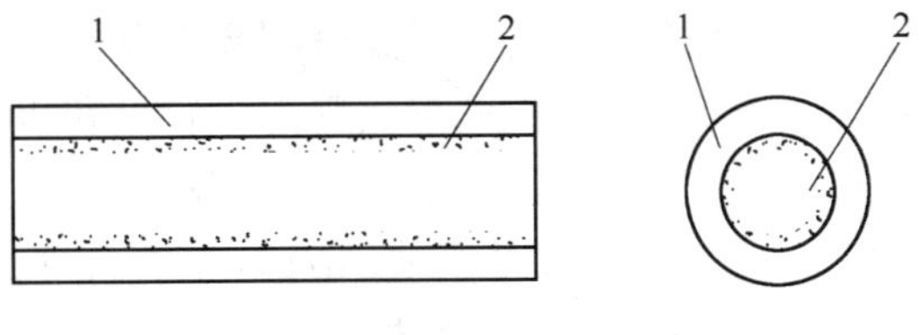

图2-19 导爆管的结构

1—塑料管；2—炸药粉末

B 导爆管的工作原理

根据管道效应原理，导爆管可以传播空气冲击波。因此，导爆管受到一定强度的激发冲量作用后，管内出现一个向前传递的爆轰波。维持导爆管内爆轰波传递的能源系管壁内表面加强药粉的爆炸反应放热。只要管内混合炸药的密度是一致的，该爆轰波在导爆管中传播 300mm 后转变为稳定爆轰波，此后爆轰波传播速度将保持恒定，从而形成导爆管的稳定传爆。导爆管中激发的冲击波以 1600 ~ 2000m/s 的速度传播。冲击波传播到管口时，出现以导爆管出口轴心为球心的球面波。这种球面波不能直接引爆工程炸药，但能激发雷管内敏感度较强的副起爆药而使雷管起爆。这种球面波使得冲击波阵面面积扩大，呈扇形扩散，在此范围内若置有导爆管，则导爆管将传爆。这种球面波遇到阻挡会反射回来，若紧挨着出口阻挡物置有导爆管，此导爆管能被传爆。

导爆管被引爆后，可以看到管内闪着一道白光，前面有一个特别亮的光点伴随不太大的声响向前快速移动。冲击波传播后整根导爆管除个别地方被爆轰波击穿个小洞外，塑料管不会遭到损坏。

导爆管既可以轴向引爆，也可从侧向引爆。轴向引爆就是把引爆源对准导爆管管口，侧向引爆是把引爆源置于导爆管管壁外方。轴向起爆的传爆原理已如上所述。侧向起爆时，外界激发冲量作用到管壁，管壁发生变形，处于受压状态，管腔中空气介质形成绝热压缩，产生一系列压缩波，这些压缩波叠加发生压力突跃升高的冲击波，冲击波引发炸药粉末发生化学反应，形成稳定传爆。

C 导爆管的技术性能

以高压聚乙烯为管材的普通塑料导爆管，应具有以下技术性能：

（1）起爆性能。导爆管可用火帽、雷管、导爆索、引火头等一切能产生冲击波的起爆器材击发。用雷管和导爆索还可以从侧向击发，一个 8 号工业雷管可击发数十根导爆管。

（2）传爆性能：

1）爆速为（1650 ± 50）m/s 和（1950 ± 50）m/s 两种；

2）冲击波在管内传播时，导爆管断药长 5 ~ 10cm 仍能传播下去；

3）连续传 2000m 之后，爆速有明显下降。

（3）导爆管两极相距 10cm 外加 30kV 静电。电容 330pF，1min 内导爆管不被击穿。

（4）抗拉性能。常温下承受 68. 6N 的静拉力仅伸长而不破坏。

（5）耐水性能。导爆管两头密封浸水深度为 20m，经 16h 性能不变。

（6）耐温性能。将导爆管置于 +50 ~ −20℃ 环境中，历时 16h 性能不变。

（7）抗冲击性能。导爆管受一般的机械冲击不击发。在用卡斯特落锤仪用 10kg 落锤从 155cm 的高处自由落下，侧向冲击导爆管，导爆管不会击发。

（8）抗水性能。用火焰点燃单根或成捆的导爆管时，它只和塑料一样缓慢燃烧。

（9）抗自爆性能。导爆管不能直接起爆炸药。用 20 ~ 30m 长的导爆管在外径为 17mm、内径为 7mm、高 19mm 的钝化泰安炸药卷（7g）上缠绕 3 道，使导爆管一端管口紧对泰安药卷，导爆管正常传爆，泰安药卷不起爆。

（10）枪击试验。一卷 700mm 长的导爆管，用自动步枪，在距离 35m、25m、15m 处射击，不爆炸、不传爆。

（11）破坏性能。导爆管传爆时，管壁完整无损，对周围环境没有破坏作用，用手拿着导爆管击发时，只感到轻微脉动，声响也很小。塑料导爆管在储存期中，只需将端头用火柴热熔封口，使之不受潮气、水分或尘粒侵入，便能长期保存。由于用枪击、冲砸和燃烧均不能引起爆炸，因此在运输过程中可以不作危险的爆破器材处理。

正是导爆管具有上述一系列特点，以其为主组成的非电起爆系统，成为近代爆破技术中一项新技术，受到国内外的广泛重视。

D 导爆管的使用条件

导爆管在下列使用条件下均能正常传爆：

（1）传爆长度从零点几米至几千米，中间不需要雷管接力。

（2）导爆管内断药长度不超过15cm。

（3）在 -40 ~ 50℃温度范围内。

（4）导爆管局部打结、扭曲、拉细或将导爆管180°对折（但未将管腔堵死）。

（5）在深达180m的水中，两端密封的导爆管。

（6）用胶布、套管或其他方法对接导爆管。

导爆管在下列情况下将发生拒爆现象：

（1）导爆管内有大于20cm的断药。

（2）导爆管内有炸药结节，即混合药粉涂层在管内堆积成节，传爆时有可能将导爆管炸断或炸裂。

（3）导爆管裂口大于1cm。

（4）导爆管腔由于种种原因被堵塞，例如有水、砂粒、木屑等异物，或者过分对折。

（5）水下使用时管壁出现破洞。

导爆管不能用于有瓦斯和煤尘爆炸危险的处所。

E 导爆管连通器具

导爆管线路的接续应使用专用连接元件或用雷管分级起爆的方法实施。连通器具的功能是实现导爆管与导爆管之间的冲击波传播，起到连续传爆或分流传爆的作用。

爆破工程中常用的连通器具有连通管（见图2-20）、连通块（见图2-21）和多路分路

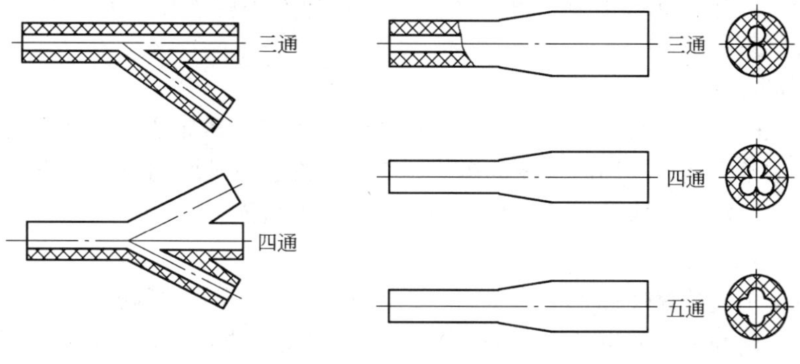

图2-20 连通管结构

器（见图2-22），使一根导爆管可以激发几根到几十根被发导爆管。

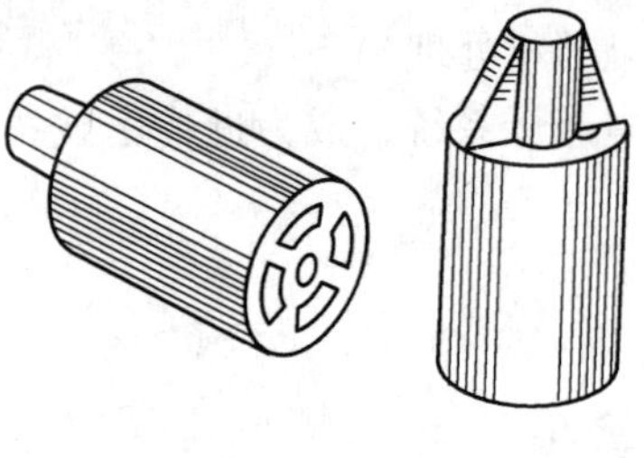

图2-21 连通块结构

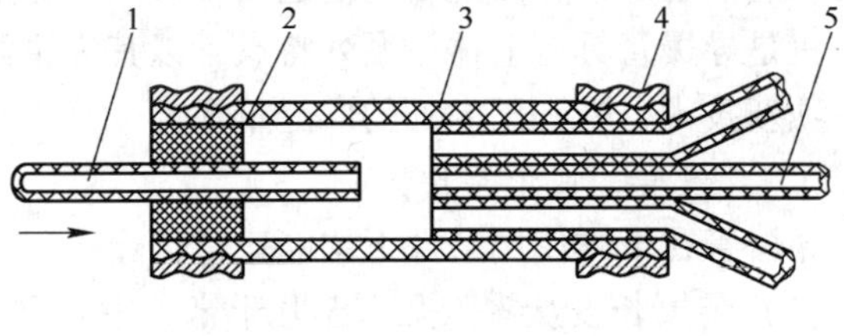

图2-22 多路分路器

1—主发导爆管；2—塑料塞；3—壳体；4—金属箍；5—被发导爆管

导爆管与装药的连接，必须在导爆管起爆装药的一端，用8号雷管或毫秒延期雷管通过卡口塞（见图2-23）连接后插入装药中。

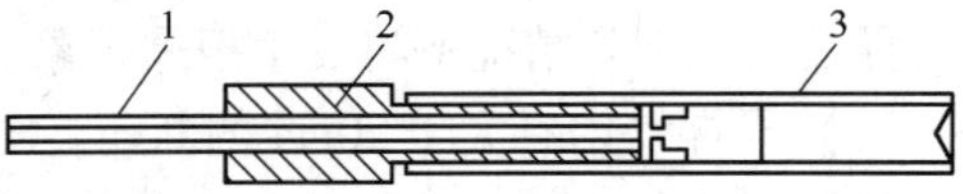

图2-23 卡口塞

1—导爆管；2—卡口塞；3—雷管

2.3 炸药

2.3.1 爆炸与炸药

2.3.1.1 爆炸现象

爆炸是物质系统一种极迅速的物理或化学变化。在变化过程中，瞬时放出其内含的能量，并借助系统内原有气体或爆炸生成的气体膨胀对周围介质做功，产生巨大破坏效应并伴有强烈的发光和声响。

爆炸做功的根本原因在于系统原有的高压气体或爆炸瞬间形成的高温、高压气体骤然膨胀。爆炸的一个最重要的特征是在爆炸点周围介质中发生急剧的压力突跃，这种压力突跃是造成周围介质破坏或对周围生命体杀伤的直接原因。

在自然界、工程、日常生活中以及在军事上存在大量的爆炸现象，爆炸现象多种多样，大致归为三类。

A 物理爆炸

由物理变化引起的爆炸称为物理爆炸。在爆炸过程中，爆炸物质仅有温度、压力、体积的变化，例如蒸汽锅炉或高压气瓶的爆炸，雷电及细金属丝因通过高压电流而发生的爆炸，以及雪崩、地震、高速粒子撞击物体表面等引起的爆炸。

B 化学爆炸

由化学变化引起的爆炸称为化学爆炸。在爆炸过程中，形成了新的化学物质。这类爆炸包括常见的炸药和火药的爆炸，浮悬于空气中的细煤粉或其他可燃粉尘的爆炸，甲烷、乙烷以一定比例与空气混合时所发生的爆炸等。

C 核爆炸

由核裂变或核聚变引起的爆炸称为核爆炸。在爆炸过程中，生成了新的元素。核爆炸可能形成数百万到数千万度的高温，在爆炸中心会造成数百万大气压，同时还有很强的光辐射和热辐射，因此它所造成的破坏要比一般的炸药大得多。

2.3.1.2 爆炸条件

尽管各种类型爆炸的物理机制不同，所产生的力学效果也不同，但它们都是在极短的时间内迅速释放能量的过程。

在热力学意义上，炸药是一种在一定外能作用下可发生高速化学反应并释放出大量的热量和生成大量气体的物质。简言之，炸药是一种能把它所集中的能量在瞬间释放出来的物质。

从本质来讲，炸药是一种相对稳定系统，一旦外界作用达到一定程度时，它就能迅速地释放出热量，同时产生大量高温气体。炸药爆炸是化学体系的非常迅速的化学反应过程。

炸药爆炸过程具有以下三个条件：反应过程的放热性；反应过程的高速性并能够自行传播；反应过程中生成大量的气体产物。这三个条件正是任何物质的化学反应成为爆炸反应所必备的，三者相互关联，缺一不可。

A 反应的放热性

反应过程的放热性是爆炸反应的首要条件，因为炸药爆炸时，首先要进行能量转换，即将其内含能转变成热能，再由热能转变成机械能对外做功。炸药要发生爆炸，首先需要使炸药分子活化，并产生急剧化学反应而释放能量，通过能量转换再激发下一层炸药发生化学反应，因此爆炸释放的热量是激发未爆炸炸药的能源，否则爆炸反应将不能自行传播下去。由于反应放热，使炸药的产物气体温度达数千度，反应放热和反应传播速度越大，则爆炸的破坏性也就越大。

B 反应的快速性

爆炸反应与一般的化学反应的最大差异是反应速度，爆炸反应过程极快，以至于可认为爆炸反应释放的能量几乎全部聚集在相当于原来炸药体积的产物气体之中，从而达到高度的能量集中。

C 生成大量气体

炸药爆炸之所以能够膨胀做功，并对周围介质造成破坏，根本原因之一就在于炸药爆炸时，能在极短的时间内生成大量气体产物。由于爆炸反应迅速，加之反应放热，从而造成所生成的气体高温高压。

2.3.1.3 炸药分类

A 按作用分

（1）起爆药。起爆药是一种对外能作用特别敏感的炸药。当其受较小的外能作用时（如受机械、热、火焰的作用），均易激发而产生爆轰，且反应速度极快，故工业上常用它来制造雷管，最常用的有二硝基重氮酚（DDNP）和氮化铅。

（2）猛性炸药。与起爆药相比，猛性炸药的敏感度较低，通常要在一定的起爆源（如雷管）作用下才会发生爆轰。猛性炸药具有爆炸威力大，爆炸性能好的特点，因此是用于爆破作业的主要炸药种类。

(3) 发射药。它对火焰极敏感，可在敞开的环境中燃烧，而在密闭条件下则会发生爆炸，但爆炸威力较弱，工业上主要用于制造导火索和矿用火箭弹。

B 按用途分

(1) 煤矿许用炸药。煤矿许用炸药又称安全炸药。该类炸药主要针对有瓦斯和矿尘爆炸危险的煤矿生产环境设计，除严格要求控制其爆炸产物的有毒气体不超过安全规程所允许的量以外，还需在炸药中加入10% ~20%的食盐作为消焰剂，以确保其在爆破时不会引起瓦斯和矿尘爆炸。

(2) 岩石炸药。该类炸药是一种允许在没有瓦斯和矿尘爆炸危险、通风环境较差、作业空间狭窄的环境中使用的炸药，其特点是有毒有害气体的生成量受到严格的限制和规定，因此可适用于没有瓦斯和矿尘爆炸危险的各种地下工程中。

(3) 露天炸药。露天炸药是指适用于各种露天爆破工程的炸药。由于露天爆破用药量大，且爆破场地空间开阔，通风条件较好，故这类炸药的爆炸生成物中有毒有害气体含量相对允许较大一些。

(4) 特种炸药。特种炸药泛指用于特种场合爆破的炸药。如在爆炸金属加工、复合、表面硬化工艺及金属切割、石油射孔、震源弹中使用的炸药。

C 按主要成分分

(1) 硝铵类炸药。它指以硝酸铵为主要成分（一般达80%以上）的炸药。由于硝酸铵为常用的化工产品，来源广泛、易于制造且成本低廉，故这种炸药也是目前国内外用量最大、品种最多的炸药。

(2) 硝化甘油炸药。该类炸药的组成以硝化甘油为主要成分。由于感度高、危险性大，近年来硝化甘油炸药逐步被大量使用的铵油炸药所取代，只在小直径光面爆破、油井、水下爆破中有少量使用。

(3) 芳香族硝基化合物类炸药。该炸药主要是苯及其同系物的硝基化合物，如梯恩梯、黑索金等。

(4) 其他炸药。例如黑火药和氮化铅等。

D 硝铵类炸药的成分

工业炸药种类较多，硝铵类炸药是目前品种最多且使用广泛的炸药。硝铵类炸药也称硝铵炸药，其主要成分一般有：

(1) 氧化剂。即硝酸铵，在炸药中的作用是提供爆炸反应时所需的氧元素。

(2) 还原剂（可燃剂）。常用的有梯恩梯、木粉、木炭、柴油、铝粉等。它与氧化合，可进行剧烈的燃烧（氧化）反应。

(3) 敏化剂。常用的有梯恩梯、二硝基萘、铝粉和一些发泡剂或发泡物质等。它的作用是增加炸药的敏感度，改善爆炸性能。

(4) 加强剂。即为提高炸药威力而加入的物质。如梯恩梯、铝粉等。

(5) 其他成分。即为满足各种不同的使用要求而加入的一些附加成分，如加入消焰剂（如食盐）、防潮剂（如石蜡）、疏松剂（如木粉）、黏结剂等。

以上各成分中，氧化剂和还原剂为必要成分，其他成分则视需要而定。为了进一步了解各种硝铵炸药的组成及特性，以下分别介绍常用的两大类硝铵炸药，即粉状硝铵炸药和含水硝铵炸药。

2.3.2 炸药的性能

2.3.2.1 炸药的起爆性能

A 炸药的起爆

炸药具有爆炸的性能。在常态下，它能处于相对的稳定状态，也就是说，它不会自行发生爆炸。要使炸药发生爆炸，必须使炸药失去其相对的稳定状态，即必须给炸药施加一定的外能作用。炸药在外能作用下发生爆炸，多种形式的外能都可以激起炸药起爆，但从工程爆破技术、作业安全和有效使用炸药的角度看，热能、爆炸能和机械能、电能经常被应用。

a 热能

当炸药受到热或火焰的作用时，其局部温度将达到爆发点来引起爆炸。例如，火雷管起爆法就是利用导火索的火焰来引爆火雷管；电雷管起爆法则是利用电桥丝通电灼热引燃引火药头而引燃雷管，进而起爆炸药。

b 机械能

炸药在撞击或摩擦的作用下，炸药颗粒间产生强烈的相对运动，机械能瞬间转化为热能，从而引起炸药爆炸。在运输和使用炸药时，必须注意机械作用可能引爆炸药的问题，以防爆炸事故发生。

c 爆炸能

工程爆破中常用一种炸药爆炸产生的强大能量来引爆另一种炸药。例如，在实际爆破作业中，最常见是利用雷管或导爆索的爆炸来引爆炸药；其次是利用起爆药包的爆炸来引爆一些钝感炸药。

除了上述的热能、机械能和爆炸能外，光能、超声振动、粒子轰击、高频电磁波等也都可激起炸药爆炸，因此这些在爆破作业中都应引起注意和重视。

B 炸药的感度

炸药在外界作用影响下，发生爆炸的难易程度称为炸药的敏感度（简称为感度）。即指炸药对外界起爆能的敏感程度。感度的高低，通常以引起爆炸所需的最小外界能量来表示。所需外界能量小则感度高，反之则感度低。引起炸药爆炸的外界能量有：

（1）机械能。冲击、摩擦、针刺、振动等产生的能量。

（2）热能。加热、火花、火焰或灼热物所放出的能量等。

（3）电能。电热、电火花产生的能量。

（4）光能。激光发出的能量。

（5）爆炸能。由爆炸产生的能量引爆炸药。

a 冲击感度

冲击感度即对冲击能量的敏感程度。用炸药受固定重量的落锤，自固定高度自由落下的冲击作用而发生爆炸的百分数表示。表示猛炸药的冲击感度通常用立式落锤试验仪测定，如图 2-24 所示，锤重 10kg，落高 25cm，药量 0.05g，试验次数规定为 25 次，用爆炸次数所占总数的百分数表示，表 2-9 列出几种猛炸药的冲击感度。

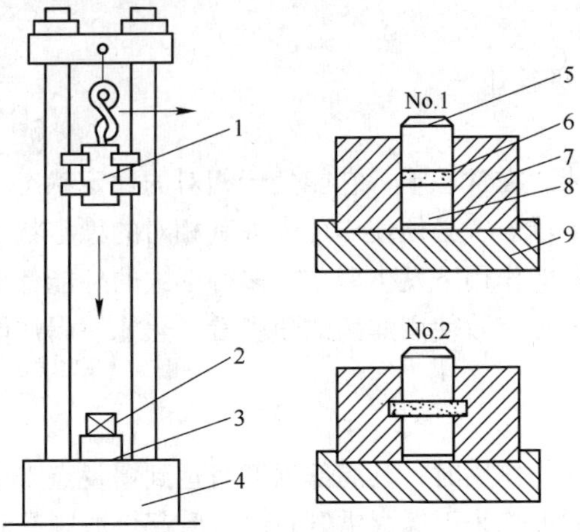

图 2-24 立式落锤试验仪

1—落锤；2—撞击器；3—钢砧；4—基础；5—上击柱；
6—炸药；7—导向套；8—下击柱；9—底座

表 2-9 猛炸药的冲击感度

炸药名称	冲击感度/%	炸药名称	冲击感度/%
黑火药	50	特屈儿	48
硝铵炸药	16 ~ 32	黑索金	72 ~ 88
硝化甘油	100	泰 安	100
TNT	4 ~ 8		

起爆药的冲击感度很高，用上述装置来测定不合适，可用弧形落锤仪（见图 2-25）进行测量。在固定锤重时，以使受试炸药 100% 爆炸的最小落高作为上限距离（mm）和 100% 不爆炸的最大落高作为下限距离（mm）。试验药量 0. 02g，平行试验次数 10 次以上。上限距离表示起爆药的冲击感度，下限距离表示安全条件。表 2-10 为几种起爆药的冲击感度。

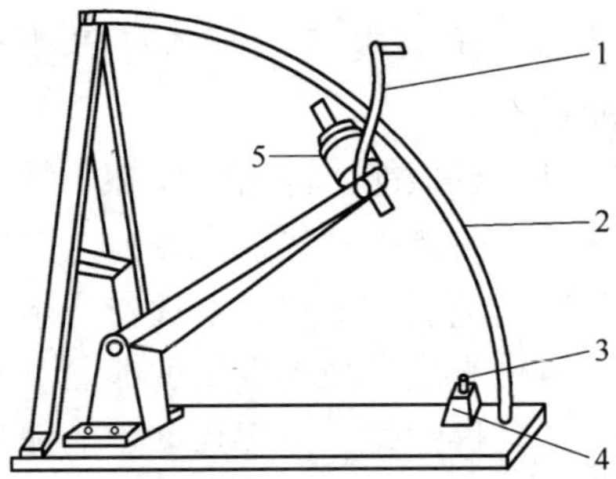

图 2-25 弧形落锤仪

1—手柄；2—有刻度的弧架；3—击柱；
4—击柱和火帽定位器；5—落锤

b 摩擦感度

炸药在摩擦作用下发生爆炸的难易程度，称为摩擦感度。炸药的摩擦感度用摆式摩擦仪测定。图 2-26 是常用的两种摩擦摆，摆锤为 1500g，摆角 90°，表压 5. 0MPa。低感度混合炸药测定药量为 0. 01 ~ 0. 03g，试验 25 次。其感度用爆炸次数与试验总次数的百分比表示。一些炸药的摩擦感度，见表 2-11。

表 2-10　几种起爆药的冲击感度

起爆药名称	锤重/g	上限距离/mm	下限距离/mm
雷汞	480	80	55
氮化铅	975	235	65 ~ 70
二硝基重氮酚	500	—	225

表 2-11　一些炸药的摩擦感度

炸药名称	摩擦感度/%	炸药名称	摩擦感度/%
梯恩梯	0	1 号煤矿炸药	28
特屈儿	24	4 号高威力硝铵炸药	32
黑索金	48 ~ 52	铵铝高威力炸药	40
泰　安	92 ~ 96		

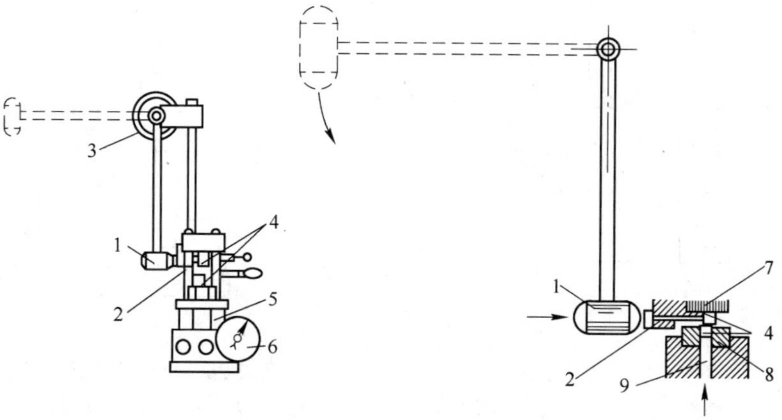

图 2-26　摩擦摆

1—摆锤；2—击柱；3—角度标盘；4—测定装置（上下击柱）；5—油压机；6—压力表；7—顶板；8—导向套；9—柱塞

c　热感度

炸药在热能作用下发生爆炸的难易程度，称为热感度。热感度一般用爆发点来表示。爆发点是指 0.05g 炸药在标准容器伍德合金浴锅（见图 2-27）中受热作用时，在 5min 内必然发生炸药反应的最低温度。爆发点低，表示热感度高，一些炸药的爆发点列于表 2-12 中。

表 2-12　一些炸药的爆发点

炸　药	爆发点/℃	炸　药	爆发点/℃
EL 系列乳化炸药	330	雷　汞	175 ~ 180
2 号岩石硝铵炸药	186 ~ 230	黑索金	230
2 号煤矿硝铵炸药	180 ~ 188	特屈儿	195 ~ 200
硝酸铵	300	梯恩梯	290 ~ 295
黑火药	290 ~ 310	二硝基重氮酚	170 ~ 173

d 火焰感度

炸药在明火或火花作用下发生爆炸的难易程度，称为火焰感度。常用炸药对导火索喷出的火焰的最大引爆距离来表示，单位为 mm。

火焰感度是在火焰感度测定仪（见图 2-28）上测定的。将 0.05g 炸药试样装入火帽中，调节导火索端面到被测药面之间的距离，点燃导火索，导火索燃烧到最后的末端喷出火焰可以引爆炸药的最大距离即为所求。用发火距离的上、下限来表示炸药的火焰感度。上限是使炸药 100% 发火的最大距离，下限是炸药 100% 不被点燃的最小距离。

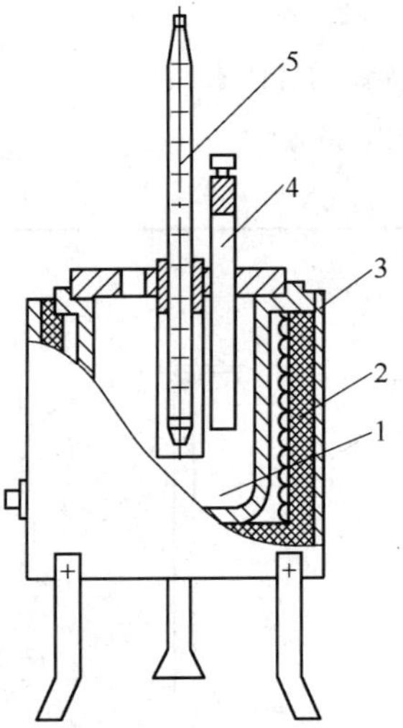

图 2-27 爆发点测定器

1—合金浴锅；2—电热丝；3—隔热层；4—铜试管；5—温度计

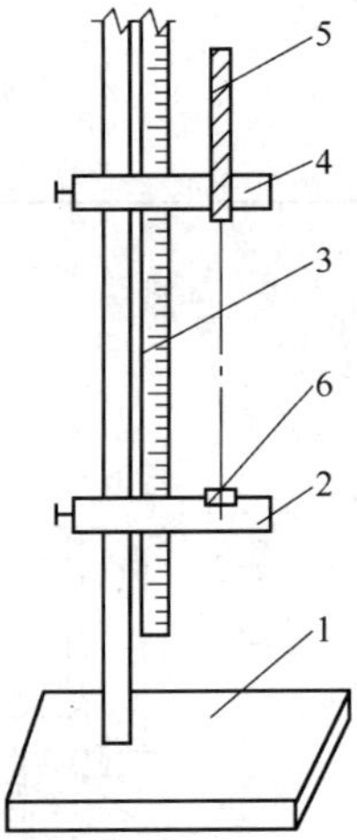

图 2-28 火焰感度试验装置

1—底座；2—下盘架；3—标尺；4—上盘架；5—导火索；6—火帽壳

e 爆轰感度

炸药受到其他炸药爆炸作用而发生爆炸的难易程度，称为炸药的爆轰感度。炸药爆轰实际是一种冲击波，所以爆轰感度在一定程度上反映冲击波感度。炸药爆轰感度通常用极限起爆药量来表示。极限起爆药量越小，则炸药的爆轰感度越高。对于工业用混合炸药，一般采用殉爆距离来衡量。炸药爆炸时引起与它不相接触的邻近炸药发生爆炸的现象，称为殉爆。在一定程度上，殉爆反应了炸药的冲击波感度。主发炸药包爆炸时能引爆沿轴线布置的另一药包爆炸的最大距离，称为殉爆距离。殉爆距离越大，则爆轰感度越高，几种常用硝铵类炸药的殉爆距离列于表 2-13。

表 2-13 几种常用硝铵类炸药的殉爆距离

炸药名称	殉爆距离/cm	炸药名称	殉爆距离/cm
2 号岩石硝铵炸药	不少于 8	煤矿 2 号硝铵炸药	5
1 号露天矿硝铵炸药	不少于 4	1、2 号铵油炸药	5
2 号露天矿硝铵炸药	不小于 3	EL-102 型乳化炸药	$\phi 32>10$
煤矿 1 号硝铵炸药	6		

殉爆距离的测定方法，如图 2-29 所示。取两卷药量和直径相同的药包，其中一卷的平面端装上 8 号雷管作为主发药包。用与药包直径相同的木棒在水平的松沙土地上压出半圆槽，将两卷药包放入槽内，主发药包的凹面端与被发药包的平面端相对，量出两药包的间距，随后起爆。被发药包连续三次被殉爆时的两药包的最大间距就是该炸药的殉爆距离。

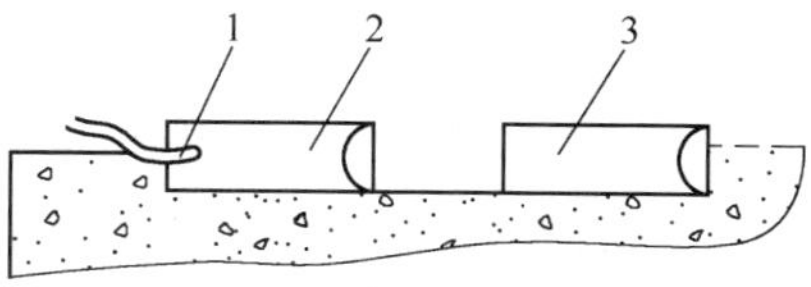

图 2-29 炸药殉爆距离的测定
1—雷管；2—主发药包；3—被发药包

影响炸药殉爆的因素很多，如装药密度、药卷直径、中间介质、药包外壳强度、炸药含水量等。

（1）装药密度的影响。当主发药包确定后，被发药包在一定的范围内密度越小，殉爆距离增加；主发药包密度增大，殉爆距离增加。

（2）药量和直径的影响。当固定主、被发药包的药量，殉爆距离随直径的增加而增大。如固定两者的直径，殉爆距离随药量的增加而增大。

（3）装药外壳和连接的影响。随着药包外壳强度的增大，殉爆距离增大，如把药卷装在坚固的钢管内，并使主、被动药卷用一钢卷连接起来，殉爆距离可进一步加大。

（4）炸药中的含水量的影响。含水量大，被动药卷感度低，使殉爆距离下降，过大的含水量，会造成拒爆。

（5）中间介质的影响。药卷间的介质对殉爆距离的影响依次是：空气 > 水 > 木材、黏土 > 砂。这种现象在建造危险工房或炸药库时可以利用。如设计用防爆土堤或防爆墙，可大大缩短安全距离。在炮孔装药中，采用沙土堵塞进行分段装药起爆，可减少爆破振动。

如前所述，热能、机械能和爆炸能、光能、超声振动、粒子轰击、高频电磁波等也都可激起炸药爆炸，所以都可以测定其感度。

2.3.2.2 炸药的爆炸性能

A 炸药爆炸的参数

a 爆热

进行爆炸反应时放出的热量，称为炸药的反应热，简称为爆热。它是指 1kg 或 1g 分子炸药在定容条件下爆炸瞬间所放出的热量。爆热愈大，炸药的做功能力也愈大。常用的工业炸药的爆热一般为 2931 ~6280kJ/kg。

b 爆温

炸药爆炸瞬间所放出的热量将爆炸产物加热到的最高温度，称为爆温。工业炸药的爆温一般可达 2000 ~4500℃以上。

c 爆压

在发生爆炸反应的瞬间，高温气体在未向外膨胀以前，对周围介质造成的最大压力，称为爆压。工业炸药爆炸时产生的爆压可达 $1\times10^5\sim4\times10^5$ MPa。实践证明，当炸药本身的爆炸反应传播较慢，而周围条件对维持压力又不利时（如裸露药包爆破），炸药的爆压将急剧下降，能量大量损失，从而降低爆破效果。为此，对于硐室爆破和炮孔爆破，保持堵塞质量是提高爆破效果，减少飞石的有利途径。

d 爆炸功

炸药爆炸时，整个爆炸过程中的爆炸做功能力，称为爆炸功。常用爆炸产物做绝热膨胀时，从起始膨胀到温度降到炸药初温时所作的全部功来表示。

B 炸药爆破性能

与工程爆破有关的炸药爆炸性能有爆力、猛度、爆速、殉爆、聚能效应、传爆等。

a 爆力

爆力（也称威力）即炸药爆炸时做功的能力。它表示炸药在介质内部爆炸时对其周围介质产生的整体压缩、破坏和抛移能力。它的大小与炸药爆炸时释放出的能量大小成正比。威力越大破坏能力越强，破坏的范围及体积也就越大。威力的大小取决于爆热的大小、产生气体量的多少以及爆温的高低。爆热大，产生气体量多，爆温高则威力大。

威力的测量常用铅铸扩孔试验法测定。即用精制铅铸成圆柱体，其规格为 ϕ200mm × 200mm，中央有一个 ϕ125mm × 125mm 圆孔，如图 2-30（a）所示，称取（10 ± 0.1）g 炸药装入 ϕ24mm 锡箔纸筒内，然后插入雷管一起放入铅铸孔的底部，上部空隙用干净的并经 144 孔/cm^2筛选过的石英砂填满，爆炸后，圆柱扩大成梨形，如图 2-30（b）所示。

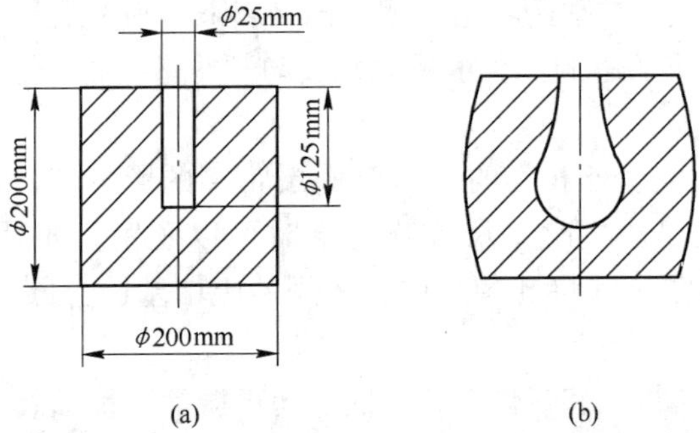

图 2-30 炸药爆炸前后的铅柱侧状与尺寸
（a）爆炸前的铅柱；（b）爆炸后的扩孔示意图

用量筒注水测出爆炸前后体积差，从中减去所用雷管的扩孔值（通过试验确定），之后所得差数值即为被测炸药的爆力。雷管本身的扩孔量应从扩孔值中扣除，可先用雷管在同等条件下对铅柱做扩孔试验。

一些炸药的爆力列于表 2-14 中。

表 2-14 几种炸药的爆力值

炸药名称	爆力（威力）/mL	炸药名称	爆力（威力）/mL
梯恩梯	285	2 号煤矿炸药	250
黑索金	490	2 号岩石炸药	320
泰 安	500		

b 猛度

猛度即炸药的破碎能力。它指在爆炸瞬间，爆炸产生直接对与之接触的局部固体介质的破坏程度。

猛度的测量方法常用的铅柱压缩法，实验装置如图 2-31 所示。在 200mm × 200mm × 20mm 的钢板 1 中央放置 ϕ41mm × 10mm 钢片 3 一块。炸药试验量一般为 50g，猛炸药如黑索金、泰安等用 25g，装入 ϕ40mm 纸筒内，控制其密度为 1g/cm^3，药面上锥一中心孔插入雷管 5，插入深度为 15mm，将这个药柱 4 放置在钢片上，用索线绷紧，然后引爆。爆炸后，铅柱被压缩成蘑菇形，用卡尺测其四点高度，取平均值，计算出压缩值。几种炸药的铅柱压缩值列于表 2-15 中。

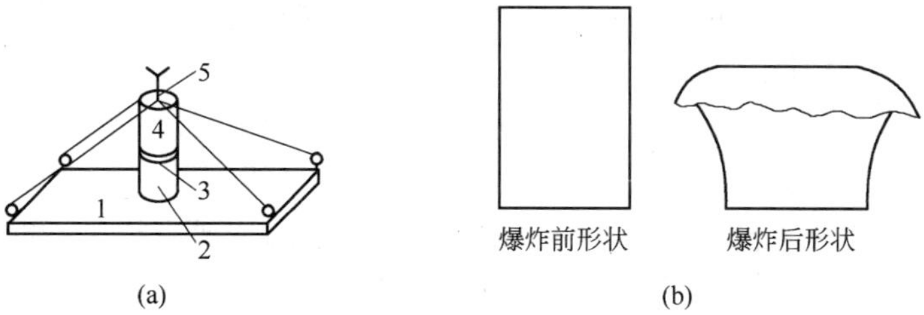

图 2-31　铅柱压缩实验
（a）实验装置；（b）实验效果
1—钢板；2—铅柱；3—圆钢片；4—药柱；5—雷管

表 2-15　几种炸药的铅柱压缩值

炸 药 名 称	密度/g · cm^{-3}	压缩值/mm
梯恩梯	1.0	16 ~ 17
梯恩梯	1.2	18.7
2 号煤矿炸药	0.9 ~ 1.0	10 ~ 12
2 号岩石炸药	0.9 ~ 1.0	12 ~ 14
铵沥蜡炸药	0.9 ~ 1.0	8 ~ 9
EL 系列乳化炸药	1.1 ~ 1.2	16 ~ 19
KJ 系列乳化炸药	1.1 ~ 1.25	15 ~ 19

c　爆速

爆速即炸药爆炸时爆轰波沿炸药内部传播的速度，爆速主要取决于炸药的性质与纯度，此外还与起爆药的威力、装药直径、包装材料的强度、炸药的装填密度、炸药的颗粒大小、含水量及附加物等因素有关。一些猛炸药的爆速见表 2-16。

表 2-16　几种炸药的爆速

炸 药 名 称	爆速/m · s^{-1}	炸 药 名 称	爆速/m · s^{-1}
梯恩梯	6850	煤矿 1 号、2 号炸药	3509 ~ 3600
泰　安	8400	铵油炸药	3200
黑索金	8380	EL-102 型乳化炸药	4000 ~ 5300
2 号岩石炸药	3826		

爆速的测定方法：由炸药的传爆过程可知，爆轰波的传播速度就是爆速。如果炸药的爆速在增长到最大值后始终是稳定的，那么，炸药的爆炸就能进行到底，这称为稳定爆炸；反之，如果在传爆过程中爆速是逐渐衰减的，那么，炸药的爆炸就不能进行到底，这就是不稳定传播。可见，炸药爆速的变化，反映了炸药爆炸反应的完全程度，因此，它是衡量炸药爆炸性能的重要指标。

在进行爆破工作时，必须经常进行炸药的爆速测定，才能把握爆破的效果、质量和安全。传统的测试方法有导爆索对比法，现在常用的是电子仪器测试法。常用电子仪器测试法有光线示波器测定法和计时器测定法两种方法。测时准确可靠的专门仪器，如 BSS-1 和 BS-1 型爆速仪，测量精度高。

在实际生产中，为了保证爆破效果，应力求炸药处于稳定爆轰状态，即具有理想的爆速，在生产实践中，影响爆速的因素很多。但主要的有药卷直径和炸药密度。用相同起爆能量，引爆不同直径的药卷时，药卷的爆速和稳定传爆的情况有很大不同，随着药卷直径增大，爆速和爆炸稳定性均有所提高，当药卷直径较小时，随药卷直径增大，爆速增加较快，但药卷直径增大到某一数值后，爆速趋于一恒定值。增大炸药的密度可提高理想爆速，临界直径和极限直径也会发生变化。由于炸药密度对临界直径的影响规律是随炸药类型的不同而变化的，因此，密度影响爆速的规律也是不同的。

d 聚能效应

某特定装药形状（如锥形孔、凹穴）可使炸药能量在空间上重新分配，大大地加强了某一方向的局部破坏作用，这种现象称为聚能效应。能产生聚能效应的装药称为聚能装药，而其特定的装药形状（如锥形孔、凹穴等），称为聚能穴，如雷管的底部凹槽等。

聚能装药爆炸时，爆炸气体产物向聚能汇集，在凹穴轴线方向上形成一股高速运动的强大射流，即聚能流。聚能流具有极高的速度、密度、压力和能量密度，并在离聚能穴底部一定距离达到最大值，因此其破坏作用增强。带有金属罩的聚能装药，其聚能效应更大。炸药爆炸时，它在聚能穴轴线上形成高速的金属射流，其速度每秒可达数千米甚至上万米，压力可达几兆帕，因此其破甲、破坏能力更集中。利用聚能药包可破碎大块。

e 传爆

炸药起爆后，爆轰波能以最大的速度稳定传播的过程，称为理想爆轰。在一定条件下，炸药达不到理想爆轰，但可能以某一速度稳定传播爆轰波的过程，称为稳定传爆。

炸药在理想爆轰时，才能充分释放出最大能量。为了充分利用炸药的爆炸能，提高爆破效果，保障施工安全，必须保证炸药稳定传爆，争取达到理想爆轰。影响稳定传爆的因素：

（1）起爆能的影响。起爆能不足，激发不起炸药的化学反应或激发起的化学反应速度低，在传播过程中很快衰减，在这种情况下，将出现炸药拒爆或爆轰中断现象。不同炸药，所需的起爆能不一样，因此，针对不同炸药，选择适当的起爆能，以保证炸药可靠起爆是十分重要的。

（2）装药直径的影响。前面曾叙述了炸药的直径对爆速有影响，装药直径增大时，爆速也相应变大，当直径大到某一值后，爆速增加不明显而趋于某一个定值，即达到条件下的最大爆速。使炸药爆速达到最大值所需最小装药直径，称为极限直径，而该条件下的最大爆速称为极限爆速。同样爆速随着直径的减小而下降，当装药直径小于某一值时，爆轰即将中断。不同的炸药，临界、极限直径、爆速各不相同。一般来讲，单质猛炸药临界爆速为2000～3000m/s，极限爆速为6000～8000m/s。硝铵炸药的临界爆速为1000～2000m/s，极限爆速为4000～5000m/s。

因此，在实际爆破中，要保证炸药稳定传爆，争取理想爆轰，则应保证装药直径大于临界直径，争取达到极限直径。

（3）装药密度的影响。装药密度对传爆的影响，单质炸药和工业混合炸药表现不同。在一定条件下，单质炸药的爆速与装药密度成正比。在混合炸药中，爆速与密度曲线上存在着极限爆速，在一定的条件下爆速随装药密度的增大而提高，但由于混合炸药化学反应区中存在着二次反应，二次反应的阻力随炸药密度的增大而增大，所以当密度增大到一定限度时，化学反应速度下降，爆速也相应下降。这两方面作用的同时存在，对爆速产生综合的影响。

（4）药包外壳约束条件的影响。药包外壳愈坚固，质量愈大，约束条件愈好，侧向的能量损失愈少，传爆愈好。当药包直径达到极值时，外壳的影响就不明显。

（5）径向间隙的影响。不同炸药径向间隙对传爆的影响也不同，它可能对单质高感度猛炸药的传播有利，而对于低感度工业混合炸药可能不利，甚至使爆轰中断。径向间隙的这种影响作用，称为径向间隙效应或简称间隙效应。

径向间隙对炸药爆速的不同影响与上述炸药密度对爆速的影响机理相同。炸药爆炸后，由于径向间隙的存在，孔中的空气冲击波超前于爆轰波，对未爆炸药进行压缩，使炸药密度提高而影响未爆炸药的爆速。

（6）炸药颗粒的影响。工业混合炸药爆轰中存在二次反应，因此组分颗粒小、混合均匀，有利于爆轰的传播。感度低的成分其粒度应小于感度高的成分的粒度，才有利于二次反应，然而当药卷直径大于或等于极限直径时，炸药粒度的影响就不明显了。

2.3.3 常用炸药

2.3.3.1 粉状硝铵炸药

常用的粉状硝铵炸药有铵梯炸药、铵油炸药、铵松蜡炸药和煤矿许用炸药，由于其组成成分不同，性能指标和适用条件也各不相同。

A 铵梯炸药

铵梯炸药又称岩石炸药，由硝酸铵、梯恩梯和木粉三种成分组成。硝酸铵是氧化剂，为主要成分；梯恩梯是敏化剂，也起还原剂作用；木粉是可燃剂，又是疏松剂。铵梯炸药是国内外工业上用了近两个世纪的传统炸药，目前仍是工业上使用最多的炸药品种。其主要成分如下：

（1）硝酸铵。硝酸铵是一种应用广泛的化学肥料。纯硝酸铵为白色晶体，熔点为160.6℃，温度达300℃时便发火燃烧，高于400℃时可转为爆炸。硝酸铵是一种弱性爆炸成分，钝感，需经强力起爆后才能引爆，爆速为2000～2500m/s，爆力为165～230mL。

硝酸铵具有较强的吸湿性和结块性。吸湿现象的产生是由于它对空气中的水蒸气有吸附作用，并通过毛细管作用在其颗粒表面形成薄薄的一层水膜，硝酸铵易溶于水，因而水膜会逐渐变为饱和溶液。只要空气中的水蒸气压力大于硝酸铵饱和溶液的压力，硝酸铵就会继续吸收水分，一直到两者压力平衡时为止。硝酸铵吸水后，一旦温度下降，饱和层将部分或全部发生重结晶，形成坚硬致密的晶粒层，将硝酸铵黏结成块状。这种结块硬化过程还将因晶形变换和上部重压等原因而加剧，给加工炸药造成很大困难。

为了提高硝酸铵的抗水性，可加入防潮剂。常用的防潮剂有两类：一类是憎水性物质，如松香、石蜡、沥青和凡士林等，它们覆盖在硝酸铵颗粒表面，使它与空气隔离；另一类是活性物质，如硬脂酸钙、硬脂酸锌等，它们的分子结构一端为体积较大的憎水性基团（硬脂酸根），另一端是体积较小的亲水性基团（金属离子），这些活性物质加入后，它们的亲水性基团将朝向外面，因而能起到防水作用。

为了防止炸药中的硝酸铵吸湿后结块硬化，可在炸药中加入适量的疏松剂，如木粉等。

干燥的硝酸铵与金属作用极缓慢，有水时其作用速度加快。故溶化的硝酸铵与铜、铅和锌均起作用，形成极不稳定的亚硝酸盐，但硝酸铵不与铝、锡作用，故在制造硝酸炸药时均使用铝质工具和容器。同时，由于硝酸铵是强酸弱碱生成的盐类，要避免与弱酸强碱生成的盐类（如亚硝酸盐、氯酸盐等）混在一起，否则也会产生安定性很差的亚硝酸铵，容易引起爆炸。

（2）梯恩梯（TNT）。其本身就是一种单质猛炸药，具有良好的爆轰性能，是军事爆破中常用的炸药品种。由于梯恩梯的制造工艺复杂，价格也较昂贵，故在炸药中尽量少用或改用其他敏化剂代替。梯恩梯有一定的毒性，能通过皮肤和呼吸系统对人体产生损害，故在炸药的生产和使用中要注意工作环境及个人防护。

（3）木粉。木粉除了作疏松剂和可燃剂外，还能调节炸药的密度。要求它不含杂质、不腐朽、含水在4%以下，细度在0.83～0.85mm（20～40目）之间。

矿山多用2号岩石硝铵炸药，常用铵梯炸药成分与性能，如表2-17所示。

表2-17 常用铵梯炸药的成分与性能

成分性能和指标 \ 炸药品种		1号岩石硝铵炸药	2号岩石硝铵炸药	2号抗水岩石硝铵炸药	2号露天硝铵炸药	2号抗水露天硝铵炸药	2号铵松蜡炸药
组成/%	硝酸铵	82±1.5	85±1.5	84±1.5	86±2.0	86±2.0	91±1.5
	梯恩梯	14±1.0	11±1.0	11±1.0	5±1.0	5±1.0	
	木粉	4±0.5	4±0.5	4.2±0.5	9±0.5	8.2±1.0	5±0.5
	沥青			0.4±0.1		0.4±0.1	
	石蜡			0.4±0.1		0.4±0.1	0.8±0.2
	轻柴油						1.5±0.5
	松香						1.7±0.3
性能	水分（不大于）/%	0.3	0.3	0.3	0.5	0.5	0.1～0.3
	密度/$g \cdot cm^{-3}$	0.95～1.1	0.95～1.1	0.95～1.1	0.85～1.1	0.85～1.1	0.95～1.0
	猛度（不小于）/mm	13	12	12	8	8	13～15
	爆力（不小于）/mL	350	320	320	250	250	320～360
	殉爆Ⅰ/cm	6	5	5	3	3	4～7
	殉爆Ⅱ/cm			3		2	
	爆速/$m \cdot s^{-1}$		3600	3750	3525	3525	3500～3800

续表 2-17

<table>
<tr><td colspan="2">成分性能和指标 \ 炸药品种</td><td>1 号岩石硝铵炸药</td><td>2 号岩石硝铵炸药</td><td>2 号抗水岩石硝铵炸药</td><td>2 号露天硝铵炸药</td><td>2 号抗水露天硝铵炸药</td><td>2 号铵松蜡炸药</td></tr>
<tr><td rowspan="5">爆炸参数计算值</td><td>氧平衡/%</td><td>0.52</td><td>3.38</td><td>0.37</td><td>1.08</td><td>-0.30</td><td>-1.092</td></tr>
<tr><td>质量体积/L·kg^{-1}</td><td>912</td><td>924</td><td>921</td><td>935</td><td>936</td><td></td></tr>
<tr><td>爆热/kJ·kg^{-1}</td><td>4078</td><td>3688</td><td>3512</td><td>3740</td><td>3852</td><td></td></tr>
<tr><td>爆温/℃</td><td>2700</td><td>2514</td><td>2654</td><td>2496</td><td>2545</td><td></td></tr>
<tr><td>爆压/Pa</td><td></td><td>3306100</td><td>3587400</td><td>3169800</td><td>3169300</td><td></td></tr>
</table>

注：殉爆Ⅰ是浸水前的参数；殉爆Ⅱ是浸水后的参数。

B　铵油炸药

铵油炸药是一种无梯炸药，主要成分是硝酸铵和柴油，是我国冶金、有色金属矿山应用广泛的一种钝感猛性炸药。铵油炸药的主要成分如下：

（1）硝酸铵。硝酸铵为氧化剂，性能如前所述。

（2）柴油。柴油在炸药中作可燃剂。在柴油成分中，要求碳氢元素含量达 99.5% 以上。柴油来源容易，运输、使用安全，有较高的黏性和挥发性，能有效渗入炸药的颗粒中，从而保证炸药组分混合的均匀性和致密性。

（3）木粉。木粉主要用作疏松剂以防止炸药结块，同时还可起到可燃剂的作用。

在铵油炸药中，多孔粒状铵油炸药是一种较新型的工业炸药类型，它由多孔粒状硝酸铵和柴油组成。多孔粒状硝酸铵为白色颗粒状混合物，是一种内部充满空穴和裂隙的颗粒状物质，其堆积密度一般在 0.75～0.85g/cm^{3}之间。与普通粉状硝酸铵相比，它不易结块、流散性好、吸油能力强。多孔粒状铵油炸药可用于露天及地下无水爆破作业，其爆破效果近似于 2 号岩石铵梯炸药，该炸药的感度较低，一般用一发雷管难以引爆，必须利用起爆药包进行起爆。

多孔粒状铵油炸药具有组分少、原料来源丰富、使用方便、成本低廉、不易结块、流散性好、装药时不易堵孔、性能可靠、储存稳定、使用安全和易于机械化装药等特点，其用量正逐年提高。性能成分指标见表 2-18。

表 2-18　铵油炸药及多孔粒状铵油炸药的组分、性能及适用条件

<table>
<tr><td colspan="3" rowspan="2">组分和性能</td><td colspan="4">炸药名称</td></tr>
<tr><td>1 号铵油炸药（粉状）</td><td>2 号铵油炸药（粉状）</td><td>3 号铵油炸药（粉状）</td><td>多孔粒状铵油炸药</td></tr>
<tr><td rowspan="3">组分/%</td><td colspan="2">硝酸铵</td><td>92 ±1.5</td><td>92 ±1.5</td><td>94.5 ±1.5</td><td>94.5 ±0.5</td></tr>
<tr><td colspan="2">柴　油</td><td>4 ±1</td><td>1.8 ±0.5</td><td>5.5 ±1.5</td><td>5.5 ±0.5</td></tr>
<tr><td colspan="2">木　粉</td><td>4 ±0.5</td><td>6.2 ±1</td><td></td><td></td></tr>
<tr><td colspan="3">水分（不大于）/%</td><td>0.75</td><td>0.8</td><td>0.8</td><td>0.3</td></tr>
<tr><td colspan="3">装药密度/g·cm^{-3}</td><td>0.9～1.0</td><td>0.8～0.9</td><td>0.9～1.0</td><td></td></tr>
<tr><td rowspan="3">爆炸性能</td><td rowspan="2">殉爆距离（不小于）/cm</td><td>浸水前</td><td rowspan="2">5</td><td rowspan="2"></td><td rowspan="2"></td><td rowspan="2"></td></tr>
<tr><td>浸水后</td></tr>
<tr><td colspan="2">猛度（不小于）/mm</td><td>12</td><td>18</td><td>18</td><td>15</td></tr>
</table>

续表 2-18

组分和性能		炸药名称			
		1 号铵油炸药（粉状）	2 号铵油炸药（粉状）	3 号铵油炸药（粉状）	多孔粒状铵油炸药
爆炸性能	爆力（不小于）/mL	300	250	250	278
	爆速（不低于）/$m \cdot s^{-1}$	3300	3800	3800	2800
炸药保证期/d		（雨季）7 （一般）15	15	15	30
适用条件		露天或无瓦斯、无矿尘爆炸危险的中硬以上矿岩的爆破工程	露天中硬以上矿岩的爆破和硐室大爆破工程	露天大爆破工程	露天大爆破工程或无瓦斯、无矿尘爆破危险的地下中深孔爆破

C 铵松蜡炸药

铵松蜡炸药由硝酸铵、木粉、松香和石蜡混制而成。它克服了铵梯和铵油炸药吸湿性强、保存期短的不足，其原料来源也较符合我国资源特点。总之，它除了保持铵油炸药的优点外，还具有抗水性能良好，保存期长，性能指标也达到了 2 号岩石炸药标准等优点。铵松蜡炸药之所以具有良好的防水性能，主要是因为：

（1）松香、石蜡都是憎水物质，可形成粉末状防水网，防止硝酸铵吸水。

（2）石蜡还可形成一层憎水薄膜，阻止水分进入。

（3）含有柴油的铵松蜡炸药中，松香与柴油可以共同组成油膜，也能防止水分进入。

除铵松蜡炸药外，还有铵沥炸药、铵沥蜡炸药等。这些炸药的缺点是，由于石蜡和松香的燃点低，不能用于有瓦斯和矿尘爆炸危险的地下矿山；另外，这类炸药的毒气生成量也较大。

2.3.3.2 含水硝铵炸药

含水硝铵炸药包括浆状炸药、水胶炸药、乳化炸药等。它们的共同特点是将硝酸铵或硝酸钾、硝酸钠溶解于水后，成为硝酸盐的水溶液，当其达到饱和时便不再吸收水分。依据这一原理制成的防水炸药，其防水机理可简单理解为“以水抗水”。

A 浆状炸药

浆状炸药是由氧化剂水溶液、敏化剂和胶凝剂等基本成分组成的悬浮状的饱和水胶混合物，其外观呈半流动胶浆体，故称为浆状炸药。其成分如下：

（1）氧化剂水溶液。浆状炸药的氧化剂水溶液主要是硝酸铵或硝酸钾、硝酸钠的混合物，它的含量占炸药总量的 65% ~85%，含水量占 10% ~20%。水作为连续相而存在，其主要作用是：

1）使硝酸铵等固体成分成为饱和溶液，不再吸水。

2）使硝酸铵等固体成分溶解或悬浮，以增加炸药的可塑性和增大炸药的密度。

3）使炸药成为细、密、匀的连续相，各成分紧密接触，提高炸药的威力。但是，必须注意的是水为钝感物质，由于水分增加，炸药的敏感度将有所降低。

（2）敏化剂。浆状炸药敏化剂按成分不同可分为以下四类：

1）猛炸药的敏化剂。常用的有梯恩梯、黑索金、硝化甘油等，含量为 6% ~20%。

2）金属粉末敏化剂，如铝粉、镁粉、硅铁粉等，含量为2%～15%。

3）气泡敏化剂，如亚硝酸钠，加入量为0.1%～0.5%。

4）燃料性敏化剂，如柴油、硫黄等，含量为1%～5%。

（3）胶凝剂。它是浆状炸药的关键成分，可使氧化剂水溶液变为胶体液，并使各物态不同的成分胶结在一起，使其中未溶解的硝酸盐类颗粒、敏化剂颗粒等悬浮于其中，又可使浆状炸药胶凝、稠化，提高其抗水性能。胶凝剂有两类：一类是植物胶，主要是白笈、玉竹、田菁胶、槐豆胶、皂胶和胡里仁粉等；另一类是工业胶，主要为聚丙烯酰胺，俗称“三号剂”。植物胶用量约为2%～2.4%，聚丙烯酰胺用量约为1%～3%。

（4）交联剂。它又称助胶剂，交联剂的作用是使浆状炸药进一步稠化以提高抗水性能，常用硼砂、重铬酸钾等，其含量为1%～3%。使用交联剂，可以相对减少胶凝剂的用量。

（5）表面活性剂。常用十二烷基苯磺酸钠或十二烷基磺酸钠。它的作用是增加塑性，提高其耐冻能力；其次是能吸附铝粉等金属颗粒，防止与水反应生成氢而逸出。

（6）起泡剂。常用亚硝酸钠，其作用是加入后能产生氮气化物和二氧化碳，形成气泡，以便在起爆时产生绝热压缩，增加炸药爆轰感度。这种气泡又叫敏化气泡。采用起泡剂可以相对减少敏化剂梯恩梯的用量。另外，泡沫、多孔含碳材料等也可用作起泡剂。

（7）安定剂。加入适量的尿素等，可提高胶凝剂的黏附性和炸药的柔软性，以防止炸药变质。

（8）防冻剂。加入乙二醇等可使冰点降低，增加炸药耐冻性。

浆状炸药敏感度较低，不能用普通8号雷管起爆，而需要用起爆药包来起爆。

浆状炸药的优点是，炸药密度高，可塑性较好，抗水性强，适于有水炮孔爆破，使用安全。其缺点是，感度低，不能用普通雷管起爆，需采用专门起爆体（弹）加强起爆，理化安定性较差，在严寒冬季露天使用受到影响。性能成分指标见表2-19。

表2-19 国产浆状炸药的组分和性能

炸药品种		4号浆状炸药	5号浆状炸药	槐1号浆状炸药	槐2号浆状炸药	白云1号抗冻浆状炸药	田菁10号浆状炸药
组成/%	硝酸铵	60.2	70.2～71.5	67.9	54.0	45.0	57.5
	硝酸钾				10.0		
	硝酸钠			10.0		10.0	10.0
	梯恩梯	17.5	5.0		10.0	17.3	10.0
	水	16.0	15.0	9.0	14.0	15.0	11+2
	柴油		4.0	3.5	2.5		2.0
	胶凝剂	（白）2.0	（白）2.4	（槐）0.6	（槐）0.5	（皂）0.7	田菁胶0.7
	亚硝酸钠		1.0	0.5	0.5		
	交联剂	硼砂1.3	硼砂1.4	2.0	2.0	2.0	1.0（交联发泡溶液）
	表面活性剂		1.0	2.5	2.5	1.0	3.0
	硫黄粉			4.0	4.0		2.0
	乙二醇					3.0	
	尿素	3.0				3.0	3.0

续表 2-19

炸药品种		4号浆状炸药	5号浆状炸药	槐1号浆状炸药	槐2号浆状炸药	白云1号抗冻浆状炸药	田菁10号浆炸药
性能	密度/g·cm^{-3}	1.4~1.5	1.15~1.24	1.1~1.2	1.1~1.2	1.17~1.27	1.25~1.31
	爆速/km·s^{-1}	4.4~5.6	4.5~5.6	3.2~3.5	3.9~4.6	5.6	4.5~5.0
	临界直径/mm	96	≤45		96	≤78	70~80

B 水胶炸药

水胶炸药实际上是浆状炸药改进后的新品种，它与浆状炸药的不同之处在于其主要使用的是水溶性敏化剂，这样就使得氧化剂的耦合状况大为改善，从而获得更好的爆炸性能。水胶炸药的成分如下：

(1) 氧化剂。主要是硝酸铵和硝酸钠，硝酸铵可用粉状也可用粒状。在生产水胶炸药时，将部分硝酸铵溶解成15%的水溶液，另一部分可直接加入固体硝酸铵。

(2) 敏化剂。常用甲基胺硝酸盐（简称 MANN）的水溶液。甲基胺硝酸盐比硝酸铵更易吸湿，易溶于水，本身又是一种单质炸药。在水胶炸药中，它既是敏化剂又是可燃剂。甲基胺硝酸盐不含水时可直接用雷管起爆，但当其为温度小于95℃，浓度低于86%的水溶液时，不能用8号雷管起爆。因此，可用不同含量的甲基胺硝酸盐制成不同感度的水胶炸药。由于其原料来源广泛，应用较广。

(3) 黏胶剂。水胶炸药具有良好的黏胶效果，因而比浆状炸药具有更好的抗水性能和爆炸威力。国内多用田菁胶、槐豆胶，国外多用古尔胶作黏胶剂。

水胶炸药的优点是：抗水性强，感度较高，可用8号雷管起爆，并具有较好的爆炸性能，可塑性好，使用安全；缺点是成本较高，爆炸后生成的有毒气体比2号岩石炸药多。性能成分指标见表2-20。

表 2-20 水胶炸药性能成分指标

炸药系列或型号		SHJ-K 型	W-20 型	1号	3号
组成/%	硝酸铵（钠）	53~58	71~75	55~75	48~63
	水	11~12	5~6.5	8~12	8~12
	硝酸甲胺	25~30	12.9~13.5	30~40	25~30
	铝粉或柴油	铝粉4~2	柴油2.5~3		
	胶凝剂	2	0.6~0.7		0.8~1.2
	交联剂	2	0.03~0.09		0.05~0.1
	密度控制剂		0.3~0.5	0.4~0.8	
	氯酸钾		3~4		0.1~0.2
	延时剂				0.02~0.06
	稳定剂				0.1~0.4
性能	爆速/km·s^{-1}	3.5~3.9	4.1~4.6	3.5~4.6	3.6~4.4
	猛度/mm	>15	16~18	14~15	12~20
	殉爆距离/cm	>8	6~9	7	12~25
	临界直径/mm		12~16	12	
	爆力/mL	>340	350		330
	爆热/J·g^{-1}	1100	1192	1121	
	储存期/月	6	3	12	12

C 乳化炸药

乳化炸药具有威力高、感度高、抗水性良好的特点，被誉为“第四代”炸药。它不同于水包油型的浆状炸药和水胶炸药，而是以油为连续相的油包水型的乳胶体。它不含爆炸性的敏化剂，也不含胶凝剂。此种炸药中的乳化剂可使氧化剂水溶液（水相或内相）微细的液滴均匀地分散在含有气泡的近似油状物质的连续介质（油相或外相）中，使炸药形成灰白色或浅黄色的油包水型特殊内部结构的乳胶体，故称乳化炸药。

乳化炸药的成分：

（1）氧化剂水溶液。即硝酸盐水溶液，呈细小水滴的形式存在，其含量占55% ~ 80%，含水量为10% ~20%。

（2）可燃剂。一般由柴油和石蜡组成，其含量约为1% ~8%，水相分散在油相之中，形成不能流动的稳定的油包水型乳胶体。

（3）发泡剂。可用亚硝酸钠、空心微玻璃球、珍珠岩粉或其他多孔性材料。发泡剂可提高炸药的感度，加入量约为0.05% ~0.1%。

（4）乳化剂。这是乳化炸药生产工艺中的关键成分，其含量约为0.5% ~0.6%。本来油与水是不相溶的，但乳化剂是一种表面活性剂，可用来降低油和水的表面张力，使它们互相紧密吸附，形成油包水型乳化物，这种油包水型微粒的粒径约为2pm左右，因而极有利于爆轰反应。

乳化剂多为脂肪族化合物，它可以是一种化合物，也可以是多种物质的混合物。常用山梨糖醇单月桂酸酯、山梨糖醇酐单油酸盐等。

乳化炸药的性能不但同它的组成配比有关，而且也同它的生产工艺特别是乳化技术有关。乳化炸药的主要性能特点是：

（1）抗水性强。在常温下浸泡在水中7天后，炸药的性能不会产生明显变化，仍可用8号雷管起爆，故可代替硝化甘油炸药在水下使用。

（2）爆速高。一般可达4000 ~5500m/s，故威力大。

（3）感度高。由于加入了发泡剂，加上乳化、搅拌加工，使氧化剂水溶液变成微滴，敏化气泡均匀地吸留在其中，故爆轰感度较高，可达雷管感度。

（4）密度可调范围宽。由于加入了充气成分，可通过控制其含量来调节炸药密度，炸药的可调密度一般在0.8 ~1.45g/cm^{2}之间。

（5）安全性能好。乳化炸药对于冲击、摩擦、枪击的感度都较低，而且爆炸后毒气生成量也少，使用安全，储存期较长。部分国产乳化炸药的成分与性能指标见表2-21。

表2-21 部分国产乳化炸药的成分与性能

炸药系列或型号		EL系列	CLH系列	SB系列	RJ系列	WR系列	岩石型	煤矿许用型
组成/%	硝酸（钠）	65 ~75	63 ~80	67 ~80	58 ~85	78 ~80	65 ~86	65 ~80
	硝酸甲胺				8 ~10			
	水	8 ~12	5 ~11	8 ~13	8 ~15	10 ~13	8 ~13	8 ~13
	乳化剂	1 ~2	1 ~2	1 ~2	1 ~3	0.5 ~2	0.8 ~1.2	0.8 ~1.2
	油相材料	3 ~5	3 ~5	3.5 ~6	3 ~5	3 ~5	4 ~6	3 ~5
	铝粉	2 ~4	2					1 ~5
	添加剂	2.1 ~2.2	10 ~15	6 ~9	0.5 ~2	5 ~6.5	1 ~3	5 ~10
	密度调整剂	0.3 ~0.5		1.5 ~3	0.2 ~1			另加消焰剂

续表 2-21

炸药系列或型号		EL 系列	CLH 系列	SB 系列	RJ 系列	WR 系列	岩石型	煤矿许用型
性能	爆速/km·s⁻¹	4~5.0	4.5~5.0	4~4.5	4.5~5.4	4.7~5.8	3.9	3.9
	猛度/mm	16~19		15~18	16~18	18~20	12~17	12~17
	殉爆距离/cm	8~12	2	7~12	>8	5~10	6~8	6~8
	临界直径/mm	12~16	40	12~16	13	12~18	20~25	20~25
	抗水性	极好	极好	极好	极好	极好	极好	极好
	储存期/月	6	>8	>6	3	3	3~4	3~4

2.3.3.3 其他炸药

A 岩石粉状铵梯油炸药

岩石粉状铵梯油炸药属于少梯工业炸药，它是工业粉状炸药的第二代产品，是由工业粉状铵梯炸药发展而来的。其关键技术是将乳化分散技术应用于粉状铵梯炸药中，在炸药的组分中加入以非离子表面活性剂为主构成的复合油相，取代了部分梯恩梯，使梯恩梯的含量由11%降低至7%，达到了降低粉尘、防潮、防结块的综合效果。岩石粉状铵梯油炸药的组分和性能成分指标见表2-22。

表 2-22 岩石粉状铵梯油炸药的组分和性能

组分与性能			炸药名称	
			2号岩石铵梯油炸药	2号抗水岩石铵梯油炸药
组分/%	硝酸铵		87.5±1.5	89.0±2.0
	梯恩梯		7.0±0.7	5.0±0.5
	木粉		4.0±0.5	4.0±0.5
	复合油相		1.5±0.3	2.0±0.3
	复合添加剂（外加）		0.1±0.005	0.1±0.005
爆炸性能	水分/%		≤0.30	≤0.30
	猛度/mm		≥12	≥12
	爆力/mL		≥320	≥320
	爆速/m·s⁻¹		≥3200	≥3200
	殉爆距离/cm	浸水前	≥4	≥3
		浸水后		≥2
	有毒气体量/L·kg⁻¹		≤100	≤100
	药卷密度/g·cm⁻³		0.95~1.10	0.95~1.10
	炸药有效期/月		6	6
	炸药有效期内	殉爆距离/cm	3	2
		水分/%	0.50	0.50

为了进一步降低梯恩梯含量，并改善炸药性能，在岩石粉状铵梯油炸药的基础上，成功研制了4号岩石粉状铵梯油炸药。该产品的特点是梯恩梯含量降至2%，组分中选用了1号复合改性剂，解决了硝铵炸药的结块问题，提高了爆破性能与储存性能及防潮、防水的性能。4号岩石粉状铵梯油炸药的组分和性能见表2-23。

表 2-23 4 号岩石粉状铵梯油炸药的组分和性能

组成/%	硝酸铵	木粉	复合油相	梯恩梯	1 号改性剂
	91.3 ±1.5	4.0 ±0.7	2.7 ±0.6	2.0 ±0.2	0.30 ±0.01
爆炸性能	水分/%		≤0.30		
	药卷密度/$g \cdot cm^{-3}$		0.95 ~ 1.10		
	爆速/$m \cdot s^{-1}$		≥3200		
	猛度/mm		≥12		
	殉爆距离/cm		≥4		
	爆力/mL		≥320		
	有毒气体量/$L \cdot kg^{-1}$		≤100		
	有效期/天		180		
	炸药有效期内		殉爆距离/cm 水分/%	≥3 ≤0.50	

B 膨化硝铵炸药

膨化硝铵炸药是一种新型粉状工业炸药，属无梯炸药。其关键技术是硝酸铵的膨化，膨化的实质是表面活性技术和结晶技术的综合作用过程，是硝酸铵饱和溶液在专用表面活性剂作用下，经真空强制析晶的物理化学过程。这一过程可制得具有许多微孔气泡，成为膨松状和蜂窝状的膨化硝酸铵。微孔气泡的形成，可以取代梯恩梯的敏化作用，故炸药组分中便可不用梯恩梯。岩石膨化硝铵炸药是由膨化硝酸铵、燃料油、木粉混合而成的。爆破性能优良、爆轰速度快，综合性能优于 2 号岩石铵梯炸药；产品吸湿性低，不易结块，储存性能和物理稳定性高；安全性能好，使用可靠。其特点是炸药中不含梯恩梯，彻底消除了梯恩梯对人体的毒害和对环境的污染。该产品适用于中硬及中硬以下矿岩使用，是国家重点推广的炸药品种。

目前，膨化硝铵炸药已形成了系列产品，相继推出了岩石膨化硝铵炸药、煤矿许用膨化硝铵炸药、震源药柱膨化硝铵炸药、抗水膨化硝铵炸药、低爆速型膨化硝铵炸药、高安全煤矿许用膨化硝铵炸药和高威力膨化硝铵炸药。其中，岩石膨化硝铵炸药的组分和性能见表 2-24。

表 2-24 岩石膨化硝铵炸药的组分和性能

组成/%	膨化硝酸铵	复合油相	木 粉
	92.0 ±2.0	4.0 ±1.0	4.0 ±1.0
爆炸性能	水分/%	≤0.30	
	药卷密度/$g \cdot cm^{-3}$	0.80 ~ 1.00	
	爆速/$m \cdot s^{-1}$	≥3200	
	猛度/mm	≥12	
	殉爆距离/cm	≥4	
	爆力/mL	≥320	
	有毒气体量/$L \cdot kg^{-1}$	≤100	
	有效期/天	180	
	炸药有效期内	殉爆距离/cm 水分/%	≥3 ≤0.50

C 粉状乳化炸药

粉状乳化炸药是近几年发展起来的一种炸药新品种，它是一种具有高分散乳化结构的固态炸药，属乳化炸药的衍生品种，是当前民用爆破行业发展较为迅速的炸药新品种，其科技含量高、发展迅猛。粉状乳化炸药爆炸性能优良，组分原料不含猛炸药，具有较好的抗水性，储存性能稳定，现场使用装药方便，是兼有乳化炸药及粉状炸药优点的新型工业炸药。它克服了现有粉状炸药混合不均匀的不足，提高了粉状炸药爆炸性能，其技术指标均高于工业粉状铵梯炸药标准规定的要求。

粉状乳化炸药设计思路的独到性在于，它巧妙地把工业胶质乳化炸药与工业粉状炸药的性能优点有机地结合起来，形成了一种新型的高性能无梯炸药。岩石粉状乳化炸药的组分和性能成分指标见表2-25。

表2-25 岩石粉状乳化炸药的组分和性能

组分/%	硝酸铵	复合油相	水 分
	91.0±2.0	6.0±1.0	0~5.0
爆炸性能	药卷密度/$g \cdot cm^{-3}$	0.85~1.05	
	爆速/$m \cdot s^{-1}$	≥3400	
	猛度/mm	≥13	
	殉爆距离/cm	浸水前	≥5
		浸水后	≥4
	爆力/mL	≥320	
	撞击感度/%	≤8	
	摩擦感度/%	≤8	
	有毒气体量/$L \cdot kg^{-1}$	≤100	
	有效期/天	180	

D 低密度炸药

通过在铵油炸药中掺入木粉和微球，将炸药的密度降低而制成了低密度炸药，将其作为露天台阶深孔爆破的上半部装药，取得了良好的爆破效果。

在硝铵炸药中加入高分子发泡材料作为密度调节剂，研制成光面爆破专用炸药。该种炸药的爆速为1200~2000m/s，密度在0.3~0.7g/cm^{3}之间可调。

E ANRUB炸药

ANRUB炸药为国外新研制的一种“很不敏感”的炸药，其管理等级与硝酸铵相当，允许进行预混合散装运输，极大地方便了炸药混制和装药作业。

ANRUB炸药是一种低冲能炸药，由粒状硝酸铵和橡胶颗粒混合而成，橡胶占3.25%~13%。炸药的无约束稳定爆轰直径为300mm，在ϕ89mm炮孔中可以稳定传爆，爆速约为铵油炸药的80%。该炸药不仅可以减震，而且也有利于提高自由面质点的初始运动速度。

2.4 起爆技术

起爆方法通常是根据所采用的起爆器材和工艺特点来命名的，选用起爆方法时，要根据炸药的品种、工程规模、工艺特点、爆破效果和现场条件等因素来决定。

在爆破作业中，起爆方法直接关系到装药爆破的可靠性、起爆效果、爆破质量、作业安全和经济效益等方面的问题。

矿山爆破的起爆方法，现在主要有两大类：非电起爆法和电力起爆法。

2.4.1 电力起爆法

利用电雷管通电后起爆产生的爆炸能引爆炸药的方法，称为电力起爆法。电力起爆法使用的主要器材是电雷管。

2.4.1.1 电爆网路的组成

电力起爆法是由电雷管、导线和电源三部分组成的起爆网路来实施的。

A 电雷管的选择

由于电雷管电热性能的差异，有时会引起串联电雷管组的拒爆。因此，在一条网路中，特别是大爆破时，应尽量选用同厂、同型号和同批生产的产品，并在使用前用专用爆破电桥进行雷管电阻的检查。目前大多数工程爆破在选配雷管时，对康铜桥丝电雷管间的电阻值差不大于0.3Ω，镍铬桥丝电雷管电阻值差不大于0.8Ω。也有个别矿山，在加大起爆电流的条件下，对电雷管电阻值的要求并不严格。进行微差爆破时，还要根据起爆顺序和特定的爆破目的，选用不同段别的毫秒延时电雷管，做到延时合理、一致和顺序准确。

B 导线的选择

在电爆网路中，应采用绝缘良好、导电性能好的铜芯线或铝芯线做导线。铝芯线抗折断能力不如铜芯线，但价格便宜，故应用较多。铝芯线的线头包皮剥开后极易氧化，所以接线时必须用砂纸擦去氧化物，露出金属光泽，方能连接，不然电阻会增大，接触不良。大量爆破时，网路导线用量较大，有时还分区域（或支路）。为了便于计算和敷设，通常将导线按其在网路中的不同位置划分为脚线、端线、连接线、区域线（支线）和主线。

（1）脚线。雷管出厂就带有长为2m、直径为0.4～0.5mm的铜芯或铁芯塑料包皮绝缘地线。

（2）端线。它是指用来接长或替换原雷管脚线，使之能引出炮孔口的导线，或用来连接同一串组中相邻炮孔内雷管脚线引出孔外的部分；其长度根据炮孔深度与孔间距来定，截面一般为0.2～0.4mm，常用多股铜芯塑料皮软线。

（3）连接线。它指连接各串联组或各并联组的导线，常用截面积为2.5～16mm^2的铜芯或铝芯塑料线。

（4）区域线。它是连接线至主线之间的连接导线，常用截面6～33mm^2铜芯或铝芯塑料线。

（5）主线（又称母线）。它指连接电源与区域线的导线，因它不在爆落范围内使用，一般用动力电缆或专设的爆破用电缆包皮线，可多次重复使用。爆破规模较小时，也可选用截面面积为16～150mm^2的铜芯或铝芯塑料线或橡皮包皮线。主线电阻对网路总电阻影响很大，应选用合适的断面规格。

实际工作中，应尽量简化导线规格，脚线与端线、连接线和区域线可选用同一规格导线。

C 电源的选择

电力起爆网路可采用交流供电，也可采用直流供电。常用的起爆电源有照明电源、动力电源和起爆器。

（1）交流电源。照明和动力线路均属交流电源，其输出电压一般为380V和220V，具有足够容量，是电力起爆中常用的可靠电源，尤其在起爆线路长、雷管多、药量大、网路复杂、准爆电流要求高的地下中深孔大量爆破中，是比较理想的电源。

（2）直流电源。电容式起爆器是一种很好的直流电源。我国生产的电容起爆器品种较多，可根据爆破现场、规模和一次爆破雷管数量等合理选用不同容量的起爆器。电容式起爆器体积小、重量轻、便于携带、瞬间起爆电流大，适用于中、小规模工程爆破串联网路起爆。

2.4.1.2 电爆网路计算

电爆网路按雷管连接方式的不同可分为串联、并联和混联三种，网路的计算按一般电路的串联、并联和混联电路进行计算。

A 串联

串联是将电雷管一个接一个互相成串地连接起来，再与电源连接的方法，如图2-32所示。其优点是连线简单、操作容易、所需总电流小、导线消耗少，缺点是网路中若有一个雷管断路，会使整条网路断路而拒爆。串联电爆网路总电阻 R（Ω）的计算公式如下：

$$R = R_X + nr$$

式中 R_X——导线电阻，Ω；

n——串联电雷管个数；

r——单个电雷管电阻，Ω。

串联网路总电流 I（A）：

$$I = U/(R_X + nr)$$

式中 U——电源电压，V。

B 并联

并联是将所有电雷管的脚线分别连在两条导线上，然后把这两条导线与电源连接起来的方法，如图2-33所示。其优点是不会因为其中一个雷管断路而引起其他雷管的拒爆，网路的总电阻小。缺点是网路的总电流大，连接线消耗量多，若有少数雷管漏接时，检查不易发现。并联电爆网路总电阻 R（Ω）的计算公式为：

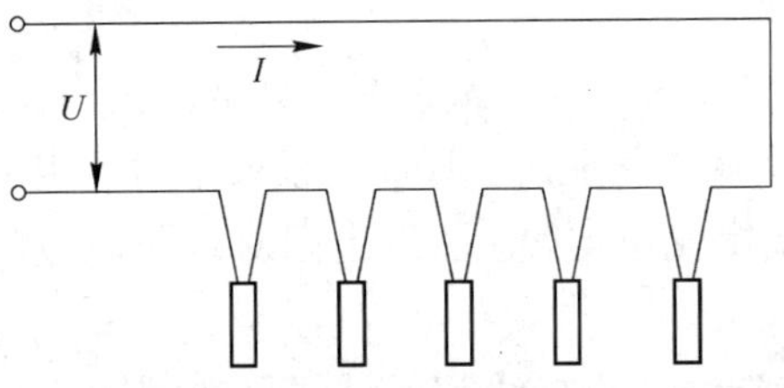

图2-32 串联网路

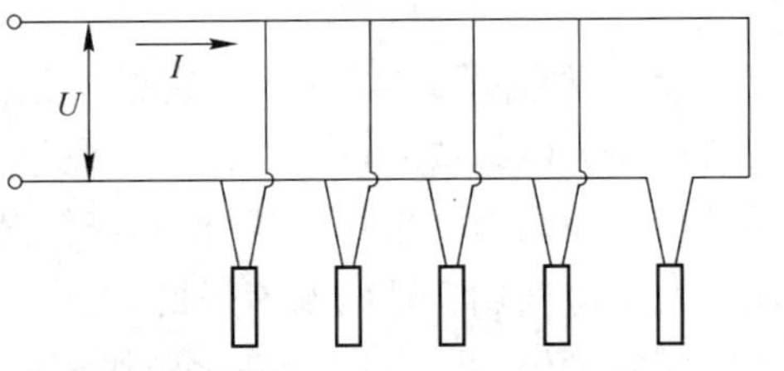

图2-33 并联网路

$$R = R_X + \frac{r}{m}$$

式中 m——并联电雷管个数；

其他符号意义同前。

并联网路总电流 I（A）为：

$$I = \frac{U}{R} = \frac{U}{R_X + \frac{r}{m}}$$

每个电雷管所获得的电流 i 为：

$$i = \frac{I}{m} = \frac{U}{mR_X + r}$$

C 混联

混联是在一个电爆网路中由串联和并联进行组合连接的混合连接方法，可进一步分为串并联和并串联，如图 2-34 和图 2-35 所示。串并联是将若干个电雷管串联成组，然后将若干个串联组又并联在两根导线上，再与电源连接。并串联是将若干组并联的电雷管组串联在一起，再与电源线连接的方法。

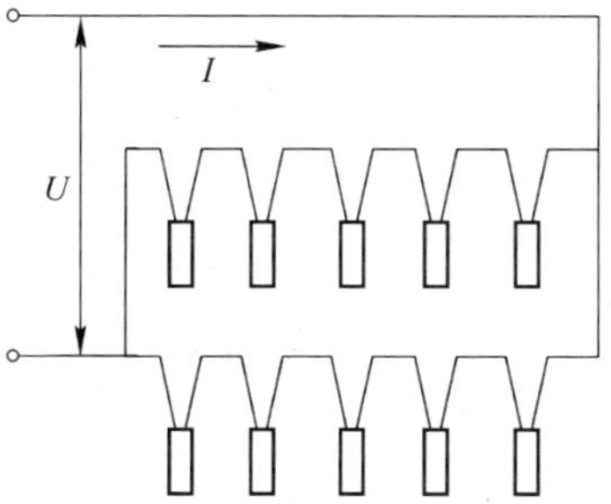

图 2-34 串并联网路

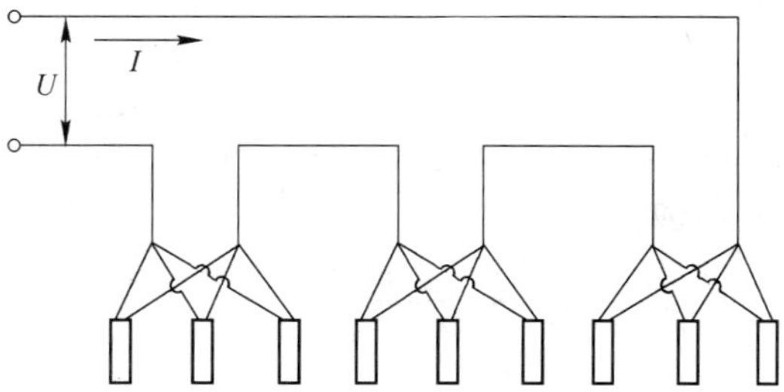

图 2-35 并串联网路

混联电爆网路总电阻 R（Ω）的计算公式为：

$$R = R_X + \frac{nr}{m}$$

式中 m——串并联时为并联组的组数，并串联时为一组内并联的雷管个数；

n——串并联时为一组内串联的雷管个数，并串联时为串联组的组数。

混联网路总电流 I（A）为：

$$I = \frac{U}{R_X + \frac{nr}{m}}$$

式中 U——电源电压，V。

每个电雷管所获得的电流 i（A）为：

$$i = \frac{I}{m} = \frac{U}{mR_X + nr}$$

在电力爆破网路中，电雷管的总数是已知的，而电雷管总数 $N = mn$，即 $n = N/m$，将

n 值代入上式得：

$$i = \frac{I}{m} = \frac{mU}{m^2 R_X + Nr}$$

为能在电爆网路中满足每个电雷管均获得最大电流的要求，必须对混联网路中串联或并联进行合理分组。从上式可知，当 U、N、r 和 R_X 固定不变时，则通过各组或每个电雷管的电流为 m 的函数。为求得合理的分组组数 m 值，可将上式对 m 进行微分，令其值等于零，即可求得 m 的最优值，此时电爆网路中，每个电雷管可获得最大电流值。

$$m = \sqrt{\frac{Nr}{R_X}}$$

计算后 m 值应取整数。

混联网路的优点是同时具有串联和并联的优点，可同时起爆大量的电雷管。在大规模爆破网路中，混联网路还可以采用多种变形方案，如串并并联、并串并联等方案。这两种连接方案的网路如图 2-36 所示。

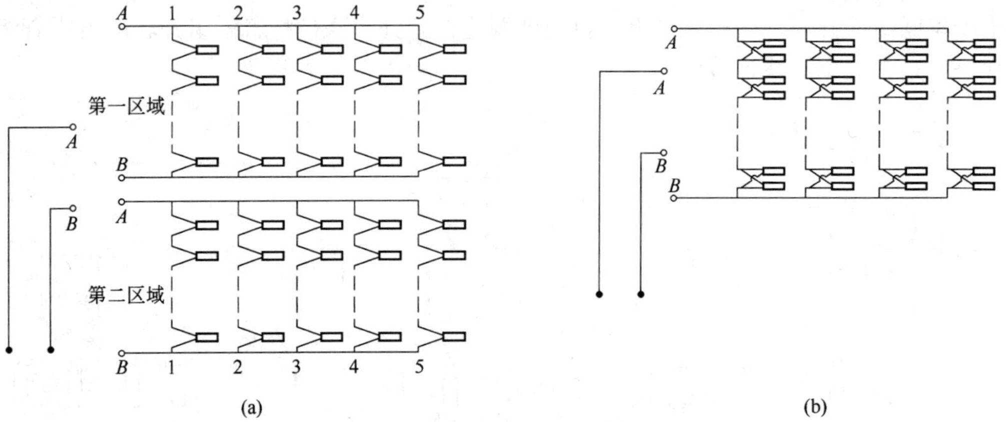

图 2-36 混合连接网路的变形方案

（a）串并并联连接方案；（b）并串并联连接方案

电爆网路设计是否合格：一是看起爆电源容量是否合格；二是看通过每一发雷管的电流是否符合要求。成组电雷管的最低准爆电流比单发电雷管要大，规程规定起爆成组电雷管时，对一般爆破，通过每一发雷管的电流直流电不小于 2A，交流电不小于 2.5A；对大爆破，通过每一发雷管的电流直流电不小于 2.5A，交流电不小于 4A。

2.4.1.3 电力起爆法的评价

A 电力起爆法特点

电力起爆法的优点：

（1）从准备到整个施工过程中的各个工序，如挑选雷管、连接起爆网路等，都能用仪表进行检查，并能根据设计计算数据及时发现施工和网路连接中的质量和错误，从而保证了爆破的可靠性和准确性。

（2）能在安全隐蔽的地点远距离起爆药包群，使爆破工作能在安全条件下顺利进行。

（3）准确地控制起爆时间和药包群之间的爆炸顺序，因而可保证良好的爆破效果。

（4）可同时起爆大量雷管等。

因此，电力起爆法使用范围十分广泛，无论是露天或井下、小规模或大规模爆破，还是其他工程爆破均可使用。

电力起爆法有如下缺点：

（1）普通电雷管不具备抗杂散电流和抗静电的能力。所以，在有杂散电流的地点或露天爆破遇有雷电时，危险性较大，此时应避免使用普通电雷管。

（2）电力起爆准备工作量大，操作复杂，作业时间较长。

（3）电爆网路的设计计算、敷设、连接的技术要求较高，操作人员必须要有一定的技术水平。

（4）需要可靠的电源和必要的仪表设备等。

B 电力起爆法的设计要求

对电爆网路设计的基本要求：

（1）电源可靠，电压稳定，容量足够。

（2）网路简单、可靠，便于计算、连线和导通。

（3）要求每个雷管都能获得足够的准爆电流，尽量使网路中各雷管电流强度比较均匀；雷管串联使用时，必须满足串联组雷管准爆电流的要求。

C 电力起爆法的施工

有了质量合格的电雷管和设计合理的爆破网路后，为了可靠、安全、准确地起爆，在操作过程中，还应该注意下述几方面：

（1）雷管检查合格后，应使其脚线短路，最好用工业胶布包好短路线头。按电雷管段数分别挂上标记牌，放入专用箱，按设计要求运送到爆破现场，再根据现场布置分发到各炮孔的位置。装药时应严防捣断雷管脚线，脚线应沿孔壁顺直。

（2）连接网路时，操作人员必须按设计接线。连线人员不得使用带电的照明。无关人员应退出工作面。整个网路的连接必须从工作面向爆破站方向顺序进行。连好一个单元后便检测一个单元，这样能及时发现和纠正问题。在连接过程中，网路的不同部位采用不同的接头形式，如图 2-37 所示。图 2-37（a）、（b）是常用于雷管脚线之间的接头形式；图 2-37（c）是多用于端线和连接线间的接头形式；图 2-37（d）是用于细导线与粗导线间连接接头形式；图 2-37（e）为连接线与区域线间，或区域线之间连接形式；图 2-37（f）多用于区域线与主线连接，或多芯导线连接的接头形式。

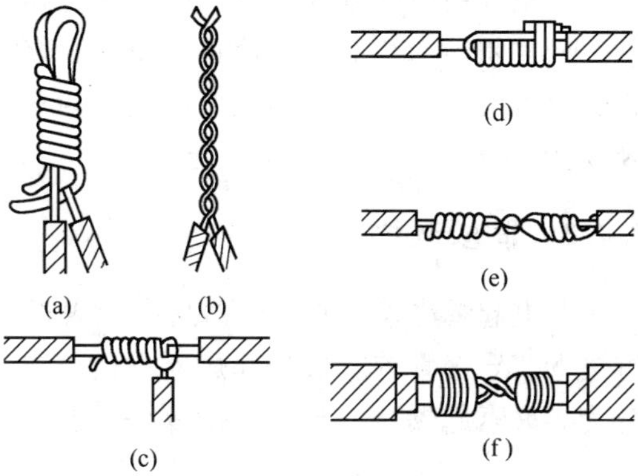

图 2-37 爆破网路常用接头形式
（a），（b）脚线接头；（c）端线和连接线接头；
（d）细线与粗线的接头；（e）连接线与区域线接头；
（f）区域线与主线接头

实践证明，接头不良，会造成整条网路的电阻变化不定，因而难以判断网路电阻产生误差的原因和位置。为了保证有良好接线质量，应注意下述几点：

1）接线人员开始接线时应先擦净手上的泥污，刮净线头的氧化物、绝缘物、露出金属光泽、以保证线头接触良好；作业人员不准穿化纤衣服。

2）接头牢固扭紧，线头应有较大接触面积。

3）各个裸露接头彼此应相距足够距离，更不允许相互接触，而形成短路；避免线头接触岩、矿或落入水中，故应用绝缘胶布缠裹。

4）敷线时，应留有10%～15%的富余长度，以防过紧拉断网络。

5）建立安全信号及警戒制度，认真检查后才能合闸起爆。

6）整条网路连好后，应有专人按设计进行复核。

（3）电爆网路的电阻检查与故障排除。安全规程规定：“爆破主线与起爆电源或起爆器连接之前，必须检测全电阻。总电阻值应与实际计算值符合（允许误差±5%）。若不符合，禁止连接”。

检查网路电阻时，应始终采用同一爆破电桥或内阻校对过的同类电桥，避免出现误差。在正常情况下，由于接头多的影响，实测电阻常会大于计算电阻。若差值超过±5%时，应分析和检查发生故障的原因和地点。一般用二分之一淘汰法寻找，即把整条网路一分为二，分别测这两部分的电阻，并与设计计算的电阻比较，符合计算的为正常区，反之为故障区。再将故障区一分为二，进行检测。这样不断缩小范围，直至找到故障点并加以排除为止。

（4）起爆站的选择。采用起爆器起爆时，起爆站可比较机动灵活地选择在安全地点，网路主线可在起爆前随时敷设和检查。

采用交流电源起爆时，专用电源位置是固定的，必须预先设置专用的起爆箱（双刀双置开关），如图2-38所示。电源在起爆时不作其他用途。

无论采用何种方式起爆，闭锁起爆电源是必须严格执行的，而且闭锁木箱的钥匙应由负责爆破的专人随身携带，不得转交他人。起爆时，必须有明确规定的指令和操作步骤以及安全信号。

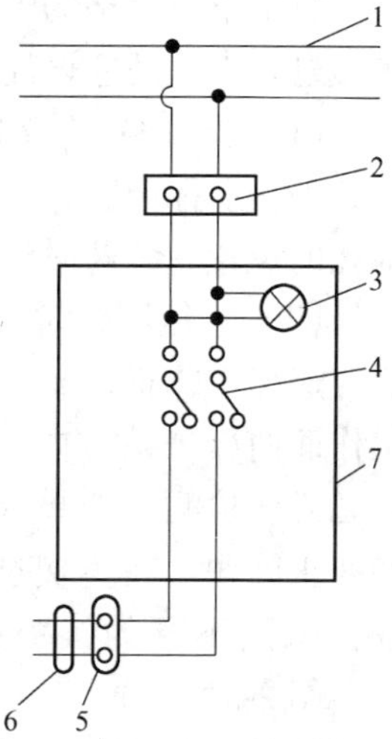

图2-38 电力起爆开关装置
1—电源线路；2—保险栓；
3—指示灯；4—开关；5—插座；
6—插销；7—带锁木箱

2.4.2 非电起爆法

非电起爆法采用的主要器材有导火索、火雷管、导爆索、继爆管、导爆管等。根据起爆器材的不同，这类起爆方法可分为导火索起爆法、导爆索起爆法、导爆管起爆法和联合起爆法。

2.4.2.1 导火索起爆法

导火索起爆法所使用的主要器材是导火索、火雷管和点火材料。此方法的起爆原理是：用点火材料点燃导火索，利用导火索燃烧产生的火焰引爆火雷管，再由火雷管的爆炸能引起炸药爆炸。

A 制作起爆雷管

首先在导火索和火雷管质量检查合格的基础上，根据现场实际需要将导火索切割成一定长度的段。切割导火索所用刀具要锋利、干净，不能有油污或锈蚀，避免弄脏芯药；切口不能斜，应当垂直轴线；切取长度应等于从炮孔内起爆药包处到孔口的长度加上孔外的一段附加长度，并要保证每段导火索的长度相等，不允许导火索的长度不足或长度不等。然后，将切好的导火索缓慢地插入火雷管内，直到紧密地接触加强帽为止，不允许转动。金属管壳火雷管，在距管口5mm以内用管钳将管口夹紧；纸壳火雷管则用胶布固定，使导火索不能在雷管内转动或脱离。

起爆雷管的组装加工，应在远离炸药的专门工房内进行，加工台应铺有毡子或胶垫。

B 制作起爆药包

起爆药包只允许在爆破地点进行制作，并且在钻眼工作完成后进行。

制作时先把药卷一端的包装纸打开，揉松后，用直径大于雷管外径的竹、木签在药卷中心扎一小孔，深度应大于雷管长度；或者直接在药卷一头或腰部扎一小孔，随即将起爆雷管插入小孔内，用线或胶布捆紧，使起爆雷管不会脱出。制作好的起爆药包如图2-39所示。

C 装填炮孔

在炮孔中装药之前，应先用捞勺清除眼内泥浆方能装填炸药。在孔内装药前先用木质炮棍捅一下炮孔，检查眼内是否还有岩碴或渗水，再用木炮棍一卷卷地送进药卷。当起爆药卷送进炮孔时，再不能用力捣固，防止用力过大导致起爆药包爆炸。

起爆药卷在眼内的位置如图2-40所示，可在孔口［见图2-40（a）］、孔底［见图2-40（b）］或孔中部［见图2-40（c）］。实践证明，孔底和中部效果较佳。

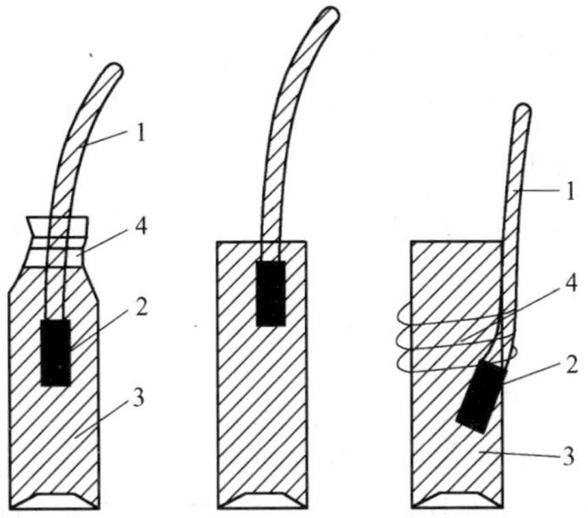

图2-39 加工好的起爆药包

1—导火索；2—火雷管；3—药包；4—捆绳

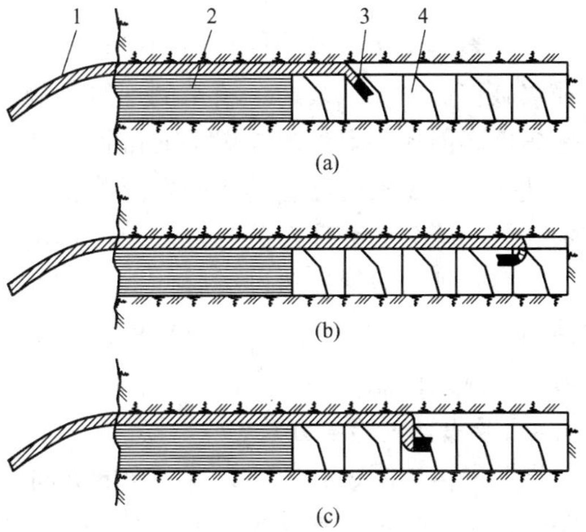

图2-40 起爆药包在炮孔内的位置

（a）孔口；（b）孔底；（c）孔中部

1—导火索；2—炮泥；3—起爆药包；4—药卷

在装填过程中，不允许提拉起爆药包，也不允许将导火索缠绕在起爆药包上。导火索应顺着炮孔引出，不允许将导火索卷成圈或结成扣绊，只能紧贴一侧孔壁。此时，应注意导火索的点燃端，不能让其触及泥浆或水，避免芯药受潮。根据设计的装药量将炸药装完后填塞炮泥，炮泥必须捣固严实，长度不短于15cm。装药结束后，设备、人员应撤离工作面。

D 导火索点火

爆破安全规程规定，导火索起爆时，应采用一次点火法。单个点火时，一人连续点火的根数（或分组一次点的组数），地下爆破不得超过5根（组），露天爆破不得超过10根（组）。导火索的长度应保证点完导火索后，人员能撤至安全地点，但不得短于1.2m。同一工作面由一人以上同时点火时，应指定其中一人为组长，负责协调点火工作，掌握信号管或计时导火索的燃烧情况，及时发出撤至安全地点的命令。连续点燃多根导火索时，露天爆破必须先点燃信号管，井下爆破必须先点燃计时导火索。信号管响后或计时导火索燃烧完毕，无论导火索点完与否，人员必须立即撤离。信号管和计时导火索的长度不得超过该次被点导火索中最短导火索长度的三分之一。

点火前特别注意下列几点：

（1）点火人员必须是经过培训并获得爆破员作业证的专门人员。

（2）确认已站好岗哨，并通知邻近工作面。

（3）导火索的点燃是指芯药燃烧，其标志是喷出一股烟火。

（4）点火器材多用点火筒。点火筒可一次点燃3~30根导火索。

（5）炮响时，放炮人员应心算炮响的个数，是否与所点的个数相符合，若有瞎炮要及时处理。炮响完后，必须通风一定时间后方能进入工作面。如掘进时，要求每次爆破后的通风时间为15~20min。

特别提醒：2008年国家对起爆方法做了重新规定，取消火雷管起爆方法，全部采用电雷管起爆法。

2.4.2.2　导爆索起爆法

导爆索起爆法，是一种利用导爆索爆炸时产生的能量去引爆炸药的起爆方法。由于该法在爆破作业中，从装药、堵塞到连线等施工程序上都没有雷管，而是在一切准备就绪，实施爆破之前才接上引爆导爆索的雷管，因此，施工的安全性要比其他方法好。

此外，导爆索起爆法还有操作简单、容易掌握、节省雷管、不怕雷电、杂电影响、可在炮孔内实施分段装药爆破等优点，因而在爆破工程中广泛采用。

导爆索被水或油浸渍过久后，会失去或减弱传递爆轰的能力。所以在铵油炸药的药卷中使用导爆索时，必须用塑料布包裹，使其与油源隔离开，避免被炸药中的柴油侵蚀而降低或失去爆轰性能。

A　导爆索的连接方法

导爆索传递爆轰波的能力有一定的方向性，顺传播方向最强，也最可靠。因此在连接网路时，必须使每一支路的接头迎着传爆方向，夹角应大于90°。导爆索与导爆索之间的连接，应采用如图2-41所示的搭接、水手结、T形结等方法。

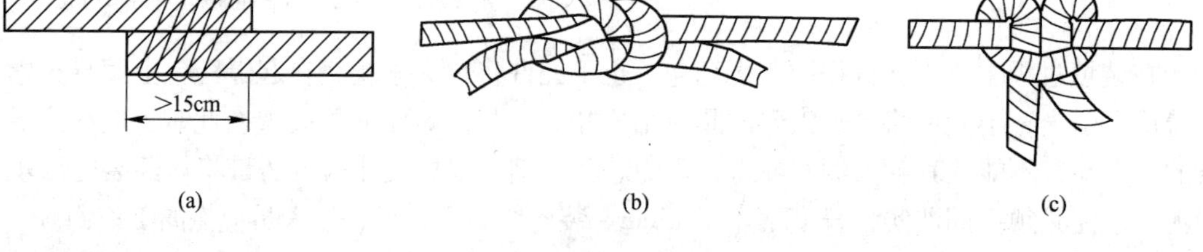

图2-41　导爆索间连接形式

（a）搭接；（b）水手结；（c）T形结

因搭接的方法最简单，所以被广泛使用。搭接长度一般为15～20cm，不得小于15cm。搭接部分用胶布捆扎。有时为了防止线头芯药散失或受潮引起拒爆，可在搭接处增加一根短导爆索。在复杂网路中，导爆索连接头较多的情况下，为了防止弄错传爆方向，可以采用如图2-42所示的三角形连接法。这种方法不论主导爆索的传爆方向如何，都能保证可靠地传爆。

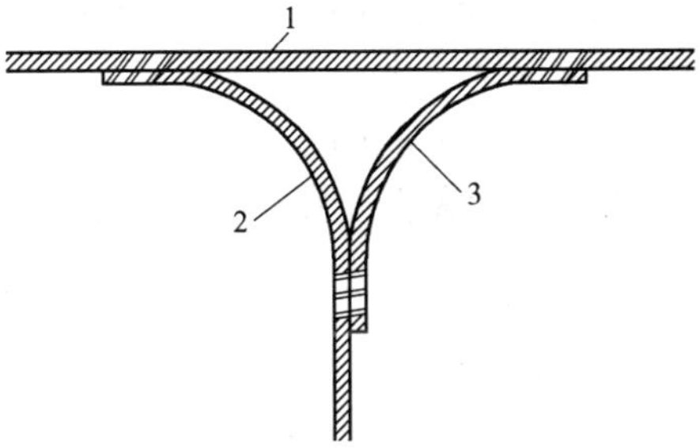

图2-42 导爆索的三角形连接
1—主导爆索；2—支导爆索；3—附加支导爆索

导爆索与雷管的连接方法比较简单，可直接将雷管捆绑在导爆索的起爆端，不过要注意使雷管的聚能穴端与导爆索的传爆方向一致。导爆索与药包的连接则可采用如图2-43所示的方式，将导爆索的端部折叠起来，防止装药时将导爆索扯出。

药室爆破时，在起爆体中为了增加导爆索的起爆能量，可制作导爆索起爆结，即取一根长4m左右的导爆索，将其一端折叠约0.7m长的一段双线，然后平均折叠三次，外围用单根导爆索紧密缠绕成如图2-44所示的导爆索结。然后把这一索结装入起爆箱中做成起爆体。

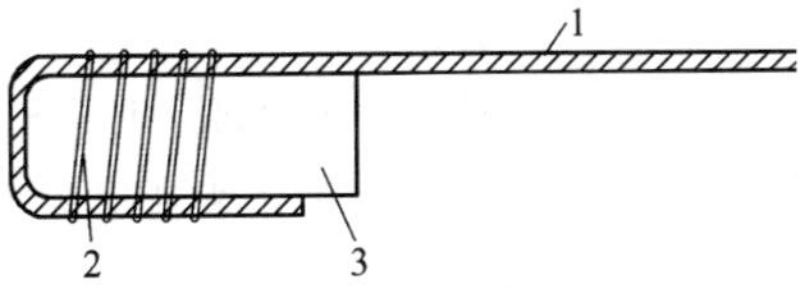

图2-43 导爆索与药包连接
1—导爆索；2—胶布；3—药包

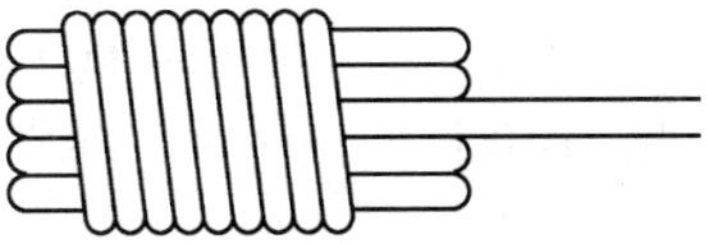

图2-44 导爆索结

B 导爆索起爆网路

导爆索起爆网路的形式比较简单，无需计算，只要合理安排起爆顺序即可。但在敷设网路时必须注意，凡传爆方向相反的两条导爆索平行敷设或交叉通过时，两根导爆索的间距必须大于40cm。

通常采用的导爆索起爆网路形式有：

（1）串联网路。如图2-45所示，将导爆索依次从各个炮孔引出串联成一网路。串联网路操作十分简单，但如果有一个炮孔中导爆索发生故障，就会造成后面的炮孔产生拒爆。所以，除非小规模爆破，并要求各炮孔顺序起爆，一般很少使用这种串联网路。

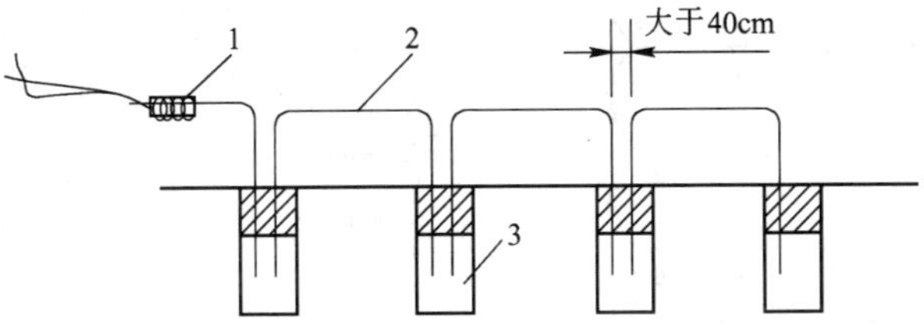

图2-45 导爆索串联网路
1—雷管；2—导爆索；3—药包

（2）并簇联网路。如图 2-46 所示，把从各炮孔引出的导爆索集中在一起，捆扎成簇。再与主导爆索连接。

（3）分段并联网路。如图 2-47 所示，将各炮孔中的导爆索引出，分别与事先敷设在地面上的主导爆索连接。主导爆索起爆后，可将爆炸能量分别传递给各个炮孔，引爆孔内的炸药。为了确保导爆索网路中的各炮孔内炸药可靠起爆，可使用双向分段并联网路如图 2-48所示。这是一种在大量爆破中常用的网路，分段起爆是利用继爆管的延时实现的。

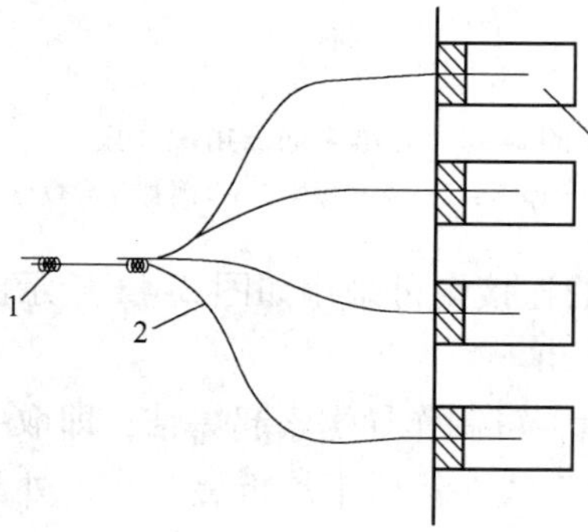

图 2-46 导爆索并簇联网路

1—雷管；2—导爆索；3—药包

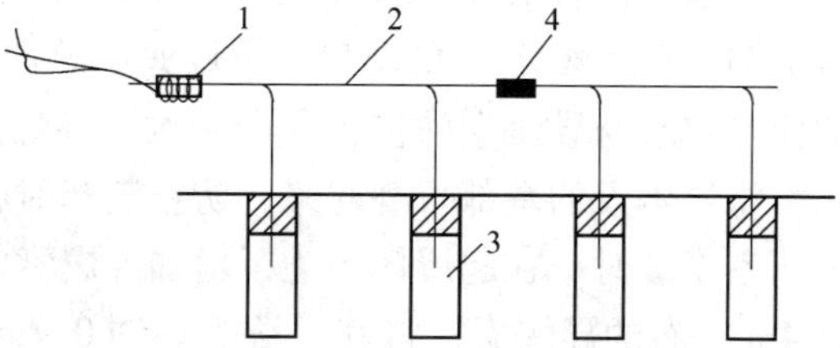

图 2-47 导爆索分段并联网路

1—雷管；2—导爆索；3—药包；4—继爆管

C 导爆索网路微差起爆

导爆索的爆速一般为6500～7000m/s。因此，导爆索网路中，所有炮孔内的装药几乎是同时爆炸。若在网路中接上继爆管，可实现微差爆破，从而提高导爆索网路的应用范围。

继爆管的作用是，当主动导爆索爆炸时，爆轰波由消爆管一端传入，经消爆管将爆轰波减弱成火焰，再经长内管减速和降低一定的压力，引燃延时药。经延时后，火焰穿过加强帽小孔引爆火雷管，将爆炸作用传递给另一端从动导爆索。所以，单向继爆管具有方向性，它只能由消爆管端传向延时雷管端，其作用方向是不可逆的。为了防止生产中由于连接错误而出现拒爆现象，人们发明了双向继爆管，克服了单向继爆管的不足。导爆索继爆管微差起爆网路如图 2-49 所示。

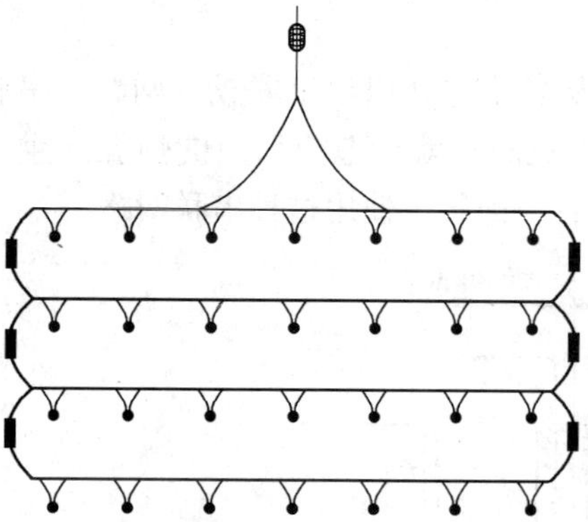

图 2-48 导爆索双向分段并联网路

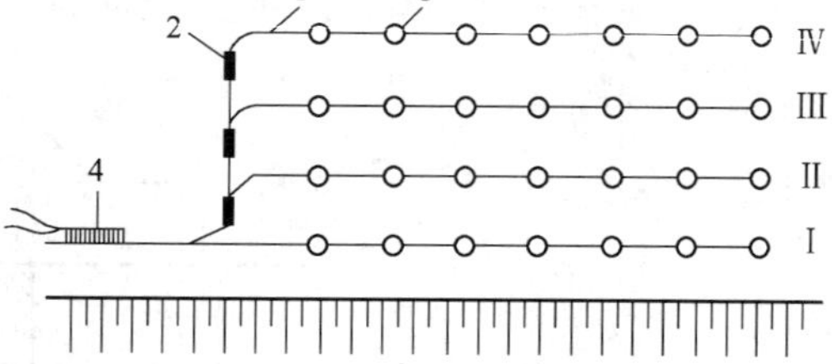

图 2-49 导爆索双向分段并联网路

1—导爆索；2—继爆管；3—药包；4—雷管

2.4.2.3 导爆管起爆法

导爆管起爆法的主体是塑料导爆管。起爆网路由击发元件、传爆元件、连接元件和起爆元件所组成。

A 导爆管起爆网路

(1) 网路组成。网路中的击发元件是用来击发导爆管的，有击发枪、电容击发器、普通雷管和导爆索等。现场爆破多用后两种。

传爆元件由导爆管与非电雷管装配而成。在网路中，传爆元件爆炸后可再击发更多的支导爆管，传入炮孔实现成组起爆，如图2-50所示。起爆元件多用8号雷管与导爆管组装而成。根据需要可用瞬发或延发非电雷管，它装入药卷置于炮孔中，起爆炮孔内的所有装药。

连接元件有塑料连接块，用来连接传爆元件与起爆元件。在爆破现场塑料连接块很少用，多用工业胶布，既方便经济，又简单可靠。

(2) 起爆原理。主导管被击发产生冲击波，引爆传爆雷管，再击发支导爆管产生冲击波，最后引爆起爆雷管起爆炮孔内的装药。

B 导爆管网路的连接

导爆管网路常用的连接形式有：

(1) 簇联法。它传爆元件的一端连接击发元件，另一端的传爆雷管（即传爆元件）外表周围簇联各支导爆管，如图2-51所示。簇联支导爆管与传爆雷管多用工业胶布缠裹。

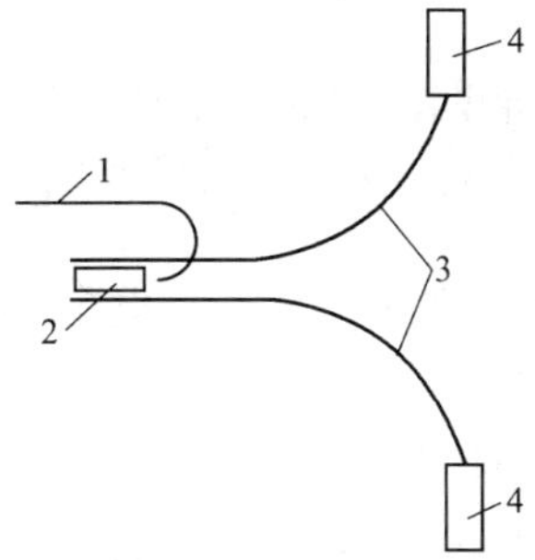

图2-50 传爆元件
1—主导爆管；2—非电传爆雷管；
3—支导爆管；4—非电起爆雷管

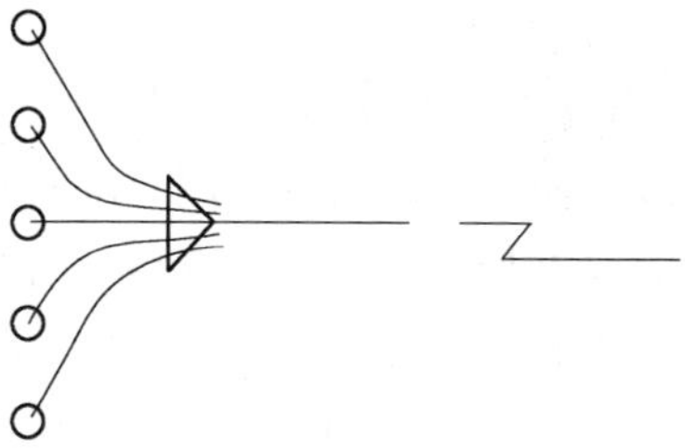

图2-51 导爆管簇联网路

(2) 串联法。导爆管的串联网路如图2-52所示，即把各起爆元件依次串联在传爆元件的传爆雷管上，每个传爆雷管的爆炸就可以击发与其连接的分支导爆管。

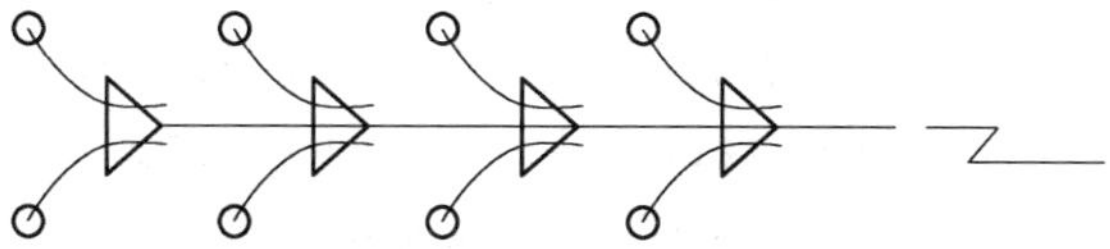

图2-52 导爆管串联网路

(3) 并联法。导爆管并联起爆网路的连接如图 2-53 所示。

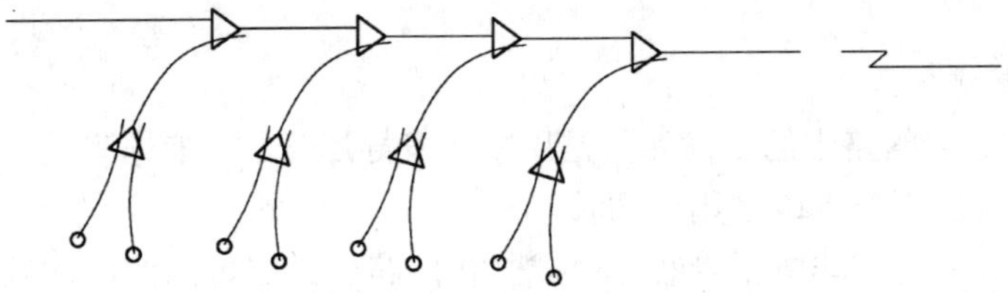

图 2-53　导爆管并联网路

C　导爆管复式起爆网路

在一些重要的爆破场合，为保证起爆的可靠性，可采用复式起爆网路导爆管并联起爆网路，其可靠性比前述的各种导爆管单式起爆网路要高。复式起爆网路如图 2-54 和图 2-55 所示，其中复式交叉起爆网路可靠性最高。

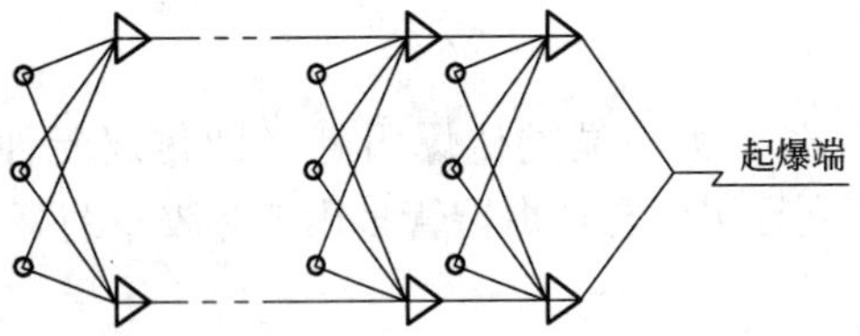

图 2-54　导爆管复式起爆网路

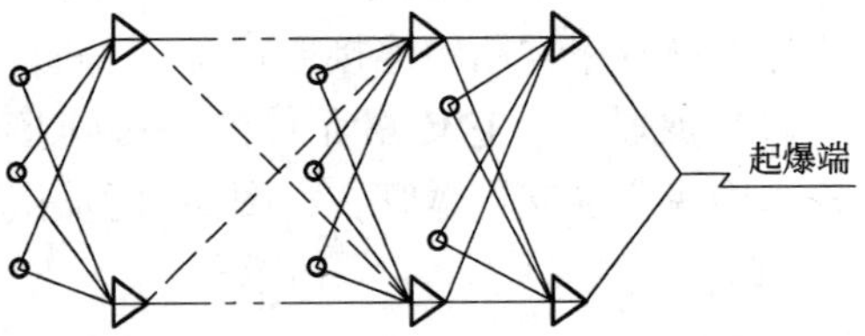

图 2-55　导爆管复式交叉起爆网路

D　导爆管起爆网路的延时

导爆管网路必须通过使用非电延时雷管才能实现微差爆破。我国也生产与电雷管段别相对应的非电毫秒雷管，其毫秒延时时间及精度均与电雷管相同。

导爆管起爆的延时网路，一般分为孔内延时网路和孔外延时网路。

(1) 孔内延时网路。在这种网路中，传爆雷管（传爆元件）全用瞬发非电雷管，而装入孔内的起爆雷管（起爆元件）是根据实际需要使用不同段别的延时非电雷管。干线导爆管被击发后，干线上各传爆瞬发非电雷管顺序爆炸，相继引爆各炮孔中的起爆元件，通过孔内各起爆雷管的延时作用过程来实现微差爆破。

(2) 孔外延时网路。在这种网路中，炮孔内的起爆非电雷管用瞬发非电雷管，而网路中的传爆雷管按实际需要用延时非电雷管。孔外延时网路生产上一般不用。

但必须指出，使用导爆管延时网路时，不论是孔内延时还是孔外延时，在配各延时非电雷管和决定网路长度时，都必须按照下述原则：在起爆网路中，在第一响产生的冲击波到达最后一响的位置之前，最后一响的起爆元件必须被击发，并传入孔内。否则，第一响所产生的冲击波有可能赶上并超前网路的传播，破坏网路，造成后续起爆元件拒爆。这是由于冲击波的传播速度大于导爆管的传爆速度所造成的。

E　导爆管与导爆索联合起爆网路

导爆管与导爆索联合起爆网路，由于具有网路可靠，可有效实现多段微差起爆，连接简单，且安全性好等优点，在工程爆破中应用普遍，它广泛应用于大规模爆破，如地下大规模的爆破落矿和露天台阶深孔爆破。

（1）网路的组成。导爆管与导爆索起爆网路由击发元件（火雷管）、传爆元件（导爆索）、连接元件（工业胶布等）和起爆元件（导爆管和非电延时雷管装配）四部分组成。

传爆元件用导爆索，由于其传爆速度快，是导爆管传爆速度的3倍多，所有起爆元件可看成是同时被击发的，这给炮孔内的延时雷管实现延时起爆创造了良好条件。第一响炮孔群爆破所产生的冲击波对后继各响没有任何影响，因为所有后继炮孔群也同时被击发。导爆索与导爆管联合起爆网路如图2-56所示。

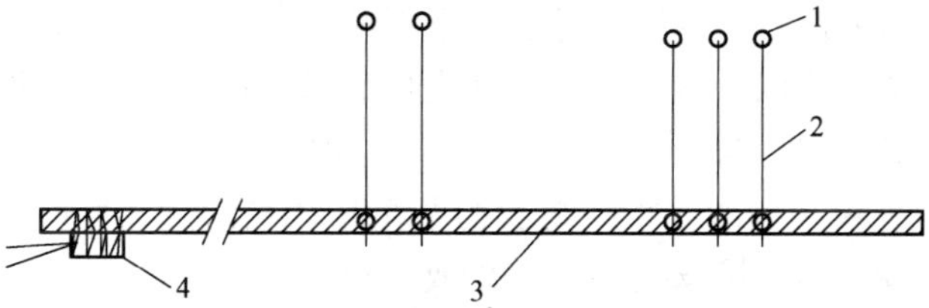

图2-56 导爆索与导爆管联合起爆网路
1—炮孔；2—导爆管起爆雷管（起爆元件）；3—传爆元件（导爆索）；4—击发元件（雷管）

（2）网路起爆原理。由雷管的爆炸引爆导爆索，导爆索爆炸击发导爆管，进而引爆孔内起爆雷管，再由起爆雷管爆炸引爆炸药。

中深孔爆破中，每排炮孔的导爆管采用簇联。为了保证同一排内炮孔起爆的可靠性，并消除药卷装药时的径向间隙效应，排内所有炮孔可采用导爆管和导爆索复式起爆网路，如图2-57所示。只要排内炮孔中有一发雷管爆炸，复式网路中所有炮孔的装药都能同时爆炸。

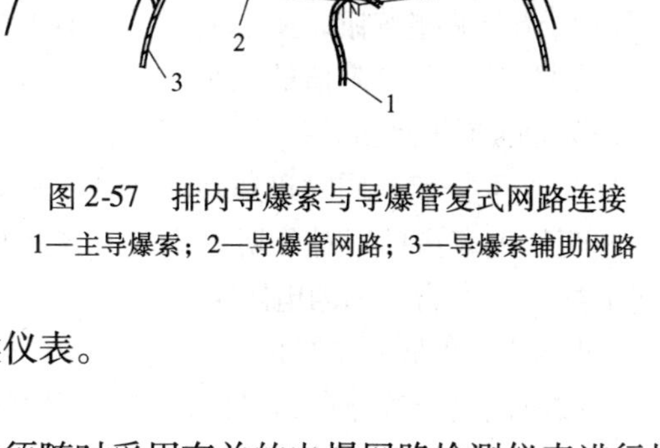

图2-57 排内导爆索与导爆管复式网路连接
1—主导爆索；2—导爆管网路；3—导爆索辅助网路

2.4.3 爆破仪表

工程爆破用仪表有两类：一类是保证电力起爆系统和导爆管非电起爆系统安全准爆的专用仪表；另一类是研究和观察爆破过程以及爆破效应的仪表。在此介绍前一类仪表。

2.4.3.1 电爆网路检测仪表

在准备和铺设整个电爆网路的过程中，必须随时采用有关的电爆网路检测仪表进行检验测定，才能确保安全准爆。

通常电爆网路的检测内容有以下3个方面：

（1）检测单个电雷管的电阻值，并根据爆破网路的设计要求对电雷管进行筛选。起爆药包加工完毕，在使用之前，应检查电雷管是否导通，电阻值是否稳定，确认起爆药包处于良好状态。

(2) 在铺设电爆网路的过程中，随时检测网路部分的电阻值是否与网路设计计算相符，以便及时发现断路、漏接、导线接头接触不良的地点和原因，并予以处理。在电爆网路铺设完毕后，应再次检查。

(3) 检测电源电压的波动情况和判定网路内能否获得必要的电流。

为了检测电爆网路各参数值，除了检测电源电压和电流用的常规的电压表、电流表和绝缘用摇表（兆欧表）之外，常用的电爆网路检测用仪表有爆破欧姆表和电雷管测试仪两类。现将其原理和使用方法分述如下。

A 爆破欧姆表

爆破欧姆表是一种小型的导通用仪表。其测量原理与普通测电阻的仪表相同，只不过工作电流小，因此可用来检查电雷管、导线和电爆网路的导通与否和电阻值。爆破欧姆表测量电阻值的精度不高，所以一般只用在小规模爆破和起爆少量电雷管的场合。

爆破欧姆表的一般使用方法：

(1) 使用前先检查仪表性能，将欧姆表的两个接线柱短路，此时表头的指针应为零；若指针不指零，则可调整调节螺丝使之对零，或更换电源电池。

(2) 用万能表、毫安表或杂散电流测定仪检查欧姆表的输出电流强度，特别是在仪表更换新电池以后。经检查的欧姆表输出电流不得超过 30mA，否则不能使用该仪表。

(3) 用兆欧表检查接线柱与仪表外壳间的绝缘电阻，不得低于 20MΩ。

(4) 将待测电雷管或导线端头用砂布擦光，并接在接线柱上，指针摆动说明通路，同时读出欧姆数；指针不动说明断路。检测时，导线与仪表接触时间最好不超过 2s，以便保证测量时的安全。

B 电雷管测试仪

电雷管测试仪的技术要求：用万能表或杂散电流测定仪检查爆破电桥的输出电流，其最大输出电流不得超过 30mA。用兆欧表检查导电线路与外壳及各安装螺丝间的绝缘电阻，最小不得低于 20MΩ。

其测定步骤如下：

(1) 调节调整按钮，使电表（检流计）指针正对分划玻璃指示器上的中线。

(2) 估计所测电阻值的大小，将测量转换开关置于相应位置。

(3) 将被测脚线或导线末端擦亮并接入线柱上，注意不使导线裸露处相碰。

(4) 按下按钮，同时迅速转动活动分划刻度盘，视指针摆动情况决定刻度盘的转动方向。转至使电表指针正对分划玻璃指示器上的中线时，松开按钮，读出指示器中线所对刻度盘的数字。即为所测的电阻值。

2.4.3.2 杂散电流测定仪

杂散电流是杂散分布的电流，它与工地的电气设备多少和技术保养状态有关。一般是地下多于陆上。特别是随着电气化、自动化施工水平的提高，这种现象越来越突出，直接威胁着电力爆破法的安全性。

杂散电流的来源：

(1) 直流架线电机车引起的直流杂散电流。

(2) 电缆外表损伤后出现的漏电，也可能产生杂散电流。

（3）交流杂散电流一般比较小。但在电气牵引网路为交流电和电源变压器零线接地时，产生的交流杂散电流也足以引爆电雷管。

（4）无金属物体地点的杂散电流，主要是大地自然电流，其值远小于雷管安全电流，而且停电前后无变化。

威胁电气爆破安全的杂散电流，主要分布在导电体之间，其中以风水管对铁轨最大，其次是风水管对岩体和铁轨对岩体。

杂电的测量是十分困难的。测量时，为了减少测量时的接触电阻和人为降低电压的不良现象，保证测定结果的精确度，宜采用电导率高、绝缘良好的测杂棒去接触被测物。而测点，应选择最易出现最大杂散电流处为对象。

2.4.3.3 电力起爆器

起爆器又称发爆器、放炮器。电力起爆器能够提供给爆破网路的电流较小，一般适用于电雷管的串联网路。由于它具有使用简单、质量轻、便于携带的优点，在小规模的爆破工程中得到广泛的使用。

A 手摇发电机式起爆器

使用手摇发电机式起爆器时应注意以下几点：

（1）电爆网路的主线接在端钮上，线头裸露部分不得与机壳短路。

（2）把手应由专人保管，不用时从发爆器上取下，以防止误操作发生事故。

（3）在有瓦斯爆炸危险的地下，应当使用防爆型的手摇起爆器。

B 电容式起爆器

电容式起爆器有许多种：

（1）MFB 系列起爆器。使用 MFB 型起爆器时应注意：

1）先检查网路起爆要求与仪器能力是否相符；同时检查充电时间是否合格，即氖灯在规定时间内是否发亮；操作时，将钥匙扭至充电位置进行充电。

2）氖灯发亮后，必须立即放炮，否则可能继续升压，使仪器内部元件损坏。

3）钥匙应由专人保管，以确保安全，放炮后应立即取下钥匙，避免可能发生因余电引爆电雷管的事故。

（2）GM-2000 型高能脉冲起爆器。GM-2000 型高能脉冲起爆器在使用时应注意如下几点：

1）因起爆器电压高，容量大，开始工作后，人手不可接触母线及接线柱。

2）将经过检测后的爆破网路接入接线柱，然后把钥匙插入充电开关，顺时针转动，充电到 2000V。按下起爆按钮，炮响后松开按钮，取下钥匙。

3）不得在爆破网路总电阻小于 10Ω 的条件下，进行多发并联起爆。

4）给蓄电池充电时，蓄电池应从起爆器中取出，以防止充电时逸出的酸气腐蚀机件。

2.4.3.4 导爆管击发系统

A 导爆管引爆方法

（1）击发枪引爆。它是类似体育信号枪的一种特制火帽枪。在枪膛内只装上弹药的引火帽，由撞针打击火帽，产生冲击波引发连接在枪膛里的导爆管。这种引爆方法能控制发火时间，并能在接近爆破工作面的适当的隐蔽所中进行起爆作业。

（2）导爆索引爆。通过雷管的爆炸引爆导爆索，再由导爆索引爆导爆管的爆破网路。

(3) 雷管引爆。通过连接管或击发管与导爆管的网路相连，也可直接将导爆管固定在雷管上，由雷管的爆炸引爆。

B 击发器使用注意事项

击发器在使用时，应注意以下几点：

(1) 在网路连接好，待无关人员撤离到安全地点后，由爆破人员先从击发点铺设爆破母线至安全地点。

(2) 爆破母线应与专用探针和后端连接牢固可靠，并旋紧接线柱旋钮。

(3) 在调试使用过程中，请勿触摸C型专用探针的针头部位，以免受电击伤害。

(4) 在安装电池时应确保电池接触良好，并且不同品牌的电池不能混用，若长时间不使用击发器，应将电池取出。

(5) 仪器使用前应检查有无沾水、沾油，用砂纸将探针头打磨光亮，C型专用探针插入导爆管时，应进行检查，导爆管不能进水和无药、油、杂质等，确认探针和导爆管连接应牢固，确保发火可靠性。

(6) 关掉电源钥匙开关后，按下泄放开关，此时将专用探针拔出。防止使用过程中高压电击伤人。

3 井巷施工技术

3.1 平巷施工

金属矿山，大多采用凿岩爆破法进行巷道掘进。施工的主要工序有凿岩、爆破、装岩和支护；辅助工序有撬浮石、通风、铺轨、接长管线等。

3.1.1 凿岩工作

3.1.1.1 气腿式凿岩机

气腿式凿岩机便于组织多台凿岩机凿岩，易于实现凿岩与装岩平行作业，具有机动性强、辅助时间短、利于组织快速施工等优点，所以现场广为使用（如 YT-23、YSP-45 等）。

巷道掘进中，凿岩工作占用的时间较长。为了缩短凿岩时间，采用多台凿岩机同时作业是行之有效的措施，特别是在坚硬岩层中掘进时，效果尤为显著。

工作面同时作业的凿岩机台数，主要取决于岩石性质、巷道断面大小、施工速度、工人技术水平以及压风供应能力和整个掘进循环中劳动力平衡等因素。当用气腿凿岩机组织快速施工时，一般用多台凿岩机同时作业。凿岩机台数可按巷道宽度确定，一般每 0.5 ~ 0.7m 宽配备一台。

3.1.1.2 凿岩台车

凿岩台车可以配用高效率凿岩机，能够保证钻孔质量，提高凿岩效率，减轻劳动强度，实现凿岩工作机械化，适合钻较深的炮孔，故已在金属矿山推广使用；但它不如气腿凿岩机灵活、方便，辅助作业时间也较长。图 3-1 为 CGJ-2 型台车结构示意图。

3.1.2 爆破工作

3.1.2.1 炮孔深度的确定

炮孔深度是指孔底到工作面的平均垂直距离。它是一个很重要的参数，直接与成巷速度、巷道成本等指标有关。炮孔深度的确定，主要依据巷道断面、岩石性质、凿岩机具类型、装药结构、劳动组织及作业循环而定。

一般说来，炮孔加深可以使每个循环进尺增加，相对地减少了辅助作业时间，爆破材料的单位消耗量也可相应降低；但炮孔太深时，凿岩速度就会明显降低，而且爆破后岩石块度不均匀，装岩时间拖长，反而使掘进速度降低。从我国一些矿山的具体情况看，采用气腿凿岩机时，炮孔深度一般为 1.8 ~ 2.0m，采用凿岩台车时，一般为 2.2 ~ 3.0m 较为合适。

此外炮孔深度也可根据月进度计划和预定的循环时间进行估算。

3.1.2.2 炮孔直径

炮孔直径应和药卷直径相适应，炮孔直径小了，装药困难；而过大的孔直径，将使药

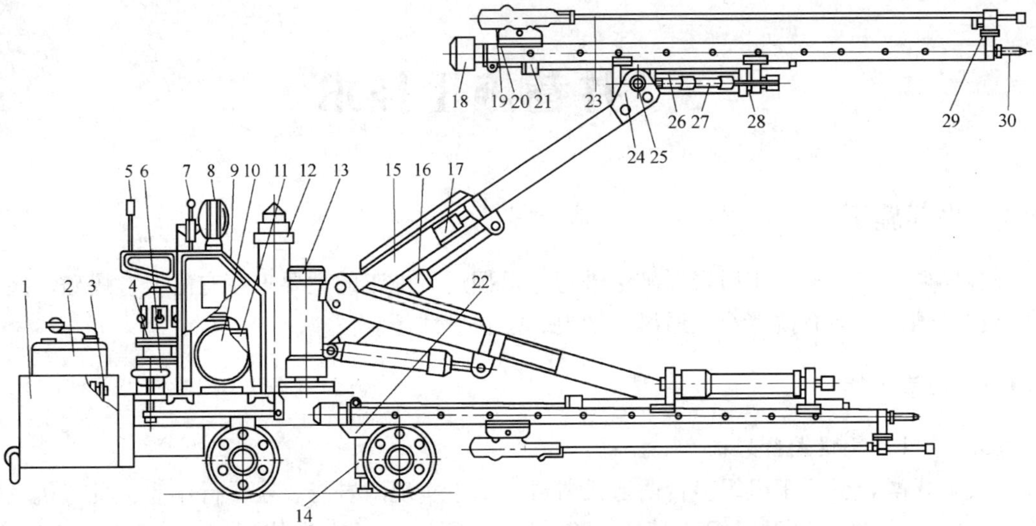

图 3-1 CGJ-2 型台车结构示意图

1—挂斗；2—控制器；3—电阻器；4—风马达；5—液压操纵手柄；6—制动器；7—气动操纵手柄；8—照明灯；9—操纵台；10—电动机；11—减速箱；12—顶向气缸；13—转柱；14—支撑气缸；15—大臂；16—大臂起落液压缸；17—推进器俯仰液压缸；18—推进风马达；19—凿岩机；20—导轨架；21—补偿液压缸；22—底盘；23—钎杆；24—转动卡座；25—T 字轴；26—推进器回转液压缸；27—推进器摆动液压缸；28—支撑卡座；29—夹钎器；30—顶尖

卷与炮孔内空隙过大，影响爆破效果。目前我国普遍采用的药卷直径为 ϕ32mm 和 ϕ35mm 两种，而钎头直径一般为 ϕ38 ~ 42mm。

3.1.2.3 炸药消耗量

由于岩层多变，单位炸药消耗量目前尚不能用理论公式精确计算，一般按《矿山井巷工程预算定额》和实际经验选取。

3.1.2.4 炮孔数目

炮孔数目直接决定每个循环的凿岩时间，在一定程度上又影响爆破效果。实践证明，炮孔过多，在炸药量一定的条件下，每个炮孔的装药量减少，炸药过分集中于孔底，爆落岩块不均匀，将给装岩工作造成困难；炮孔过少，炮孔利用率会降低，崩落岩石少，崩出的巷道设计轮廓不规整。

炮孔数目的确定，一般根据岩石性质、巷道断面积、掏槽方式、爆破材料种类等因素作出炮孔布置图，经过实践最后确定合适的炮孔数目，如图 3-2 所示。

3.1.3 岩石的装载

工作面爆破并经通风将炮烟排除后，即进行装运岩石的工作。

在巷道掘进中，岩石的装载与转运工作是最繁重最费时的工序，一般情况下，约占掘进循环时间的 35% ~ 50%。因此不断研究和改进装岩与转运工作，对提高劳动生产率，加快掘进速度，改善劳动条件以及获得较好的经济效益有重要意义。

目前，国内已经生产了各种类型、适应于不同条件的装岩和转运设备，并且正在逐步

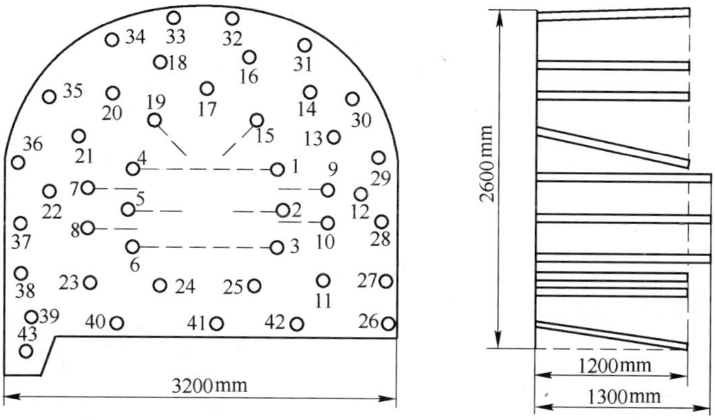

图 3-2 炮孔排列示意图

予以完善、配套，可以组成各种类型的装岩、转运机械化作业线。

3.1.3.1 铲斗后卸式装岩机

华-1 型装岩机（见图 3-3）工作过程为装岩机沿轨道将铲斗插入岩堆，装满后后退，并同时提起铲斗把矸石往后翻卸入矿车，或通过胶带转载机再转入矿车，即完成一次装岩动作。随着装岩工作向前推进，必须延伸轨道。

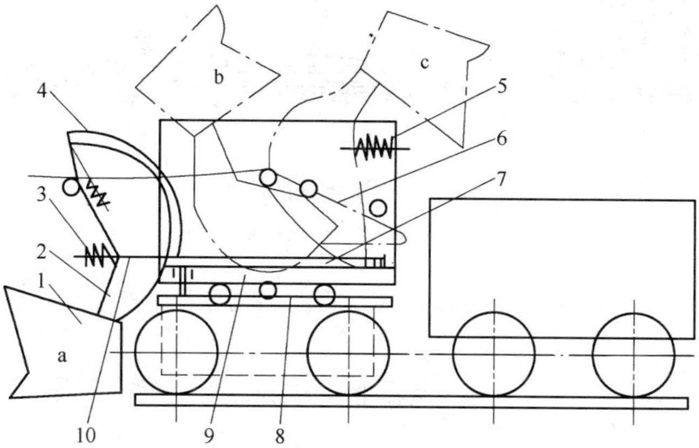

图 3-3 华-1 型装岩机构造示意图

1—铲斗；2—斗柄；3—弹簧；4，10—稳绳；5—缓冲弹簧；6—提升链条；7—导轨；8—回转底盘；9—回转台

爆破后，工作面总要离开轨道端部一定距离，但往往不够铺设一节标准轨的长度。为使铲斗装岩机尽量接近工作面装岩，可以使用短道和爬道，把轨道延伸到工作面附近。

临时短道如图 3-4 所示。短道的长度应与循环进尺相适应，一般为 2m 左右。当几节短道的总长度够一节标准钢轨长度时，便可卸除临时短道，改铺标准钢轨。

爬道的构造如图3-5所示，它由角钢和扁钢焊接而成。当装岩机接近工作面时，便可使短道前端扣上爬道，爬道后端用枕木垫起，使爬道尖端稍微向下扎，以便易于顶入岩堆，然后用装岩机的碰头冲顶爬道，如图3-6所示。爬道被顶入一段长度后，即可抽出所垫枕木，装岩机便可行驶在爬道上进行装岩。若再露出爬道尖端，还可再次顶入，以便继续装岩。

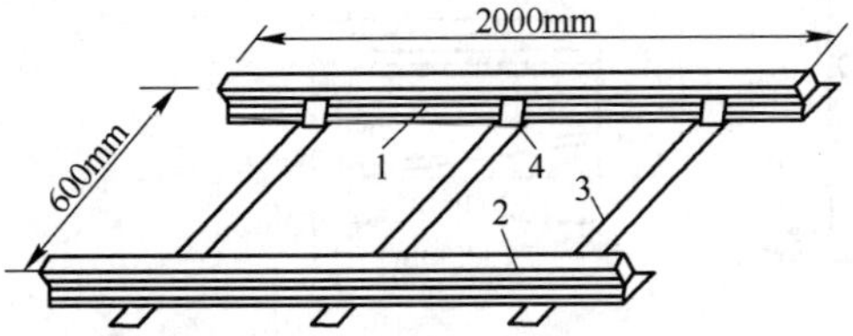

图3-4　临时短道

1—活轨；2—固定轨；3—轨道连接板；4—压板

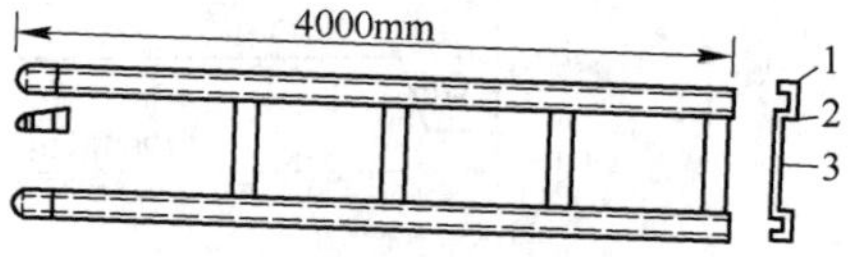

图3-5　爬道

1—扁钢；2—角钢；3—连接板

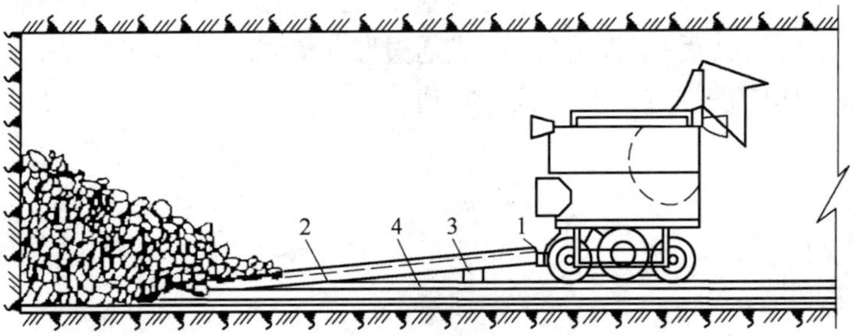

图3-6　装岩机顶爬道示意图

1—装岩机碰头；2—爬道；3—垫木；4—临时短道

这类装岩机使用灵活，行走方便，尤其是它的结构紧凑，体积小，有利于与其他通用运输机械配套使用。

它的不足之处是卸载为抛掷方式，扬起粉尘较多，生产能力较低，且必须在轨道上行驶，装载宽度受限制。

铲斗后卸式装岩机在我国使用最早，目前使用仍然较多，积累了丰富的使用经验。在发展其他类型装岩机的同时，应进一步改造和用好这类装岩机。

3.1.3.2　蟹爪式装岩机

这类装岩机一般为电力驱动，液压控制，履带行走。它的主要特点是装岩工作连续，如图3-7所示。

装岩时，整个装岩机低速前进，使装岩台（铲板）插入岩堆，在两个蟹爪的连续交替耙动下，将岩石耙到转载的运输机上，由它转运到后部卸入运输设备中。

这种装岩机生产能力大，作业连续，产生粉尘少，装岩宽度不受限制，辅助工程小，易于组织机械化作业线。

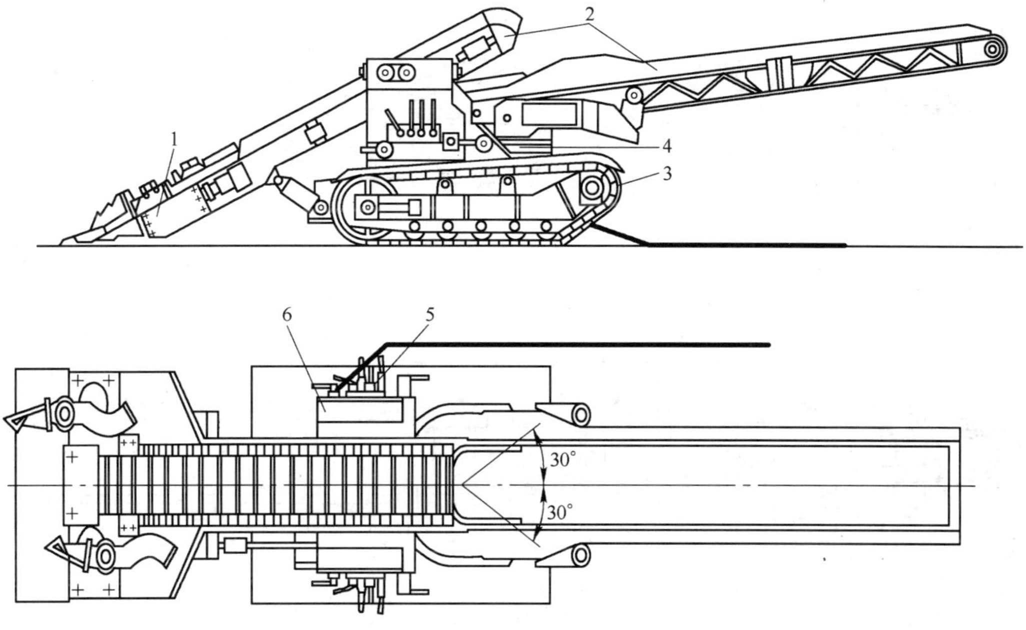

图 3-7　ZS-60 型蟹爪式装岩机

1—扒装机构（机头）；2—运输机（刮板运输机及皮带运输机）；

3—行走机构；4—回转台；5—液压系统；6—电器系统

3.1.3.3　立爪-蟹爪式装岩机

蟹爪式装岩机装岩时，铲板必须插入岩堆，难免会发生岩堆塌落压住蟹爪的现象。此时必须将装岩机退出，再次前进插入岩堆装岩。此外，为清除工作面两帮岩石，装岩机需多次移动机身位置，因而会降低装岩机生产率，特别是当底孔爆破效果不好时，会给蟹爪式装岩机的推进带来困难。而蟹爪-立爪式装岩机是以蟹爪为主，立爪为辅，综合了两种装岩机的优点，有较高的生产能力。如图 3-8 所示。

装岩时，先开动机器前进，将铲板插入岩堆，立爪耙取巷道前方或两侧的岩石，配合蟹爪连续不断地把岩石耙入链板输送机，经胶带输送机送入矿车。

合理选择装岩机的因素很多，主要应考虑巷道断面大小、装岩机的适应能力和装岩生产率、货源情况、造价以及设备配套能力等。

目前，国内使用较多的装岩机仍然是以铲斗后卸式装岩机为主。侧卸式、蟹爪式等装岩机正在不断发展和完善。在实际工作中，应考虑上述因素，并结合工程具体条件选用。

3.1.4　巷道支护

巷道支护是采矿工作的重要环节，巷道稳定与否关系到采矿工作能否顺利进行。常用的支护方法有棚式支护、整体混凝土支护、锚杆支护、喷射混凝土支护。

为了保持巷道的断面规格，防止围岩发生危险的变形和垮落，必须采用各种方法来维护巷道。在选择支架时应考虑以下几点：

（1）支架材料的选择应因地制宜，就地取材，尽量少用或不用木材。

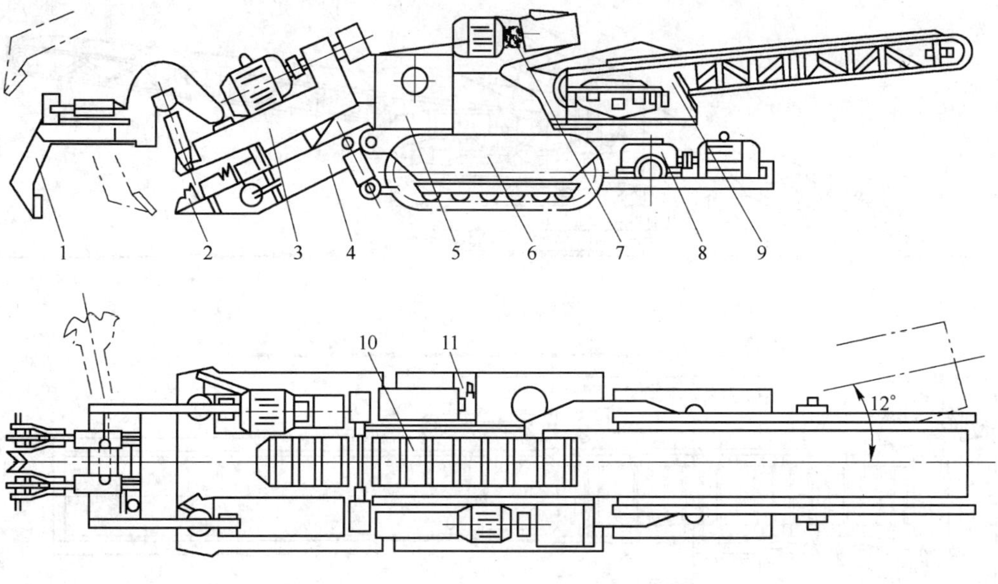

图 3-8 LBZ-150 型立爪-蟹爪式装岩机

1—立爪；2—蟹爪；3—立爪驱动装置；4—蟹爪驱动装置；5—履带驱动装置；6—行走机构；
7—刮板驱动装置；8—皮带驱动装置；9—皮带运输机；10—刮板；11—操纵台

(2) 由于喷锚支护的优越性，应优先选用喷锚支护。

(3) 要适应地压大小、方向和特点，支架应结构稳定，有足够的承载能力和适当的可缩性。

(4) 支架使用的期限要和巷道服务年限相适应。支架使用年限少于巷道服务年限，要经常翻修，不经济；相反，使用年限大于服务年限，支架做得太坚固、耐久，也不经济。

(5) 适应井下环境，如湿度大，有时有酸性水侵蚀等。

(6) 适应巷道施工速度的要求，便于架设。

3.1.4.1 支护材料

A 木材

作为矿井支架的木材称为坑木。常用的坑木有松木、杉木、桦木、榆木和柞木，以松木用得最多。

木材具有纹理，因此木材的强度在不同方向相差很大，顺纹抗拉强度远大于横纹抗拉强度，顺纹抗压强度也远大于横纹抗压强度。

在实际使用时应将木材经防腐处理，以提高坑木的服务年限，从而节省坑木用量。

随着国民经济的发展，木材需用量日益增加。在矿井支护中节约坑木和采用坑木代用品，有着重要的意义。

B 金属材料

金属材料强度大，可支撑较大的地压；使用期长，可多次复用；安装容易；耐火性强；必要时也可制成可缩性结构；虽然初期投资大些，但可回收，算总成本还是经济的。

常用的金属材料有工字钢、角钢、槽钢、轻便钢轨、矿用工字钢及矿用特殊型钢等。

C 水泥

水泥是水硬性胶凝材料，它除能在空气中硬化和保持强度外，还能在水中硬化，并长期保持和继续增长其强度。

应用最普遍的是普通硅酸盐水泥（简称普通水泥），其次是矿渣硅酸盐水泥（简称矿渣水泥）及火山灰质硅酸盐水泥（简称火山灰水泥）。此外还有快凝、快硬、高强水泥、膨胀水泥等特种水泥，这些水泥在井巷支护中很少使用。

（1）细度。是指水泥颗粒的粗细程度。颗粒愈细的水泥凝结硬化较快，早期强度发展也快，但在空气中硬化时有较大的收缩。

（2）标准稠度用水量。水泥净浆的稀稠程度对水泥的主要技术性质影响很大。测定这些性质时，必须有一个规定的稠度，即标准稠度。标准稠度用水量用水泥标准稠度测定仪测定。

（3）凝结时间。凝结时间分初凝时间和终凝时间。初凝时间为水泥加水拌和成水泥浆开始失去可塑性的时间；终凝时间为水泥加水拌和至水泥浆完全失去可塑性并开始产生强度的时间。为使混凝土和砂浆有充分的时间进行搅拌、运输、浇捣或砌筑，水泥初凝不能过早。当施工完毕，则要求尽快硬化，具有一定强度，故终凝时间不能太迟。一般要求初凝时间不得早于45min，终凝时间不迟于12h。实际上，普通水泥初凝时间为1～3h，终凝时间为5～8h。

（4）水泥强度与标号。水泥的强度是水泥具有使用价值的一项很重要的指标，是确定水泥标号及选用水泥的主要依据。水泥的强度用软练法测定，根据测得的28d龄期的单轴抗压强度划分水泥的标号。

（5）水化热。水泥与水的作用是放热反应。在凝结硬化过程中放出的热量称为水化热，其数值大小与水泥的化学成分有关。在小体积混凝土工程中，水化热能加速其硬化速度，在大体积混凝土工程中，因水化热积累在内部，不易散热，会使混凝土产生内应力而开裂破坏。

（6）硬化时体积变化。普通水泥在水中硬化时，体积稍有膨胀，但在空气中硬化时，则产生收缩。收缩过大时，可能引起收缩裂缝。引起收缩裂缝的主要原因是水分蒸发。拌和用水量愈大则收缩愈大，干燥过程愈迅速收缩也愈严重。因此在水泥硬化过程中必须保持一定的温度与湿度进行养护，不使其干燥过急。

（7）抗水性。硬化后的水泥，对其环境水腐蚀的抵抗性能力，称为抗水性。水泥的腐蚀是由水、酸、盐及碱的作用而产生的。普通水泥的抗水性较差，可采用增强混凝土的密实性，使有害物质不能深入其内部，或在其表面涂沥青等防水材料，来增强水泥的抗水性。

D 混凝土

混凝土是由水泥、砂子、石子和水所组成。其中砂、石称为骨料，约占混凝土总体积的70%～80%，主要起骨架作用并能减少胶结材料的干缩；水泥和水拌和成水泥浆包裹骨料表面并填充其空隙，使新拌混凝土具有和易性，利于施工。水泥浆硬化后，则将骨料胶结成一个坚实的整体。

混凝土具有抗压强度大，耐久、防火、阻水，可浇灌成任意形状的构件，所用的砂石可以就地取材。但也存在着抗拉强度低，受拉时变形能力小、容易开裂、自重大等缺点。

由于混凝土具有上述各种优点，因此它是一种重要的建筑材料，也是一种重要的矿井支护材料。

3.1.4.2 临时支护

临时支护的形式较多，为了节省坑木和提高效率，经常采用的有金属临时支架和喷锚临时支护等。

A 金属拱形支护

采用石材、混凝土整体式支架的巷道，多在掘进后先架设临时支架，以防止掘进与砌碹之间这一段距离的顶、帮岩石的垮落。临时支架多采用金属拱形支架，它用的材料以15~18kg/m的钢轨或其他型钢制作，支架间距一般为0.8~1.0m。

金属拱形临时支架分为无腿的和带腿的两种。

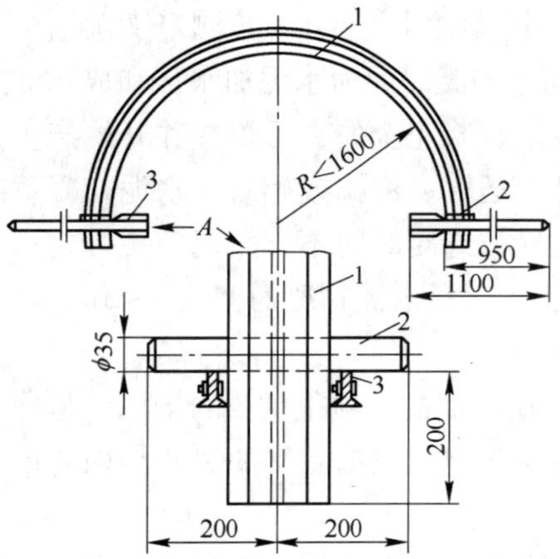

图3-9 无腿金属临时支架（单位：mm）
1—钢轨拱梁；2—托梁；3—钢轨橛子

金属拱形无腿临时支架常用的形式如图3-9所示。架设时首先在巷道两侧拱基线上方凿两个托钩眼，并安上托钩或钢轨橛子，架设拱梁，铺设背板，最后在两个拱梁之间安设拉钩和顶柱，使其成为一个整体。

这种支架适用于岩层中等稳定，没有侧压的拱形巷道中。

带腿的金属拱形临时支架，是在无腿拱梁上再加装可拆装的棚腿，如图3-10所示。这种支架多用在围岩压力较大，顶、帮围岩均不稳定的巷道中。

B 喷锚支护

凡有条件的巷道，都应优先选用喷锚作临时支护，这种临时支护在爆破后应紧跟迎头，及时封闭围岩，防止岩石松动和垮落。其施工方法简单易行，便于实现机械化，且安全可靠，既是临时支护，又可以作为永久支护的一部分，如图3-11所示。

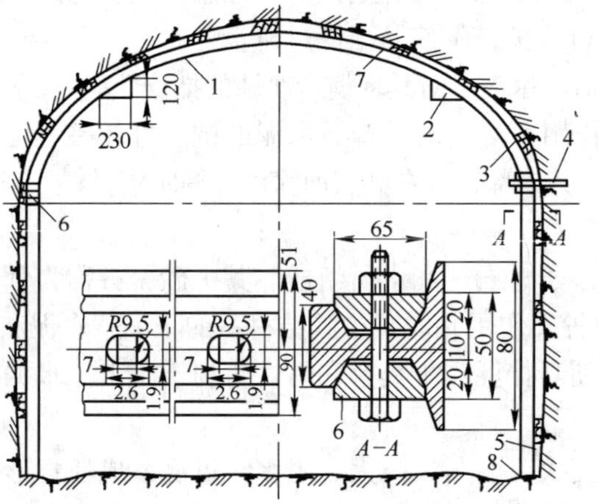

图3-10 金属拱形带腿临时支架（单位：mm）
1—拱梁；2—顶托；3—拱肩；4—铁道橛子；5—棚腿；6—连接板；7—拉杆；8—棚腿垫板

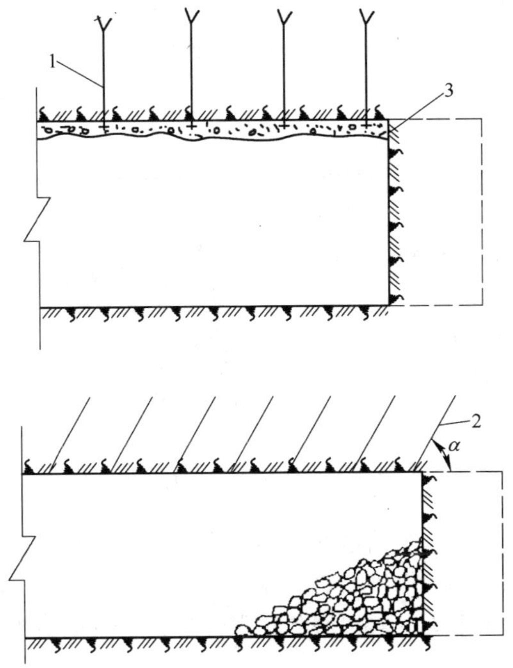

图3-11 喷锚紧跟迎头

1—锚杆；2—超前锚杆；3—喷射混凝土或喷砂浆；α—锚杆倾角

3.1.4.3 永久支护

A 棚子式支护

棚式支架，简称棚子。有木支架、金属支架和装配式钢筋混凝土预制支架。棚式支架都是间隔式的，不能防止围岩风化。

a 木支架（木棚子）

木支架所用的材料称为坑木，直径一般为6～22cm。巷道中常用的木支架多是梯形棚子，其结构如图3-12所示，是由顶梁、棚腿以及背板、木楔等组成。

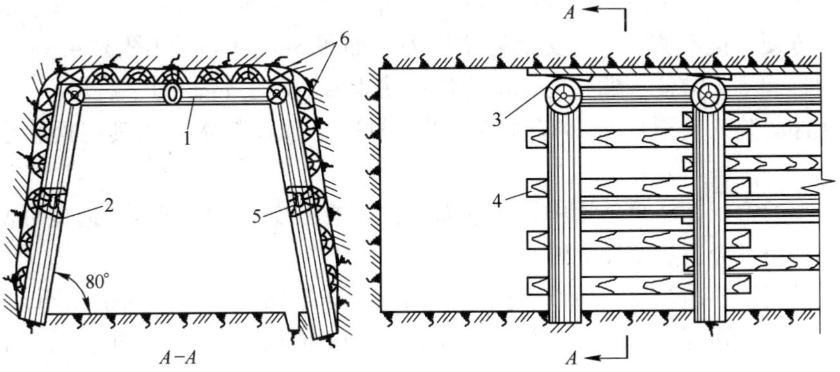

图3-12 木支架

1—顶梁；2—棚腿；3—木楔；4—背板；5—撑柱；6—角楔

顶梁是木棚子支撑顶板压力的受弯构件。棚腿是顶梁的支点，棚腿与底板的夹角一般为80°，并应插到坚实的底板岩石上。顶梁和棚腿通常用亲口接头如图3-13所示，接头要求吻合紧密，安装时应用四个角楔在梁、腿接口处与顶、帮围岩之间楔紧。

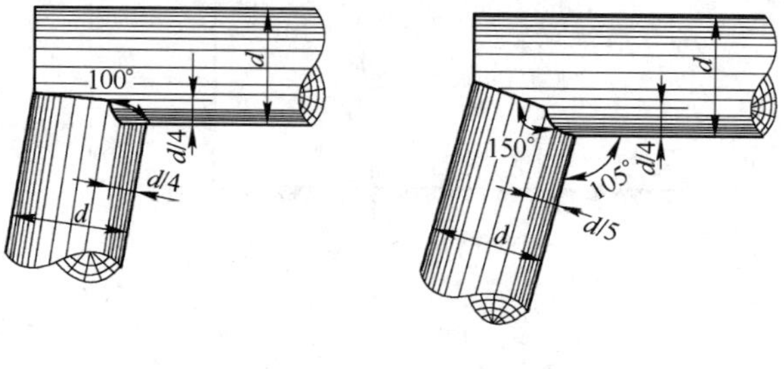

图3-13　木支架亲口接头

每架棚子架好后，其平面应和巷道的纵轴相垂直。为了增加各架棚子的稳定性，棚子间可以打上小圆木或方木制作的撑柱或钉上拉条。

木支架一般可用于地压不大、巷道服务年限不长、断面较小的采区巷道里，有时也用作巷道掘进中的临时支架。

木支架重量轻，具有一定的强度，加工容易，架设方便，特别适应于多变的地下条件，构造上可以做成有一定刚性的，也可以做成有较大可缩性的，当地压突然增大时，木支架还能发出声响讯号。所以在采矿工程中用得最早，过去也用得最广泛。其缺点是：强度有限，不能防火，容易腐朽，使用年限短，且不能阻水和防止围岩风化。

b　金属支架（金属棚子）

金属支架强度高，体积小、坚固，耐久、防火，在构造上可以制成各种形状的构件，虽然初期投资大，但巷道维修工作量小，并可以回收复用。所以金属支架是一种优良的坑木代用品。

金属支架常用18~24kg/m钢轨或16~20号工字钢制作。它也是由两腿一梁构成金属棚子，如图3-14所示。梁腿连接要求牢固、简单，拆装方便。如图3-14（b）所示的接头比较简单、方便，但不够牢固，支架稳定性差；如图3-14（a）和图3-14（c）的接头比较牢固，但拆卸不大方便。棚腿的下端应焊一块钢板或穿有特制的“柱鞋”，以增加承压面积，防止棚腿陷入巷道底板。有时还可以在棚腿下加设垫木，尤其在松软地层中更应如此。

这种支架通常用在回采巷道中，在断面较大、地压较严重的其他巷道也可使用，但在有酸性水的情况下应避免使用。

由于轻型钢轨容易获得，所以有的矿山用它制作金属支架，但因钢轨不是结构钢材，就其材料本身受力而言，这种用法是不合理的，但可以修旧利废。制作金属支架比较理想的材料，是矿用工字钢和U形钢。

矿用工字钢设计合理，受力性能好，它的几何形状适合作金属支架。U形钢也是一种矿用特殊型钢，适宜制作可缩性金属拱形支架，如图3-15所示。

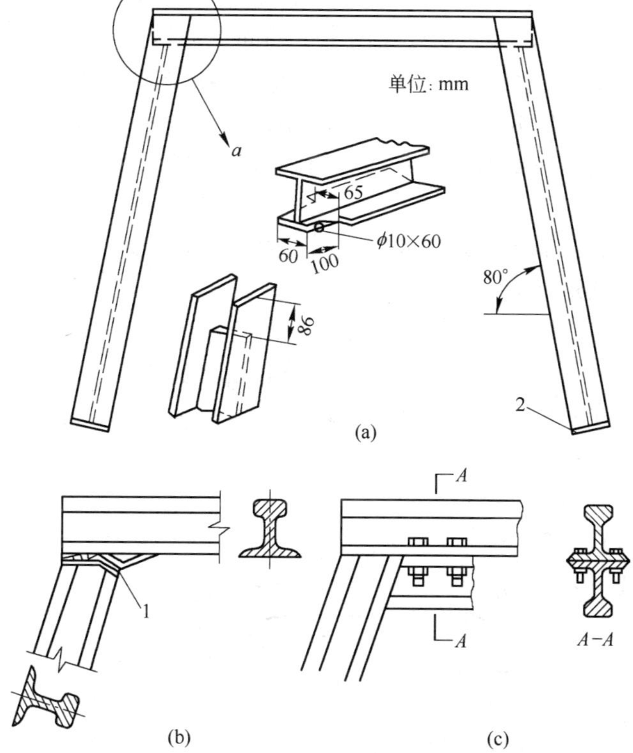

图 3-14 金属支架的构造

1—木垫板；2—钢垫板

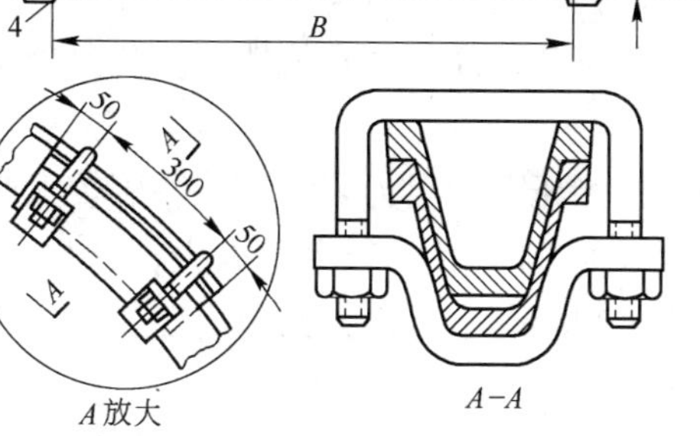

图 3-15 可缩性金属拱形支架

1—拱梁；2—柱腿；3—卡箍；4—垫板

可缩性金属拱形支架，由三个基本构件组成：一根曲率为 R_1 的弧形拱梁和两根上端带曲率为 R_2 的柱腿。弧形拱梁的两端插入和搭接在柱腿的弯曲部分上，组成了一个三心拱。梁腿搭接长度 L 约 300～400mm，该处用两个卡箍固定。柱腿下部焊有 180mm×150mm×10mm 的钢板作为地板。支架的可缩性用卡箍的松紧程度来调节和控制。当地压达到某一定限度后，搭接部分相对滑移，支架收缩，从而缓和了支架承受的压力。为了加强支架沿巷道轴线方向的稳定性，棚子与棚子之间应用金属拉杆借助螺栓、夹板等互相紧紧拉住，或打入撑柱撑紧。

可缩性金属拱形支架适用于地压大、地压不稳定、围岩变形较大的采区巷道和断层破碎带地段，所支护的巷道断面一般不大于 $12m^2$。

B　混凝土支护

混凝土（或称现浇混凝土）支架，支架本身是连续整体的，对围岩能起封闭和防止风化作用。这种支架的主要形式是直墙拱形，即拱、墙和墙基所构成，如图 3-16 所示。

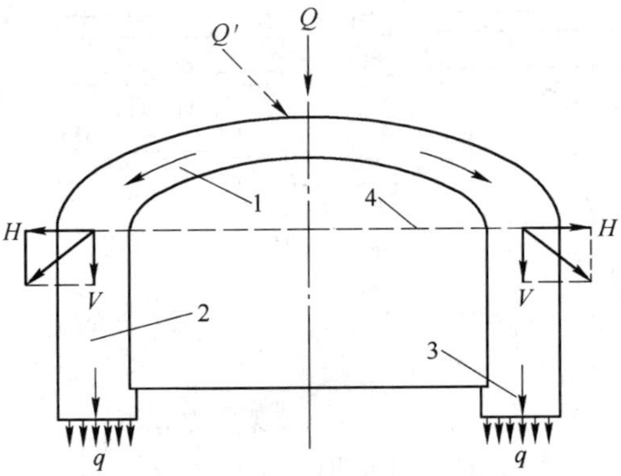

图 3-16　混凝土支架的组成及顶压受力传递示意图

1—拱；2—墙；3—墙基；4—拱基线

Q—顶压；H—横推力；V—竖压力；q—传给底板的压力；Q'—斜向顶压

拱的作用是承受顶压，并将它传给侧墙和两帮。在拱的各断面中主要产生压应力及部分弯曲应力，但在顶压不均匀和不对称的情况下，断面内也会出现剪应力。内力主要是压力，可以充分发挥混凝土抗压强度高而抗拉强度低的特性。

拱的厚度决定于巷道的跨度和拱高、岩石的性质以及混凝土本身的强度，可用经验公式计算，更多是查表选取。

墙的作用是支撑拱和抵抗侧压。一般为直墙，如侧压较大时，也可改直墙为曲墙。在拱基处，拱传给墙的荷载是斜向的，由此产生横推力，如果在拱基处没有和围岩充填密实，则拱和墙在横推力作用下很容易变形而失去稳定性。

墙厚大于或等于拱厚，通常等于拱厚。

墙基的作用是将墙传来的荷载与自重均匀地传给底板。底板岩石坚硬时，它可以是直墙的延深部分；底板岩石松软时，必须加宽；有底鼓时，还必须砌底拱。墙基的深度不小于墙的厚度。靠水沟一侧的墙基深度，一般和水沟底板同深，但在底板岩石松软破碎，则墙基要超深水沟底板150~200mm。

采用底拱时，一般底拱的矢高为顶拱矢高的1/6~1/8；底拱厚度为顶拱厚度的0.5~0.8倍。混凝土支架承受压力大，整体性好，防火阻水，通风阻力小。但施工工序多、工期长、成本高。

平巷混凝土支架，施工时需要碹胎和模板。为了节省木材，提高复用率，常采用金属碹胎、模板，对于一些特殊硐室及交叉点仍然部分采用木碹胎和模板。

在施工中，碹胎承受混凝土的重量、工作台荷载、施工中的冲击荷载等，因此要求有一定的强度和刚度。在实际工作中，碹胎的结构形式和构件尺寸大小，一般按经验选取。

木碹胎一般用方木或2~3层板材，分2~3段拼接而成，如图3-17所示。

金属碹胎，一般用14号~18号槽钢或15~24kg/m钢轨制成，如图3-18所示。

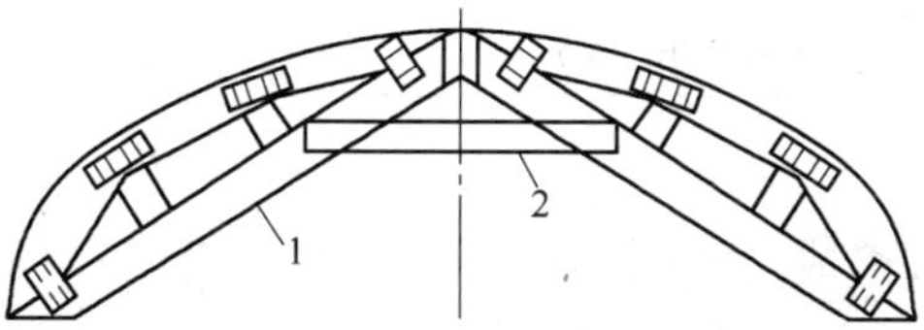

图3-17 木碹胎

1—碹胎；2—固定板

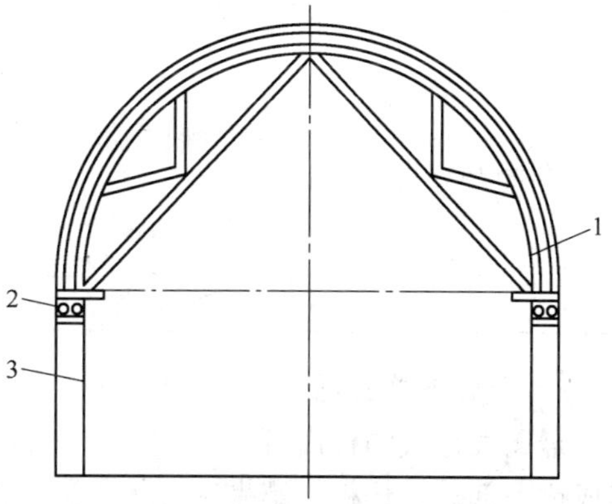

图3-18 金属碹胎

1—石碹胎拱顶；2—托梁；3—石碹胎柱腿

模板一般用8~10号槽钢或厚30~40mm木板制成。金属模板具有强度高、不易变形、容易修复、复用率高、节省木材等优点，施工时应优先选用。矿用塑料模板具有重量轻、脱模容易、拆装迅速、抗腐蚀、使用寿命长，重复使用次数可达30~40次，可在巷道或井筒中推广使用。

C 锚杆支护

锚杆是一种锚固在岩体内部的杆状支架。采用锚杆支护巷道时，先向巷道围岩钻孔，然后在孔内安装和锚固由金属、木材等制成的杆件，用它将围岩加固起来，在巷道周围形成一个稳定的岩石带，使支架与围岩共同起到支护作用。但是锚杆不能防止围岩风化，不能防止锚杆与锚杆之间裂隙岩石的剥落。因此，在围岩不稳定情况下，往往锚杆再配合其他措施，如挂金属网、喷水泥砂浆或喷射混凝土等联合使用而称为喷锚或喷锚网联合支护。

目前国内外使用的锚杆种类很多，按其锚固方式，可分为端部固定式、全长固定式、混合式三类。每种又分为不同的形式，见表3-1。

表 3-1 锚杆分类

设置方式	锚固原理	锚杆的形式	
		基本型	实用型
端部固定方式	机械锚固	楔缝型	楔缝型
			双楔型
			楔缝-胀圈混合型
		胀圈型	胀圈型
			双胀圈型
			异型胀圈型
		爆固型	用火药爆炸固定的锚杆
	胶结锚固	头胶结型	用环氧树脂胶结
			用聚合酯树脂胶结
全长固定方式	化学剂或水泥浆锚固	全钻孔充填型	用混凝土胶结
			用水泥浆胶结
			用水泥砂浆胶结
		全面胶结型	用环氧树脂胶结
			用聚合树脂胶结
	挤压孔壁产生摩擦力锚固	全钻孔摩擦型	开缝式钢管型

a 金属楔缝式锚杆

金属楔缝式锚杆由杆体、楔子、垫板和螺帽组成，如图 3-19 所示，其中楔子和杆头组成锚固部分，垫板、螺帽和杆体下部组成承托部分。杆体一般用普通低碳钢制成，直径为 18～22mm，头部有长 150～200mm，宽 3～5mm 的楔缝，尾部长 100～150mm 部位加工成螺纹。楔子用软钢或铸铁制成，一般长 140～150mm，其宽度等于杆体直径或略小 2～3mm。楔子尖端厚度取 1.5～2mm。垫板常用厚为 6～10mm 钢板做成方形，其边长为 140～200mm，有时也可以用铸铁制成各种形状的垫板，以适应凹凸不平的岩面。

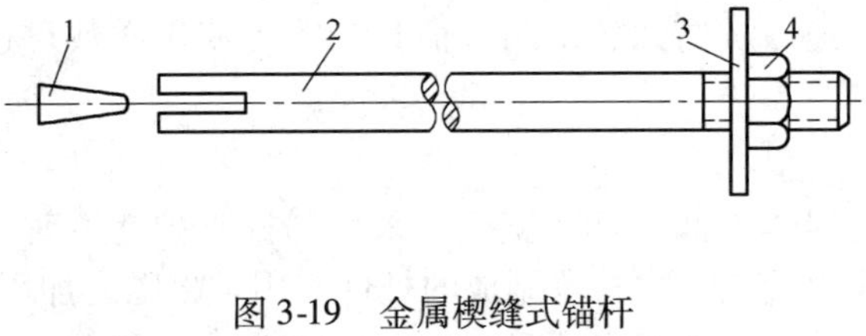

图 3-19 金属楔缝式锚杆

1—楔子；2—杆体；3—垫板；4—螺帽

安装时，先把楔子插入楔缝中送入孔底，然后在杆体外露端加保护套，在不断的锤击楔子挤入楔缝而使杆体端部张开与孔壁围岩挤压固紧。最后在锚杆的外露端套上垫板，将螺帽拧紧。

金属楔缝式锚杆结构简单，加工容易，使用可靠，锚固力大，但不能回收，孔深要求比较严格，在软岩中不宜使用。

b 金属倒楔式锚杆

倒楔式锚杆由杆体、固定楔、活动倒楔、垫板、螺帽组成，如图3-20所示。

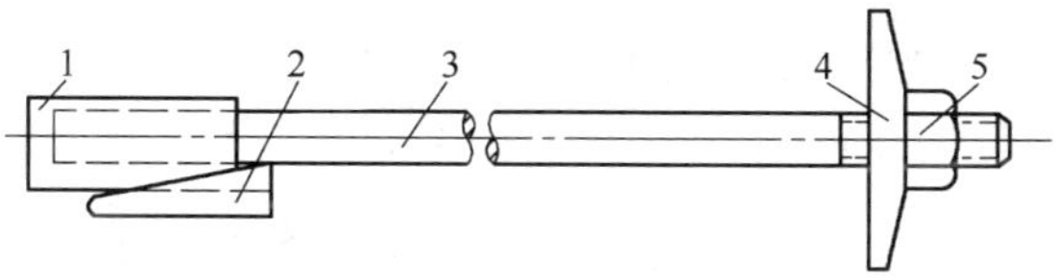

图3-20 金属倒楔式锚杆

1—固定楔；2—倒楔；3—杆体；4—垫板；5—螺帽

杆体用ϕ12～16mm的圆钢制作，固定楔、倒楔、垫板都可用铸铁制作。

安装时，先将倒楔楔头下部和杆体绑在一起，一齐轻轻插入炮孔中，然后用一专用锤锤击杆体插入炮孔内，打击倒楔尾部，使锚杆固定在孔壁上，最后套上垫板，拧紧螺帽。

这种锚杆比楔缝式可靠，对炮孔要求不严，可以回收，结构简单，易于加工，在金属锚杆中是比较好的一种形式。

c 钢筋（钢丝绳）砂浆锚杆

这是一种全长固定型锚杆，如图3-21所示。施工时，先向孔内灌注水泥砂浆，然后插入钢筋。这类锚杆是利用砂浆与钢筋、围岩间的黏结力来阻止围岩的变形，起到锚固围岩的作用。

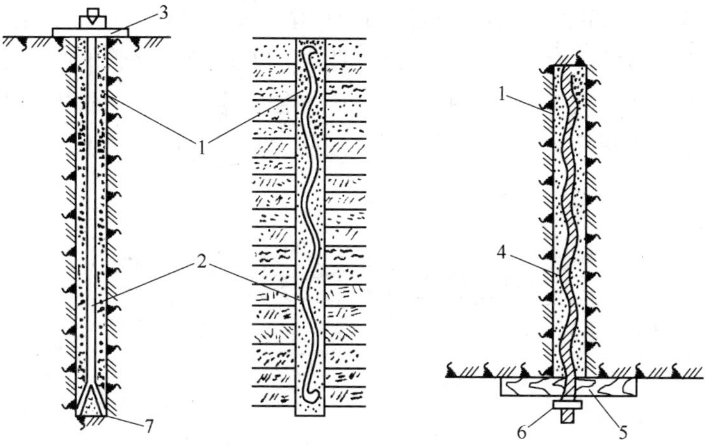

图3-21 钢筋或钢丝绳砂浆锚杆

1—砂浆；2—钢筋；3—金属垫板；4—钢丝绳；5—木托板；6—卡子；7—金属楔子

锚杆的钢筋一般为直径10～16mm的光面或螺纹钢筋。砂浆标号应不低于200号，采用325号或425号普通硅酸盐水泥、粒径小于3mm的中细砂加水拌和而成。常用的配合比为水泥：砂＝1∶1～1∶1.2（重量比），水灰比为1∶0.38～1∶0.42，砂浆以用手可捏成团，但挤不出浆，松手不散开为宜。

我国矿山还广泛采用钢丝绳砂浆锚杆。这种锚杆利用废旧钢丝绳经除锈去油和破股平直后，取用直径为10~19mm的绳股，先插入孔内，后注砂浆固结而成。

钢筋或钢丝绳砂浆锚杆，加工方便，成本低廉，锚固力大而持久，因此应用比较广泛。但是，砂浆没有硬化时，锚杆不能承载，所以在围岩破碎处不宜使用。

d 摩擦式金属锚杆（又称管缝式锚杆、开缝式锚杆等）

摩擦式金属锚杆是国外20世纪70年代后期发展起来的新型锚杆。这种锚杆具有新的工作原理和良好的力学性能，结构简单，制造容易，安装方便，质量可靠，经济效果明显，具有广阔的发展前途。

这种锚杆是由一条沿纵向开缝的高强钢管，故又称开缝式钢管锚杆。其顶部呈锥形，以利于安装；尾部焊有钢环，用以支托与岩面紧密接触的垫板，对岩石提供支撑抗力。锚杆材料一般为16Mn和20MnSi钢，管壁厚2.0~2.5mm，管径38~41.5mm，开缝14mm，其结构见图3-22。钢垫板采用t_3号钢，其尺寸为150mm×150mm×6mm，锚杆长一般为1.2m、1.5m、1.8m和2.1m。

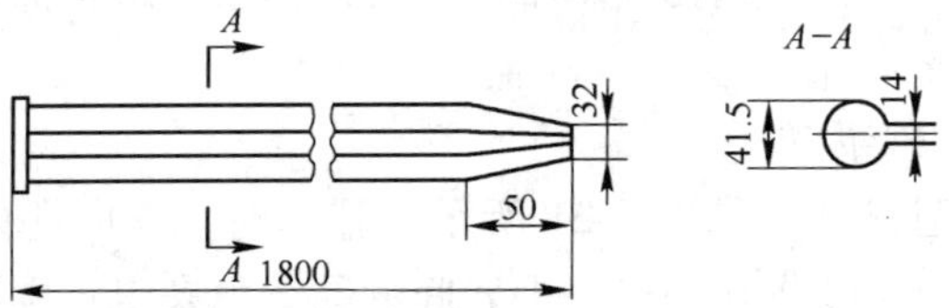

图3-22 摩擦式锚杆结构图（单位：mm）

安装时，通常采用YT-25、YSP-45或YT-23凿岩机，凿岩机通过联结器（见图3-23）将锚杆强行压入直径较管外径小2~3mm的钻孔中，依靠优质钢管的弹性变形恢复力而与孔壁紧紧挤压，在杆体全长范围内向孔壁岩石施加径向应力，产生阻止岩层离层滑移的摩擦阻力；垫板亦产生支承压力，使围岩处于三向受力状态，达到稳定。

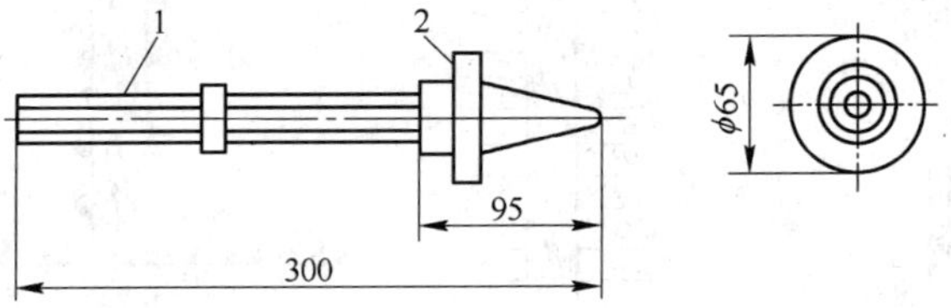

图3-23 联结器（单位：mm）

1—钎尾；2—联结器

缝管锚杆主要技术特点是：结构简单，安装简便，立即发生锚固作用；锚杆全长受力，锚固可靠；当钻孔有横向位移时，锚固力更大，且锚固力随时间而增长；作为永久支护，须增加防锈蚀措施，如锚杆孔全长灌浆。

e 树脂锚杆

树脂锚杆是以合成树脂黏合剂，将锚杆杆体与围岩黏结在一起成为一个牢固的整体，达到支护目的。

树脂锚杆用的树脂为环氧树脂或不饱和聚酯树脂。使环氧树脂聚合的固化剂有乙二胺、三乙烯四胺等；聚酯树脂的固化剂有过氧化环己酮、过氧化苯甲酰等。加速树脂聚合速度的促进剂有二甲基苯胺。

为降低树脂用量，提高黏结剂的强度，还要加石粉或石英砂等填料。

树脂锚杆安装前，需将树脂、促进剂和填加料装在塑料袋中，形成树脂药包，再将装有固化剂的玻璃管置于药包之中。

将树脂药包放入孔内，再将杆体插入孔内，杆体用直径 16～18mm 的普通圆钢制成，末端制成麻花状，搅动杆体，使树脂溢满钻孔，待树脂固化后，拧紧螺帽，如图 3-24 所示。

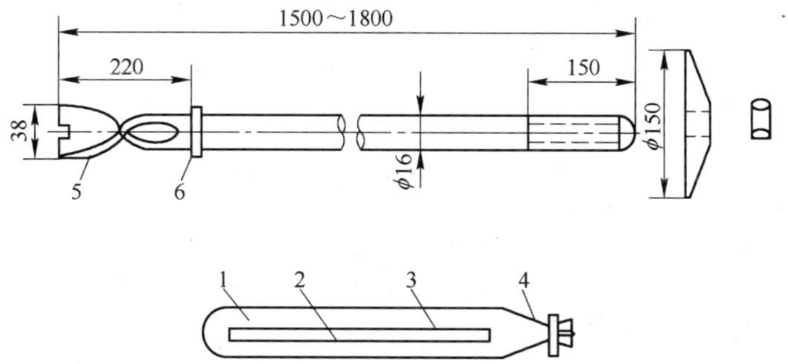

图 3-24　树脂锚杆药包（单位：mm）

1—树脂、促进剂与填料；2—固化剂；3—玻璃管；4—塑料袋；5—锚杆的麻花部分；6—挡圈

树脂锚杆的锚固力较大，胶凝固化速度快，能在几小时内获得较高的初锚能力，从而迅速、有效地产生锚固作用。

f　水泥卷锚杆

将一定比例的水泥、砂子及速凝剂等配料混合后装入透水袋中，制成直径 32mm，长度 200mm 的水泥卷。施工时，将水泥卷放在水中浸泡 4～5min，浸透后从水中取出稍有强度时，用炮棍装入炮孔中，再将加工好的直径 12mm 左右的螺纹钢用凿岩机顶入已装好水泥卷的炮孔中。

水泥卷锚杆锚固力大，承载快，制作简单，成本低。

D　喷射混凝土

喷射混凝土是将按一定比例配合的水泥、砂、石子和速凝剂等混合均匀搅拌后，装入喷射机，以压缩空气为动力，使拌和料沿输料管吹送至喷头处与水混合，并以较高的速度喷射在岩面上，凝结硬化后而成的高强度、与岩面紧密黏结的混凝土层。

喷射混凝土按其施工工艺分为两种：一种是干式喷射，即水泥、砂、石的干拌和料在喷头处与水混合，然后喷射到岩面上，其工艺流程如图 3-25 所示；另一种是湿式喷射，即干拌和料在喷射机中与水混合，再经喷头喷射出去。干式喷射是目前使用最多的，它的主要问题是回弹率高，粉尘大，作业条件差。湿式喷射回弹和粉尘都较少，但易堵管。

喷射混凝土具有较高的强度，黏结力和耐久性，但它会产生一定的收缩变形。喷射混凝土广泛用于井巷工程中，具有机械化程度高，施工速度快，材料省，成本低，质量好，

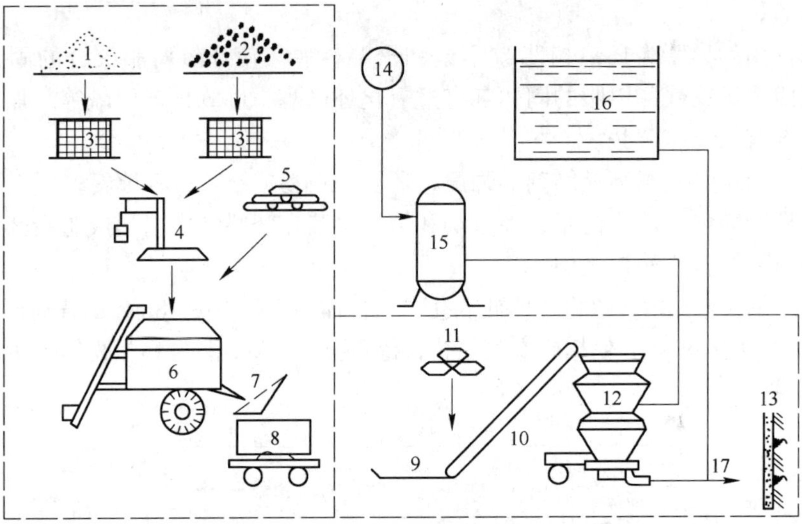

图 3-25 喷射混凝土工艺流程

1—砂子；2—石子；3，7—筛子；4—计量器；5—水泥；6—搅拌机；8—料车；9—料盘；10—上料机；11—速凝剂；12—喷射机；13—受喷面；14—压风管；15—风包；16—水箱；17—喷头

是一种有发展前途的新型支护形式。

喷射混凝土的施工机具，主要包括喷射机、干料搅拌机、上料设备和机械手等。

a 混凝土喷射机

目前国内常使用的干式喷射机有转体式 ZHP-2 型、双罐式 WG-25 型、螺旋式 LHP-701 型、简易负压式 HPX 型及湿式喷射机 HLF-5 型等。

图 3-26 是 ZHP-2 型转体式混凝土喷射机。

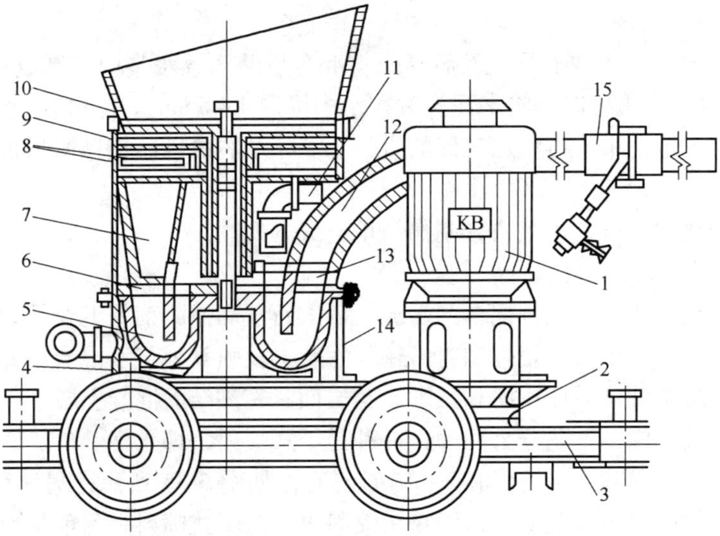

图 3-26 ZHP-2 型转体式混凝土喷射机结构示意图

1—电动机；2—减速器；3—行走部分；4—平面轴承；5—旋转体；6—旋转板；7—上座体；8—配料盘；9—定量板；10—搅拌器；11—进风管；12—出料弯头；13—密封胶板；14—下座体；15—喷射管路

图 3-27 是 HLF-5 型罐式混凝土湿喷机。

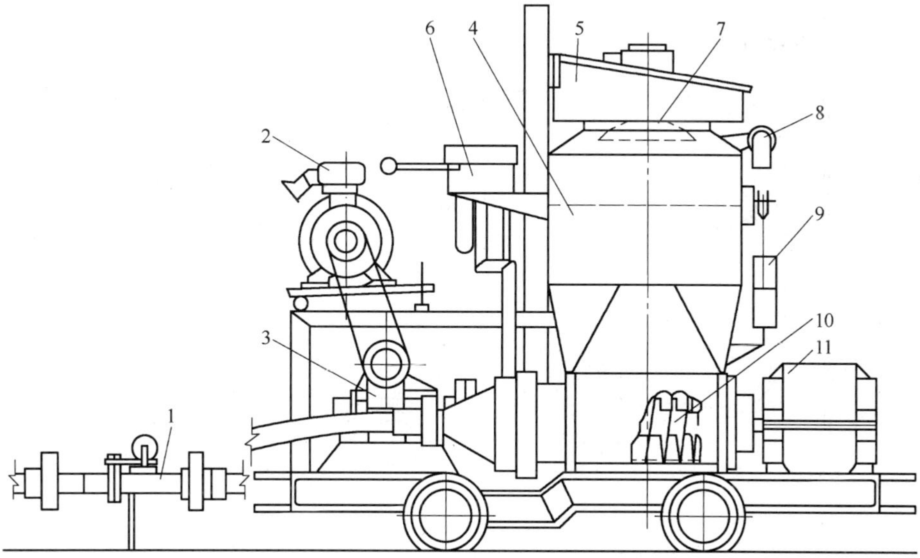

图 3-27 HLF-5 型罐式混凝土湿喷机
1—气动交换器；2—电动机；3—减速器；4—罐体；5—料斗；6—操纵阀；7—球面阀；8—排气阀；9—球阀气缸；10—输料螺旋；11—离合器

b 喷射混凝土支护的配套机械

为了提高效率，改善工作条件，各种配套机械正在研制、试验中。喷射混凝土支护的配套机械有石子筛洗机、混凝土搅拌机、上料设备，喷射机械手等。

搅拌设备。安Ⅳ型螺旋搅拌机可以与各种类型的干式喷射机配套使用。

机械手。喷射混凝土时，回弹量大，粉尘多，劳动条件差。为了解决这一问题，以及为了提高支护机械化程度，近年来设计、试制了多种机械手。国产的有 HJ-1 型简易机械手和液压机械手两种。

简易机械手（见图 3-28）工作时，喷射位置由喷射手调整手轮、立柱高度和小车位置。

喷嘴的摆动由电机、减速器通过软轴带动，代替人工进行混凝土喷射作业。

液压机械手（见图 3-29）的特点是各动作部分皆由液压驱动，机械手可以在喷头后面控制喷射作业。上述两种机械手，在施工中可以减轻劳动强度，改善作业环境，并有助于施工质量的提高，但仍存在一些问题，尚需进一步改进。

E 喷锚支护

（1）单一喷射混凝土支护。

（2）单一锚杆支护。

（3）喷、锚联合支护。

（4）喷、锚、网联合支护等。

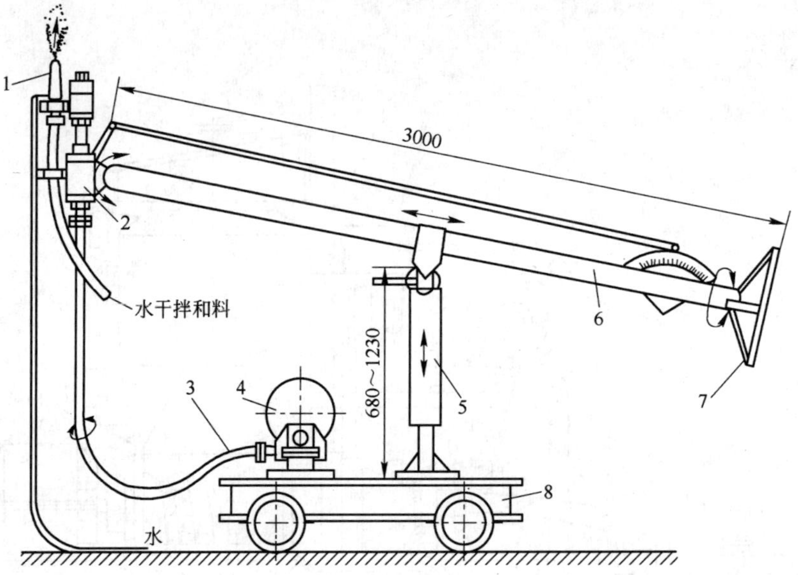

图 3-28 简易机械手示意图（单位：mm）
1—喷嘴；2—回转器；3—软轴；4—电动机及减速器；
5—伸缩立柱；6—回转杠杆；7—手轮；8—小车

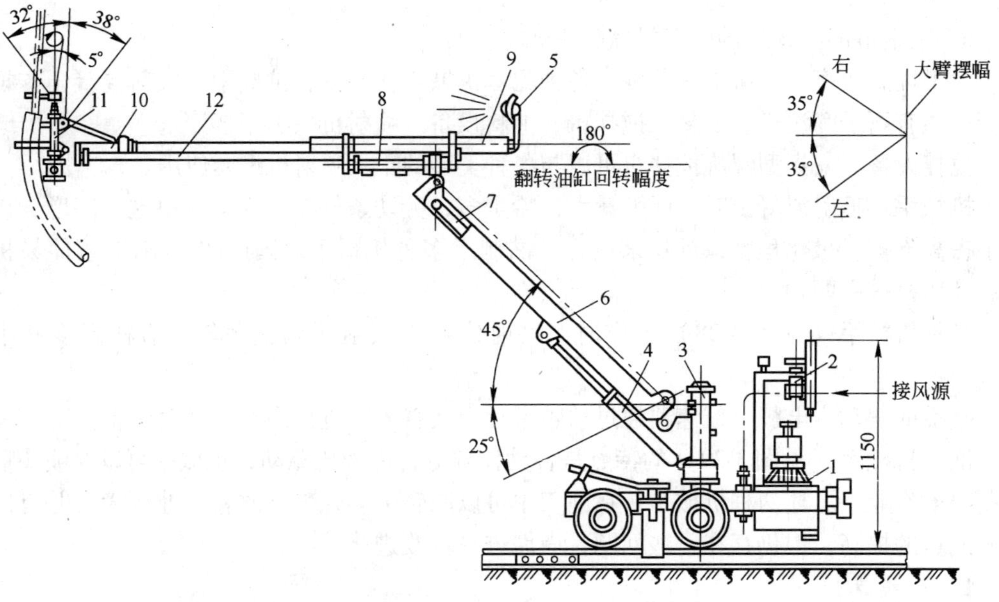

图 3-29 液压机械手（单位：mm）
1—液压系统；2—风水系统；3—转柱；4—支柱油缸；5—照明灯；6—大臂；7—拉杆；
8—翻转油缸；9—伸缩油缸；10—摆角油缸；11—回转器；12—导向支撑杆

3.2 斜井的施工

斜井是矿山的主要井巷之一。斜井与竖井一样，按用途分为：主斜井——专门提升矿石；副斜井——提升矸石、升降人员和器材；混合井——兼主、副井功能；风井——通风和兼作安全出口。

斜井按提升容器又可分为胶带运输机斜井、箕斗提升斜井和串车提升斜井。

3.2.1 斜井内设施

根据斜井井筒用途和生产的要求，通常在井筒内设有轨道、水沟、人行道、躲避硐，管路和电缆等。由于斜井具有一定的倾角，因而无论轨道、人行道、水沟等敷设均与平巷有别。

3.2.1.1 水沟

斜井水沟坡度与斜井倾角相同，断面尺寸参照平巷水沟断面尺寸选取。通常它比平巷水沟断面小得多，但水沟内水流速度很大，因此斜井水沟一般都用混凝土浇灌。若服务年限很短，围岩较好，井筒基本无涌水，也可不设水沟。

斜井水沟除有纵向水沟外，在含水层下方、胶带机斜井的接头硐室下方以及井底车场与井筒连接处附近，应设横向水沟。总之斜井整个底板不允许作为矿井排水的通道，相反，斜井中的水应逐段截住，引往矿井排水系统内。

3.2.1.2 人行道

斜井人行道与平巷不同，通常按斜井倾角大小的需要，设置人行台阶与扶手。一般在倾角30°左右时，需要设置扶手。扶手材料常用钢管或塑料管制作，位置应选在人行道一侧，距斜井井帮80～100mm，距轨道道砟面垂高900mm左右处。

3.2.1.3 躲避硐

在串车或箕斗提升时，按规定井内不准行人。但在生产实践中，又必须有检修人员插空（提升间隙）检查、维修。为保证检修人员安全，又不影响生产，只好在斜井井筒内每隔一段距离设置躲避硐。

一般躲避硐间隔距离为30～50m，硐室的规格可采用宽1.0～1.5m，高1.6～1.8m，深1.0～1.2m，位置设于人行道一侧，以便人员出入方便。

3.2.1.4 管路和电缆敷放

电缆和管路通常设计在副斜井井筒内，主要原因是检修方便；副井比主井提升频率低，安全因素相对要大，对生产影响要小。电缆和管路的铺设要求与平巷相同。

当斜井倾角小、长度大时，为节省电缆和管路，有的矿井采用垂直钻孔直接送至井下。这时应对地面厂房、管线等相应的做出全面规划。

3.2.2 斜井掘砌

斜井井筒是倾斜巷道，其施工方法，当倾角较小时与平巷掘砌基本相同，45°以上时又与竖井掘砌相类似。本节重点仅叙述斜井井筒的施工特点。

3.2.2.1 斜井井颈施工

斜井井颈是指地面出口处井壁需加厚的一段井筒，由加厚井壁与壁座组成如图3-30所示。

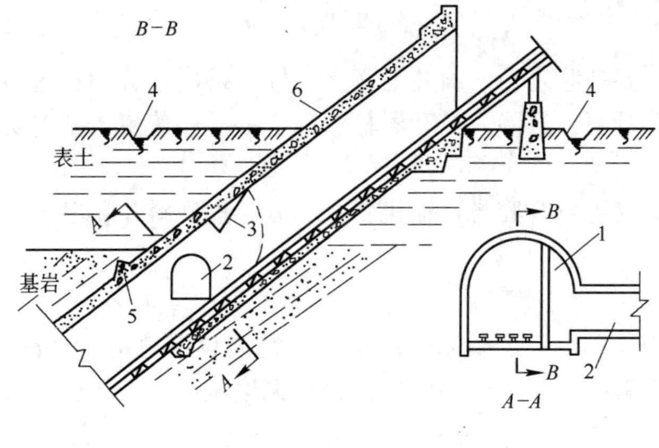

图 3-30 斜井井颈结构

1—人行间；2—安全通道；3—防火门；4—排水沟；5—壁座；6—井壁

在表土（冲积层）中的斜井井颈，从井口至基岩层内 3 ~5m 应采用耐火材料支护并露出地面，井口标高应高出当地最高洪水位 1.0m 以上，井颈内应设坚固的金属防火门或防爆门以及人员的安全出口通道。通常安全出口通道也兼作管路、电缆、通风道或暖风道。

在井口周围应修筑排水沟，防止地面水流入井筒。为了使工作人员，机械设备不受气候影响，在井颈上可建井棚、走廊和井楼。通常井口建筑物与构筑物的基础不要与井颈相连。

井颈的施工方法根据斜井井筒的倾角、地形和岩层的赋存情况而定。

A 在山岳地带施工

当斜井井口位于山岳地带的坚硬岩层中，有天然的山冈及崖头可以利用时，此时只需进行一些简单的场地整理后即可进行井颈的掘进。在这种情况下，井颈施工比较简单，井口前的露天工程最小。

在山岳地带开凿斜井井颈，如图 3-31 所示，斜井的门脸必须用混凝土或坚硬石材砌筑，并需在门脸顶部修筑排水沟，以防雨季和汛期山洪水涌入井筒内，影响施工，危害安全。

B 在平坦地带施工

当斜井井口位于较平坦地带时，此时表土层较厚，稳定性较差，顶板不易维护。为了安全施工和保证掘砌质量，井颈施工时需要挖井口坑，待永久支护砌筑完成后再将表土回填夯实。井口坑形状和尺寸的选择合理与否，对保证施工安全及减少土方工程量有着直接的影响。

井口坑几何形状及尺寸主要取决于表土的稳定程度及斜井倾角。斜井倾角越小，井筒穿过表土段距离越大，则所需井口坑土方量越多，反之越小。同时还要根据表土层的涌水量和地下水位及施工速度等因素综合确定。直壁井口坑（见图 3-32）用于表土层薄或表土层虽厚但土层稳定的情况；斜壁井口坑（见图 3-33）用于表土不稳定的情况。

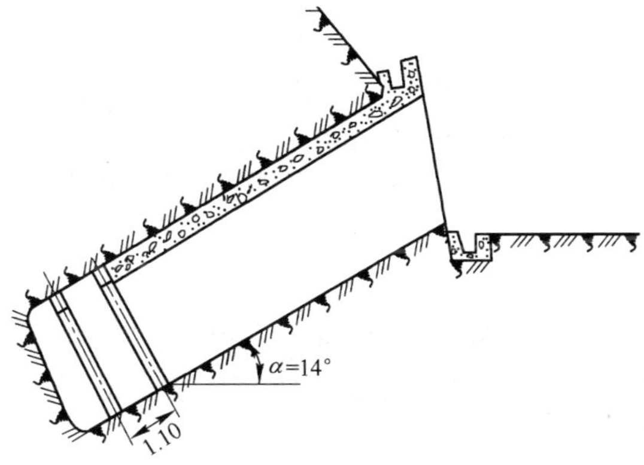

图 3-31　山岳地带斜井井颈

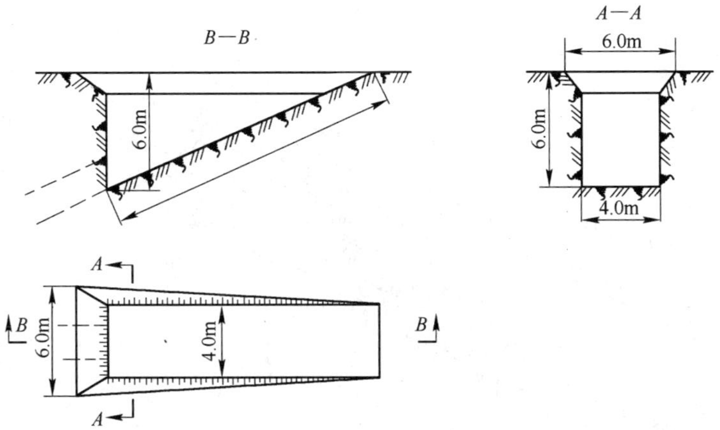

图 3-32　直壁井口坑开挖法示意图

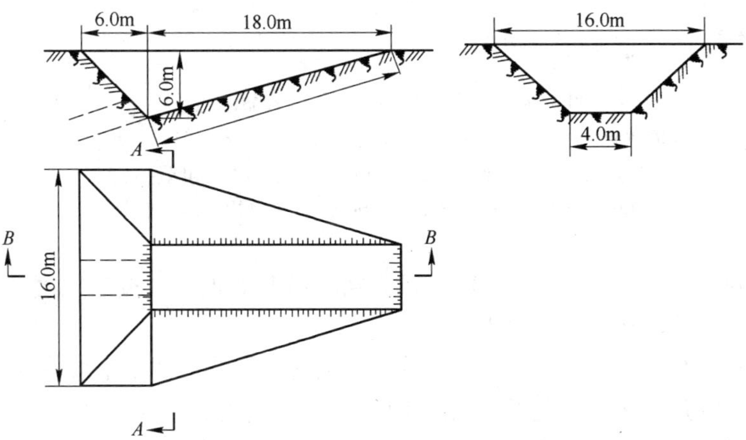

图 3-33　斜壁井口坑开挖法示意图

3.2.2.2 斜井基岩掘砌

斜井基岩施工方式、方法及施工工艺流程基本与平巷相同，但由于斜井具有一定的倾角，因此就有某些特点，如选择装岩机时，必须适应斜井的倾角；采用轨道运输，必须设有提升设备，以及提升设备运行过程中的防止跑车安全设施；因向下掘进，工作面常常积水，必须设有排水设备等。此外，当斜井（或下山）的倾角大于45°时，其施工特点与竖井施工方法相近似。

A 装岩工作

斜井施工中装岩工序占掘进循环时间约60% ~70%。如要提高斜井掘进速度，装载机械化势在必行。推广使用耙斗装岩机，是迅速实现斜井施工机械化的有效途径。耙斗装岩机在工作面的布置如图3-34所示。

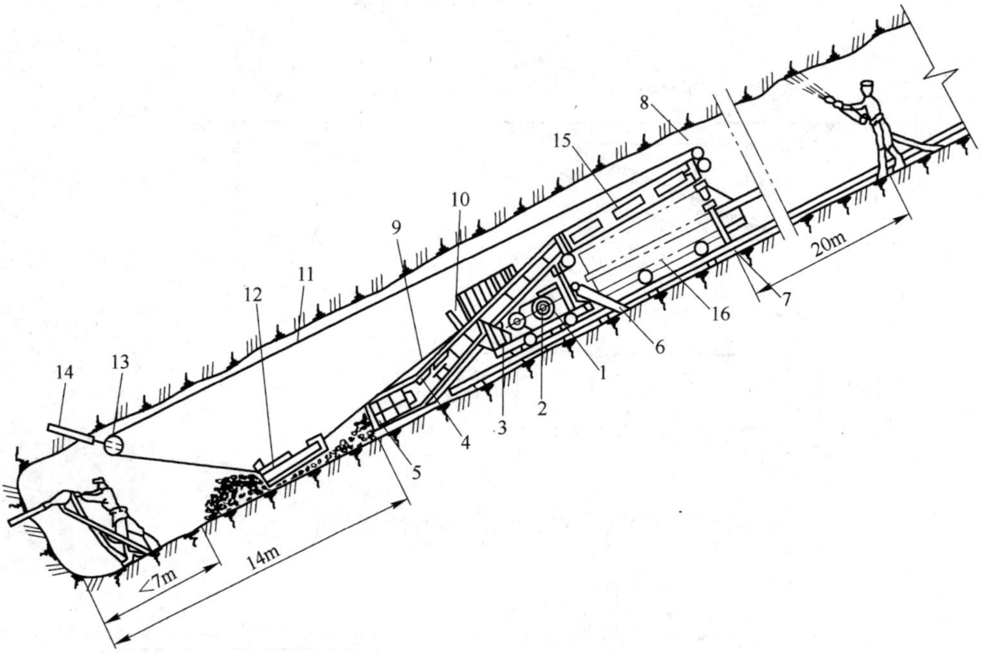

图3-34 耙斗机在斜井工作面布置示意图

1—绞车绳筒；2—大轴轴承；3—操纵连杆；4—升降丝杆；5—进矸导向门；6—大卡道器；7—托梁支撑；8—后导绳轮；9—主绳（重载）；10—照明灯；11—副绳（轻载）；12—耙斗；13—导向轮；14—铁楔；15—溜槽；16—箕斗

我国斜井施工，通常只布置一台耙斗机。当井筒断面很大，掘进宽度超过4m时，可采用两台耙斗机，其簸箕口应前后错开布置。

耙斗装岩机具有装岩效率高、结构简单、加工制造容易、便于维修等优点。近几年来我国创造的几个斜井快速施工纪录，无一例外都是使用的耙斗装岩机。但它仍有许多缺点，需进一步完善和提高。正装侧卸式铲斗装岩机，与一般后卸式铲斗装岩机相比，其卸载高度适中，卸载距离短，装岩效率高，动力消耗少。

我国正在试制几种侧卸式装岩机，其中 ZC-1 型能用于 14°的斜井，K-146 型能用于 18°的斜井，若利用 8kW 风动活塞式绞车还可以在 30°斜井中使用。

B 提升工作

斜井掘进提升对斜井掘进速度有重要影响。根据井筒的斜长、断面和倾角大小选择提升容器。我国一般采用矿车或箕斗提升方式的较多。箕斗与矿车比较，前者具有装载高度低，提升连接装置安全可靠，卸载迅速方便等优点。尤其是使用大容量（如 4t）箕斗，可有效的增加提升量，配合机械装岩，更能提高出岩效率。

当井筒浅，提升距离在 200m 以内时，可采用矿车提升，以简化井口的临时设施。斜井掘进时的矿车提升，常为单车或双车提升。

我国在斜井施工中常把耙斗机与箕斗提升配套使用。箕斗有三种类型：前卸式、无卸载轮前卸式、后卸式等。

C 斜井中安全设施

斜井施工时，提升容器上下频繁运行，一旦发生跑车事故，不仅会损坏设备，影响正常施工，而且会造成人身安全事故。为此必须针对造成跑车的原因，采取行之有效的措施，以便确保安全施工。

井口预防跑车安全措施：

（1）由于提升钢丝绳不断磨损、锈蚀，使钢丝绳断面减少，在长期变荷载作用下，会产生疲劳破坏；由于操作或急刹车造成冲击荷载，可能酿成断绳跑车事故。为此要严格按规定使用钢丝绳，经常上油防锈，地滚安设齐全，建立定期检查制度。

（2）钢丝绳连接卡滑脱或轨道铺设质量差，串车之间插销不合格，运行中因车辆颠簸等都可能造成脱钩跑车事故。为此，应该使用符合要求的插销，提高铺轨质量，采用绳套连接。

（3）由于井口挂钩工疏忽，忘记挂钩或挂钩不合格而发生跑车事故。为此，斜井井口应设逆止阻车器或安全挡车板等挡车装置。逆止阻车器加工简单，使用可靠，但需人工操作。逆止阻车器工作如图 3-35 所示。

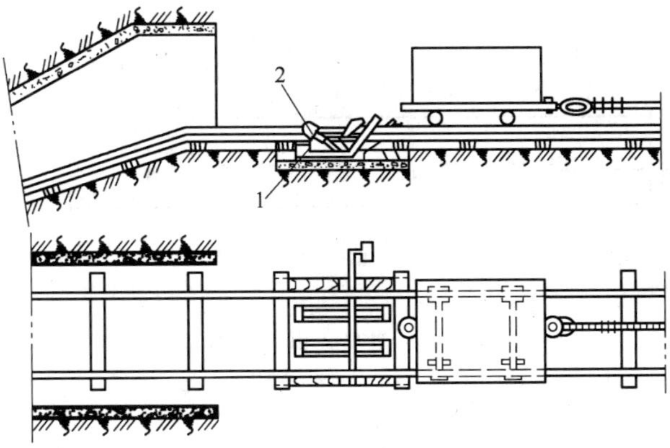

图 3-35 井口逆止阻车器

1—阻车位置；2—通车位置

这种阻车器设于井口，矿车只能单方向上提，只有用脚踩下踏板后才可向下行驶。

井内阻挡已跑车的安全措施：

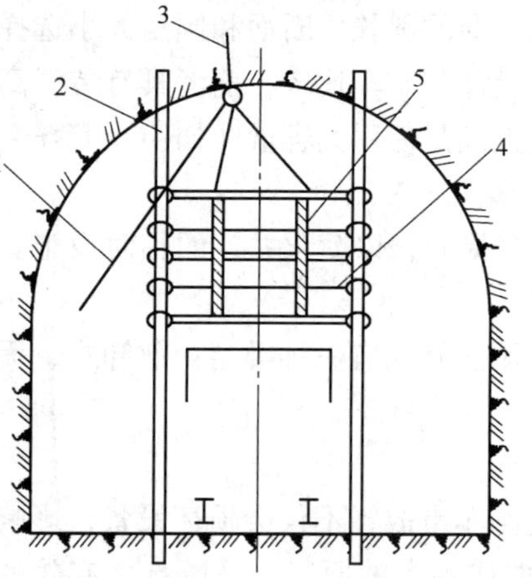

图 3-36 钢丝绳挡车帘

1—悬吊绳；2—立柱；3—锚杆式吊环；4—钢丝绳编网；5—圆钢

（1）钢丝绳挡车帘。在斜井工作面上方 20 ~ 40m 处设可移动式挡车器，它是以两根 150mm 的钢管为立柱，用钢丝绳与直径为 25mm 的圆钢编成帘形，手拉悬吊钢丝绳将帘上提，矿车可以通过；放松悬吊绳，帘子下落而起挡车作用，如图 3-36 所示。

（2）悬吊式自动挡车器。常设置在斜井井筒中部，如图 3-37 所示。它是在斜井断面上部安装一根横梁 7，其上固定一个小框架 3，框架上设有摆杆 1。摆杆平时下垂到轨道中心位置上，距巷道底板约 900mm，提升容器通过时能与摆杆相碰，碰撞长度约 100 ~ 200mm。当提升容器正常运行时，碰撞摆动杆 1 后，摆动幅度不大，触不到框架上横杆 2；一旦发生跑车事故，脱钩的提升容器碰撞摆动杆后，可将通过牵引绳（8 号铁丝）4 和挡车钢轨 6 相连的横杆 2 打开，8 号铁丝失去拉力，挡车钢轨一端迅速落下，起到防止跑车的作用。

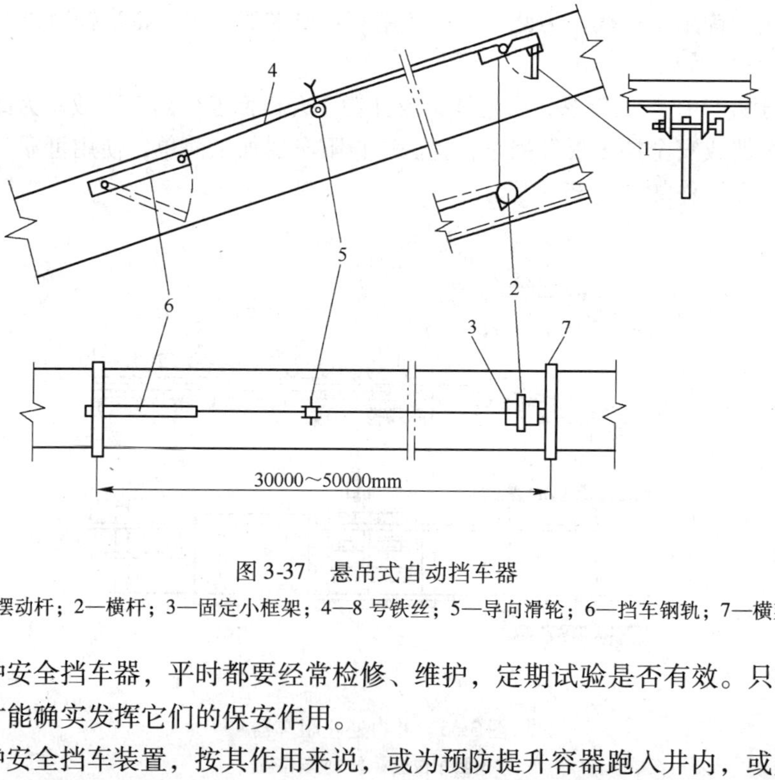

图 3-37 悬吊式自动挡车器

1—摆动杆；2—横杆；3—固定小框架；4—8 号铁丝；5—导向滑轮；6—挡车钢轨；7—横梁

无论哪种安全挡车器，平时都要经常检修、维护，定期试验是否有效。只有这样，一旦发生跑车才能确实发挥它们的保安作用。

上述几种安全挡车装置，按其作用来说，或为预防提升容器跑入井内，或为阻挡已跑入井内的提升容器继续闯入工作面，因此它们都是必需的，防患于万一的。但更主要的是应该千方百计不使矿车或箕斗发生跑车事故。所以在组织斜井施工时，首先要严格操作规程，严禁违章作业，提高安全责任感，加强对设备、钢丝绳及挂钩等连接装置的维护检修，避免跑车事故的发生，以确保斜井的安全施工。

3.3　天井的施工

天井是矿山井下联系上下两个中段的垂直或倾斜巷道，主要用于放矿、行人、切割、通风、充填、探矿、运送材料工具和设备等，按其用途分别称为放矿天井、通风天井、行人天井、充填天井等。有时同一个天井可兼作几种用途。

天井工程是金属矿山基建、采准、生产探矿和放矿的重要工程之一。天井工程量约占矿山井巷工程总量的10% ~15%，占采准、切割工程量的40% ~50%。通常许多矿山每年都要掘进几百米直至上万米的天井。因此，加快天井施工速度，对保证新建矿山早日投产和生产矿山三级矿量平衡，实现持续稳产、高产，具有十分重要的意义。

3.3.1　普通法掘进天井

普通法掘进天井是沿用已久的方法。为了免除繁重的装岩工作和排水工作，采用普通法掘进天井时，都是自下而上进行掘进的。它不受岩石条件和天井倾角的限制，只要天井的高度不太大都可使用。天井划分为两格间，其中一间供人员上下的梯子间，另一间专供积存爆下的岩石用的矸石间，其下部装有漏斗闸门，以便装车，如图 3-38 所示。

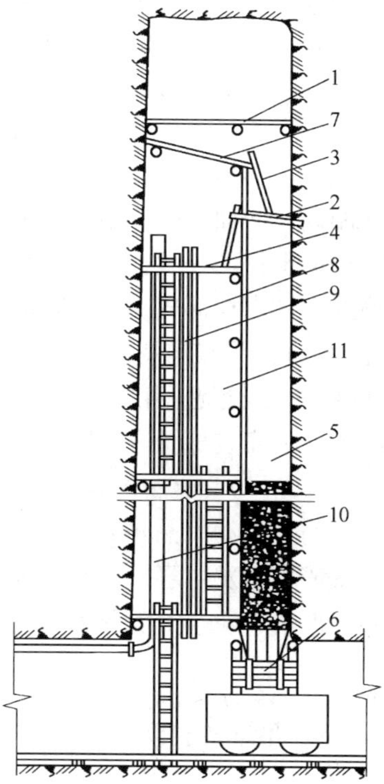

图 3-38　普通法掘进天井示意图

1—工作台；2—临时平台；3—短梯子；4—工具台；5—矸石间；6—漏斗口；7—安全棚（做成与水平面成 30°左右的角度）；8—水管；9—风管；10—风筒；11—梯子间

3.3.1.1　漏斗口的掘进

掘进天井时，首先根据所给的漏斗口底板的标高和天井的中心线，以 50°左右的倾角向上掘 1 ~2 茬炮，形成架设漏斗口所需的坡度，然后按设计的倾角继续向上掘进，直至掘进到架设漏斗后能容纳一茬炮的岩渣高度为止。在此期间爆下的岩石，直接落入平巷，用装岩机装岩。之后，架设漏斗口，放矿间和梯子间。

3.3.1.2　凿岩工作台的架设

当漏斗口掘进完毕并安装好漏斗与梯子间、安全棚等之后，在继续向上掘进之前，必须首先在安全棚之上距工作面 2.0 ~2.2m 处搭设凿岩工作台。凿岩、装药、连线都是在此台上进行的。

凿岩工作台一般由三根直径大于 12cm 的圆木横撑撑在天井顶底板之间，并在其上铺以厚度 4 ~5cm 的木板所构成。架设横撑时应先在井壁上凿好梁窝，并以木楔楔紧横撑的一端，以防横撑移动。凿岩工作台在垂直或倾角不小于 80°的天井中呈水平位置。当天井倾角小于 80°时，为了便于打孔，工作台与水平面成 3° ~7°的倾角。放炮时，必须将工作台上的木板拆除，以便放炮后岩石落入矸石间，并保证木板不致损坏，以便重复使用。

3.3.1.3 凿岩爆破工作

凿岩工作台架设好之后，即可开始凿岩工作。凿岩设备选用 YSP-45 向上式凿岩机。

由于天井横断面不大，为了便于凿岩和加深炮孔，广泛采用直孔掏槽。掏槽孔与空孔之间距离视岩石硬度、空孔数目与起爆顺序等而定。掏槽孔的位置以布置在岩石间上方为宜，这样可减弱对安全棚及梯子间的冲击。其他炮孔布置原则基本上与平巷相同。炮孔深度一般在 1.4～1.8m。起爆方法常用电力起爆，或用非电导爆系统一次点火引爆。

3.3.1.4 通风工作

由于天井是自下往上掘进的，爆破后产生的有害气体比空气轻，一般积聚在上部工作面附近不易排出。为了加速吹走工作面的有害气体，一般多采用压入式通风。通风机大多安装在天井下部附近的平巷内。风筒应随着安全棚往上移动，及时接上去。

3.3.1.5 支护工作

当有害气体排除后，即可进行支护工作。首先检查工作面的安全情况，清理浮石，修理被打坏的横撑等，然后才开始支护工作。在不架安全棚的情况下，支柱工的主要任务是在距离工作面 2m 左右的位置，架设凿岩工作台。当工作面向上推进 6～8m 时，则安全棚需要向上移动一次。移动时首先拆除旧安全棚，然后在上面架设新安全棚。安全棚由圆木横撑上铺木板而成，并使其向矸石间倾斜。安全棚的宽度以能遮盖梯子间为准。安全棚架好后，就开始自下而上安装梯子平台和梯子。梯子平台间距根据实际情况决定，一般为 3～4m。安全棚下第一个梯子平台往往兼作放置凿岩机和风水管等之用，因此又称工具台。此外，在安装梯子间的同时，需将矸石间的隔板钉好。

3.3.1.6 出渣工作

出渣是利用漏斗装车。为了安全起见，应严禁人员正对漏斗闸门操作，以免岩流冲下飞出矿车后发生事故。同时为了保护矸石间隔板和横撑不被打坏，矸石间中应经常储有岩石，严禁放空。一般要求每次放出的岩石所腾出的空间以能容纳爆破一次所崩下来的岩渣为准。

3.3.2 吊罐法掘天井

吊罐法掘进天井如图 3-39 所示。它的特点是：用一个可以升降的吊罐代替普通法的凿岩平台，同时，又可作为提升人员、设备、工具和爆破器材的容器，因此简化了施工工序。吊罐法操作方便，效率较高，金属矿山已广泛使用。

3.3.2.1 吊罐法掘进天井所用的设备

吊罐法掘进天井的主要设备有吊罐（直式或斜式）和提升绞车，以及深孔钻机、凿岩机、信号联系装置、局部扇风机、装岩机和电机车等。为了缩短出矸时间，尚可使用转载设备。

A 吊罐

吊罐是吊罐法掘进天井的主要设备。按控制方式有普通吊罐和自控吊罐；按适用的天井倾角有直吊罐和斜吊罐；按结构分有笼式吊罐和折叠式吊罐；按吊罐层数分有单层吊罐和双层吊罐；按下部行走机构分有轨轮式吊罐和雪橇式吊罐。下面仅就几种常用的吊罐加以介绍。

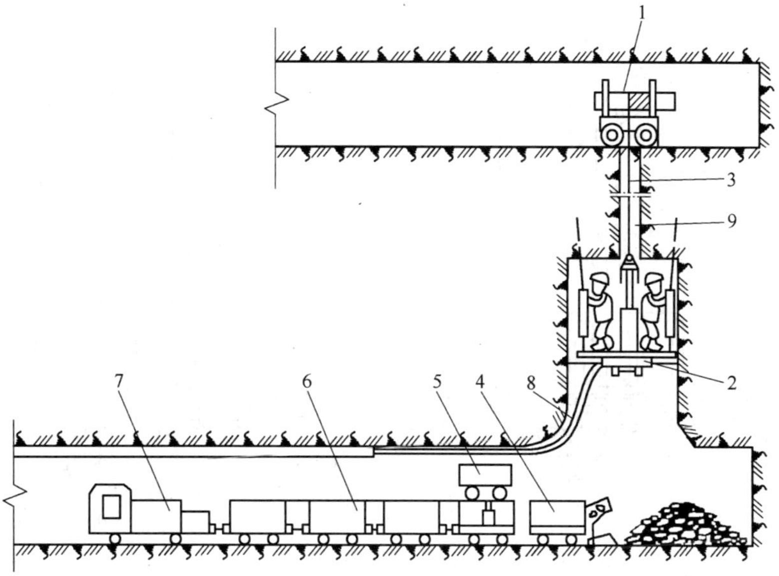

图 3-39　吊罐法掘进天井示意图

1—游动绞车；2—吊罐；3—钢丝绳；4—装岩机；5—斗式转载车；6—矿车；7—电机车；8—风水管；9—中心孔

a　华-1 型折叠式吊罐

华-1 型折叠式直吊罐的结构如图 3-40 所示。它由折叠平台 1，伸缩支架 2、保护盖板 3、风动横撑 4、稳定钢丝绳 5，行走车轮 6 和风水系统（本图未示出）七部分组成。

（1）折叠平台。它由角钢和铁皮焊接而成，有底座Ⅰ，折页Ⅱ、Ⅲ、Ⅳ及挡架Ⅴ、Ⅵ等共计 13 块通过折页Ⅶ连接而成。由于折页和挡架均能折叠，故称其为折叠平台。吊罐在升降之前必须将全部折页收回，形成 900mm × 900mm × 730mm 的升降容器（不包括保护盖板），以便人员、材料、工具、设备的升降。当吊罐提到工作面后，可把折页铺开，形成 1400mm × 1700mm 的工作平台，工人可站在平面上进行打孔、装药等工作。为了提升爆破器材，吊罐内还专门设有炸药箱（图上未标出）。

（2）伸缩支架。伸缩支架是用两条可以伸缩的立柱与吊架焊接而成。两个立柱上分别设有定位孔和销钉，以便调整伸缩架的高度。当吊罐升降和作业时，必须将立柱伸到合适位置，插上销钉，便于人员站立和作业，当吊罐需要搬运时，将立柱高度降到最低，便于吊罐在巷道中运行。

（3）保护盖板。它是用来防止工作面上浮石下落的安全保护装置，是用两块 770mm × 400mm × 5mm 的钢板通过铰链与吊架联结，盖板靠两个长为 185mm、直径 27mm 内装缓冲弹簧的支撑支于吊架两侧。吊罐升降过程中，支起盖板防避落石，以保护罐内人员。当吊罐到达工作面，经处理浮石后，再放下盖板，以便进行作业。

（4）风动横撑。风动横撑是吊罐作业时为防止其摆动而设置的稳定装置，每个罐设有 4 个，对称布置在平台底座下。工作时，四个横撑分别支于井壁上，这样不仅可以使平台稳定，而且可以减轻提升钢丝绳的负荷。当吊罐运行时，须将横撑缩回。

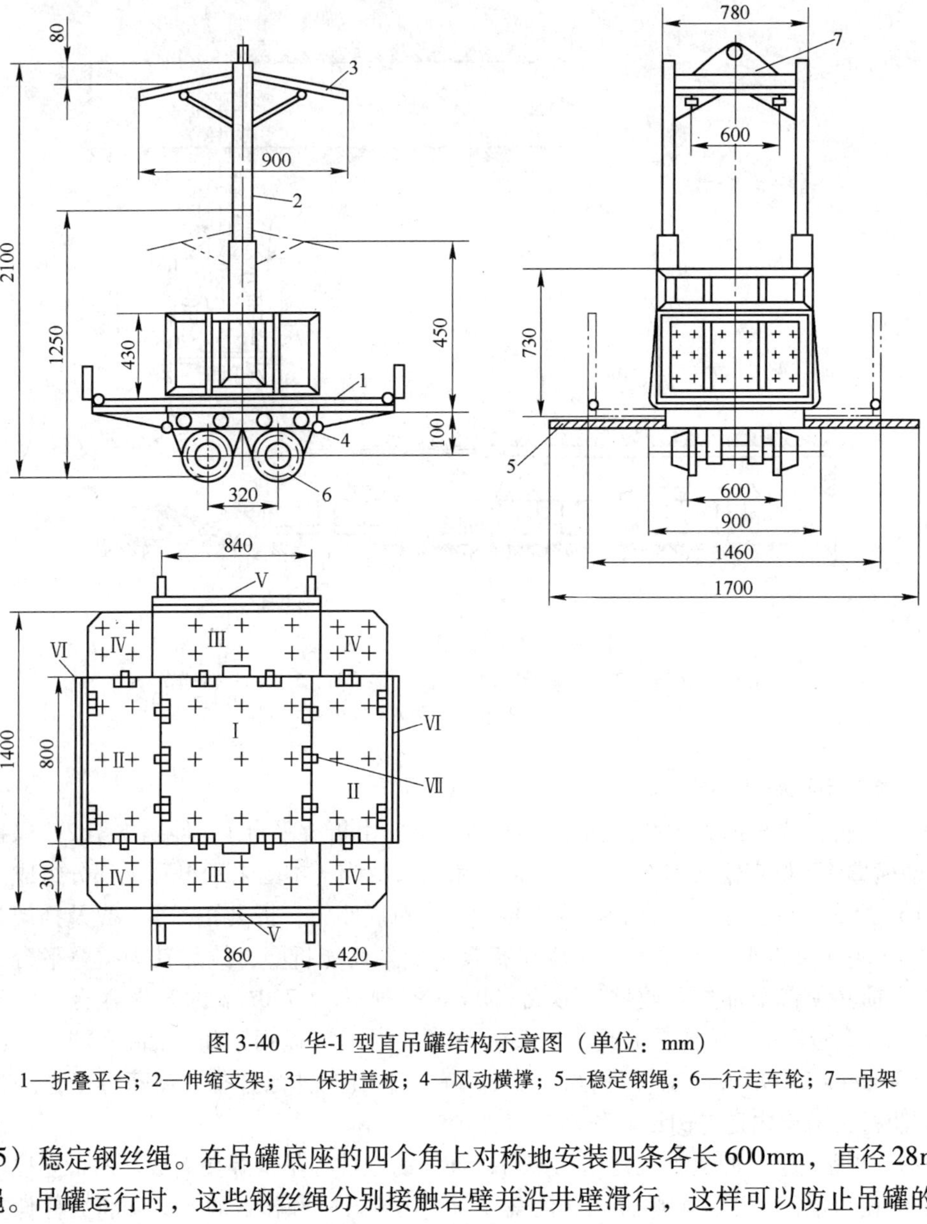

图 3-40 华-1 型直吊罐结构示意图（单位：mm）

1—折叠平台；2—伸缩支架；3—保护盖板；4—风动横撑；5—稳定钢绳；6—行走车轮；7—吊架

（5）稳定钢丝绳。在吊罐底座的四个角上对称地安装四条各长 600mm，直径 28mm 的钢丝绳。吊罐运行时，这些钢丝绳分别接触岩壁并沿井壁滑行，这样可以防止吊罐的扭转或摆动。

（6）行走车轮。吊罐底座上装有两对直径 150mm、轨距 600mm、轴距 320mm 的车轮，以保证吊罐在轨道上运行方便。

华-1 型折叠式直吊罐结构简单，容易制造，体积小，重量轻，坚固耐用，运搬方便。但乘罐人员不能在吊罐上操纵吊罐的升降和停留。它适用于断面为 1.5m × 1.8m ~ 2.0m × 2.0m 倾角大于 85°的天井。

b 华-2 型斜吊罐

华-2 型斜吊罐，这种吊罐是掘进斜天井用的。它由罐体、吊架、保护盖板三部分组成，如图 3-41 所示。

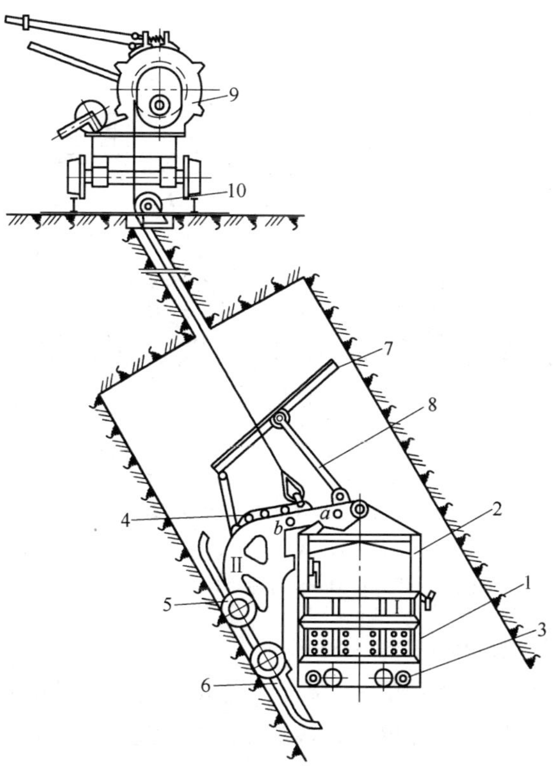

图 3-41 华-2 型斜吊罐结构示意图

Ⅰ—罐体；Ⅱ—吊架；1—折叠平台；2—伸缩支架；3—风动横撑；4—悬吊耳环；5—行走车轮；6—滑动橇板；7—保护盖板；8—支撑；9—游动绞车；10—导向地轮

罐体是主体，它与华—1 型折叠式直吊罐大体相同。罐体的伸缩支架，通过插入吊架上定位销孔 a（或 b）内的销轴与吊罐铰接，使工作台在任意倾角的天井内保持水平，以便人员工作。吊架下部有两对车轮，当绞车牵引钢丝绳往上提升时，可以沿天井底板滚动，这样可以减少吊罐与岩帮的碰撞、摩擦，便于吊罐上下稳定运行。

B 提升绞车

提升绞车是吊罐法掘进天井中的配套主要设备之一。在吊罐法掘进中，我国使用的提升绞车有两种：一种是固定式绞车；另一种是游动绞车。前一种实际上就是一般通用的慢速电动绞车，它的提升能力大，但与游动绞车比较，安装复杂，运搬不方便，要求绞车硐室大，故除与大吊罐配套外，一般矿山多使用游动绞车。

游动绞车的构造如图 3-42 所示。它由电动机、减速箱、卷筒、制动器和行走机构所组成。该绞车停放在绳孔上口的轻便轨道上。

游动绞车的特点是，绞车本身装有两对行走车轮。吊罐升降时，绞车是不固定的，靠钢丝绳缠绕卷筒时产生的横向推力，使绞车在轨道上来回游动，钢丝绳始终对准提升钻孔，并使钢丝绳在卷筒上依次均匀缠绕而不紊乱。此外，这种绞车的重量轻、体积小、搬运方便、便于安装、要求的硐室体积小等优点。但提升能力及容绳量小，不适用于高天井

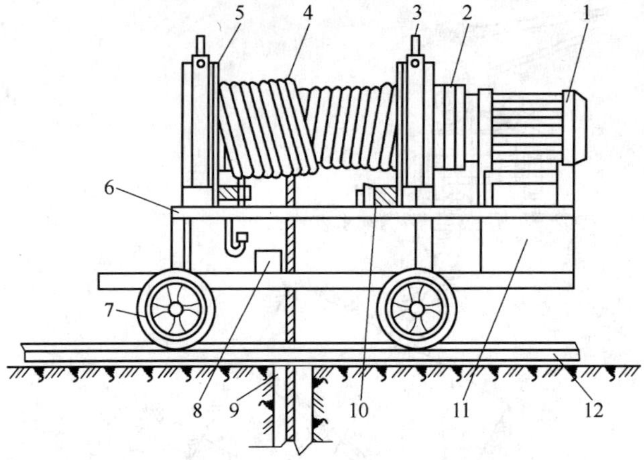

图 3-42　华-1 型游动绞车构造

1—电动机；2—减速器；3—制动器；4—钢丝绳；5—卷筒；6—机座；7—行走轮；8—信号开关；9—绳孔；10—信号绳卷筒；11—配电箱；12—轨道

及重型吊罐。适用于天井高度小于 60 ~ 85m。

绞车的提升能力应取提升重量的 1 ~ 2 倍。经验证明，如果提升能力不足，吊罐卡帮时经常停罐，频繁启动，容易烧坏电机；如果提升能力过大，一旦过卷，信号失灵，会拉断钢丝绳而出事故，而且提升能力选取过大，也不经济。

提升吊罐用的钢丝绳，由于运行中经常与孔壁（岩壁）摩擦及承受动荷载的作用，因此要求钢丝绳耐磨，其安全系数不得小于 13。作用在钢丝绳上的荷载，按全部静荷载乘以动力系数 K（一般取 $K = 1.25$）来计算。

钢丝绳与吊罐的连接最好采用编织绳套的方法，即将钢丝绳端破股，将它插在主绳内，形成绳套。编织部分的长度不得小于 800mm。工作时，将吊罐上吊环中的销轴穿过绳套，用螺栓坚固好，这样既牢靠安全，又易于通过中心孔。因此，已被很多矿山使用。

3.3.2.2　吊罐法掘天井工艺

A　吊罐法掘进天井前的准备工作

a　开凿上下硐室

吊罐法掘进天井时，上中段应有提升绞车硐室，下中段应有吊罐躲避硐室。

下部硐室尺寸是根据中心孔钻凿的方向，提升绞车的规格尺寸及操作方便而确定的最小尺寸。采用华-1 型绞车，同时中心孔又是由上而下钻凿时，应首先满足钻机钻孔的需要，因此硐室规格较大，一般为 3.0m × 1.5m × 4.5m（长 × 宽 × 高）；如果采用自下而上钻进中心孔时，上部硐室的规格只要满足绞车工作所需要的空间即可，一般约为 3.0m × 2.2m × 2.0m。如果上中段联络天井上部的巷道可以满足绞车工作要求，那就不必开凿绞车硐室。

下部硐室的尺寸主要以便于吊罐的出入和装岩机械的操作方便为原则。如果采用潜孔钻机由下而上钻中心孔，则在天井下部应开凿钻机硐室，其尺寸视选用的钻机和天井倾角而定。

当打斜中心孔或直中心孔时，硐室尺寸分别为3.0m×2.5m×3.0m和2.5m×2.5m×3.0m。

如果天井下部硐室要考虑采用漏斗装车，则必须在漏斗上面适当位置开凿存放吊罐及作为人员进出通道的人行井。开凿大型溜井时，溜井下部为了利用漏斗放矿，应开凿放矿闸门硐室；为了存放吊罐，可以在硐室内安装工作台，如图3-43、图3-44所示。

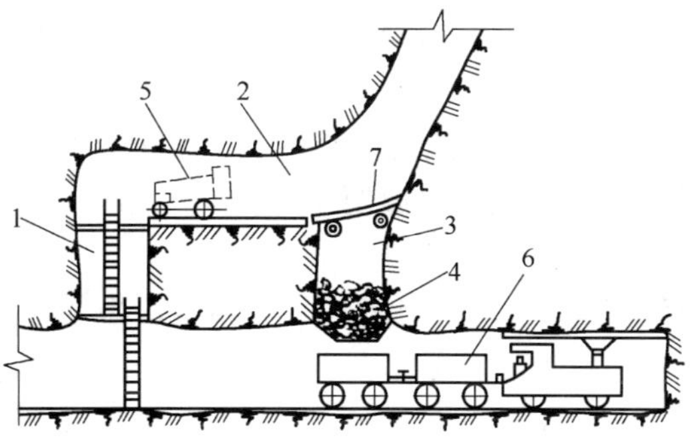

图3-43　吊罐法掘进天井采用漏斗装岩时天井底部结构示意图

1—人行井；2—联络道；3—出渣井；4—漏斗；5—吊罐；6—矿车与电机车；7—钢轨（上下罐用）

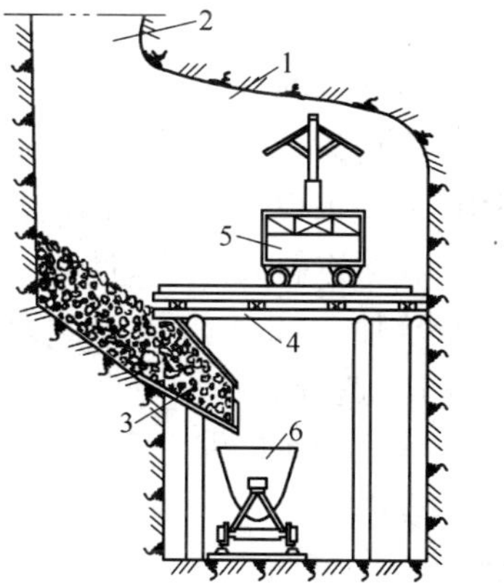

图3-44　吊罐法掘进大型主溜井时溜井底部结构示意图

1—放矿闸门硐室；2—溜井；3—临时漏斗；4—板台；5—吊罐；6—矿车

实际上，钻机硐室就是天井的一部分，一般都采用普通方法施工。

b　钻凿天井中心孔

吊罐中心孔直径一般为100~130mm。常用的钻孔设备有地质钻机和潜孔钻机。

（1）地质钻机，如红旗-100、KA-2M-300型、KD-100型，适用于自上而下钻进。其特点是破岩时只有回转而无冲击，因此，钻孔偏斜不大，作业条件好。但穿孔速度慢、工效低，（一般进尺2~8m/班），并需要开凿大硐室。当掘进高天井时，可以采用地质钻机。

（2）潜孔钻机，如YQ-100型等，是吊罐法常用的钻孔设备。它的特点是穿孔速度快（中硬岩中，一般钻速为10~18m/班），工效高。自下而上钻进时，钻机硐室是天井的一部分，辅助工程量小，节省开凿费用；其缺点是钻孔偏斜较大，因此不适合60m以上的高天井使用。

c　安装绞车和电气信号装置

绞车安装前应将中心孔周围浮石清理干净并安上保护套管，以防落石堵塞中心孔或水流入工作面。安装时，要求轨道铺平，以利绞车游动。为了防止杂散电流引起早爆事故，绞车硐室内的轨道应与外部轨道断开。

信号联系是保证吊罐法安全施工的重要措施之一，必须做到信号明确、畅通、联系可靠。目前我国普遍采用电铃、电话、灯光等几套设施相结合的信号联系方法。有的矿山还在吊罐上安设电控信号箱，采用电控、电铃、电话相结合的方法，使罐上人员不仅可以直接与上、下中段联系，而且当信号失灵，吊罐发生卡帮或过卷时，还可以直接通知吊罐上、下或停车。信号线路是通过邻近天井或钻孔进行敷设的。电铃、电话应分别设专线，安装后要进行检查。

B 掘进工作

a 凿岩工作

一台吊罐一般配两台 YSP-45 型凿岩机同时凿岩，这样有利于吊罐受力平衡，保持稳定。中心孔还有利于炮孔排列和提高爆破效果，但处理不好会造成中心孔堵塞，影响掘进的正常进行。所以既要获得好的爆破效率，又要防止中心孔堵塞，是天井工作面炮孔排列要充分注意的事项。

常用的炮孔排列有螺旋形掏槽、对称直线掏槽、三角柱掏槽，不规则桶形掏槽等。具体尺寸要求视岩石情况而定，一般孔深 1.7m 左右。

在掘进斜天井时，为保证吊罐上下运行方便与安全，边孔向外应有 90°~95°的倾角，底板增加 1~2 个炮孔，并以多打孔少装药的办法获得较好的成型规格。

b 起爆方法

我国金属矿山采用的起爆方法，有火雷管起爆、电雷管起爆和非电导爆管起爆法。为了避免杂散电流的威胁，一般多采用通电点燃火雷管引爆炸药的方法和非电导爆管起爆法。

采用普通电雷管或微差电雷管起爆时，应测量工作面的杂散电流。要求杂散电流不超过 30mA，否则必须切断作业地点上下中段 50m 以内的一切电源。只有在杂散电流不超过规定值时，才能起爆。

c 通风防尘

天井掘进时，通风比较困难。吊罐法的中心孔为解决通风问题创造了一定的条件。各地习惯于采用混合式通风方式，即上中段通过中心孔向下放风、水管，并以高压风、水自上而下吹洗炮烟，同时，在下中段天井附近安设局部通风机，将炮烟抽出。这种方法效果好，大约 10~15min 便可将炮烟全部从天井内排出。

为了减少工作面粉尘，吊罐提至工作面后，可用高压水或喷雾洒水装置将井壁上的粉尘冲洗干净。

d 装岩

装岩一般多与凿岩平行作业。我国金属矿山采用吊罐法掘进天井时，用装岩机装入矿车或转载斗车。有的矿山采用漏斗装车。

3.3.3 深孔爆破法掘天井

深孔质量的好坏是深孔分段爆破法掘进天井的关键。深孔的偏斜会造成孔口和孔底的最小抵抗线不一致，影响爆破效果。

孔的偏斜包括起始偏斜和钻进偏斜。钻机的性能、立钻的精确度和开孔误差是引起初始偏斜的主要因素；岩层变化、钻杆的刚度和操作技术是引起钻进偏斜的基本因素。孔的偏斜率随孔深增加而增大，这是目前使用深孔爆破法掘进天井在高度上受到限制的主要原因。

目前，我国多采用潜孔钻机。黄沙坪矿先后采用过 YQ-100 型、YQ-100A 型及 YQ-80 型钻机和 TYQ 钻架。长沙矿山研究院研制的钻孔直径 120mm 并配有 300mm 直径的扩孔刀具的 KY-120 型地下牙轮钻机，具有穿孔速度快、钻孔偏斜小等优点，在该矿进行了工业试验，取得了较好的技术经济效果。

开钻前根据设计要求检查硐室，测定好天井方位和倾角，给出中心点和孔位，然后安装钻机并调好钻机的方位和倾角，使之符合设计要求。

采用非电导爆管和导爆索起爆。微差间隔时间，考虑深孔爆破后有充裕的排渣时间，掏槽孔取 100ms 以上，周边孔取 200ms 以上。

起爆顺序是：第一分段先爆掏槽孔；第二分段掏槽孔与第一分段周边孔同时爆破，一般掏槽孔超前周边孔一个分段。

3.3.4　爬罐法掘天井

用爬罐法掘进天井，它的工作台不像吊罐法那样用绞车悬吊，而是和一个驱动机械联结在一起，随驱动机械沿导轨上运行。图 3-45 为爬罐法掘进天井示意图。

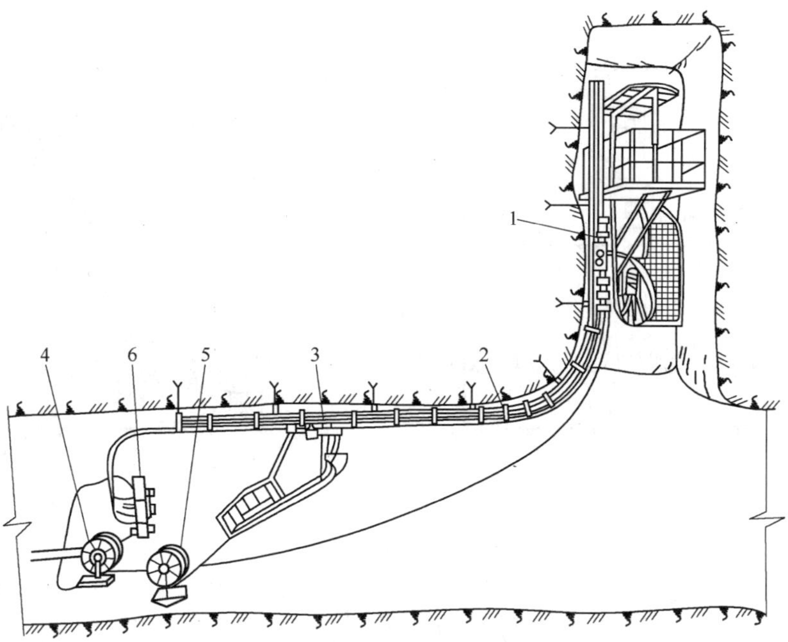

图 3-45　爬罐法掘进天井示意图

1—主爬罐；2—导轨；3—副爬罐；4—主爬罐软管绞车；5—副爬罐软管绞车；6—风水分配器

掘进前，先在下部掘出设备安装硐室（避炮硐室）。开始先用普通法将天井掘出 3～5m 高，然后在硐室顶板和天井壁上打锚杆，安装特制的导轨。此导轨可作为爬罐运行的轨道，同时利用它装设风水管向工作面供应压风和高压水。在导轨上安装爬罐，在硐室内安装软管绞车、电动绞车以及风水分配器和信号联系装置等。上述设备安装调试后，将主爬罐升至工作面，工人即可站在主爬罐的工作台上进行打孔、装药连线等工作。放炮之前，将主爬罐驱往避炮硐室避炮，放炮后，打开风水阀门，借工作面导轨顶端保护盖板上的喷孔所形成的风水混合物对工作面进行通风。爆下来的岩渣用装岩机装入矿车运走。装岩和钻孔可根据具体情况顺序或平行进行。

导轨随着工作面的推进而不断接长。只有当天井掘完后，才能拆除导轨，拆除导轨的方向是自上而下进行的。利用辅助爬罐可以使天井工作面与井下取得联系，以便缩短掘进过程中的辅助作业时间。

3.3.5 钻进法掘天井

钻进法掘进天井，是用天井钻机在预掘的天井断面内沿全深钻一个直径200~300mm的导向孔，然后用扩孔刀具分次或一次扩大到所需断面，人员不进入工作面，实现了掘进工作全面机械化。

天井钻机的钻进方式主要有两种：一种是上扩法，其钻进程序是，将天井钻机安在上部中段，用牙轮钻头向下钻导向孔，与下部中段贯通后，换上扩孔刀头，由下而上扩孔至所需要的断面，见图3-46（a）。另一种是将钻机安在天井底部，先向上打导向孔，再向下扩孔，即所谓下扩法，见图3-46（b）。

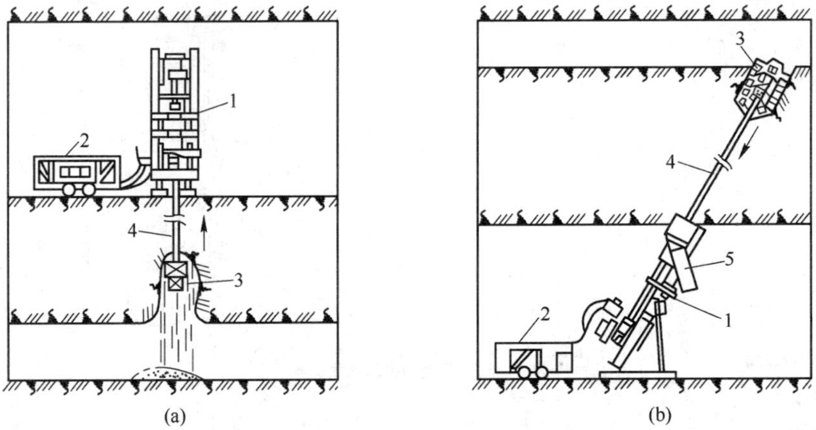

图3-46 天井钻进法的两种钻进方式

（a）上扩法；（b）下扩法

1—天井钻机；2—动力组件；3—扩孔钻头；4—导向孔；5—漏斗

目前我国天井钻进方式均属上扩式。

在钻井之前，先在上水平开凿钻机硐室，于底板上铺一层混凝土垫层，待其凝结硬化后，用地脚螺丝将钻机固定在此基础上，用斜撑油缸和定位螺杆把钻机调节到所需的钻进角度，接上电源，便可开始自上而下钻进导向孔。导向孔的直径视钻机不同，目前使用两种型号的三牙轮钻头，即9号（ϕ216mm）和10号（ϕ250mm）。在钻进过程中选用适当形式和数量的钻杆稳定器，并根据岩石性质控制转速与钻压，使钻孔偏斜率保持在1%以内，有的仅0.2%~0.3%。钻进中的岩屑，用高压风或高压水排出孔外。

当导向孔钻通下水平后，卸下钻头，换上扩孔刀头，然后开始自下而上开始扩孔。扩孔刀具的选用视岩石条件而定。在硬岩中采用密齿形滚刀，在中硬以下岩石中采用镶齿盘形滚刀，软岩中采用合金钢盘形滚刀。孔中的岩屑借自重与高压水排离工作面。

当扩孔刀头钻通钻机底下的混凝土垫层后，用钢丝绳暂时将扩孔刀头吊在井口，待撤除钻机之后再取出扩孔刀头；或是在钻机撤除之前将扩孔刀头放到天井的底部，但是这需要重新接长钻杆，比较费事。

天井钻进法在我国已经有了十几年的发展历史，钻井技术日趋完善，为我国天井施工法开辟了一条新的途径。

3.4 硐室的施工

硐室种类很多，大体上可分为机械硐室和生产服务性硐室两种。机械硐室主要有卸矿、破碎、翻笼、装载硐室、卷扬机房、中央水泵房及变电所、电机车修理间等；生产服务硐室有等候室、工具库、调度室、医疗室、炸药库、会议室等。

硐室与平巷相比，无论是围岩受力状况还是施工条件，都要复杂一些。硐室常与井筒和其他巷道相连接，跨度较大，硐室围岩受力状况复杂。而有些硐室，如炸药库和其他一些机电设备硐室应具有隔水、防潮性能，故在支护质量方面有较高的要求。硐室长度短，断面大而多变，进出口通道狭窄，施工场所密集，相互干扰大，使硐室施工中的材料供应、出渣、通风及排水都比较困难。因此，在硐室施工中应统筹考虑，并根据工程特点合理选择施工方法。

3.4.1 全断面法

全断面施工法和普通巷道施工法基本相同。由于硐室的长度一般不大，进出口通道狭窄，不易采用大型设备，基本上用巷道掘进常用的施工设备。如果硐室较高，钻上部炮孔就必须登渣作业，装药连线必须用梯子，因此全断面一次掘进高度一般不超过 4 ~ 5m。这种方法的优点是利于一次成硐，工序简单，劳动效率高，施工速度快；缺点是顶板围岩暴露面积大，维护较难，浮石处理及装药不方便等。

3.4.2 台阶工作面法

由于硐室的高度较大不便于操作，可将硐室分成两层分层施工，形成台阶工作面。上分层工作面超前施工的，称为正台阶施工法；下分层工作面超前施工的，称为倒台阶施工法。

3.4.2.1 正台阶工作面施工法

一般可将整个断面分为两个分层，每个分层都是一个工作面，分层高度以 1.8 ~ 2.5m 为宜，最大不超过 3m，上分层的超前距离一般为 2 ~ 3m。

先掘上部工作面，使工作面超前而出现正台阶。爆破后先进行上分层工作面的出渣工作，然后上下分层同时打孔，如图 3-47 所示。

下分层开挖时，由于工作面具有两个自由面，因此炮孔布置成水平或垂直方向均可。

拱部锚杆可随上分层的开挖及时安设，喷射混凝土可视具体情况，分段或一次按照先拱后墙的顺序完成。砌碹工作可以有两种方法：一种是在距下分层工作面 1.5 ~ 2.5m 处用先墙后拱法砌筑；另一种方法是先拱后墙，即随上分层掘进把拱帽先砌好。下分层随掘随砌墙，使墙紧跟迎头。

这种方法的优点是断面呈台阶形布置，施工方便，有利于顶板维护，下台阶爆破效率高。缺点是使用铲斗装岩机时，上台阶要人工扒渣，劳动强度大，且上下台阶工序配合要

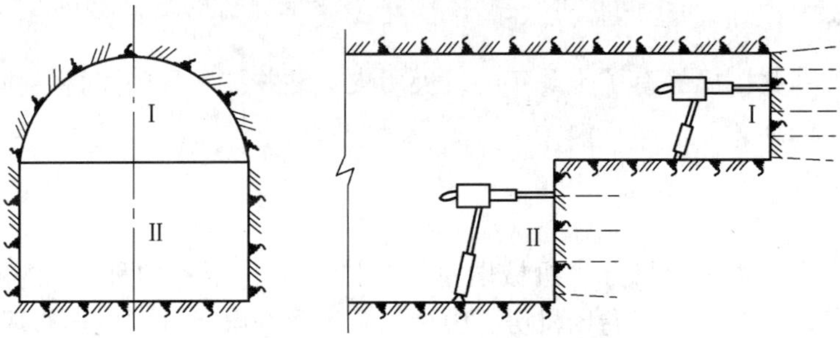

图 3-47 正台阶工作面开挖示意图

好，不然易产生干扰。

3.4.2.2 倒台阶工作面施工法

采用这种方法时，下部工作面超前于上部工作面，如图 3-48 所示。施工时先开挖下分层，上分层的凿岩、装药、连线工作借助于临时台架。为了减少搭设台架的麻烦，一般采取先拉底后挑顶的方法进行。

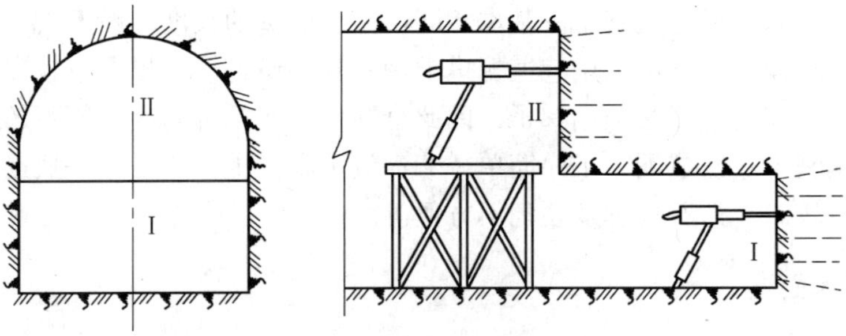

图 3-48 倒台阶工作面开挖示意图

采用喷锚支护时，支护工作可以与上分层的开挖同时进行，随后再进行墙部的喷锚支护。采用砌筑混凝土支护时，下分层工作面超前 4 ~ 6m，高度为设计的墙高，随着下分层的掘进先砌墙，上分层随挑顶随砌筑拱顶。下分层掘后的临时支护，视岩石情况可用锚喷、木材或金属棚式支架等。

这种方法的优点是：不必人工扒岩，爆破条件好，施工效率高，砌碹时拱和墙接茬质量好。缺点是挑顶工作较困难。

这两种方法应用广泛，其中先拱后墙的正台阶施工法在较松软的岩层中也能安全施工。

3.4.3 导坑施工法

借助辅助巷道开挖大断面硐室的方法称为导坑法（导硐法）。这是一种不受岩石条件限制的通用硐室掘进法。它的实质是，首先沿硐室轴线方向掘进 1 ~ 2 条小断面巷道，然后再行挑顶，扩帮或拉底，将硐室扩大到设计断面。其中首先掘进的小断面巷道，称为导坑（导硐），其断面为4～8m^2。它除为挑顶、扩帮和拉底提供自由面外，还兼作通风、行人和运输之用。开挖导坑还可进一步查明硐室范围内的地质情况。

导坑施工法是在地质条件复杂时保持围岩稳定的有效措施。在大断面硐室施工时，为了保持围岩稳定，通常可采用两项措施：一是尽可能缩小围岩暴露面积；二是硐室暴露出的断面要及时进行支护。导坑施工法有利于保持硐室围岩的稳定性，这在硐室稳定性较差的情况下尤为重要。

采用导坑施工法，可以根据地质条件、硐室断面大小和支护形式变换导坑的布置方式和开挖顺序，灵活性大，适用性广，因此应用甚广。

导坑法施工的缺点是由于分部施工，故与全断面、台阶工作面施工法相比，施工效率低。

根据导坑的位置不同，导坑施工法有下列几种。

3.4.3.1 中央下导坑施工法

导坑位于硐室的中部并沿底板掘进。通常导坑沿硐室的全长一次掘出。导坑断面的规格按单线巷道考虑并以满足机械装岩为准。当导坑掘至预定位置后，再行开帮、挑顶，并完成永久支护工作。

当硐室采用喷锚支护时，可用中央下导坑先挑顶后开帮的顺序施工，如图3-49所示。挑顶的矸石可用人工或装岩机装出；挑顶后随即安装拱部锚杆和喷射混凝土，然后开帮喷墙部混凝土。

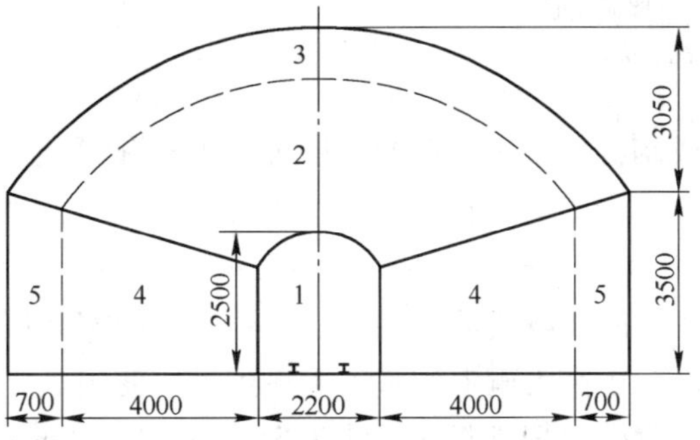

图3-49 某矿提升机硐室采用下导硐先拱后墙的开挖顺序图（单位：mm）
1—下导硐；2—挑顶；3—拱部光面层；4—扩帮；5—墙部光面层

为了获得平整的轮廓面，挑顶、开帮刷大断面时，拱部和墙部均需预留光面层。根据围岩情况，开帮工作可以在拱顶支护全部完成后一次进行，亦可错开一定距离平行进行。

砌筑混凝土支护的硐室，适用中央下导坑先开帮后挑顶的顺序施工，如图3-50所示。在开帮的同时完成砌墙工作，挑顶后砌拱。

中央下导坑施工方法一般适用于跨度为4～5m，围岩稳定性较差的硐室，但如果采用先拱后墙施工时，适用范围可以适当加大。这种方法的主要优点是顶板易于维护，工作比较安全，易于保持围岩的稳定性，但施工速度慢，效率低。

3.4.3.2　两侧导坑施工法

在松软、不稳定岩层中，当硐室跨度较大时，为了保证施工安全，一般都采用这种施工方法。在硐室两侧紧靠墙的位置沿底板开凿两条小导坑，一般宽为 1.8 ~ 2.0m，高为 2m 左右。导坑随掘随砌墙，然后再掘上一层导坑并接墙，直至拱基线为止。第一次导坑将矸石出净，第二次导坑的矸石崩落在下层导坑里代替脚手架。当墙全部砌完后就开始挑顶砌拱。挑顶由两侧向中央前进，拱部爆破时可将大部分矸石直接崩落到两侧导坑中，有利于采用机械出岩。如图 3-51 所示。

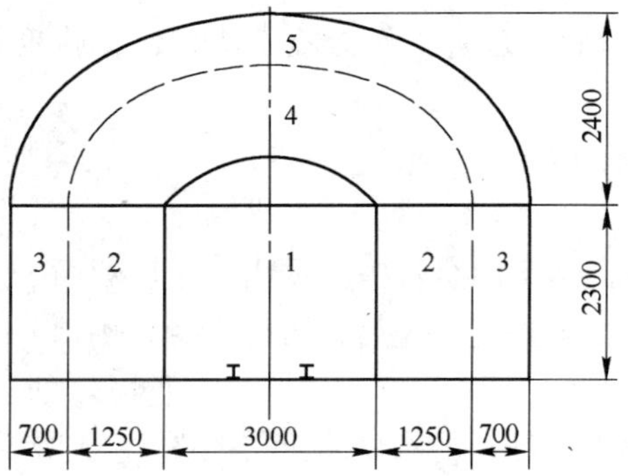

图 3-50　下导坑先墙后拱的开挖顺序图（单位：mm）

1—下导坑；2—扩帮；3—墙面光面层；4—拱部；5—拱部光面层

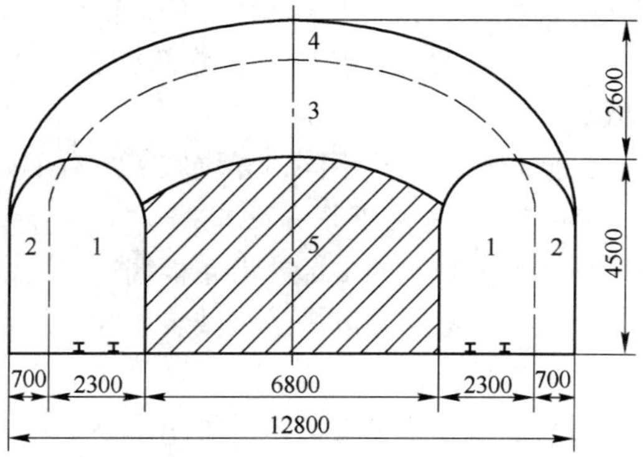

图 3-51　侧壁下导坑施工法（单位：mm）

1—两侧下导坑；2—墙部光面层；3—挑顶；4—拱部光面层；5—中心岩柱

拱部可用喷锚支护或砌混凝土，喷锚的顺序视顶板情况而定。拱部施工完后，再掘中间岩柱。这种施工方法在软岩中应用较广。

3.4.3.3　上下导坑施工法

上下导坑法原是开挖大断面隧道的施工方法，近年来随着光爆喷锚技术的应用，扩大了它的使用范围，在金属矿山高大硐室的施工中得到推广使用。

金山店铁矿地下粗破碎硐室掘进断面尺寸为 31.4m × 14.15m × 11.8m（长 × 宽 × 高），断面积为 154.9m。该硐室在施工中采用了上下导坑施工法，如图 3-52 所示。

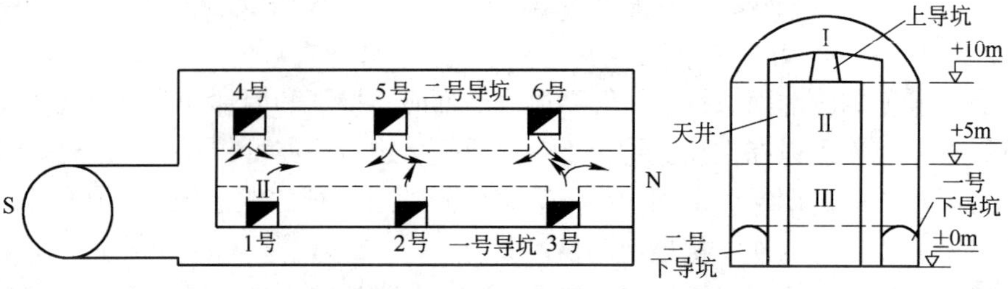

图 3-52　硐室开挖顺序及天井导坑布置

Ⅰ ~ Ⅲ—开挖顺序；1 号 ~ 6 号—天井编号

这种施工方法适用于中等稳定和稳定性较差的岩层，围岩不允许暴露时间过长或暴露面积过大的开挖跨度大、墙很高的大硐室，如地下破碎机硐室、大型提升机硐室等。

3.4.4　留矿法

留矿法是金属矿山采矿方法的一种。用留矿法采矿时，在采场中将矿石放出后剩下的矿房就相当于一个大硐室。因此，在金属矿山，当岩体稳定，硬度在中等以上（$f>8$），整体性好，无较大裂隙、断层的大断面硐室，可以采用浅孔留矿法施工。其施工方法如图 3-53 所示。

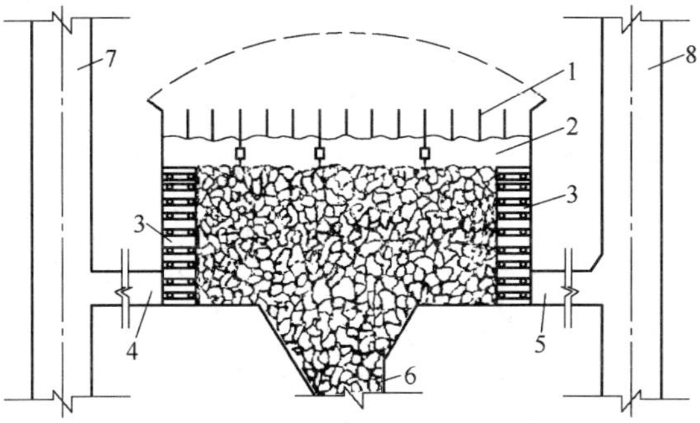

图 3-53　某铅锌矿粗碎硐室采用留矿法施工示意图

1—上向炮孔；2—作业空间；3—顺路天井；4—主井联络道；5—副井联络道；6—下部储矿仓；7—主井；8—副井

采用留矿法施工破碎硐室时，为解决行人、运输、通风等问题，应先掘出装载硐室、下部储矿仓和井筒与硐室的联络道。然后从联络道进入硐室，并以拉底方式沿硐室底板按全宽拉开上掘用的底槽，其高度为 1.8～2.0m。以后用上向凿岩机分层向上开凿，孔深 1.5～1.8m，炮眼间距为 0.8m×0.6m 或 1.0m×0.8m，掏槽以楔形长条状布置在每层的中间。爆破后的岩渣，经下部储矿仓通过漏斗放出一部分，但仍保持渣面与顶板间距为 1.8～2.0m，以利继续凿岩、爆破作业，直至掘至硐室顶板为止。为了避免漏斗的堵塞，应控制爆破块度，大块应及时处理。顺路天井与联络道用于上下人员、材料并用于通风。使用留矿法开挖硐室的掘进顺序是自下而上，但进行喷锚支护的顺序则是自上而下先拱后墙，凿岩和喷射工作均以渣堆为工作台。当硐室上掘到设计高度，符合设计规格后，用渣堆作工作台进行拱部的喷锚支护。在拱顶支护后，利用分层降低渣堆面的形式，自上而下逐层进行边墙的喷锚支护。这样随着边墙支护的完成，硐室中的岩渣也就通过漏斗放完。如果边墙不需要支护，硐室中的岩渣便可一次放出，但在放渣过程中需将四周边墙的松石处理干净，以保证安全。

留矿法开挖硐室的主要优点是工艺简单、辅助工程量小、作业面宽敞、可布置多台凿岩机同时作业、工效高。我国金属矿山利用此法施工大型硐室已取得了成功的经验，但该法受到地质条件的限制，岩层不稳定时不宜使用。同时，要求底部最好有漏斗装车的条件，比如粗碎硐室的下部储矿仓。因此此法应用不如导坑法广泛。

4 提升运输技术

4.1 开拓方法

4.1.1 竖井开拓法

主要开拓巷道采用竖井的开拓方法称竖井开拓法。当矿体倾角大于45°或小于15°，且埋藏较深时，常采用竖井开拓。由于竖井的提升能力较大，故常用于大中型矿井。竖井开拓法在矿床开采中被广泛采用。

竖井内的提升容器可以是罐笼或箕斗，或既有罐笼又有箕斗，这些井筒分别称为罐笼井、箕斗井和混合井。罐笼提升灵活性大，但生产能力低，箕斗井提升能力大，但不能提升人员和材料。装矿、卸矿系统复杂。一般认为，矿石年产量在30万吨以下，井深在300m左右时，采用罐笼提升；矿石年产量超过50万吨，深度大于300m时，通常采用箕斗提升；当开拓深度较大、地质条件复杂、施工困难时，为减少开拓工程量和适当减少井筒数目，可考虑采用混合井。

竖井根据其与矿体的位置的不同有下盘竖井、上盘竖井、侧翼竖井和穿过矿体的竖井四种。

4.1.1.1 下盘竖井开拓法

图4-1是位于矿体下盘岩石移动界线以外的下盘竖井开拓法。每个阶段从竖井向矿体开掘阶段石门通达矿体。这种开拓方法是竖井开拓中应用最多的方法。

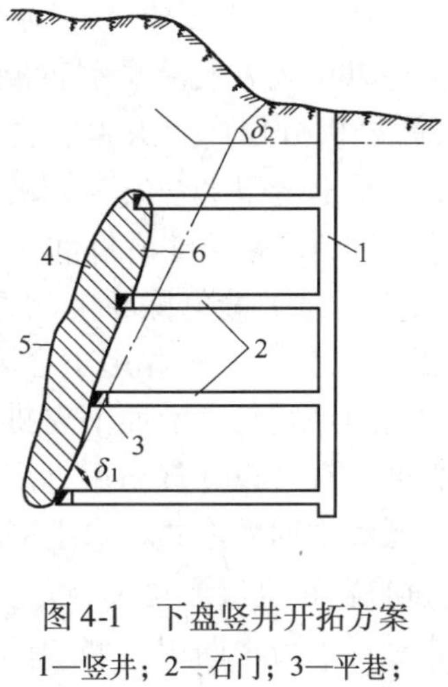

图4-1 下盘竖井开拓方案
1—竖井；2—石门；3—平巷；
4—矿体；5—上盘；6—下盘
δ_1—下盘岩石移动角；δ_2—表土移动角

下盘竖井井筒处于不受矿体开采影响的安全位置，不需留保护矿柱。其缺点是竖井越深，特别是矿体倾角较小时石门长度越大。

4.1.1.2 上盘竖井开拓法

图4-2是将竖井布置在矿体上盘岩石移动界线以外的上盘围岩中的上盘竖井开拓法。每个阶段从竖井向矿体开掘阶段石门，阶段石门穿过矿体后再在矿体或下盘岩石中开掘阶段运输平巷。

上盘竖井的缺点是一开始就要开掘很长的阶段石门，基建时间长，初期投资大。因此，上盘竖井开拓只有在下列条件下才考虑采用。

（1）地形特殊，下盘和侧翼难以布置工业场地。

（2）下盘围岩地质复杂，例如有大破碎带、溶洞、流沙层或涌水量很大的含水层等，无法布置工业场地。

（3）工业场地、选矿厂及外部运输线路都选在上盘方向，这样用上盘竖井在经济上可能是有利的。

4.1.1.3 侧翼竖井开拓法

侧翼竖井开拓法是将主竖井布置在矿体走向一端的端部围岩或下盘围岩中的开拓方法如图4-3所示，此时从竖井向矿体开掘阶段石门后只能单向掘进阶段运输平巷，故矿井的基建速度慢。侧翼竖井开拓一般在下列条件下采用：

（1）矿床的地质和地形条件只允许在侧翼布置竖井。

（2）矿体走向长度不大，地下运输费用的增加和开拓时间加长的缺点不突出。

（3）采用侧翼竖井时可使地下运输方向与地面运输方向一致，减少地面运输费用。

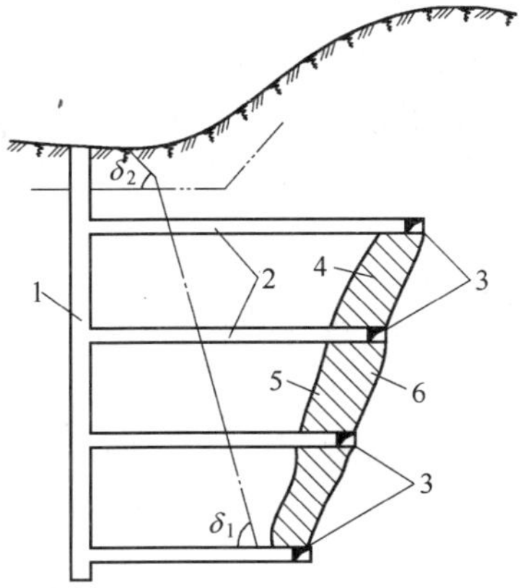

图4-2 上盘竖井开拓方案

1—竖井；2—石门；3—平巷；

4—矿体；5—上盘；6—下盘

δ_1—下盘岩石移动角；δ_2—表土移动角

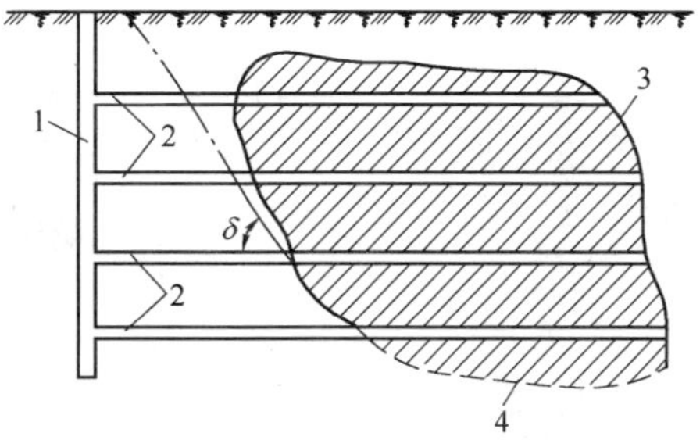

图4-3 侧翼竖井开拓方案

1—竖井；2—石门；3—矿体；4—地质储量界线

δ—端部岩石移动角

4.1.1.4 穿过矿体竖井开拓法

当矿体倾角很小，平面投影面积很大时，可采用竖井穿过矿体开拓法。若采用下盘竖井开拓，则石门长度非常长，如图4-4所示。采用竖井穿过矿体方案需留保安矿柱。当矿体埋藏深度不大，矿体倾角很缓时，保安矿柱矿量不大，矿石损失有限。例如在开采水平及缓倾斜矿体时较广泛采用这种方法。

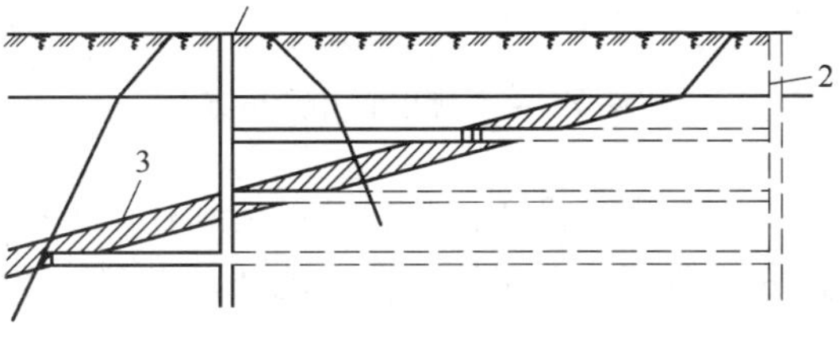

图4-4 穿过矿体的竖井开拓法

1—穿过矿体的竖井；2—下盘竖井井位；3—保安矿柱

4.1.2 斜井开拓法

用斜井作为主要开拓巷道的开拓方法称斜井开拓法。它主要适用于倾角15°~45°的矿体，埋藏深度不大，表土不厚的中小型矿山。但采用胶带运输机的斜井可适用于埋藏较深的大型矿井，且可实现自动化。斜井开拓与竖井开拓相比具有施工简便、投产快等优点，但开采深度及生产能力受提升能力限制，不能太大。

斜井根据所用的提升容器，对倾角有不同的要求：胶带运输机不大于18°，串车提升为25°~30°，箕斗和台车不小于30°。但是倾角大的斜井施工和铺轨都很复杂，一般使用很少。斜井按其与矿体的相对位置，可分为下盘、脉内、侧翼三种。

4.1.2.1 脉内斜井开拓法

脉内斜井开拓是将斜井开掘在矿体内靠近底板的位置上。如图4-5、图4-6所示。它适用于矿体倾角稳定、底板起伏不大、矿体厚度不大的缓倾斜矿体。斜井不应该通过较大的断层。

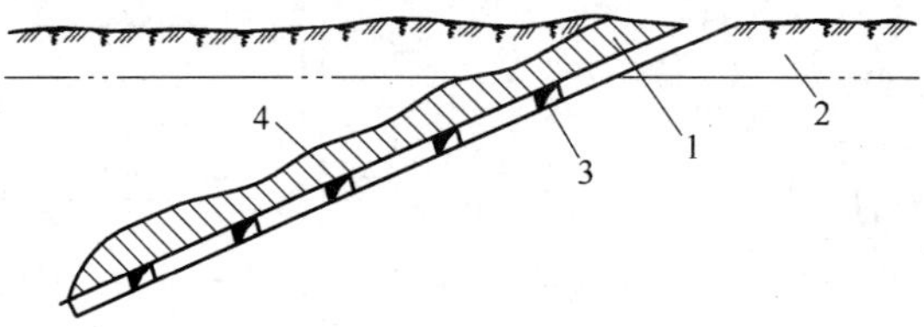

图4-5 脉内斜井开拓法

1—脉内斜井；2—表土层；3—阶段平巷；4—矿体

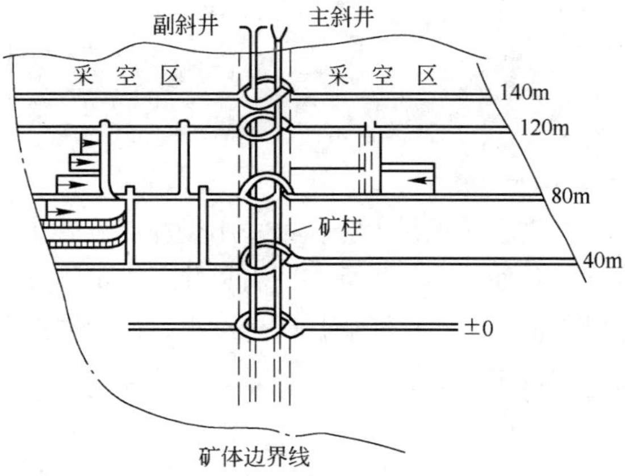

图4-6 某矿脉内斜井开拓方案

该方法的优点是开拓工程量小、投产快，斜井可起到补充勘探作用，又可获得副产矿石。其缺点是必须在斜井的两侧留井筒保护矿柱，此外，当矿体倾角发生变化时，影响提升工作。

图4-6是某铝土矿用串车提升的脉内斜井开拓方案实例。该矿系中小型矿山，矿体倾角为13°~18°，采用串车提升。脉内斜井开拓一般在下列情况下才考虑采用：

（1）矿石价值不高的薄矿体。

（2）矿石稳固，下盘围岩不稳固，下盘斜井维护困难时。

（3）矿井急需在短期内投产。

（4）想要借助斜井进行补充勘探时。

4.1.2.2 下盘斜井开拓法

图4-7是将斜井布置在矿体下盘围岩中的下盘斜井开拓法。斜井通过阶段石门与矿体联系。石门长度视围岩稳固程度确定，要求斜井上部矿体开采时产生的矿山压力不致影响斜井的维护为宜，一般不小于5m。考虑这段距离时，还应该考虑到斜井车场布置时与阶段运输平巷相连所需的距离。

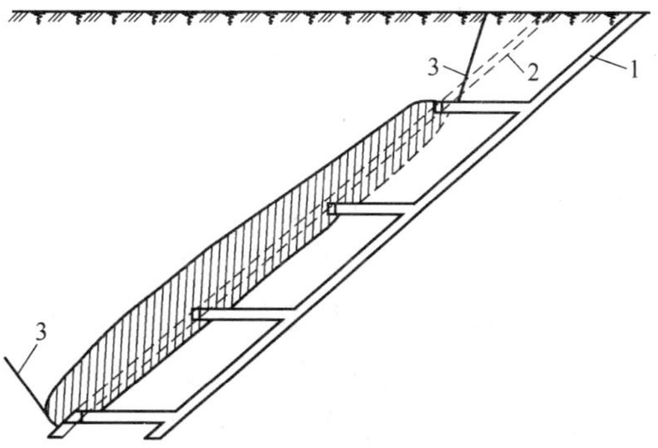

图4-7 下盘斜井开拓法
1—主斜井；2—矿体侧翼辅助斜井；
3—岩石移动界线

当矿体倾角小于或等于所选用的提升容器要求的极限倾角时，斜井倾角与矿体倾角相同，反之，斜井必须成伪倾斜开掘，如图4-8所示。

伪倾斜斜井倾角γ，矿体倾角α，伪倾斜斜井水平投影与走向线的夹角β，如图4-9所示，三者关系式为

$$\tan\gamma = \sin\beta \times \tan\alpha$$

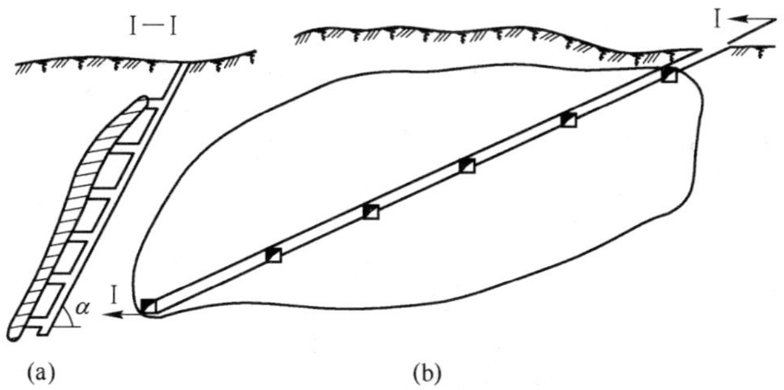

图4-8 伪倾斜斜井开拓示意图
（a）垂直走向投影图；（b）沿走向投影图

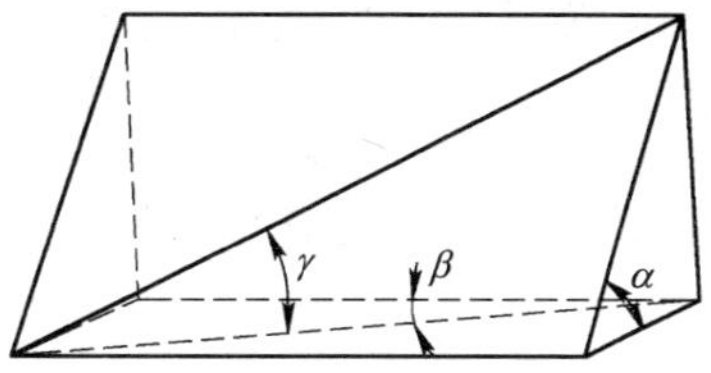

图4-9 伪倾斜角与倾斜角关系图

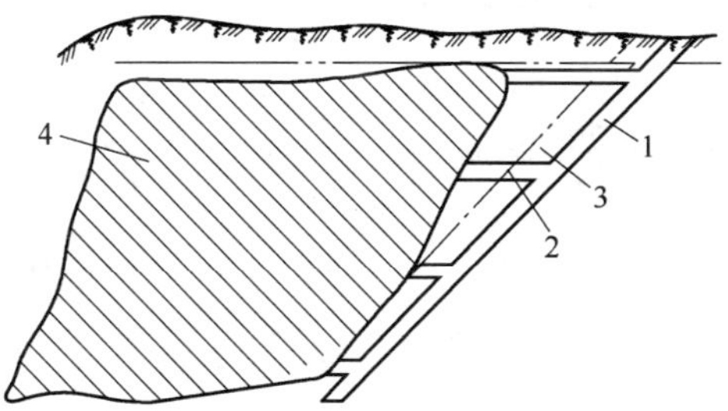

图4-10 侧翼斜井开拓法
1—斜井；2—石门；3—矿体侧翼岩石移动界线；4—矿体

4.1.2.3 侧翼斜井开拓法

图4-10是将斜井布置在矿体侧翼端部岩石移动界线以外的侧翼斜井开拓法，这种开拓方法主要是用于矿体受地形或地质构造的限制，无法在矿体的其他部位布置斜井时；特别是矿体走向不大时，侧翼式开拓有可能减少运输费用和开拓费用。

胶带运输机斜井开拓在我国有应用，最大长度已达800m以上。

4.1.3 平硐开拓法

以平硐为主要开拓巷道的开拓方法称为平硐开拓法。平硐开拓法只能开拓地表侵蚀基准面以上的矿体或部分矿体。矿体赋存高度较大时，可以采用多个平硐开拓，一般最低的平硐称为主平硐。它担负上部各阶段矿石的集中运输任务，上部各阶段的矿石都通过溜井（个别矿用地表明溜槽）溜放到主平硐。上部各阶段可以与地面贯通，也可不贯通，但为了施工、排废石和通风方便，多数矿山都与地表贯通。

主平硐与上部各阶段间人员、材料和设备的运送，有时通过辅助井筒（竖井、斜井、盲竖井、盲斜井）提升，有时也通过地面公路连通上部各平硐口。

平硐开拓法在我国矿山中应用较广，主平硐最长的有达7000多米。这类长平硐开拓时，为缩短基建时间，常采取在平硐的中部位置开掘措施（斜、竖）井的办法进行多头掘进。

平硐开拓法具有施工简单、速度快、无需开掘井底车场，以及不要提升、排水设备等。主要优点，凡具备平硐开拓条件的矿山一般都优先选用平硐开拓法。

平硐开拓法视平硐与矿体的相对位置关系有穿脉平硐开拓法和沿脉平硐开拓法。这主要是取决于外部运输及工业场地与矿体联系的方便程度。

4.1.3.1 穿脉平硐开拓法

主平硐与矿体垂直或斜交的平硐称穿脉平硐。根据平硐进入矿体时所在的位置，可分下盘穿脉平硐和上盘穿脉平硐两类。

图4-11为下盘穿脉平硐开拓示意图。主平硐1开掘在598m水平，阶段高度40m，主平硐以上各阶段的矿石通过主溜井2溜放至主平硐，由电机车牵引矿车运至选矿厂。主平硐与各阶段之间由辅助竖井3连通，以解决人员、材料及设备的上下。

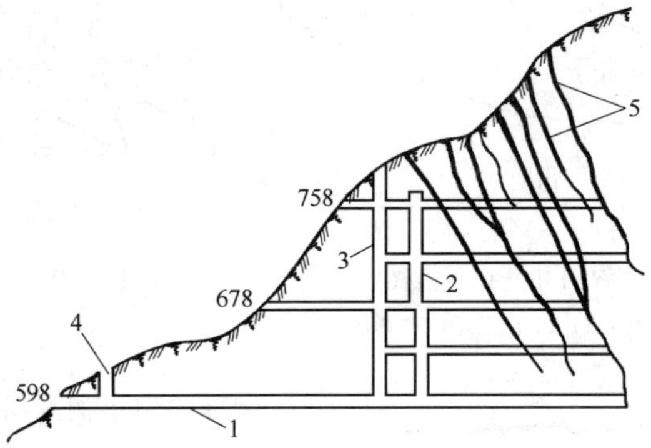

图4-11 下盘穿脉平硐开拓方案

1—主平硐；2—主溜井；3—辅助竖井；4—入风井；5—矿脉

图4-12为上盘穿脉平硐开拓。主平硐从矿体上盘进入矿体。为使其不受下部矿体开采时岩层移动的影响，开采平硐下部的矿体时，需要留保安矿柱。

4.1.3.2 沿脉平硐开拓法

平硐开掘方向与矿体走向平行的平硐称沿脉平硐。根据其所在位置，可分为脉外平硐和脉内平硐两类。

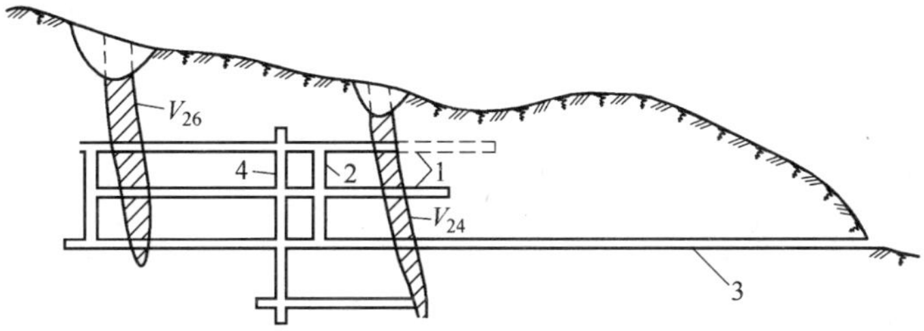

图 4-12 上盘穿脉平硐开拓方案

1—阶段平巷；2—溜井；3—主平硐；4—辅助盲竖井

图 4-13 为下盘脉外沿脉平硐开拓。根据地形和工业场地的条件，采用沿脉平硐开拓工程量最小，因为沿脉平硐实质上就是阶段运输平巷。

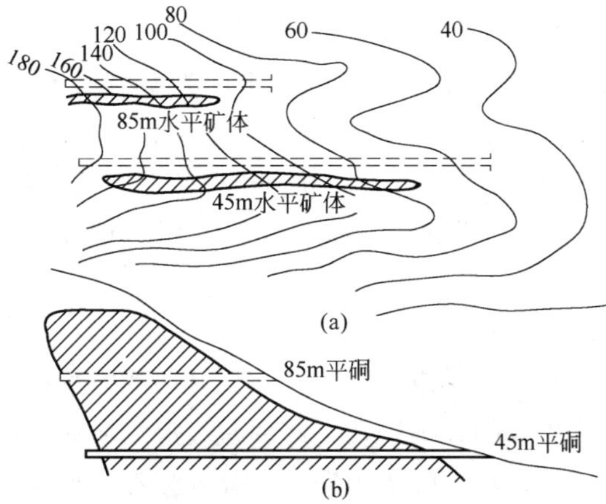

图 4-13 下盘沿脉平硐开拓方案

（a）坑内外对照图；（b）纵投影图

图 4-14 为脉内沿脉平硐开拓。主平硐及各阶段平硐都开掘在矿体内。上阶段矿石

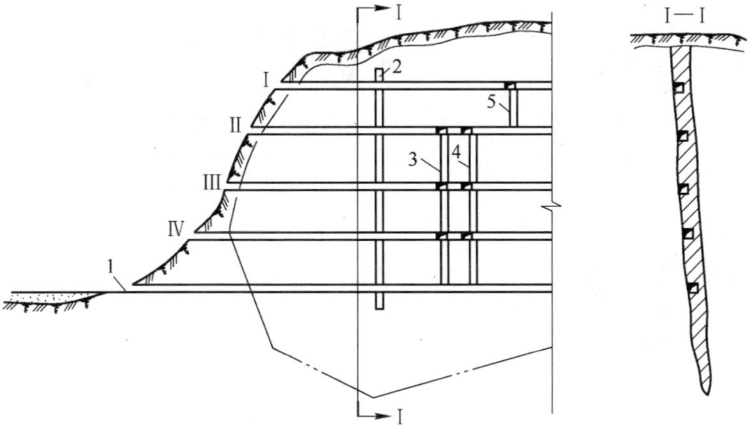

图 4-14 脉内沿脉平硐开拓法

Ⅰ，Ⅱ，Ⅲ，Ⅳ—上部阶段平硐

1—主平硐；2—辅助盲竖井；3，4—主溜井；5—溜井

分别通过溜井3、4、5溜放到主平硐1。人员、设备和材料升降由辅助盲竖井2担负。

这种开拓方法具有投资少、出矿快、并可起到勘探作用，所以多为小型矿山所采用。

4.1.4 斜坡道开拓法

近几十年来，以铲运机为代表的地下无轨采矿设备广泛使用。铲运机集铲装、运输、卸载三功能于一体，不需经过中转环节，因而工作简单、效率高、产量大。特别是大型地下自卸汽车的广泛应用。斜坡道就是适应无轨设备通行而产生的。

斜坡道是一种行走无轨设备的倾斜巷道。用斜坡道作为主要开拓巷道的开拓方法称斜坡道开拓法。斜坡道一般宽4～8m，高3～5m，坡度为10%～15%。使用大型设备时斜坡道弯道半径大于20m，使用中小型设备时大于10m。路面结构根据其服务年限可以是混凝土路面或碎石路面。斜坡道开拓适用于开采大型或特大型的矿体；斜坡道形式有螺旋式和折返式两种。

图4-15为螺旋式斜坡道结构图，它的几何图形是圆柱螺旋线或圆锥螺旋线。其优点是开拓工程量小，但施工困难，行车时司机视距小安全性差。图4-16为下盘沿走向折返式斜坡道开拓示意图，它是由直线段和曲线段（折返段）联合组成的，直线段变换高程，曲线段变换方向。直线段坡度一般不大于15%，曲线段近似水平。其优缺点与螺旋式相反。

4.1.5 联合开拓法

采用两种或两种以上的主要开拓巷道联合开拓一个井田的方法称联合开拓法。

用平硐开拓时，平硐以下矿体的开拓以及某些埋藏较深的矿床，或者生产矿井深部发现新矿体时，限于提升力的关系，对深部矿体采用盲井开拓都可构成联合开拓。

联合开拓法根据井筒类型的不同可分为：平硐与盲井（盲竖井、盲斜井）联合开拓法；竖井与盲井（盲竖井、盲斜井）联合开拓法；斜井与盲井（盲竖井、盲斜井）联合开拓法；斜坡道联合开拓。

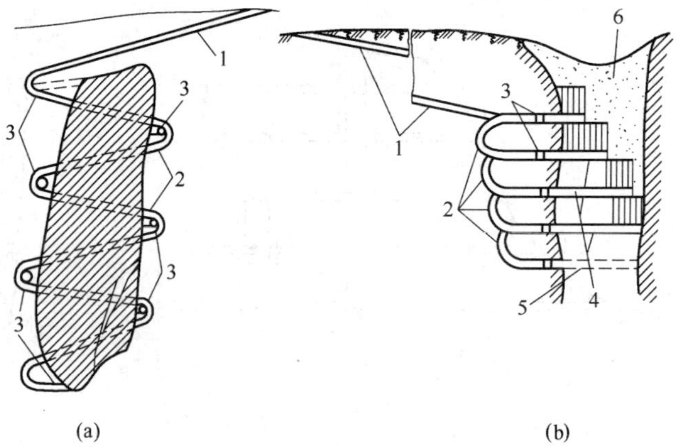

图4-15　螺旋斜坡道开拓法

（a）环绕柱状矿体螺旋道开拓；（b）下盘螺旋道

1—斜坡道直线段；2—螺旋斜坡道；3—阶段石门；4—回采巷道；5—掘进中巷道；6—崩落覆岩

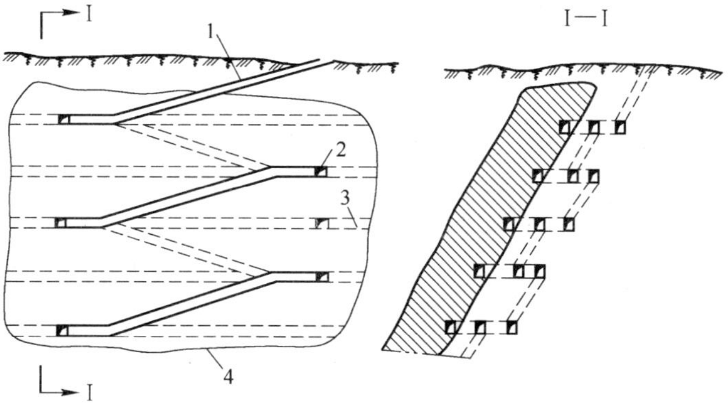

图 4-16 折返式斜坡道开拓法

1—斜坡道；2—石门；3—阶段运输巷道；4—矿体沿走向投影

4.1.5.1 平硐与盲井（盲竖井、盲斜井）联合开拓法

图 4-17 表示一个地平面以上矿体采用平硐开拓，平硐以下矿体采用盲竖井或斜井开拓的平硐与盲井联合开拓法。受地形限制，采用盲井开拓，下部矿体可以大幅度减少石门长度，但是增加了提升系统，加大了工程量和运输的转运环节。一般应用在下列条件：

（1）矿体部分赋存在地平面以上，部分赋存在地平面以下；上部采用平硐溜井开拓法，采用平硐与盲井（盲竖井、盲斜井）联合开拓法开拓地平面以下的矿体。

（2）矿体全部赋存在地平面以下，但地表地形限制不能开掘明竖井或明斜井，故采用平硐与盲井（盲竖井、盲斜井）联合开拓法开拓地平面以下的矿体。

4.1.5.2 竖井与盲井（盲竖井、盲斜井）联合开拓法

一般在下述情况下应考虑用竖井与盲竖井或盲斜井联合开拓：

（1）矿体埋藏深度较大，或者井田深部发现了新矿体，现有井筒在深部开拓对提升能力不能满足要求时。

（2）矿体深部倾角显著改变，或石门长度大大增加时。

图 4-18 为竖井与盲竖井的联合开拓法。上部矿体采用明竖井 1 开拓，深部开拓用多段盲竖井 2。明井开拓深度取决于单井最大提升能力，可达 1200 ~ 2000m。盲井开拓深度为 600 ~ 1200m。深部采用多段盲井开拓可加大提升能力，缩短石门长度。

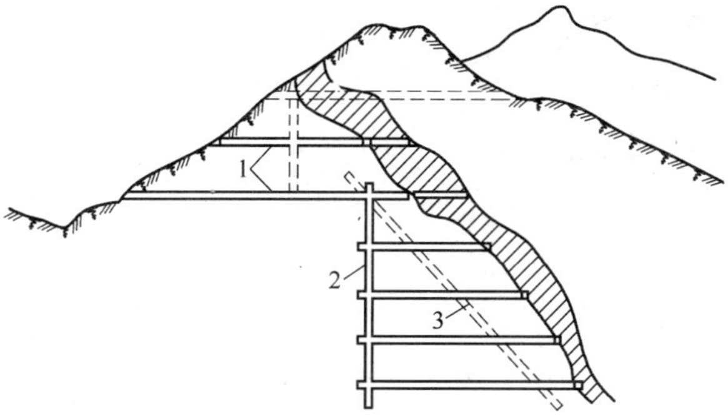

图 4-17 平硐与盲竖井联合开拓法

1—主平硐；2—盲竖井；3—盲斜井井位

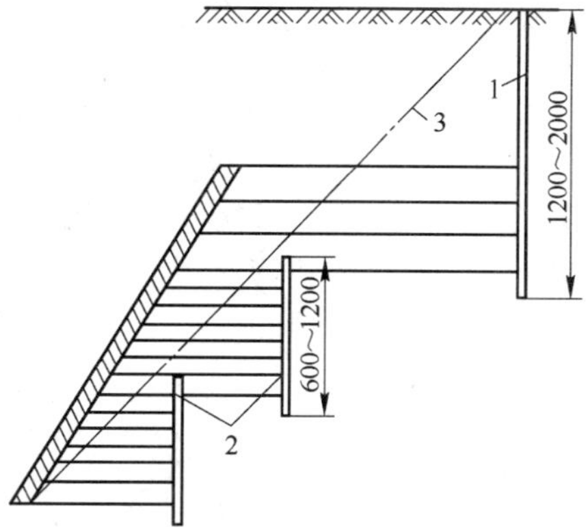

图 4-18 竖井与盲竖井的联合开拓法

1—竖井；2—盲竖井；3—下盘移动线

倾斜与缓倾斜矿体深部的开拓可采用上盘明竖井与下盘盲斜井联合开拓，如图 4-19 所示。

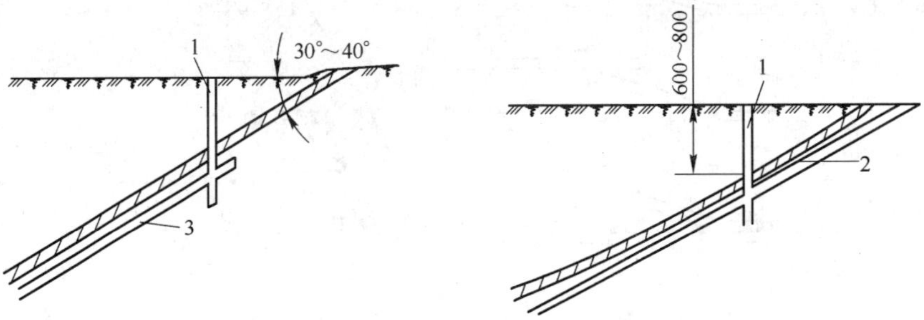

图 4-19 竖井与盲斜井联合开拓

（a）竖井盲斜井开拓；（b）斜井竖井开拓

1—上盘明竖井；2—明斜井；3—盲斜井

见图 4-19（a）600～800m 以上采用竖井开拓。竖井与矿体相交处的下部矿体采用下盘盲斜井开拓。出矿采用斜井、竖井两段提升。深部采用盲斜井开拓可缩短石门长度；见图 4-19（b）上部矿体采用明斜井开拓。当明斜井长度相当长时，掘进明竖井，将一段斜井提升改为斜井、竖井两段提升。

4.1.5.3 斜井与盲井（盲竖井、盲斜井）联合开拓法

斜井与盲井（盲竖井、盲斜井）联合开拓法的原因同竖井与盲井（盲竖井、盲斜井）联合开拓法相同。

图 4-20 是某铁矿采用上盘斜井与盲斜井开拓急倾矿体的实例。斜井倾角 11°～16°，采用多段皮带运输机提升。矿体厚 30～90m。矿体上部为疏干的湖底，地形起伏很大，难以布置主井和工业场地。辅助竖井位于疏干的小岛上。皮带运输机总长近 1800m，皮带速度 2.03m/s，皮带运输机运输能力 400t/h。矿山年产量 250 万吨。

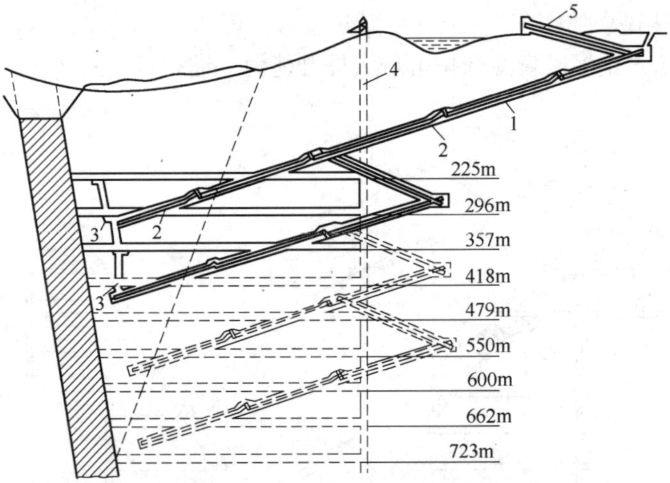

图 4-20 斜井与盲斜井联合开拓法

1—斜井；2—皮带运输机；3—地下破碎装载机组硐室；4—辅助竖井；5—皮带走廊

4.1.5.4 斜坡道联合开拓法

斜坡道联合开拓法就是以斜坡道作为主井或副井与其他开拓巷道斜坡道联合开拓矿体的方法。

图 4-21 上部矿体采用竖井开拓，下部矿体采用折返斜坡道开拓。斜坡道可采用自行设备运输，也可采用带式运输机。

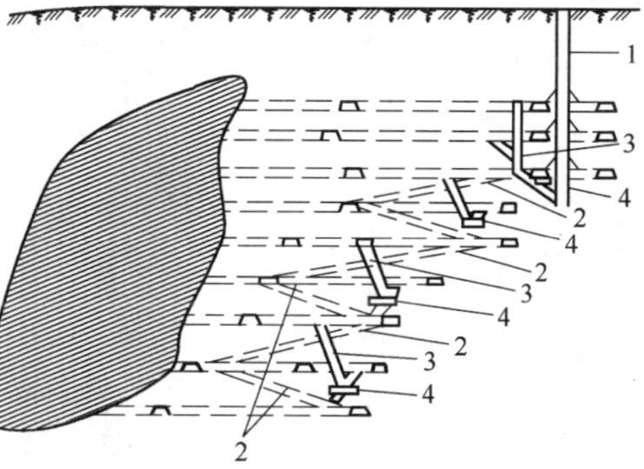

图 4-21 竖井斜坡道联合开拓法

1—竖井；2—折返式斜坡道；3—溜井；4—破碎装载机组硐室

4.2 竖井提升

4.2.1 竖井提升方式

矿井提升的任务是提升矿石、废石，升降人员、材料及设备。矿井提升设备由提升容器、提升钢丝绳，提升机、天轮、井架、装卸载装置组成。

目前，金属矿山井筒倾角为90°的竖井，如图 4-22 所示，采取的提升方式有罐笼提升和箕斗提升。其中罐笼提升是一种间接提升方式，它是将需要提升的货物装入某个固定的容器（矿车）内，然后将容器装入罐笼内提升到地表。箕斗提升是一种直接提升方式，是将需要提升的货物直接装入箕斗，然后提升到地表。

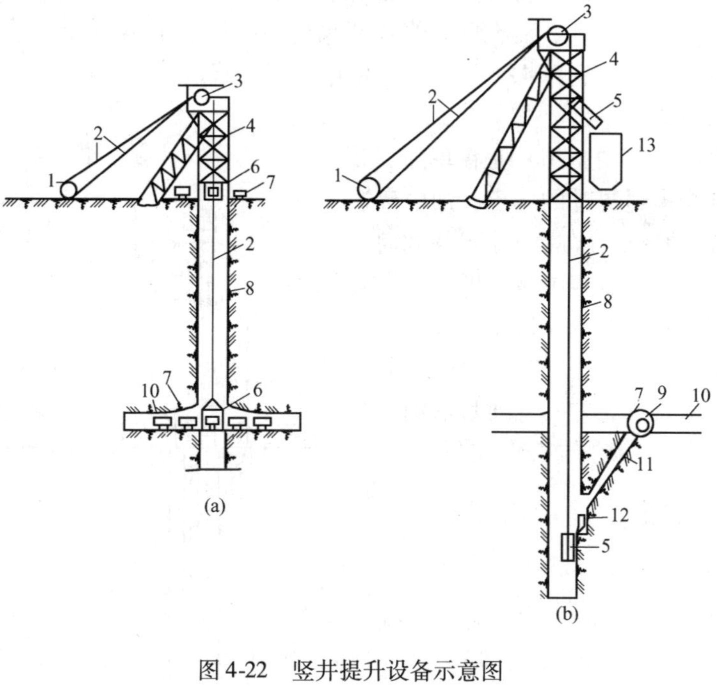

图 4-22 竖井提升设备示意图

（a）罐笼提升设备；（b）箕斗提升设备

1—提升机；2—钢丝绳；3—天轮；4—井架；5—箕斗；6—罐笼；7—矿车；8—井筒；9—卸矿硐室；10—井底车场；11—矿仓；12—计量装置；13—地面矿仓

矿井提升机有单绳缠绕式提升机和多绳摩擦式提升机。单绳缠绕式提升机目前为我国普遍使用的提升机，多为圆筒形双卷筒提升机。单绳缠绕式提升机工作原理如图 4-23（a）所示。当电动机经过减速器带动卷筒旋转时，使两条钢丝绳分别在卷筒上缠绳和松绳（因两绳

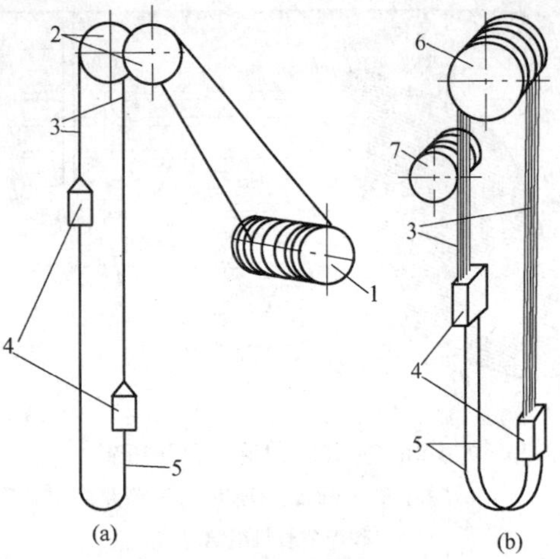

图 4-23 提升机工作原理示意图
（a）单绳缠绕式；（b）多绳摩擦式
1—卷筒；2—天轮；3—钢丝绳；4—提升容器；
5—平衡尾绳；6—主导轮；7—导向轮

在卷筒上缠绕方向相反），从而使钢丝绳另一端的提升容器一个上升，一个下降，如此往复地进行工作。

随着开采深度的不断增加，多绳摩擦式提升机得到推广。多绳摩擦式提升机工作原理如图 4-23（b）所示。钢丝绳不是固定和缠绕在主导轮上，而是搭放在主导轮的摩擦衬垫上，提升容器悬挂在钢丝绳的两端。当电动机通过减速器带动主导轮转动时，钢丝绳和摩擦衬垫之间便产生很大的摩擦力，使钢丝绳在这种摩擦力的作用下，跟随主导轮一起运动，从而实现容器的提升和下放。

目前常用的多绳摩擦式提升机一般为四绳或六绳，由于钢绳数增多，每根钢绳的直径较单绳大大减小，卷筒直径也相应减小，并且钢绳是搭在卷筒上，提升高度不受卷筒直径和宽度的限制，故特别适用于深井提升。

多绳摩擦式提升机具有运行安全、设备简单、重量轻等一系列优点，但是，目前多绳摩擦轮提升机大多为井塔式，需在井口修建高大的井塔如图 4-24 所示，使基建费用增大，为克服这一缺点、增大多绳摩擦式提升机的使用范围、落地式多绳摩擦轮提升机的使用将日益增加，如图 4-25 所示。

悬挂提升系统（见图 4-26）是在单绳提升系统的基础上结合多绳提升的优点，加以改造而形成的新型提升系统。解决的是竖井井筒延深所带来的静张力不足，容绳量不够，主绳安全系数不足，只能更换提升系统的问题。据不精确的计算，主提升绳直径可缩小原来的 1. 35 倍，提升高度可提高 30% 左右，而且取消了惯用的防坠器，使提升系统更加安全可靠。

4. 2. 2 竖井提升设备

4. 2. 2. 1 罐笼

罐笼是一种多用途的提升容器，它既可提升矿石，也可以提升废石、升降人员、运送材料及设备等。

罐笼主要用于副井提升，也可用于小型矿井的主井提升。

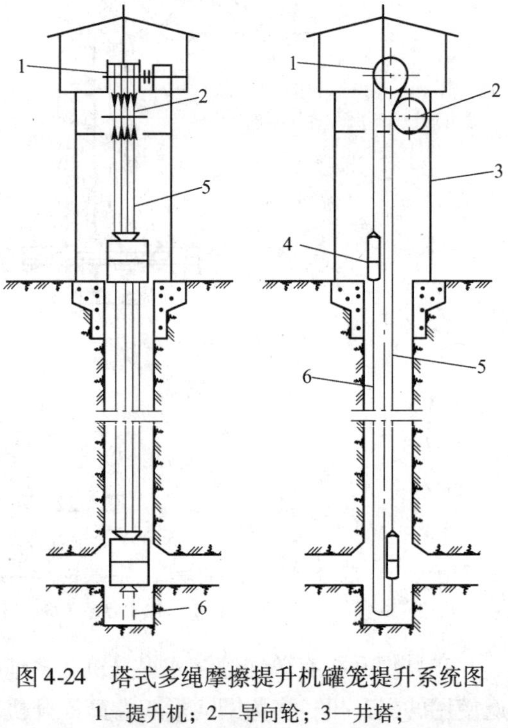

图 4-24 塔式多绳摩擦提升机罐笼提升系统图
1—提升机；2—导向轮；3—井塔；
4—罐笼；5—钢丝绳；6—尾绳

我国金属矿山罐笼标准底盘尺寸分别为 1 号罐笼 1300mm × 980mm，2 号罐笼 1800mm × 1150mm，3 号罐笼 2200mm × 1350mm，4 号罐

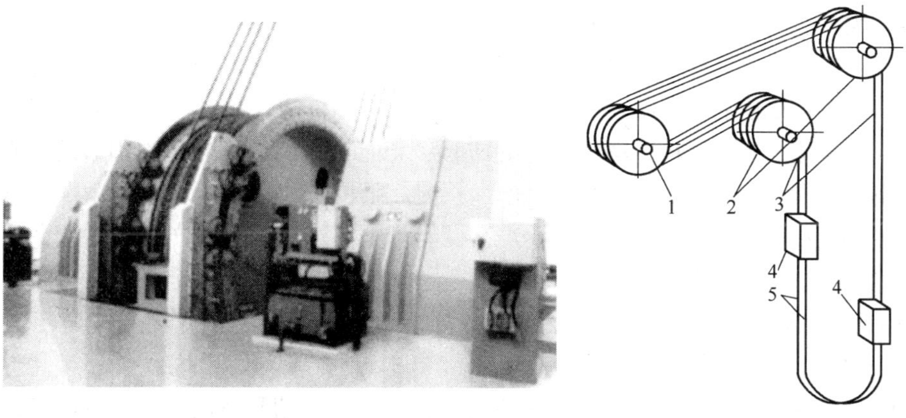

(a)　　　　(b)

图 4-25　落地式多绳摩擦提升图

（a）多绳摩擦提升机实物图；（b）多绳摩擦提升机示意图

1—摩擦轮；2—天轮；3—钢丝绳；4—箕斗或平衡锤；5—尾绳

笼 3300mm × 1450mm，5 号罐笼 4000mm × 1450mm，6 号罐笼 4000mm × 1800mm。

A　罐笼结构

罐笼主要由罐体、连接（悬挂）装置、导向装置、防坠落装置等组成，并配有承接装置，如图 4-27 是双层罐笼实物图。

（1）罐体。罐体是由槽钢、角钢等构件焊接或铆接的金属框架，其两侧焊有带孔的钢板，上面设有扶手，以供升降人员之用。罐底设坚固的无孔钢板。为避免矿车在罐内移动，在罐底装有阻车器（罐挡）。罐笼顶部设有可打开的顶盖门，以便装入长材料。罐笼两端装设罐门或罐帘。

（2）防坠落装置。升降人员的单绳提升罐笼必须装设安全可靠的防坠器。木罐道罐笼

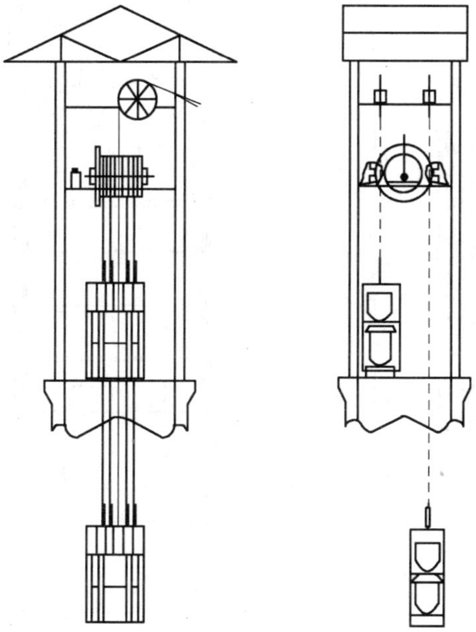

图 4-26　悬挂提升示意图

图 4-27　双层罐笼实物图

采用 YM 型防坠器。钢丝绳罐道采用 YS 型、GS 型、BF 型、FS 型防坠器。

（3）连接装置。又称悬挂装置，是指钢丝绳与提升容器之间的连接器具。一般采用双面夹紧自动调位楔形绳卡连接装置，其结构为：两块侧板用螺栓连接在一起，钢丝绳绕装在楔块上，当钢丝绳拉紧时，楔块挤进由梯形铁（能自动调位）与侧板构成的楔壳内，将钢丝绳两边卡紧。吊环和孔用来调整钢丝绳长度。限位板在拉紧钢丝绳后用螺栓拧紧，以阻止楔块松脱。其特点是：钢丝绳直线进入，能防止在最危险部分产生附加弯曲应力，可减少断丝现象，延长钢丝绳使用寿命；双面夹紧具有较大的楔紧安全系数，可防止钢丝绳因载荷的变化在楔面上产生的滑动及磨损；自动调位结构能使钢丝绳上夹紧压力分布均匀；且其长度较短，可减少容器的总高度。

（4）导向装置。罐笼的导向装置一般称为罐耳，有滑动和滚动两种。罐笼借助罐耳沿着装在井筒中的罐道运动。与罐道配合，使提升容器在井筒中稳定运行，防止其发生扭转或摆动。罐道有木质、金属（钢轨和型钢组合）、钢丝绳 3 种。钢丝绳罐道具有结构简单、节省钢材、通风阻力小、便于安装、维护简便等优点，已经获得越来越广泛的使用。

罐体结构如图 4-28 所示，一般由骨架、侧板、罐顶、罐底及轨道等组成。罐笼顶部

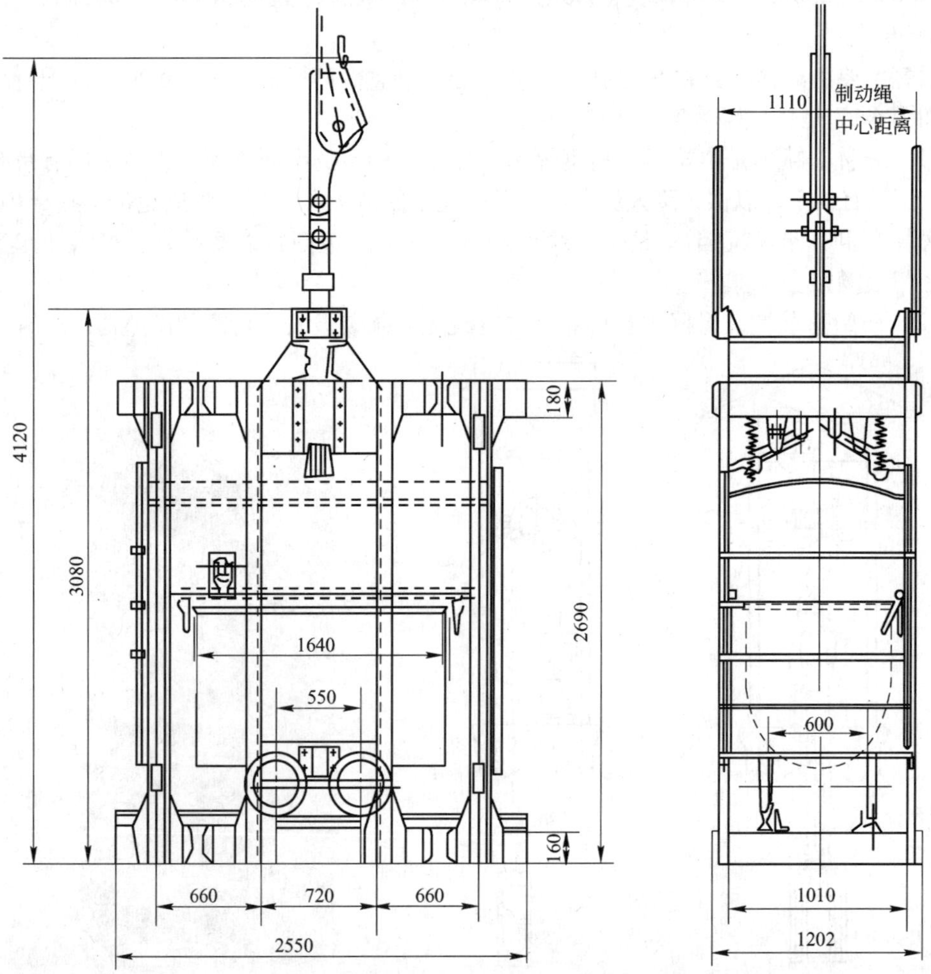

图 4-28 常见罐笼结构简图（单位：mm）

设有半圆弧形的淋水棚和可以打开的罐盖，以便运送长材料时用，一般罐笼两端设有帘式罐门，以保证提升人员时的安全。

B 罐笼防坠装置

罐笼防坠装置也叫防坠器，是在提升容器因钢丝绳、连接装置等断裂发生意外事故时，能使提升容器立即卡在罐道上而不坠落的装置。防坠器的形式与罐道类型有关。目前广泛采用的是制动绳防坠器。

为保证生产及人员的安全，升降人员或升降人员和物料的单绳提升罐笼必须装设可靠的防坠器。当提升钢丝绳或连接装置万一被拉断时，防坠器可使罐笼平稳地支承在井筒中的罐道（或制动绳）上，而不致坠落井底，防坠器必须保证在任何条件下都能制动住断绳下坠的罐笼，动作应迅速而又平稳可靠。罐笼的最大允许减速度、减速延续时间、防坠器动作的空行程时间、罐笼制动距离等必须符合具体规定，保证制动罐笼时人身的安全。

防坠器一般由开动机构、传动机构、抓捕机构和缓冲机构四部分组成。开动和传动机构一般是互相连接在一起，由断绳时自动开启的弹簧和杠杆系统组成；抓捕机构和缓冲机构在一般防坠器上是联合的工作机构，有的防坠器还装有单独的缓冲装置。

一般防坠器的类型可分为靠抓捕机构对罐道的切割插入阻力制动罐笼的切割式，靠抓捕机构和罐道之间的摩擦阻力制动罐笼的摩擦式，抓捕机构与支撑物（制动绳）之间无相对运动的定点抓捕式三种。

图 4-29 是木罐道防坠器工作原理图，弹簧 2 在正常状态下处于压缩形态，钢丝绳断裂时，弹簧 2 伸长通过传动装置，使杠杆 8 向上抬起，启动抓捕机构工作，使卡爪齿切入罐道。

图 4-30 是 FLS 型制动绳防坠器系统图，正常状态时，罐笼 9 沿钢丝绳相对运动，正常工作。

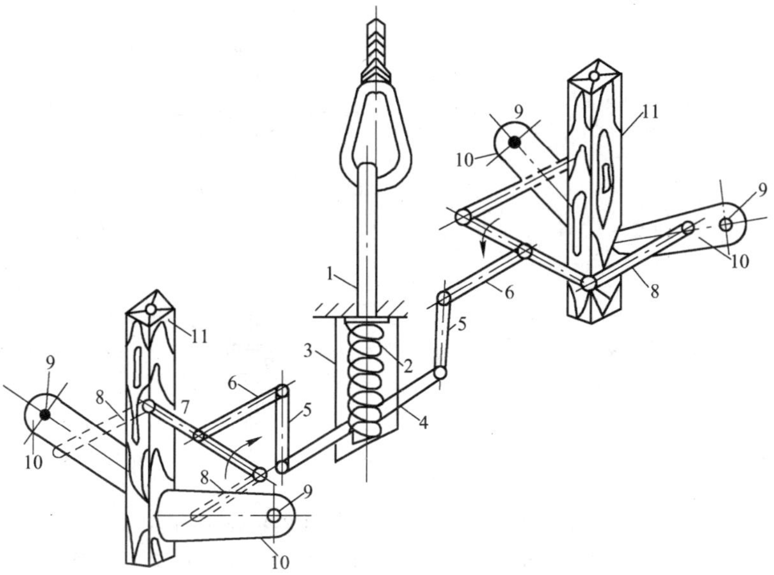

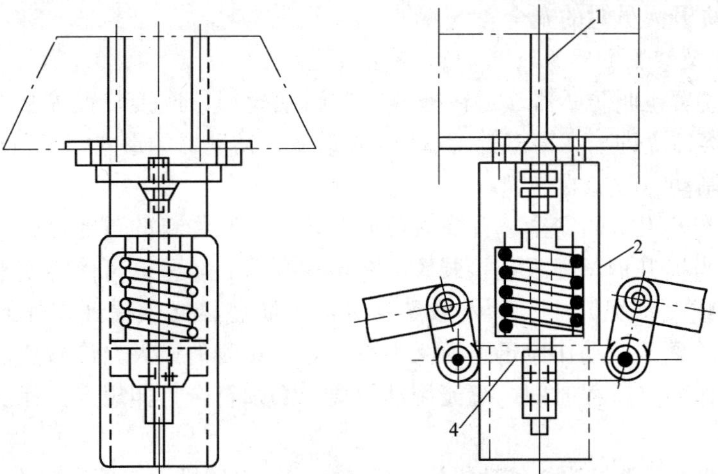

图 4-29 木罐道防坠器工作原理图

1—主拉杆；2—弹簧；3—圆筒；4，8—杠杆；5，6—传动连杆；7—杆；9—小轴；10—卡爪；11—木罐道

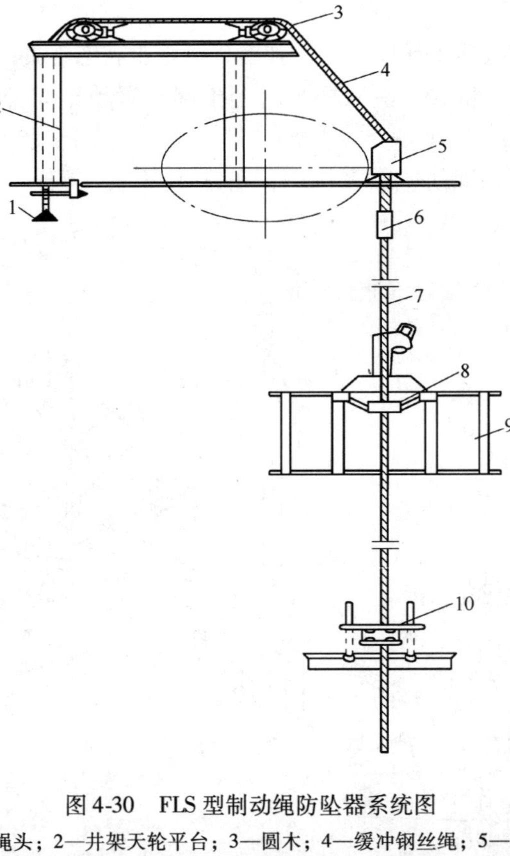

图 4-30 FLS 型制动绳防坠器系统图

1—合金绳头；2—井架天轮平台；3—圆木；4—缓冲钢丝绳；5—缓冲器；6—连接器；7—制动钢丝绳；8—抓捕器；9—罐笼；10—拉紧装置

图 4-31 是 FLS 型防坠器的抓捕器和传动装置，正常时弹簧 7 处于压缩形态，钢丝绳断裂时，弹簧伸长，传动系统使两个闸瓦卡住制动钢丝绳，完成防坠落任务。

发生断绳事故时。为了保证罐笼安全平稳地制动住，制动时减速度不过大，采用了缓冲器。其结构如图 4-32 所示，断绳时，抓捕器卡住制动钢丝绳，制动钢丝绳通过连接器

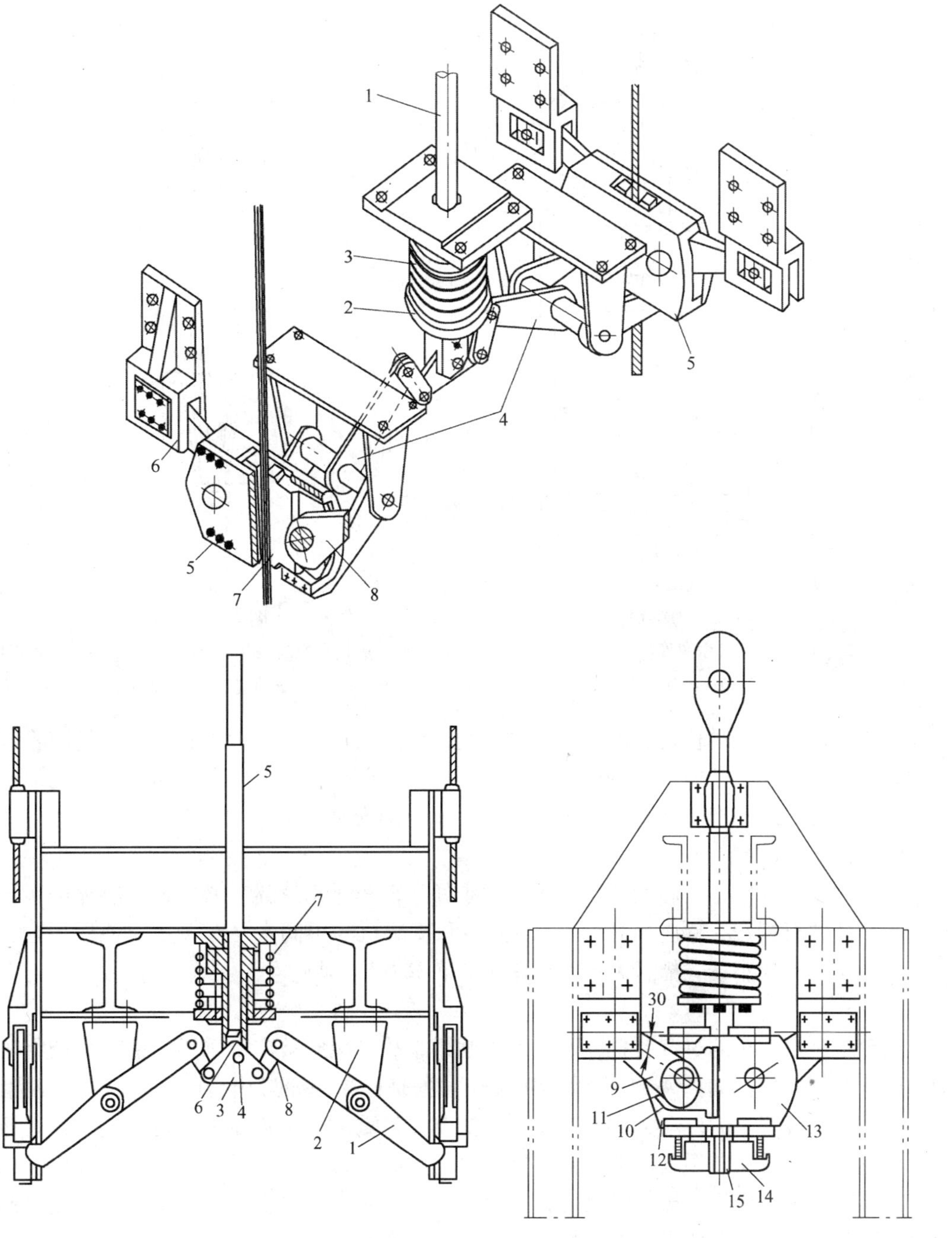

图 4-31　FLS 型防坠器的抓捕器和传动装置图

1—杠杆；2—支座；3—平衡板；4—小轴；5—拉杆；6—定位销；7—弹簧；8，14—连接板；9—偏心杠杆；10—闸瓦；11—偏心凸轮；12，13—侧板；15—导向套

拉动缓冲绳在缓冲器中作一定的移动，这时缓冲绳通过缓冲器时的弯曲变形和摩擦力及拉拔时所做的功，就可用来抵消下坠罐笼的动能，保证断绳后制动过程平稳。连接器作为制动钢丝绳与缓冲钢丝绳连接用。其结构如图4-33所示。

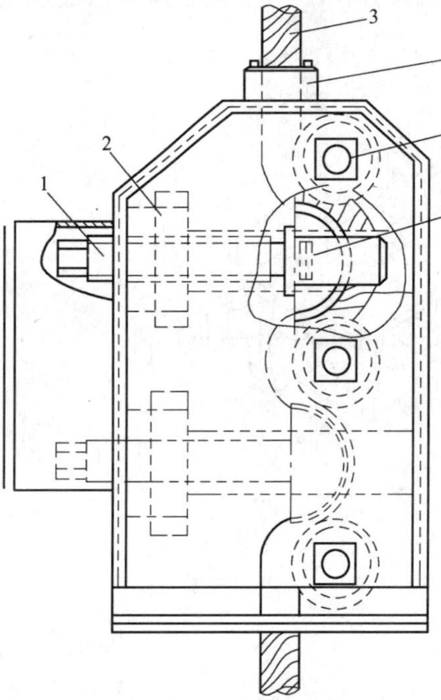

图4-32 缓冲器

1—调节螺栓；2—固定螺母；3—缓冲钢丝绳；4—密封；5—小轴；6—滑块

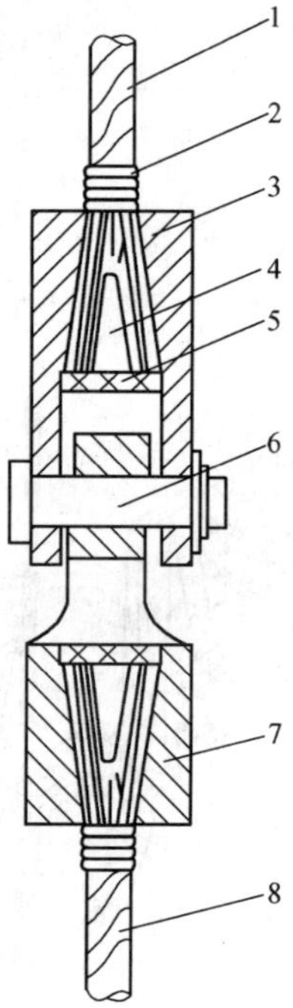

图4-33 连接器

1—缓冲钢丝绳；2—钢丝扎圈；3，7—上下锥形体；4—楔子；5—合金；6—销轴；8—制动钢丝绳

断绳后罐笼被制动住时，由于制动钢丝绳的变形，产生纵向弹性振动，罐笼将会有反复起跳现象。在第一个振动波传递到可断螺栓后，可断螺栓即被拉断，这时罐笼与制动钢丝绳同时升降，防止产生二次抓捕现象，保证了制动安全。

C 罐笼承接装置

在矿井中间水平、井底和井口车场，为了便于矿车进出罐笼，必须设置罐笼的承接装置。承接装置有摇台、罐座（托台）、承接梁和支罐机。中间水平车场规定使用摇台，承接梁只能用于井底车场，摇台和罐座可用于井底和井口车场。

a 摇台

摇台是进出矿车的过渡装置，不会发生墩罐事故，因此被广泛采用。摇台由能绕轴转动的两个摇臂组成。如图4-34所示。其操作过程是：当罐笼进出台时，气缸供气使滑台后退，作用在摇臂上的外动力与摇臂脱开，摇臂靠自重搭接在罐笼上进行承接工作。罐笼进出车完毕，气缸反向供气推动滑台前进，滚轮抬起，带动摆杆转一角度，摇臂抬起相应角度。其特点是动作快，操作时间短，缺点是摇臂搭接在罐笼上，当矿车进出罐笼时矿车会对罐笼产生冲击，使罐笼左右摇晃，造成矿车掉道。

b 承罐梁

承罐梁由一些木梁组成，是最原始的承接装置，它是无水窝井底承接方式。

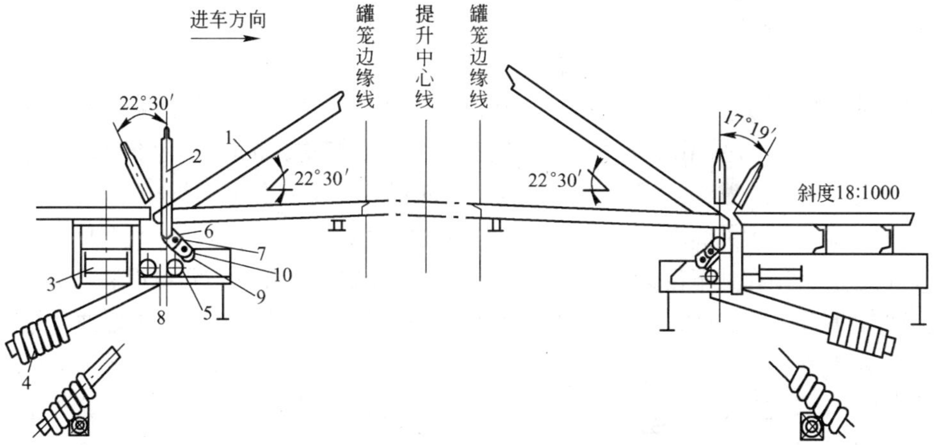

图 4-34 摇台

1—摇臂；2—手把；3—气缸；4—配重；5—轴；6—摆杆；7—销子；8—滑台；9—摆杆套；10—滚轮

承罐梁的优点是：构造简单，施工方便，投资最小。其缺点是：容易发生墩罐事故，故在用缠绕式提升机提升人员和用摩擦式提升机的矿井中，不采用承接梁。

c 支罐机

支罐机是新型承接装置，如图 4-35 所示。支罐机由液压油缸带动支托装置，支托装置承接罐笼的活动底盘使其上升和下降，以补偿提升钢丝绳长度的变化和停罐的误差。支罐机调节距离可达 1000mm。

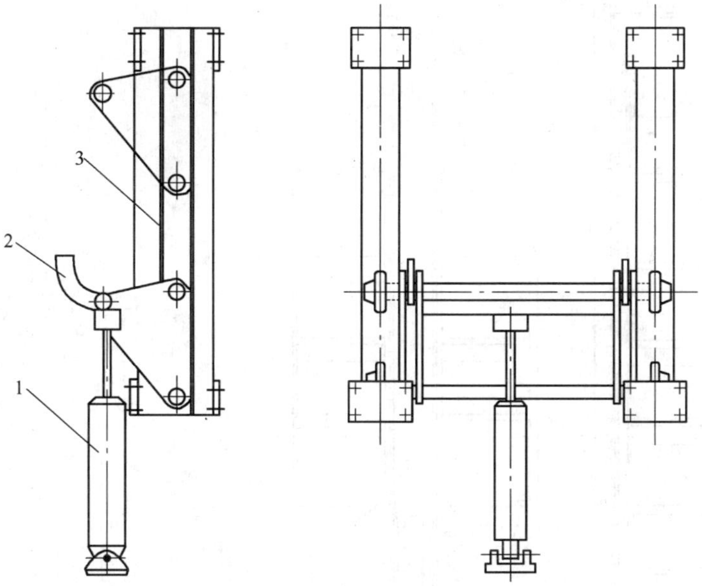

图 4-35 支罐机

1—液压油缸；2—支托装置；3—固定导轨

支罐机的优点是能准确地使用罐笼内轨道与车场固定轨道对接，进出矿车和人员方便，由于活动底盘是托在支罐机上，矿车进出平稳，提升钢丝绳不承担进出矿车时产生的附加载荷；另外，车场布置紧凑。其缺点是罐笼有活动底盘，使其结构复杂，还需增设液压动力装置。

4.2.2.2 竖井箕斗

箕斗是提升矿石或废石的单一容器。

箕斗按卸载方式分为底卸式、翻转式和侧卸式箕斗。竖井提升主要采用底卸式和翻转式，其中多绳提升一般采用底卸式，单绳提升可采用底卸式，也可采用翻转式。

与罐笼提升相比，箕斗的优点是其自重小，使提升机尺寸和电动机功率减小，效率高，井筒断面小，无需增大井筒断面就能在井下使用大尺寸矿车，箕斗装、卸载时间短，生产能力大。其缺点是必须在井下设置破碎系统，在井口设置矿仓，井下、井口设装卸载装置，井架高度增加。箕斗不能运送人员，必须另设提升人员的副井，箕斗井不能作为进风井。

A 翻转式箕斗

箕斗只能用来提升矿石及废石，常用的有翻转式和底卸式两种。这两种箕斗主要用于主井提升。在一般情况下，翻转式箕斗适用于单绳提升，底卸式箕斗适用于多绳提升。

翻转式箕斗的构造与卸载过程如图4-36所示。它主要由沿罐道运动的框架1与斗厢2

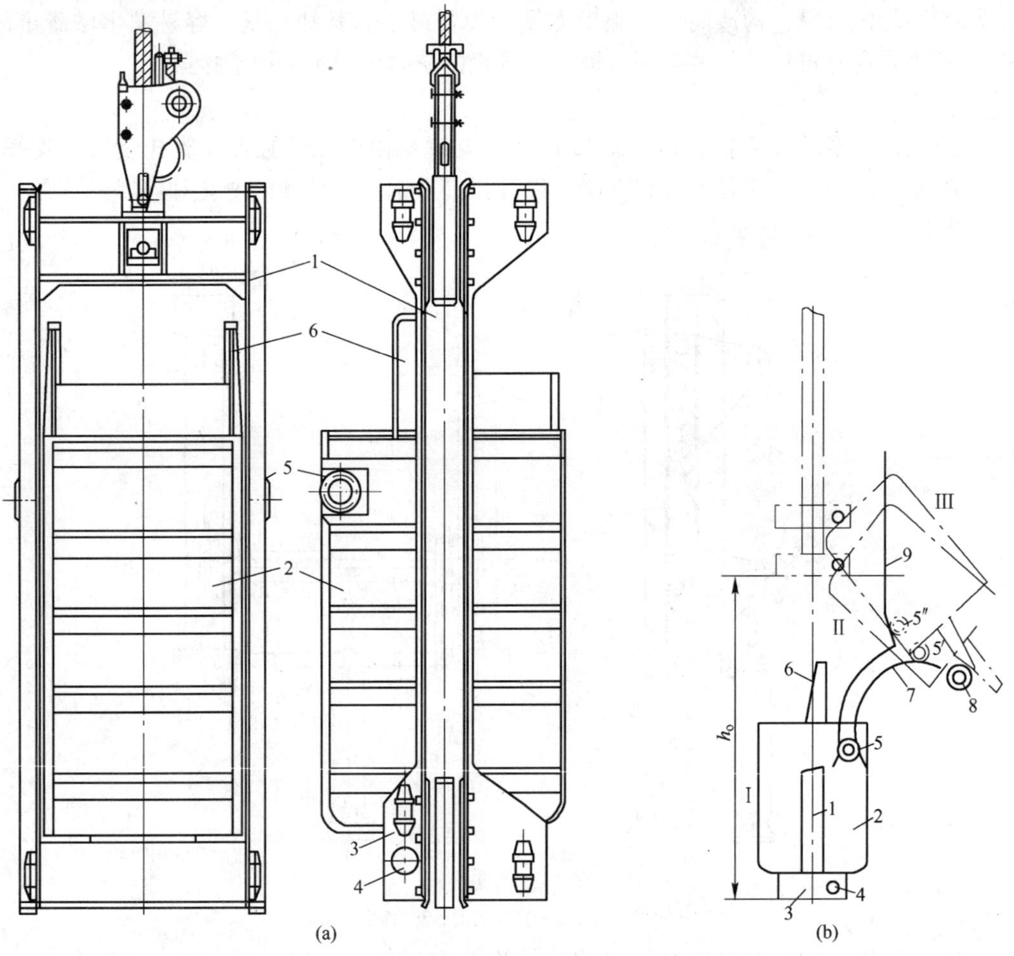

图4-36 翻转式箕斗

（a）翻转式箕斗构造；（b）翻转式箕斗卸载示意图

1—框架；2—斗厢；3—底座；4—旋转轴；5—卸载滚轮；6—角板；7—卸载曲轨；8—托轮；9—过卷曲轨

Ⅰ—箕斗卸载前位置；Ⅱ—卸载位置；Ⅲ—过卷位置

组成，如图4-36（a）所示。框架用槽钢或角钢焊成，罐耳和连接装置都固定在框架上。斗厢用钢板铆成，外面用角钢、槽钢或带钢加固，以增加其强度和刚度。箕斗底部和前后部斗壁容易压坏，常敷以衬板，磨损后可以更换。

翻转式箕斗卸载过程如图4-36（b）所示，框架下部的底座3上固定有旋转轴4，斗厢两侧各安一卸载滚轮5，斗厢上部设有角板6，供箕斗翻转135°卸载时，支持在井架支托轮8上，翻转箕斗的卸载过程如图4-36（b）所示。当箕斗进入卸载位置时，滚轮5进入卸载曲轨7，并使斗厢2向着储矿仓方向倾倒，借旋转轴4作支点转动，直到斗厢翻转135°时，框架停止运行，矿石靠自重卸入储矿仓。

当箕斗过卷时，斗厢上部的角板6就被支撑在卸载曲轨下面的两个支撑轮8上，并使箕斗的重量转到轮8上来，滚轮5失去支撑，框架继续运行，滚轮5上升并转到过卷曲轨9上，斗厢沿曲轨9进行，但转角不会继续增加，避免造成事故。

当箕斗下放时，斗厢由曲轨中退出、沿曲轨回到原来垂直状态。

翻转箕斗在卸载过程中，由于斗厢一部分重量被卸载曲轨支撑，因而产生自重不平衡现象。

使用箕斗时，在井底与井口需分别设置装卸载矿仓，增加了投资，若同时需提升多种矿石则不易分类提升。但箕斗自重小，要求的井筒断面及设备功率小，装卸载时间短，生产率高，容易实现自动化，劳动强度较低，所以一般日产量1000t以上、井深超过200m的矿山，大都在主井采用箕斗提升。

B 底卸式箕斗

活动底卸式箕斗的结构和卸载过程如图4-37所示。箕斗在装载和提升过程中，依靠装在斗厢下部两侧的导轮挂钩6钩住焊在框架下部两内侧的掣子，以保持位置的确定，当箕斗进入卸载点时，框架立柱顶端进入楔形罐道，下部卸载导轨槽嵌入卸载导轨，使框架保持横向稳定。与此同时，装在斗厢上的导轮挂钩的导轮垂直进入安装在井塔上的活动卸载直轨4，如图4-37（b）所示。卸载直轨通过导轮使钩子绕自身的支点转动，钩子与框架上的掣子脱开。当箕斗继续上升，框架上部的行程开关曲轨2作用于固定在井塔上的开关，使箕斗停止运行。这时，通过电磁气控阀，使活动卸载直轨上的气缸动作，气缸通过卸载直轨将拉力作用在钩子的支撑轴上，拉动斗厢往外倾斜。箕斗底的托轮8则沿着框架底部的托轮曲轨9移动，箕斗底打开，开始卸载。随着气缸的拉动，斗厢摆动至最外边时，箕斗底的倾角为50°。

卸载后，电磁气控阀反向，气缸推动活动直轨复位，使斗厢和箕斗底也恢复到关闭位置。此时，箕斗可以低速下放。在导轮挂钩的导轮离开卸载直轨后，钩子在自重的作用下回转，钩住框架上的掣子，使斗厢与框架保持相对固定。

C 箕斗的装载卸载装备

箕斗的装矿装置一般都采用计量装矿装置。其分两种，一种是计容装矿装置，如图4-38所示，另一种是计重装矿装置，如图4-39所示。

卸载装置与箕斗卸载方式有关。采用翻转式箕斗时，用固定式曲轨卸载。采用底卸式箕斗时，多用由气缸或液压缸带动的活动直轨卸载。翻转式箕斗在卸载时，斗厢旋转150°，以便卸出矿石，这种卸载过程在井架上产生大的反作用力，且所需行程较长，约为箕斗长的一倍。由于翻转式箕斗存在以上缺点，大部分矿山都用底卸式箕斗。

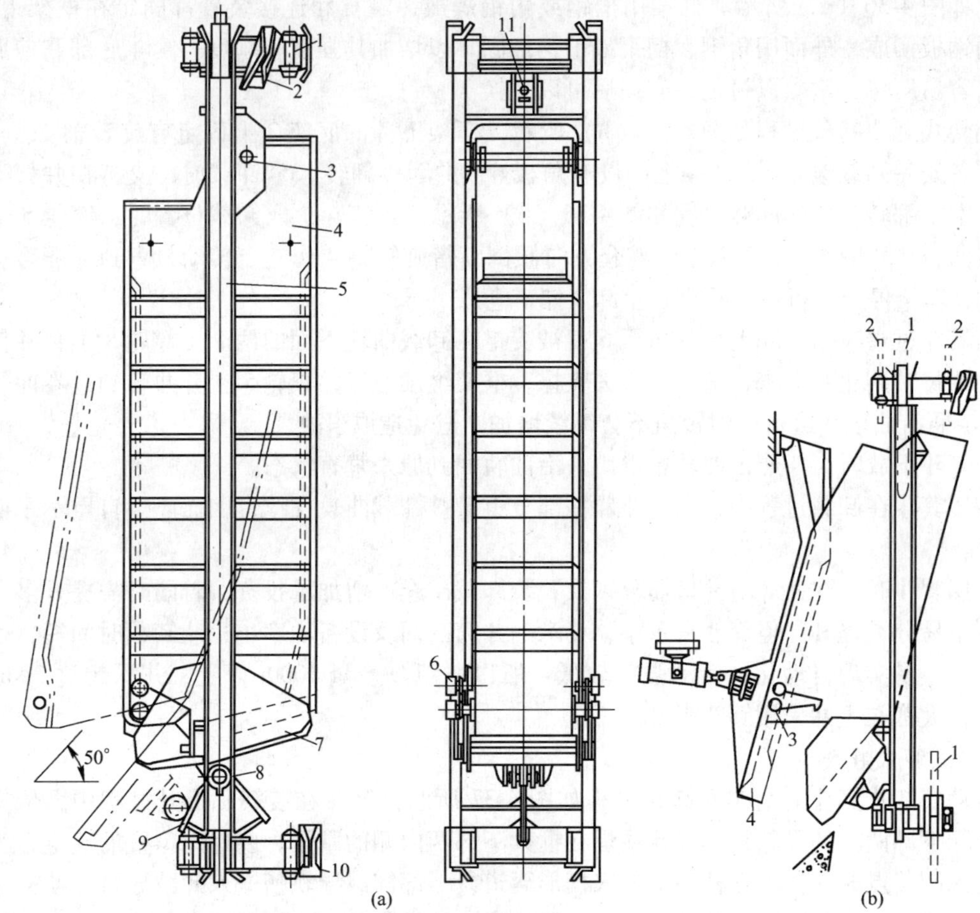

图4-37 活动直轨底卸式箕斗

(a) 活动直轨底卸式箕斗结构：

1—罐耳；2—行程开关曲轨；3—斗厢旋转轴；4—斗厢；5—框架；6—导轮挂钩；

7—箕斗底；8—托轮；9—托轮曲轨；10—导轨槽；11—悬吊轴

(b) 活动直轨底卸式箕斗卸载示意图：

1—楔形罐道及导轨；2—钢绳罐道；3—导轮挂钩；4—卸载直轨

在井底水平，利用箕斗的装载装置装载。对箕斗的装载装置的要求是：使提升设备均衡工作，而与井下运输无关，有装载储备容量，保证箕斗的装载量为常量，以提高提升效率，防止提升电动机过负荷，为提升的自动化创造条件，在规定的最短时间内自动装载。

装载设备中矿仓的容积等于箕斗的容积时，称为小容量矿仓。当矿仓容积大于箕斗容积时，称大容量矿仓。大容量矿仓的优点是在运输工作量的不平衡时，对提升工作没有影响，但造价较高。

定容式装载装置。矿石自矿车中经翻笼卸入矿仓、再经量矿斗装入箕斗中。如图4-40所示，在矿仓1的下部有扇形闸门6，可将溜矿口关闭和打开。下部有一量矿斗2，这个量矿斗的容积和箕斗的容积相同。向箕斗装载时打开闸板4，经溜槽3将量矿斗中的全部

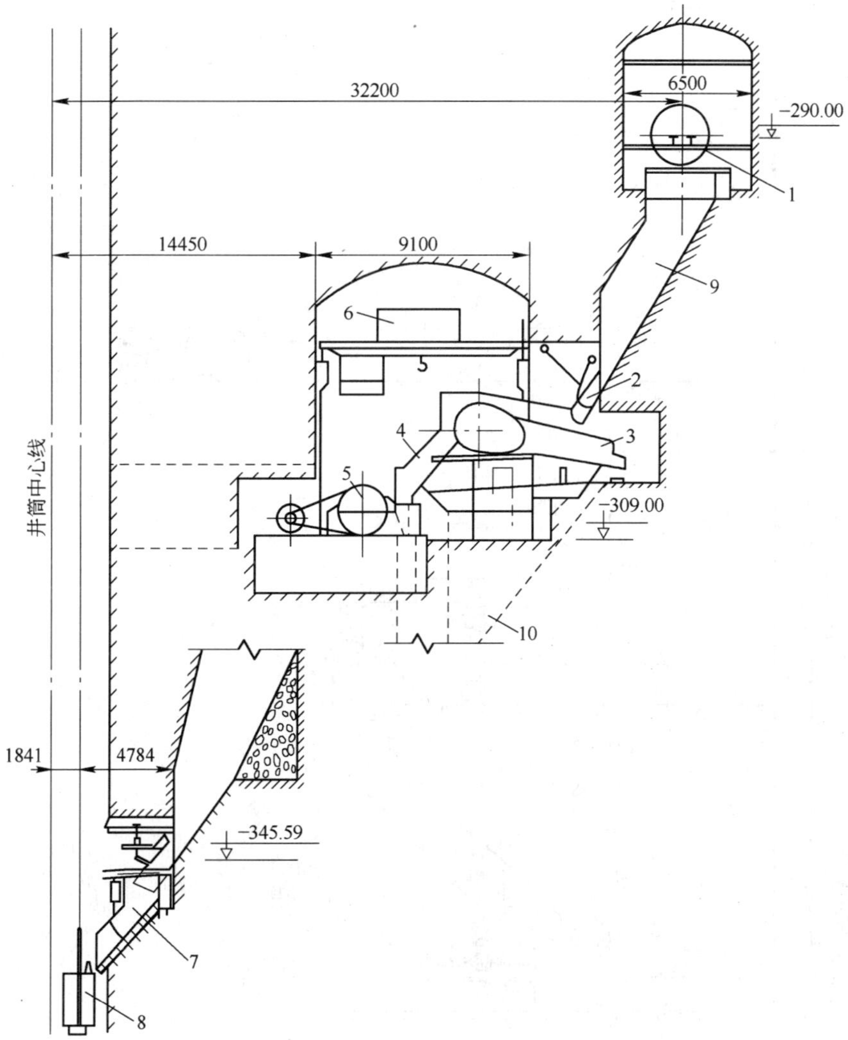

图 4-38 矿石破碎后计容装矿装置（单位：mm）
1—翻车机；2—闸门；3—板式给矿机；4—固定筛；5—破碎机；
6—起重机；7—计容装矿装置；8—箕斗；9—溜槽；10—矿仓

矿石一次装入箕斗中。

定量装载装置是利用压磁主件计量的箕斗装载的一种设备。如图 4-41 所示，该装置的定量斗厢 1 的装矿量靠其下部的压磁元件测重装置控制。当箕斗到达井底装矿位置时，通过一定的控制阀门开动控制气缸 2、拉杆 3，便将阀门 4 打开，定量矿斗内的全部矿石就沿着溜槽 5 进入箕斗中。

4.2.2.3 罐笼箕斗

罐笼箕斗（也称箕斗罐笼）是一种实用新型防坠罐笼箕斗，具体地说是一种带防坠器的罐笼和箕斗双功能竖井提升容器，只需一套提升容器即可完成小矿山的提升、人员升降和其他辅助提升工作。该设备包括防坠器、罐笼两侧板、罐笼两活动底板和侧底卸扇形闸门，罐笼两活动底板抬起固定后作为箕斗提升时的斗厢侧板，箕斗提升时采用侧

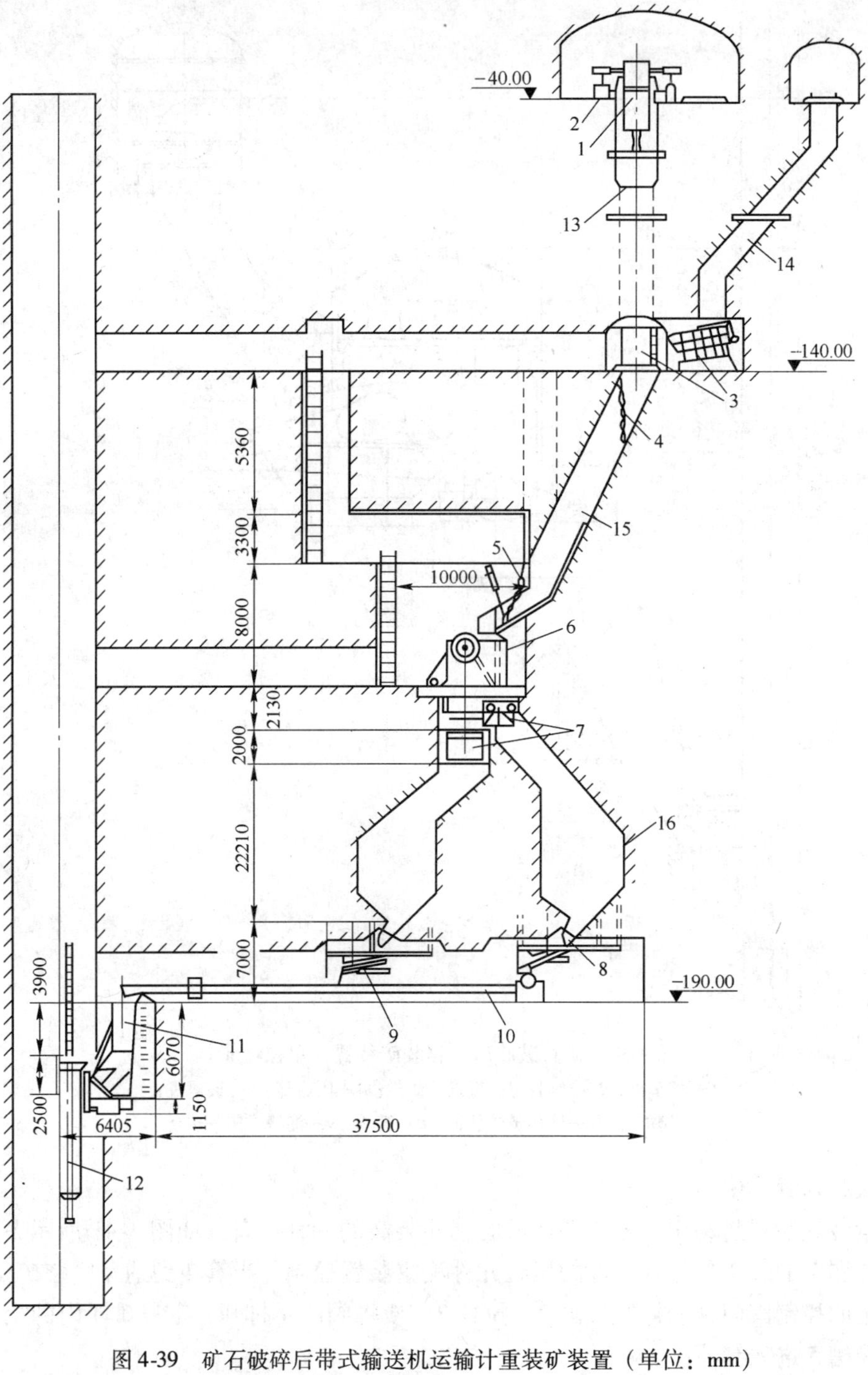

图 4-39　矿石破碎后带式输送机运输计重装矿装置（单位：mm）

1—底卸式矿车；2—卸载站；3—板式给矿机；4—缓冲链；5—链式闸门；6—破碎机；
7—分配小车；8—扇形闸门；9—电动给矿机；10—带式输送机；11—计重装矿装置；
12—底卸式箕斗；13—矿石溜井；14—废石溜井；15—溜槽；16—矿仓及废石仓

底卸扇形闸门曲轨自动卸载。整个设备结构合理，运行安全可靠。其实物如图 4-42 所示。

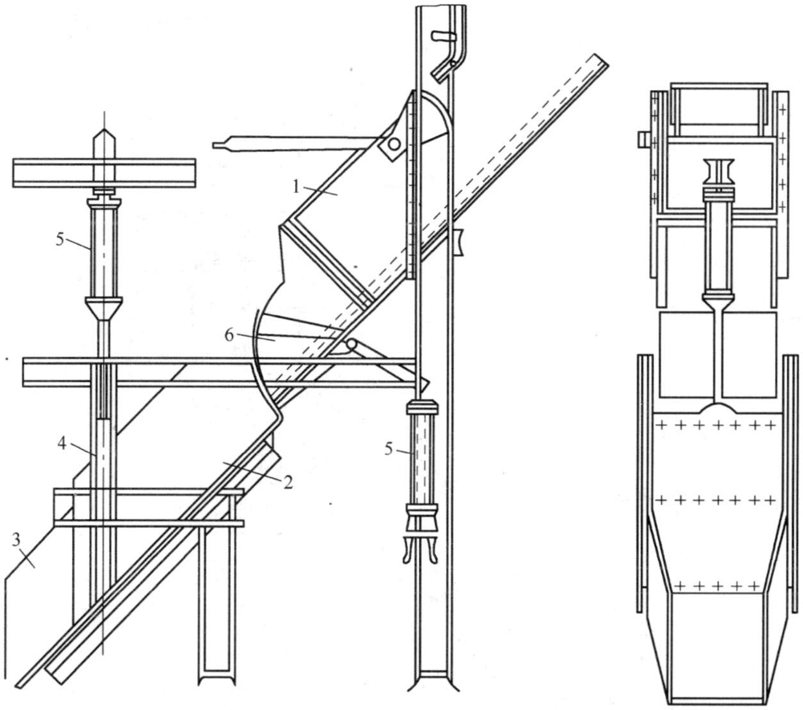

图4-40 箕斗装载装置
1—矿仓；2—量矿斗；3—溜槽；·4—闸板；5—气缸；6—扇形闸门

箕斗罐笼是把箕斗和罐笼二者合二为一的一种提升容器，具有箕斗和罐笼二者的功能。有些矿井使用这种容器，完成提升矿石和其他辅助提升任务，只需一套提升设备。但是由于自重大，结构复杂，设计困难，运行自动化程度低，很少采用。

4.2.2.4 平衡锤

平衡锤在竖井提升中用于单罐笼或单箕斗提升系统中，有时在斜井双钩提升中也应用，其作用是平衡提升载荷，减小卷筒上提升钢绳的静张力差，以减小电动机容量。平衡锤单容器提升的优点是：需要的井筒断面小，井底及井口设备简单，便于多中段提升。其缺点是提升效率低，要达到与双容器相同的提升能力，必须加大提升量，钢丝绳直径和机械设备的尺寸也随之增大。

由于平衡锤单容器提升工作灵活性大，适合于多中段提升。因此，冶金矿山的辅助提升多采用这种方式。目前在国内外的多绳摩擦提升中，对这一提升方式也得到应用，因为它还可以减小钢丝绳的滑动，并扩大其应用范围。

平衡锤的结构如图4-43 所示。它由框架1 和重块2 组成。框架由型钢焊接而成，重块则为铸铁铸造件，每块质量一般为 100 ~ 150kg。

4.2.2.5 钢丝绳

提升钢丝绳是指煤矿、黑色、有色、化工等矿山用作提升用途的钢丝绳，主要包括多股钢丝绳（包括圆股和异形股钢丝绳）、阻旋转钢丝绳（多层股钢丝绳或不旋转钢丝绳）、密封钢丝绳（包括全密封和半密封钢丝绳）、平衡用扁钢丝绳，同时还包括压实或压实股钢丝绳以及包覆和/或填充钢丝绳等。

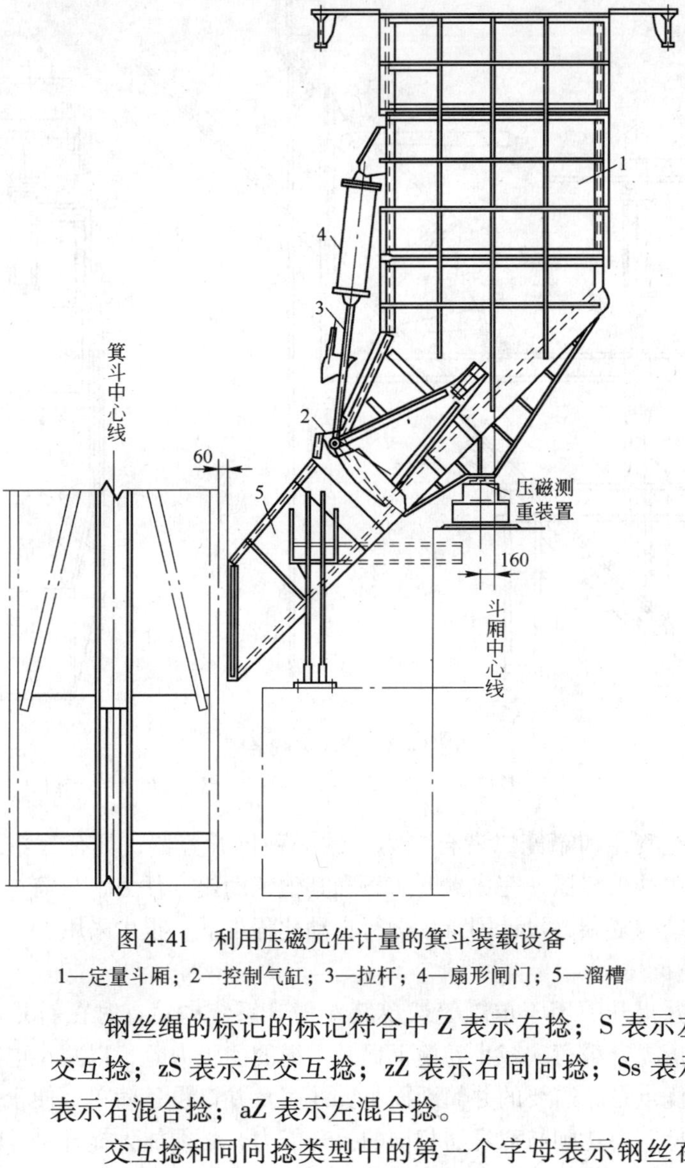

图 4-41 利用压磁元件计量的箕斗装载设备

1—定量斗厢；2—控制气缸；3—拉杆；4—扇形闸门；5—溜槽

图 4-42 罐笼箕斗实物图

钢丝绳的标记的标记符合中 Z 表示右捻；S 表示左捻；sZ 表示右交互捻；zS 表示左交互捻；zZ 表示右同向捻；Ss 表示左同向捻；Az 表示右混合捻；aZ 表示左混合捻。

交互捻和同向捻类型中的第一个字母表示钢丝在股中的捻制方向，第二个字母表示股在钢丝绳中的捻制方向；混合捻类型的第二个字母表示股在钢丝绳中的捻制方向。

A 钢丝绳的捻法

（1）同向捻。钢丝在股中的捻向和股在钢丝绳中的捻向相同。若股右捻则称为右同向捻，若股左捻则称为左同向捻。这种捻法的钢丝绳使用时表面钢丝与外部接触长度较长，即接触面较大，耐磨性能较好；但自转性稍大，容易发生松捻和扭结现象。

（2）交互捻。钢丝在股中的捻向和股在钢丝绳中的捻向相反。若股右捻，丝左捻则称为右交互捻，若股左捻，丝右捻则称为左交互捻，这种捻法的钢丝绳使用时结构比较稳定，自转性较小，不易发生松捻和扭结现象，容易操作。

(3) 混合捻。外层股的捻制为左向捻的股和右向捻的股交替排列，如一半股为左捻，另一半股为右捻这种捻法的钢丝绳具有同向捻和交互捻的特点，但制造比较困难。

B 钢丝绳中钢丝的接触状态

(1) 点接触。两叠加层钢丝之间捻距不同，钢丝直径和捻向相同，相邻层钢丝相互交叉成点接触状态。这种钢丝绳中钢丝间易滑移，使用时钢丝受到二次弯曲应力，接触应力很高，容易磨损疲劳，使用寿命低，破断拉力也低。但柔韧性较好。

(2) 线接触。股中所有钢丝一次捻制，各层钢丝捻距相同，相邻层钢丝成线接触状态。包括西鲁式、瓦林吞式、填充式和组合平行捻式。

这种钢丝绳消除了使用时钢丝的二次弯曲应力，耐磨、耐疲劳性能较好。

(3) 面接触。股或绳经锻打、轧制或模拔加工，钢丝形状和尺寸发生改变，同层和相邻钢丝呈面状接触，钢丝绳呈密封式光滑表面，结构特别紧密。

这种钢丝绳除了没有二次弯曲应力外，使用时三次弯曲应力也较小，抗腐蚀、耐磨性和耐疲劳性能好，破断拉力高，能承受较大的横向力。但柔韧性较差。

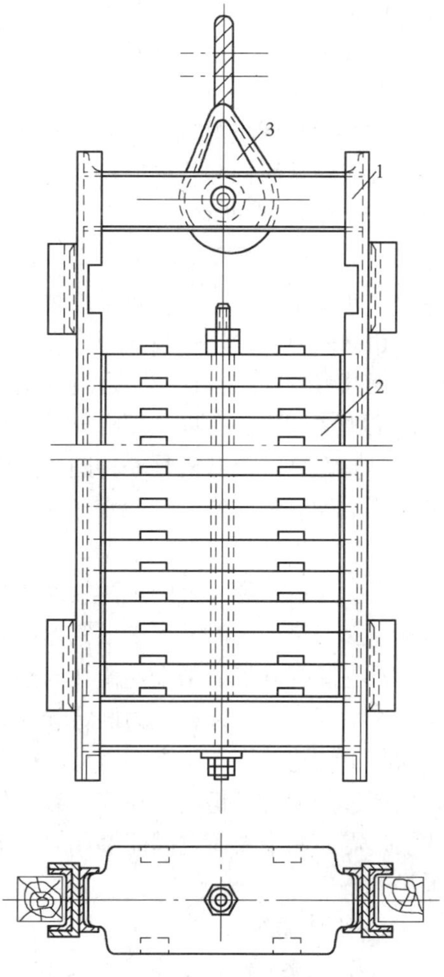

图 4-43 平衡锤

1—框架；2—重块；3—桃形环

(4) 包覆、填充。固态聚合物包覆在钢丝绳的外部、或填充到钢丝绳的间隙中、或包裹和填充到钢丝绳中、或衬垫在绳芯和股之间，以减少使用中钢丝绳内外部的接触应力，减少钢丝绳与外部以及内部钢丝之间的磨损，增强钢丝绳的抗腐蚀能力，提高了钢丝绳的使用寿命。

C 钢丝绳截面形状

(1) 圆形股。各层钢丝绕同心圆捻制的股截面形状近似圆形，可以用相同直径或不同直径的圆钢丝或异形钢丝制成。

(2) 异形股。股截面形状不为圆形，常见的股截面形状有三角形、椭圆形，还有近期出现的股截面形状近似矩形的扁带股。

这种钢丝绳比圆形股钢丝绳在卷筒上的支撑点增加 3 ~4 倍，结构密度大，破断拉力高，耐磨性能强，使用寿命长。

D 钢丝绳绳芯类型

(1) 纤维芯。由天然纤维或合成纤维制成，天然纤维一般用黄麻、剑麻、马尼拉麻等。具有较好的储油和吸震功能，柔韧性好；但耐高温、耐横向挤压较差，结构伸长较大。

（2）钢芯。由钢丝股或独立钢丝绳制成。

具有承载能力大、耐高温、耐横向挤压、抗冲击、结构伸长小等优点；但柔韧性、耐疲劳性能较差。

（3）固体聚合物芯。由圆形或带有沟槽的圆形固态聚合物制成。具有较高的弹性、抗拉、抗酸碱盐腐蚀和抗横向挤压等性能。

4.2.2.6 提升机

A 单绳缠绕式提升机

单绳缠绕式提升机是较早出现的一种提升机。其工作原理是：将两根提升钢丝绳的一端以相反的方向分别缠绕并固定在提升机的两个卷筒上；另一端绕过井架上的天轮分别与两个提升容器连接。这样，通过电动机改变卷筒的转动方向，可将提升钢丝绳分别在两个卷筒上缠绕和松放，以达到提升或下放容器，完成提升任务的目的。

单绳缠绕式提升机是一种圆柱形卷筒提升机，根据卷筒的数目不同，可分为双卷筒和单卷筒两种。

单卷筒提升机只有一个卷筒，一般仅用作单钩提升。如果单卷筒提升机用作双钩提升，则要在一个卷筒上固定两根缠绕方向相反的提升钢丝绳。提升机运行时，一根钢丝绳向卷筒上缠绕，同时，另一根钢丝绳自卷筒上松放。

双卷筒提升机的两个卷筒在与轴的连接方式上有所不同：其中一个卷筒通过楔键或热装与主轴固接在一起，称为固定卷筒，又称为死卷筒；另一个卷筒滑装在主轴上，通过离合器与主轴连接，故称之为游动卷筒，又称为活卷筒。采用这种结构的目的是考虑到在矿井生产过程中提升钢丝绳在终端载荷作用下产生弹性伸长，或在多水平提升中提升水平的转换，需要两个卷筒之间能够相对转动，以调节绳长，使得两个容器分别对准井口和井底水平。

a 工作系统

工作系统主要是指主轴装置和主轴承、卷筒等，它的作用是：缠绕或搭挂提升钢丝绳；承受各种正常载荷（包括固定载荷和工作载荷），并将此载荷经过轴承传给基础；承受各种紧急事故情况下所造成的非常载荷；调节丝绳长度。

b 传动系统

在用一般交流感应电动机或高速直流电动机拖动时，其传动系统主要包括减速器和联轴器，在用直流低速电动机拖动时，其传动系统不需要减速器和联轴器（如采用直流低速直联悬挂式电动机）或仅需要一个联轴器（如采用一般通用低速流电动机）。

减速器的作用是减速和传递动力，联轴器的作用是连接两个旋转运动的部分，并通过其传递动力。

c 制动系统

制动系统包括制动器和制动器控制装置两部分，制动的目的是：

（1）在提升机停车时能可靠地闸住机器；

（2）在减速阶段及重物下放时，能参与提升机速度控制；

（3）起安全保护作用或紧急事故情况下使提升机迅速停车，以避免事故发生；

（4）对单绳缠绕式双筒提升机，在节约钢丝绳长度或更换水平时，应能闸住游动卷筒，松开固定卷筒。

控制装置的作用是：调节制动力矩，在任何事故状态下进行紧急制动（即安全制动），为单绳双筒提升调绳装置提供调绳离合器油缸所需的压力油（用盘形制动器的提升机）。

d 控制系统

该系统主要由深度指示器、深度指示器传动装置和操纵台组成。

深度指示器有：牌坊式、圆盘式、小丝杠式。深度指示器传动装置有：牌坊式深度指示器传动装置、圆式深度指示器传动装置、监控器。

深度指示器传动装置或监控器的作用是根据提升设备的位置及状态对提升系统进行控制，保证提升系统的安全。

操纵台有：斜面操纵台、组合式操纵台。操纵台的作用是：操纵台上装有各种手把和开关是操纵提升机完成提升、下放及各种动作的操纵装置；操纵台上装设有各种仪表：向司机反映提升机的运行情况及设备工作状况。

e 保护系统

保护系统主要包括测速发电机装置、护板、护栅、护罩等。

测速发电机装置的作用：通过设在操纵台上的电压表向司机指示提升机的实际运行速度，参与等速和减速阶段的超速保护。

B 多绳摩擦式提升机

摩擦式提升机是利用提升钢丝绳与摩擦轮摩擦衬垫之间的摩擦力来传递动力。摩擦式提升机在运转时，摩擦轮靠摩擦力来带动提升钢丝绳，使重载侧钢丝绳上升，空载侧钢丝绳下放。

摩擦式最初使用的是单绳摩擦式提升机，后来随着矿井深度和产量的增加，提升钢丝绳的直径越来越大，不但制造困难和悬挂不便，而且使提升机的有关尺寸也随之增大，因此在单绳摩擦式提升机的基础上制造出了以几根钢丝绳来代替一根钢丝绳的多绳摩擦提升机。

多绳摩擦式提升机具有安全性高、钢丝绳直径细、主导轮直径小、设备重量轻、耗电少、价格便宜等优点，发展很快。除用于深立井提升外，还可用于浅立井和斜井提升。钢丝绳搭放在提升机的主导轮（摩擦轮）上，两端悬挂提升容器或一端挂平衡重（锤）。运转时，借主导轮的摩擦衬垫与钢丝绳间的摩擦力，带动钢丝绳完成容器的升降。钢丝绳一般为2～10根。

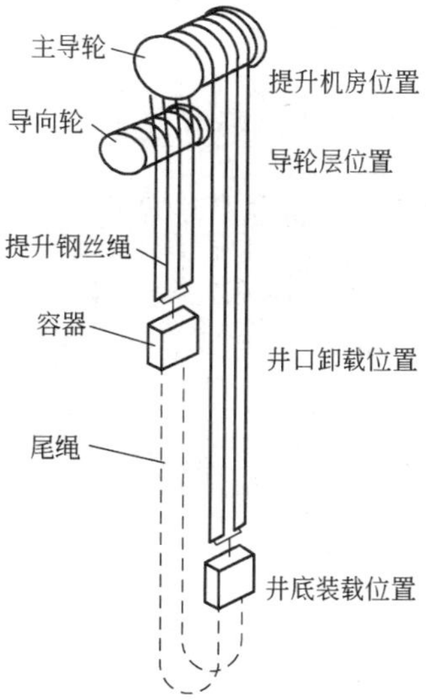

图4-44 井塔式多绳摩擦式提升示意图

井塔式提升机 机房设在井塔顶层，与井塔合成一体，节省场地；钢丝绳不暴露在露天，不受雨雪的侵蚀，但井塔的重量大，基建时间长，造价高，如图4-44所示。

落地式提升机 机房直接设在地面上，井架低，投资小，抗震性能好；缺点是钢丝绳暴露在露天，弯曲次数多，影响钢丝绳的工作条件及使用寿命如图4-45所示。

多绳摩擦式提升机主要由主轴装置、制动器装置、液压站、减速器、电动机、深度指示器系统、操纵台、导向轮装

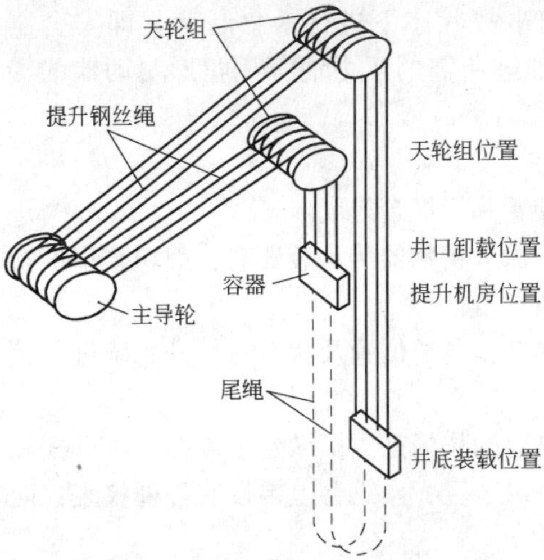

图 4-45　落地式多绳摩擦式提升示意图

置（落地式为天轮装置）、车槽装置（落地式带有拔绳装置）、弹性联轴器、齿化联轴器等部件组成，如图 4-46 所示。主导轮表面装有带绳槽的摩擦衬垫。衬垫应具有较高的摩擦系数和耐磨、耐压性能，其材质的优劣直接影响提升机的生产能力、工作安全性及应用范围。目前使用较多的衬垫材料有聚氯乙烯或聚氨基甲酸乙酯橡胶等。由于钢丝绳与主导轮衬垫间不可避免的蠕动和滑动，停车时深度指示器偏离零位，故应设自动调零装置，在每次停车期间使指针自动指向零位。车槽装置用于车削绳槽，保持直径一致，有利于每根钢丝绳张力均匀。为了减少震动，可采用弹簧机座减速器。

图 4-46　多绳摩擦式提升机

4.3　斜井提升

4.3.1　斜井提升方式

斜井串车（见图 4-47）和斜井箕斗（见图 4-48）提升是矿山常用的开拓方式。

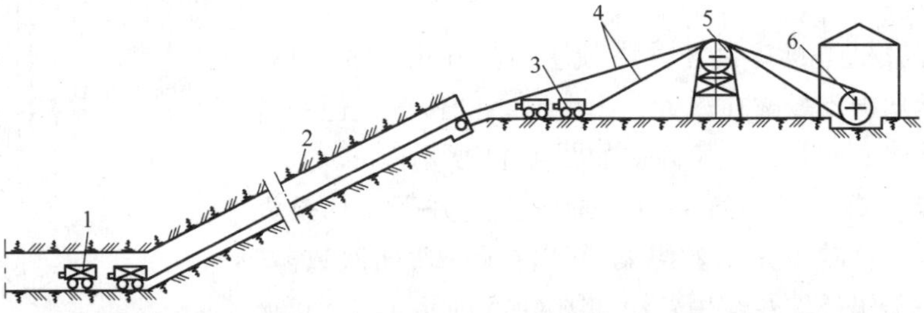

图 4-47　斜井串车提升系统图

1—重矿车；2—斜井井筒；3—空矿车；4—钢丝绳；5—天轮；6—提升机

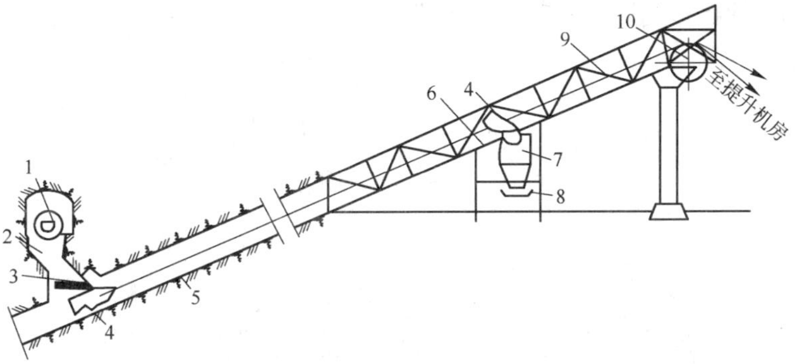

图4-48 斜井箕斗提升系统图

1—翻车机；2—井下矿仓；3—给矿机械，4—箕斗；5—斜井井筒；
6—卸载曲轨；7—地面矿仓；8—转载皮带；9—提升钢丝绳；10—天轮

斜井串车提升具有投资少、出矿快的优点，尤其是采用单钩串车提升时，见效更快，因其井筒断面小，井建工程量小，可节省投资。其缺点是，由于提升速度的限制，生产能力较低，钢丝绳磨损较快，井筒维护费用高。

主井提升时，主井倾角一般不大于25°，否则串车提升时矿石易撒落。所以，当斜井倾角大于25°时，应采用斜井箕斗提升。斜井箕斗提升也需要装卸载装置，故投资多，安装施工时间长，并且还需另建一套副井提升设备，常用斜井的箕斗卸载方法有翻转式（见图4-49）和后卸式（见图4-50）。

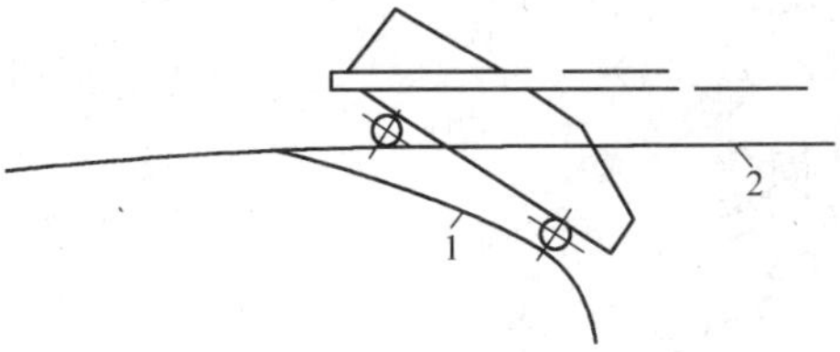

图4-49 斜井箕斗翻转式卸矿

1—正常轨；2—窄轨

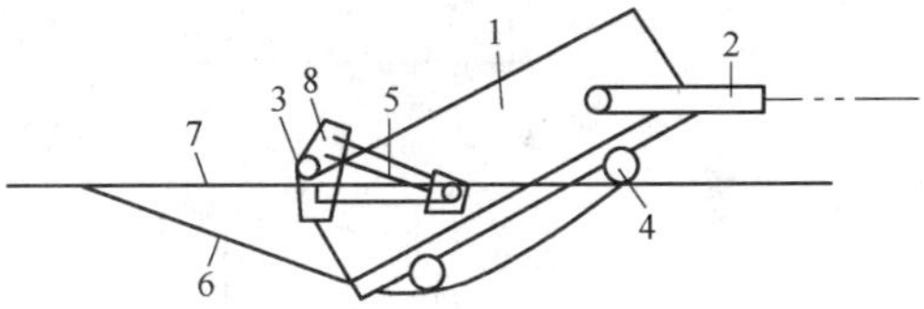

图4-50 后卸式斜井箕斗

1—斗厢；2—框架；3—小引轮；4—前轮；
5—正常轨；6—曲轨；7—宽轨；8—闸门

在井筒倾角较大时，有时用斜井台车，台车又称斜井罐笼。它是在倾斜的底盘上装有三脚架，形成承载矿车的平台。

斜井运送人员时必须采用专门的人车，每辆人车必须设有可靠的断绳保险装置，提升机应有两套制动闸。

4.3.2 斜井提升安全控制

斜井经常出现的安全事故就是斜井跑车，斜井防跑车装置是斜井发生跑车事故后，能将跑下的车辆及时阻止住的一种避免跑车事故的安全装置。

4.3.2.1 电动式防跑车装置

电动式防跑车装置如图4-51所示。该装置为常闭式防跑车装置，安装在井口附近的井筒内，它是由挡车门、拖门绞车及电控部分等组成。挡车门由拖门绞车正反转控制，沿滑轨左右滑动，使挡车门随时处于关闭或敞开状态。拖门绞车由安装在主提升机深度指示器上的行程开关控制。

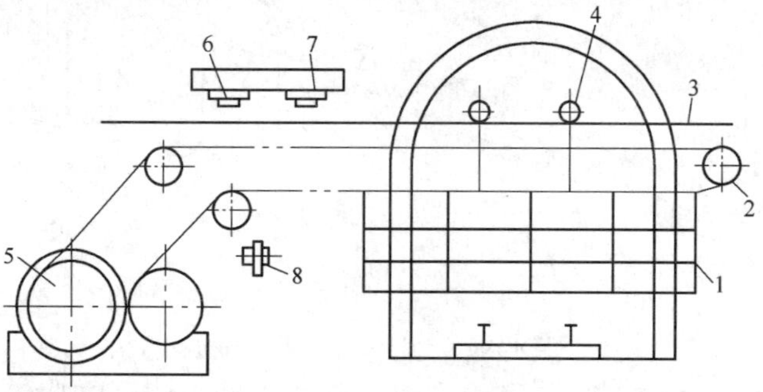

图4-51 电动式防跑车装置

1—挡车门；2—导向轮；3—滑轨；4—滑轮；5—绞车；6—挡车门拉开开关；7—挡车门关闭开关；8—过卷按钮

4.3.2.2 常开式手动挡车器

常开式手动挡车器如图4-52所示。挡车架用钢轨和型钢弯制而成。在正常情况下，挡车架用钢丝绳吊挂在井筒上方，车可以顺利通过。当井口发生跑车事故时，搬动安装在井口的操纵手柄，使圆环脱离销钉，钢丝绳松弛，挡车架靠自重迅速下落挡住跑车。

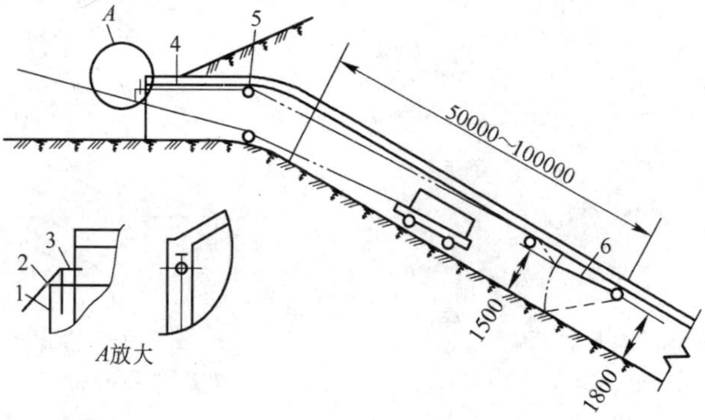

图4-52 常开式手动挡车器（单位：mm）

1—操纵手柄；2—销钉；3—圆环；4—钢丝绳；5—导绳轮；6—挡车器

4.3.2.3 自动避车线式安全装置

该安全装置即在斜井轨道上接入一组电动道岔，如图4-53所示。上部车场跑车时，矿车自动通过道岔跑入专设的线路，可防止跑到下部车场，起到安全作用。提升过程中，矿车以正常速度通过悬臂摆杆时，岔尖不动作。当斜井轨道上跑车时，高速下滑的车体冲击悬臂摆杆，摆幅增大，行程开关接通，电磁铁动作，通过车杆拨动岔尖，矿车就通过岔道跑入专用线路。

4.3.2.4 绳网式自动捞车器

绳网式自动捞车器，如图4-54所示。它属常闭式防跑车装置，适用于倾角8°~25°的单钩矿车组斜井提升。该装置由绳网和绳网提升系统及自动控制部分组成。正常提升时，

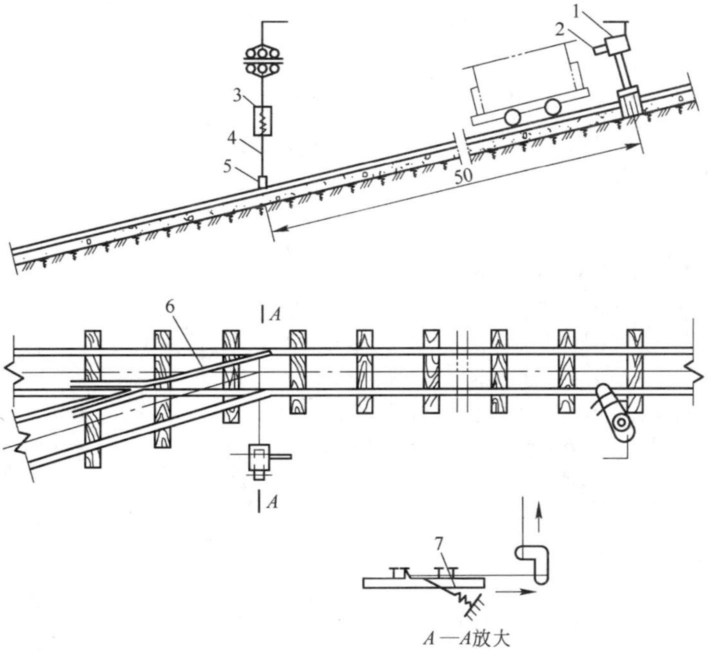

图4-53 自动避车线式安全装置布置图

1—行程开关；2—悬臂摆杆；3—电磁铁；4—联杆；5—角联杆；6—道岔；7—弹簧

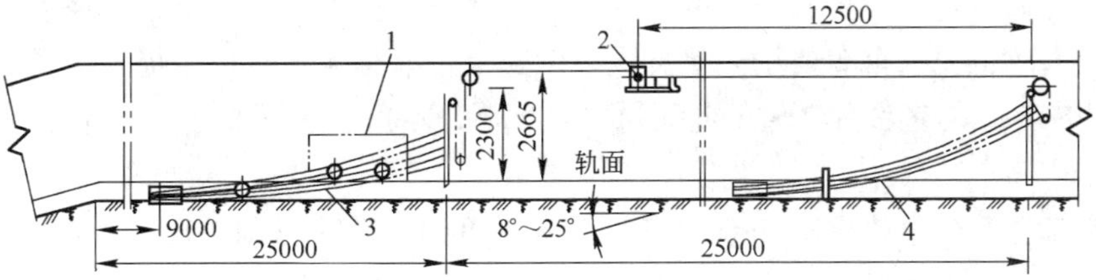

图4-54 斜井（坡）绳网式自动捞车器（单位：mm）

1—矿车；2—绳网提升系统；3，4—绳网

矿车组到达绳网前，绳网提起，让矿车通过，通过后绳网落下。跑车时，绳网不提起，捞住跑车。而自动起落绳网的提升系统由安设在提升机圆盘深度指示器背面的微动开关控制。同时在圆盘深度指示器背面装有一根与深度指示器短针相连并带有凸块的棒，按预定的顺序按动，与微动开关接触，准确地控制绳网的起落。

4.3.3 斜井提升设备

斜井提升容器有斜井箕斗、串车、台车和人车等。

4.3.3.1 斜井箕斗

斜井箕斗有前翻式、后卸式和底卸式3种。前翻式箕斗结构简单、坚固、重量轻，适用于提升重载，地下矿使用较多，如图4-55所示。但卸载时动

图4-55 斜井提升箕斗实物图

荷载大，有自重不平衡现象，卸载曲轨较长，在斜井倾角较小时，装满系数小。小型矿山斜井倾角较大时，通常采用前翻式箕斗。后卸式比前翻式箕斗使用范围广，卸载比较平稳，动载荷小，倾角较小时装满系数大。但结构较复杂，设备质量大，卷扬道倾角过大卸载困难。后卸式箕斗特点是卸载容易，缺点是结构复杂，自重大，通常在斜井倾角不大时选用后卸式箕斗，如图4-56所示。底卸式箕斗在斜井中很少使用。

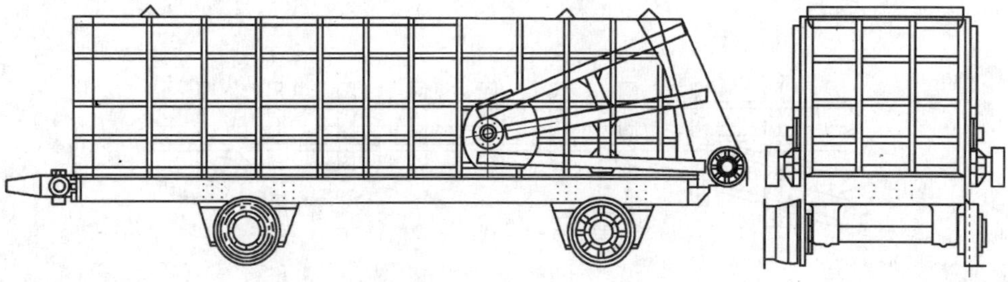

图4-56　后卸式箕斗

斜井箕斗提升优点是提升运行速度快，提升能力大，机械化程度高，稳定性好，安全；缺点是需要设置箕斗的装载和卸载装置，增加运输环节和工程量。

4.3.3.2　串车

串车提升又称矿车组提升，容器是矿山运输矿车，其优点是系统环节少，基建工程量小，投资少，又可减少粉尘和粉矿的产生；缺点是提升能力小，矿车运行速度慢，易发生跑车或掉道事故，要求串车要用连接装置以保安全。串车提升适用于提升量小，斜井倾角不超过25°的矿山。考虑到空矿车组顺利下放，斜井倾角一般不小于8°为宜，矿车容积一般为0.5～1.2m^3。

斜井串车提升分单钩串车和双钩串车提升，单钩串车提升斜井断面小，初期投资省，但提升能力小。要求提升能力大时，宜采用双钩串车提升。

用于斜井串车提升的矿车容积，一般为0.5～1.2m^3的固定式和翻转式矿车，当斜井（坡）倾角较大，采用矿车组提升方式时，应当考虑矿车在运行中的稳定性，此时以选用固定式矿车为宜。为在上、下部车场内调车方便以及运行安全，一组矿车的车数应尽可能与电机车牵引的车数成倍数关系。考虑到车场布置尺寸不宜过大和矿车运行的稳定性，一组矿车的车数不宜过多，一般为3～5辆。斜井（坡）提升的车辆，还必须根据矿车连接器和车底架的强度校核矿车组车数。必要时需挂带安全绳。

4.3.3.3　台车

斜井台车提升是利用台车提升矿石的方法，台车提升的优点是斜井倾角可以较大，阶段运输水平与斜井台车连接简单；缺点是提升能力小，一般是人工推矿车入台车。台车提升适用于斜井倾角在30°～40°，提升量在200t/d以下的矿井。台车一般作为矿井、采区的设备、材料的辅助提升设备。

斜坡台车有单层单车式、单层双车式、双层单车式3种形式。其中以单层单车式应用最为广泛。后两种形式的台车应用较少。

斜井倾角大于30°，垂直深度超过50m，或倾角虽然小于30°，但垂直深度超过100m

时，应安设人车升降人员，且斜井人车必须有可靠的保险装置（安全卡）。载人时人车在斜井直线上行驶。

4.3.3.4 人车

斜井人车节数一般为 3 ~4 节，即首车 1 节、挂车 1 ~2 节、尾车 1 节。用提升机直接牵引，完成斜井中运送人员的任务，如图 4-57 所示。

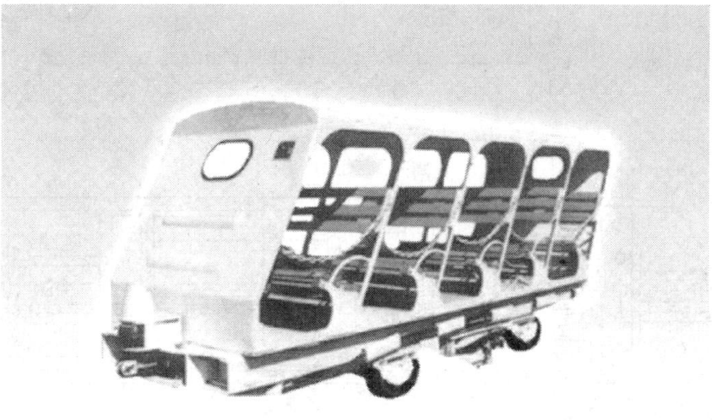

图 4-57 斜井提升人车实物图

人车上的安全装置（包括开动机构、制动机构和缓冲器等）均安设在首车上。当断绳跑车或遇有紧急情况需手动刹车时，通过开动机构中各部件的动作，打开制动器进行制动。

人车制动时，抱爪抱住钢轨的瞬间，乘坐人员的滑架和挂车仍具有很大的动能，因此，在首车上安装了两台钢丝绳螺旋缓冲器，其作用是使人车制动时，所产生的最大减速度限制在乘人能够承受的安全限度内，以防止发生停车碰伤事故。

斜井人车的安全制动装置抓捕方式有两种：一种是插爪插入枕木进行安全制动；另一种是抱爪抓捕钢轨进行安全制动的即抱轨式斜井人车。抱轨式斜井人车结构如图 4-58 所示，插爪式斜井人车结构如图 4-59 所示。

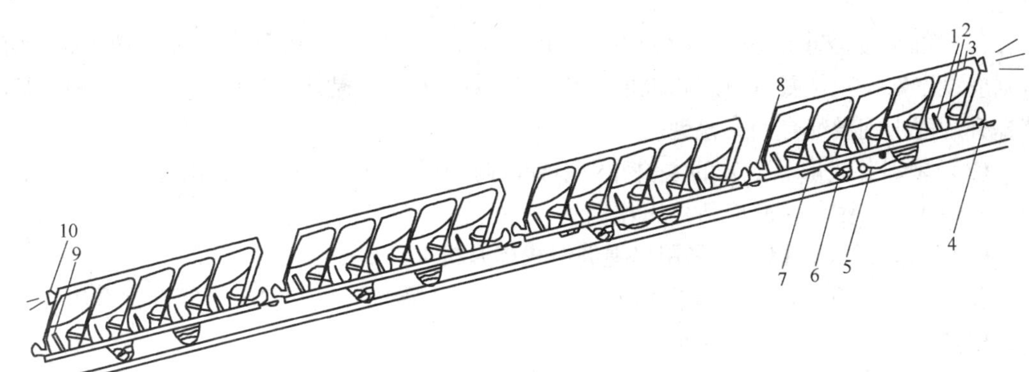

图 4-58 抱轨式斜井人车示意图

1，9—手动操纵装置；2—闭锁装置；3—轨体；4—立拉杆；5—制动装置；
6—轮对；7—缓冲装置；8—连接链及碰头；10—照明灯

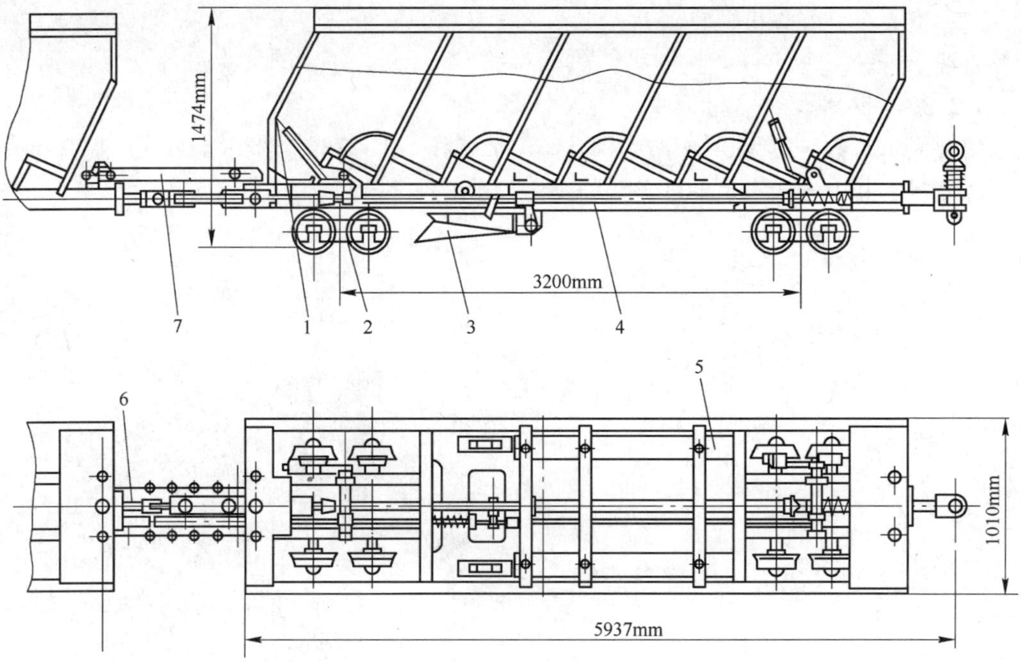

图 4-59 插爪式斜井人车示意图

1—车体；2—转向器；3—制动器；4—联动机构；5—缓冲木；6—连接部分；7—支撑与限位装置

4.3.4 斜井井筒设备的应用

我国斜井提升，小型矿山采用串车提升较多，其次是斜井箕斗，斜井台车在我国应用较少。

(1) 串车提升应用于倾角小于25°，最大不应超过30°的斜井（坡）。当倾角大于30°时，应采用箕斗或台车提升。矿石提升量在300t/d以上的斜井，宜采用箕斗提升。台车提升应用于倾角在30°~40°日提升量小于200t/d的斜井（坡）或专用升降设备材料之用。

(2) 在坡度较小的斜井（坡）提升中，提升加减速度应满足自然加减速度的要求，否则应设尾部拉紧位置。对线路坡度变化大的斜井（坡）提升，当坡度小于10°时，应验算提升过程中钢丝绳是否会松弛。

(3) 副斜井或串车提升的主斜井中不宜设两套提升设备。必须设两套提升设备时，若一套升降人员，则另一套应暂停工作。

(4) 斜井（坡）提升宜采用单绳缠绕式提升机。

(5) 串车提升用的矿车容积宜为0.5~0.75m^3，最大不超过2m^3，箕斗提升容器的大小，应按提升量和矿石块度确定。

(6) 采用串车提升时，斜井（坡）中应有防止跑车的安全设施。

(7) 倾角大于60°的斜井，提升容器必须加设罐道。

(8) 提升人员的斜井（坡），当倾角超过25°时，应采用带平衡锤的人车或采用双钩提升。

4.4 井底车场

井底车场是井下生产水平连接井筒与运输大巷间的一组近似平面的开拓巷道，如图4-60所示。它担负着井下矿石、废石、设备、材料及人员的转运任务，是井下运输的枢纽。各种车辆的卸车、调车、编组均在这里进行；因此，要在井筒附近设置储车线、调车线和绕道等。同时又是阶段通风、排水、供电及服务等的中继站。在这里设有调度室、候罐室、翻车机操纵室、水泵房、水仓及变电整流站等各种生产服务设施。

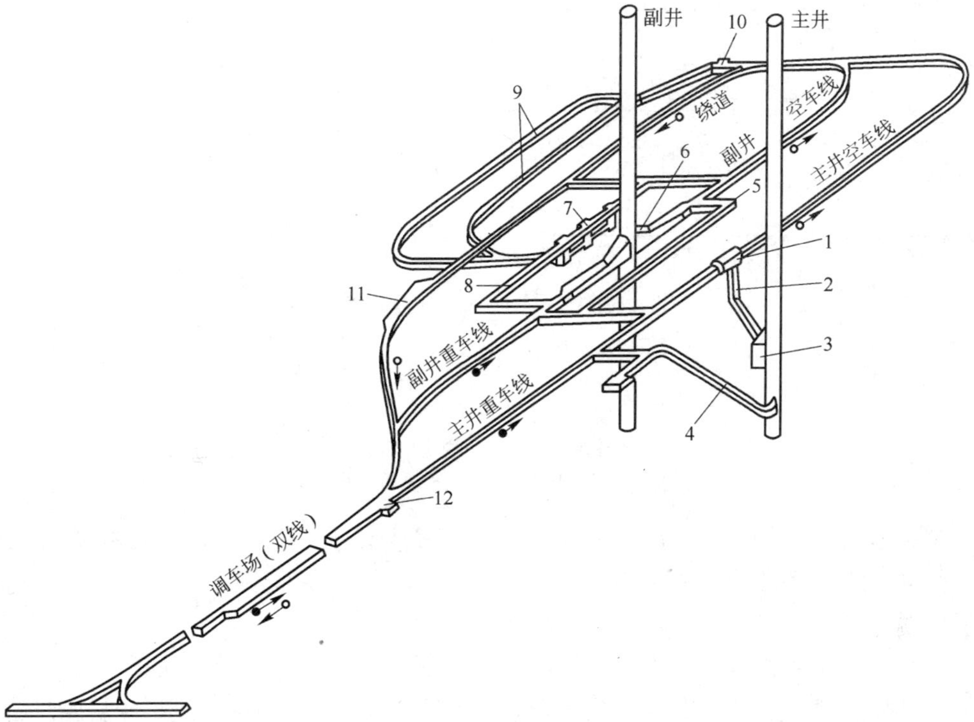

图4-60 井底车场结构示意图

1—翻车机硐室；2—矿石溜井；3—箕斗装载硐室；4—回收粉矿小斜井；5—候罐室；6—马头门；7—水泵房；8—变电整流站；9—水仓；10—清淤绞车硐室；11—机车修理硐室；12—调度室

井底车场根据开拓方法的不同分为竖井井底车场和斜井井底车场。根据对应井筒的作用分为主井井底车场和副井井底车场；根据井筒类型分为竖井井底车场和斜井井底车场；根据井筒提升设备分为罐笼井井底车场和箕斗井井底车场及混合井井底车场；根据井底车场的形式分为尽头式井底车场、折返式井底车场及环形式井底车场。

4.4.1 竖井井底车场

竖井井底车场按使用的提升设备分为罐笼井底车场、箕斗井底车场、罐笼-箕斗混合井井底车场和以输送机运输为主的井底车场，按服务的井筒数目分为单一井筒的井底车场和多井筒（如主井、副井）的井底车场，按矿车运行系统分为尽头式井底车场、折返式井底车场和环形井底车场，如图4-61所示。

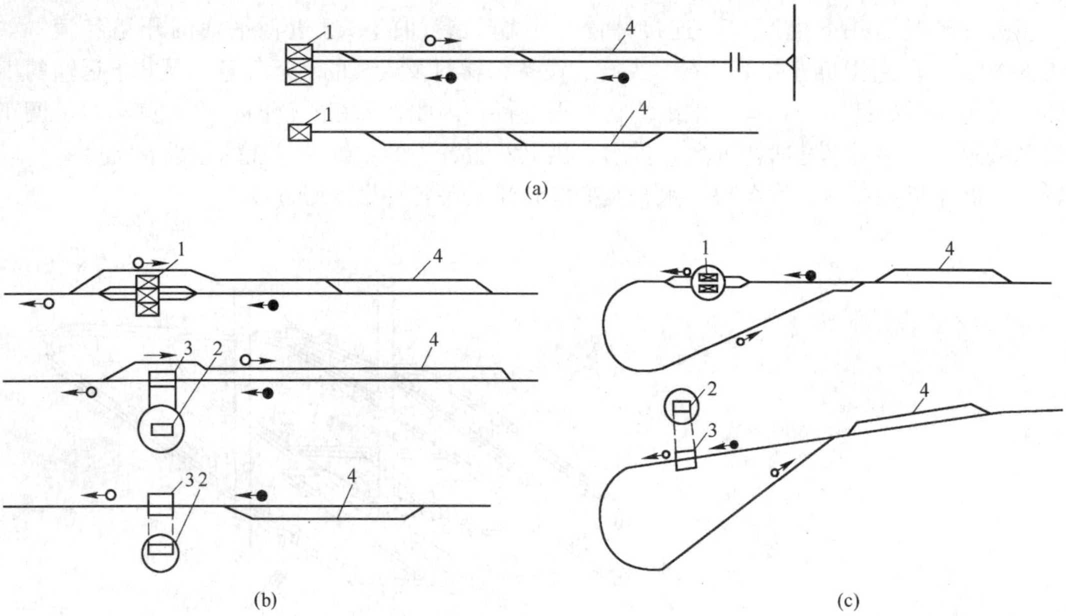

图4-61　井底车场形式示意图

（a）尽头式；（b）折返式；（c）环形

1—罐笼；2—箕斗；3—翻车机；4—调车线路

尽头式井底车场如图4-61（a）所示，用于罐笼提升。其特点是井筒单侧进、出车，空、重车的储车线和调车场均设在井筒一侧，从罐笼拉出来空车后，再推进重车。这种车场的通过能力小，主要用于小型矿井或副井。

折返式井底车场如图4-61（b）所示。其特点是井筒或卸车设备（如翻车机）的两侧均铺设线路。一侧进重车，另一侧出空车。空车经过另外铺设的平行线路或从原线路变头（改变矿车首尾方向）返回。折返式井底车场的优点主要是：提高了井底车场的生产能力；由于折返式线路比环形线路短且弯道少，因此车辆在井底车场逗留时间显著减少，加快了车辆周转；开拓工程量省。由于运输巷道多数与矿井运输平巷或主要石门合一，弯道和交叉点大大减少，简化了线路结构；运输方便、可靠、操作人员减少，为实现运输自动化创造了条件。列车主要在直线段运行，不仅运行速度高，而且运行安全。

环形井底车场，如图4-61（c）所示。它与折返式相同，也是一侧进重车，另一侧出空车，但其特点是由井筒或卸载设备出来的空车经由储车线和绕道不变头（矿车首尾方向不变）返回。

图4-62（a）是混合井井底车场的线路布置，箕斗线路为环形车场，罐笼线路为折返式车场，通过能力比图4-62（c）形式大。

图4-62（b）是双井筒的井底车场，主井为箕斗井，副井为罐笼井。主、副井的运行线路均为环形，构成双环形的井底车场。

为了减少井筒工程量及简化管理，在生产能力允许的条件下，也有用混合井代替双井筒，即用箕斗提升矿石，用罐笼提升废石并运送人员和材料、设备的。此时线路布置与采用双井筒时的要求相同。

图4-62（c）为双箕斗单罐笼的混合井井底车场线路布置。箕斗提升采用折返式车场，罐笼提升采用尽头式车场。

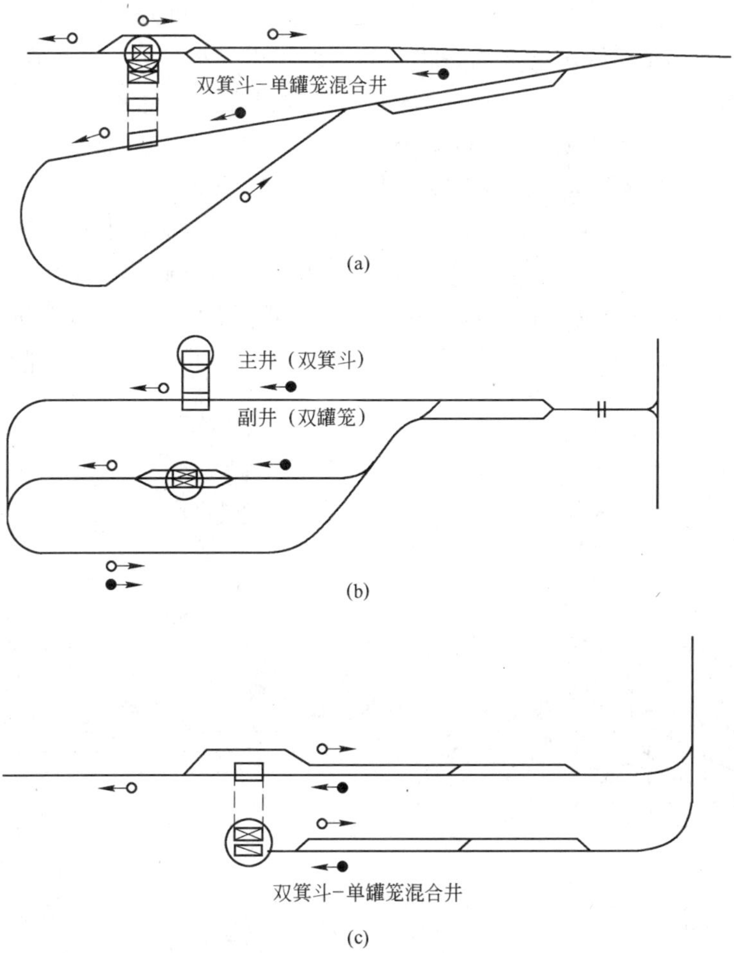

图4-62 两个井筒或混合井的井底车场

（a）双箕斗单罐笼混合井；（b）主井双箕斗，副井双罐笼，双环形井底车场；（c）双箕斗单罐笼混合井，折返-尽头式井底车场

4.4.2 斜井井底车场

斜井井底车场有折返式和环形式两种。环形式用于箕斗井提升或胶带提升，对于使用串车提升的斜井多用折板式井底车场。

竖井与其井底车场直交，通过马头门连接、斜井与井底车场的连接方式有三种：旁甩式（甩车道）、吊桥式、平场式。

（1）甩车道连接[见图4-63（a）]。甩车道是一种既改变方向，又改变坡度的过渡车道，用在斜井内可从井壁的一侧（或两侧）开掘。当串车下行时，串车经甩车道由斜变平进入车场；在车场内［见图 4-64（a）］如果从左翼来车，经场线路 1 调转车头，将重车推进主井重车线 2，再回头去主井空车线 3 拉走空车；空车拉至调车场线路 4，又调转车头将空车拉向左翼巷道。右翼来车，电机车也要在调车场调车头，而空车则直接拉走。主副井的调车方法是相同的。

（2）平车场连接［见图 4-63（b）］。平车场只适用于斜井同最下一个阶段的车场连接。车场连接段重车线与空车线坡度方向是相反的，以利于空车放坡，重车在斜井接口提升。车场内运行线路，如图 4-64（b）所示，斜井为双钩提升。从左翼来车，在左翼重车调车场支线 1 调车后，推进重车线 2，电机车经绕道 4 进入空车线 3，将空车拉到右翼空车调车场 5，在支线 6 进行调头后，经空车线 6 将空车拉回左翼巷道。

（3）吊桥连接［见图 4-63（c）］。吊桥连接是指从斜井顶板出车的平车场。它有平车场的特点，但它不是同最下一个阶段连接，而是通过能够起落的吊桥、连通斜井与各个阶段之间的运行。吊桥放落时，斜井下来的串车可以直接进入阶段车场，这时下部阶段提升暂时停止；当吊桥升起时，吊桥所在阶段的运行停止，斜井下部阶段的提升可以继续。

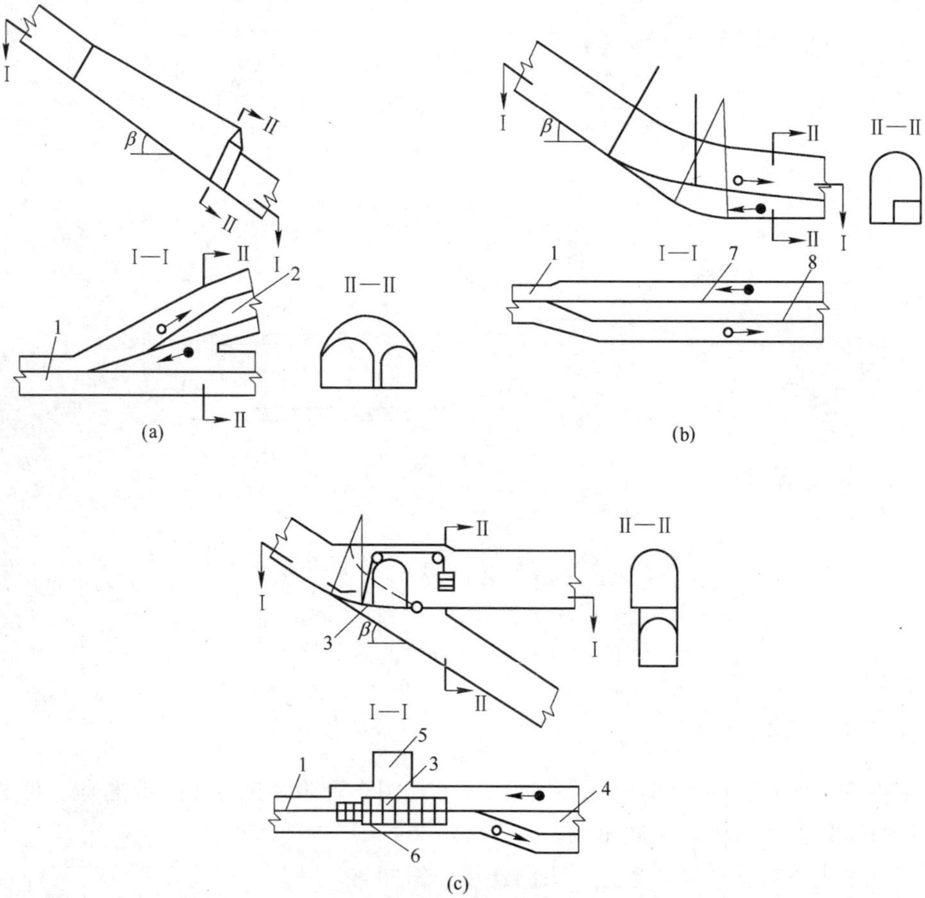

图 4-63　斜井与井底车场的连接方式

（a）甩车道；（b）平车场；（c）吊桥

1—斜井；2—甩车道；3—吊桥；4—吊桥车场；5—信号硐室；6—行人道；7—重车道；8—空车道

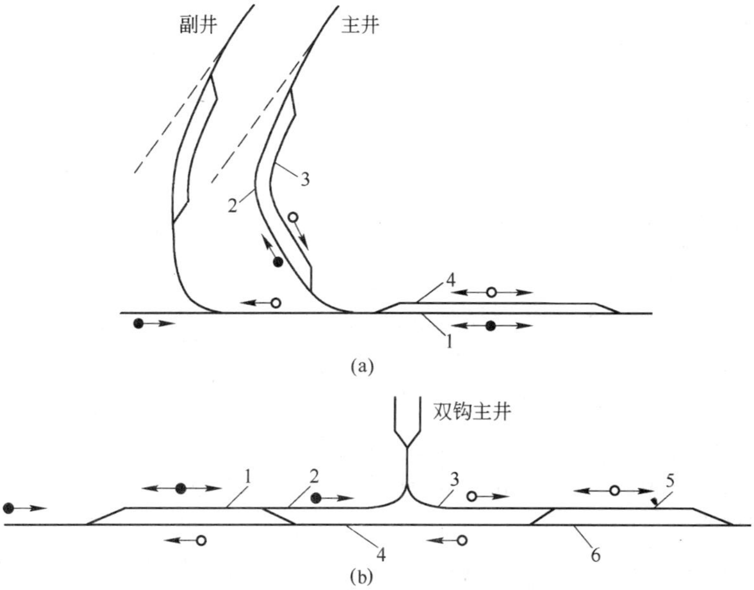

图4-64　串车斜井折返式车场线路图
（a）甩车道；（b）平车场

吊桥连接是斜井串车提升的最好方式。它具有工程量最少、结构简单、提升效率高等优点；但也存在着在同一条线路上摘挂空、重车，增加了推车距离和提升休止时间等缺点。使用吊桥时，斜井倾角不能太小，否则，吊桥尺寸过长，重量太大，对安装和使用均不方便，而且井筒与车场之间的岩柱也很难维护；倾角过大，对下放长材料很不方便，而且在转道时容易掉道。根据实践经验，斜井倾角以大于20°时，使用吊桥效果较好。吊桥上要过往行人，吊桥密闭后又会影响上下阶段通风，故只宜铺设稀疏木板，以保证正常工作。

吊桥与甩车道比，钢丝绳磨损较小，矿车也不易掉道，提升效率高，巷道工程量少，交叉处巷道窄，易于维护；但下放长材料不及甩车道方便。

图4-65是箕斗和串车提升主、副斜井的折返式和环形式运行线路。该车场主井线路采用折返式或环形运行，副井串车线路采用尽头式运行。

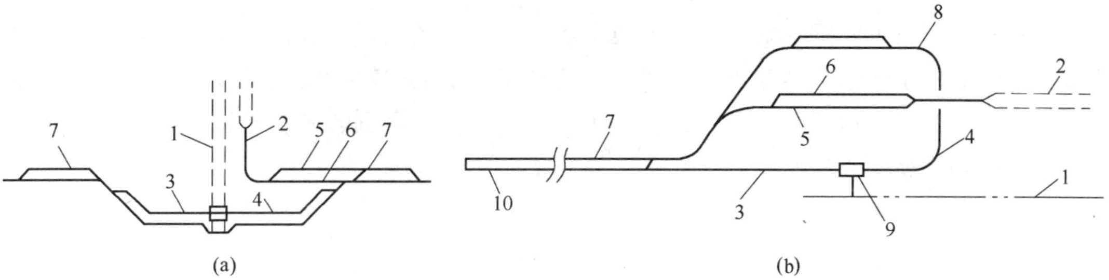

图4-65　斜井折返式和环形式车场
（a）箕斗斜井折返式车场；（b）箕斗斜井环形式车场
1—主井（箕斗井）；2—副井（串车井）；3—主井重车线；4—主井空车线；5—副井重车线；6—副井空车线；7—调车支线；8—回车线；9—翻车机；10—石门

4.5 阶段（中段）开拓与运输

4.5.1 中段开拓方式

4.5.1.1 单一沿脉开拓

这种开拓布置可分为脉内布置和脉外布置。按线路布置形式又可分为单轨会让式和双轨渡线式。

单轨会让式，如图4-66（a）所示。除会让站外运输巷道皆为单轨，重车通过，空车待避或相反。因此，通过能力小，多用于薄或中厚矿体中。

当阶段生产能力增大时，采用单轨会让式难以完成生产任务。在这种情况下采用双轨渡线式布置，如图4-66（b）所示。即在运输巷道中设双轨线路，在适当位置用渡线连接起来。

这种布置形式可用于年产量20～60万吨的矿山。

在矿体中掘进巷道的优点是能起探矿作用和装矿方便，并能顺便采出矿石，减少掘进费用。但矿体沿走向变化较大时，巷道弯曲多，对运输不利。因此，脉内布置适用于规则的中厚矿体，产量不大，矿床勘探不足和品位低不需回收矿柱的条件。

当矿石稳固性差，品位高，围岩稳固时，采用脉外布置，有利于巷道维护，并能减少矿柱的损失。对于极薄矿脉，应使矿脉位于巷道断面中央，以利于掘进时，适应矿脉的变化。如果矿脉形态稳定主要考虑巷道维护时，应将巷道布置在围岩稳固的一侧。

4.5.1.2 下盘双巷加联络道开拓

这种开拓布置分为下盘环形式和折返式，如图4-67所示。

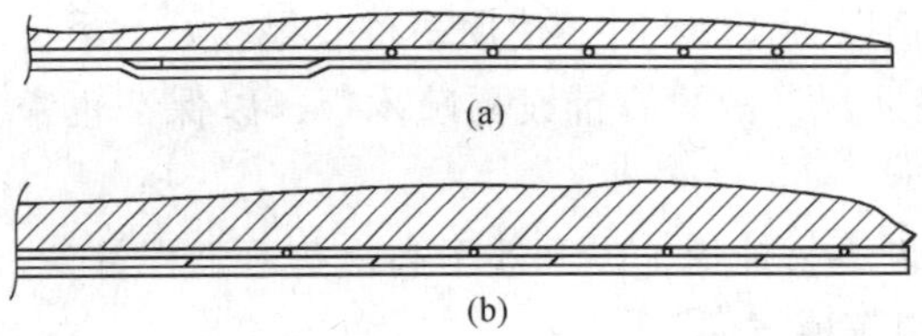

图4-66 单一沿脉平巷布置
（a）单轨会让式；（b）双轨渡线式

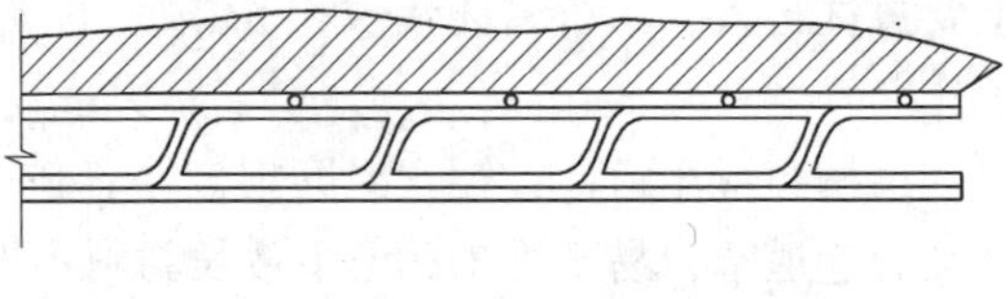

图4-67 下盘沿脉双巷加联络道布置

下盘沿走向布置两条平巷，一条为装车巷道，另一条为行车巷道，每隔一定距离用联络道联结起来采用环形联结或折返式联结。这种布置是从双轨渡线式演变来的。其优点是行车巷道平直有利于行车，装车巷道掘在矿体中或矿体下盘围岩中，巷道方向随矿体走向而变化，有利于装车和探矿。装车线和行车线分别布置在两条巷道中，生产安全、方便，巷道断面小有利于维护。缺点是掘进量大。

这种布置多用于中厚和厚矿体中。

4.5.1.3 沿脉平巷加穿脉开拓

这种开拓布置如图4-68所示，一般多采用下盘脉外平巷和若干穿脉配合。从线路布置上讲，采用双线交叉式，即在沿脉巷道中铺双轨，穿脉巷道中铺单轨。沿脉巷道中双轨用渡线联结，沿脉和穿脉用单开道岔联结。

这种布置的优点是阶段运输能力大，穿脉装矿生产安全、方便、可靠，还可起探矿作用。缺点是掘进工程量大，但比环形布置工程量小。

这种布置多用于厚矿体，阶段生产能在 60～150 万吨/年。

4.5.1.4 上下盘沿脉巷道加穿脉开拓

这种开拓布置如图 4-69 所示，从线路布置上讲设有重车线、空车线和环形线，环形线既是装车线，又是空、重车线的联结线。从卸车站驶出的空车，经空车线到达装矿点装车后，由重车线驶回卸车站。环形运输的最大优点是生产能力可以很大。此外，穿脉装车生产安全方便，也可起探矿作用。缺点是掘进工程量很大。这种布置通过能力可达 150～300 万吨/年。

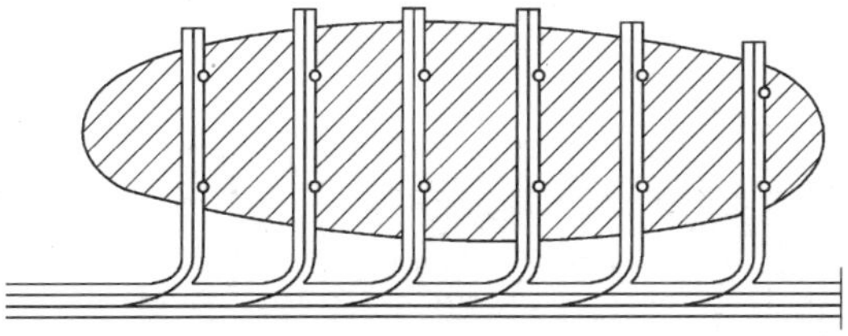

图 4-68 沿脉平巷加穿脉布置

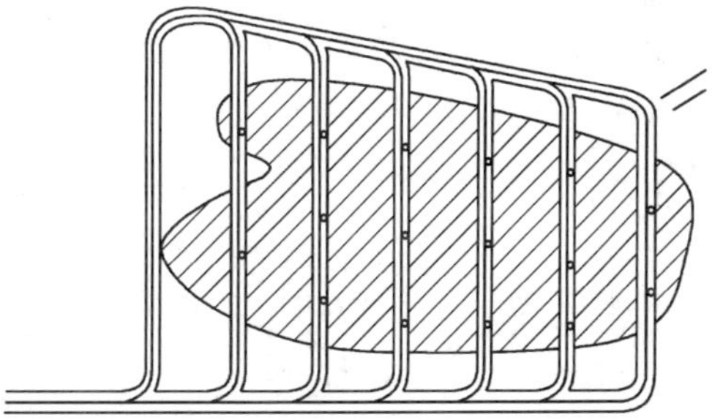

图 4-69 环形运输布置

所以多用在规模大的厚和极厚矿体中。也可用于几组互相平行的矿体中。当开采规模很大时，也可采用双线的环形布置。

4.5.1.5 平底装车开拓

平底装车开拓，这种开拓布置方式主要是由于采用高效率的装矿设备和平底装车结构的出现而发展起来的。这种布置有两个主要特点：一是装矿设备直接在运输水平装车；二是装矿点之间的距离不可能很远，一般只有 6～8m。这种布置方式在近年来发展的井下运输采用汽车、装车采用铲装机、主要开拓巷道采用斜坡道的开拓运输方式的发展而发展迅速的，其特点是不需布置复杂的底部结构，避免了回采底部结构使损失贫化增大，同时减少了采准工程量。矿石直接装入井下运输汽车，经斜坡道运输到地表，减少了中间倒运环节，降低了提升运输费用。

必须指出，上述的仅是一些基本的布置形式，而在实际布置中矿体的形态、厚度和分布等往往是复杂多变的，生产上要求也是不同的，因此，阶段运输巷道的布置也必须根据具体条件，灵活掌握。其布置如图 4-70 所示。

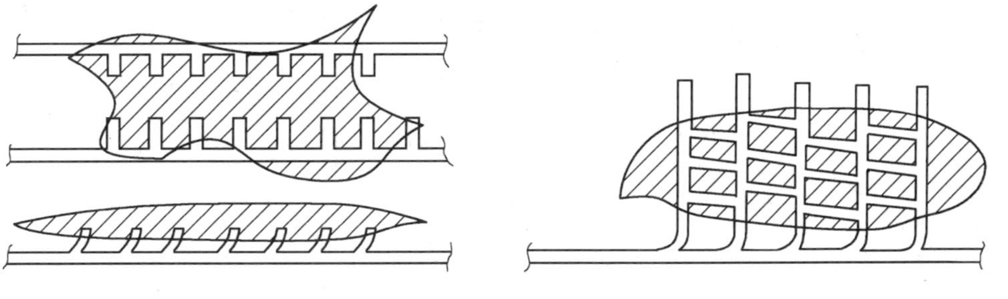

图 4-70 平底装车布置

4.5.2 中段运输设备

4.5.2.1 电机车

矿用电机车的机械部分包括车架、轮轴及传动装置、轴箱、弹簧托架、制动装置和撒砂装置。

A 车架

电机车的车架如图4-71所示，由纵向钢板2，缓冲器1、4和横向钢板3等组或。纵板2厚30～60mm，前后用缓冲器4和1连接，中间用横板3加固。横板将车架分为驾驶室、行走机构室和电阻室三部分。纵板的中部有两个侧孔5和一个侧孔6，从孔5可看见轴箱7和弹簧托架8，以便于检修，从孔6可调整刹车闸瓦与车轮的间距。缓冲器上有连接器，可将矿车连接在电机车上。

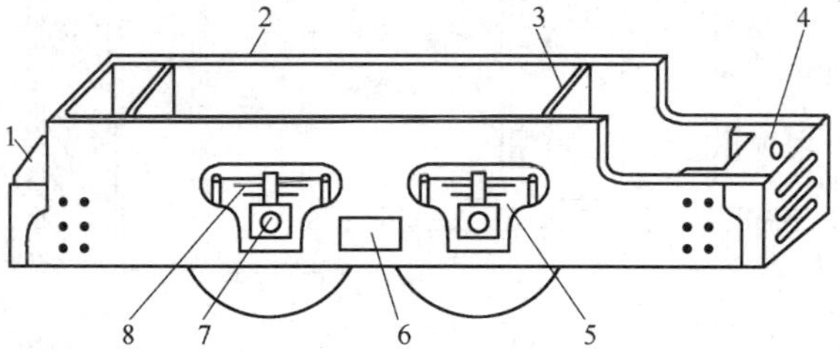

图4-71 电机车的车架

1，4—缓冲器；2—纵板；3—横板；5，6—侧孔；
7—轴箱；8—弹簧托架

B 轮轴及转动装置

电机车的轮轴如图4-72所示，由车轴1、用压力嵌在轴上的两个铸铁轮心2和与轮心热压配合的钢轮圈3组成。轮圈用合金钢制成，耐磨性好，磨损后可单独更换，不需换整个车轮。车轴两端有凸出的轴颈6，可插入轴箱的滚柱轴承内，使车轴能顺利旋转。车轴上装有轴瓦4和齿轮5，电动机通过轴瓦套装在车轴上，如图4-73所示，经齿轮8驱动车轴上的齿轮5旋转，使车轮沿轨道运行。

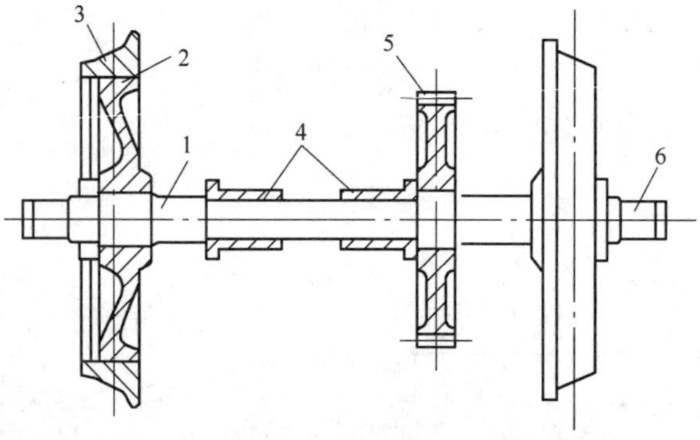

图4-72 电机车的轮轴

1—车轴；2—轮心；3—轮圈；4—轴瓦；5—齿轮；6—轴颈

电动机的外形如图4-74所示，它的一端装有轴套5，轴套套装在电机车的车轴上，使车轴在支承电动机的同时可以自由转动。从图4-73可知，电动机的另一端有挂耳2，通过弹簧4悬吊在车厢纵板上。这种安装方法，结构紧凑，并保证在机车运行震动时，传动齿轮仍能正确啮合。

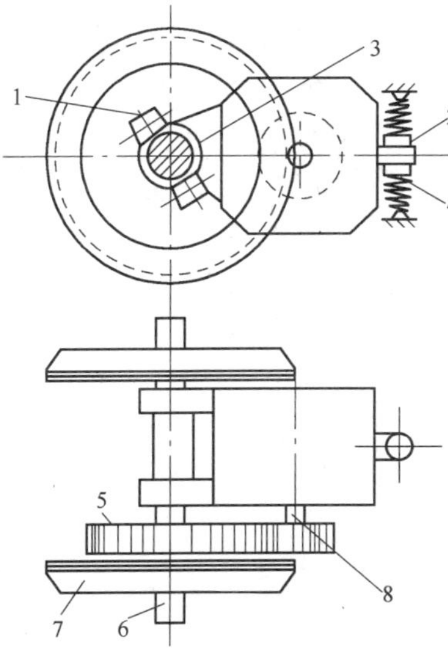

图4-73 电机车的齿轮传动装置

1—电动机；2—挂耳；3—车轴；4—弹簧；5，8—正齿轮；6—轴颈；7—车轮

图4-74 牵引电动机

1—螺栓；2—整流子检查孔；3—轴承；4—接线盒；5—轴套

如图4-75所示，电机车的两根车轴4，各用一台电动机1，经齿轮2、3一级减速驱动。两个传动系统采用图示的顺序配置方式，以保证轴距不致过大，而电机车具有足够的稳定性。

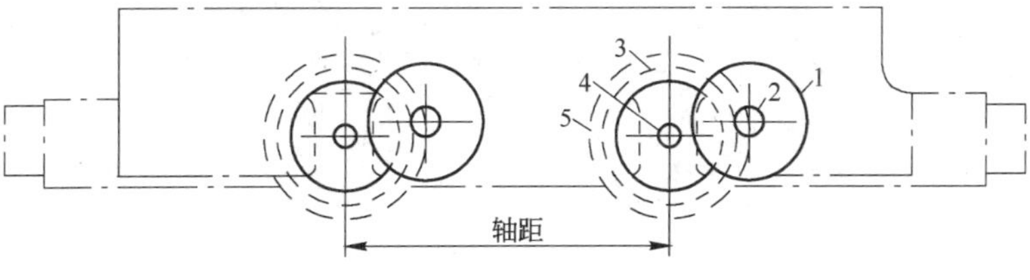

图4-75 电机车双轴传动的配置

1—电动机；2，3—齿轮；4—车轴；5—车轮

C 轴箱

电机车的轴箱如图4-76所示，轴箱外壳1为铸钢件，箱内装有两个单列圆锥滚柱轴承4，车轴两端的轴颈插入轴承的内座圈，用支持环3和止推垫圈8防止车轴做轴向移动。轴箱外侧装有支持盖6，用来压紧轴承外座圆和承受轴向力，轴箱端面另用端盖7封闭。轴箱内侧装有毡垫密封圈2，可防止润滑油漏出和灰尘侵入。为了便于检修，轴箱外壳1由两半合成，用四个螺栓连接。轴箱顶部有一个柱状孔5，弹簧托架的弹簧箍底座就放在孔内，轴箱两端的凹槽卡在车架上，使轴箱固定。

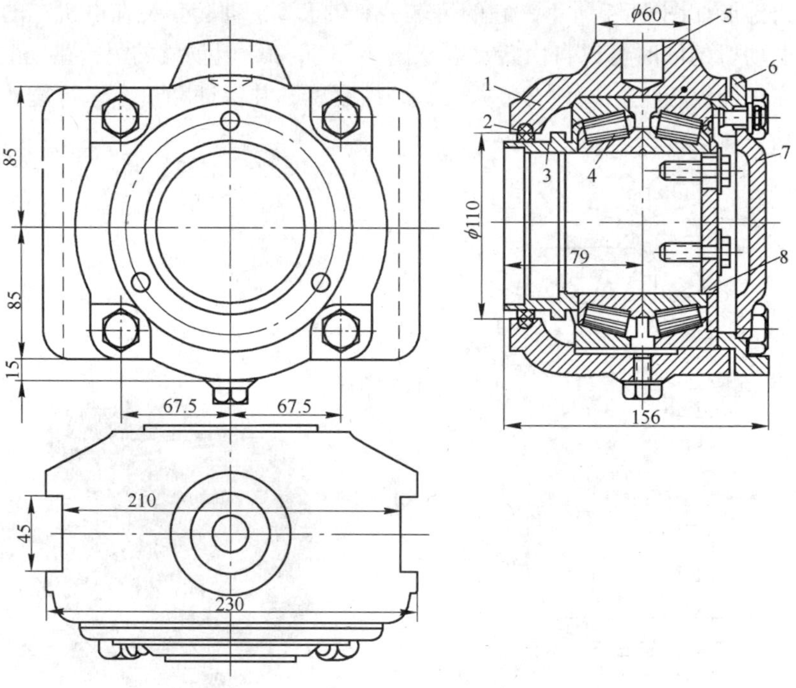

图4-76　电机车的轴箱（单位：mm）

1—铸钢外壳；2—密封圈；3—支持环；4—滚柱轴承；5—柱状孔；6—支持盖；7—端盖；8—止推垫圈

D　弹簧托架

电机车的弹簧托架如图4-77所示，叠板弹簧4的中部用卡箍3箍紧，卡箍的底座插入轴箱6的顶部柱片孔内，电机车的车架用托架5悬吊在叠板弹簧的两端。

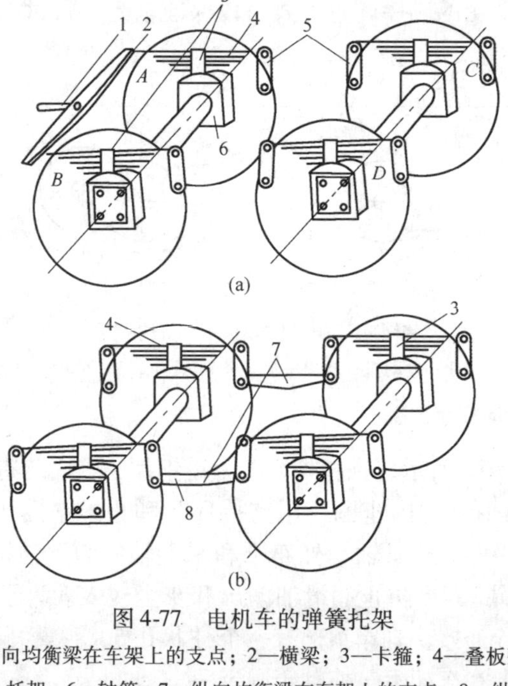

图4-77　电机车的弹簧托架

1—横向均衡梁在车架上的支点；2—横梁；3—卡箍；4—叠板弹簧；

5—托架；6—轴箱；7—纵向均衡梁在车架上的支点；8—纵梁

为了使车轮受力均衡，弹簧托架上装有均衡梁。图 4-77（a）是装有横向均衡梁的托架，车架的一端悬吊在弹簧托架 C、D 上，另一端通过横梁 2 支撑在弹簧托架 A、B 的外端，利用三点平衡原理，自动调整车轴的负荷。图 4-77（b）是装有纵向均衡梁的托架，前后两个弹簧托架的中间用纵梁 8 连接，纵梁的中点是车架的中部支点，通过纵梁使车轴负荷得到自动调整。

E　制动装置

电机车的机械制动装置如图 4-78 所示。制动装置用驾驶室内的手轮 1 操纵，手轮装在螺杆 3 上，螺杆的无螺纹部分穿过车架横板上的套管 2，只能旋转不能移动，螺杆的螺纹拧入均衡杆 4 的螺母内。正向转动手轮 1，螺杆 3 拖动均衡杆 4 向左移动，经拉杆 5 拖动前后杠杆 6、7，使前后闸瓦同时刹住车轮。反向转动手轮，闸瓦松开。螺杆 10 的两端有正反扣螺纹，可调整闸瓦与车轮的间隙。

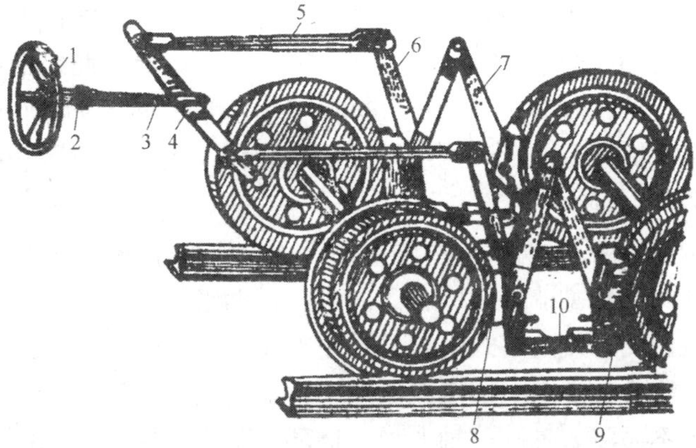

图 4-78　电机车的机械制动装置

1—手轮；2—管套；3—螺杆；4—均衡杆；5—拉杆；
6，7—前、后杠杆；8，9—前、后闸瓦；10—调节螺杆

F　撒砂装置

为了增大车轮与钢轨的黏着系数，提高机车的牵引力和防止车轮打滑，电机车装有图 4-79所示的撒砂装置。在车架行走机构室的四个角上，各装一个砂箱，箱中装有干燥的

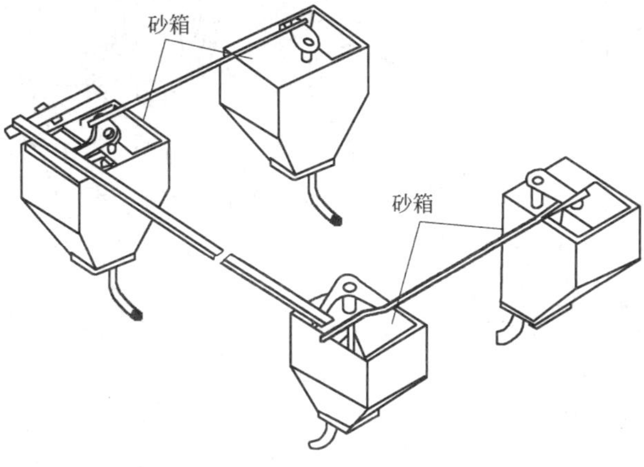

图 4-79　电机车的撒砂装置

细砂。扳动驾驶室内的撒砂手柄，通过杠杆系统打开砂箱，砂经撒砂管流到车轮前端的钢轨上。放松手柄，挡板在弹簧作用下复位，切断砂流。若机车反向运行，则反向扳动手柄，使另一端的砂箱撒砂。

4.5.2.2 *矿车*

矿车由车厢、车架、轮轴、缓冲器和连接器组成。

A *矿车结构*

车厢用钢板焊接而成，为了增加刚度，顶部有钢质包边，有时四周还用钢条加固。车架用型钢制成，其前后端装有缓冲器，下部焊有轴座。缓冲器的作用是承受车辆相互的碰撞力，并保证摘挂钩工作的安全。缓冲器有弹性和刚性两种：弹性缓冲器借助碰头推压弹簧起缓冲作用，通常用于大容积矿车；刚性缓冲器则用型钢或铸钢制成，刚性连接在车架上。

连接器装在缓冲器上，其作用是把单个矿车连接成车组，并传递牵引力。连接器要有足够的强度，摘挂钩方便，不会自行脱钩，并在垂直方向和水平方向有一定活动余地。常用连接器有链环式和转轴式两种：链环式一般由三个套环组成，两端钢环分别挂在两个矿车缓冲器的插销上；转轴式（见图 4-80）由两个套环和转轴组成两个套环分别挂在两个矿车缓冲器的插销上。由于左右套环能绕转轴独立旋转，使矿车组不必摘钩、每个矿车能在翻车机内独立卸载。

常用轮轴的结构如图 4-81 所示。在轴 5 的外侧装有两个单列圆锥滚子轴承 3，轮毂 6 的孔内有凸肩，顶住两个轴承的外座圈，其内座圈借助轴的凸肩和螺母 7 压紧在轴上，并用开口销防松。轮毂内侧采用迷宫式密封，外密封圈点焊在轮毂上，内密封圈与轴肩的锥面结合。端盖 1 为冲压件，用螺钉固定在轮毂上。润滑脂经注油孔 2 注入，由于密封圈和油脂密封，灰尘和水不易浸入轴孔。轴上焊有挡环，防止车轴转动，但允许轴在轴座内作

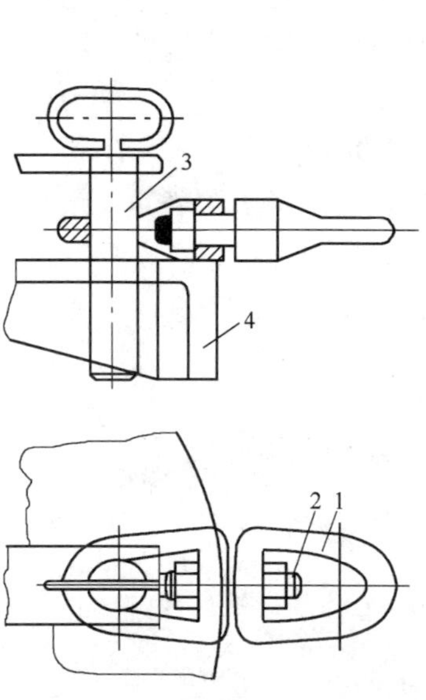

图 4-80 转轴式连接器

1—套环；2—转轴；3—插销；4—缓冲器

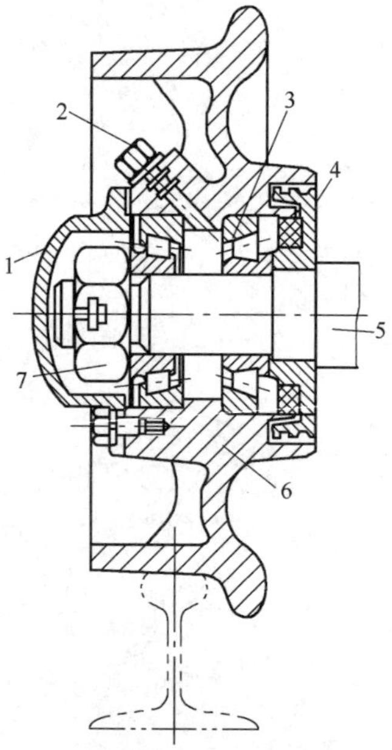

图 4-81 轮轴结构

1—端盖；2—注油孔；3—单列圆锥滚子轴承；4—迷宫式密封圈；5—轴；6—轮毂；7—螺母

少量纵横向移动，以保证车轮同时着轨。车轮一般为铸钢件，轮缘经表面淬火处理。车轮直径由车厢容积决定，通常为250～450mm。车轮轮缘约呈圆锥形，锥度1∶20，使矿车自动沿轨道中心运行，并减少对运行部分的磨损和冲击。

矿车按车厢结构和卸载方式不同，一般分为固定车厢式、翻转车厢式、曲轨侧卸式及底卸式等主要类型。各类矿车除车厢结构不同外，其他部分大体相似。

B 固定车厢式矿车

固定车厢式矿车如图4-82所示，车厢焊接在车架上，具有半圆形箱底，结构简单，坚固耐用，但必须使用翻车机卸载。

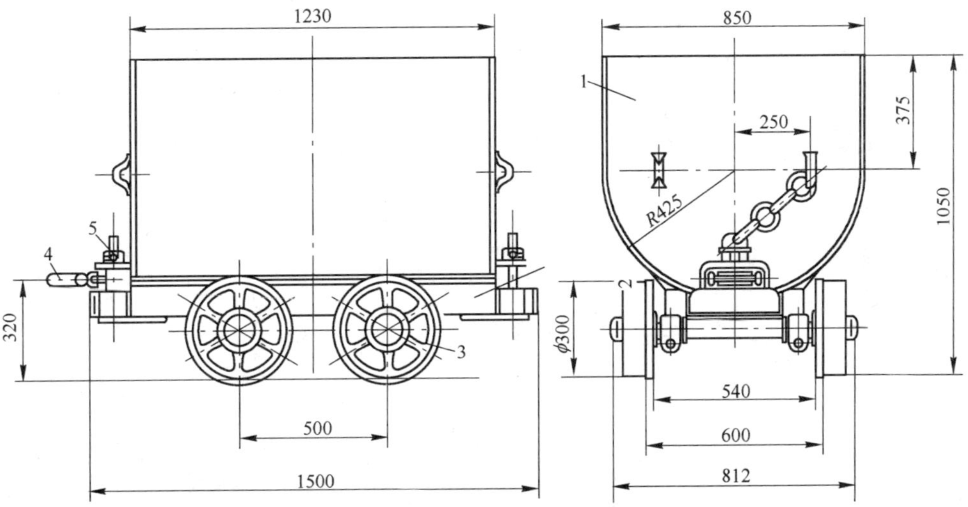

图4-82 固定车厢式矿车YGC0.7（6）型（单位：mm）

1—车厢；2—车架；3—轮轴；4—连接器；5—插销

C 翻转车厢式矿车

翻转车厢式矿车如图4-83所示，车厢横断面呈U形，两端焊有圆弧形翻转轨3，翻转轨放在车架两端的平板状支座2上。装载和运行时，用车架上的斜撑（或销子）4撑住翻转轨，使车厢固定。卸载时，移开斜撑（或拔出销子），在外力推动下，翻转轨沿支座滚动，翻转轨上的限位滚钉插入支座孔内，使车厢平稳翻转。卸载后反向推动车厢，使之复位，并用斜撑（或销子）固定。这种矿车卸载灵活，但坚固性较差，容积大时翻车费力。

D 曲轨侧卸式矿车

曲轨侧卸式矿车如图4-84所示，车厢1用铰轴装在车架8上，车厢右侧板4用销轴7铰接在车厢上，当车厢在正常位置时，侧板4被挂钩5钩住关闭车厢侧板。卸载时，车厢侧面的滚轮3被曲轨2抬高，迫使车厢绕铰轴向右翻转，车架上的挡铁6将挂钩5顶开，矿岩即从车厢侧板卸入轨道侧面的溜井内。卸载后滚轮3沿曲轨2下降，车厢复位，侧板4被挂钩5钩住自动关闭。

卸载曲轨由曲轨2、过渡轨11、转辙器10和滚轮罩12组成。转辙器和过渡轨在曲轨两端各有一套，转动转辙器手柄，可使过渡轨的进口端前后移动。当进口端向前，电机车牵引矿车通过卸载站时，车厢上的滚轮被过渡轨引导，沿曲轨上升，使车厢翻转侧卸；当进口端向后，滚轮从曲轨侧面通过，不进入过渡轨和曲轨，矿车不翻转。曲轨顶部的滚轮罩用来控制矿车的倾斜角，防止矿车重心外移倾倒，并引导车厢复位。

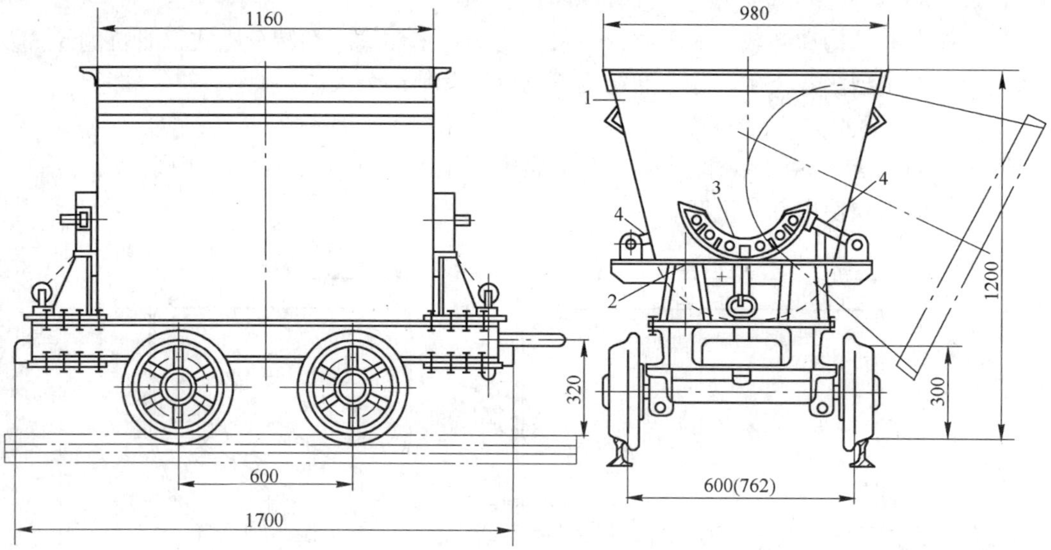

图 4-83　翻转车厢式矿车 YFC0.7（6）型（单位：mm）

1—车厢；2—平板状支座；3—圆弧形翻转轨；4—斜撑

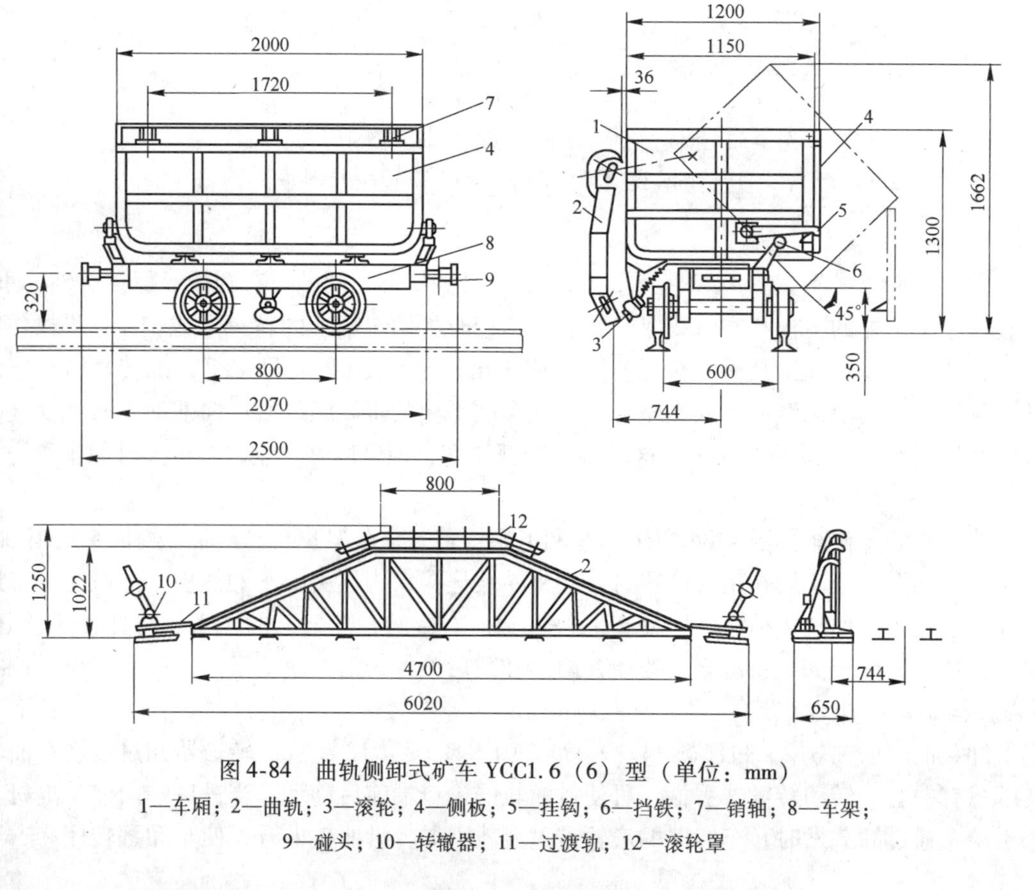

图 4-84　曲轨侧卸式矿车 YCC1.6（6）型（单位：mm）

1—车厢；2—曲轨；3—滚轮；4—侧板；5—挂钩；6—挡铁；7—销轴；8—车架；9—碰头；10—转辙器；11—过渡轨；12—滚轮罩

曲轨侧卸式矿车坚固耐用，卸载方便，已被很多矿山采用。

E 底卸式矿车

底卸式矿车如图 4-85 所示，车厢 1 是用厚钢板焊成的无底箱形体，其上口外围扣焊角钢，底部外围扣焊槽钢，并在四周用筋板加固。在车厢两侧腰部焊接槽钢，制成翼板 6，供卸载时使用。翼板外侧有限速用的摩擦板，下部有加强板及支撑斜垫板，它们用沉头螺栓与翼板连接，磨损后可以更换。在车厢前后两端装有连接器 5。车架 2 用型钢焊接制成，上铺厚钢板和衬板作为车厢底，车架一端用铰轴与车厢上的轴承铰接，另一端用轴承装有卸载轮 4。由于车架较长，为了减小轴距，在车架下面装有两个转向架 3，每个转向架用两根轮轴支承，使矿车能通过曲率半径较小的弯道。装矿时矿石对车底的冲击，也可以用转向架上的弹簧组缓冲。

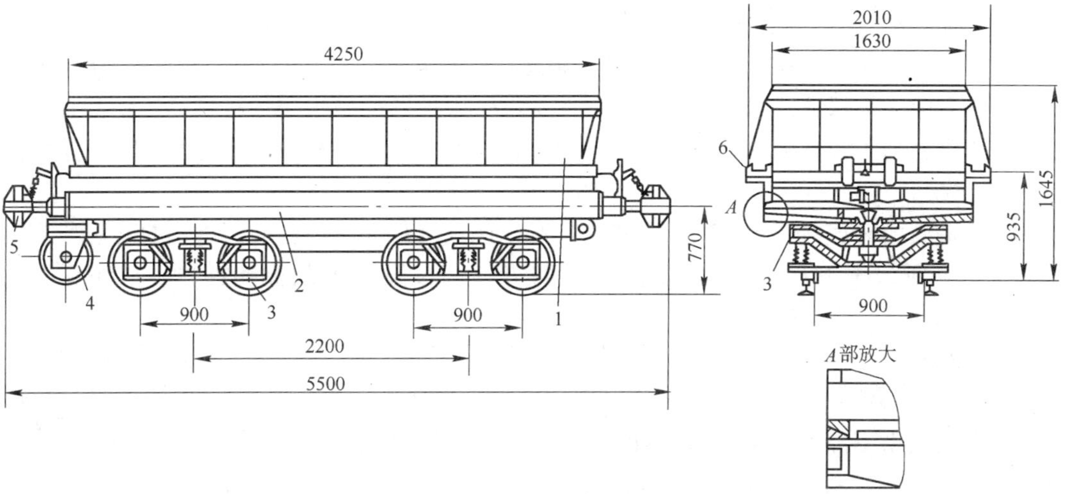

图 4-85 底卸式矿车 YDC6（7）型（单位：mm）

1—车厢；2—车架；3—转向架；4—卸载轮；5—连接器；6—翼板

底卸式矿车用电机车牵引至卸载站卸载，其卸载方式如图 4-86 所示。矿车进入卸载站因卸矿漏斗 9 上部的轨道中断，车厢 1 由其两侧翼板 2 支撑在漏斗旁的两列托轮组 3

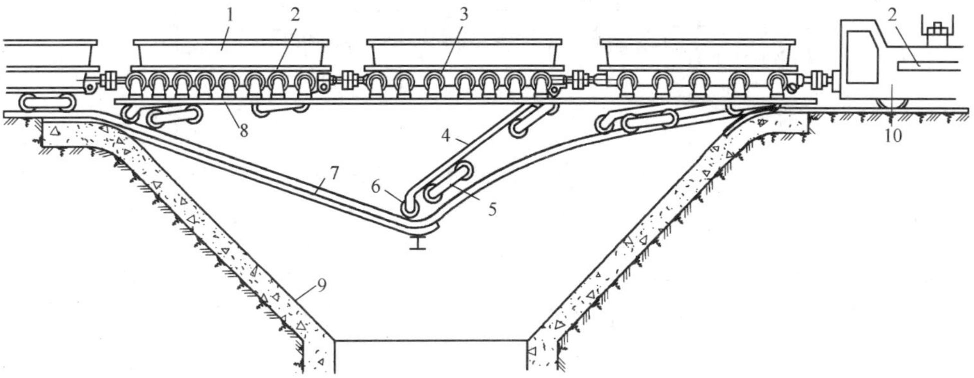

图 4-86 底卸式矿车卸载示意图

1—车厢；2—翼板；3—托轮；4—车架；5—转向架；6—卸载轮；
7—卸载曲轨；8—托轮座；9—卸矿漏斗；10—电机车

上，车架4由于失去支撑，被矿石压开，连同转向架5一起通过卸载轮6沿卸载曲轨7运行，车底绕端部铰轴倾斜，矿石借自重卸出，经卸矿漏斗9进入溜井。卸矿曲轨7是一条弯曲钢轨，位于车厢的中轴线上，从卸矿漏斗的一端通向另一端，其下部用工字钢加固。

电机车10进入卸载站后同样由两侧翼板2支撑在托轮组3上，因而失去其牵引力。当靠近电机车的第一辆矿车的卸载轮处于卸载曲轨的左端卸载段时，由于矿石及车架的重力作用，曲轨对矿车产生反作用力，推动矿车前进。当第一辆矿车的卸载轮爬上曲轨右端的复位段时，第二辆矿车的卸载轮早已进入曲轨的卸载段，又产生推力推动列车前进。当最后一辆矿车的卸载轮沿曲轨复位段上爬时，虽无后续矿车的推力，但因列车的惯性和电机车已进入轨道产生牵引力，整个列车随即离开曲轨，驶出卸载站。

两列托轮组分别向车厢倾斜10°，车厢翼板下面的支撑斜垫板放在托轮组上，使车厢持水平并能自动对中。托轮的间距应保证车厢悬空时，每节车厢至少有三个托轮支撑。在卸载过程中，由于矿车在卸载段不断产生推力，使车速加快，当车速过大时，会出现矿石卸不净的现象。为保证卸净矿石，应设置限速器。限速器的闸板用气缸推动，使闸板上的夹布胶木闸衬与翼板外侧的摩擦板接触，以降低车速。用手动操纵阀控制气缸即可达到限速目的。

卸载曲轨的卸载段倾斜22°，其最低点按车底最大倾角45°确定。曲轨的复位段有凸凹曲线，以便卸净矿石。由于卸载时车底倾角大，以及矿石的流动冲刷，矿车无结底现象。

4.5.2.3 运输线路

A 轨道

矿井轨道由下部结构和上部结构组成，如图4-87所示。

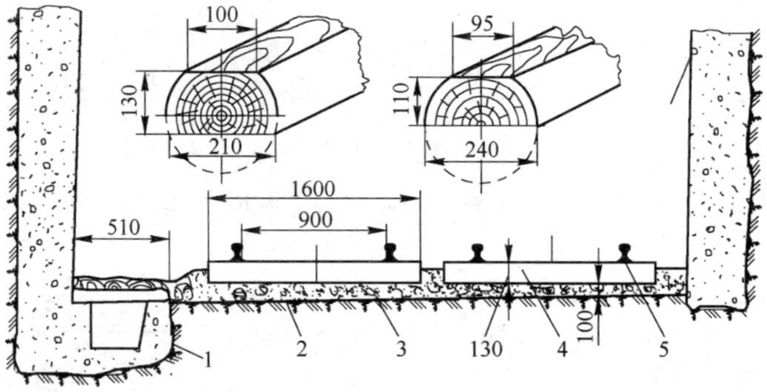

图4-87 矿井轨道的结构（单位：mm）

1—水沟；2—巷道底板；3—道砟；4—轨枕；5—钢轨

下部结构是巷道底板，由线路的空间位置确定。线路空间位置用平面图和剖面图表示：平面图说明线路的平面布置，包括直线段、曲线段的位置及其平面连接方式；纵剖面图说明线路坡度及变坡处的连接竖曲线；横剖面说明线路在巷道内的布置情况。轨道线路应力求铺成直线或具有较大的曲线半径，纵向力求平坦，平巷沿重力方向有3‰的下向坡度，横向在排水沟方向稍有倾斜。

线路坡度，对斜巷用角度表示；对平巷用纵剖面图上两点的高差与其间距之比表示。

设一条线路的起点、终点标高分别为 H_1、H_2(m)，间距为 L(m)，则

斜巷平均坡度 $$i_{平} = \arctan\left(\frac{H_2 - H_1}{L}\right)$$

平巷坡度 $$i_{平} = \frac{1000(H_2 - H_1)}{L}‰ = \frac{1000(i_1 l_1 + i_2 l_2 + \cdots + i_n l_n)}{l_1 + l_2 + \cdots + l_n}‰$$

式中 i_1，i_2，…，i_n——各段线路的坡度‰；

l_1，l_2，…，l_n——各段线路的长度，m。

上部结构包括道砟、轨枕、钢轨及接轨零件。

道砟层由直径20～40mm的坚硬碎石构成，其作用是将轨枕传来的压力均匀传递到下部结构上，并防止轨枕纵横向移动及缓和车轮对钢轨的冲击作用，还可以调节轨面高度。道砟层的厚度在倾角小于10°的巷道内不小于150mm，轨枕的2/3应埋在道砟中，轨枕底面至巷道底板的道砟厚度不小于100mm；在倾角大于10°的巷道内，轨枕通常铺在专用地沟内，其深度约为轨枕厚度的2/3，沟内道砟层厚度不小于50mm，若采用钢钎固定轨枕，道砟层厚度与平巷相同。道砟层的宽度，对600mm轨距，上宽1400mm，下宽1600mm；对900mm轨距，上宽1700mm，下宽2000mm。

轨枕的作用是固定钢轨，使之保持规定的轨距，并将钢轨的压力均匀传递给道砟层。矿用轨枕通常用木材和钢筋混凝土制作。木轨枕有良好弹性、重量轻、铺设方便，但寿命短，维修工作量大，钢筋混凝土轨枕与之相反。在矿山推广使用钢筋混凝土轨枕，是节约木材的重要措施之一。

钢筋混凝土轨枕如图4-88所示，制造时在穿过螺栓处留有椭圆孔，安装时钢轨用螺栓通过压板压紧在轨枕上，为了有一定弹性，可在钢轨与轨枕间垫入胶垫。

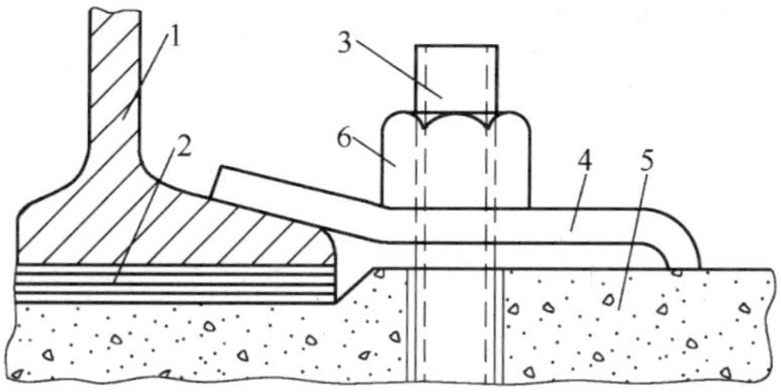

图4-88 钢筋混凝土轨枕

1—钢轨；2—胶垫；3—螺栓；4—弹性压板；5—混凝土轨枕；6—螺帽

木轨枕的尺寸见图4-87及表4-1。

表4-1 木轨枕尺寸

钢轨型号	轨枕厚/mm	顶面宽/mm	底面宽/mm	轨枕长/mm	
				轨距600	轨距762
8	100	100	100	1100	1250
11、15、18	120	100	188	1200	1350
24	130	100	210	1200	1350
33	140	130	225	1200	1350

钢筋混凝土轨枕的形状和尺寸见图4-89及表4-2。

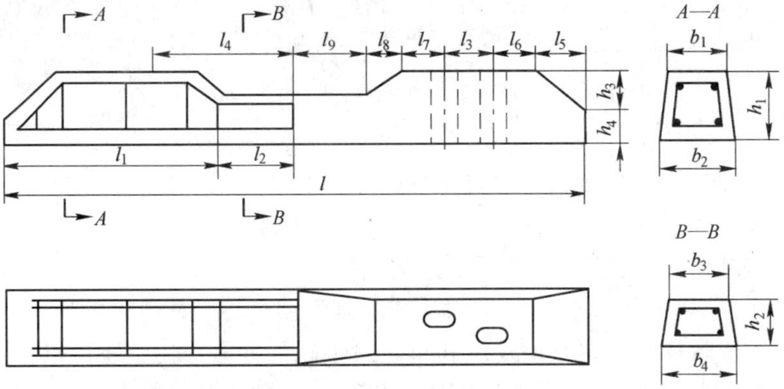

图4-89 钢筋混凝土轨枕的形状和尺寸

表4-2 钢筋混凝土钢枕尺寸

轨距/mm	机车质量/t	钢轨/kg·m^{-1}	枕距/mm	尺寸/mm								
				l	l_1	l_2	l_3	l_4	l_5	l_6	l_7	l_8
600	3	11~15	700	1200	400	150	91	275	100	84	71	54
600	10	18	700	1200	400	150	94	275	100	81	75	50
762	10	18	700	1350	485	190	104	349	130	92	109	50
900	20	24	700	1700	—	—	—	—	—	—	—	—
900	20	38	700	1700	—	—	—	—	—	—	—	—

尺寸/mm									钢材		混凝土	
l_9	b_1	b_2	b_3	b_4	h_1	h_2	h_3	h_4	钢号	kg	m^3	标号
150	120	140	126	140	130	91	80	50	A_5	1.57	0.015	300
150	160	180	126	188	130	91	80	50	A_5	2.25	0.021	300
190	180	200	186	200	150	105	100	50	A_5	3.88	0.032	300
330	170	200	140	160	145	110	95	50	A_3	12.85	68kg	300
330	170	200	140	180	145	110	95	50	A_3	13.39	68kg	300

钢轨是上部结构最重要的部分，其作用是形成平滑坚固的轨道，引导车辆运行方向，并把车辆给予的载荷均匀传递给轨枕。钢轨断面呈工字形，可保证在断面不大的情况下，具有足够的强度，而且轨头粗大，坚固耐用；轨腰较高，便于接轨；轨底较宽，利于固定在轨枕上。钢轨的型号用每米长度的质量（kg/m）表示，其技术性能列于表4-3。

表4-3 钢轨的技术性能

钢轨型号		高度/mm	轨头宽度/mm	轨底宽度/mm	轨腰厚度/mm	截面积/mm^2	理论质量/kg·m^{-1}	长度/m
轻型	8	65	25	54	7	1076	8.42	5~10
	11	80.5	32	66	7	1431	11.2	6~10
	15	91	37	76	7	1880	14.72	6~12
	18	90	40	80	10	2307	18.06	7~12

续表 4-3

钢轨型号		高度/mm	轨头宽度/mm	轨底宽度/mm	轨腰厚度/mm	截面积/mm^2	理论质量/$kg\cdot m^{-1}$	长度/m
重型	24	107	51	92	10.9	3124	24.46	7~12
	33	120	60	110	12.5	4250	33.286	12.5
	38	134	68	114	13	4950	38.733	12.5

钢轨型号的选择主要取决于运输量、机车质量和矿车容积，一般可按表 4-4 选取。

表 4-4　中段生产能力与电机车质量、矿车容积、轨距、轨型的一般关系

运输矿石质量/万吨·$年^{-1}$	机车质量/t	矿车容积/m^3	轨距/mm	钢轨/$kg\cdot m^{-1}$
<8	人推车	0.5~0.6	600	8
8~15	1.5~3.0	0.6~1.2	600	8~11
15~30	3~7	0.7~1.2	600	11~15
30~60	7~10	1.2~2.0	600	15~18
60~100	10~14	2.0~4.0	600,762	18~24
100~200	10、14 双机牵引	4.0~6.0	762,900	24~33
>200	10、14、20 双机牵引	>6.0	762,900	33

将钢轨固定在轨枕上的扣件和钢轨之间的连接件，统称接轨零件。钢轨与木轨枕用道钉连接，如图 4-90 所示；与钢筋混凝土轨枕用螺栓和压板连接，如图 4-88 所示。安装重型钢轨时，为了增加轨枕的承压面积，可在钢轨与轨枕之间垫入垫板。钢轨之间通常用鱼尾板连接，如图 4-90 所示，鱼尾板上钻有四个椭圆形孔，钢轨两端也钻有与之对应的孔，接轨时先用两块鱼尾板夹住两根钢轨的轨腰。再穿入螺栓夹紧。采用架线式电机车运输，钢轨是直流电回路，为了减少接轨处的电阻，通常在鱼尾板内嵌入铜片或铜线，也可在接轨处焊接导线。

轨枕间距一般为 0.7~0.9m。两根钢枕接头处应悬空，并缩短轨枕间距，如图 4-90 所示。

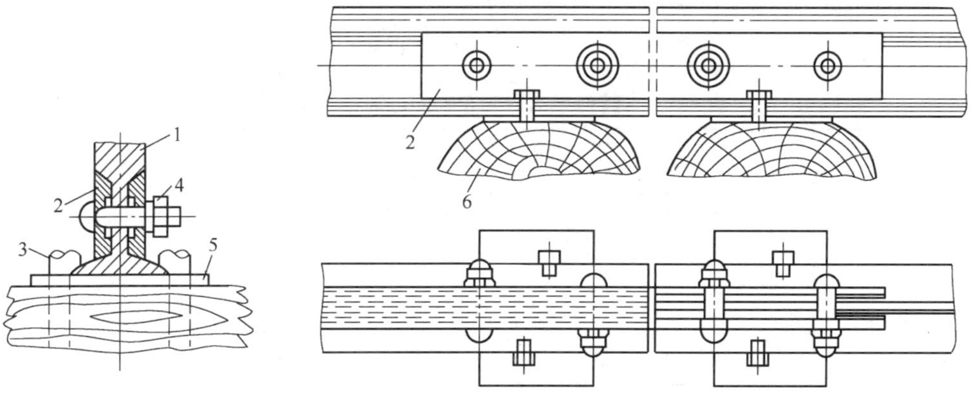

图 4-90　用鱼尾板接轨

1—钢轨；2—鱼尾板；3—道钉；4—螺栓；5—垫板；6—轨枕

在某些大中型矿山的箕斗斜井、主溜井放矿硐室等地，采用硫黄水泥将钢轨锚固在混凝土整体道床上，如图 4-91 所示。此时不用轨枕和道砟，在巷道底板沿线路浇灌混凝土，并留下预留孔。安装时，先在孔中填入 10mm 厚的砂子，再把加热混合的硫黄和水泥混合液（重量比 1∶1 ~ 1.5∶1）灌入孔内，将加热的螺栓立即准确插入混合液，硫黄水泥快速凝固后，用螺帽和压板将钢轨固定在整体道床上。为了有一定弹性，可垫入胶垫。这种整体道床坚固耐用，但不宜用于地震区。

B　最小曲线半径

车辆在线路曲线段运行与直线段不同，有若干特殊要求。

车辆在曲线段运行会产生离心力，而且车辆前后两轴不可能和曲线半径方向一致，车轮将和钢轨强烈摩擦，增大运行阻力，如图 4-92 所示。为了减少磨损和阻力，曲线半径不宜过小。通常在运行速度小于 1.5m/s 时，最小曲线半径应大于车辆轴距的 7 倍；速度大于 1.5m/s 时，大于轴距的 10 倍；速度大于 3.5m/s 时，大于轴距的 15 倍。若通过弯道的车辆种类不同，应以车辆的最大轴距计算最小曲线半径，并取以米为单位的较大整数。

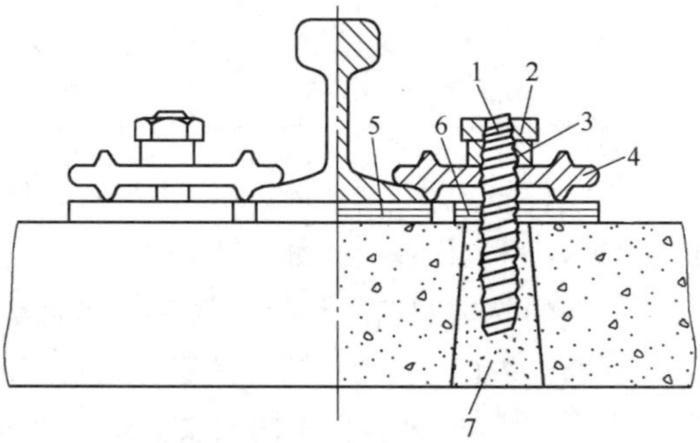

图 4-91　硫黄水泥锚固整体道床

1—螺栓；2—螺帽；3—弹簧垫圈；
4—压板；5，6—胶垫；7—硫黄水泥

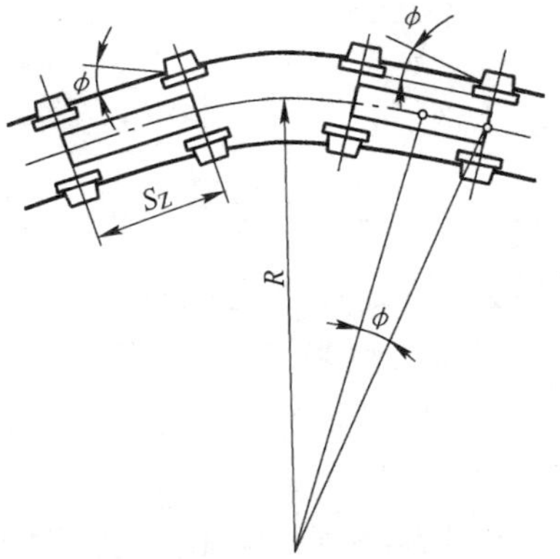

图 4-92　矿车通过弯道

近年来，我国一些金属矿山使用有转向架的大容量四轴矿车，此时最小曲线半径可参考表 4-5 选取。

表 4-5　有转向架的四轴车辆通过弯道半径实例

使用地点	矿车形式	固定架轴距/m	转向架间距/m	弯道半径/m
凤凰山铜矿	底卸式，$7m^3$	850	2400	30 ~ 35
凤凰山铜矿	梭式，$7m^3$	850	4800	16
落雪矿	固定式，$10m^3$	850	4500	20 偏小，推荐 25
三九公司铁矿	底卸式，$6m^3$	800	2500	30
梅山铁矿	侧卸式，$6m^3$	800	2500	20

曲线半径确定后，可在现场用弯轨器弯曲钢轨，如图 4-93 所示。将弯轨器的铁弓钩住钢轨外侧，顶杆 2 顶住钢轨内侧，用扳手扭动调节头 3，即可使钢轨弯曲。若曲线半径

为 R（m），轨距为 S（m），则

外轨曲线半径　　$R_{外} = R + 0.5S$　m

内轨曲线半径　　$R_{内} = R - 0.5S$　m

C　外轨抬高

为了消除在曲线段运行时离心力对车辆的影响，可将曲线段的外轨抬高，如图4-94所示，使离心力和车辆重力的合力与轨面垂直，使车辆正常运行。

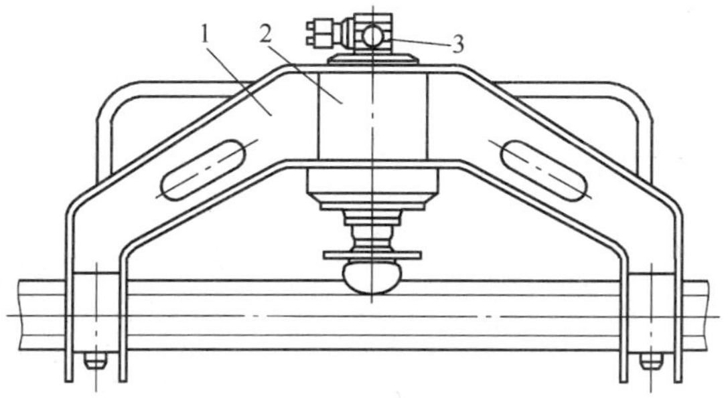

图4-93　弯轨器

1—铁弓；2—螺旋顶杆；3—调节头

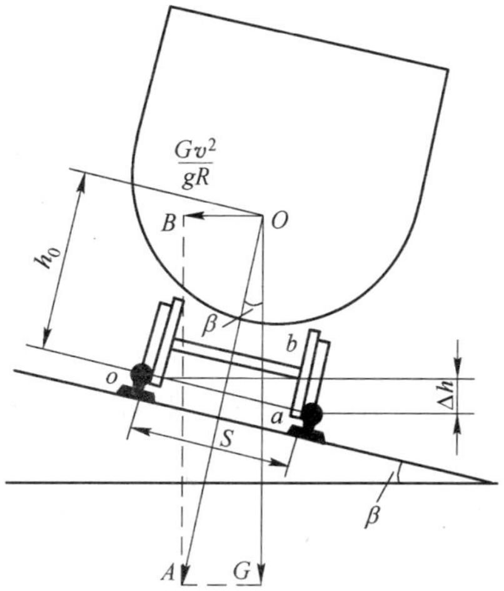

图4-94　外轨抬高计算图

当重量为 G（N）的车辆，在轨距为 S（m）、曲线半径为 R（m）的弯道上，以速度 v（m/s）运行时，离心力为 $\frac{Gv^2}{gR}$（N）。因为 $\triangle OAB \backsim \triangle oab$

则

$$\frac{Gv^2}{gR} : G = \Delta h : S\cos\beta$$

所以

$$\Delta h = \frac{v^2 S\cos\beta}{gR} \quad \text{m}$$

由于外轨抬高后路面的横向倾角 β 很小，重力加速度 $g = 9.81\text{m/s}^2$，可认为：

$$\frac{g}{\cos\beta} = 10\text{m/s}^2$$

所以

$$\Delta h = \frac{100v^2 S}{R} \quad \text{mm}$$

外轨抬高的方法是不动内轨，加厚外轨下面的道砟层厚度，在整个曲线段，外轨都需要抬高 Δh（mm）。为了使外轨与直线段轨道连接，轨道在进入曲线段之前要逐渐抬高，这段抬高段称缓和线。缓和线坡度为3‰～10‰，缓和线长度

$$d = \left(\frac{1}{3} \sim \frac{1}{10}\right)\Delta h \quad \text{m}$$

式中　Δh——外轨抬高值，mm；

$\frac{1}{3} \sim \frac{1}{10}$——缓和线坡度为3‰～10‰所取的值。

D 轨距加宽

为了减小车辆在弯道内的运行阻力，在曲线段轨距应适当加宽。轨距加宽值 ΔS（mm）可用经验公式计算

$$\Delta S = 0.18 \frac{S_Z^2}{R}$$

式中 S_Z——车辆轴距，mm；

R——曲线半径，mm。

轨距加宽时，外轨不动，只将内轨向内移动，在整个曲线段；轨距都需要加宽 ΔS（mm）。为了使内轨与直线段轨道连接，轨道在进入曲线段之前要逐渐加宽轨距，这段长度通常与抬高段的缓和线长度相同。

E 轨道间距及巷道加宽

车辆在曲线段运行，车厢向轨道外凸出，为了保证安全，必须加宽轨道间距和巷道宽度。线路中心线与巷道壁间距的加宽值

$$\Delta_1 = \frac{L^2 - S_Z^2}{8R}$$

式中 L——车厢长度，mm；

S_Z——车辆轴距，mm；

R——曲线半径，mm。

对双轨巷道，两线路中心线间距的加宽值

$$\Delta_2 = \frac{L^2}{8R} \quad \text{mm}$$

对双轨巷道，用电机车运输时，通常巷道外侧、两线路中心线和巷道内侧分别加宽300mm、300mm 和 100mm。

F 两曲线连接

为了便于车辆运行，两曲线连接处必须插入一段直线。

两反向曲线连接，插入直线段长度

$$S_{反} \geqslant d_1 + d_2 + S_Z \quad \text{m}$$

在特殊情况下 $S_{反}$可以缩短，但不能小于 S_Z +2 鱼尾板长。

式中 d_1，d_2——两曲线外轨抬高所需缓和线长度，m；

S_Z——车辆轴距，m。

两同向曲线连接，插入直线段长度

$$S_{同} \geqslant d_1 - d_2 \quad \text{mm}$$

G 轨道的衔接

把两条轨道衔接起来，使车辆从一条线路驶入另一条线路，通常应用道岔。道岔如图4-95所示，图4-95（a）为示意图，图4-95（b）为实物图，由岔尖、基本轨、过渡轨、辙岔、护轮轨和转辙器等组成。

辙岔位于两条轨道交叉处，包括翼轨和岔心，通常将这两部分焊接在铁板上或浇铸成

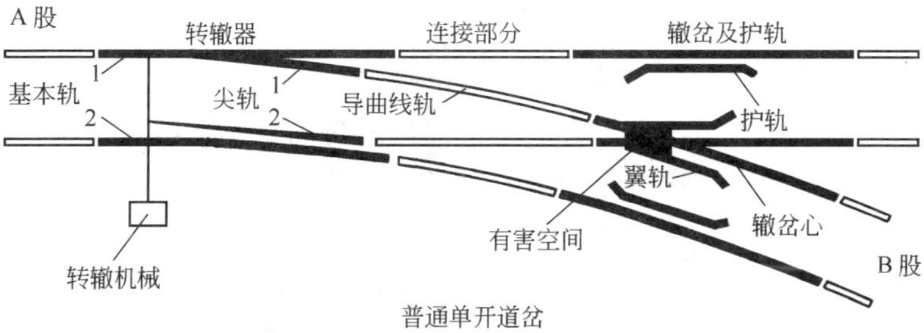

(a)

(b)

图 4-95 道岔结构

为整体。岔心的中心角 α 称辙岔角，是两条线路中心线的交角。辙岔的标号 $M=2\tan\frac{\alpha}{2}$。常用辙岔标号为 1/2、1/3、1/4、1/5 和 1/6，可参考表 4-6 选取。

表 4-6 辙岔选择表

运输方式或机车质量 /t	机车车辆要求的最小弯道半径 /m	平均运行速度 /m·s^{-1}	轨距/mm		
			600	762	900
			辙岔标号		
人推车	4	—	1/2	—	—
2.5 以下	5	0.6~2	1/3	1/3	—
3~4	5.7~7	1.8~2.3	1/4	1/4	—
6.5~8.5	7~8	2.9~3.5	1/4	1/4	—
10~12	10	3.0~3.5	1/4	1/4	1/4
14~16	10~15	3.5~3.9	1/5	1/5	1/5
斜坡串车	—	—	1/4，1/5，1/6	1/4，1/5，1/6	1/5，1/6

过渡轨是两根短轨，它的前后两端分别用鱼尾板与辙岔和岔尖连接。岔尖是两根端部削尖的短轨，在拉杆的带动下可左右摆动，分别与两侧的基本轨靠紧。控制岔尖位置，可按规定使车辆从一条线路转移到另一条线路。护轮轨的作用是控制车轮凸缘的运动方向，使车轮凸缘从翼轨和岔心之间的沟槽中通过。转辙器的作用是带动拉杆移动岔尖，控制车

辆的运行方向。

岔尖的摆动可以使用手动、机械、压气或电磁自动控制。

根据线路的位置关系，道岔有单开道岔（左向或右向）和对称道岔两种基本类型。渡线道岔、三角道岔和梯形道岔则是它们的组合形式，如图 4-96 所示。

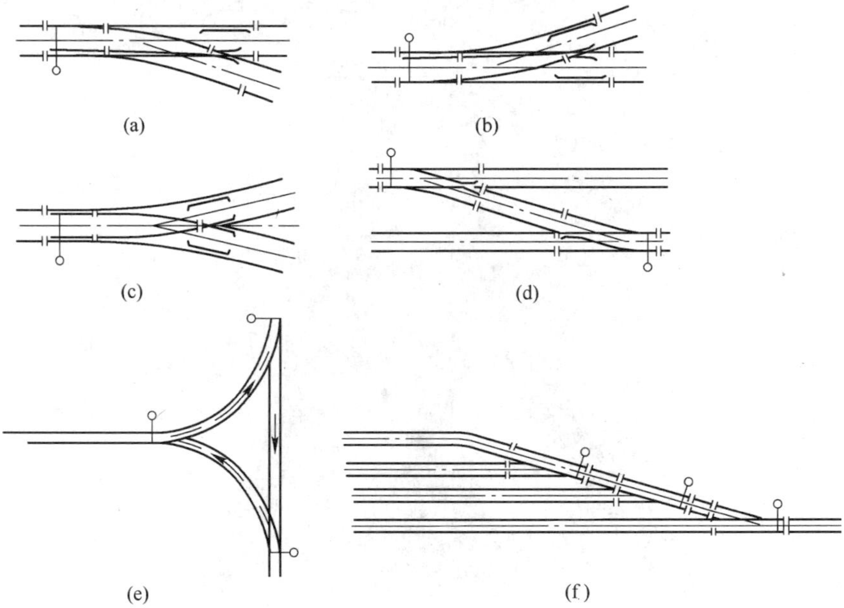

图 4-96　道岔基本类型

（a），（b）单开道岔；（c）对称道岔；（d）渡线道岔；（e）三角道岔；（f）梯形道岔

道岔在图中通常用单线表示，其各项数据见图 4-97 及表 4-7。表中道岔标号横线前的第一位数字表示轨距，二、三两个数字表示轨型，横线中间的数字表示辙岔标号，横线后的数字表示弯曲过渡轨的曲线半径，左（右）表示道岔为左（右）向。例如：618-1/4-11.5 右，表示道岔轨距 600mm，轨型 18kg/m，辙岔标号 1/4，弯曲过渡轨曲线半径 11.5m，右向。$\frac{762}{24}$-1/4-16 左，表示道岔轨距 762mm，轨型 24kg/m，辙岔标号 1/4，弯曲过渡轨曲线半径 16m，左向。

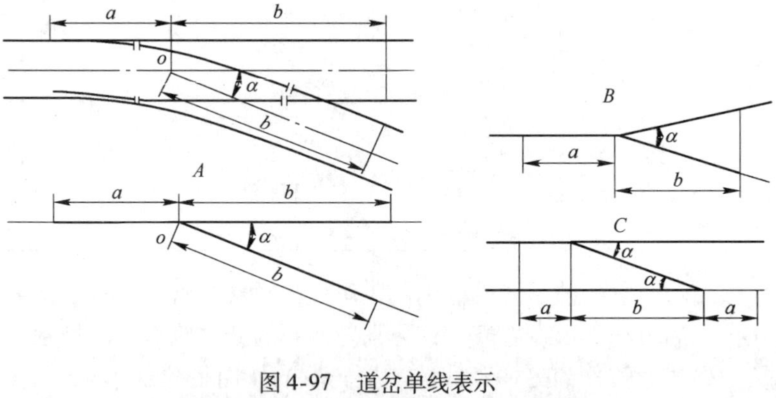

图 4-97　道岔单线表示

A—单开道岔；B—对称道岔；C—单侧渡线

表 4-7 道岔规格表

道岔标号	辙岔角 α	主要尺寸/mm		质量/kg	道岔标号	辙岔角 α	主要尺寸/mm		质量/kg
		a	b				a	b	
一、单开道岔（右向或左向道岔）									
608-1/2-4 右（左）	28°4′20″	1144	1816	150	618-1/4-11.5 右（左）	14°15′	2724	3005	413
608-1/3-6 右（左）	18°55′30″	3063	2597	351	624-1/2-4 右（左）	28°4′20″	1197	1863	475
611-1/4-12 右（左）	14°15′	3200	3390	518	624-1/3-6 右（左）	18°55′30″	2293	2657	652
615-1/2-4 右（左）	28°4′20″	1144	1956	344	624-1/4-12 右（左）	14°15′	3352	3298	868
615-1/3-6 右（左）	18°55′30″	3063	2597	597	$\frac{762}{15}$-1/4-16 右（左）	14°15′	3047	3952	—
615-1/4-12 右（左）	14°15′	3200	3390	670	$\frac{762}{18}$-1/4-15 右（左）	14°15′	4257	3963	812
618-1/2-4 右（左）	28°4′20″	1144	1816	317	$\frac{762}{18}$-1/5-15 右（左）	11°25′16″	3786	4879	835
618-1/3-6 右（左）	18°55′30″	2302	2655	490	$\frac{762}{24}$-1/4-16 右（左）	14°15′	3184	3977	—
二、对称道岔									
608-1/3-12	18°55′30″	1883	2427	213	615-1/3-12	18°55′30″	1882	2618	508
608-3/5-3.8	33°20′	1002	1288	139	618-1/3-11.65	18°55′30″	3195	2935	550
615-1/2-5	28°4′20″	1382	2018	440	624-1/3-12	18°55′30″	1944	2496	618
615-3/5-3.8	33°20′	1404	1496	405	$\frac{762}{24}$-1/4-16	14°15′	1833	3071	—
三、单侧渡线									
608-1/2-4 右	28°4′20″	1144	2250	278	618-1/4-12 右	14°15′	2722	5514	1752
608-1/3-6 左	18°55′30″	3063	3062	635	624-1/4-12 右（左）	14°15′	3352	5906	1616
615-1/4-12 右（左）	14°15′	3200	4725	1055	$\frac{762}{24}$-1/4-12 右（左）	14°15′	2878	6103	2371
四、双侧渡线（菱形道岔）									
615-1/3-6	18°55′30″	3063	4492	1509	624-1/4-12	14°15′	3352	5709	3356
615-1/4-12	14°15′	3200	5906	2619	$\frac{762}{15}$-1/4-16	14°15′	3160	7680	—
608-1/2-4	28°4′20″	1144	2242	677	$\frac{762}{24}$-1/4-12	14°15′	2878	7883	3923

5 回采技术

5.1 采矿生产工艺

5.1.1 采准工程

5.1.1.1 脉内采准与脉外采准

按采准巷道与矿体的相对位置，采准方法分脉内采准与脉外采准两种。

脉内采准在掘进过程中可以得到副产矿石，矿体疏水效果好，并可起补充探矿的作用，但矿体较薄且产状变化大时，巷道难以保持平直，给铺轨及运输带来不便，此外矿石不稳固时，采场地压大，巷道维护工作量大。

脉外采准虽然无副产矿石，矿体疏水效果也差，但它可以使矿块的顶底柱尺寸达到最小，并有可能及时回收，巷道维护费用低，通风条件好，且开采有自燃性矿石时易封闭火区。

一般厚矿体多用脉外采准，薄矿体多用脉内采准。

5.1.1.2 阶段运输平巷的布置形式

阶段运输平巷的布置必须与矿块、阶段的生产能力及采矿方法的要求相适应。运输平巷若兼作下阶段的回风巷道时，应布置在下阶段矿体所圈定的岩石移动范围之外。

A 沿脉单线有错车道布置

沿脉单线有错车道布置，这种布置形式适用于中、小型矿山。矿体较规则、采用充填法回采或因矿体薄而不回收阶段矿柱时采用脉内布置，如图 5-1（a）所示；当矿体变化大或矿柱需回收时，可采用图 5-1（b）所示的脉外布置；亦可根据矿体变化情况采用脉内外联合布置，如图 5-1（c）所示。

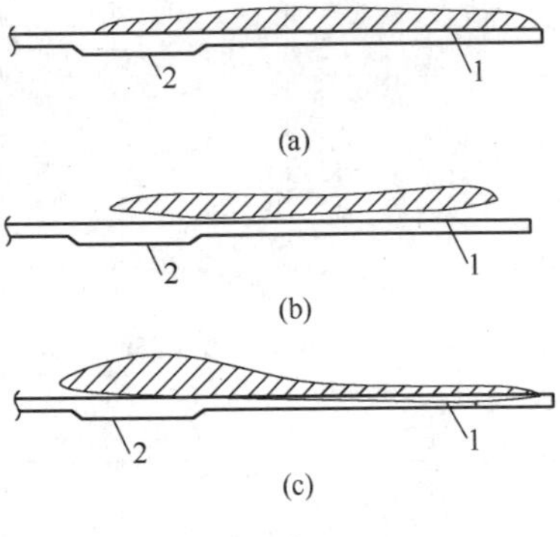

图 5-1 脉内或脉外错车道平巷布置
（a）脉内布置；（b）脉外布置；
（c）脉内脉外联合布置
1—沿脉巷道；2—错车道

这种布置可适应年产矿石 10 ~ 20 万吨的矿井要求。

在薄或极薄矿体中布置阶段运输平巷，应考虑有利于装车、探矿及巷道维护，布置形式如图 5-2 所示。当矿脉为急倾斜时，可使矿脉在平巷断面的中间或一侧。缓倾斜矿体，可使矿体位于平巷断面的中间或者位于顶板、底板附近。

矿体产状变化大时，为便于探矿，可使矿脉位于巷道中间。巷道服务年限较长，两盘岩石稳固性不同时，巷道应布置在较稳固的岩石中。

B 穿脉或沿脉尽头式布置

穿脉或沿脉尽头式布置，这种布置如图 5-3 所示，它适用于大中型矿山，特别是对双机车牵引的矿山最为有利。矿体不规则时，使用穿脉巷道利于探矿，且掘进时受外界干扰少。矿体规整时，沿脉巷道布置较穿脉巷道布置工程量小，但矿体不稳固时，维护比穿脉

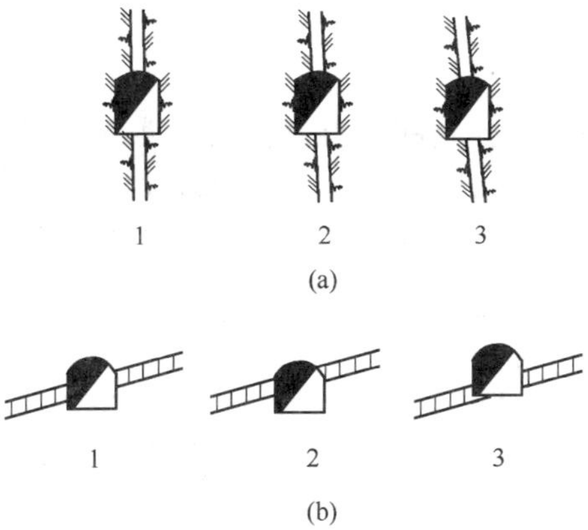

图5-2 薄矿脉阶段平巷的布置
(a) 急倾斜矿体；(b) 缓倾斜矿体
1—矿脉位于巷道断面中间；
2—位于巷道顶板；3—位于底板

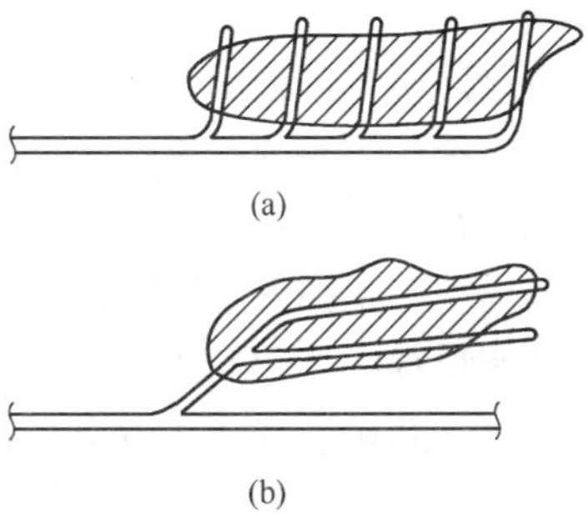

图5-3 穿脉及沿脉尽头式布置
(a) 穿脉尽头布置；(b) 沿脉尽头布置

巷道困难。开采易燃矿石，使用穿脉布置易封闭火区；地面有泥浆从采空区下井的矿山，穿脉巷道布置可减少泥浆对沿脉巷道污染的机会。该种布置的年生产能力为30～50万吨。

C 脉内外环形布置

脉内外环形布置，如图5-4所示，这种布置适用于厚大矿体或平行多条矿脉、生产能力大的矿井。一般采用单线环形布置，当生产能力很大时（80万～100万吨/年），可采用双线环形布置，如图5-4（a）所示。如果开采缓倾斜厚矿体，其中一条沿脉平巷可布置在靠近上盘的矿体内，如图5-4（b）所示。脉内外环形布置在我国大型矿井中使用广泛。

穿脉巷道既是装车线又是空、重车线的连接线，空、重车线分别布置在两条沿脉巷中，各条巷道均无反向运输。这种布置年生产能力可达100万吨以上。

D 脉外环形布置

脉外环形布置，这种布置如图5-5所示，环形巷道全在脉外，适用于倾角不大的中厚矿体开采，采场溜井布置在靠近下盘的沿脉运输巷道内，两沿脉巷道之间的联络道可环形连接，如图5-5（a）所示，也可折返连接，如图5-5（b）所示。装车线、行车线分别布置在两条沿脉巷道内，互不干扰、安全、方便，与双线单巷相比巷道断面小、便于维护。缺点

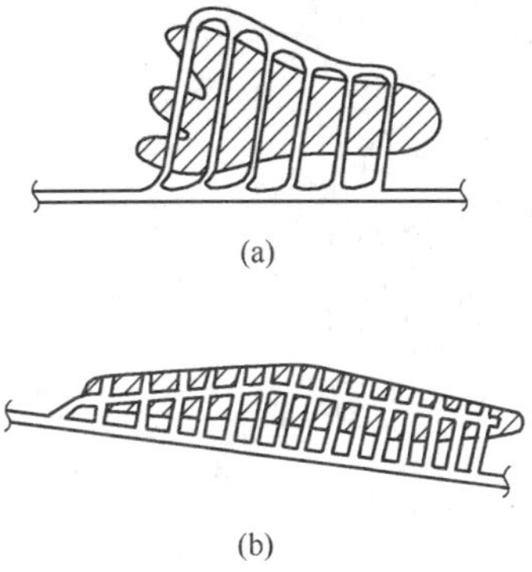

图5-4 脉内外环形布置
(a) 双线环形布置；(b) 沿脉平巷布置

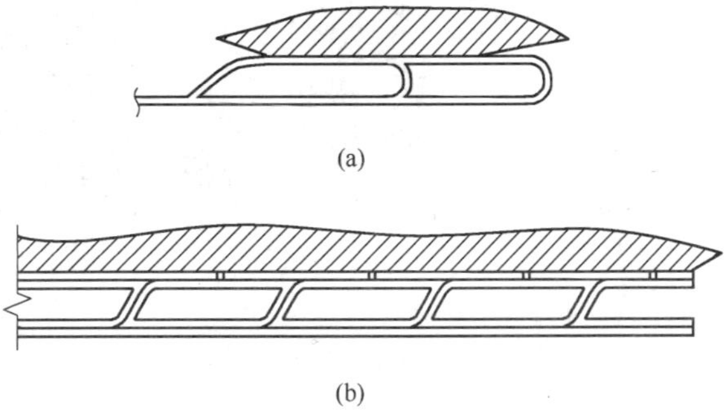

图5-5 脉外环形布置
(a) 环形连接；(b) 折返连接

是掘进工程量大。

E　无轨装运设备运输巷道布置

采用无轨自行设备运输时，采场爆落矿石直接落到装矿短巷底板上，装矿短巷的底板高程与阶段运输巷道相同。多数情况下，装运设备自行装载矿石后沿运输巷道将矿石运卸入溜井中。视矿体厚度不同，装矿短巷可以从沿脉运输巷道开掘，也可以从穿脉运输巷道开掘，如图5-6（a）、(b）所示。装矿短巷可集中布置于运输巷道的一侧，也可交错布置于运输巷道两侧，如图5-7所示。

运输巷道轴线与装矿短巷轴线之间夹角一般为45°~90°。装矿短巷的长度不小于无轨设备的长度。卸矿溜井间距取决于设备的合理运距及矿块的生产能力。

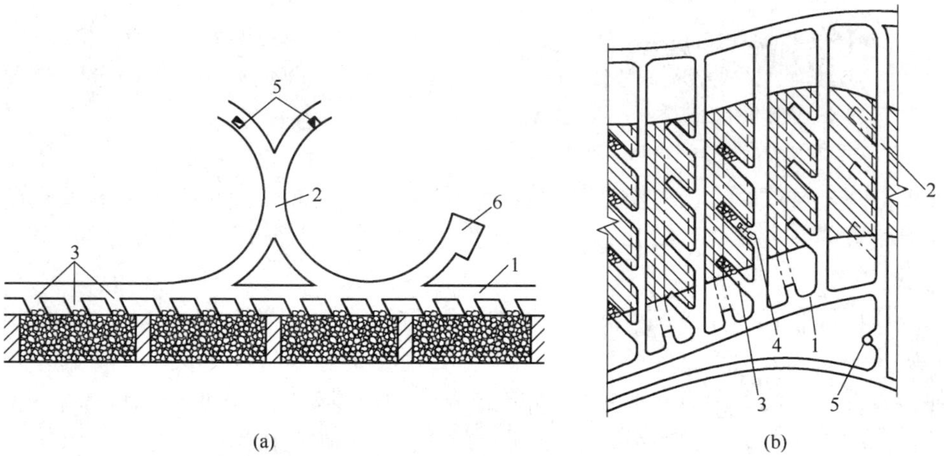

图5-6　无轨运输巷道装矿短巷单侧布置

（a）装矿短巷在沿脉运输巷道一侧；（b）装矿短巷在穿脉巷道一侧

1—沿脉运输巷道；2—穿脉运输巷道；3—装矿短巷；4—铲运机；5—溜井；6—设备修理硐室

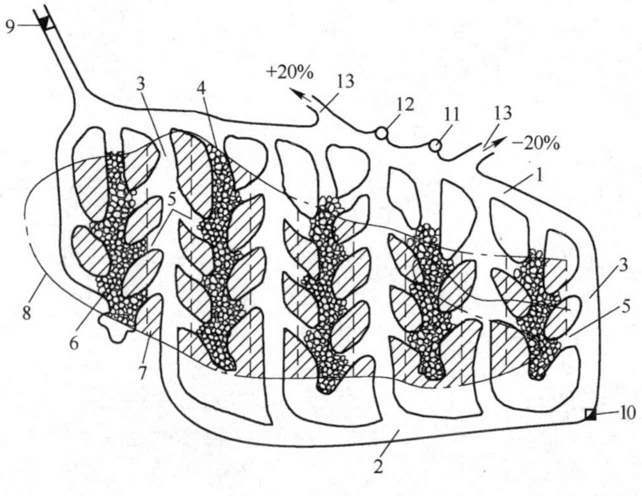

图5-7　装矿短巷在穿脉运输巷道双侧布置

1—下盘运输平巷；2—上盘运输平巷；3—穿脉运输巷道；4—拉底巷道；5—装矿短巷；6—矿房；7—间柱；8—矿体边界；9—进风天井；10—回风天井；11—矿石溜井；12—废石溜井；13—开拓斜巷

5.1.1.3 采准天井（上山）

采准天井（上山）的作用是：划分开采单元；将阶段（盘区）运输巷道与回采工作面连通，供人行、运送材料、设备及充填料；通风及溜放矿石；为掘进分段、分层巷道、凿岩硐室形成通道；为开切割立槽形成补偿空间等。

A 对采准天井的要求

采准天井的布置应满足以下要求：

（1）使用安全，与回采工作面联系方便。

（2）具有良好的通风条件。

（3）便于矿石下放和人员、材料、设备进入工作面，有利于其他采切巷道的施工。

（4）巷道工程量小，维修费用低。

（5）有利于探采结合，并与所选用的采矿方法相适应。

B 布置形式

按照天井与矿体的关系，有脉内天井与脉外天井之分，其布置形式如图 5-8 和图 5-9 所示。脉内天井按其与回采空间联系方式不同，又有四种布置形式，如图 5-10 所示。图 5-10（a）的天井在间柱内，通过天井联络道与矿房连通；图 5-10（b）中天井在矿块中央，随着回采工作面向上推进天井逐渐消失，若要保持天井，需重新进行支护，架设台板与梯子；图 5-10（c）、（d）中天井在矿块中央或两侧，随着工作面的回采，天井逐渐消失；若需保留，则在充填料或留矿堆中用混凝土预制件或横撑支柱逐渐重新架设，形成新

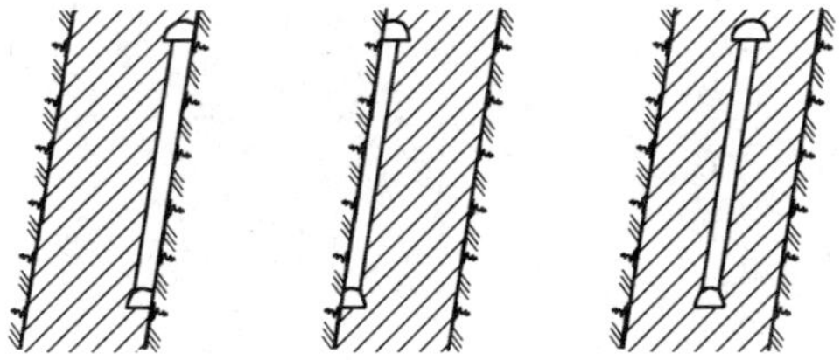

图 5-8 脉内天井布置示意图

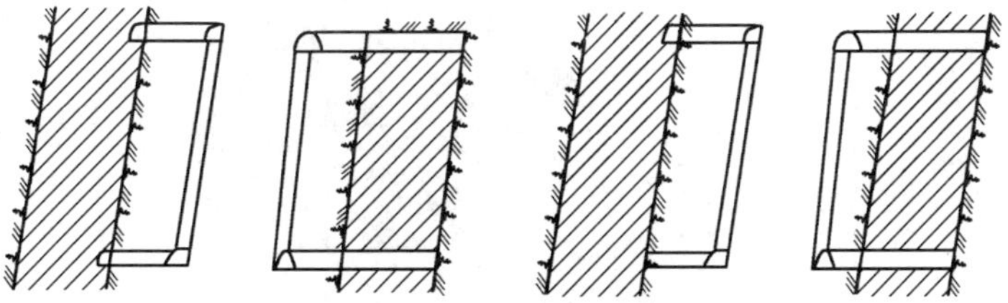

图 5-9 脉外天井布置示意图

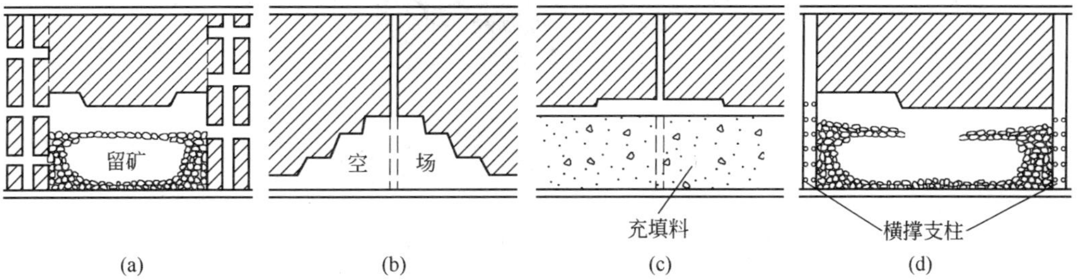

图 5-10 天井与回采空间联系方式示意图

的顺路天井。

根据天井用途确定其断面尺寸是否合格。除专用天井外，一般采场天井分为2～3格，一格用于人行道和通风，其断面尺寸根据梯子布置方式与通风要求决定；另外1～2格用于运送材料、设备及放矿。

5.1.1.4 斜坡道采准

使用无轨自行设备的矿山，建立阶段运输水平与分段、分层工作面之间联络的方法有两种方式：一种是采用专门的大断面天井；另一种就是用斜坡道来联系。用斜坡道来联系的采准方式称斜坡道采准。斜坡道采准虽然掘进工作量大，但与大断面专用设备井的采准相比，设备运行调度、人员进出采场、材料设备运送等均较方便，且劳动条件大为改善。因此，国内外使用无轨自行设备的矿山，大多采用斜坡道采准。

采准斜坡道只为一个或几个矿块服务，为整个阶段服务的斜坡道则属于开拓范畴。

斜坡道采准包括采准斜坡道与采准平巷两部分。此外，用来为无轨采矿服务的各种井巷（如溜井、联络道等）和硐室（如机修硐室等）也属于斜坡道采准工程。采准平巷一般包括阶段平巷、分段平巷、分层平巷及其与采场、溜井和斜坡道之间的各种联络平巷。

采准斜坡道的布置形式：

（1）按斜坡道的线路形式分为直进式、折返式与螺旋式三种。当矿体长度较大，而阶段高度较小时可采用，如图5-11所示的直进式斜坡道。直进式斜坡道在阶段间不折返、不转弯，在不同的高程用联络道与回采工作面连通。

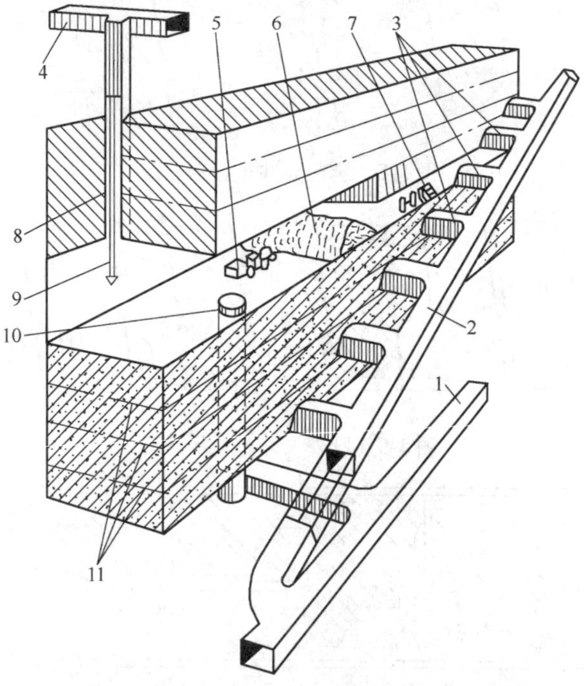

图5-11 直进式斜坡道在水平分层充填法中的应用

1—阶段运输巷道；2—直进斜坡道；3—斜坡联络道；4—回风充填巷道；5—铲运机；6—矿堆；7—自行凿岩台车；8—通风充填井；9—充填管道；10—溜井；11—充填分层线

图5-12为凡口铅锌矿折返式斜坡道立体图，斜坡道连通各分段巷道，阶段之间用多次折返斜巷相连。

图5-13为螺旋式斜坡道立体图，阶段之间、分段之间均用螺旋斜坡道相连。

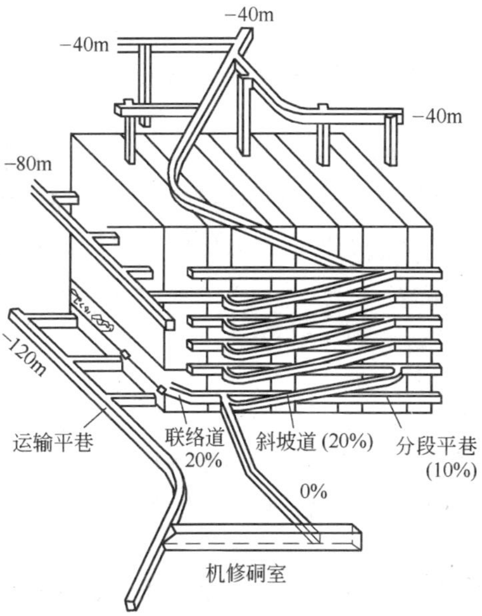

图5-12 折返式斜坡道采准示意图

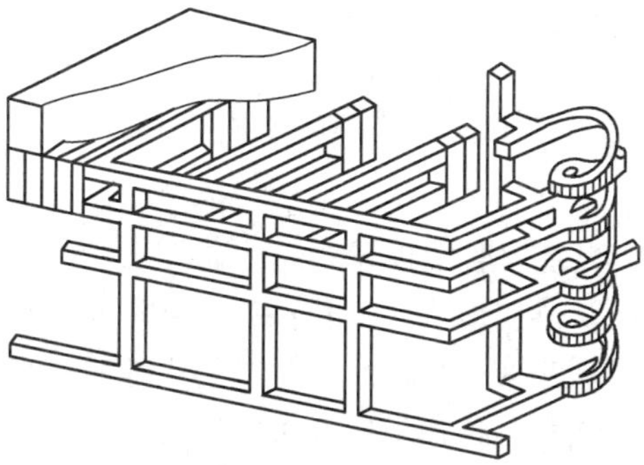

图5-13 螺旋式斜坡道连通各分段巷道

（2）按采准斜坡道与矿体之间的关系分为下盘斜坡道、上盘斜坡道、端部斜坡道与脉内斜坡道四种。

1）下盘斜坡道适合于使用各种采矿方法的倾斜、急倾斜、各种厚度的矿体。优点是斜坡道离矿体近，斜坡道不易受岩石移动威胁，采准工程量小，故常为矿山使用。

2）上盘斜坡道适用于矿体下盘岩石不稳固，而走向又长的急倾斜矿体，矿山使用不多。

3）端部斜坡道适用于矿体上、下盘均不稳固、走向不长、端部岩石稳固的厚大矿体。

4）矿体内斜坡道一般用于开采水平、微倾斜、缓倾斜矿体，矿岩均稳固的矿山，亦可将部分斜坡道布置在充填体上。

5.1.2 切割工程

切割工程的任务是为回采创造爆破的自由面、为回采凿岩创造工作面、为回采爆破创造补偿空间。回采工作需要完成的切割工程有拉底、扩漏（辟漏）、切割槽。

（1）拉底空间。一般采用矿房式两步骤回采的采矿方法的矿块，为回采创造自由面和工作面，及为回采创造最初的补偿空间，一般在矿房的最下面需形成拉底空间。拉底空间的形成方法一般是掘进拉底巷道和拉底横巷，在此基础上开凿水平平行孔来形成。

（2）扩漏。在采用漏斗受矿底部结构的采矿方法中，为形成漏斗而完成的工作叫扩漏。矿房崩落的矿石依靠重力运搬到漏斗内，而后依靠重力或机械完成矿石的运搬任务。扩漏一般是在需要形成漏斗的空间首先开掘漏斗颈，而后以漏斗颈为自由面打束状炮孔完成扩漏工作。

（3）切割槽。在采用中深孔、深孔落矿的采矿方法中，或采用堑沟、平底受矿的底部结构中，为创造初始回采的自由面和补偿空间及形成受矿空间，均需开掘切割槽。切割槽的形成一般是在切割槽内掘进切割天井、切割横巷、凿岩巷道、堑沟巷道等工程，而后借助这些工程形成切割槽。

各种切割工程的开挖形式、形成方法都与各种采矿方法密切相关，相应切割工程的施工方法与相应的采矿方法一同研究。

切割工程为获得备采矿量，在采准矿量的基础上，按不同采矿方法的要求，在回采作业之前为大量开采矿石而用掘进的手段开辟的回采最初工作面，如切割天井、切割上山、切割平巷、拉底巷道以及扩切割槽、扩漏等，同时，这些工程还为大量回采时的爆破提供了补偿空间。

5.1.3 回采的主要生产工艺

回采的主要生产工艺有落矿、矿石运搬和地压管理。

落矿又称为崩矿，是将矿石从矿体上分离下来，并破碎成适于运搬的块度；运搬是将矿石从落矿地点（工作面）运到阶段运输水平，这一工艺包括放矿、二次破碎和装载；地压管理是为了采矿而控制或利用地压所采取的相应措施。

通常，各种采矿方法均包含这三项工艺。但因矿石性质、矿体和围岩条件、所用设备及采矿方法结构等不同，这些工艺的特点并非完全相同。回采工艺对矿床开采的效益影响很大。三项工艺的费用约占回采总费用的 75% ~90%，而回采费用又占整个矿石成本35% ~50%；采场的劳动消耗约占全矿劳动消耗的 40% ~50%；矿石的损失率、贫化率亦与回采工艺直接相关。但是，每一工艺所占回采总费用的比例在不同的采矿方法中是不同的，波动范围还很大。如开采坚硬的薄矿体（用浅孔留矿法），落矿工艺所占比例最大；在支柱充填法中，则地压管理工艺费用最大。

回采工艺之间的联系是非常密切的。例如，增加深孔间距，可以降低落矿费用，但矿石块度加大，放矿费用随之增加。又如，采用高效率的装载设备，不仅可以降低放矿和装载费用，而且可提高回采强度，降低地压管理费用。为了确保回采工作的安全，提高劳动生产率和采矿强度，降低矿石的损失与贫化，必须正确选择回采工艺方法，并从设备和工艺改革上提高三项主要工艺的技术水平。

5.1.3.1 *落矿*

A *浅孔落矿*

目前我国地下矿山浅孔落矿仍占有近一半的比重。

浅孔凿岩一般采用轻型风动凿岩机。回采工作面浅孔布置如图 5-14、图 5-15 所示。

（1）浅孔落矿爆破参数。钎头直径范围为 30 ~46mm，少数为 51mm；最小抵抗线一般按钎头直径的 25 ~30 倍确定，也可用式（5-1）计算，一般为 0.5 ~1.6m，矿石坚固时取小值，炮孔深度一般小于 3 ~5m，多为平行排列。

$$W = d\sqrt{\frac{0.785\Delta K}{mq}} \tag{5-1}$$

式中 d——浅孔直径，dm；

Δ——装药密度，kg/m^3；

K——装药系数，0.6～0.85；

m——炮孔邻近系数；

q——炸药单耗，kg/m^3。

（2）凿岩机效率。常用凿岩设备有 YT 系列的 23、24、26、27，YTP-26 和 YSP-45。根据机型不同、矿石硬度不同，凿岩机效率一般为 20～50m/（台·班）。

（3）每米浅孔落矿量。一般为 $0.3\sim1.5m^3$。当矿体不规则时采用浅孔，可以“精收细采”，尽可能提高回收率，降低贫化率。但浅孔落矿特别是手持式凿岩，效率低；落矿

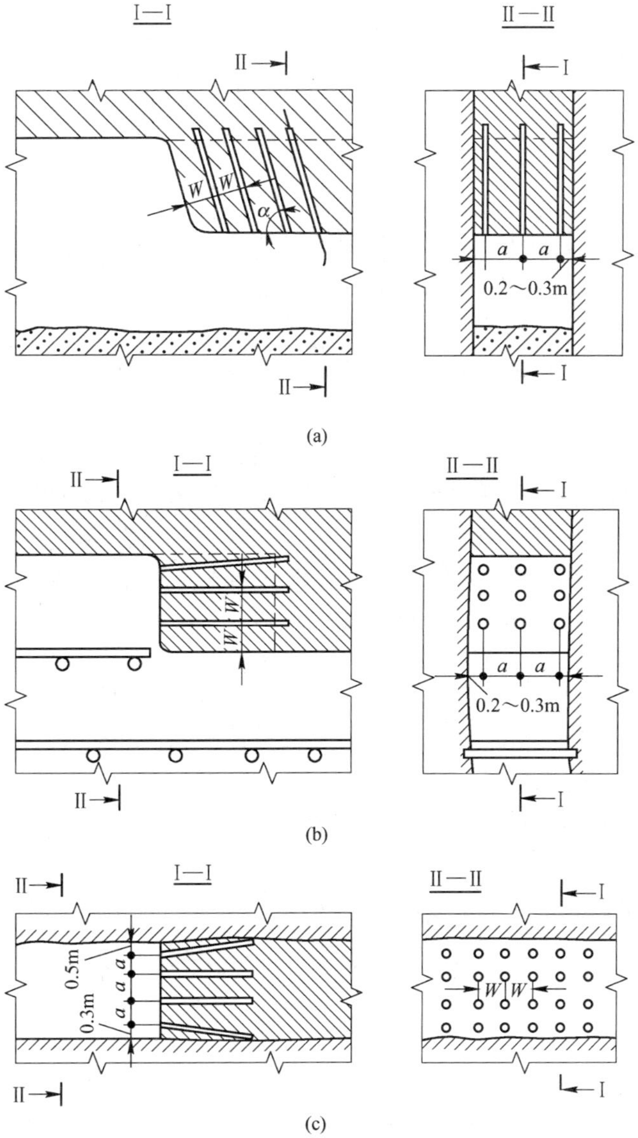

图 5-14 浅孔落矿炮孔布置形式

（a）急倾斜矿体中阶梯工作面上向孔；（b）急倾斜矿体水平孔；（c）水平或缓倾斜矿体中浅孔

a—孔间距；W—最小抵抗线

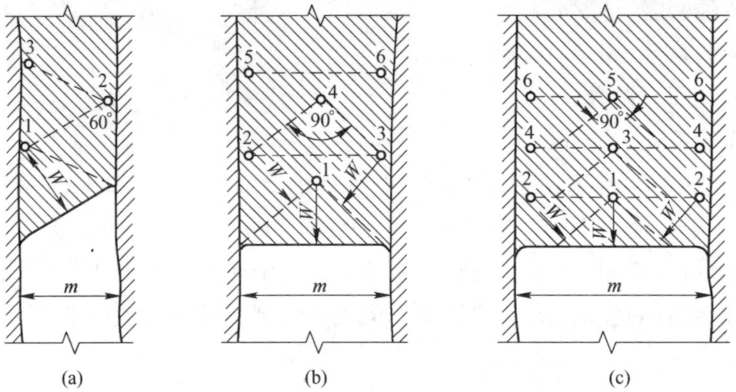

图 5-15　开采薄矿体浅孔布置与爆破顺序

（a）$W=1m$；（b）$W=0.5m$；（c）$W=\frac{1}{3}m$

1～6—起爆顺序；m—矿脉厚度；W—最小抵抗线

量小；工作面安全卫生条件差。国外在缓倾斜矿体中，广泛采用轮胎式浅孔凿岩台车，不仅效率高［可达400～500m^3/（工·班）］，且作业安全。

B　中深孔落矿

（1）凿岩设备。由于重型风动凿岩机的改进、液压凿岩机及凿岩台车的应用，中深孔落矿目前已成为我国金属矿山劳动生产率最高的落矿方法之一。

我国金属矿山用于中深孔落矿（有的矿山称为接杆炮孔落矿）的凿岩机，主要有风动的内回转的 YG-40、YG-80 型和外回转的 YGZ-70、YGZ-90、YGZ-120 型。国产液压凿岩机有 YYG-80、TYYG-20 等型号。

（2）中深孔落矿爆破参数。炮孔布置形式常用的有上向及水平扇形布置，但上向扇形居多。

钎头直径一般为 51～65mm，少数矿山采用 46mm 和 70mm。

在使用铵油炸药时，最小抵抗线一般为钎头直径的 23～30 倍，若装药密度或炸药威力较高，可适当加大。

一般在用 YG-80、YGZ-90 型凿岩机时孔深不大于 15m，采用更重型凿岩机、液压凿岩机可大于 15m，但凿岩速度显著下降。

孔底距一般为（0.85～1.2）W（W 为最小抵抗线长度），矿岩不坚固时取大值。近年来，有些矿山采用加大孔底距，减小最小抵抗线的交错排列布孔方式，取得了良好的落矿效果。

在扇形中深孔落矿装药时，应调整相邻炮孔装药深度，使炸药爆破能在不同部位尽可能均匀分布。装药合理时，扇形布孔可以基本达到平行布孔均匀装药的落矿效果，如图 5-16 所示。

（3）凿岩效率。中深孔凿岩机台班效率一般为 30～40m，台车凿岩可提高效率 25%～30%。每米中深孔落矿量通常为 5～7t。

C　深孔落矿

深孔落矿主要用于阶段矿房法、有底柱分段崩落法和阶段强制崩落法，以及矿柱回采与采空区处理等。目前我国的深孔凿岩设备主要是潜孔凿岩机，常用的国产机型是 QZJ-80、YQ-100、QZJ-100A、QZJ-100B、KQD100 型等。钻机台班效率一般为 10～18m，每米深孔崩矿量为 10～20t。

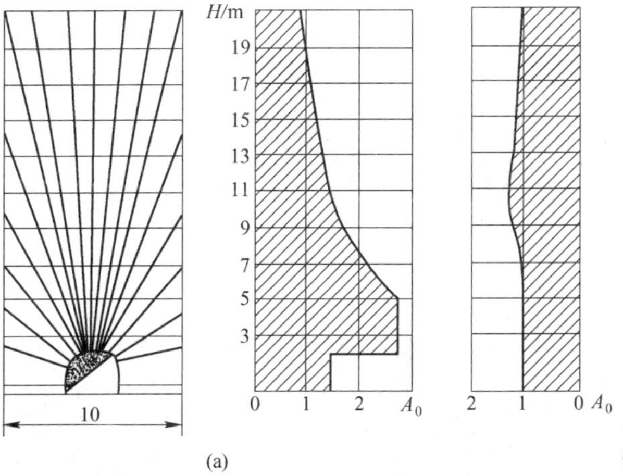

图 5-16 垂直扇形孔不同装药方式的炸药能量分布
（a）全部孔装满；（b）合理装药
H—矿脉厚度；A_0—炸药能量分布情况

深孔凿岩在凿岩硐室内进行操作。水平深孔凿岩硐室最小尺寸为高 2m、宽 2.5m、长 3～3.5m。上向和下向深孔凿岩硐室尺寸为高 3～3.5m，宽大于 2.5m。

a 深孔的落矿方式与深孔布置

深孔落矿方式有水平层落矿、垂直层落矿和倾斜层落矿。倾斜层落矿应用较少。落矿层的厚度范围由 3～15m，或更厚。每次落矿层厚取决于炮孔直径、炸药爆力和每层中深孔的排数。深孔的布置一般平行于落矿层的层面，也可垂直于落矿层层面。在落矿层内部深孔可平行布置、扇形布置或密集布置。密集深孔有扇形的，也有平行的。

平行布置中又可分为垂直深孔（上向或下向）、水平和倾斜深孔（上向和下向）。落矿层的面积取决于矿块的参数和钻机合理凿岩深度，也与矿岩接触带的变化有关。

图 5-17 是深孔布置的各种形式，在实践中可以根据矿岩及采矿设备灵活应用。

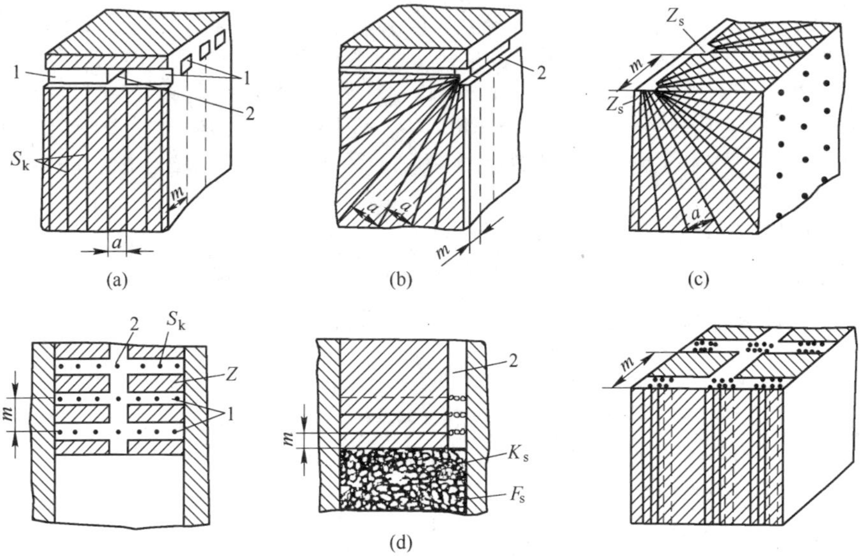

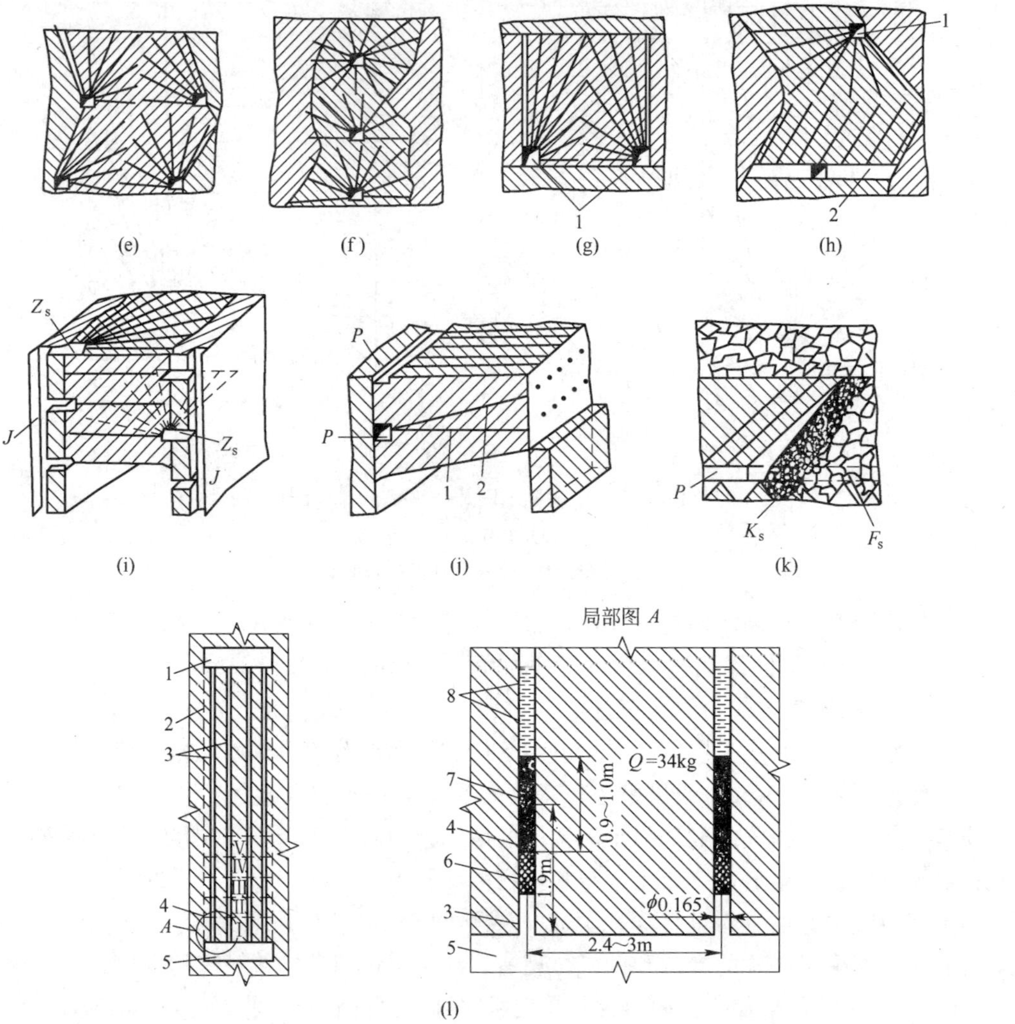

图 5-17 深孔布置与落矿方式

(a)、(b)、(e)、(f)、(g)、(h) 平行或扇形深孔垂直层落矿；

(c)、(d) 密集深孔垂直层落矿；(i)、(j)、(l) 水平层落矿；(k) 倾斜层落矿

S_k—深孔；m—落矿厚度；K_s—矿石；Z_s—凿岩硐室；Z—矿柱厚度；J—天井；P—平巷；F_s—废石；

1，5—上下拉底层；2—设计矿房边界；3—矿柱厚度；4—炸药；6—堵孔塞；7—球状药包中心；8—封孔橡胶水袋

b 深孔落矿爆破参数

钎头直径一般为 80～120mm，常用 95～105mm。

目前尚没有计算最小抵抗线的理想的公式。对于平行深孔，最小抵抗线可采用体积计算公式。

最小抵抗线
$$W = d\sqrt{\frac{0.785\Delta\eta}{mq}} \quad \text{m} \tag{5-2}$$

式中 d——炮孔直径，m；

Δ——炮孔内装药密度，kg/m^3；

η——炮孔装药系数，孔深 5～50m 时，一般为 0.7～0.95；

m——炮孔邻近系数，当工作面与裂隙方向垂直时，$m=0.8$；当工作面与裂隙方向平行时，$m=1\sim1.2$；当矿石整体性好时，一般可取 $m=1$；

q——单位炸药消耗量，kg/m^3。

目前，国内矿山使用的深孔深度一般在 25m 以下，深孔落矿最小抵抗线一般为钎头直径的 25～35 倍。若用铵油炸药，以 30 倍以下为宜。

c 凿岩与凿岩机效率

潜孔式深孔钻机台班效率一般为 10～18m，每米深孔崩矿量为 10～20t。影响潜孔钻机生产率的因素有：

(1) 深孔倾角。上向或水平深孔的效率比下向稍高，因为上向孔排碴容易，岩渣的过粉碎量小。

(2) 孔深。随着孔深加大，钻杆重量增加，也增加了钻杆在炮孔中运动的阻力，辅助作业也随之增加，效率下降。

(3) 冲击器的回转速度。岩石不硬时，回转速度应当快，但超过一定限度，凿岩速度又开始下降。钻具的回转速度一般为 80～120r/min。

(4) 水耗。经验表明，水量相对不大时（2～6L/min），凿岩速度快，增加供水量（达 10～14L/min），凿岩速度下降，但是随着水量的减小，粉尘浓度增加。

深孔落矿凿岩工劳动生产率高，劳动卫生条件好，潜孔钻机凿岩粉尘小，比中深孔落矿采切工程量小，落矿费用低。深孔落矿的缺点是：矿石破碎不均匀，大块产出率高，地震效应很大，矿石损失贫化大。

深孔落矿适用于矿石价值不高、赋存要素比较稳定的厚大矿体，最好能在抗震性能好的底部结构中采用大型装运设备。

D 药室落矿

药室落矿崩矿效率高，但是需要的巷道（硐室）工程量大，容易产生大块，因此很少用于正常的矿房或矿柱回采，而多用于特殊情况下回采矿柱处理采空区。但在矿石极坚硬，深孔凿岩效率特别低，或者矿石非常松软破碎用炮孔落矿有困难，或缺乏深孔凿岩设备时，可考虑采用。这种方法在我国的弓长岭铁矿、杨家杖子钼矿曾经应用。

5.1.3.2 *矿石运搬*

运搬与运输的概念和任务不同，运输是指在阶段运输平巷中的矿石运送，而运搬则指将矿石从落矿地点运送到阶段运输巷道装载处。

矿石的运搬方法分为重力运搬、爆力运搬、机械运搬、水力运搬、人力运搬以及联合运搬等。例如，在开采急倾斜矿体时，矿石从崩落地点运到运输巷道装载处，通常要经过三个环节：

(1) 矿石借自重从落矿地点下落到底部结构的二次破碎水平。

(2) 在二次破碎水平进行二次破碎，然后用机械或自重运搬到装载处。

(3) 在装载处经放矿闸门装入运输设备。

A 重力运搬

重力运搬，这是一种效率高而成本低的运搬方式，是借助于矿石自重的运搬方法。重力运搬可以通过采空场，也可以通过矿石溜井。它必须具备的条件是，矿体溜放的倾角大于矿石的自然安息角。安息角的大小取决于矿石块度组成、有无粉矿和黏结物质、矿石湿度、矿石溜放面的粗糙程度与起伏情况等。自重运搬一般要求溜放倾角大于50°~55°，采用铁板溜槽时可降为25°~30°。

重力运搬适用于倾角大于矿石的自然安息角的薄矿体及各种倾角的厚大矿体。

B 爆力运搬

爆力运搬，是采用房式采矿法开采倾角小于矿石自然安息角的矿体，如图5-18所示，矿石不能用重力运搬时，可借助于落矿时的爆力将矿石抛到放矿区。

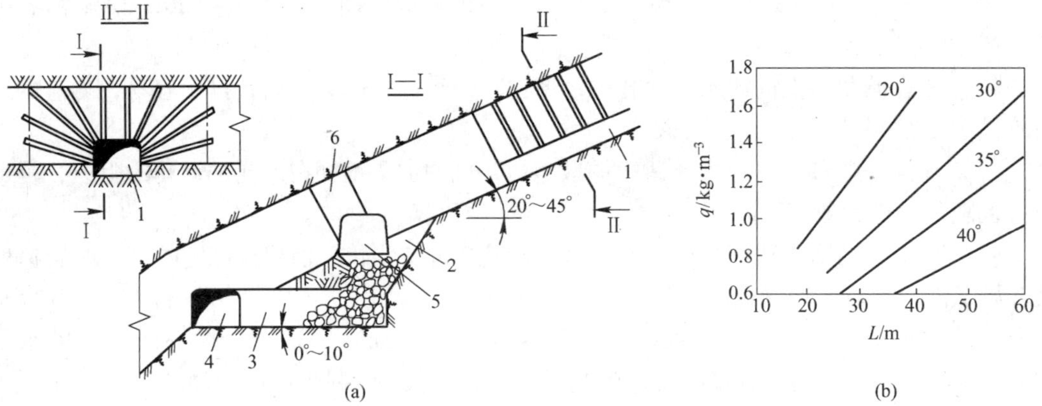

图5-18 爆力运搬示意图

1—凿岩巷道；2—受矿堑沟或喇叭口；3—装矿巷道；4—运输巷道；5—开切割槽及拉底巷道；6—切割槽

为了提高矿石回收率，凿岩巷道应深入矿体底板0.5m以上（见图5-18Ⅱ—Ⅱ剖面）。

爆力运搬的效果可用抛入重力放矿区的矿石量来衡量。影响矿石抛掷效果的主要因素是单位炸药消耗量、端壁的倾角和矿体的倾角。

现场经验表明，抛掷效果随矿体倾角和端壁倾角的加大而提高。爆力运搬落矿所需单位炸药消耗量大于正常落矿的单位炸药消耗，单位炸药消耗加大，爆力运搬距离加大。但炸药的增加有一定限度，如果增加过大，并不一定能达到提高抛掷效果的目的，因为药量加大会使碎块矿与粉矿增加，而碎粉矿的抛掷效果不好。

采用爆力运搬，可避免在矿体底板开大量漏斗，从而大幅度减少采切工程量；工人不必进入采空区，作业安全。但矿体倾角不宜太小，一般要求在35°~40°左右；矿房也不能太长，否则后期清理采场残留矿石的工作量太大。清理采场残留矿石一般采用遥控推土机或水枪。

C 机械运搬

机械运搬适用于各种倾角的矿体，在国内外地下矿山广泛应用。

现在国内矿山常用的机械运搬方式有：

（1）电耙运搬。它是我国目前使用最广的运搬方式，其投资少、操作简单、适用性强，由电耙绞车、耙斗和牵引钢绳组成。国产电耙绞车功率一般为4~100kW，耙斗容积一般为0.1~1.4m^3。

（2）装岩机运搬。常用设备有轨轮式电动或风动单斗装岩机，其需要在钢轨上运行，机动性受限。

(3) 装运机运搬。常用轮胎式风动装运机，机动性好，运搬能力大。

(4) 铲运机运搬。常见的有内燃铲运机和电动铲运机，铲斗容积为0.75~3m^3，机动性好，运搬能力大。

(5) 振动放矿机械及运输机运搬。这种运搬方式可实现连续运搬，能力大，但投资大，机动性差。

开采水平或缓倾斜矿体所用运搬机械与开采急倾斜矿体所用设备基本相同，但当矿体厚大和矿岩稳固时，设备规格更大，甚至接近露天型设备。

各种运搬机械使用情况参见底部结构和采矿方法部分的相关内容。

5.1.3.3 采场地压管理

在矿床地下开采中，采场地压管理是主要生产工艺之一。它的目的是防止开采工作空间的围岩失控发生大的移动而威胁生产安全。采场地压管理工作直接影响到矿山的生产安全、矿石成本、矿石损失贫化和矿山生产能力等方面。

A 概念

在开采空间形成以前，可以认为在井田的小范围内，原岩体是连续的密实的，其内部应力（原岩应力）也是平衡的。采空区的形成破坏了原岩应力平衡，并产生次生应力场，围岩中会出现局部应力升高、降低、拉压应力的转变、三向应力状态的转变，其结果会产生裂隙张开闭合，从而出现顶板下沉和冒落、底板隆起、侧面片帮等现象，在矿井深部甚至可能发生岩石自爆。上述这些现象统称为矿山地压显现（或现象），在岩体坚固稳定的矿山地压显现可能不明显，在岩体松散不稳固的矿山，则地压显现会非常明显。由于采矿引起的岩体内部应力变化称矿山地压。在地下采矿中为了安全和保持正常生产条件采取的一系列的控制地压的综合措施，称矿山地压管理。

从时间上可将矿山地压管理分为两个阶段：矿块回采阶段和大范围采空区形成后的阶段。前一阶段地压管理亦称为采场地压管理，后一阶段称为采后空区地压管理。这两个阶段的地压管理是有区别的，但又是密切联系的。

采场地压管理比一般井下工程（如硐室、隧道、井巷）的地压管理复杂，主要是因采场开采空间大，采场尺寸不断变化，形状复杂，并且地压会随相邻采场的开采而发生变化，亦即在相当长时间内采场地压是处于“不断变化”状态。当然，对地下开采空间稳定性的要求，也不同于地下永久工程。采场地压只着重于采场回采期间开采空间的稳定性和地压控制。

一般说来，采场地压管理的任务有三个方面：

(1) 正确认识不同采矿方法采场开采空间所承受的载荷及应力变化规律，为正确选择地压管理方法提供符合实际的地压理论或假说。

(2) 从实际出发正确选择地压管理方法及其有关参数，保持一定时间内开采空间的稳固性。

(3) 处理好矿块回采期间遇到的局部地压问题，如构造弱面（断层、破碎带）、溶洞、老硐等造成的特殊地压问题。

B 采场地压假说

正确进行采场地压管理，必须要掌握地压显现的规律和理论。由于矿体和岩体的特殊性，地压理论的研究目前还不成熟，只能提出一些假说来解释地压现象。这些采场地压假说，实质上是对不同情况下采场围岩应力分布的规律及其变化所作的解释，主要说明不同开采空间围岩所承受的载荷情况。目前常用的地压假说有拱形假说、支撑压力假说、覆岩总重假说、部分覆岩重量假说、滑动棱体假说和悬臂梁假说等。实践证明，上述地压假说在一定条件下，对正确进行采场地压管理均有其指导意义，但也有其局限性，不能全面概括实际影响地压的因素。所以正确进行采场地压管理，不仅应掌握采场地压假说，还要综合考虑影响采场地压的其他因素。

（1）拱形地压假说。拱形地压假说系1908年由M. M. 普洛托基雅柯诺夫提出。

拱形假说适用于不稳固岩体。它将岩体视为松散介质，以散体力学为理论根据，认为如无支护，则在上部覆岩的压力下，松散的岩石将从开采空间的两帮和顶部向下冒落，两帮塌落成斜面，顶部冒落成自然平衡拱。如有支护，则作用在支护上的载荷仅只是冒落范围内的岩块重量，而与开采空间的埋藏深度无关。

（2）支撑压力假说。该假说认为开采空间正上方覆岩的重量由开采空间两侧围岩支撑，两侧围岩的应力比开挖前升高。升高后的应力称支撑应力，应力升高区的范围称压力支撑区（或支撑压力带）。

（3）覆岩总重假说。覆岩总重假说认为在水平或缓倾斜矿体中开采空间内的矿柱或人工支撑物的载荷，是所支撑的开采空间上部直达地表全部覆岩重量的总和。

（4）部分覆岩重量假说。许多研究成果说明，开采空间所承受的载荷往往不等于开采空间上部整个覆岩的重量（包括水平矿体），而仅仅是其中的一部分，因为覆岩还受空区上方两侧覆岩的水平夹制力和连接力影响。

（5）滑动棱体假说。滑动棱体假说主要适用于急倾斜厚大矿体。它认为开采空间所承受的载荷（即房间矿柱的载荷），是其所支撑的顶板滑动棱体的下滑力。

（6）悬臂梁假说。悬臂梁假说认为，矿石采空后，回采工作面上部尚未崩落的岩石如同一个悬臂梁，梁的重量压在工作面的矿石上并形成支撑压力。显然悬臂梁的长度越长，支撑压力越大。为减小支撑压力应及时崩落围岩（放顶），使梁的长度缩短。

5.2 空场采矿法

在矿房开采过程中不用人工支撑，充分利用矿石与围岩的自然支撑力，将矿石与围岩的暴露面积和暴露时间控制在其稳固程度所允许的安全范围内的采矿方法总称空场采矿法。

空场采矿法的特点是，将矿块划分为矿房与矿柱，先采矿房，后采矿柱，开采矿房时用矿柱及围岩的自然支撑力进行地压管理，开采空间始终保持敞空状态。

矿柱视矿岩稳固程度、工艺需要与矿石价值可以回采也可以作为永久损失。由于矿柱的开采条件与矿房有较大的差别，若回采则常用其他方法。为保证矿山生产的安全与持续，在矿柱回采之前或同时，应对矿房空区进行必要的处理。

显然，使用空场法开采矿体的必要条件是矿石围岩均需稳固。

空场采矿法是生产效率较高而成本较低的采矿方法，在国内外的各类矿山得到了广泛的使用。

使用空场采矿法，必须正确地确定矿块结构尺寸和回采顺序，以利于采场地压管理及安全生产。

由于被开采矿体的倾角、厚度及开采方法不同，空场采矿法又分为以下几种：

（1）留矿采矿法；

（2）房柱采矿法；

（3）全面采矿法；

（4）分段矿房采矿法；

（5）阶段矿房采矿法。

5.2.1 留矿采矿法

留矿采矿法的特征是在采场中由下向上逐层进行回采矿石，每层采下的矿石只放出约三分之一的矿量，其余的采下矿石暂留采场中作为继续上采的工作台，并可对采空场进行辅助支撑；待整个采场的矿石落矿完毕后，再将存留在采场内的矿石全部放出。

留矿采矿法是一种较为简单、经济、容易的采矿方法，在我国的冶金、有色、黄金、稀有金属及非金属矿山中得到广泛的使用。

留矿采矿法原则上虽可用于开采厚大矿体，但主要用于开采中厚及中厚以下矿体。

根据矿块布置方式及回采工艺不同，留矿采矿法可分为普通留矿法（见图5-19）、无矿柱留矿法及倾斜矿体留矿法。

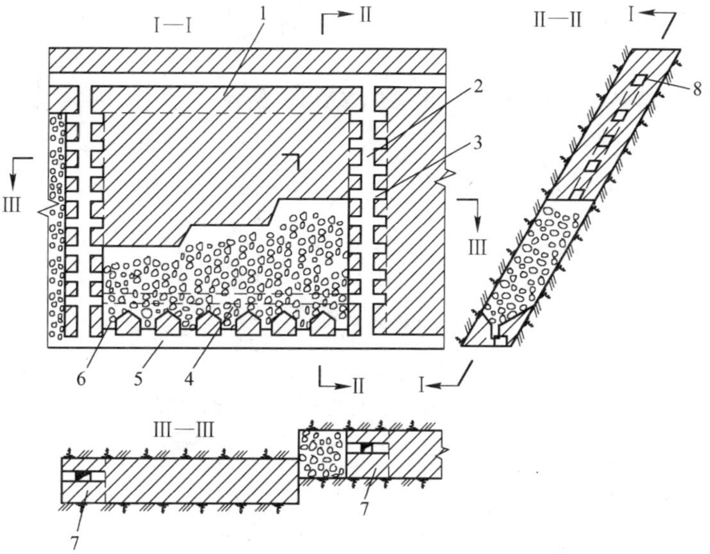

图5-19 普通留矿法

1—顶柱；2—矿块天井；3—联络道；4—拉底巷道；
5—阶段运输平巷；6—漏斗闸门；7—间柱；8—回风巷道

5.2.1.1 *矿块构成要素*

阶段高度一般为30～60m，当矿石围岩稳固、矿体倾角大、产状稳定时可采用较大的阶段高度。

矿块的长度一般为40～60m，其值取决于矿岩的稳固程度及矿体的厚度。矿房的暴露面积一般可达400~600m²。

间柱的宽度根据矿岩稳固程度及矿体厚度、间柱回采方法等因素来确定，通常为6~8m，当矿体较薄而且采用脉外天井时可取2~3m。

顶柱高度一般为4~6m，当矿体较薄时为2~3m。

底柱高度取决于矿石稳固程度与底部结构的形式，漏斗放矿底部结构为5~6m，电耙道及格筛巷道底部结构为12~14m。

5.2.1.2 采准切割

采准切割主要任务是：掘进阶段运输平巷、矿块天井、联络道、拉底巷道及漏斗颈。

当矿体较薄时，可利用勘探时的脉内沿脉巷道作阶段运输巷道；矿体较厚时，应把阶段运输巷道布置在矿体下盘接触线上，以减少矿房开采中局部放矿后的平场工作量；当开采产状变化较大且不太稳固的贵重矿石时，为提高矿石回采率，减少坑道维护工作量，也可把阶段运输平巷布置在矿体的下盘脉外。矿块天井布置在间柱中。在天井的两侧每隔5~6m向矿房开联络道。当矿房不分梯段回采时，矿房两侧的联络道应交错布置。在阶段运输平巷的侧上方每隔4~6m掘进放矿漏斗颈。矿体较厚时需在拉底水平掘进拉底巷道。

普通留矿法切割工作为拉底及扩漏。

掘进拉底巷道的拉底扩漏法。在拉底水平从漏斗向两边掘进平巷，与相邻的斗颈贯通，形成拉底巷道，如图5-20所示。然后在拉底巷道中用水平浅孔向两侧扩帮至矿体上下盘，形成拉底空间。最后，由斗颈中向上或从拉底空间向下钻凿倾斜炮孔扩漏（扩喇叭口）。

不掘进拉底巷道的拉底扩漏法。此法如图5-21所示，用于厚度不太大的矿体。

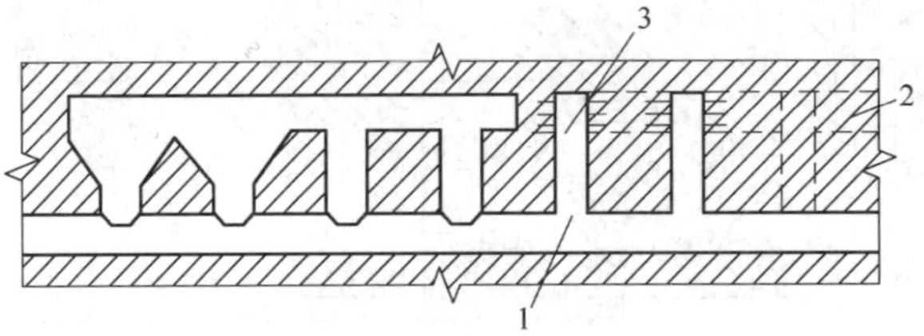

图5-20 掘进拉底巷道的拉底扩漏法

1—运输平巷；2—拉底平巷；3—漏斗颈

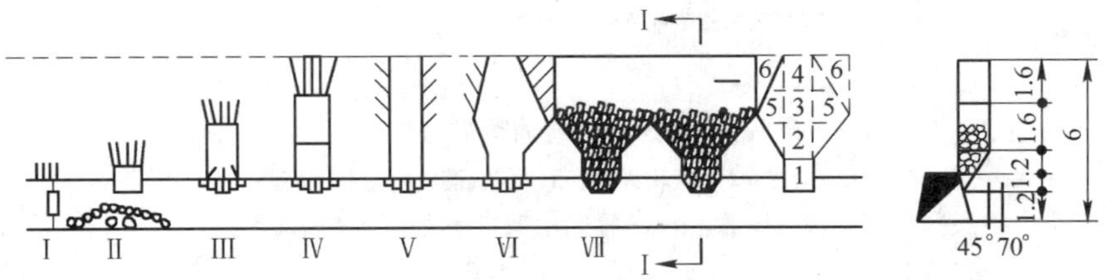

图5-21 不掘进拉底平巷的拉底扩漏法（单位：m）

1~6—掘进爆破顺序；Ⅰ~Ⅶ—各步骤浅孔布置

在运输平巷应开漏斗的一侧，按漏斗规格用向上式凿岩机开40°~50°的第一茬炮孔。

在第一茬炮孔的渣堆上钻凿第二茬约70°的炮孔，爆破后将全部矿石出完运走。架设漏斗口及工作台，继续开凿第三茬，第四茬炮孔，爆破后的矿石全由漏斗口放出，此时已形成高为4~4.5m的漏斗颈。自漏斗颈上部向四周打倾斜炮孔扩漏，使两相邻漏斗喇叭口扩大至相互连通，从而同时完成拉底及扩漏工作。

5.2.1.3 回采

矿房回采自下而上分层进行，分层高度为2~2.5m，工作面多呈梯段布置，采用上向或水平浅孔落矿。

回采工作包括凿岩、爆破、通风、局部放矿、撬毛平场、二次破碎及整个矿房落矿完毕后的大量放矿。

(1) 凿岩在矿房内的留矿堆上进行。矿石稳固时，多用上向式凿岩机钻凿前倾75°~85°的炮孔，孔深1.5~1.8m。上向孔效率高，工作方便，单梯段也能多机作业，一次落矿量大，作业辅助时间少，梯段的长度可以是10~15m。上向炮孔的排列形式，根据矿体厚度和矿岩分离的难易程度而定，炮孔排距为1~1.2m，间距为0.8~1m，常用的炮孔排列方式有如图5-22所示的几种。

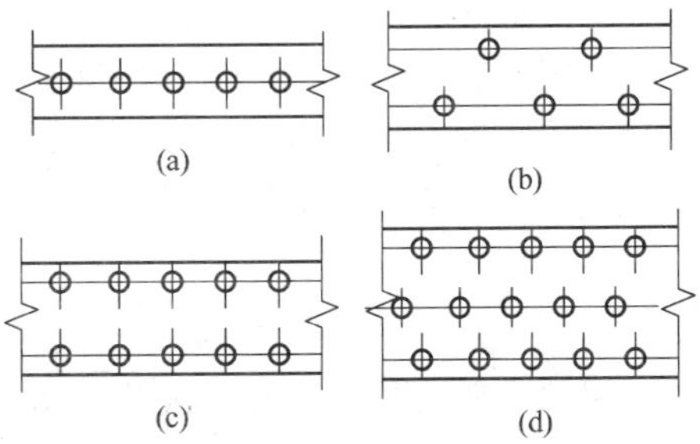

图5-22 炮孔排列形式
(a) 一字形；(b) 之字形；
(c) 平行排列；(d) 交错排列

1) 一字形排列，适用于矿岩易分离、矿石爆破效果好、厚0.7m以下的矿体。

2) 之字形排列，适用于矿石爆破性较好、矿脉厚度0.7~1.2m，这种布置能较好的控制采幅宽度。

3) 平行排列，适用于矿石坚硬，矿体与围岩接触界线不明显或难于分离、厚度较大的矿体。

4) 交错排列，用于矿石坚硬、厚度较大的矿体，崩下的矿石块度均匀，生产中使用很广泛。

当矿房中央有天井时，可利用天井作为爆破自由面，否则需在矿房长度的中央掏槽。但不应在矿房两侧联络道或顺路天井附近同时爆破，以免它们被爆下的矿石同时堵住而影响正常的作业。

当矿石的稳固性稍差时，为避免矿石可能发生片落而威胁凿岩工的安全，此时可用水平孔落矿，孔深2~3m。为增加同时工作的凿岩机数，工作面分成多个梯段，梯段长度较小，一般为2~4m，梯段高度为1.5~2m。

(2) 爆破。一般采用直径为31mm的铵油或硝铵炸药卷，单位炸药消耗量可根据矿山实际情况选取。最好使用微差导爆管起爆。

(3) 通风。新鲜风流从上风向天井进风，清洗工作面后从下风向天井出风；或由两侧天井进风，清洗工作面后，由中央天井出风。为防止风流短路，应在进风天井的上口、回风天井的下口设置风门。

(4) 局部放矿。每次落矿爆破后，由于矿石体积膨胀，为保证工作面有1.8~2m的作业高度，必须放出本次爆破矿石体积约1/3的矿石量，这个工作称局部放矿。局部放矿时，放矿工应与平场工紧密配合，在规定的漏斗中放出规定数量的矿石。放矿中，应随时注意留矿堆表面的下降情况是否与放出矿量相适应，以减少平场工作量和及时发现并设法防止留矿堆内形成空洞。为保证工作的安全，发现空洞，必须及时处理。

（5）撬毛平场。局部放矿之后，确认留矿堆内无空洞时，就可进行撬毛平场工作。先对工作面喷雾洒水，然后敲帮问顶，撬除松动矿岩，将局部放矿所形成的凸凹不平矿堆扒平，为下次凿岩工作做好准备。

二次破碎在工作面局部放矿后进行，平场撬毛的同时若发现大块，应及时用锤子或炸药破碎。应尽量避免在放矿口闸门处破碎大块，费工费时还易损坏闸门。

局部放矿时，严禁任何人员在放矿漏斗上部的留矿堆上作业。必须进入采场处理事故时，下部漏斗应停止放矿，并在留矿堆上铺设木板。

上述凿岩、爆破、通风、局部放矿、撬毛平场及二次破碎构成了一个回采工作循环。一个分层的回采可以由一个或几个循环来完成。待矿房所有的分层全部落矿后，即可进行大量放矿，完成整个采场的开采。

5.2.2 房柱采矿法

房柱采矿法是用于开采水平、微倾斜、缓倾斜矿体的采矿方法。它的特点是，在划分采区（或盘区）和矿块的基础上，矿房与矿柱交替布置，回采矿房的同时留下规则的连续或不连续矿柱，用以支撑开采空间进行地压管理。

水平矿体使用房柱法，矿房的回采由采场的一侧向另一侧推进，缓倾斜矿体通常是由下向上逆矿体的倾向推进工作面，采下的矿石可用电耙、装运机、铲运机等设备运搬。矿块回采后留下的矿柱，一般不予回采，作永久性支撑。但开采高价矿或富矿时，有的矿山为提高矿石回采率先留下了较大的连续矿柱，待矿房采完并充填后再回采矿柱。也有的矿山留下连续的条带状矿柱，待矿房采完后，后退式地切采部分矿柱。房柱采矿法是劳动生产率较高的采矿方法之一，在国内外的矿山使用广泛。目前，使用最多的是浅孔落矿房柱法，也有的矿山开始使用中孔落矿。随着无轨设备的大量使用，不少矿山已开始使用无轨设备深孔开采方案。典型方案如图 5-23 所示。

5.2.2.1 *矿块构成要素*

矿块沿矿体倾斜布置，矿块再划分为矿房与矿柱，矿块矿柱亦称支撑矿柱。支撑矿柱横断面多为圆形或矩形，支撑矿柱规则排列并与矿房交替布置。为使上下阶段采场相互隔开，各阶段留有一条连续的条带状矿柱，称阶段矿柱。沿矿体走向每隔 4 ~6 个矿块再留一条沿倾向的条带状连续矿柱，称采区矿柱。上下以两阶段矿柱为界、左右以两采区矿柱为界的开采范围称采区：

（1）矿房长度，取决于电耙的有效耙运距离，一般不超过 60m。无轨设备运搬不受此限。

（2）矿房宽度，取决于矿体顶板的稳定程度与矿体的厚度，一般为 8 ~20m。

（3）矿柱尺寸及间距，取决于矿柱强度及支撑载荷。采区矿柱与支撑矿柱的作用是不相同的。采区矿柱主要用于支撑整个采区范围顶板覆岩的载荷，保护采区巷道，隔离采区空场，宽度一般为 4 ~6m。支撑矿柱的主要作用是限制开采空间顶板的跨度，使之不超过许用跨度并支撑矿房顶板。目前，计算矿柱尺寸的方法尚不成熟，大多参考类似矿山的经

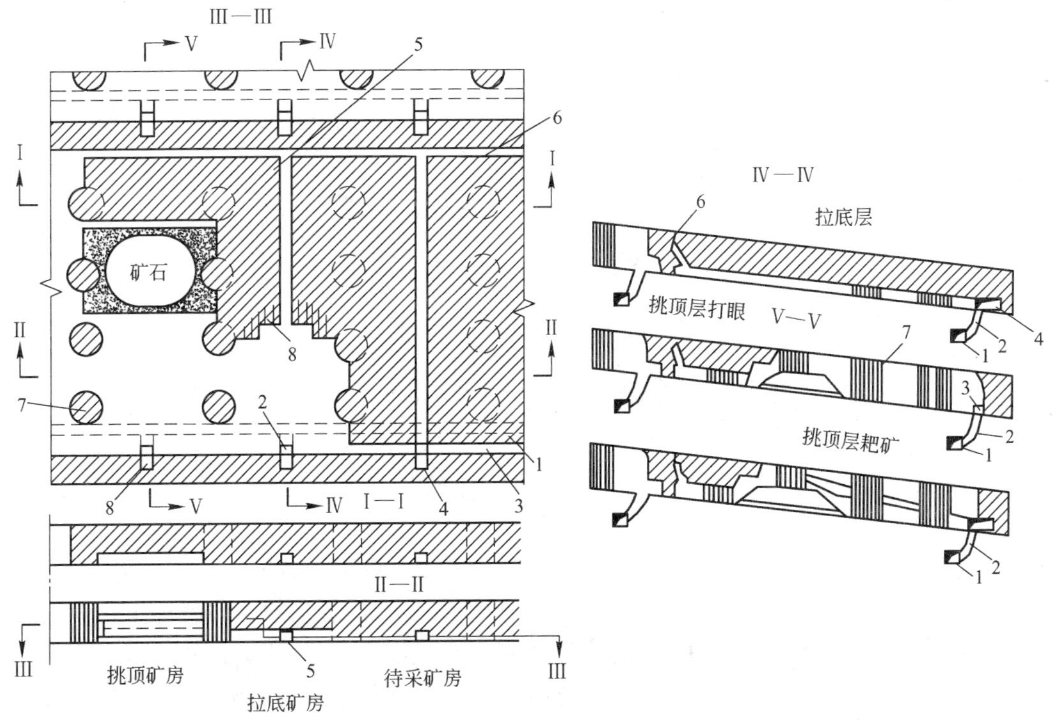

图 5-23　浅孔房柱采矿法典型方案

1—运输巷道；2—放矿溜井；3—切割平巷；4—电耙硐室；5—上山；
6—联络平巷；7—矿柱；8—炮孔

验值，采用经验法来设计，再逐步通过生产实践，确定符合矿山实际条件的最优矿柱尺寸与间距。一般矿柱的直径或边长为 3 ~ 7m，间距为 5 ~ 8m。

为避免应力集中，提高矿柱的承载能力，矿柱与顶底板应采取圆弧过渡的方式相连。矿柱的中心线应与其受力方向一致或基本一致，当矿体倾角较大时尤其应注意到这一点。

（4）采区尺寸。采区的宽为矿块的长度、采区的长取决于采区的安全跨度及采区的生产能力。一个采区一般不少于 2 ~ 4 个回采矿房与 2 个以上正在采切的矿房。

5.2.2.2　采准切割

在下盘脉外距矿体底板 5 ~ 8m 掘进阶段运输巷道 1，自每个矿房中心线位置开矿石溜井 2 至矿体，在阶段矿柱中掘进电耙绞车硐室 4，沿矿房中心线并紧靠矿体底板掘进矿房上山 5，贯通联络平巷 6。矿房上山 5 与联络平巷 6 用于采场人行、通风及运搬材料设备，矿房上山 5 还是回采时的一个自由面（见图 5-23）。

5.2.2.3　回采工作

若矿体厚度不大于 2.5 ~ 3m，矿房采用单层回采，由矿房上山 5 与切割平巷 3 相交的部位用浅孔扩开，开始回采，工作面逆矿体倾斜推进。

矿体厚度大于 2.5 ~ 3m 应分层回采，分层高度 2m 左右。若矿石比上盘岩石稳固或同等稳固，可采用先拉底，再挑顶采第二层、第三层，直至顶板的上向阶梯工作面回采，如图 5-24 所示。

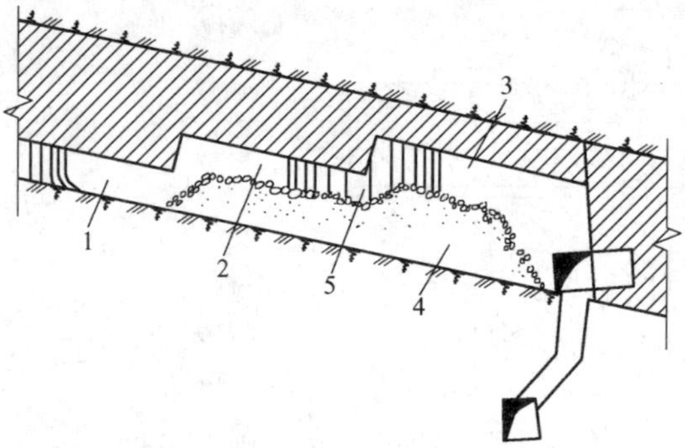

图5-24 上向阶梯工作面回采

1—拉底层；2—第二分层；3—第三分层；4—矿堆；5—矿柱

可用气腿式凿岩机，平柱式凿岩机也可以用上向式凿岩机落矿。工作面推至预留矿柱处，多布眼少装药将矿柱掏出来，采下矿石暂留一部分在采场内，作为继续上采的工作台。紧靠上盘的一层矿石，宜用气腿凿岩机打光面孔爆破落矿，以便保护顶板。

当矿体上盘岩石比矿石稳固时，有的矿山采用如图5-25所示的下向阶梯工作面回采。下向阶梯工作面回采就是通过切割天井先采紧靠顶板的最上一分层（亦称切顶），待其推进至适当距离后，再依次回采下面分层；上分层间超前下分层一定距离，近矿体底板的一层最后开采。

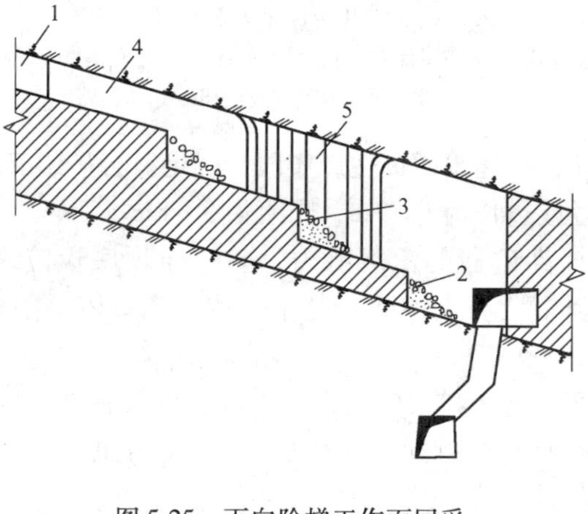

图5-25 下向阶梯工作面回采

1—矿房上山；2—第一分层；3—第二分层；4—最上一分层；5—矿柱

有的矿山顶板不够稳固，采用下向阶梯工作面使顶板先暴露出来，以便对顶板实施杆柱支护（杆柱护顶）。

上向阶梯工作面回采比下向阶梯工作面回采由于效率高、清扫底板容易、在高悬顶板下作业的时间短等优点而广泛被矿山采用。

电耙运搬矿石，需经常改变电耙滑轮的位置。使用三卷筒电耙绞车，虽省去了多次改变电耙滑轮位置之烦，但电耙绞车旁边的矿石仍无法耙走。一些矿山使用如图5-26所示的移动电耙绞车接力耙运，可把整个矿房范围内的矿石耙完。第一台电耙安装于可在轨道上行走的小车中，耙下来的矿石，再由第二台电耙接力耙至相邻采场的溜井中。采场通风简单，新鲜风流由采区人行进风井进入，经切割平巷清洗工作面，污风通过矿房上山、联络平巷进入回风巷道排出。

采切巷道有：脉外阶段平巷，放矿溜井，切割平巷，矿房上山，电耙绞车硐室及联络巷道。用上阶段脉外阶段平巷回风。

矿房采用单层回采。首先，沿矿房下部边界拉开高为矿体厚的切割槽，并以矿房上山为第二自由面，用浅孔逆矿体倾向回采。相邻矿房可同时回采，但需互相保持 15～25m 的距离。用杆柱维护稳固性较差的页岩顶板，杆柱长 2.3m，网度为 1m×0.8m，每套杆柱支护面积为 $0.77m^2$。为保证回采工作的安全，在较大断层及顶板不稳处留下矿柱支撑。

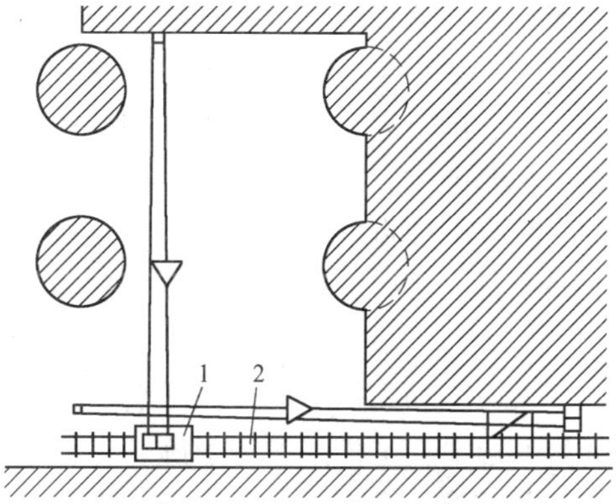

图 5-26 移动电耙绞车接力耙运

1—移动小车；2—轨道

5.2.3 全面采矿法

全面采矿法与房柱采矿法极为相似，也是用来开采水平微倾斜、缓倾斜矿体的空场采矿法。但全面采矿法所开采的矿体厚度不应大于 3～4m。全面采矿法的采区可不划分为矿块，回采工作面可以逆倾向、沿走向、逆伪倾向全面推进。因此，采场范围大，沿走向长度可达 50～100m。回采过程中留下来的矿柱（或岩柱），可以是不规则的，其数量、形状、间距、尺寸及位置比较灵活，可将贫矿、夹石、无矿带留下，或按顶板管理的要求留下不规则的孤立矿柱来支撑空区。

开采高价矿、富矿时也可用木柱、木垛、石垛、混凝土垛、杆柱等人工材料来代替矿柱，提高矿石回采率。

常用全面采矿法是如图 5-27 所示的浅孔落矿电耙运搬的全面采矿法。

矿块沿走向布置，其长度可以是 50m 或更大，矿块沿倾斜方向的长度一般为 40～60m，

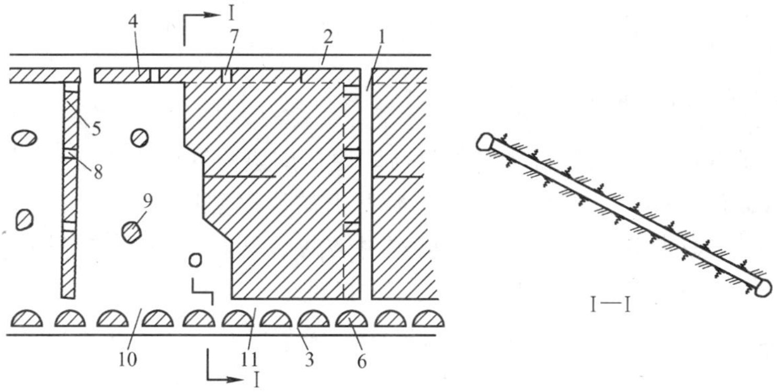

图 5-27 全面采矿法

1—切割上山；2—回风平巷；3—阶段平巷；4，6—阶段矿柱；5—采区矿柱；7，8—人行道；9—矿柱或岩柱；10—矿石溜子；11—切割平巷

增加沿走向的长度可以减少矿块数，减少采切工程量，但阶段内同时工作的矿块数也将相应减少，会影响阶段生产能力，故采区长度还应当用阶段生产能力来校核。

年产量不大、走向长度小的矿体，阶段可不划分采区，整个阶段沿走向、逆倾向或伪倾向全面推进。

阶段矿柱宽度 2～3m，采区矿柱宽度 6～8m，矿石溜子间距 5～7m。采区内的矿柱，根据夹石、贫矿的分布及顶板管理的需要来确定其数量、规格与位置。

5.2.3.1　采切工程

采切工程先掘进的阶段平巷 3，一般布置于脉内，当矿体产状变大时也可将它布置在下盘围岩中，这样虽增加了脉外工程量，但矿石溜子有一定的储矿能力，对缓和采场运搬与矿石运输、提高阶段生产能力有利。矿石溜子 10 的间距为 5～7m。

切割平巷 11 连通各矿石溜子的上口，作为回采工作的一个自由面。逆矿体倾向掘进的切割上山 1 贯通回风平巷 2，并作为回采工作的起始线。在采区矿柱（亦称矿壁）内每隔 10～15m 掘进人行道 8。回采过程中，在上部阶段矿柱内每隔一定距离掘进人行道 7 连通回风平巷 2，电耙硐室的位置与矿石溜子相对应，也可以用图 5-26 的移动电耙接力耙运矿石。

5.2.3.2　回采工作

回采工作由切割上山的一侧或两侧开始沿矿体走向全面推进，为使凿岩与采场运搬平行作业，工作面可布置成阶梯状，依次超前一定的距离，阶梯数常为 2～3。

使用气腿式凿岩机凿岩，视矿石坚固程度、矿体厚度及工作循环要求来确定凿岩爆破参数，但炮孔不可穿过顶底板以保证安全及降低矿石贫化损失。若有可能，近顶板的炮孔使用光面爆破技术，以保持顶板的稳固性。

采场使用电耙运搬矿石。

回采过程中，应视顶板的稳固程度及矿床有用组分的分布情况，将贫矿、夹石、无矿带留作不规则的矿（岩）柱，当然，必要时一般矿石也得留作矿柱。圆形矿柱的直径常为 3～5m，矩形矿柱的规格为 3m×5m。为提高矿石回采率，也可以用木柱、丛柱、杆柱及垛积材料进行支撑。采场回采完毕，视安全情况，可部分地回收矿柱。杆柱支护工作量小，成本低，效果好，且利于矿石运搬。杆柱长度一般为 1.8～2.5m，安装密度为 0.8m×0.8m～1.5m×1.5m。

5.2.4　分段落矿阶段矿房采矿法

分段落矿阶段矿房采矿法是将阶段划分为矿块，矿块再划分为矿房与周边矿柱，矿房用中孔或深孔在阶段全高上进行回采，采下矿石由矿块底部结构全部放出的空场采矿法。矿房回采过程中，空区靠矿岩自身稳固性及矿柱支撑，回采工作是在专用的巷道、硐室、天井内进行的。矿房回采完毕再用其他方法回采矿柱。

由于凿岩设备及操作技术等条件的限制，难以穿凿深度等于矿房高度的深孔时，可将矿房划分为分段，用中深孔进行落矿。

分段落矿阶段矿房采矿法的特点是：在矿块划分为矿房与周边矿柱的基础上，将矿房在高度上进一步用分段巷道划分为几个分段，在分段巷道内用中深孔落矿，工作面竖向推进，采下矿石由矿块底部结构放出。

分段落矿阶段矿房采矿法的矿房布置方式有沿走向布置矿块，垂直走向布置矿块与倾斜、缓倾斜矿体中分段落矿阶段矿房采矿法三种形式。

沿走向布置矿块的分段落矿矿房采矿法如图 5-28 所示。

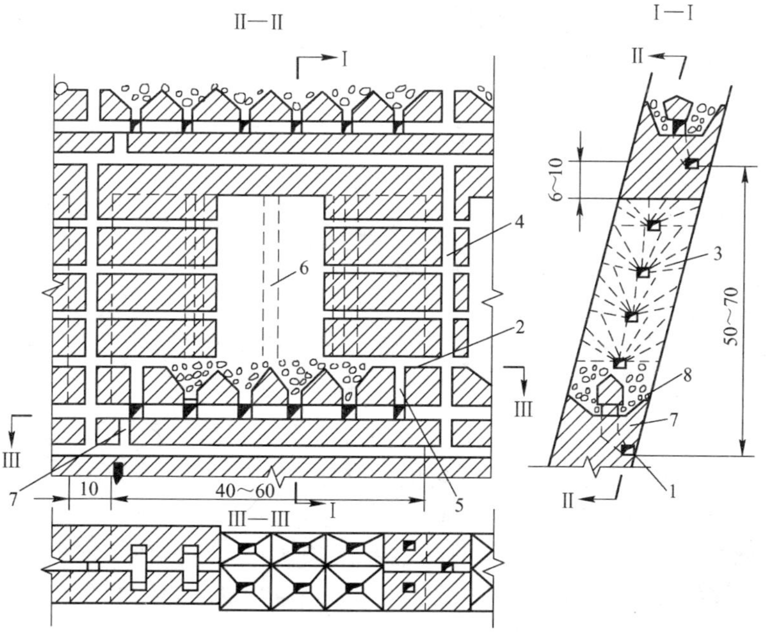

图 5-28　沿走向布置矿块分段落矿矿房采矿法（单位：m）
1—阶段运输巷道；2—拉底巷道；3—分段凿岩巷道；4—通风人行天井；
5—漏斗颈；6—切割天井；7—溜井；8—电耙道

5.2.4.1　矿块构成要素

下面分述各构成要素的选择方法：

（1）阶段高度。阶段高度由矿房高度、顶柱厚度与底柱高度三部分组成，其值取决于围岩的允许暴露面积与暴露时间，一般为 50 ~70m，围岩稳固、采矿强度大取大值。

（2）矿房长度。根据围岩及顶柱的允许暴露面积确定。

（3）矿房宽度。等于矿体厚度。

（4）顶柱厚度。由矿岩的稳固性及矿体的厚度决定，一般为 6 ~10m。

（5）间柱宽度。取决于矿岩的稳固性、间柱的回采方法、矿块天井是否布置在间柱内等因素，一般为 8 ~10m。

（6）底柱高度。取决于所采用的二次破碎底部结构的形式，采用电耙巷道时为 7 ~11m，格筛巷道为 11 ~14m，平底或铲运机出矿底部结构可降为 4 ~6m。

（7）分段高度。即两相邻分段巷道之间的垂直距离，其值取决于所使用凿岩设备的能力，中孔设备凿岩为 8 ~12m，深孔可为 15 ~20m。

（8）漏斗间距。一般为 5 ~7m。

5.2.4.2　采准切割

采准工程有阶段运输巷道 1、分段凿岩巷道 3、通风人行天井 4、溜井 7、电耙道 8、斗穿及漏斗颈 5（见图 5-28）。

切割工程有拉底巷道2、切割横巷及切割天井6等。

阶段运输平巷布置在脉内外均可。脉内常紧靠下盘布置，以便摸清矿体的下盘变化情况，减少脉外工程。布在脉外可增加矿房矿量，并可即时回采矿柱。具体采用何种形式，应结合矿山阶段平面开拓设计来综合考虑。

通风人行天井常布置在脉内，具体位置应结合矿柱回采方法来确定，它依次贯通电耙道、拉底巷道、分段凿岩巷道及上阶段运输巷道。

分段凿岩巷道应布置在靠近矿体下盘的位置，以便减小落矿炮孔的深度差，提高凿岩、爆破效率。

溜井的倾角应满足储矿与放矿的要求。此外，其储矿体积最好不小于一列矿车的装载体积，使耙矿与运输工作得以协调。

分段落矿阶段矿房采矿法的切割工作是扩切割立槽、拉底与扩漏。

切割立槽位置是否合理，关系着矿房的落矿效果及技术经济指标。一般按下列原则确定切割立槽的位置。

当矿体厚度均匀，切割立槽可布置在矿房中央，从中央向两侧退采，回采工作面多，采矿强度高；若矿房长度大，切割立槽也可布置在靠近溜井的一侧，矿石借落矿时的爆力抛掷一段距离，减少电耙运搬距离，提高耙矿效率。

当矿体厚度变化较大时，切割立槽应布置在矿体的最厚部位。当矿体倾角发生变化时，切割立槽应布置在下盘最凹部位，以减少回采中的矿石损失。

扩切割立槽的方法很多，归纳起来可分为浅孔法与深孔法。

浅孔扩切割立槽的实质是把切割立槽当做一个急倾斜薄矿体，用浅孔留矿法回采，大量放矿后形成立槽，切割立槽的宽度为2.5~3m。此法易于保证切割立槽的规格，但效率低、速度慢、工作条件差、劳动强度大。

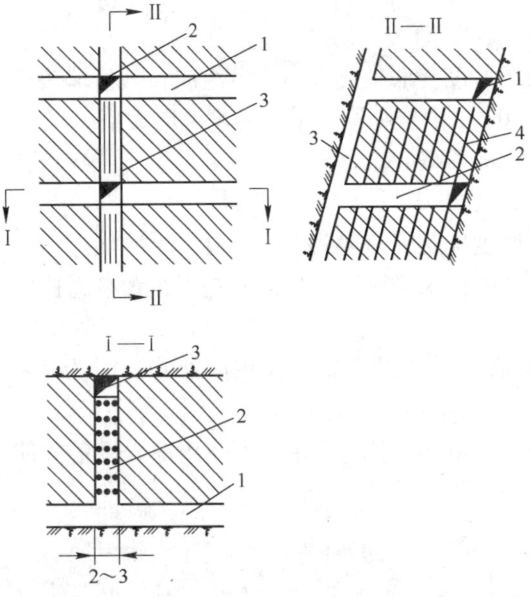

图5-29　垂直平行深孔开掘切割槽

1—分段凿岩巷道；2—切割横巷；3—切割天井；4—炮孔

深孔扩立槽又分为水平深孔扩槽法与垂直深孔扩槽法。

水平深孔扩立槽法的实质是把切割天井当做深孔凿岩天井，切割立槽当做矿房，拉底后分层爆破的凿岩天井用水平深孔落矿阶段矿房法回采形成切割立槽。此法可形成宽5~8m的切割立槽，扩槽效率高，但工人需在凿岩天井的下段，靠近空场处装药爆破，工作安全条件差，并需多次修复工作台板，现使用不多。

垂直深孔扩立槽是在垂直分段凿岩巷道并贯通切割天井的切割横巷内，打上向平行深孔，以切割天井为自由面，爆破形成切割立槽，如图5-29所示。以前扩槽炮孔多用逐排爆破或多次多排同次爆破，现广泛使用全部扩槽炮孔分段微差一次爆破。

拉底一般与扩漏同时进行。由于回采工作面是竖向推进，故拉底扩漏没有必要，也不应该一次完成，而是采取随回采工作面的推进超前 1 ~2 对漏斗的拉底扩漏方法。拉底扩漏的方法也是有浅孔法与深孔法两种：

（1）浅孔法。在超前回采工作面一排漏斗的范围内，由拉底巷道开始用浅孔扩帮至上下盘，随即进行扩漏。扩漏可以从拉底水平由上向下，也可以从漏斗颈内由下向上进行。

（2）深孔法。拉底巷道实际上又是第一分段凿岩巷道，只要把落矿炮孔中倾角最小的炮孔适当加密，爆破后即可形成拉底空间。扩漏法与浅孔法相同。

此外，一些矿山采取如图 5-30 所示的预先切顶措施，来消除最上一分段上向落矿炮孔爆破时对顶柱稳定性的影响。在矿体的中部顶柱下檐沿矿房的长轴方向开切顶巷道 1，在切顶巷道两帮布置切顶炮孔 2，回采工作面落矿前爆破切顶炮孔形成切顶空间 3。切顶只需超前回采工作面 1 ~2 排落矿炮孔即可。

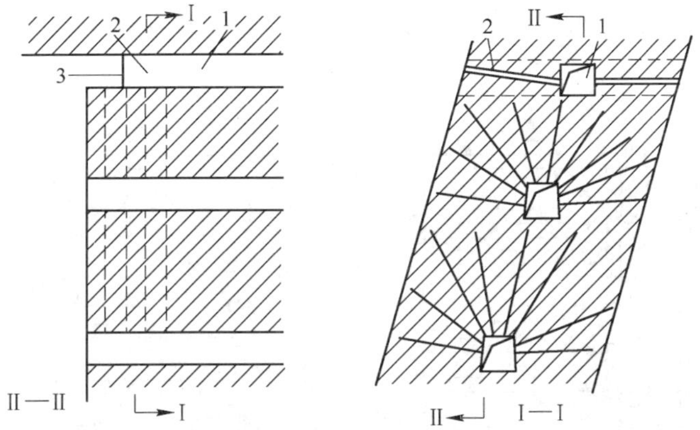

图 5-30 预先切顶措施

1—切顶巷道；2—切顶炮孔；3—切顶空间

5.2.4.3 *回采工作*

大量回采是以切割立槽、拉底空间为自由面，通过爆破分段凿岩巷道中的上向炮孔来实现的。现在各矿山多是用扇形炮孔落矿，使用平柱式凿岩机凿岩，孔径 60 ~75mm，最小抵抗线 1.5m 左右，孔底距 1.5 ~2.0m，孔深不超过 20m，每次爆破一排或几排炮孔。当补偿空间足够大时，应尽量采用多排孔微差爆破，以提高爆破质量。爆下的矿石一般不在空场中储存，及时经二次破碎底部结构放出。

通风工作比较简单，目前绝大多数矿山是把落矿炮孔全部凿完后再分次爆破落矿，因此不管是单侧还是双侧推进工作面的矿房都由上风向方向的通风人行天井进风，清洗工作面后由下风向方向的通风人行天井回风，如图 5-31 所示。在顶柱中央开凿回风天井会破坏顶柱稳固性。见图 5-31（b），现一般不采用，双侧推进仍采用图 5-31（a）通风方式。

5.2.5 水平深孔落矿阶段矿房采矿法

水平深孔落矿阶段矿房采矿法典型方案如图 5-32 所示。

5.2.5.1 *矿块构成要素*

水平深孔落矿阶段矿房采矿法，工人是在专用的巷道或硐室内作业，而且顶柱是在矿

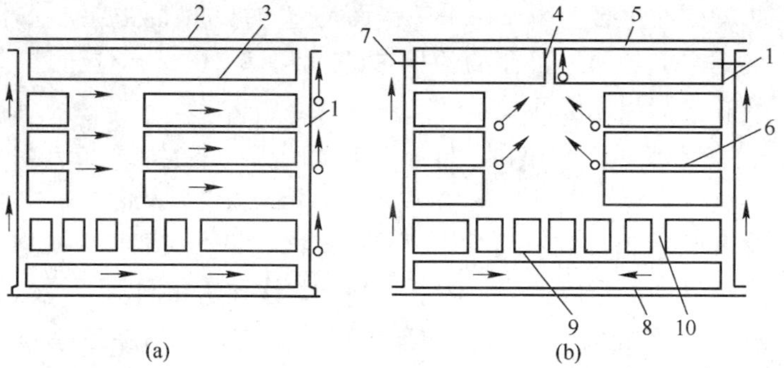

图 5-31 分段落矿阶段矿房采矿法采场通风示意图

（a）工作面单侧推进；（b）工作面双侧推进

1—天井；2，5—上阶段运输平巷；3—切顶巷道；4—顶柱；6—分段巷道；7—风门；8—本阶段运输巷道；9—电耙巷道；10—漏斗颈

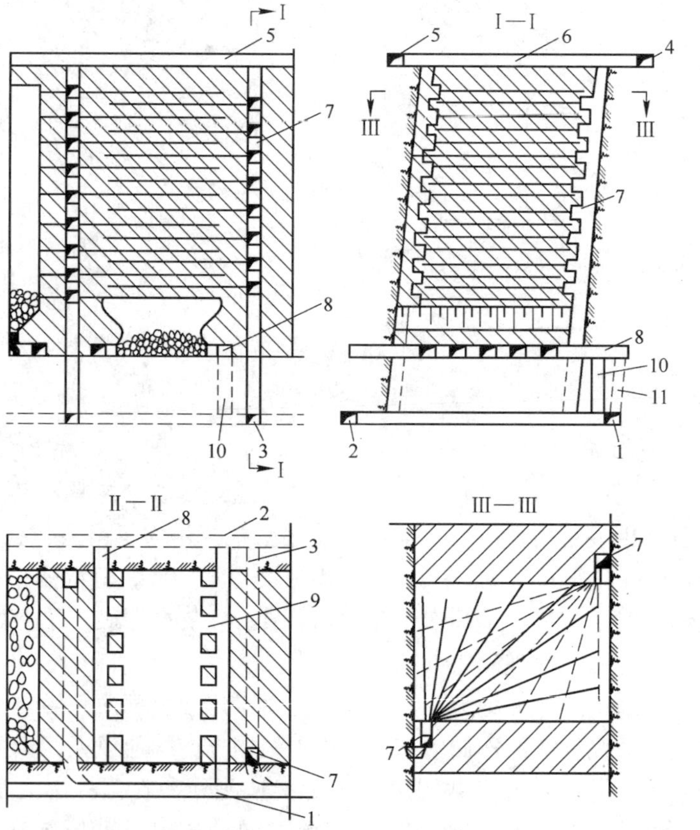

图 5-32 水平深孔落矿阶段矿房采矿法

1—下盘运输平巷；2—上盘运输平巷；3—穿脉；4—下盘通风平巷；5—上盘通风平巷；6—通风横巷；7—凿岩天井；8—电耙道；9—放矿口；10—溜井；11—人行井

房最后一个分层落矿后才暴露出来，因此可以采用较大的矿房尺寸。

水平深孔落矿量大，大块产出率高，故常用平底二次破碎底部结构。

5.2.5.2 采准切割

在间柱下部掘进运输横巷（见图5-32），将上、下盘的脉外运输平巷1、2贯通，形成环形运输系统。在运输平巷的上部掘进两条电耙道8，在电耙道中每隔6～8m掘进放矿口9连通矿房底部的平底，形成二次破碎平底底部结构。凿岩天井7在间柱中矿房对角线的两端，凿岩天井旁的凿岩硐室垂直距离为6m，两天井的凿岩硐室交错布置。为保证凿岩硐室的稳固，上下相邻两凿岩硐室的投影不应重合。

第一排水平深孔的爆破补偿空间是平底底部结构的拉底空间，其拉底方法见图5-33～图5-35。

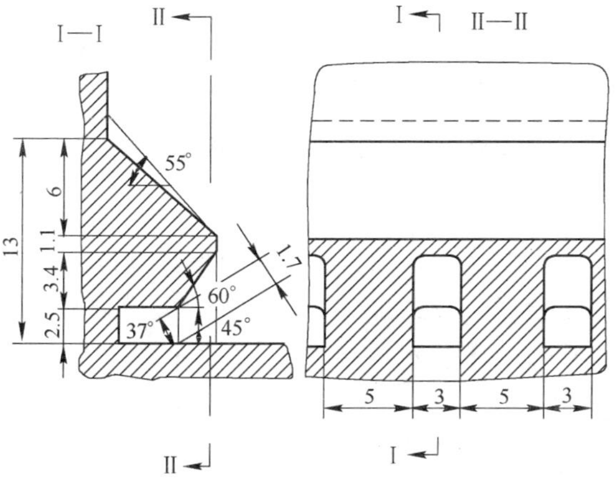

图5-33 电耙巷道及放矿口

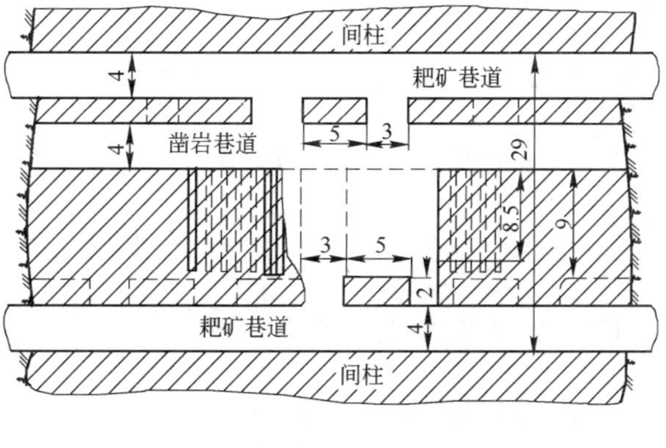

图5-34 平底底部结构矿房拉底平面图

电耙道的上部留有梯形保护檐。电耙道、放矿口的规格、位置应满足电耙耙矿的要求。两放矿口之间留有5m×2m的矿柱，以增加保护檐的强度，如图5-33所示。

拉底工作分两步进行。先在一条电耙道的侧方开掘与其平行的凿岩巷道，垂直凿岩巷道在矿房中部开切割巷道，以切割巷道为自由面，爆破在凿岩巷道中布置的水平深孔形成第一步骤的拉底空间，如图5-34所示。于电耙道中每隔8m开放矿口，两条电耙道的放矿口交错布置，以利放矿。在电耙水平上部约12m处沿矿房长轴方向开掘第2条拉底凿岩横巷，如图5-35所示，自第一步骤拉底水平中心，向上开凿切割天井连通凿岩横巷，然后用下向深孔将其扩大成垂直凿岩横巷的切割自由面，并将矿石全部放出，最后，沿凿岩横巷分次逐排爆破下向扇形深孔，形成整个拉底空间。

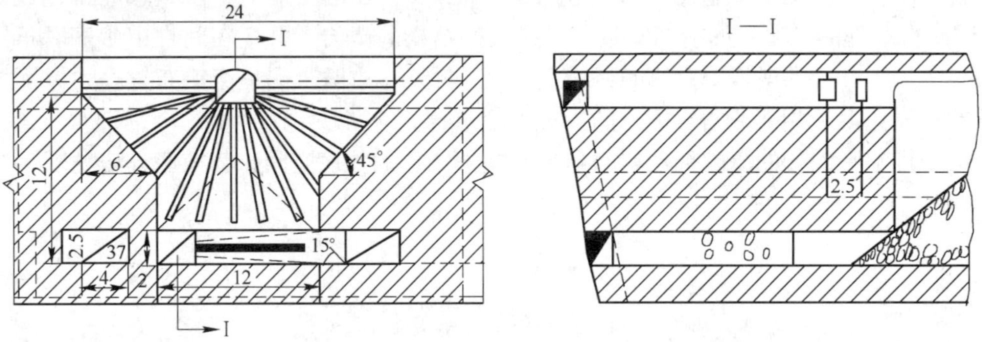

图 5-35 平底底部结构矿房拉底第二步骤

5.2.5.3 回采工作

使用 YQ-100 型凿岩机钻凿水平扇形深孔，最小抵抗线 3m 左右，孔底距 2.85 ~ 3.9m。为保护底柱及适应拉底补偿空间的需要，初次爆破 1 ~ 2 排为宜，以后可适当增加爆破排数。凿岩硐室的规格应满足操作钻机的需要，通常高为 2.2 ~ 2.4m，长度与宽度不小于 3m。

水平扇形深孔常用的布置方式有如图 5-36 所示的几种。

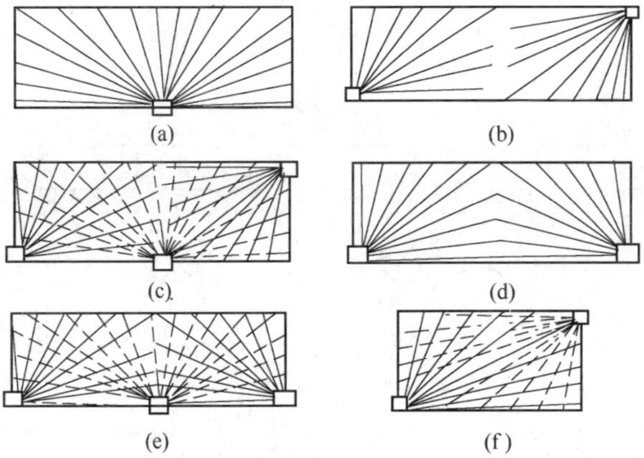

图 5-36 水平扇形深孔排列形式

(a) 下盘单一布置；(b) 上、下盘对角式；(c) 上、下盘对角与中央混合式；(d) 下盘对称式；(e) 下盘对称与中央混合式；(f) 上、下盘对角交错式

(1) 下盘单一布置。天井布置于矿房下盘的中央，在每个硐室内打两排炮孔。这种布置，天井、硐室的掘进、维修工作量小，但不易控制上盘与间柱方向的矿房界线。

(2) 上、下盘对角式。天井布置于间柱内，硐室对角布置。这种布置，容易控制矿房边界，天井今后可作回采矿柱之用，每个硐室仍需打两排炮孔。

(3) 上、下盘对角与中央混合式。这种布置为上两种布置的混合使用，容易控制矿房边界，每个硐室只钻一排孔，落矿爆破对天井的破坏小，两侧天井仍可用于矿柱回采。此方案掘进工程量大。

(4) 下盘对称式。这种布置对下盘边界控制较好，其他同 (2)。

(5) 下盘对称与中央混合式。这种布置对下盘控制最好，其他同 (3)。

(6) 上、下盘对角交错式。这种布置一个硐室只钻一排孔，交错控制矿房边界，效果好，但炮孔长度大，易产生偏斜，矿房长度不大时常用这种布置。

矿山经验表明，靠近矿房上盘的矿石较易崩落，即使落矿时未能崩落，在放矿过程中往往也会与围岩一齐片落，故靠近上盘的矿石损失较小，而下盘未崩下的矿石则易形成永久损失。因此，选择炮孔布置方式时应考虑有利于控制下盘边界，并且使与下盘相交的炮孔超出矿体边界 0.2～0.3m。

矿房落矿炮孔通常一次钻凿完毕，而后分次爆破。分次爆破的间隔时间不宜过长，以免炮孔变形。矿柱若用大爆破回采，则其落矿炮孔应与矿房回采炮孔同时凿完，矿房矿石放完后，间柱、顶柱与上阶段矿房底柱同期分段爆破。

5.3 充填采矿法

随着工作面的推进，用充填料充填空区进行地压管理的采矿方法，称充填采矿法。充填体起到支撑围岩、减少或延缓采后空区及地表的变形与位移。因此，它也有利于深部及水下、建筑物下的矿床开采。充填法中的矿柱可以用充填体代替，所以用充填法开采矿床的损失、贫化率可以是最低的。国内外在开采贵重、稀有、有色及放射性矿床中广泛应用充填采矿法。

充填采矿法按工作面的类型及其工作面推进方向不同分为：单层充填采矿法、上向分层充填采矿法、下向分层充填采矿法、分段充填采矿法、阶段充填采矿法、方框支柱充填采矿法及分采充填采矿法；按充填料的性质不同充填采矿法又分为干式充填采矿法、水砂充填采矿法、尾砂充填采矿法、胶结充填采矿法；按回采工作面与水平面的夹角不同又可分为水平回采、倾斜回采、垂直回采三种；按回采工作面的形式不同又分为进路回采方案、分层回采方案、分段回采方案与阶段回采方案。

充填采矿法一般用于开采矿石中等稳固以上，围岩稳固性差的矿体，或用于围岩虽稳固，但地表需保护不允许崩落的矿山。

5.3.1 单层充填采矿法

单层充填采矿法多用于开采水平微倾斜和缓倾斜薄矿体，或者上盘岩石由稳固到不稳固，地表或围岩不允许崩落的矿体。

湘潭锰矿的单层充填采矿法可作为典型，如图 5-37 所示。湘潭锰矿矿床为外生浅海相沉积碳酸锰矿床，矿体厚度为 1.8～2.5m，倾角 25°～30°，矿石稳固，有少量夹石层。直接顶板为震旦纪叶片状黑色页岩，厚 3～127m，不透水，但含黄铁矿，易氧化自燃，$f=2\sim5$，易崩落。直接顶板的上部为富含裂隙水的砂质页岩，厚 70～200m，不允许崩落。直接底板为黑色页岩，其下部为砂岩，稳固性较好。

阶段高 20～30m，矿块沿倾斜长度不大于 40～50m，以不超过电耙耙运有效距离为原则；工作面沿走向可以连续推进，不留矿柱，故矿块沿走向的长度原则上可不限制，但为增加阶段内同时回采的矿块数多取 60～80m。

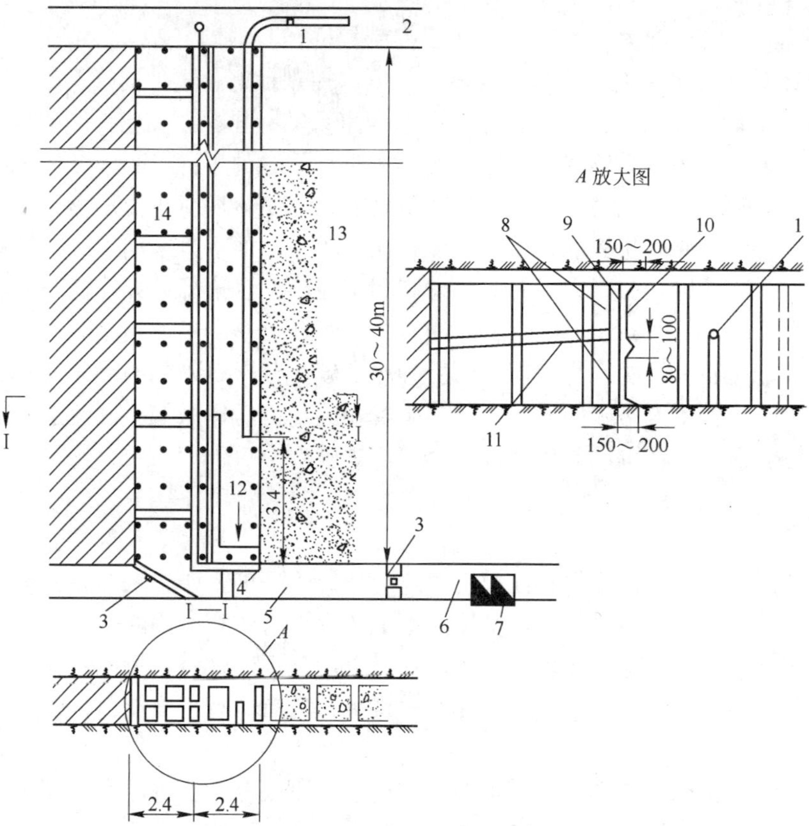

图5-37 湘潭锰矿单层壁式充填采矿法

1—注砂管；2—上部脉内平巷；3—半截门子；4—帮门子；5—工作面沉淀池；6—切割巷道；7—溜矿井；8—钢丝绳；9—砂帘子；10—木板钉条；11—横撑；12—泄水方向；13—充填区；14—空顶区

5.3.1.1 采准切割

因矿体下盘起伏不平，故阶段运输巷道布置在下盘脉外。距矿体底板8～10m，每隔20～40m掘进矿石溜井7，切割巷道6沿矿体底板掘进，并连通各矿石溜井作为人行、通风、排水等之用。每个矿块自切割巷道的溜井上口处沿矿体的底板逆倾斜开切割上山，与上部脉内平巷2贯通，切割上山的高度应与矿体厚度相等。上部脉内平巷2除为本阶段充填安装管道以外，还作为回风、材料及人行通道。尚未出矿的溜矿井作采场的进风与人行通道，亦可在适当的位置布置双格井，其中一格用于溜矿。

5.3.1.2 回采

回采由切割上山与切割巷道的相交部位开始。由于顶板稳固性差且易氧化自燃，因此回采工作面未沿壁式全长落矿，而是逆倾向以宽1.2m的小断面推进，孔深1m左右，每次推进2m。崩下的矿石用电耙运搬，先将矿石耙至切割平巷，再转耙至出矿溜井。

支柱须紧跟工作面，落矿后立即支护。最大悬顶距为4.8m，充填步距2.4m，控顶距2.4m，支柱间距0.7～0.9m，排距为1.2m。

5.3.1.3 充填

充填采用水砂充填，充填料是自采石场采下并破碎至－40mm的碎石。充填前的准备工作包括清理待充场地，建滤水密闭结构，架设充填管道等。矿山称滤水设施为堵砂门子，其作用是将充填料拦截于计划充填区内，而将水滤出。其中，隔离采矿工作面与充填空间的堵砂门子称帮门子，隔离充填空区与切割平巷的堵砂门子称堵头门子。

堵头门子由立柱墙与砂帘子组成。帮门子的立柱墙是在原有的两根立柱之间补加一根立柱；而堵头门子的立柱墙是密集立柱。立柱墙均需在外侧用横撑加固，必要时还要用废钢丝绳进一步加固。立柱墙内钉滤水帘子，滤水帘子由高粱秆、稻草、芦苇等材料编织而成，挂在立柱墙上用竹条或木条钉紧。顶梁与顶板之间的缝隙须用碎帘子或稻草堵严实。为防止跑砂，底板处须将帘子折回 0.2m。此外，还有半截门子，用于控制水流方向或进一步拦截泥沙，这种门子只需在立柱墙的下半部钉砂帘子即可。

充填是逆倾斜分段进行的，先自下而上分段拆除立柱，再分段进行充填。分段拆柱与分段充填的长度应视顶板稳定程度决定。若不分段充填则支柱难以回收。一般几个小时至一个班就可完成一个步距的充填工作。

5.3.2 上向分层充填采矿法

上向分层充填采矿法的矿块多用房式回采。将矿块划分为矿房与矿柱，先采矿房后采矿柱；矿柱的回采是在阶段或若干矿房采完后进行的，视围岩或地表是否允许崩落，使用与矿房回采相同或不同的采矿方法。

回采自下而上分层进行，随着工作面的推进，用充填料逐层充填空区。充填体除支撑上下盘围岩、维护空区进行地压管理外，还作为继续上采的工作台。

上向分层充填采矿法按充填料的性质及其输送方法不同，分为干式充填方案、水力充填方案、胶结充填方案三种。

5.3.2.1 干式充填采矿法

干式充填采矿法的矿块布置方式，根据矿体厚度及矿岩稳固程度不同而定。当矿体厚度小于 10 ~ 15m 时，一般沿走向布置，矿体厚度大于 10 ~ 15m，垂直走向布置。但目前垂直走向布置矿块的充填法大都不用干式充填。图 5-38 为干式充填采矿法典型方案图。

A 矿块构成要素

矿房长 30 ~ 60m，宽为矿体的水平厚度，间柱的宽度取决于矿柱的回采方法、矿岩稳固程度及人行通风天井是否在间柱之中，一般为 7 ~ 8m 至 10m。矿房的面积主要取决于矿石的稳固程度，矿石稳固时为 300 ~ 500m^2，矿石极稳固时可达 800 ~ 1200m^2。

阶段高度一般为 30 ~ 60m，加大阶段高度，可以增加矿房矿量，降低采切比及损失贫化率。但是，当矿体厚度不大而倾角变化大时会造成溜矿井的架设困难。溜井溜放矿石多，下部磨损大，维护困难。

无二次破碎底部结构，底柱高度一般为 4 ~ 5m，顶柱 3 ~ 5m。

B 采准切割

采准工程包括阶段运输巷道 1、矿块人行通风天井 5、联络道 6、充填天井 3 及溜矿井在底柱中的部分、回风巷道 2。

切割工程是在矿房拉底水平的中央沿采场的长轴方向掘进拉底平巷。

溜井的下部在底柱中的一段是掘进形成，空区内的部分是在充填料内顺路架设而成。采用木料支护时溜井断面为方形、矩形，用混凝土支护则为圆形。溜井短边尺寸或内径由

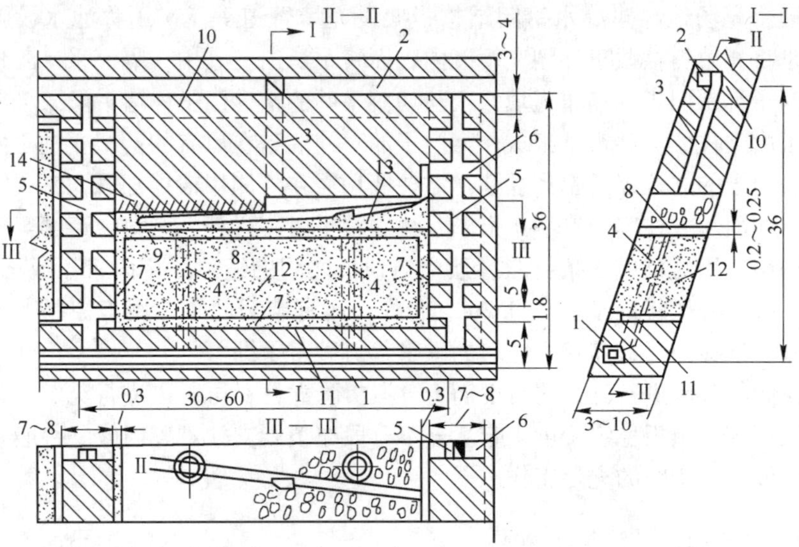

图5-38 上向水平分层干式充填采矿法

1—阶段运输平巷；2—回风巷道；3—充填天井；4—放矿溜井；5—人行通风天井；6—联络道；7—隔墙；8—垫板；9—电耙绞车；10—顶柱；11—底柱；12—充填料；13—崩下矿石；14—炮孔

溜放矿石的块度决定，一般为1.5～1.8m。每个矿房的溜井数应不少于两个，爆破时应将一落矿范围内的溜井上口盖住，而用另一个溜井出矿。溜井位置的确定以运搬矿石距离最小为原则。阶段运输巷道采用脉内布置形式，这样便于布置溜井。矿块人行通风天井设于间柱之中，并靠近上盘，以便将来改为回采间柱的充填天井。天井用联络道与矿房联通，上下两联络道的间距为6～8m。

为了减少采切工程，也可以在充填料中顺路架设人行井，这样还能适应矿体的形态变化。充填天井一般不储存充填料，故其倾角大于充填料自然安息角即可。为便于充填料的铺撒，充填天井应布置在矿房的中部靠上盘的地方。为保证安全，任何顺路井不得与充填井布置在同一垂面上。

(1) 不留矿石底柱的拉底方法，见图5-39 (a)。拉底由阶段运输巷道开始，用浅孔扩帮到矿房边界，矿石出完后，用上向式凿岩机挑顶两次，使拉底高度达到6m左右。撬毛清理松石后，将矿石出完，在拉底层底板上铺0.3m的钢筋混凝土底板，并在原运输巷道的位置上架设模板，浇灌混凝土假巷，混凝土厚度为0.3～0.4m。在溜矿井的设计位置浇灌放矿溜口及溜矿井，若人行井顺路架设还需浇灌人行井。然后下充填料充填，当充填高度达到假巷上部1m时，再浇灌0.2m厚的混凝土垫板，以防矿石与充填料混合，造成贫化损失。

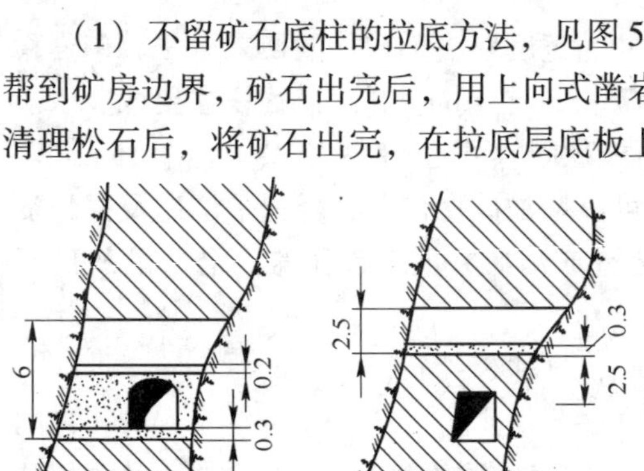

图5-39 拉底方法

(a) 不留底柱；(b) 留底柱

(2) 留矿石底柱的拉底方法，见图5-39 (b)。由运输巷道打溜矿井接通拉底巷道。若人行井也顺路架设，还要打人行井。在拉底巷道中用浅孔扩帮到矿房边界，然后在拉底层上铺 0.3m 的钢筋混凝土底板，拉底即告完成。

不留矿石底柱的拉底方法，需浇灌人工假巷，工作量大，效率低，若阶段运输巷道为脉内布置，相邻采场互相干扰大，但避免了将来回采底柱的麻烦。

留矿石底柱的拉底方法简单、方便、效率高，但将来回采底柱困难，底柱回采安全性差、贫化损失率高。

C 回采及充填工作

大量回采是由下向上水平分层逐层回采，采完一层及时充填一层。回采一个分层的作业有凿岩爆破、洒水撬毛、矿石运搬、砌筑隔墙、接高顺路井、充填及浇灌混凝土垫板等，上述作业之总和叫做一个分层的回采循环。

回采分层高度为 1.5 ~ 2m。用上向式或水平式凿岩机浅孔落矿，前者可一次集中把分层炮孔全部打完，然后一次或分次爆破。上向孔凿岩工时利用率高，辅助作业时间少，大块产出率低，但打上向孔操作条件差，在节理发育的地方作业不够安全；整个分层一次爆破时，需拆除所有设备及管线，凿岩与运搬难以平行作业，所以用上向孔落矿时多采用分次爆破。水平孔落矿顶板平整，作业安全，凿岩与运搬可同时平行作业，但每次爆破矿石量少，辅助作业时间比重高。

矿石运搬使用电耙，电耙坚固耐用，操作简便，维修费用低，并可辅助铺撒充填料，但采场四周边角的矿石不易耙尽，需辅以人工出矿。此外，需在充填料上铺高强度的混凝土垫板，不然贫化损失增加。

为了防止将来回采间柱时，矿石与充填料相混，需预先将充填料与间柱分开。分开的方法是在矿房充填体与间柱之间浇灌或砌筑混凝土隔墙，隔墙的厚度为 0.5 ~ 0.6m 至 1m。接高顺路井可与砌隔墙同时进行。为提高效率减轻劳动强度，一些矿山使用了先充填后筑墙的方法，即先用混凝土预制砖的干砌体构成隔墙的模板，然后开始采场干式充填。当充填至应充高度还差 0.2m 时停止，由充填井下混凝土，同时浇灌隔墙、混凝土垫板及顺路井井壁。

干式充填料为各种废石，要求含硫不能太高，无放射性，块度不超过 300 ~ 500mm，以便充填料的铺撒。

干式充填系统简单，由矿山废石场或采石场将充填料运至矿山充填井，下放至采场充填巷道（上一阶段运输巷道）水平，再由采场充填井下放至采场充填。混凝土可在采场充填巷道内搅拌后经采场充填井用管道送至工作面。

5.3.2.2 上向水平分层水力充填采矿法

水力充填是利用水力将充填料输送到充填地点，水滤出后，充填料填充于回采空间。水力充填的压头可以是自然压头，也可以是机械加压；充填线路可以是沟道、管道、钻孔或其组合。采用水力充填的采矿方法称水力充填采矿法。水力充填采矿法也多将矿块划分为矿房和矿柱分别进行回采。

按充填料的种类不同，水力充填又分为水砂充填与尾砂充填两种。前者充填料为碎石、砂、炉渣等，后者为选厂尾砂。

水力充填采矿法虽然充填系统复杂，基建投资费用高，但充填体致密，充填工作易实现机械化，工人作业条件好，广为矿山采用。

A 矿块构成要素

图5-40为水砂充填采矿法典型方案。矿体厚度小于10~15m，矿块沿走向布置，矿块长为30~60m；矿体厚度大于10~15m，矿块垂直走向布置，矿房宽度为8~15m。

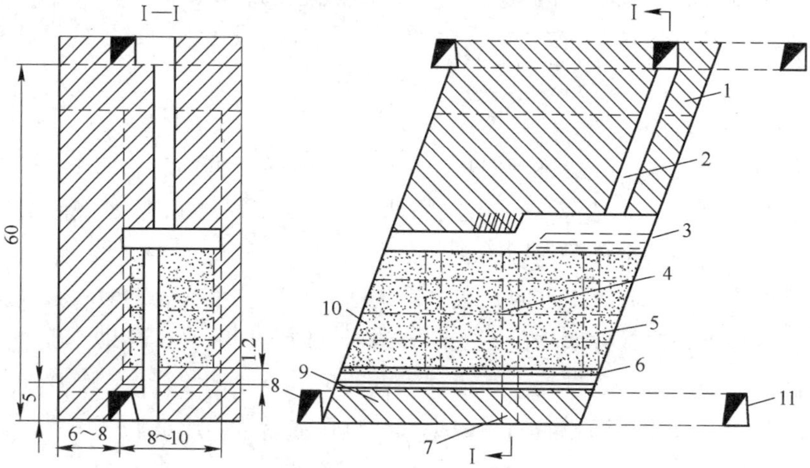

图5-40 上向分层水砂充填法

1—顶柱；2—充填天井；3—矿石堆；4—人行滤水井；5—放矿溜井；6—主副钢筋；7—人行天井联络道；8—沿脉巷道；9—穿脉巷道；10—充填体；11—脉外巷道

影响阶段高度的因素与干式充填法相同，一般为30~60m。矿体倾角大，矿体规整时，可选取较大的阶段高度。间柱的宽度为6~8m，矿岩稳固性差时取大值。阶段运输巷道布置在脉内时，需留顶柱，顶柱厚度为4~5m；留矿石底柱时，底柱高5m左右。采用混凝土假巷时，可不留底柱。

B 采准切割

在矿体的上下盘布置脉外沿脉运输巷道。为减少采切工程量，在矿房与矿柱的交界处布置穿脉运输巷道，形成穿脉装矿的环形运输系统。在矿房内布置一个充填天井、两个溜矿井和一个人行滤水井。溜矿井与人行滤水井的下部需穿过底柱，是掘进形成的，其余部分在充填料中随充填顺路架设而成。矿房面积较大时，需在拉底水平掘进拉底巷道。

溜矿井常用圆形断面，内径1.2~2m。溜矿井可用预制混凝土构件或钢板溜井组成，采场的滤水井兼作人行井，在内部架设台板及梯子。也有矿山采用滤水塔滤水。滤水塔不兼人行，是用孔网为150mm×150mm的金属网或钢板网卷成直径460mm的圆筒，并用直径100mm的塑料管把滤水塔与排水井连通，用排水井排水。滤水塔外包金属丝网、尼龙纤维布、麻布等滤水材料。

切割工作与干式充填采矿法基本相同，但有两个问题需要注意：

一是拉底层中钢筋混凝土底板的强度要大，很多矿山使用如图5-41所示的厚0.8~1m的钢筋混凝土底板，配双层钢筋。两层钢筋间距700mm，主筋直径12mm，副筋直径6~8mm，平面上网格为300mm×300mm；要求混凝土标号达150号。

二是顺路天井要有锁口装置，以防止充填料从顺路天井与底柱矿石接合部的缝隙中流出（亦称跑砂）而造成事故。在井与拉底水平的相交部位必须设置如图5-42所示的锁口

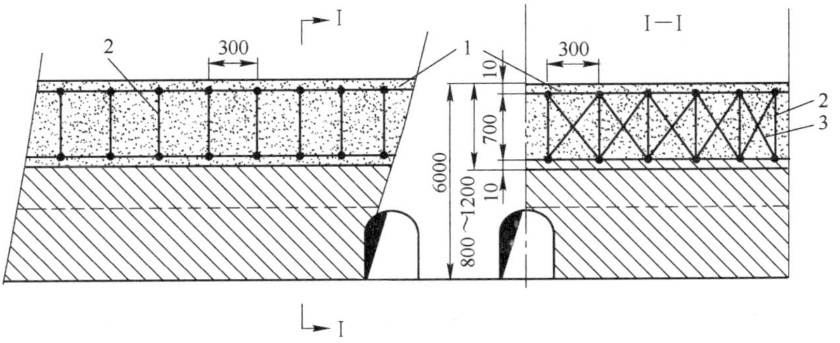

图 5-41　钢筋混凝土底板结构

1—主钢筋；2，3—副钢筋

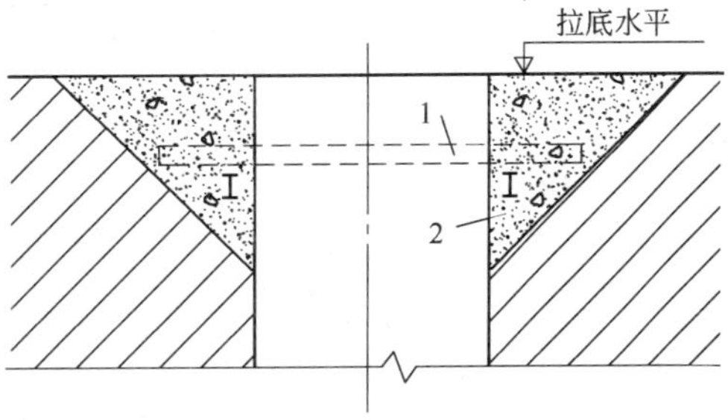

图 5-42　顺路井锁口示意图

1—钢架；2—混凝土

结构，该结构也可与钢筋混凝土底板浇灌成一个整体。

C　回采工作

大量回采工艺过程由凿岩爆破、洒水撬毛清理松石、矿石运搬、清理采场矿石、筑混凝土隔墙、加高顺路天井、充填、铺设混凝土垫板等工序组成。大量回采是逐层进行的，采完一层，及时充填一层，并使作业空间保持一定的高度：垂直孔落矿应保持在 2 ~2.2m，水平孔落矿可低些。

分层高度。加大分层高度可减少清场、铺设混凝土垫板的数量及浇灌混凝土隔墙的次数，有利于提高效率。但加大分层高度，使运搬及充填时采场空间高度加大，对采场的安全不利。

采用水平浅孔落矿时，分层高度一般为 1.8 ~2m。有的矿山矿石较稳固，先用上向中深孔落矿，然后再用水平浅孔光面爆破护顶，此时分层高度可达 4 ~5m。一些矿石很稳固的矿山，为了减少充填工艺的重复次数，回采两个分层的矿石后才充填一次，这种工艺称“两采一充”，此时出完矿的空场高度可达 6 ~8m。

为防止运搬矿石时，设备将充填料与矿石一起运走，造成矿石贫化，以及防止高品位粉矿落入充填料中造成损失，所以在充填料上必须铺设隔离垫板。目前多用浇灌混凝土及水泥砂浆形成垫板。

采场地压管理。回采空间靠充填料支撑或靠充填料强化矿柱与围岩自身支撑力进行支撑。采场顶板矿石欠稳时，可用锚杆局部支护。上盘局部不稳的也可用木料支撑。

D　充填

充填前应对充填管道、通讯、照明等系统的线路进行检修，架设采场内的充填管道，加高顺路天井，修筑隔墙，采场设备的移运与吊挂。

主干管道多用钢管，采场管道可用内径 100 ~150mm 的塑料管。架设管线时要求平直，易装易拆，并能在一定范围内移动。为了检查管道是否通畅或漏水，充填前应先通清水 10min。充填时以充填天井为中心，由远而近分条后退。尾砂充填的最初落砂点应远离人行滤水井，以保证滤水井附近的尾砂有较粗的粒径和足够的渗透系数。充填高度为3～4m时，可分为2～3次完成。

每次充填结束，需用清水清洗管道5～10min。整个充填过程中，砂仓、搅拌站、砂泵、管路沿线及采场内应有专人巡视，以便掌握系统运行及充填情况。

混凝土隔墙及顺路天井的砌筑方法有两种：第一种是先砌筑隔墙、接高顺路天井再充填；另一种是先充填再砌筑隔墙、接高顺路天井。前者，要架设模板，工人劳动强度大，材料（特别是木料）消耗大，而且充填完后还要再送一次混凝土供铺设垫板之用。因此，很多矿山使用混凝土预制砖干砌体代替隔墙模板和顺路天井的外侧模板，先充填，而后再浇灌隔墙、顺路井并在充填料表面铺混凝土垫板。顺路天井内侧模板可使用质轻、耐用、安装拆卸方便的塑料模板。

5.3.2.3　*胶结充填采矿法*

用干式、水砂、尾砂充填料充填空区，虽可以承受一定的压力，但它们都是松散介质，受力后被压缩而沉降，控制岩移效果差。回采矿房时需砌筑混凝土隔墙、浇灌钢筋混凝土板，但回采矿柱时，隔墙隔离效果不理想，还需要建立水力充填料及混凝土输送的两套系统及排水、排泥设施。

目前，为更有效地控制岩移，保护地表，降低矿石损失贫化指标，国内外的矿山越来越多地采用胶结充填采矿法。

胶结充填的实质，就是在松散充填料中加入胶结材料，使松散充填料凝结成具有一定强度的整体，使之最大限度发挥控制地压与岩移、强化矿岩自身支撑能力的作用。目前最常用的胶结材料仍是硅酸盐水泥。

使用胶结充填料进行充填的充填采矿法，称胶结充填采矿法。

A　*矿块构成要素*

图5-43为胶结充填采矿法的典型方案。将矿块划分为矿房与矿柱，先用胶结充填法回采矿房，再用水力充填法回采矿柱。因为胶结充填成本高于水充填，故将矿房的尺寸设计得比矿柱小。矿房尺寸应根据被开采矿床的矿岩稳固程度及矿房开采以后形成的“人工柱子”能保证第二步回采矿柱时的安全需要来决定。

胶结充填采矿法多用于开采厚大矿体，因此，采场多垂直走向布置，阶段高度40m，矿房宽度6～8m，矿柱宽度8～10m。矿房、矿柱的长度为矿体的水平厚度，可达35～40m。顶柱厚度4～6m；当留矿石底柱时，其高度为5～6m。

B　*采准切割*

在下盘脉外掘进阶段运输巷道1，然后在矿房中部掘进穿脉巷道2，自每个矿房拉底水平掘进充填天井6贯通充填巷道（见图5-43）。采用矿石底柱时，自穿脉巷道上掘两个溜矿井和一个行人天井至拉底水平，在拉底水平掘进与采场长度相同的拉底巷道。

切割工作留矿石底柱时，自拉底巷道用浅孔扩帮至采场边界，即完成采场的拉底，拉底层的高度为2～2.5m。采用人工底柱时自穿脉巷道扩帮至采场边界，矿石出完后，挑顶一层，使拉底高度不小于5m。将矿石出完并清理干净后，在预留假巷及顺路井的位置架设模板，然后下胶结充填料充填，充填高度为3m，分层作业空间高度约为2m。

C　*回采及充填*

回采分层高度为2～2.5m。为提高效率，减少辅助作业时间，在矿岩稳固程度允许的条

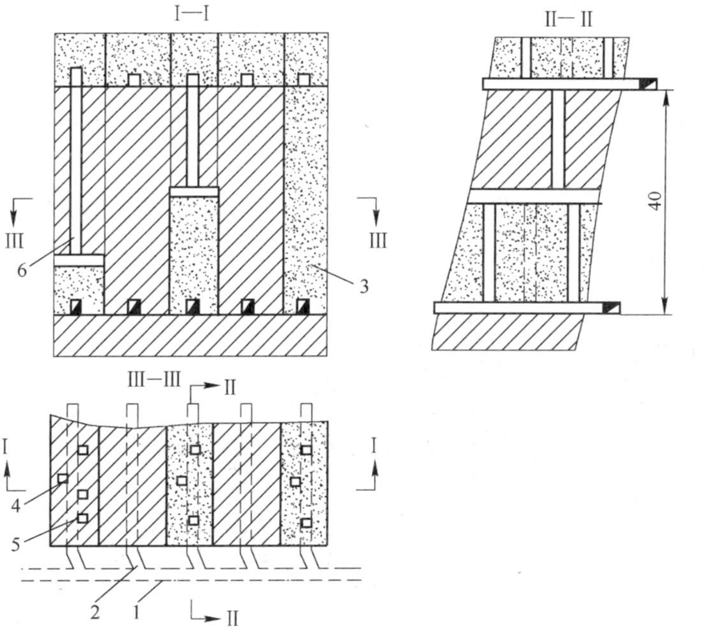

图5-43 胶结充填采矿法典型方案

1—运输巷道；2—穿脉巷道；3—胶结充填体；4—溜矿井；5—人行井；6—充填天井

件下，可以使用“两采一充”工艺。落矿多用上向浅孔；矿石稳固性差时，也可以使用水平浅孔落矿，但爆破、通风等耗用的总时间多。采场运搬可用无轨设备或电耙，或者是两者的配合。矿石运搬完后，若采场全断面一次充填，此时可将凿岩、运搬设备悬吊在工作面顶板上；若采场分成两段，一段出矿，一段充填时，可将设备移运至未充填的地方即可。

充填前，应将采场底板的粉矿清扫干净，这样做除可减少矿石损失外，还有利于两层混凝土的胶合。接高顺路井只需内侧单面架设模板，顺路井周围的胶结充填料需进行捣实。胶结充填料的水灰比合适时，人行井无需考虑兼作滤水之用。

采场充填工作，是利用胶结充填料自身的流动性及搅拌站与充填地点的高差，采取自流并辅以人工耙运来进行的。

为了保护地表和围岩，降低矿石的损失贫化，采场最后充填时，充填料必须紧密地接触采场顶板，才能有效承受地压，充分体现胶结充填的优点，这一工作称“接顶”。常用的接顶方法有两种，人工接顶与加压接顶。

用人工接顶时，沿采场的长度方向将最后一个分层需充填的空间分成1～2m宽的条带，在条带交界处按充填顺序架设模板，然后逐条浇注充填料。当充填至顶板0.5m时，改用浆砌块石或混凝土预制块接顶，将残留的空间全部填满。这种接顶方法可靠，但劳动强度大，效率低，木料消耗量大。

加压接顶是利用砂浆泵、混凝土泵、混凝土输送机等机械设备对胶结充填料加压，使之沿管道压入接顶空间。接顶充填前应对接顶空间进行密封，以防充填料流失，而且输送充填料管道的出口应尽量高些。这种方法简单易行，接顶压力高，接顶密实，劳动生产率高，木料消耗少，但投资费用高，接顶效果不易检查。

此外，体积较大的接顶空间，也可打垂直钻孔进行接顶充填。

5.3.3 下向倾斜分层充填采矿法

下向水平分层充填采矿法在分层充填中很难做到密实接顶，充填料脱水后收缩，在充填料的上部常常留有0.2～0.5m的空隙，不能有效地控制地压、限制岩移。若采用加压充填消灭空隙，则需增加大量专用设备。为解决这一问题，也可采用下向倾斜分层充填。现用金川龙首矿下向倾斜分层充填采矿法作为典型方案，如图5-44所示。

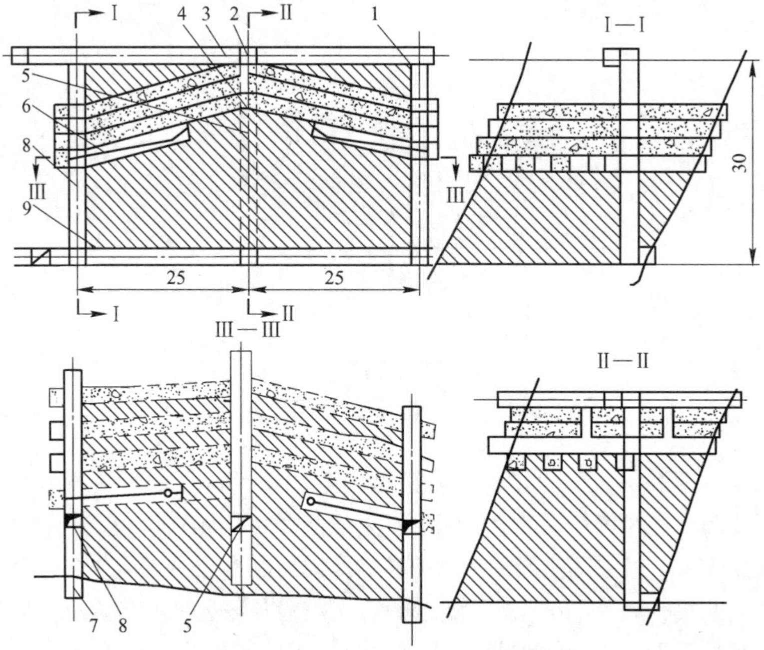

图5-44 金川下向倾斜分层充填法

1—人行井；2—穿脉充填平巷；3—沿脉充填平巷；4—第三层充填巷道；5—充填井；6—回采进路；7—分层横巷；8—溜矿井；9—沿脉运输巷道

龙首矿矿床生成于超基性岩体的中下部，呈似层状、扁豆状产出，富矿体的四周包裹贫矿体，矿体倾角65°～80°，矿区断层、裂隙发育、矿石破碎，且受强烈风化的煌斑岩脉穿插、破坏。矿体厚度30～100m，沿走向长450～550m，矿石品位高，并含多种稀有、贵重金属。要求开采时尽可能地降低矿石损失率并保护远景贫矿资源。为此，金川龙首矿经过多年的探索，成功地使用了下向倾斜分层胶结充填采矿法：

（1）矿块构成要素。阶段高30m。由于矿体厚大，矿块垂直走向布置。充填天井的一侧布置回采进路时，矿块长25m，两侧布置进路时长50m。

（2）采准切割。在矿体近下盘处掘进沿脉运输巷道9。沿走向每隔50m在矿块中开溜矿井，并用厚度为4.5～6mm的钢板全焊接护壁、钢板后充填混凝土。掘进充填天井5通穿脉充填平巷2。上部分层开采后，充填井在胶结充填料中顺路形成，每分层垂直矿体走向掘进分层横巷7，规格为2.5m×2.5m，作为初始切割巷道。

（3）回采及充填。分层高度为2.5m。分层倾角视充填料的流动角而定，用细砂胶结充填为3°～5°，用粗骨料胶结充填为8°～10°。分层用进路回采，随采随充。回采进路垂直分层横巷布置，可以间隔回采，也可以依次回采。回采进路规格为2.5m×（3～4）m。相邻两条进路共用一下充填小井，充填小井与穿脉充填平巷2联通。使用气腿式凿岩机浅孔落矿，30kW电耙出矿。矿石经回采进路6、分层横巷7、溜井8落至沿脉运输巷道9，用振动放矿机装车运出。因为上分层的充填料是胶结体，且铺了金属网；所以，回采进路不需再进行支护。

进路底板矿石清理干净后，在进路与分层横巷的结合部作木板隔墙，并用立柱加固，再钉上草袋，塑料编织布等滤水材料后开始充填。充填料经过沿脉充填平巷3、穿脉充填平巷2、充填小井进入待充进路，充填料的输送全用电耙。建滤水隔墙的目的是滤出充填前后清洗耙道而进入进路的多余水。每个进路的充填必须一次连续完成，不能多次充填，不然难以保证质量。最末的进路与分层横巷同时充填。

六角形进路高4m，上、下宽3m，腰宽5m，其形成过程如图5-45所示。先用高2.5m的普通进路采两层，再采高2m，宽4m，隔一采一的预备层Ⅰ，采后封口充填。接着采高进路扩帮层Ⅱ，采高4m、宽3m，再适当扩帮至腰宽5m，也是采一隔一。以下分层就可按正常六角形断面开采。

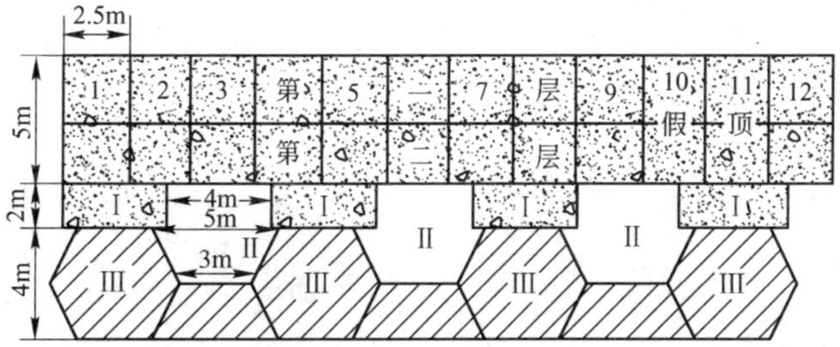

图5-45　六角形进路形成过程

Ⅰ—预备层；Ⅱ—高进路扩帮；Ⅲ—六角形进路

采场平场后，将耙矿时换下的废钢丝绳留在进路底板上，待下层回采时从顶板露出来的钢丝绳供挂耙矿滑轮之用。

在六角形进路内，顶板充填体被两帮充填体托住，两帮未采矿石又托着两帮充填体，故可提高作业的安全。据对六边形断面采场稳定性非线性有限元分析研究，六角形进路的应力集中系数比正方形进路降低3、4倍，且把进路两帮的拉应力变为压应力，增加了进路周围充填体与矿石的承载能力，提高了进路的稳定性。据现场调查，自使用六角形进路回采以来，采场从未发生因冒顶、片帮而引起的重大安全事故。

5.4　崩落采矿法

崩落采矿法是一种国内外广泛应用的、高效率的、能够适应各种矿山地质条件的采矿方法。崩落采矿法控制采场地压和处理采空区的方法是随着回采工作的进行，有计划、有步骤地崩落矿体顶板或下放上部的覆盖岩石。落矿工作通常采用凿岩爆破方法，此外还可以直接用机械挖掘或利用矿石自身的崩落性能进行落矿。崩落采矿法的矿块回采不再分为矿房与矿柱，故属于单步骤回采的采矿方法。由于采空区围岩的崩落将会引起地表塌陷、沉降，所以地表允许陷落成为使用这类方法的基本前提之一。

5.4.1 无底柱分段崩落采矿法

无底柱分段崩落采矿法（见图5-46）是将阶段再用分段巷道划分为分段；分段再划分为分条，每一分条内有一条回采巷道（进路）；分条中无专门的放矿底部结构，而是在回采巷道中直接进行落矿与运搬。分条之间按一定顺序回采，分段之间自上而下回采。随着分段矿石的回采，上部覆盖的崩落围岩下落，充填采空区。分条的回采是在回采巷道内开凿上向扇形炮孔，以小崩矿步距（1.5～3m）向充满废石的崩落区挤压爆破；崩下的矿石在松散覆岩下，自回采巷道的端部底板直接用装运设备运到溜井。

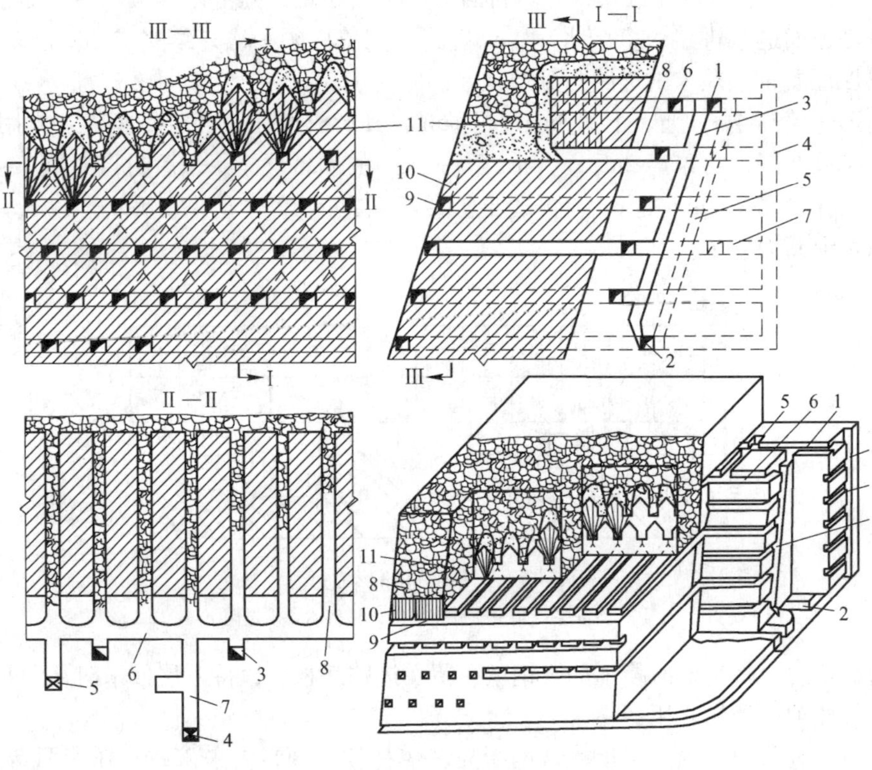

图5-46 无底柱分段崩落法典型方案

1，2—上、下阶段沿脉运输巷道；3—矿石溜井；4—设备井；5—通风行人天井；6—分段运输平巷；7—设备井联络道；8—回采巷道；9—分段切割平巷；10—切割天井；11—上向扇形炮孔

5.4.1.1 采准

一个溜井所负担的范围叫一个矿块。矿体厚度小于15m时，分条多沿走向布置，反之垂直走向布置。矿块构成要素与回采巷道的布置和所用运搬设备类型有关。

分段之间的联络，主要有两种方案：设备井方案和斜坡道方案。在我国地下矿山，使用装运机早于铲运机，所以很多采用无底柱分段崩落法的矿山仍采用设备井方案。

主要采准巷道有阶段运输巷、天井、分段巷道、回采巷道。

阶段运输平巷在下盘。天井有3～4条，分别用于溜矿、下放废石、上下人员、设备、材料和通风；有时人员上下与设备材料提升分开，人员上下利用电梯；设备井安装大罐笼，用慢动绞车提升，上下设备、材料。

溜矿井一般布置在脉外，溜井之间的距离取决于所用运输设备的合理运距。采用 ZYQ-14 装运机时，合理运距不大于 40 ~ 50m。当沿走向布置分条溜井在矿块中央时，溜井间距可达 120m。开采稳固的急倾斜厚矿体，阶段高度可取大值，部分矿山有达 100 ~ 150m 以上的。

由天井按设计的分段高度掘进分段巷道。由分段巷道掘进回采巷道，回采巷道的断面取决于凿岩及运搬设备的工作规格。回采巷道与分段巷道一般是垂直相交，但当设备转弯半径大时，则需采用弧形相交。

分段高度大，可减少采切工程量，但分段高度受凿岩爆破技术和放矿时矿石损失贫化指标的限制。在现有风动凿岩设备条件下，孔深大于 12 ~ 15m 时，凿岩效率急剧下降，且易发生卡钎、断钎等事故。所以从凿岩角度考虑，分段高度以 10m 左右为宜，采用液压凿岩机凿岩，可提高分段高度。

分段巷道应有一定的坡度，以利于排水及运搬设备重载下坡行驶。若矿石中含有大量黄泥或矿石遇水黏结，则不能将水排入溜矿井，可采取打专用泄水孔等措施，以免发生堵塞溜矿井等事故。

5.4.1.2 切割工程

在回采前必须在回采巷道的末端形成切割槽，作为最初的崩矿自由面及补偿空间。

回采巷道沿走向布置时，爆破往往受上、下盘围岩的夹制作用。为了保证爆破效果，常用增大切割槽面积或每隔一定距离重开切割槽的办法来解决。切割槽开掘方法有三种。

A 切割平巷与切割天井联合拉槽法

切割平巷与切割天井联合拉槽法，该种拉槽法如图 5-47 所示。沿矿体边界掘进一条切割平巷贯通各回采巷道端部，然后根据爆破需要，在适当的位置掘进切割天井；在切割天井两侧，自切割平巷钻凿若干排平行或扇形炮孔，每排 4 ~ 6 个炮孔；以切割天井为自由面，一侧或两侧逐排爆破炮孔形成切割槽。这种拉槽法比较简单，切割槽质量容易保证，在实际中应用广泛。

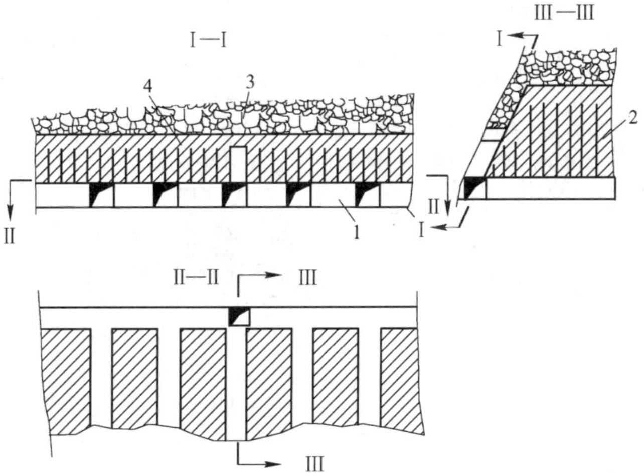

图 5-47 切割平巷和切割天井联合拉槽法

1—切割平巷；2—回采炮孔；3—切割天井；4—切割炮孔

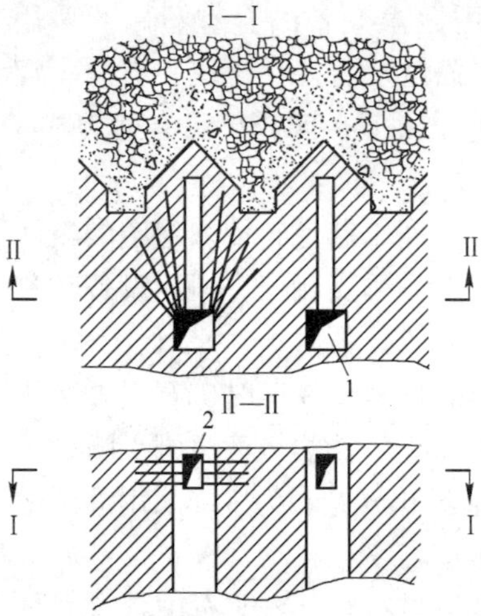

图5-48 切割天井拉槽法

1—回采巷道；2—切割天井

B 切割天井拉槽法

切割天井拉槽法，这种拉槽法如图5-48所示。此法不需要掘进切割平巷，只在回采巷道端部掘进断面为1.5m×2.5m切割天井。天井短边距回采巷道端部留有1~2m距离，以利于台车（或台架）凿岩；天井长边平行回采巷道中心线；在切割天井两侧各打三排炮孔，微差爆破，一次成槽。

该法灵活性较大、适应性强且不受相邻回采巷道切割槽质量的影响。沿矿体走向布置回采巷道时，多用该法开掘切割槽。垂直矿体走向布置回采巷道时，由于开掘天井太多，在实际中使用不如前者广泛。

C 炮孔爆破拉槽法

炮孔爆破拉槽法的特点是不开掘切割天井，故有“无切割井拉槽法”之称。此法仅用在回采巷道或切割巷道中，凿若干排角度不同的扇形炮孔，一次或分次爆破形成切割槽。

（1）楔形掏槽一次爆破拉槽法。这种拉槽法是在切割平巷中，凿4排角度逐渐增大的扇形炮孔，然后用微差爆破一次形成切割槽，如图5-49（a）所示。

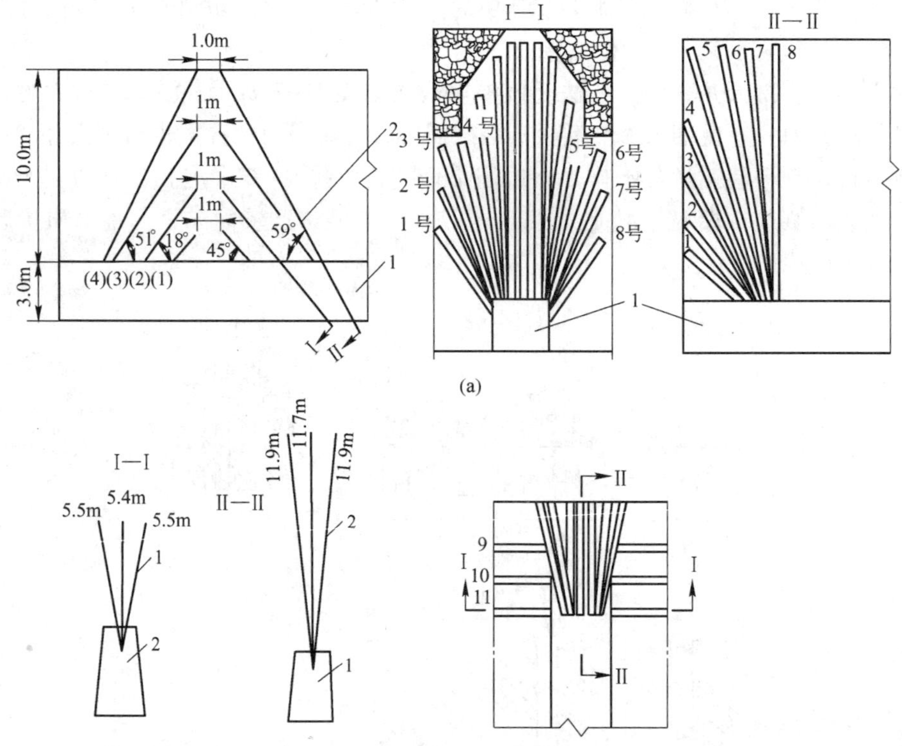

图5-49 炮孔爆破拉槽法

（a）一次爆破拉槽法：1—切割巷道；2—炮孔

（b）分次爆破拉槽法：1—回采巷道；2—炮孔

这种拉槽法在矿石不稳固或不便于掘进切割天井的地方使用最合适。

（2）分次爆破拉槽法。这种拉槽法如图 5-49（b）所示，在回采巷道端部 4 ~5m 处，凿 8 排扇形炮孔，每排 8 个孔，按排分次爆破，这相当于形成切割天井。此外，为了保证切割槽的面积和形状，还布置 9、10、11 三排切割孔，其布置方式相当于切割天井拉槽法。该拉槽法也是用于矿石比较破碎的情况，在实际中应用不多。

5.4.1.3 回采

回采工作包括落矿、出矿、通风及地压管理。

（1）扇形炮孔布置与崩矿步距。炮孔布置与爆破参数对矿石回收率有很大影响。炮孔布置可通过炮孔排间距、排面角、边孔角、深度、孔底距等来表示。每次爆破的矿层厚度称为崩矿步距，它等于排间距与爆破排数之乘积。矿山生产中，崩矿步距多采用 1.8 ~ 3m。扇形炮孔排面与水平面间的夹角称为排面角，它与分条端壁倾角相等，有前倾、垂直与后倾三种，如图 5-50 所示。边孔角是扇形排面最边侧两个炮孔与水平面的夹角，有三种，即 5° ~10°、40° ~50°与 70°以上，如图 5-51 所示。因为放出角一般都大于 70°，故边孔角以大于 70°的爆破效果最好。

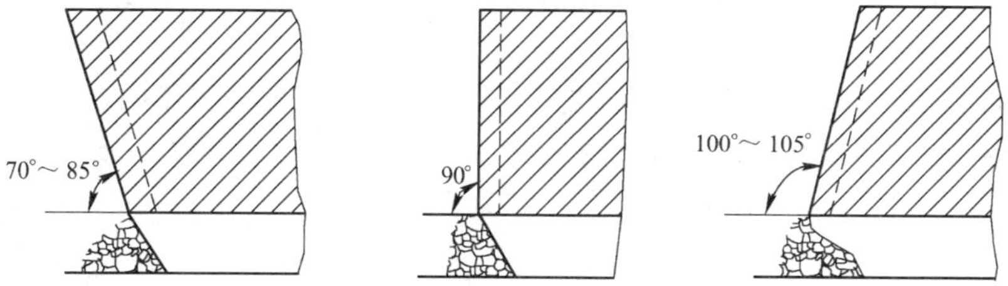

图 5-50 炮孔排面角示意图

（a）前倾布置；（b）垂直布置；（c）后倾布置

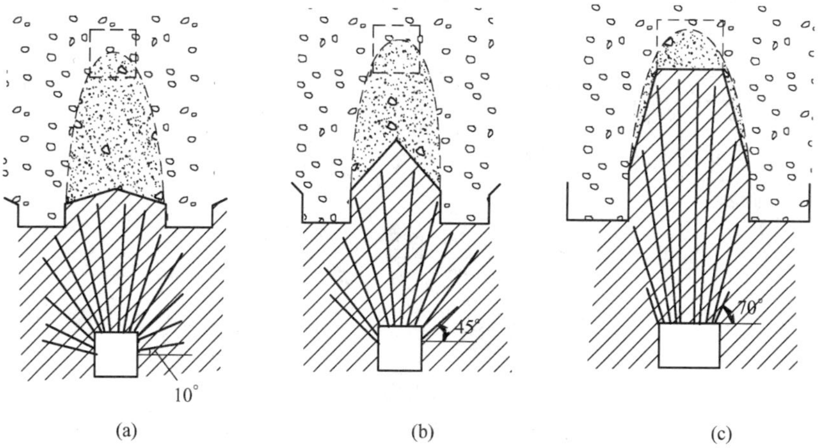

图 5-51 不同边孔角扇形布孔示意图

（a）5° ~10°；（b）40° ~50°；（c）70°以上

（2）凿岩爆破。应用无底柱分段崩落法的矿山，主要使用 CZZ-700 型胶轮自行凿岩台车，或圆盘凿岩台架，装 YG-80，YGZ-90 或 BBC-120F 重型凿岩机。为保证爆破效果，需特别注意炮孔质量。炮孔的深度与角度都应严格按设计施工，并建立严格的验收制度。装药一般采用装药器。每次爆破一排孔时，用导爆线或同段雷管起爆；每次爆破两排以上炮孔时，用导爆线与毫秒雷管或继爆管微差起爆。目前，我国有的矿山为提高爆破质量，采用同期分段起爆，中央炮孔先爆，边侧炮孔后爆。

(3) 矿石运搬。我国金属矿山过去主要用ZYQ-14型风动自行装运机装运矿石。后来许多矿山开始用内燃无轨铲运机，近年来开始采用电动铲运机。

(4) 地压管理与回采顺序。当矿石坚固性大和稳固时，回采巷道地压不大，一般都不进行支护；当矿岩稳固性差，节理裂隙发育时，用喷锚支护即可保持回采巷道的稳固完好。

同一分段内各回采巷道的回采工作面，应尽量保持在一条整齐的回采线上。这样，可以减少回采工作面的侧部废石接触面，有利于降低矿石的损失与贫化；同时，还有利于保持巷道的稳固性。

(5) 通风。无底柱分段崩落法的回采巷道都是独头巷道，数目多，断面大且互相连通，每条回采巷道都通过崩落区与地表相通。当采用内燃无轨设备时，所需风量又特别大。因此，通风比较困难，回采巷道工作面一般要用风筒和局扇供风，通风管理也较为复杂。

设计采矿方法时，应尽量使每个矿块都有独立的新鲜风流。采用内燃设备时，要坚持在机内净化符合要求的基础上，加强通风与个体防护。图5-52为回采矿块通风系统示意图。

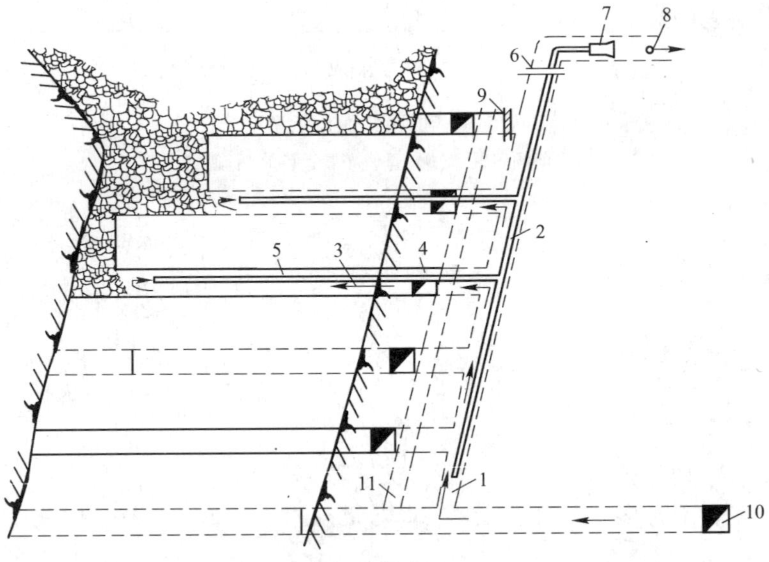

图5-52 回采矿块通风系统示意图

1—通风天井；2—主风筒；3—分支风筒；4—分段巷道；5—回采巷道；6—隔风板；7—局扇；8—回风巷道；9—封闭墙；10—阶段运输平巷；11—溜矿井

5.4.2 有底柱分段崩落采矿法

垂直深孔落矿有底柱分段崩落法，如图5-53所示。

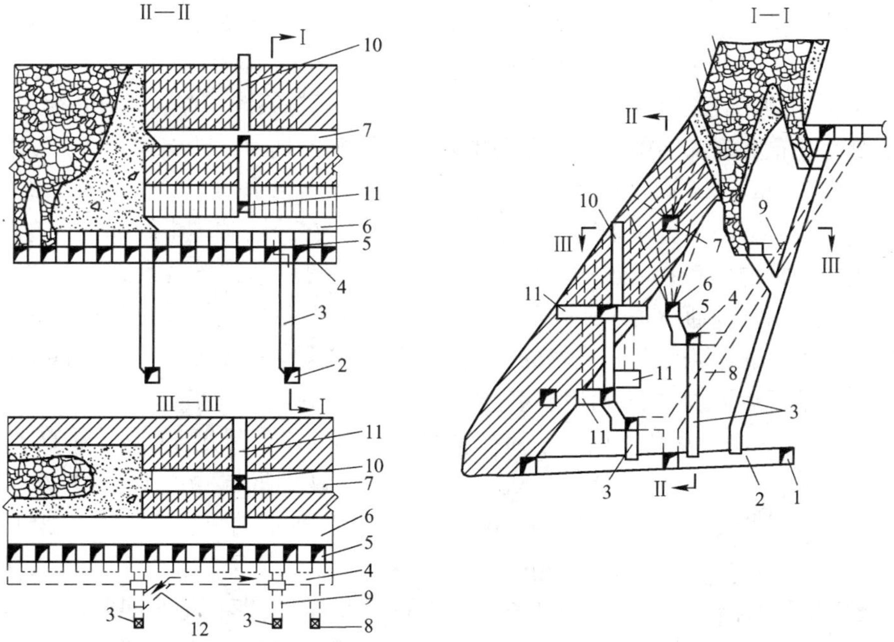

(a)

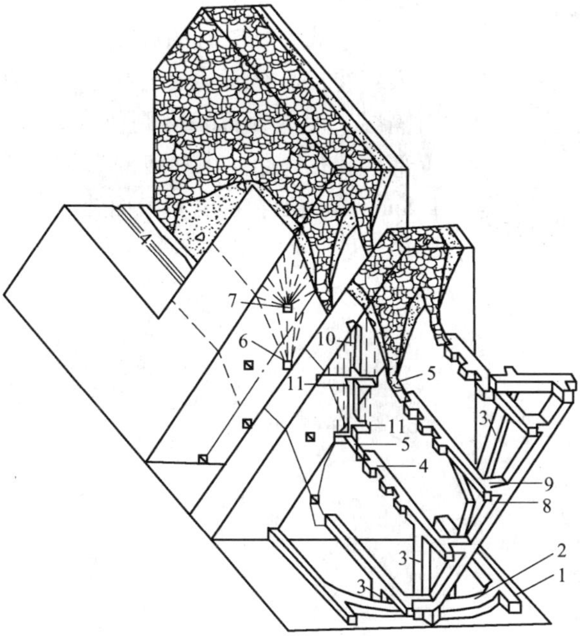

(b)

图 5-53 垂直深孔落矿有底柱分段崩落法

（a）三面投影图；（b）立体图

1—阶段沿脉运输巷道；2—阶段穿脉运输巷道；3—矿石溜井；4—耙矿巷道；5—斗颈；6—堑沟巷道；7—凿岩巷道；8—行人通风天井；9—联络道；10—切割井；11—切割横巷；12—电耙巷道与矿石溜井的联络道（回风用）

（1）构成要素。阶段高 50～60m；采场沿走向布置，其长度与耙运距离一致，为 25～30m；分段高度 10～13m；在垂直走向剖面上每个分段开采矿体范围近于菱形。

（2）采准切割。阶段运输水平采用穿脉装车的环行运输系统，穿脉巷道间距 25～30m。在下盘脉外布置底部结构，一般采用单侧堑沟受矿电耙道，斗穿间距 5～5.5m，斗穿斗颈规格均为 2.5m×2.5m，堑沟坡面角 60°。上两个分段用倾角 60°以上的溜井及分支溜井与电耙道连通，下两个分段采用独立垂直溜井放矿。在分段矿体中间部位设专门凿岩巷道并用切割井与堑沟拉底巷道连通。每 2～3 个矿块设置一个进风行人天井，用联络道与各分段电耙绞车硐室连通。每个矿块的高溜井均与上阶段脉外运输巷道贯通，并用联络道与各分段电耙道连通，兼作各个采场的回风井。采场沿走向每隔 10～12m 开凿切割井和切割横巷，以保证耙运层以上的补偿空间体积达 15%～20%。

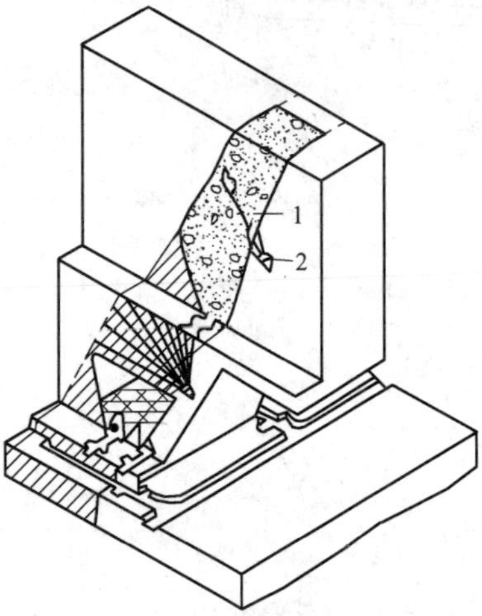

图 5-54　分段崩落法加密炮孔示意图
1—细碎矿石隔层；2—凿岩巷道

（3）回采。凿岩主要采用 YG-80 和 YGZ-90 型凿岩机。扩切割槽的最小抵抗线为 1.6～1.7m，孔底距为（0.5～0.7）W。落矿的最小抵抗线 W 为 1.8～2m，炮孔密集系数为 1～1.1。最终孔径一般不大于 65mm，孔深 10～13m。切割槽与落矿炮孔同期、分段起爆。

出矿采用 30kW 电耙绞车和 0.3m^3的耙斗，在生产中的实际放矿制度是：首先由近而远，然后再由远而近地单斗顺序放矿。

为了减少放矿时的废石混入，阻止崩落废石过快落入耙巷，可在崩落矿岩接触带设法形成一个细碎矿石隔层（崩落废石块度则较大）。有的矿山采取减小上部炮孔孔底距，由一般的 2.3～2.8m，减小到 1.5～1.8m，爆破后在矿岩接触面处形成 5m 左右的细碎矿石隔层，可使矿石贫化率下降到 5.2%，如图 5-54 所示。

6 通风技术

6.1 掘进工作面通风

掘进工作面又称独头工作面，在掘进过程会产生粉尘及炮烟，不进行有效的通风，很难达到安全规程的要求。通风的主要特点是独头，只有一条通路，既要作进风，又要作出风之用。因此必须采取专门措施才能达到通风目的，这种措施通常称为局部通风。

6.1.1 平巷掘进的通风

6.1.1.1 *局部扇风机通风*

A 通风方式

在掘进工作面，局部扇风机必须配合专用风筒才能把新鲜空气送入工作面，并排出废空气。根据局扇及风筒的布置形式，可以分为压入式、抽出式及混合式。

在图 6-1 中，把局扇安装在有新鲜风流的巷道中，风筒引入工作面，使新鲜空气沿风筒压入工作面。这种方式称为压入式通风。

又如图 6-2，扇风机安装在有新鲜风流的巷道中，利用风筒把工作面的废空气抽出。这种方式称为抽出式通风。

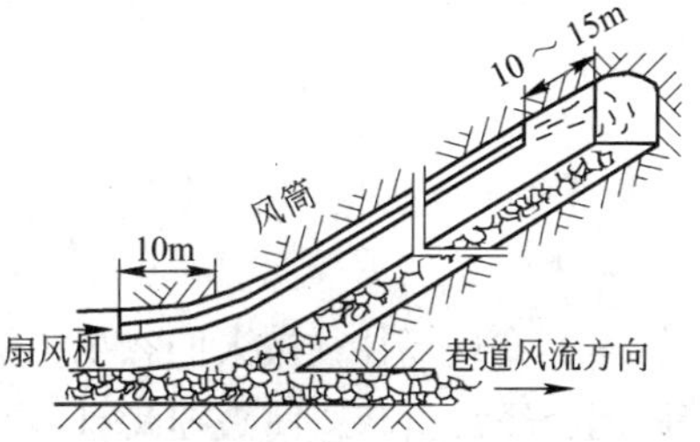

图 6-1 压入式通风

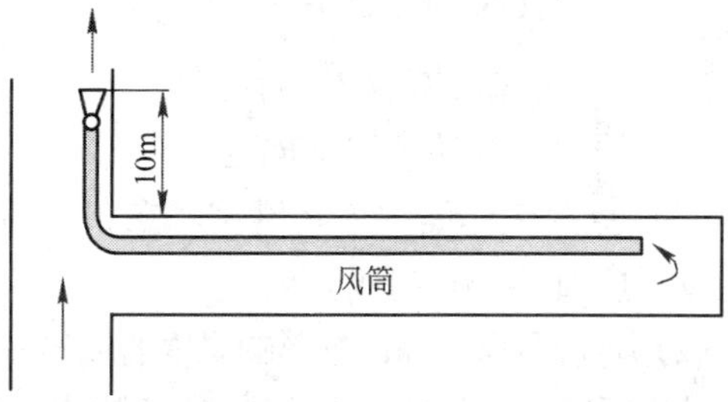

图 6-2 抽出式通风

这两种通风方式有不同的特点，压入式通风从风筒口射出的风流作用距离较远，可达12m 左右，风筒末端距爆破工作面可保持一定距离，可避免爆破时打坏风筒。由于风流强力射出，容易把工作面的炮烟排尽。但是使用压入式通风，在爆破后，有毒气体是与新鲜风流混合后从巷道中排出。排出时间较长。随着掘进巷道增长，爆破循环加快，巷道中炮烟不易排出。故一般使用于掘进巷道长度在 200m 以内效果较好。

在采用抽出式通风时，若风筒入风口能伸入到爆破后的纯炮烟区域中，纯炮烟的排出较快。由于炮烟及矿尘在风筒内流动，则掘进巷道内为新鲜风流，可改善作业条件，尤其当工作面使用柴油设备时，效果更佳。但风筒入风口的吸风距离很小，约 2m 左右，要求入风口距离工作面很近，这在爆破时是难于实现的。风筒吸风口附近的风速随着距吸风口距离增长而风速下降，在工作面附近就会出现炮烟停滞区域。风筒吸风口距工作面距离越长，炮烟停滞区域越大，排出炮烟越困难。

在巷道掘进时，一般很少使用单一的抽出式通风。随着巷道掘进长度增加，当使用压入式通风不能把巷道中的炮烟排尽时，应使用混合式通风。

混合式通风布置如图6-3所示。它充分利用了压入式及抽出式的优点，只要使用得当，通风效果较好。为了防止循环风流产生，在选择扇风机时，应使抽出式扇风机的风量比压入式的风量大20%～25%，否则废风不能有效排出。

所以在巷道掘进时，先使用压入式通风，随着爆破工作面向前移动，风筒也随之增长，使风筒出风口距工作面保持10～15m。掘进距离达到200m以后，改用混合式通风。若使用柔性风筒，按图6-4布置。在混合式通风中，压入式的风筒最初只有50m长，并保持出风口距工作面10～15m的距离。随着工作面向前移动，增加压入式风筒，当风筒加至200m左右时，搬动一次压入式扇风机，并把压入式的风筒改为50m长，同时增加抽出式风筒，使两者的风筒在巷道中相重20～30m。随着工作面向前移动，继续增加压入式风筒。所以只需每掘进150m才移动一次扇风机。

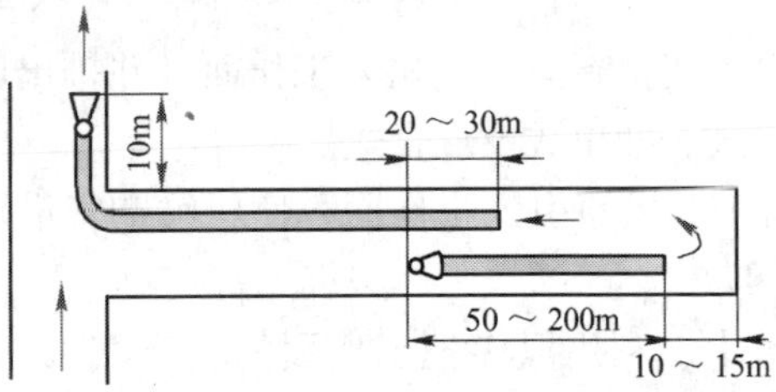

图6-3 混合式通风

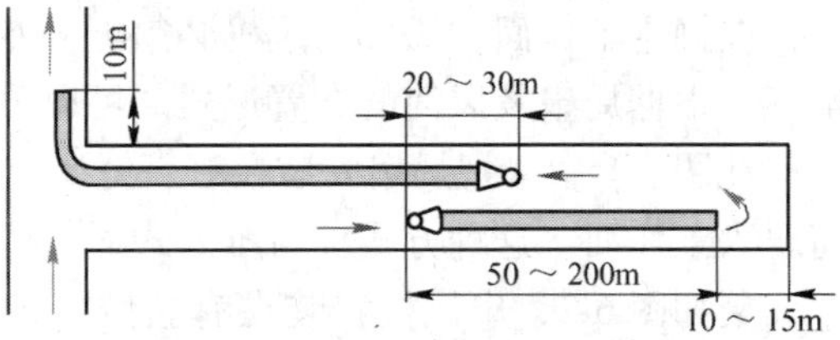

图6-4 用柔性风筒的混合式通风

B 安装局扇必须注意的问题

安装局扇必须注意以下问题：

(1) 克服工作面的串联风流。在布置通风方式时，应避免工作面间串联风流，各工作面的废风应直接排往风道。

(2) 克服漏风。漏风是影响局扇通风的一个很重要的因素，在现场往往被人们忽视。从而使通风效果很差。在掘进过程中，由于炮崩、矿车碰撞等原因，经常引起风筒破损漏风。遇到这种情况必须及时补漏。所以，在井下应将破漏的胶皮风筒擦干，涂上胶水及时就地补漏。

(3) 克服循环风流。除按图6-1至图6-4的要求布置局扇外，当通风距离较长需要局扇串联工作时，若两台扇风机串联在一处，往往因压差增加而增加漏风，但两台局扇相距太远也不恰当。处理不好会使工作面排出的废风重新进入工作面反转循环。如果是柔性风筒，还会吸扁风筒。一般说，两台局扇的距离最好为风筒全长的三分之一。局扇的工作风量必须小于安装局扇巷道风量的70%，循环风流才不会产生。

(4) 压入式出风口的风筒要平直，以克服工作面的废风涡流循环。

(5) 局扇应连续开动，以使工作面的炮烟、矿尘及其他有害气体浓度符合卫生标准。

6.1.1.2 总风压通风

在条件允许时，可以利用矿井的总压差把新鲜空气引入工作面，布置方式按图6-5安装风筒及图6-6安装风幛。利用风幛把掘进巷道沿走向分隔开，一侧进入新鲜风流，经工

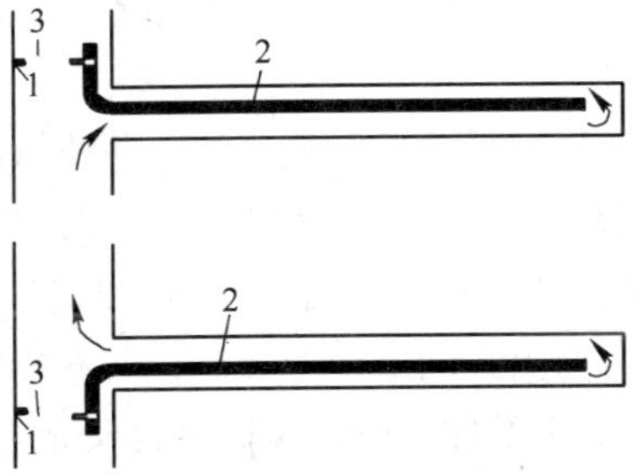

图 6-5 安装风筒利用总压差通风
1—挡风墙；2—风筒；3—调节风窗

图 6-6 安装风幛利用总压差通风

作面使用后由另一侧排出。

但是利用总压差通风会直接增加主扇负荷而相应地减少矿井的总进风量，一般只利用于几十米长的通风距离。

6.1.2 天井掘进与竖井掘进的通风

6.1.2.1 天井掘进的通风

天井掘进时，由于爆破后炮烟温度高，密度小，容易聚集在工作面；天井断面窄小，又分为梯子间及管道间，还架设安全棚等，可见天井通风不仅敷设风筒困难，而且风筒的风流也难于直接射向工作面，故天井比平巷通风困难得多。天井掘进中一般采用压入式通风或引射器通风、风水混合式通风，如图 6-7 所示。如果在掘进天井之先，在上下中段用钻孔贯通，利用全矿总压差或在上中段安装局扇抽风，则能有效地改善通风条件。

6.1.2.2 竖井掘进通风

井筒在 40m 以内掘进时，可以不必安装局部扇风机，依靠空气的自然运动即可排出工作面炮烟。深度增加后，必须采用局扇通风。局扇安在地表，风筒接到工作面。由于炮烟密度小，有向上流动趋势，采用压入式通风效果较好。

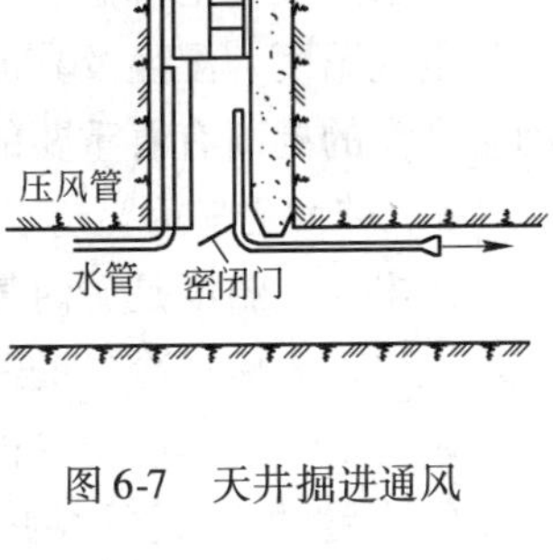

图 6-7 天井掘进通风

6.1.3 风筒的应用

局部扇风机通风中，风机主要是克服风筒风阻，而风筒风阻及漏风直接影响通风效果，所以风筒的悬挂及接头的优劣直接影响局部通风效果。目前常用的风筒有金属风筒及柔性风筒两种。

(1) 金属风筒，用厚 1.2 ~ 3mm 的白铁皮制成，一般作成 3m 一节，用法兰盘联结，内夹橡皮垫圈。它的好处是可以用于负压状态下的通风。但接头处容易漏风，移动搬运不方便。

(2) 柔性风筒，以玻璃布作衬布，外表压上塑料称为“塑料人造革风筒”；压上橡胶称为“胶皮风筒”。柔性风筒耐酸耐湿、重量较轻，可以折叠，每节长 10m，安装搬运方便，漏风小。当压差增大，金属风筒接头处漏风增大，而柔性风筒则相反，其接头处的金属圈顶得更紧，反使漏风减少。所以柔性风筒在矿井得到普遍使用。

实践说明，一台局扇，风筒如果使用不当，送风距离只有几十米；一般情况下，送风距离为200m；风筒悬挂及接头稍加注意，送风距离可达400～500m。

在巷道掘进时，掘进距离在200m以内，使用压入式通风，只要按一般接法，并使风筒悬挂平直，即可收到良好效果。当巷道掘进增长后，改用混合式通风时，压入式的这一台扇风机每前进150m就应搬动一次，所以风筒按一般接法即可。在使用柔性风筒时，抽出式的这一台，也要每前进150m才搬动一次局扇，增长一次风筒。但作为抽出式的风筒安装后，一直要使用到巷道掘进作业全部结束。随着巷道距离增加，风筒长度也应增加。所以风筒的接头及悬挂，从开始就必须引起足够重视，要尽量防止漏风并减小风阻。其有关措施如下：

（1）改进风筒接头。根据风筒特点，选择合理的接头方式，减少漏风。

（2）减少风筒接头。风筒接头处是漏风及风阻增大的主要地点。将每节10m的风筒用胶浆接成100m长，使用于混合式通风的抽出式部分，能收到良好效果。

（3）防止漏风。在局扇及胶皮风筒的连接处，用外压圈将胶皮风筒紧压在局扇出口铁皮风筒外。胶皮风筒的针眼应全部用胶水粘盖。

（4）降低风阻。风筒的悬挂必须做到：吊挂平直，拉紧吊稳，逢环必吊，缺环必补，拐弯缓慢，放出积水。应垫高局扇，使之与风筒在同一高度。若在风筒出口换上一段铁皮风筒，则能明显地减小风阻。

6.2 井下通风管理

6.2.1 井下空气质量与检测

6.2.1.1 井下空气环境

为了保证工人的身体健康和提高劳动生产率，就需要给他们创造一个舒适的劳动环境。不论在工作或休息时，人体都在不断地产生热量和散发热量以保持热平衡，劳动强度越大，散发的热量就越多。若热量不能充分散发，会感到闷热；体内积热严重，会中暑。反之，人体过量散热会导致感冒。只有当人体产生的热量与散发的热量相平衡，使体温保持在36.5～37℃时，才是最合理的外部条件。

人体是借助于对流、辐射及汗水蒸发三种方式向空气散发热量。影响对流散热的是人体与周围空气的温度差和空气的流动速度；辐射的效果是受人体及周围介质温差大小的影响；汗水蒸发与空气温度、湿度和风流速度都有关系。这样可以看出，影响人体散热的条件是空气温度、湿度及其流动速度的综合作用，称为矿内气候条件，它对人体的健康及劳动生产率的提高有着重要的影响。

A 矿内空气的温度

矿内空气温度是矿内气候条件的重要因素。温度过高，人体散热困难；温度过低，则散热太快，人体过冷。最适宜的矿内空气温度是15～20℃。

矿内空气的温度受多种因素的影响：

（1）地面空气温度的变化。地面空气温度对井下温度有直接影响。冬季地面冷空气进入矿井，可使矿内空气温度降低，甚至发生结冰现象。夏季地面热空气进入矿井，可使井下温度升高。这种影响对较浅的矿井比较明显，因为风流进入矿井后，不能有充分的热交换时间。而对较深的矿井则影响不太显著。

(2) 岩石温度。浅部岩石温度是随地表温度而变化；但从恒温带以下，则岩石温度随着深度的增加而升高，不受地表气候的影响。恒温带的深度一般为 20～30m，其温度等于该地区空气的年平均温度。由于岩石性质种类不同，岩石温度每增加 1℃所相应的下降深度称地温率。根据地温率可计算不同深度岩石的温度。

当矿井开采深度增加后，温度的升高将是一个显著的问题。如南非的深部矿井中 2750m 水平的岩石温度高达 43.5℃；印度的奥列古姆矿井在 2750m 水平，岩石温度高达 61.5℃。

(3) 氧化生热。在硫化矿床，矿石的氧化是高温的直接原因。如安徽向山硫铁矿的独头工作面气温曾达 40℃。

(4) 水分蒸发。水分蒸发时从空气中吸收热量，使空气温度降低。1g 的水蒸发可吸收 2449J 的热量，$1m^3$的空气吸收或放出 1298J 热，将使空气温度升高或降低 1℃。所以在 $1m^3$空气中有 1g 水蒸发，将使空气温度降低 1.9℃。

(5) 空气受压缩或膨胀。当空气向下流动时，随着温度的增加，空气受压缩而放出热量，一般垂直深度每增加 100m，气温增高 1℃；当空气向上流动时，因膨胀而吸热，平均每升高 100m，气温下降 0.8～0.9℃。

(6) 矿井通风。矿井通风对矿井气温有直接影响。许多矿井的实践说明，在高温工作面，通过适量的风流，气温会显著下降。因为空气流过巷道或工作面时，吸收热量排出地表。若气温较低，风流速度过大会使人体大量散热，所以根据不同的气温有不同的风速要求，如表 6-1 所示。

表 6-1 空气温度与风速要求

空气温度/℃	风速要求/$m \cdot s^{-1}$	空气温度/℃	风速要求/$m \cdot s^{-1}$
小于 15	不大于 0.5	20～24	不低于 1.5
15～20	不大于 1.0	24～25	不低于 2.0
20～22	不低于 1.0		

为了给井下工人创造一个良好的劳动环境，安全规程规定：井下作业地点最高允许温度为 27℃，否则必须采取降温措施。

井下最高允许风速不得超过表 6-2 所列的规定。

表 6-2 不同井下最大允许风速

井巷名称	最高允许风速/$m \cdot s^{-1}$	井巷名称	最高允许风速/$m \cdot s^{-1}$
专用风井、风硐	15	主要进风道	8
专用材料提升井	12	运输巷道	6
人员、材料提升井	8	采矿场、采准巷道	4
风　桥	10		

(7) 其他因素。如机电设备散热、灯火燃烧、人体散热等对气温也有一定的影响。

B　矿内空气的湿度

矿内空气中常含有一定的水蒸气，衡量矿内空气中所含水蒸气量的参数是湿度。单位体积或单位质量的空气所含有的水蒸气量称为空气的绝对湿度或实际湿度；在某一温度时，单位空气所含有的最大水分称为该温度时的饱和湿度。过多的水分将变为水滴。

在同温度的情况下绝对湿度与饱和湿度之比的百分数，称为相对湿度，可用下式表示：

$$\varphi = \frac{\gamma_A}{\gamma_B} \times 100\%$$

式中 φ——空气的相对湿度,%；

γ_A——空气的绝对湿度，g/m^3；

γ_B——同温度的空气饱和湿度，g/m^3。

对人体有影响的主要是相对湿度，所以一般所指湿度是相对湿度。相对湿度小于40%说明空气极为干燥；大于80%表示空气比较潮湿。湿度过大，则人体出汗不易蒸发；湿度过低则感到干燥并引起粘膜干裂。湿度一般以50%～60%为宜。湿度对人体散热有一定的影响，不如风速及温度的作用明显。

所以，创造良好气候条件的措施，首先仍然是合理的通风。在高温矿井还可采用喷水降温。此外，南方的矿井用岩石冷却进风温度，可使工作面气温降低2～5℃。北方矿井采用旧巷道在冬季预热进风，亦收到良好效果。

C 矿内空气主要成分

空气主要由氧（O_2）、氮（N_2）和二氧化碳（CO_2）所组成。金属矿山井下常见的对安全生产威胁最大的有毒气体有一氧化碳、二氧化氮、二氧化硫、硫化氢等。氧是人与动物呼吸和物质燃烧不可缺少的气体，井下空气中二氧化碳浓度过大时，会使氧含量相对减少，使人中毒或窒息，氮对人体无害，但当空气中氮含量增加时，也会使氧气含量相对减少，而使人窒息。当人体吸入的空气含有一氧化碳时，血液就要多吸收一氧化碳，少吸入氧气，当血液中一氧化碳达到饱和时就完全失去输送氧的能力，使人死亡。二氧化氮遇水后生成硝酸，对人的眼、鼻、呼吸道和肺部都有强烈的腐蚀作用，以致破坏肺组织而引起肺部水肿。硫化氢易溶解于水，能燃烧；性极毒，能使人体血液中毒，并对眼膜和呼吸系统有强烈的刺激作用。二氧化硫对呼吸器官有腐蚀作用，严重时引起肺水肿。

D 矿内空气其他危害

自然界存在着很多放射性元素，它们在不断地进行衰变，并不断放出α、β、γ射线。一种原子核放出射线后，变成另一种原子核，称为放射性衰变。现已查明，自然界存在铀、钍、锕三个衰变系，它们都有一个在常温常压下以气体形式存在的放射性元素，其中铀系中的氡容易对井下工作人员造成危害。在凿岩、爆破、运输及破碎岩石过程中会产生大量矿尘。小于5μm的粉尘进入肺细胞后，被吞噬细胞捕捉并排出体外。若进入肺细胞的是矽尘，一部分被排出体外；余下的由于其毒性作用，破坏了吞噬细胞的正常机能，使细胞逐渐变性坏死，肺失去弹性，这就是人们常说的硅肺病。

6.2.1.2 井下环境检测

A 有毒气体的检测

a 有毒气体检测原理

利用各种检定管测定空气中各种有害气体的原理是：根据各种待测气体和检定管中指示剂发生化学变化后指示剂变色的深浅或长度，来确定各种气体的浓度。前者称为比色法，后者称为比长法。目前生产的有一氧化碳、硫化氢和氧化氮等几种检定管。

比长式检定管测定一氧化碳浓度的原理是：利用吸附五氧化二碘和发烟硫酸的硅胶作指示剂，置于玻璃管中；当含有一氧化碳的气体通过检定管时，检定管中的指示剂与一氧化碳相接触并起化学反应，一氧化碳将五氧化二碘还原，产生一个棕色变色圈（游离碘），变色圈的长度与通过检定管的气体中的一氧化碳浓度成正比。因此，根据变色圈的长度就可以指示一氧化碳的浓度，并从检定管的刻度上直接读出被测气体的一氧化碳浓度。

b　有毒气体检测仪器

表6-3列出了常用检测仪器的分类，表6-4列出了常用检测仪器。

表6-3　仪器分类表

分类方式	类型		
使用方式	袖珍式	携带式	固定式
显示方式	指针式	数字式	光柱式
工作方式	间断式	连续式	
输出方式	报警式	控制式	
采样方式	泵吸式	扩散式	

表6-4　有毒气体检测仪器

序号	仪器名称	测量范围（质量分数或体积分数）
1	一氧化碳检测报警仪	0~0.2%
2	一氧化碳检测报警仪	0~1%
3	氧气检测报警仪	0~30%
4	硫化氢检测报警仪	0~0.01%
5	硫化氢检测报警仪	0~0.1%
6	二氧化硫检测报警仪	0~0.01%
7	二氧化硫检测报警仪	0~0.1%
8	氯气检测报警仪	0~0.005%
9	氰化氢检测报警仪	0~0.003%
10	一氧化氮检测报警仪	0~0.01%
11	二氧化氮检测报警仪	0~0.01%
12	甲烷检测报警仪	CH_4：0~4.0%
13	可燃气体检测报警仪	LEL：0~100%
14	甲烷/氧气检测报警仪	CH_4：0~4.0% O_2：0~30%
15	甲烷/一氧化碳检测报警仪	CH_4：0~4.0% CO：0~0.1%
16	三合一气体检测报警仪	CH_4：0~4.0% CO：0~0.1% O_2：0~30%
17	四合一气体检测报警仪	CH_4：0~4.0% CO：0~0.1% O_2：0~30% H_2S：0~0.01%
18	二氧化碳检测仪	0~0.2%
19	氢气检测报警仪	0~0.2%
20	臭氧检测报警仪	0~0.2%
21	气体检测仪校准装置	（CH_4/CO/O_2）
22	氨气检测报警仪	0　0.01%

B 空气含尘量的测定

粉尘检测是以科学的方法对生产环境空气中粉尘的含量及其物理化学性状进行测定、分析和检查的工作。从安全和卫生学的角度出发，日常的粉尘检测项目主要是粉尘浓度、粉尘中游离二氧化硅含量和粉尘分散度（也称为粒度分布）的检测。

a 粉尘浓度测定

矿的粉尘浓度测定主要有滤膜测尘法和快速直读测尘仪测定法。

(1) 滤膜测尘法。测尘原理是用粉尘采样器（或呼吸性粉尘采样器）抽取采集一定体积的含尘空气，含尘空气通过滤膜时，粉尘被捕集在滤膜上，根据滤膜的增重计算出粉尘浓度。

(2) 快速直读测尘仪测尘法。用滤膜采样器测尘是一种间接测量粉尘浓度的方法，由于准备工作，粉尘采样和样品处理时间比较长，不能立即得到结果，在卫生监督和评价防尘措施效果时显得不方便。为了满足这方面工作特点的需要，各国研制开发了可以立即获得粉尘浓度的快速测定仪。

b 粉尘游离二氧化硅的测定

国家标准中规定的测定方法是焦磷酸质量法，也有用红外分光光度计测定法进行测定。

(1) 焦磷酸质量法。在 245 ~ 250℃ 的温度下，焦磷酸能溶解硅酸盐及金属氧化物，对游离二氧化硅几乎不溶。因此，用焦磷酸处理粉尘试样后，所得残渣的质量即为游离二氧化硅的量，以百分比表示。为了求得更精确的结果，可将残渣再用氢氟酸处理，经过这一过程所减轻的质量则为游离二氧化硅的含量。

(2) 红外分光分析法。当红外光与物质相互作用时，其能量与物质分子的振动或转动能级相当时会发生能级的跃迁，即分子电低能级过渡到高能级。其结果是某些波长的红外光被物质分子吸收产生红外吸收光谱。游离二氧化硅的吸收光谱的波数为 $800cm^{-1}$、$780cm^{-1}$、$694cm^{-1}$（相当于波长为 12.5μm、12.8μm、14.4μm）。

(3) 粉尘分散度的测定。粉尘分散度分为数量分散度和质量分散度。前者是针对具有代表性的一定数量的样品逐个测定其粒径的方法。其测定方法主要有显微镜法、光散射法等。测得的是各级粒子的颗粒百分数。后者是以某种手段把粉尘按一定粒径范围分级，然后称取各部分的质量，求其粒径分布，常采用离心、沉降或冲击原理将粉尘按粒径分级，测出的是各级粒子的质量百分数。

(4) 常用仪器：各种规格、型号的粉尘采样器，如图 6-8 所示。

C 矿井气候条件的测定

a 卡他度与卡他计

温度、风速、湿度三项气候参数对人体散热强度（即散热的快慢）均有不同影响。散热强度是指物体表面单位表面积在单位时间内向外散发的热量，其单位为毫焦/(厘米^2 · 秒) [$mJ/(cm^2 \cdot s)$]。对于一定的物体，散热强度是气温，湿度和风速的函数。

显然，仅用气温、湿度、风速这三个气候条件参数中的任何一个来衡量气候条件的舒适性都是不全面的。因此，人们研究并提出了许多综合评价作业环境气候条件舒适性的指标，如有效温度、合成温度、范格舒适方程、标准有效温度、卡他度等，其中卡他度是一种比较简单、有效的评价指标。卡他度是一种评价作业环境气候条件的综合指数，它采用模拟的方法，度量环境对人体散热强度的影响。卡他度由卡他温度计测量，它的构造很简单，是一根底部为一个大圆柱管的酒精温度计，如图 6-9 所示。

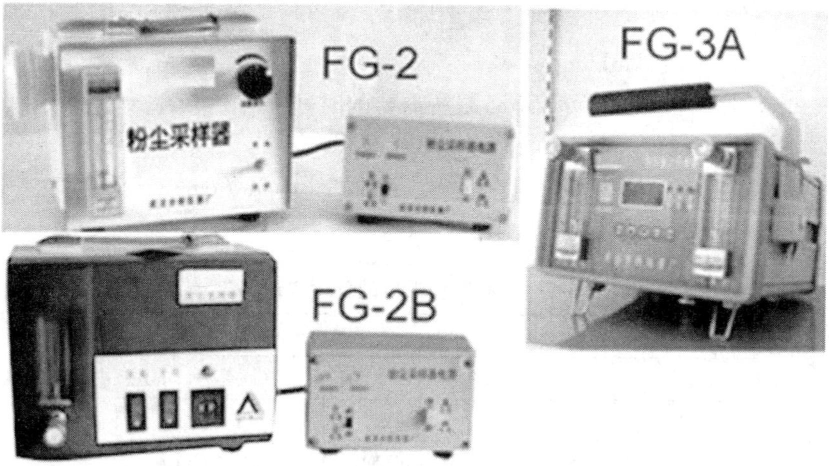

图 6-8　常用粉尘采样器实物图

卡他度实际上就是用卡他计液球的散热强度来模拟人体的散热强度。因此，卡他度可定义为：卡他度是卡他计在平均温度为 36.5℃（模拟人体平均体温）时，液球单位表面积上在单位时间内所散发的热量（mJ/cm^2）。由卡他度的定义可知，卡他度的实质就是卡他计液球在平均温度为 36.5℃ 时的散热强度。用它来模拟人体的散热。干卡他度只能反映对流和辐射的散热效果，而湿卡他度可反映对流、辐射和蒸发的综合散热效果。

卡他度的测定：将卡他计放入 60～80℃ 的热水中，使酒精上升到上部空间的 1/3 处，取出擦干（测干卡他度）后挂在测定空间点。随着液球的散热，温度下降，酒精液面不断下降，记录由 38℃ 降到 35℃ 所需要的时间。然后按下式计算卡他度，以使衡量环境气候条件对人体散热强度的影响成为可以度量并且可以测定的一个指标。卡他度又分为干卡他度和湿卡他度。测定湿卡他度时，卡他计液球表面要包湿纱布。测干卡他度则不需要包湿纱布，图 6-10 是干卡他度测量方法。

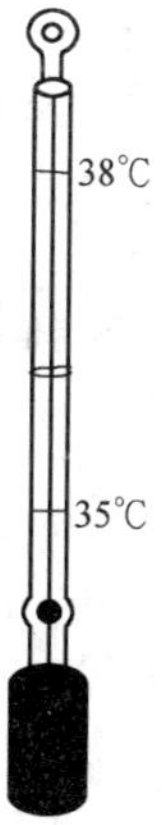

图 6-9　卡他计

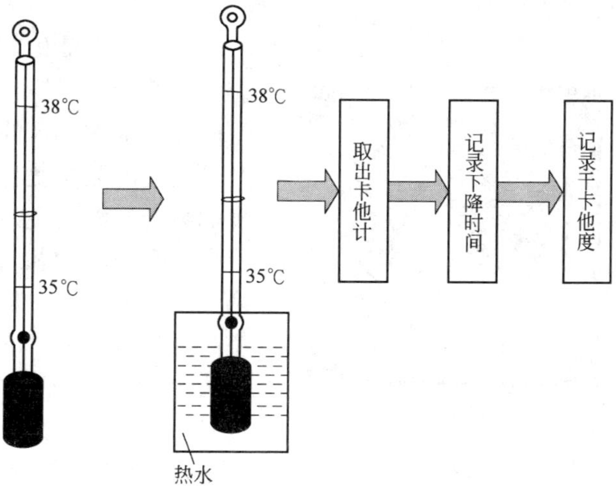

图 6-10　干卡他度测量方法

$$H = F/t$$

式中 F——卡他计常数，mJ/cm^2；

t——卡他计液面从38℃降到35℃所需要的时间，s；

H——卡他度，mJ/（cm^2·s）。

卡他度常用的另一单位为：毫卡/(厘米^2·秒)［mcal/(cm^2·s)］。对于不同劳动强度，推荐的舒适卡他度值如表6-5所示。

表6-5 不同劳动强度的舒适卡他度值

卡他度类型	轻微劳动		一般劳动		繁重劳动	
	mJ/(cm^2·s)	mcal/(cm^2·s)	mJ/(cm^2·s)	mcal/(cm^2·s)	mJ/(cm^2·s)	mcal/(cm^2·s)
干卡他度	>25	>6	>33	>8	>42	>10
湿卡他度	>75	>18	>105	>25	>126	>30

一般卡他度的值越大，散热条件越好，根据现场观测，不同的卡他度对人体的影响，如表6-6所示。

表6-6 不同卡他度对人体的生理影响

冷却能力		上身赤膊人体的生理反应
湿卡他度	干卡他度	
5	1.5	工作时感觉非常闷热、大量出汗，体温上升，特别是心跳次数增加
10	3.5	感到闷热，只有在大量出汗的情况下才能保持正常的体温，皮肤红晕而潮湿，脉搏数增加
15	5.5	舒适条件的下限
20	8.0	工作时很舒适
25	10.0	工作时感到凉爽或稍冷

b 湿度计

湿度计是用来测量湿度的。湿度计由两只完全相同的温度计构成，其中一只温度计为干泡温度计，另一只为湿泡温度计。

湿度计测量相对湿度的原理：由于湿泡温度计的感温泡包着棉纱，棉纱的下端浸在水中，水的蒸发而使湿泡温度计的温度示数总是低于干泡温度计的温度示数（气温），这一温度差值跟水蒸发快慢（即当时的相对湿度）有关。根据两温度计的读数，从表或曲线上可查出空气的相对湿度。湿度计从结构上有悬吊式湿度计，手摇式湿度计，吸风式湿度计，记录式湿度计，氯化锂湿度仪，从结果的获取方式上有数字式和指针式。图6-11是两种常用湿度计。

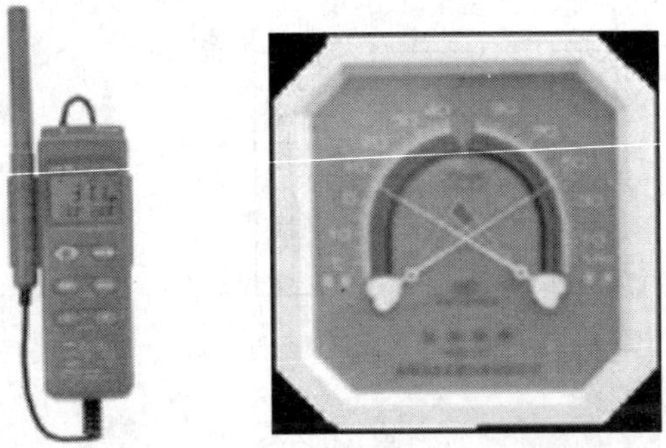

(a) (b)

图6-11 常用湿度计实物图

（a）数字式；（b）指针式

由于湿度的测量依据温度的变化，一般均将湿度计与温度计生产成为一个整体，统称温湿度计。

矿内空气与地面空气一样，都是由于空气与水蒸气混合而成的湿空气。衡量矿内空气所含蒸气量的参数有绝对湿度和相对湿度。

影响湿度的因素有以下几种：

（1）地面湿度的季节变化。阴雨季节湿度较大，夏季相对湿度较低，但气温较高，绝对湿度较大，冬季相对湿度较大，但气温较低，绝对湿度并不太高。地面湿度除受季节影响外，还与地理位置有关。我国湿度分布，沿海地区较高，向内陆逐渐降低，西北地区为最低值。

（2）当矿井涌水量较大或滴水较多，由于水珠易于蒸发，则井下比较潮湿。一般金属矿山井下湿度在80%～90%左右，盐矿的涌水较小，且盐类吸湿性较强，相对湿度一般为15%～25%。

矿井湿度变化规律：冬天地面空气温度较低，相对湿度高，进入矿井后，温度不断升高，相对湿度不断下降，沿途不断吸收井壁水分，于是出现在进风段空气干燥现象。夏天则相反，地面空气温度高，相对湿度低，进入矿井后，温度逐渐降低，相对湿度不断升高，可能出现过饱和状态，致使其中部分水蒸气凝结成水珠，进风段显得很潮湿。这就是人们所见进风段冬干夏湿的现象。当然，在进风段有滴水时，即使是冬天仍是潮湿的。

回采工作面，由于湿式作业，喷雾洒水，一般湿度比较大，特别是总回风道和出风井中，相对湿度都在95%以上。如果开采深度比较大，进风线路比较长，回采工作面和回风道的空气温度常年变化不大，则其湿度常年变化也不大。

6.2.2　井下风流质量与检测

6.2.2.1　*矿井风流压力*

在一条风道中的两点空气能量不同，空气必然从能量高的地点流向能量低的地点，从而形成风流。这说明空气流动必须具备两个条件：一是有通路；二是能量不同。空气本身能量的变化是造成风流流动的根本原因。为了掌握空气运动的规律，首先应了解有关空气压力的一些问题。

A　空气的密度

单位体积的空气所具有的质量称为空气的密度。具体地说，按照国际单位制的规定，矿井通风中把每立方米空气具有多少千克质量称为空气的密度。所以空气密度的单位为 kg/m^3。确切地说，空气的密度不是定值，它随空气的压力、温度及湿度而变化。

把单位体积的水所具有的重量称为重率，以 γ 表示。重率和密度是两个不同的概念，但是在过去使用的工程单位制中水的重率 γ 等于 $1000kgf/m^3$，相当于底部压力为 $1000mmH_2O$，所以 $1mmH_2O$ 等于 $1kgf/m^2$。但是国家法定单位中，水的密度 ρ 等于 $1000kg/m^3$。因此，必须注意，两者数值相等含义不同。

重率与密度之间存在如下关系：

$$\gamma = \rho g$$

式中　g——重力加速度，取 $9.81m/s^2$。

B　空气压力

包围着地球的大气，受地心吸引力的作用，对其底部单位面积上所具有的重力（即重量）称为大气压力，也称为气压。所以大气压力是一个压强的概念。

由于气压随海拔高而变，所以空气的密度也随海拔高而改变。

在我国法定计量单位（亦即国际单位制）中以帕斯卡作为压强单位，简称帕，以 Pa 表示。它的物理意义是每平方米面积所承受多少牛顿（N）的压力，也可用 N/m^2 表示其单位。工程上常使用的单位有毫米汞柱（mmHg）和标准大气压（atm）。

$$1mmHg = 133.3224Pa$$

$$1atm = 760mmHg$$

在实际应用中，还有很多表示大气压的单位，见表 6-7。

表 6-7　气压单位互换表

各种气压单位	atm	mmH_2O	Pa 或 N/m^2	lb/ft^2	mbar	mmHg
atm	1	1.0336×10^4	1.013×10^3	2116	1013	760
mmH_2O	9.675×10^{-5}	1	9.804	20.48×10^{-2}	9.804×10^{-2}	7.856×10^{-2}
Pa 或 N/m^2	9.869×10^{-6}	10.20×10^{-2}	1	2.089×10^{-2}	10^{-2}	750.1×10^{-5}
lb/ft^2	4.725×10^{-4}	4.882	47.88	1	47.88×10^{-2}	0.3591
mbar	0.9869×10^{-3}	10.20	10^2	2.089	1	0.7500
mmHg	1.316×10^{-3}	13.60	1.333×10^2	2.784	1.333	1

矿井通风中，目前常常运用毫米水柱（mmH_2O）表示风流压力损失的单位。因为 $1m^3$ 标准状态水重 1000kg（$\gamma = 1000kg/m^3$），故水柱高度 Z 等于 1mm 时对其底部产生的压力为 $1kg/m^2$。

即
$$P = Z\gamma = \frac{1}{1000} \times 1000 = 1kg/m^2$$

换句话说 1kg 重的水铺在 $1m^2$ 面积上恰好形成 1mm 高的水柱，则：

$$1kg/m^2 = 1mmH_2O$$

这与测压仪表中的水柱高度相一致，十分简明形象。

C　风流中的点压力

气压具体表现在作用于与它接触的任何表面上，不论这一表面的方向如何，其压力都是相等的。这种形式的压力叫静压，通常所说的大气压力就是静压，风流中任一点的静压，在任何方向都相等。

在管道中的两点，若空气能量不同就会引起空气的流动并产生动压。动压用下式表示：

$$h_v = \frac{1}{2}\rho v^2$$

式中　h_v——风流的动压，kg/m^2；

ρ——空气密度，$kg \cdot s^2/m^4$；

v——风流速度，m/s。

因为
$$\rho = \frac{\gamma}{g}$$

故
$$h_v = \frac{v^2}{2g}\gamma$$

式中　γ——空气重率，kg/m^3。

动压具有方向性，其大小以作用于垂直风流断面上的压强表示。

因此，风流中任何一点都存在两种压力，即静压和动压。两者之和称为全压。当风速等于零时，动压为零，静压等于全压。

D 绝对压力和相对压力

一般所指的大气压力，计算基准是以绝对真空状态为零点压力，又称为绝对压力。在矿井通风中常以当地同标高的大气压力为计算基准，用高于或低于它的数值来表示，称为相对压力。如果气体的压力大于当地大气压力称为正压，小于当地大气压力称为负压。这种相对压力在矿井通风中常常称为矿井压差。

6.2.2.2 矿井通风压差

A 风流中两点间的压力差

（1）水平等断面风流（见图6-12）。A 点风流的全压为 $p_A+\frac{1}{2}\rho_A v_A^2$，$B$ 点风流的全压为 $p_B+\frac{1}{2}\rho_B v_B^2$。当 A 点的全压大于 B 点，则风流由 A 向 B。它们之间的差值如下式：

$$h=\left(p_A+\frac{1}{2}\rho_A v_A^2\right)-\left(p_B+\frac{1}{2}\rho_B v_B^2\right)$$

式中 h——A、B 两点间的全压差；

p_A——A 点大气压力；

p_B——B 点大气压力；

v_A——A 点风流速度；

v_B——B 点风流速度；

ρ_A——A 点空气密度；

ρ_B——B 点空气密度。

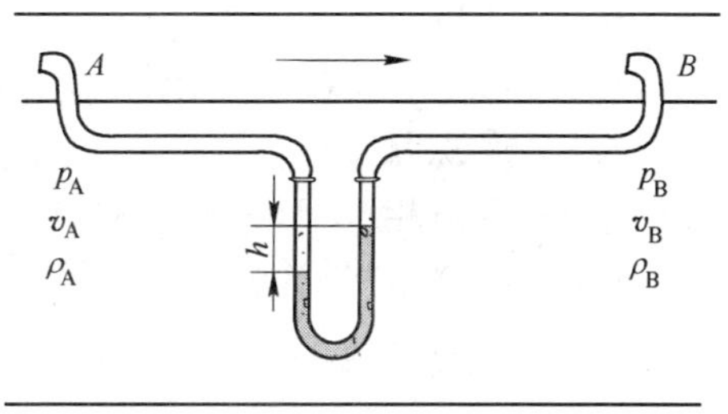

图6-12 水平等断面风流的能量关系

在图6-12中，h 所表示的U形管的液面差，按工程单位制其单位为 mmH_2O，换算成国家法定计量单位则为Pa，所表示的差值称为 A、B 两点风流的全压差。全压差还可以写成

$$h=(p_A-p_B)+\left(\frac{1}{2}\rho_A v_A^2-\frac{1}{2}\rho_B v_B^2\right)$$

即点 A、B 间的全压差等于两点的静压差加两点的动压差。若风流断面未改变，$v_A=v_B$，而空气密度变化很小，则动压差为零。此时 $h=p_A-p_B$。

即全压差等于静压差。这种情况可以理解为在等断面的水平管道中，风流从压力高的地点流向压力低的地方。

但是不能因此而得出结论，风流一定是从气压大的地方流向气压小的地方。在静止的空气中，高空的气压必然小于地面，并没有由于两者的气压差而产生从地面向高空的风流。这是因为两点的能量是相等的，高空的气压虽低但位能大，地面气压虽高但位能小。所以把气压、位能、动压三者之和称为某一点风流的总能量。

有了能量差，空气才会流动。所以矿井通风中的压差，实质上是能量差。

（2）等断面垂直风流。如图6-13所示，对于任意水平面0—0来说，则 A、B 两点的能量差为

$$h=\left(p_A+\frac{1}{2}p_A v_A^2+H_A\rho_A g\right)-\left(p_B+\frac{1}{2}p_B v_B^2+H_B\rho_B g\right)$$

若风流断面相等，风速 v_A 等于 v_B，并且密度 ρ_A 近似于 ρ_B，则

$$h = (p_A + H_A\rho_A g) - (p_B + H_B\rho_B g)$$

在图 6-13 中，h 恰好是 U 形管的液面差，所以 h 也是 A、B 两点的能量差。

（3）任意风流。如图 6-14 所示，对 0—0 水平来说，A 点的能量为 $p_A + H_A\rho_A g + \frac{1}{2}\rho_A v_A^2$，$B$ 点的能量为 $p_B + H_B\rho_B g + \frac{1}{2}\rho_B v_B^2$。由于 A 点能量大于 B 点，因而产生由 A 向 B 的风流。其能量差为

$$h = (p_A + \frac{1}{2}p_A v_A^2 + H_A\rho_A g) - (p_B + \frac{1}{2}p_B v_B^2 + H_B\rho_B g)$$

式中 h——A、B 两点的能量差；

p_A——A 点的气压；

H_A——A 点相对于 0—0 水平的高度；

ρ_A——A 点的空气密度；

v_A——A 点风速；

p_B——B 点气压；

H_B——B 点相对于 0—0 水平的高度；

ρ_B——B 点空气密度；

v_B——B 点风速。

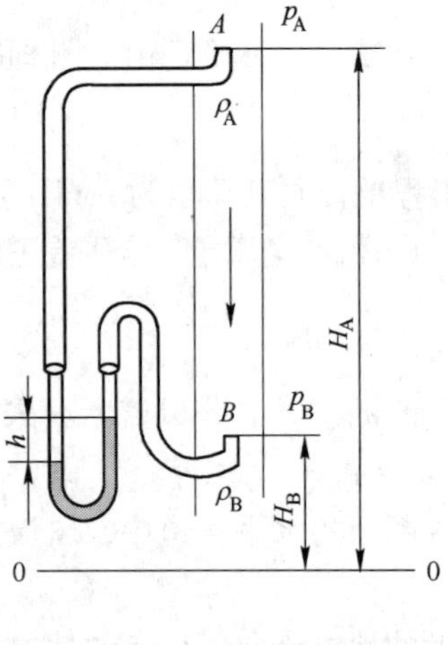

图 6-13 等断面垂直风流的能量关系

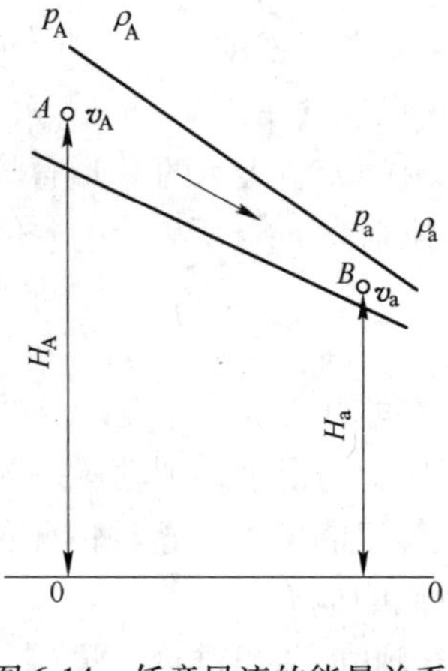

图 6-14 任意风流的能量关系

所以，空气总是从总能量大的地方流向总能量小的地方；不论任何形式的风流，都是由于能量差而引起它的流动。在矿井通风中已习惯于把引起空气流动的能量差称为压差，以 h 表示。

（4）管内外的压差。上面所说到的压差概念，都是针对管内的各点之间的压差而言，即管内各点的相对压力。现在分析管内外的相对压力。

如图 6-15 所示，不论压入式或抽出式都以管外大气压力作为比较的标准压力。设管外大气压力以 p 表示。为了说明方便起见，管内外的静压差、全压差及管内动压在图上以

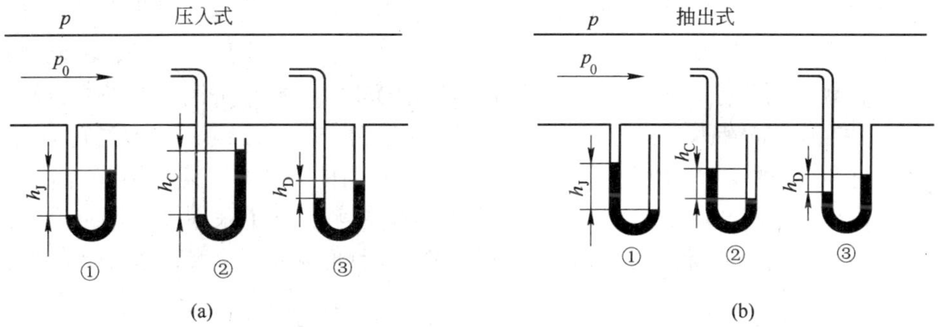

图6-15 管内外压差变化关系

三个不同点表示，实际上是在同一点上测定的。

图6-15（a）是压入式管道。管内空气压力大于管外，故U形管①的水面左边下降右边上升，液面差就是管内外的静压差，以h_J表示。U形管③左边承受管内动压和静压，右边只承受管内静压，因两边静压相等而相互抵消，所以两边液面差值只是管内动压，以h_D表示。U形管②的左边承受管内的动压和静压，即全压；右边承受管外的静压，但管外风速为零，动压也为零，也是承受全压。和①相比左边增加了管内动压作用，使液面差增大，其值为h_C，则$h_C=h_J+h_D$。这里全压差与静压差都是以管内压力大于管外压力来表示。

图6-15（b）是抽出式管道。管内空气压力小于管外，则U形管①左边水面上升，右边下降，其差值以h_J表示。U形管③左边增加动压作用，使水面下降，其差值仍为管内动压，以h_D表示。U形管②左边承受管内静压及动压；右边只承受管外静压。由于管外风速为零，所以水面差是管内外的全压差，以h_C表示。和U形管①相比较，左边增加动压作用，故$h_C=h_J+h_D$。这里全压差与静压差都以管外压力大于管内压力来表示。

上面现象如何理解，实质上，不论压入式或抽出式，管内外的全压差h_0及静压差h_J都是以绝对值表示。不像管内两点的压差，具有风流的方向性。设管内静压为p_0，管外静压为p，管内动压为h_D。管外动压为零，则管内外全压差都h_C为：

对于压入式管道

$$h_C=(p_0+h_D)-(P+0)=(P_0-P)+(h_D-0)=h_J+h_D$$

对于抽出式管道

$$h_C=(P+0)-(P_0+h_D)=(P-P_0)+(0-h_D)=h_J-h_D$$

所以对于风流中的任意两点来说，其全压差必然是静压差加动压差。但是对于管内外的压差，由于管外动压为零，则压入式的管内外全压差的绝对值等于静压差的绝对值加管内动压；抽出式的管内外全压差的绝对值等于静压差的绝对值减管内动压。

B 矿内空气压力的测定

a 绝对压力的测定

通常使用水银气压计和空盒气压计测定矿内外空气绝对压力。

水银气压计的原理及结构，它主要由一个水银盛槽与一根玻璃管构成。玻璃管上端密闭，当装满水银后，下端插入水银盛槽中，管内上端形成绝对真空，下部充满水银。盛器里的水银表面受到空气压力，故管内水银柱高度随着空气压力而变化。此管中水银面与盛器里水银面的高差，就是所测空气的绝对压力。如图6-16所示。根据结构分为动槽式与定槽式。

动槽式气压计结构如图6-17所示。它是用一支长90cm的玻璃管封闭上端，管中装满水银，然后将开口端倒插入下部汞槽中，管中的汞由于重力的作用而下降，因而在封闭的玻璃管上部出现一段真空，汞槽与大气相通。盛汞的玻璃管装在黄铜管中，黄铜管上部刻有主标尺，并在两边开有长方形小窗，在窗内装一可上下滑动的游标尺，通过转动调节游标螺旋可使游标尺上下移动。汞槽底部为一羊皮袋，可以借助下端的螺旋Q调节其中汞面的高度，汞面的高度应正好与固定在汞槽顶端的象牙针尖接触，这个汞面就是测定汞柱高度的“零点”，也就是铜管上主标尺的“零点”，测定时气压计必须垂直安装，否则会有误差。

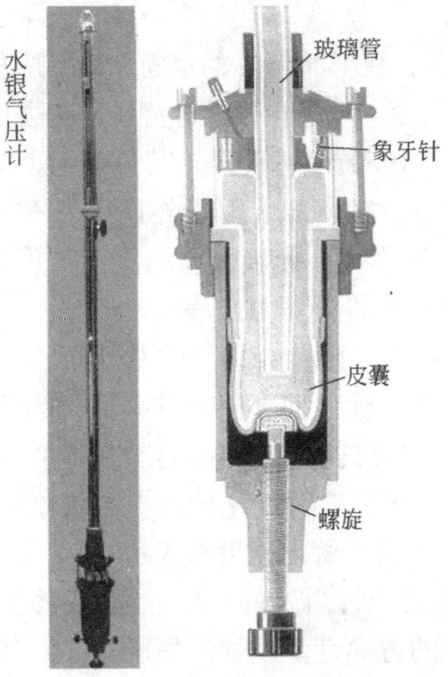

图6-16 水银气压计原理

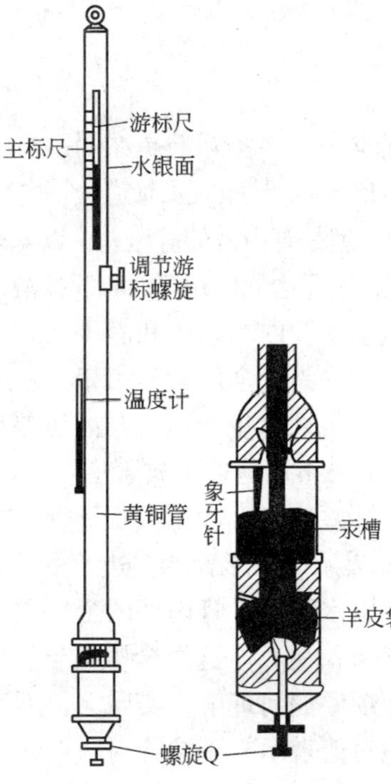

图6-17 动槽式气压计

动槽式气压计使用方法：

（1）读取温度首先从气压计所附温度计上读取温度。

（2）调节汞槽中汞面的高度慢慢旋转底部螺旋Q，使汞槽中的汞面与象牙针尖恰好接触，调节时可利用汞槽后面白瓷板的反光来观察汞槽的高度，调节动作要轻而慢，汞面调节好以后，稍待30s再次观察汞面与象牙针尖接触的情况，没有变化后继续下一步操作。

（3）调节游标尺，转动调节游标螺旋使游标尺的下沿高于汞柱面，然后缓慢下降直至游标尺下沿与汞柱的凸面相切，此时观察者的眼睛与游标尺的下沿及汞柱的凸面在同一水平面上。

（4）读取气压计数值先从主标尺上读出靠近游标尺下端且在其下面的刻度，即为大气压的整数部分。再从游标尺上找出一根与主标尺上某一刻度线相吻合的刻线，其刻线值即为大气压的小数部分，单位是kPa。

定槽式气压计与动槽式气压计大同小异，不同之处在于前者的汞槽中汞面无需调节，它的水银是装在体积固定的槽内。当大气压力发生变化时，玻璃管内水银液面和水银槽内的水银液面的高度差也相应变化。在计算气压计的标尺时已经补偿了水银槽内液面的变化量。其使用方法除槽中汞面无需调节，其他均与动槽式气压计相同，气压计读数的校正方法二者也完全相同。

如图6-18所示，是常用的一种水银气压计。外部为黄铜管，内为一支一端封闭的玻璃管，管内装满水银，开口一端插入水银槽中，管内水银柱受重力作用而下降，当作用在水银槽面上的大气压力强度与玻璃管内水银柱重力作用相平衡时，水银柱就稳定在某一高度上，这个高度就表示出当时的气压。

空盒气压计又称无液气压计，空盒气压计的原理是：它由一个被抽成真空的皱纹状金属空盒与连接在盒上带指针的传动机构所构成。由于盒内抽成真空（实际上还有少许余压），当大气压力作用于盒面上时，盒面被压缩，并带动传动杠杆使指针转动。

如图6-19所示，是空盒气压计的一种。它的主要部分是一种波纹状表面的真空金属盒。为了不使金属盒被大气压所压扁，用弹性钢片向外拉着它。大气压增加，盒盖凹进去一些；大气压减小，弹性钢片就把盒盖拉起来一些。盒盖的变化通过传动机构传给指针，使指针偏转。从指针下面刻度盘上的读数，可知道当时大气压的值。它使用方便，便于携带，但测量结果不够准确。

空盒气压计是根据指针转动的幅度从而获得表示大气压力的数值。空盒气压计是一种携带式仪表，一般用在矿内外非固定地点概略地测量大气压力，使用前必须经水银气压计校正。测量时将盒面水平放置在被测地点，停留10~20min，待指针稳定后再读数。读数时视线应垂直于盒面。

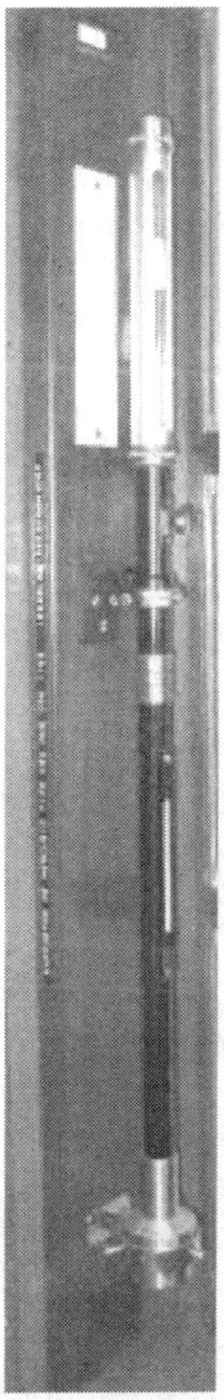

图6-18　水银气压计

除以上介绍的空盒气压计、水银气压计外，还有先进的电子直读式气压计，如图6-20所示。

图6-19　空盒气压计

图6-20　电子直读式气压计

b　相对压力的测定

（1）U形压差计。如图6-21所示，U形压差计是使用比较普遍的压差计。在U形玻璃管的两个管口分别连接两根皮管，引至需要测定压差的两点。U形管的两支玻璃管水面的高差，即两点的风流压差，以 mmH_2O 表示其单位。必须注意，U 形管的刻度尺一定要安放垂直。测定时，若水面振动较大，可用一只小棉花球塞入胶皮管或用一根内径很小的玻璃管接于胶皮管与 U 形管之间。

（2）倾斜压差计。如图 6-22 ~ 图 6-24 所示，从图 6-22 可以看出，相同的压差在垂直玻璃管上的读数为 aa_1，在倾斜玻璃管上的读数为 bb_1，很明显：

$$bb_1 > aa_1$$

$$aa_1 = bb_1 \times \sin\beta$$

若两根玻璃管的内径不同，其断面比为 250，当细管液面上升 250mm 时，粗管只下降 1mm。在测压差时，可以只观察细管中液面的变化。若使用比重小的液体（如酒精）代替水，可使液面变化值增大。根据这些原理所制作成的倾斜压差计，读数就较为精确。

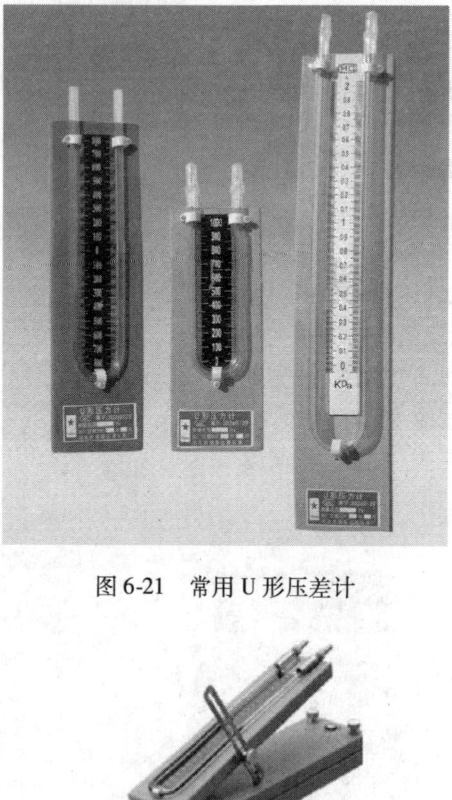

图 6-21 常用 U 形压差计

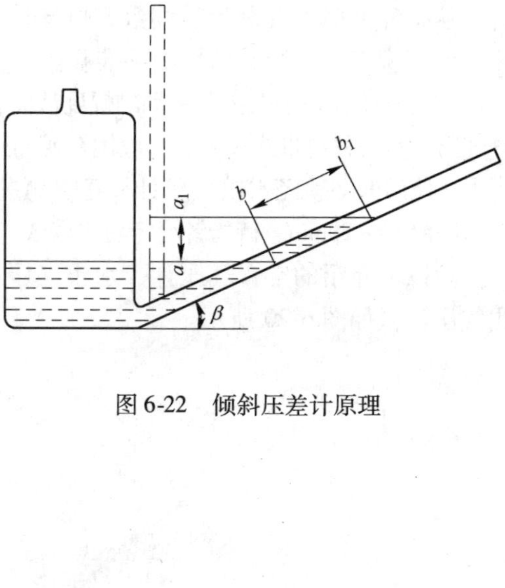

图 6-22 倾斜压差计原理

图 6-23 立式倾斜压差计

图 6-24 卧式倾斜压差计

倾斜压差计是一种可见液体弯面的多测量范围的液体压差计，其原理如图6-22所示。较高的压力和宽容器接通，较低的压力和倾斜管接通。假设在所测压力的作用下，与水平线之间有倾斜角为β的管子内的工作液体在垂直方向升高了一个高度h_1（即aa_1），相应的在倾斜方向上升l（即bb_1），而在宽广容器内的液面下降h_2。这时在仪器内工作液体液面的高差表示为：

$$h = h_1 + h_2$$

并且

$$h_1 = l\sin\beta$$

假设F_1为管子的断面积，F_2为宽容器的断面积，那么

$$lF_1 = F_2h_2$$

也就是在倾斜管内所增加的液体体积为lF_1，等于宽广容器内所减少的液体体积F_2h_2。

$$h_2 = l\frac{F_1}{F_2}$$

把以上三式整理可得到

$$h = l\left(\sin\beta + \frac{F_1}{F_2}\right)$$

当所使用的液体的相对密度为γ时，根据倾斜读数l换算为垂直水柱h，则

$$h = \gamma\left(\sin\beta + \frac{F_1}{F_2}\right)l \quad \mathrm{mmH_2O}$$

令$k = \gamma\left(\sin\beta + \frac{F_1}{F_2}\right)$，称为倾斜压差计校正值或倾斜系数。将其注明在该仪器的弧形支架上。

则

$$h = kl$$

使用倾斜压差计测压时，应将倾斜测压管置于所需的倾斜角，把仪器调整水平，将三通旋塞旋钮到测压位置，然后取掉胶皮管与三通旋塞的接头，用嘴轻吸，使倾斜测量管液面上升到接近其顶端，排除积存于仪器中的气泡，反复几次，直到排尽为止。转动零位调整旋钮，将倾斜测量管内的液面调到“0”位；将三通旋塞转到测压位置，就可以用来测量压差。

（3）皮托管。如图6-25所示，是一支双层金属管，两层管互不相通，内管直接与管嘴相通，外管与管嘴不通。外管壁上开有4～6个小孔与标有“－”的管脚相通，用来测定静压。内管与标有“＋”的管脚相通，用来测定风流的全压。当管嘴正对风流时，内管受全压作用，外管只受静压作用，则U形管的液面差即为动压，如图6-26所示。

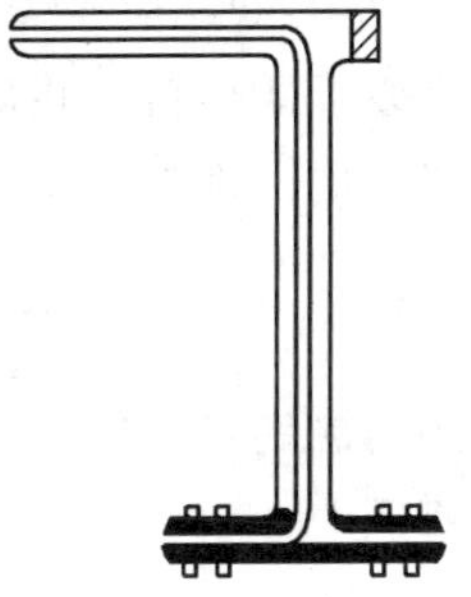

图6-25　皮托管

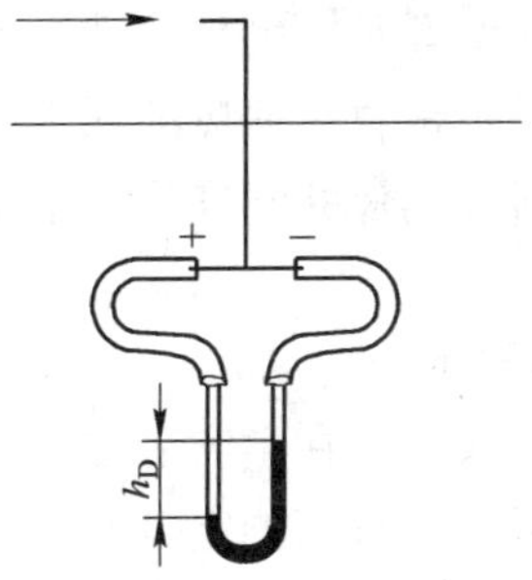

图6-26　用皮托管测动压

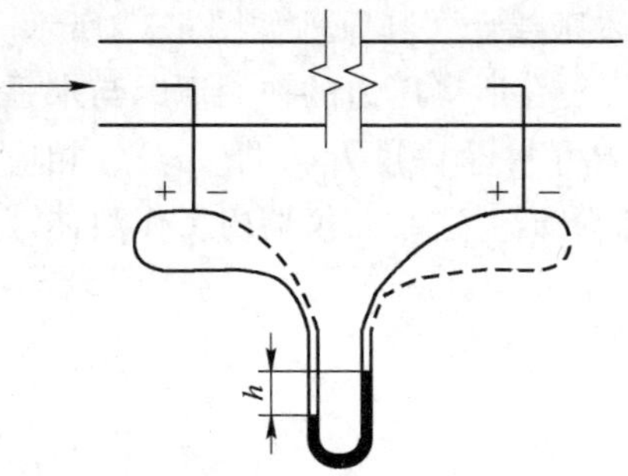

图6-27 测定风流压差

（4）压差测定。要测两点间的风流压差时，应分别在两点安装皮托管，如图6-27所示。使皮托管嘴对正风流，管脚用胶皮管与U形管或倾斜压差计相接。若胶皮管都与两支皮托管的“+”号脚相接，所测之值为全压差；与两支皮托管的“-”号脚相接，所测之值为静压差。

6.2.2.3 *矿井自然压差*

A *矿井自然风流的形成*

一个矿井只要有两个以上的出口，而这些出口的空气柱密度不同，就会产生自然通风。在图6-28中，若空气柱*AB*、*CD*的空气密度ρ_1及ρ_2相等，则矿井无风流，若ρ_1大于ρ_2风流方向如实线箭头所示；反之，风流方向如虚线箭头所示。

空气的密度主要决定于大气压力及空气温度。对于一个矿井来说，大气压力的变化并不显著，而温度的变化较为明显，所以矿井空气密度的变化受温度的影响较大，并且温度越高密度越小。一般说，由于岩石温度以及其他因素的影响，在不是平硐开拓的矿井，矿井的出风井温度有所增高，形成了出风井温度高于进风井的温差现象，实际起到一定的自然通风作用。

平硐开拓的矿井，矿内外的温差将有利于自然通风的形成。在图6-29中，若矿外气温低于矿内，*AB*空气柱密度大于*CD*，风流方向如实线箭头所示；反之，风流方向如虚线箭头所示。所以由于地表气温的变化，会使多中段平硐开拓矿井的自然风流方向变化，以致有的矿井昼夜之间都会风流反向。这种不稳定现象给矿井通风管理带来一定的困难，干扰机械通风。

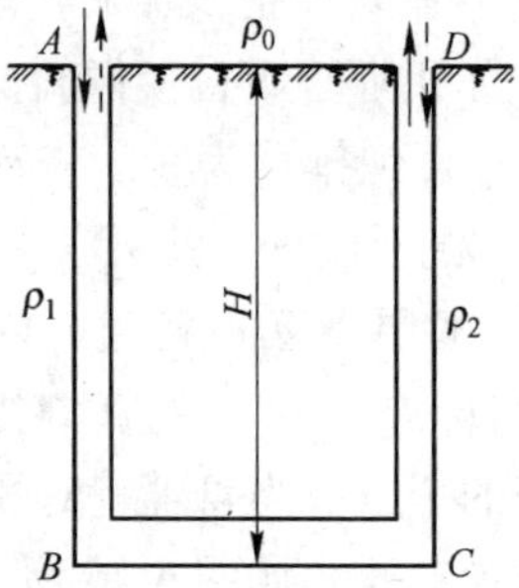

图6-28 竖井开拓的自然通风

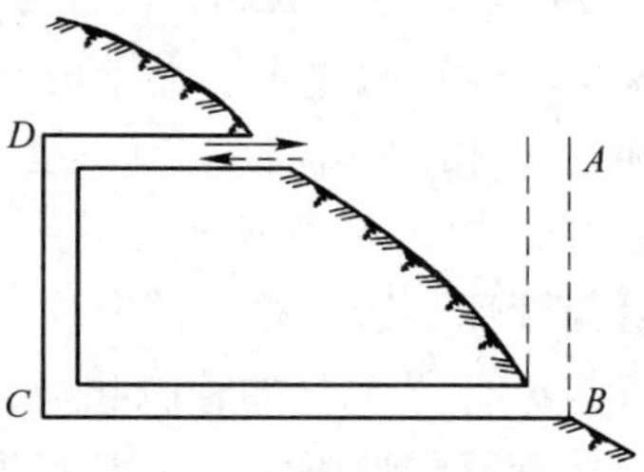

图6-29 平硐开拓的自然通风

这样看来，形成自然通风的基本原理是由于矿井有两个以上的出口，并且它们的空气柱密度不同。进、出风井空气柱由于密度不同引起的能量之差值，称为自然通风的压差或自然压差。

B *自然压差的测定*

自然压差的大小，在生产矿井中可以用仪表直接或间接的测出自然压差，以便掌握自然通风的变化规律。如何测定自然压差，现将两种方法叙述如下。

a 直接测定法

如图6-30所示，停止扇风机（若有）运转，在总风流通过的巷道中任何适当地点建立临时风墙，隔断风流后立即用压差计测出风墙两侧的风压差，此值就是该停风区段的自然风压。如果矿井还有其他水平，则应同时将其他所有水平的自然风流用风墙隔断。可见这个方法在多水平矿井并不简便。

在有主扇通风的矿井测定全矿自然风压的简便方法如图 6-31 所示。首先停止主扇运转，立即将风硐内闸板放下，隔断自然风流，这时闸板两侧的空气压差即为自然压差，由 U 形管即可读出矿井的自然压差值。测定自然压差时建立临时风墙的位置对结果没有影响。如图 6-32 所示。

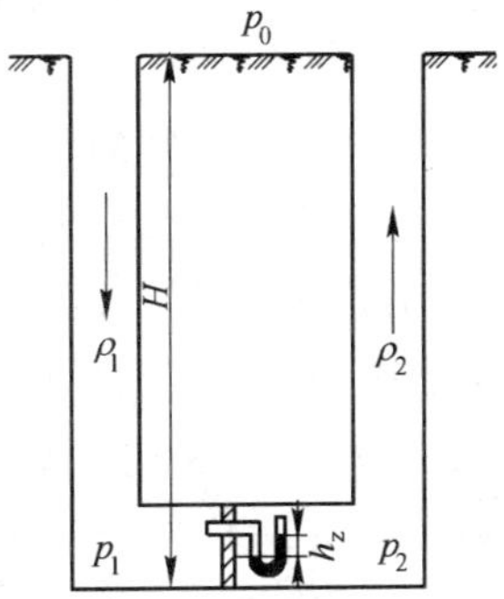

图 6-30 自然压差的测定

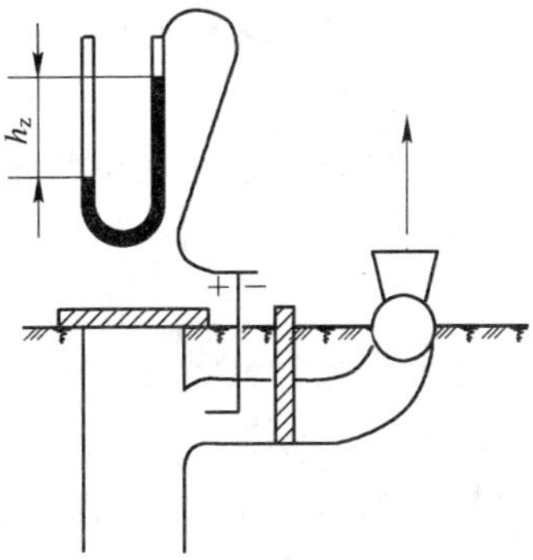

图 6-31 风硐中测自然压差

b 间接测定法

在有主扇工作的矿井，根据图 6-33 所测出的扇风机总压差 h_s（压入式通风为扇风机全压 h_c，抽出式通风为扇风机的有效静压）及总风量 Q，则可列出下式：

$$h_s + h_z = RQ^2$$

然后停止扇风机运转，待停机一定时间避免风流的惯性作用后，测出只有自然压差 h_z 作用的风量 Q_z，列出下式：

$$h_z = RQ_z^2$$

可以看出以上两式是一组联立方程。其中，扇风机的工作压差 h_s，扇风机工作时的总风量 Q 及只有自然通风时的总风量 Q_z 已知，则可解算出自然压差 h_z 及矿井总风阻 R。

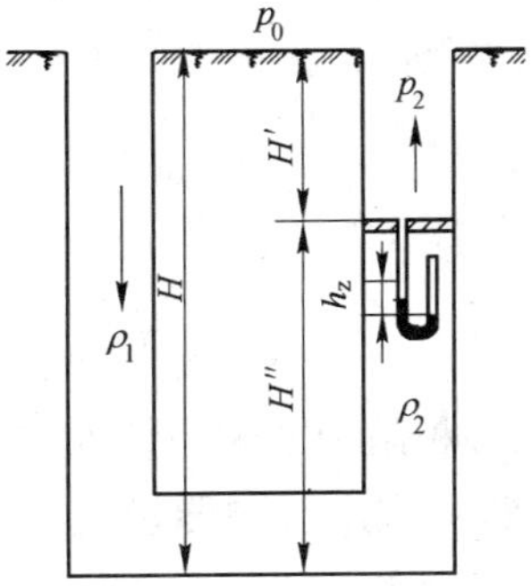

图 6-32 任意点测自然压差

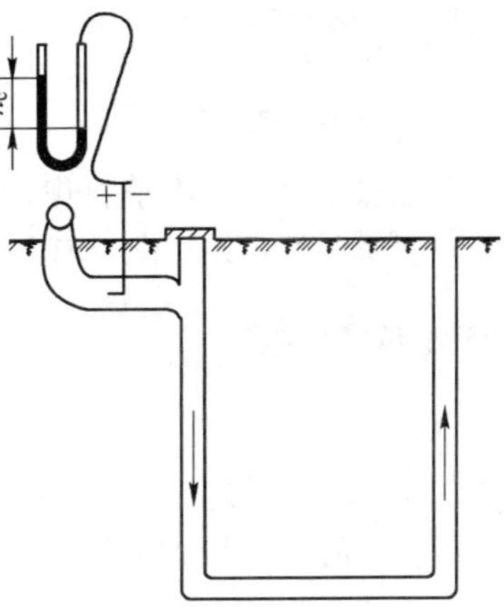

图 6-33 压入式通风矿井实测扇风机全压

C　自然压差的特性

自然压差的特性如下：

(1) 当矿井深度及进出风的温度差没有改变时，自然压差值h_z是常数，其特性曲线是如图6-34所示。它与矿井风阻特性曲线Ⅰ的交点A，就是自然压差对该矿井的工作点，此时矿井总进风量为Q；若矿井风阻减小到曲线Ⅱ，则总进风量将增加到Q'（工作点此时为B）。所以自然压差一定时，其风量大小决定于矿井风阻。

(2) 当矿井风阻一定时，进、出风井空气柱的温差改变，必然改变该矿井的自然压差大小，使自然压差特性曲线上下平移，从而改变矿井的风量。在矿井风阻一定时，自然压差越大，自然风量越大。

(3) 自然风流的方向主要受空气密度的支配，而空气密度又受到地温、气候等的影响。所以一般在冬季进风气温降低，自然通风往往与机械通风方向一致；在夏季则往往干扰机械通风。

(4) 在一些岩石裂缝及溶洞发育的矿井，由于自然压差的作用，冬季由矿井向地表漏风，夏季由地表向矿井漏风，致使矿井空气中的氡及其子体浓度，冬季降低，夏季增高。

(5) 在机械通风的矿井里，当扇风机停止运转时，出风部分的气温不会因主扇停止运转而马上降低，自然风流也不会马上反向。

例如红透山矿机械风流方向，如图6-35所示。在冬季，当主扇停止运转后，预计自然风流会马上反转。实际情况，自然风流并未马上反转。所以在需要用自然风流反向时，应考虑到这些问题。

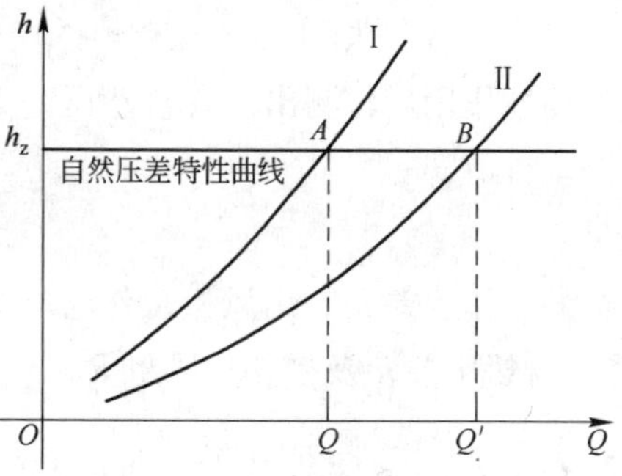

图6-34　自然压差特性曲线

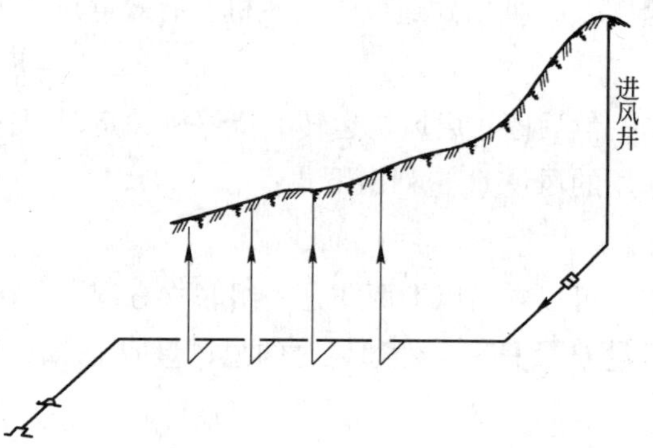

图6-35　红透山矿机械风流方向

自然通风的优点主要在于不消耗电能，但它不稳定，给通风管理工作带来一定的困难。因此，应根据矿井的具体情况，有利则用，有害则防。

6.2.3　井下风流环境与检测

6.2.3.1　矿井风流的阻力

空气在井巷中流动，沿途必然受到井巷对它所呈现的各种阻力的作用，因此要维持空气在井巷中流动，就必须克服这种阻力的作用，从而导致风流本身的能量损失。在通风上，空气沿井巷流动时，井巷对风流所呈现的阻力，称为井巷的通风阻力；而单位体积风流的能量损失称为风压降或称为压差。所以要使空气沿井巷流动，就要提高起点的能量，形成压力差用以克服通风阻力，故压差的大小（单位以 Pa 即 N/m^2表示）就是通风阻力（单位也以 Pa 即 N/m^2表示）的大小。

空气流动的过程就是克服阻力的过程。这些阻力按其发生的原因归纳起来不外乎三种，即摩擦阻力、局部阻力和正面阻力。

A 摩擦阻力

空气在井巷中流动时，由于井巷壁与风流间的摩擦引起风流本身分子间的相互干扰和摩擦而产生的阻力称为摩擦阻力，由该阻力所引起的风流能量损失称为摩擦阻力损失。

空气在井巷中流动和水在管道中流动很相似，所以可以把水力学中的有关公式应用于矿井通风中。根据水力学实验，摩擦阻力损失为：

$$h_f = \frac{\alpha PL}{S^3}Q^2 \qquad kg \cdot s^2/m^4$$

式中 α——摩擦阻力系数，$N \cdot s^2/m^4$；

Q——风量，m^3/s；

P——管道壁的周边长，m；

L——管道的长度，m；

S——管道的断面积，m^2。

摩擦阻力系数 α 是由巷道壁的粗糙程度决定的，不受风速的影响，受空气密度的影响很小，对于一条具体的井巷来说，巷道壁的粗糙程度是一定的，α 值可视为常数。各种井巷的 α 值，按空气密度 ρ 为 $1.2kg/m^3$计算，在通风书籍及设计参考书中都可以查出。

必须注意到，在相当一段时间内，还会存在工程单位制与法定单位制并用的情况。在工程单位制中摩擦阻力系数的单位以 $kg \cdot s^2/m^4$表示，则：

$$1kg \cdot s^2/m^4 = 9.81N \cdot s^2/m^2$$

在通风计算中要注意它们之间的关系。

每一条通风井巷，它的摩擦阻力系数、周边长、长度及断面积等都是定值，可以令：

$$R_f = \frac{\alpha PL}{S^3}$$

式中 R_f——摩擦风阻。

则：

$$h_f = R_f Q^2 \qquad kg \cdot s^2/m^4$$

上式是适用于没有漏风，起点风量与终点风量相等时的情况。有漏风时，起点风量 Q 与终点风量 Q'不等，则应为：

$$h_f = R_f\left(\frac{Q + Q'}{2}\right)^2$$

B 局部阻力

风流运动时，转弯、突然缩小等会导致风速的突然重新分布，引起分子之间的互相冲击产生的阻力叫做局部阻力，该阻力引起的风流能量损失称为局部阻力损失。从实验得知：

$$h_{JU} = \xi \frac{\rho}{2}v^2$$

式中 h_{JU}——局部阻力损失，Pa；

ξ——局部阻力系数，无因次；

ρ——空气密度，kg/m^3；

v——平均风速，m/s。

令：

$$\rho = 1.2\text{kg/m}^3$$

则：

$$h_{JU} = 0.6\xi \frac{1}{S^2}Q^2$$

由于断面积 S 是定值，令：$R_{\text{JU}} = 0.6\xi \frac{1}{S^2}$

式中 R_{JU}——局部风阻。

得：

$$h_{\text{JU}} = R_{\text{JU}}Q^2$$

矿井产生局部阻力的地点有风硐、风桥、弯道、断面变化的巷道、巷道交叉和汇合处、扇风机扩散器等。就全矿而言，上述地点产生的局部阻力的总和，在全矿通风阻力中所占的比例通常小于20%。但在特殊情况下，局部阻力有时可能加大，不应忽视。

C 正面阻力

若风流中存在物体，则空气流动时，必然使风速突然重新分布，造成风流分子间的互相冲击而产生的阻力称为正面阻力，由正面阻力所引起的风流能量损失称为正面阻力损失。从实验得知：

$$h_{\text{ZH}} = R_{\text{ZH}}Q^2 \quad \text{Pa}$$

式中 R_{ZH}——正面风阻。

正面风阻在矿井中所占比例较小，一般都忽略不计，特殊情况下可包括在摩擦风阻中。

6.2.3.2 降低矿井风阻的措施

矿井要求一定的风量。为了满足所需风量，需要使用扇风机。扇风机的电耗与矿井风阻及风量有关。当风量不能降低要求时，应通过降低风阻来降低电耗，从而降低矿井通风费用。降低风阻的措施如下。

A 降低摩擦风阻

从摩擦风阻公式可知，井巷的断面积、长度、周边长及摩擦阻力系数都在不同程度上影响着摩擦风阻的大小。从降低风阻的角度，都属于考虑的因素。

（1）增大风流断面积。可以明显地看出，风流断面积的三次方与摩擦风阻成反比关系。同一形状的断面，断面增大，周边长也增加。例如梯形巷道，断面与周边长存在如下的关系：

$$P = 4.16\sqrt{S}$$

式中 P——井巷周边长；

S——井巷断面积。

摩擦风阻公式可以理解为：

$$R_{\text{M}} \propto \frac{P}{S^3}$$

$$R_{\text{M}} \propto \frac{\sqrt{S}}{S^3}$$

所以

$$R_M \propto \frac{1}{S^{5/2}}$$

虽然摩擦风阻与井巷断面积没有达到三次方的反比关系，但它仍然是降低风阻的一个重要因素。从通风的角度，断面越大，风阻越小，耗电越少。但是断面增大。掘进成本增高。所以其中存在着合理的经济断面，其通风费用与掘进费用之总和达到最低。

（2）减少周边长。面积相同，形状不同的井巷断面，其周边长也各不相同。设圆形断面的周边长为1 时，其他同面积但形状不同断面的周边长列于表 6-8 中，可根据生产需要选用。

表6-8 不同断面与圆形断面相比在断面积相等的条件周边长为圆周长的倍数

断面形状	周边长为圆周长的倍数	断面形状	周边长为圆周长的倍数
圆 形	1	梯形椭圆形	1.18
正方形	1.13	矩 形	1.09 ~ 1.23 1.2 ~ 1.5

（3）减小风流长度。为了降低摩擦风阻，应以最短距离送风。

（4）减少摩擦阻力系数。井巷壁的光滑程度直接影响摩擦风阻。一般来说，混凝土砌碹及喷浆支护具有较小的摩擦阻力系数。保证设计的井巷断面规格是降低摩擦风阻的有效措施。

B 降低局部风阻

在通风井巷中，尽量避免风流的直角转弯、突然扩大及突然缩小等现象。

C 降低正面风阻

在通风井巷中，应清除不必要的堆积物，尤其是抽出式通风的回风道，往往不易引起人们的重视。这一点应予特别注意。

D 合理选择降低风阻的井巷

降低风阻的目的，是为了降低通风阻力从而降低电耗。在同样风阻的条件下，风量的大小对阻力的影响更为突出一些。那么在风量大的井巷采取降低风阻的措施，收效就显著得多。所以对主要的进、出风井巷，采用适当措施降低风阻就显得特别重要。

6.2.3.3 风速的测定

A 风速表

通风工程中，常用的风流速度测定方法有机械风表、热球风速仪、卡他计法、热线风速仪、激光测速仪等。矿山一般应用前两种方法。

a 机械风表的类型

常用风表有杯式和翼式两种，如图 6-36 所示。杯式风表用于风速大于 10m/s 的高风速测定；翼式风表用于测定 0.1 ~ 10m/s 的中等风速，具有高灵敏度的翼式风表可以测定 0.1 ~ 0.5m/s 的低风速。

b 机械风表的组成结构

杯式和翼式风表内部结构相似，是由一套特殊的钟表转动机构、指针和叶轮组成。杯式的叶轮是四个杯状铝勺，翼式则为八张铝片。此外，风表上有一个启动和停止指针转动

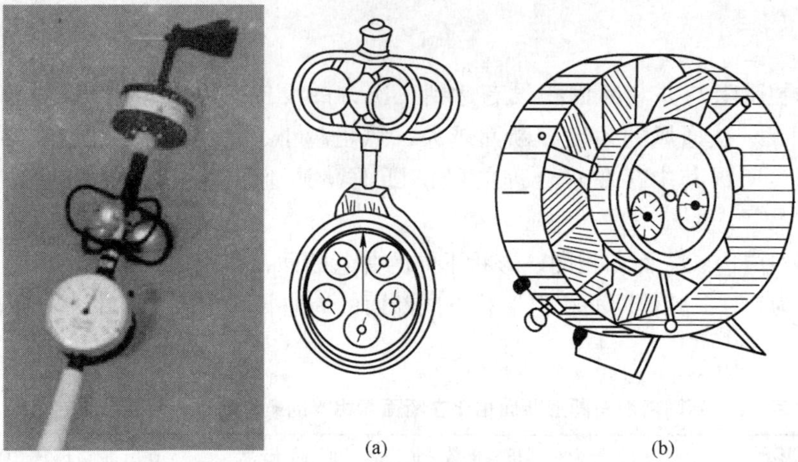

(a) (b)

图6-36 机械风表类型

(a) 杯式风表；(b) 翼式风表

的小杆，打开时指针随叶轮转动，关闭时叶轮虽转动但指针不动。某些风表还有回零装置，以便从零开始计量表速。

c 机械风表的测定

测定时，先回零，待叶轮转动稳定后打开开关，则指针随着转动，同时记录时。约经1～2min，关闭开关。测完后，根据记录的指针读数和指针转动时间，算出风表指示表速 N：

$$N = (N_t - N_0)/t$$

然后由下式换算成实际风速 u：

$$u = aN + b$$

式中 N_0——测定前风表的读数，r（转）；

t——测定时间，s；

N_t——测定 t 时间后风表的读数，r（转）；

N——风表的指示表速，r/s 或 m/s；

a，b——常数；

u——测定的实际风速，m/s。

值得注意的是，因机械风表转动部件很容易磨损，磨损后精度降低，因此需定期校正。校正一般在室内专门的设备上进行，也可采用精度高的测风仪进行。校正的原理就是把待测风表置于风速已知的风流中，测出风表的读数，根据风表读数与实际风速的差别即可得出校正曲线。

d 电子（数字）风表

随着机电一体化技术的发展，机械风表与电子技术结合，形成了电子风表（见图6-37）、数字风表（见图6-38）和遥测风向风速仪（见图6-39）等，大大提高了风速的测定效率和准确度。

e 热式风速仪

热式风速仪包括热球风速仪、热线风速仪等，其原理是通过热敏感元件因风速变化引起其温度变化而使其电性参数改变，从而实现对风速的测定。图 6-40 为热球风速仪。

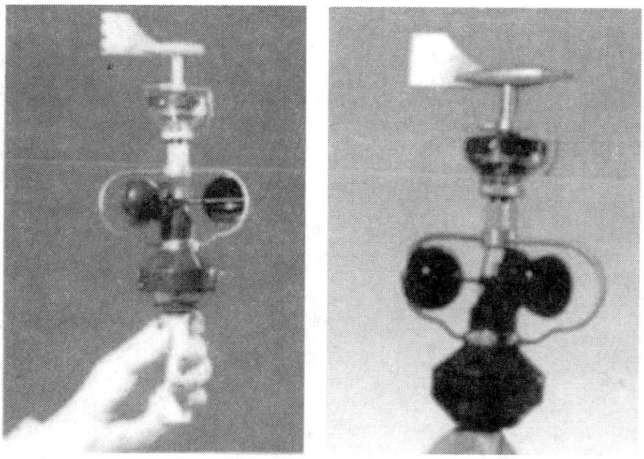

图 6-37　轻便型磁感风向风速表

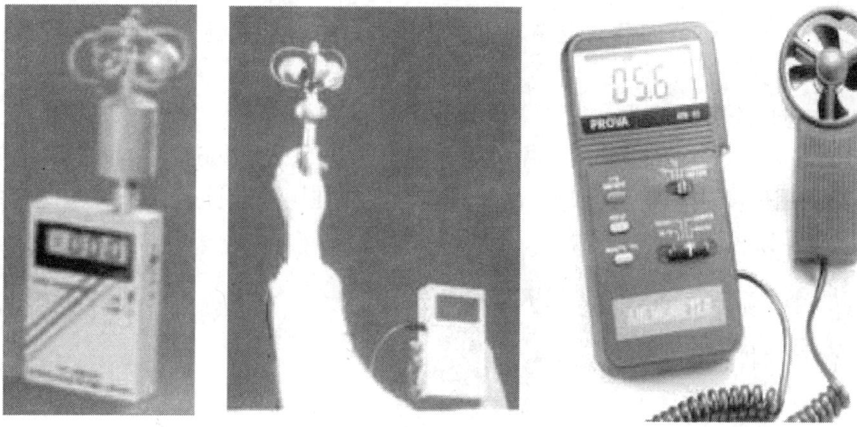

图 6-38　数字风速表

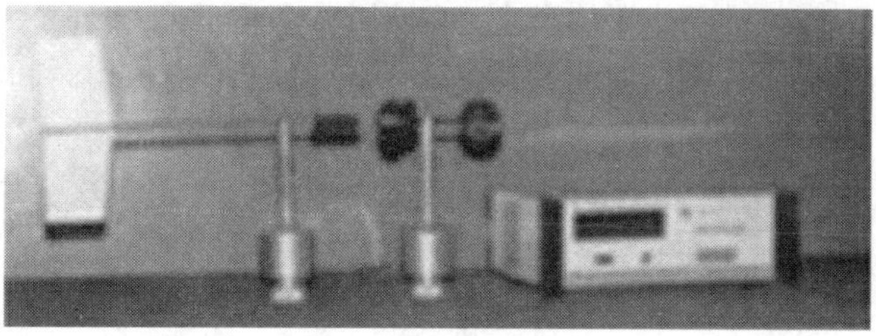

图 6-39　遥测风向风速仪

图 6-41 为新型热式风速计，它同热球风速计相比，探头坚固耐用，测试精度更高。同叶轮风速计相比，测试精度更高，更易于测试狭小空间的气流。并且增加了风压测试功能。主要技术指标：计测风速范围为 0.1 ~ 50m/s。

B　风速的测定方法

由于风流在断面上速度分布不同，为了测定平均风速，可按以下方法测定：

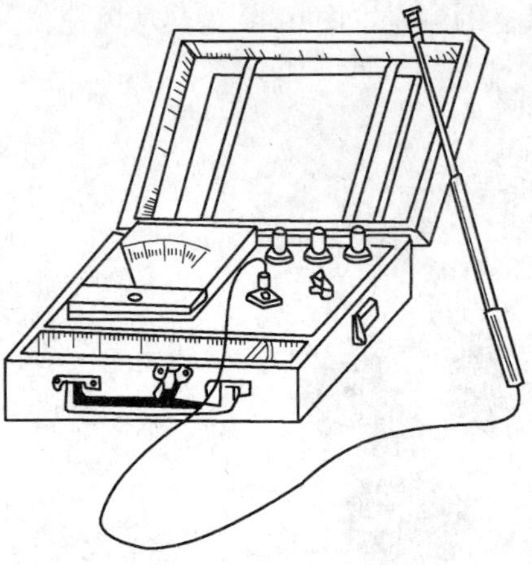

图 6-40　热球风速仪

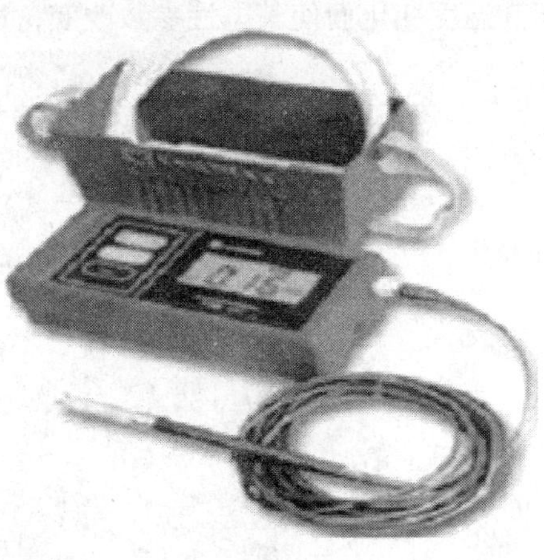

图 6-41　热式风速计

（1）迎面法。测风员面向风流站立，手持风表，手臂伸向正前方，然后按一定的线路使风表作均匀移动。

（2）侧身法。测风员背向巷道壁站立，手持风表，手臂伸出与风流垂直，再按一定线路使风表作均匀移动。

测风时应注意以下儿个问题：

1）用迎面法测定风速时，身体挡住风流，降低通过风表的风速，故测定结果应乘以1.14的校正数。用侧身法测定风速时，由于风表与人体在同一断面，使风流断面减小，风速增大，所以应乘以校正值 K：

$$K=\frac{S-0.4}{S}$$

式中　K——侧身法校正系数；

S——风流巷道断面。m^2。

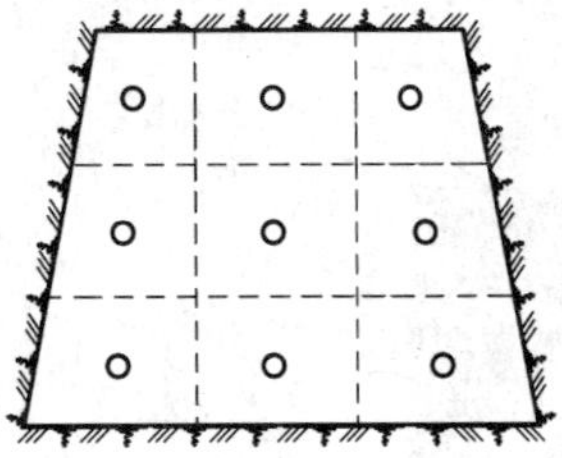

图 6-42　用点格法测风速

2）将巷道断面分为若干小断面，如图 6-42 所示。若使用热球风表或皮托管测风速时，分别测出各小断面的中心风速，再求平均风速。在使用翼式或杯式风表时，由于风表是累计读数，应使风表在每一小断面中心点停留时间相等，整个断面测定时间为 60～100s，再求出平均风速。

3）在同一断面测定不应少于 3 次，它们之间的误差应在 ±5% 以内。

6.2.3.4　*矿井巷道摩擦阻力系数的测定*

一般通风书籍及设计手册都有各种不同井巷的摩擦阻力系数，可供参考使用。由于摩擦阻力系数与空气密度成正比，所以在书本及手册中所列的数值是按空气密度为 $1.2kg/m^3$ 为标准。

为了使摩擦阻力系数更切合实际，可在现场实测。矿井里，可以用皮托管、倾斜压差计及风速表等测算出井巷的摩擦阻力系数 a。所测井巷的断面、形状及巷道壁的粗糙度应无变化，选择其中不小于 200m 长的一段直线巷道，测出该巷道的风流压差 h_M 及风量 Q；

并量出巷道的周长 P、断面积 S 及两测点之间的距离 L，即可求出摩擦阻力系数 a 值。同时，还要测出该地区的空气温度、湿度、气压，求出空气的密度，再按下式换算为标准值：

$$\alpha_{\beta} = \frac{1.2\alpha}{\rho} \qquad \mathrm{N \cdot s^2/m^4}$$

还应说明，当巷道漏风时，应按两测点的风量求出巷道的平均风量，再求出 α 值。测定时应注意以下几点：

（1）压差计应放在欲测段风流下方测点的后面距离 6～8m 处，以免影响压差的测定。

（2）读数时，两测点之间不应有行人或车辆。

（3）胶皮管内不能进水，管内应畅通无阻。

（4）各接头处不能有漏气。

（5）皮托管应用支架支撑牢固。

6.2.4 矿井风流的管理

矿井生产不断发展，矿井通风系统不断变化。定期对通风系统作检查，可以使通风管理工作有的放矢，可以不断积累通风管理的经验，可以为通风设计提供可靠的依据，从而不断完善矿井通风系统。

6.2.4.1 矿井风量的调节

风量按自然分配规律流动，常常不能满足生产要求，同时由于井下生产的不断变化，所需风量也经常发生变化，因此必须采取措施使风量的分配适应生产的需要。这一工作就是风量的调整。

因为风流运动的过程，就是损失能量克服通风阻力的过程，在这个过程中，风量的大小受到压差及风阻两方面的影响，只有改变风流的压差或风阻，才会实现风量的再分配。

在图 6-43 中相并联的两巷道 1、2，其风阻分别为 R_1、R_2，按自然分配通过的风量为 Q_1、Q_2。若要求将 Q_1 增到 Q_1'，Q_2 减为 Q_2' 时，由于 R_1 不等于 R_2，则必须增大 2 支巷的风阻以增加 1 支巷的风量；或减小 1 支巷的风阻以增加 1 支巷的风量，或采用其他的调节措施。

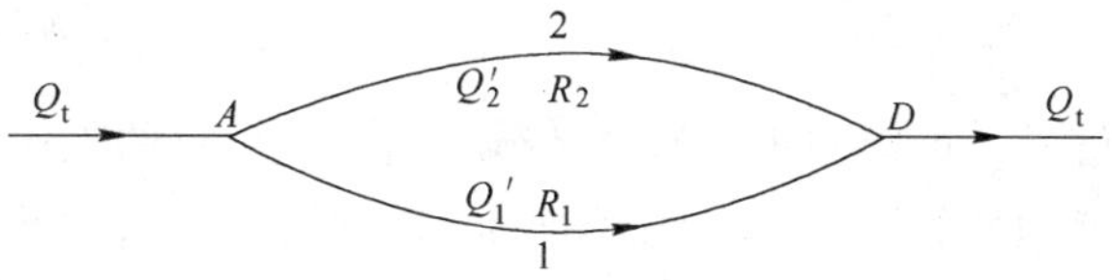

图 6-43 并联通风网路

A 增阻调节

为增加 1 支巷的风量，在 2 支巷中安装风窗。风窗就是在风墙或风门上开一个窗口，如图 6-44 所示。

采用风窗调节的方法比较简单，工程量较小，在一条巷道中风窗安装的位置对风阻没有影响，故最好设在不妨碍运输、岩石较稳定及漏风少的地点。但安装风窗后风阻增大，会引起整个系统的风阻增大而减少进入矿井的总风量，所以安装风窗的这一支巷所减少的

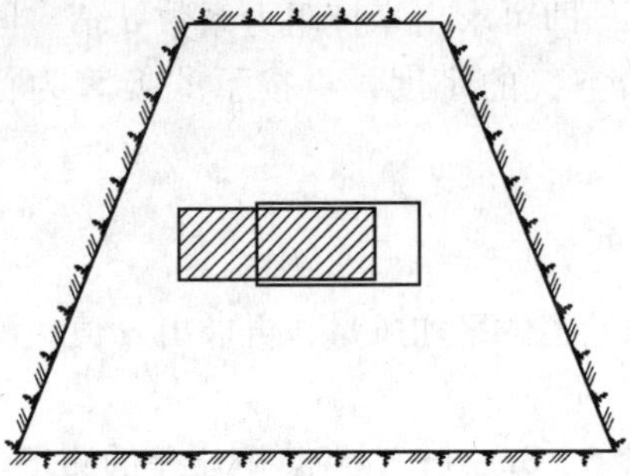

图6-44 风窗

风量大于另一支巷道所增加的风量。

B 减阻调节

在图6-43所示的并联网路中，要使1支巷的风量增到Q_1'，2支巷的风量降到Q_2'，则其风阻应符合下式：

$$R'_1 Q'^2_1 = R_2 Q'^2_2$$

即将1支巷的风阻R_1减小到R_1'，而：

$$R'_1 = \frac{\alpha P_1' L}{S'^3_1}$$

故可以从其中每一因素着手，将摩擦阻力系数减小到所需之值，巷道周长P_1及长度L也尽可能减小，或增大巷道断面面积。若通风系统中某一巷道风阻减小，则总风阻减小、总风量增大，故减小风阻的这一支巷所增加的风量大于另一支巷所减少的风量，其效果与风窗调节相反。但是改变整条巷道的风阻，工程量较大，只有在所需工程量不大时才考虑采用这种方法。

C 辅扇调节

当改变风阻达不到风量调节的要求，那么可直接用辅助扇风机来调节风量，目前这种调节方法已得到普遍重视。辅扇的特点是重量较轻，电耗小，调节方便。它的安装方式，可以设风墙如图6-45所示，也可以不设风墙，如图6-46所示。

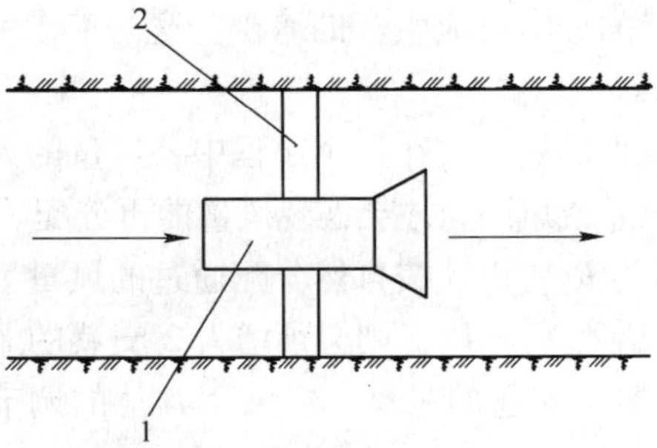

图6-45 有风墙的辅扇

1—风机；2—风墙

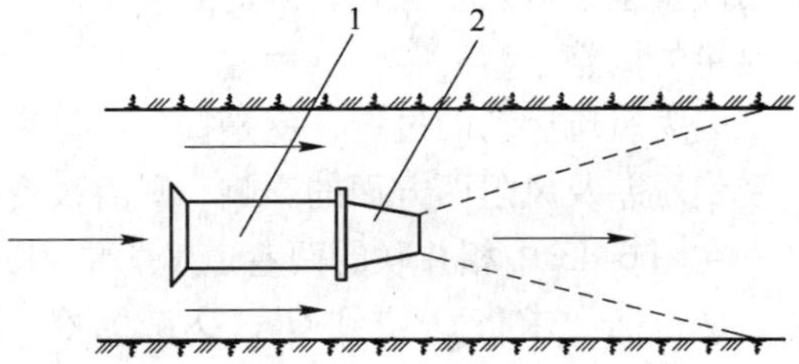

图6-46 无风墙的辅扇

1—风机；2—风墙

很明显，没有风墙时，可以减小对运输及行人的影响。它的工作原理是由于扇风机出口风流速度高，动压增加，静压降低，从而带动巷道的风流。这时通过巷道的风量大于扇风机的工作风量，但是当巷道风阻过大，会减小通过巷道的风量，以致使巷道中扇风机旁的风流反转。若设置风墙，通过巷道的风量与扇风机工作风量相等，这一现象即可避免。所以一般来说，安装辅扇的分支风流中，若风阻较小，不设风墙可以收到良好效果；风阻较大时，就应安设风墙。

辅扇的应用给通风管理带来一定的方便，但是辅扇使用不当也会造成风流反转或循环风流。在使用辅扇调节时，应注意以下几点：

（1）若增加风量的巷道风阻较小，可以使用无风墙辅扇调节，当在辅扇旁发生循环风流时，应安设风墙。

（2）辅扇的选型要恰当，一方面要达到所要求的风量，另一方面防止产生循环风流。

（3）辅扇安装位置应结合矿井通风系统作分析，防止循环风流。

（4）辅扇应选用压差小、风量大的扇风机，可以节约电能消耗。目前 K 系列扇风机可供选用。

6.2.4.2 矿井风流的测量

A 全矿风量和风速的检测

全矿风量和风速检测的目的是：为了确定全矿总进风量和各作业地点的进风量是否满足需要；检查各主要巷道的风速是否符合规定；检查漏风情况，确定漏风地点或漏风区段。

根据规定，掘进巷道及巷道型采矿工作面的最低风速不得小于 0.15m/s，井巷最高允许风速不得超过表 6-9 的规定。

表 6-9 井巷最高允许风速

井巷名称	最高允许风速/$m \cdot s^{-1}$	井巷名称	最高允许风速/$m \cdot s^{-1}$
专用风井、风硐	15	主要进风道	8
专用物料提升井	12	运输巷道	6
人员、材料提升井	8	采场、采准巷道	4
风 桥	10		

为了准确地测定风量，应在井下一些主要地点设置测风站，以便将全矿总进风量和总回风量、各翼各中段的进风量和回风量、各主要作业地点的进风量和回风量测定出来。测风站必须符合下列要求：

测风站应设在平直的巷道中；测风站附近最少要有 10～15m 断面无明显变化的巷道；测风站本身的长度不得小于 4m；测风站不得设在风流分支或汇合处附近；测风站内不能有障碍物；测风站应挂有记录牌并注有编号；服务期间较长或地压较大区段内的测风站，最好用砖或混凝土砌筑；用木支架、混凝土支架、金属支架支护的巷道里，采用木板测风站，木板测风站的背板要平整，设置要严密，使通过巷道的风量全部通过测风站；当在无测风站的巷道里需要测风时，则应在比较平直且断面无明显变化的巷道区段里进行测定。

全矿风量和风速检查的步骤如下：

（1）布置测点。根据检查工作的目的与要求，在矿井通风系统图和有关的中段平面图上布置测点并按顺序将测点编号。布置测点的原则是，必须保证通过对所有测点的风速测定与计算后，能够得到全矿总进风量和总回风量、各翼各中段的进风量和回风量、各主要作业地点的进风量和回风量的数据，并能得到主要漏风地点、漏风区段的漏风量的数据。在此前提下，布置的测点数目越少越好，在图纸上将测点布置妥善后，应将测点标定在井巷的适当位置上。

（2）测点断面的测定与计算。将测点标定到井巷的适当位置之后，应测定测点所在位置的井巷断面尺寸并计算井巷断面积（m^2）。然后按照测点序号将各测点的井巷断面积记录在专用表格上。

（3）进行实测。用预先经过检查和校正的风表依次测定各测点所在巷道断面上的平均风速（一般连续测三次，取平均值），并用温度计和湿度计测定空气的温度和湿度，用空盒气压计测定气压，将测得的数据记录在专用表格上。

（4）风量计算与校正。根据风量（m^3/s）等于断面上的平均风速（m/s）与净断面面积（m^2）的乘积的关系，计算出通过各测点的风量。然后将实测条件下的风量值按照下式换算成统一的空气重率条件下的风量值：

$$Q_c = \frac{Q_i \rho_i}{\rho_c} \quad m^3/s$$

式中 Q_i——实测条件下的风量，m^3/s；

ρ_i——实测条件下的空气密度，kg/m^3；

ρ_c——统一的空气密度（压入式通风时，指主要扇风机出风口的空气密度；抽出式通风时，指主要扇风机入风口的空气密度），kg/m^3；

Q_c——统一空气密度条件下的风量，m^3/s。

最后将全矿的、各翼各中段的、各主要作业地点的进风量和回风量标示在通风系统图和有关的中段平面图上。在此基础上，分析漏风地点或漏风区段以及漏风量的大小，并提出减少漏风的措施；分析矿内风量分配是否合理，若存在问题则应提出调节风量的措施，使风量分配合理化。

B 矿井通风阻力的测定

根据矿井通风的伯努利方程式可知，风流沿矿山井巷流动时，任何一段井巷的通风阻力，在数值上等于该段井巷始末两个断面上风流的绝对静压差、位能差、动压差三者之和。这个结论是进行矿井通风阻力测定的理论根据。

生产矿井应该定期地进行通风阻力的测定，目的在于查明各段井巷上通风阻力的分布情况，并针对通风阻力较大的地点或区段采取有效措施，减少通风阻力，以便改善矿井通风的状况，降低矿井主要扇风机的电能消耗。此外，通过通风阻力测定计算出来的井巷摩擦阻力系数 α 和局部阻力系数 ξ，是进行风量调节或改善通风系统工作的可靠的基础资料，也可供设计时参考和使用。

a 选择测定路线与布置测点

在选择测定路线之前必须下井调查了解主要通风井巷和整个通风系统的实际情况，然后根据矿井通风系统图、开拓系统图以及有关的中段平面图，一般选取通风困难的路线作为主要测定路线。至于全矿共分几条路线进行测定，要看矿井规模与通风系统的具体情况以及测定目的而定。测定路线选定后，应按下列原则布置测点：

（1）凡是主要风流分支或汇合的地点必须布置测点。当测点位子分支或汇合处之前时，其间的距离应大于巷道宽度的 3～4 倍；当测点位于分支或汇合处之后时，其间的距离应大于巷道宽度的 12～14 倍。

（2）在相互并联的几条巷道中，沿其中任何一条风道测定阻力均可。但在其余风道中应布置风量测点，借以测出其余风道中通过的风量。这样就可按相同的通风阻力和各自的风量求出各条风道的风阻。

（3）在测点的前面（以风流方向为准），至少要有 3m 长的巷道区段的支架良好，无空顶、空帮、凹凸不平，无堆积物。

（4）在井下布置测点的过程中，各测点处要作出明显的标记，按顺序注明测点的编号，还应将相邻两个测点间的距离以及各测点的巷道断面量好。

b　人员分工与组织

为了保证测定结果的准确性，最好能在一个工作班内将测定工作进行完毕。测定小组通常由6～7人组成。若矿井范围很大，测定任务繁重时，可以组成几个测定小组同时进行测定工作。

c　测定仪表与工具准备

此法需要使用的仪表与工具有静压管或皮托管、精密压差计、胶皮管、三脚架、风表、秒表、干湿温度计、空盒气压计及卷尺等。所有仪表在使用前都必须经过检查和校正。此外，应备有专门的记录表格。

d　井下测定工作

井下测定时，仪表布置情况如图6-47所示。测定工作的步骤是：首先在测点1和测点2分别安设三脚架和静压管或皮托管；在测点2的下风侧6～8m处安置精密压差计，调整水平并将液面调到零位（或读取初读数）；利用打气筒将胶皮管内原有的空气压出，以换进所测巷道的空气，然后利用胶皮管将压差计分别与两只静压管连接起来。当胶皮管无堵塞、无漏气时，便可在压差计上读数，并将读数值记入专用表格内，以上测定工作完毕之后，将测点1的三脚架和静压管移到测点3，然后在测点2和测点3之间用同样的方法进行测定，这样依此类推地测定下去，直到测完最后一个测点为止。

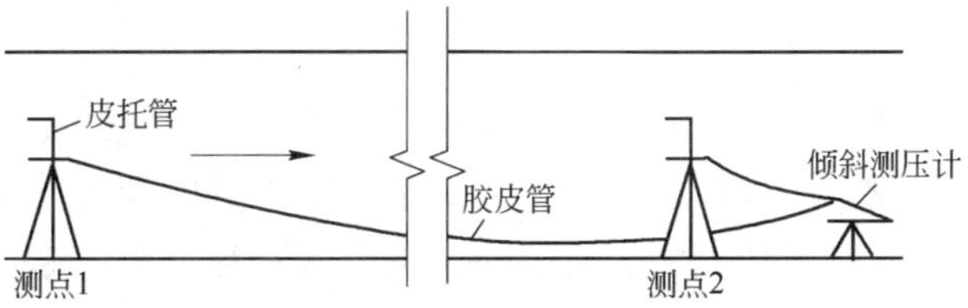

图6-47　精密压差计和皮托管测压差

测定时的注意事项：胶皮管接头处连接要牢靠、严密，不可漏气；严防水和其他杂物进入胶皮管内；防止车辆和行人挤压或损坏胶皮管；当压差计液面上下波动厉害而使读数发生困难时，可在胶皮管内放上一个棉花球，以减小波动便于读数。

e　测定资料的计算和整理

相邻两个测点间的通风阻力按下式计算：

$$h_{1\sim2} = Kh_r + \frac{v_1^2}{2g}\rho_1 - \frac{v_2^2}{2g}\rho_2$$

式中　h_r——测定1与2两点时，压差计的读数值，Pa；

K——压差计校正系数；

$\frac{v_1^2}{2g}\rho_1$——测点1所在的巷道断面上的平均动压，Pa；

$\frac{v_2^2}{2g}\rho_2$——测点2所在的巷道断面上的平均动压，Pa。

然后将测定路线上各段风路的通风阻力 $h_{1\sim2}$、$h_{2\sim3}$、$h_{3\sim4}$…加起来，便可求得全矿的通风阻力值。为了便于比较，可根据全矿通风阻力值与全矿风量值计算出矿井总风阻或矿井等积孔。

根据测定记录与计算的结果，可在方格纸上以井巷的累计长度为横坐标，以通风阻力为纵坐标，将通风阻力的变化情况绘制成一条曲线，如图6-48所示，这样可以更加醒目地表明矿内通风阻力的变化情况。

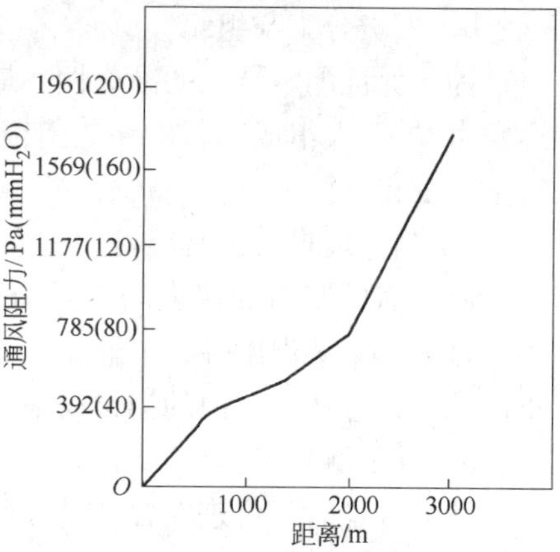

图6-48　通风阻力的变化

这种测定方法的优点是测定结果的精确度较高，可以用来测定小区域的通风阻力，同时测定资料的整理和计算也比较简单。所以在我国金属矿山和煤矿中应用都比较普遍。此测定法的缺点是测定工作比较麻烦和复杂，特别是收放胶皮管的工作量很大，所需的测定时间较长，所需的测定人员也较多。因此，在矿井正常作业的条件下，尤其是在运输频繁的井巷中测定很困难，通常都是利用矿山公休或假日停产条件下进行测定。

6.2.4.3　*矿井通风的管理*

A　*矿井漏风的管理*

最有害的漏风是新风及废风之间的漏风、工作面之间的漏风、抽出式通风矿井地表向出风部分的漏风、压入式通风矿井进风部分向地表的漏风。前两种属于内部漏风，后两种属于外部漏风。

矿井漏风必须具备两个条件，即漏风的通路和漏风地点两侧的压差，不论去掉其中哪一个条件都可以杜绝漏风，所以应从这两方面采取措施来减少和防止漏风。

外部漏风的通路主要有通地表的岩石裂隙、采空区、各主要运输平窿的风门以及主要扇风机装置本身的漏风。这部分漏风极为严重，一些矿井由于通风设计不合理或管理不善致使这种漏风达到70%～80%。

克服有害漏风可以考虑如下几方面：

（1）阻塞漏风通道，提高各种通风构筑物的严密性。主要通风道在漏风严重时，必须采取阻漏措施。如云南锡业公司马拉格矿外部漏风非常严重，对一条475m长的专用进风道认真喷混凝土浆后，主扇风量为$88m^3/s$，漏风只有$0.76m^3/s$。

（2）根据围岩漏风情况的不同，采用不同的供风方式。针对围岩的漏风情况，进风部分漏风严重时，可使用抽出式供风，出风部分漏风严重时使用压入式供风，用风部分漏风严重时使用混合式供风。

（3）坚持合理开采顺序。外部漏风一般容易发现，也便于采取相应措施。内部漏风除了集中漏风如各种通风构筑物漏风容易发现外，其他如采空区的充填料、废坑道等分散漏风很不容易发现，而且总漏风量较大。对于这种情况，除加强通风构筑物的严密性外，更为重要的是坚持合理的采掘顺序，认真封闭废旧井巷及采空区，这是降低内部漏风的有效措施。

（4）减小矿井压差，采用分区通风。例如江西西华山钨矿原设计只用一台压入式主扇通风，漏风极为严重。根据具体情况改为八个分区后，有效风量率大有提高。

（5）合理选择主扇位置。主扇尽量靠近用风部分，能减少漏风。如湖南锡矿山将主扇迁入井下，使中部通风系统的有效风量率从30%提高到88.5%。

(6) 可利用空气幕或导风板防止井口漏风。

B 矿井风流方向的管理

某些风流反转，可减少工作面风量或造成废风串联，破坏合理的通风系统，这是通风管理工作中经常遇到的问题，反转风流一般出现在对角巷道里，原因是其他巷道风阻变化，改变了对角巷道两端的空气压力。所以为了保证对角巷道的风流方向，可以改变有关巷道的风阻，或在对角巷道中安装辅扇。当通风网路较复杂时，应从进出风的布置形式来保证风流的稳定性。

循环风流的出现，不仅导致废风串联，而且废风不能排出矿外。循环风流的出现往往是使用辅扇不当、能力过大而迫使与它平行的风流反转造成循环。辅扇造成的反转风流必然循环；由于风阻改变而形成的对角巷道的反转风流不会循环，循环风流中必有反转风流；反转风流不一定循环。循环风流一定是在风流的闭合回路中出现了新的通风动力，由于这一动力作用，原有的风量分配破坏了，造成新的压差代数和为零而出现的。因此除串联外的通风网路，都为循环风流创造了条件，再加上某种通风动力的作用就出现了循环风流。在矿井里采用辅扇时一定要注意循环风流的出现，这可以用调节辅扇风量或改变辅扇位置来克服循环风流。

C 矿井风流的预热和冷却

有些地区的矿井通风中，有时会遇到需要预热及冷却两种情况。

a 空气预热

我国北方广大地区冬季气温较低，在进风井巷中，若有淋水或潮湿，就会产生冰冻现象，将给运输、提升机械设备正常运转带来困难，对安全生产造成威胁，使气候条件恶化，影响工人身体健康。因此，矿山安全规程规定：进风井筒冬季结冰，对提升及其他装置有危险时，须设暖风装置，将空气加热到2℃以上。

暖风装置安在进风井筒旁边，用专门风道与井筒联通，使一部分冷空气经暖风装置后，温度提高到70~80℃（不能超过100℃，以免灼伤升降人员），与进风混合后使其温度提高到2℃以上。

我国东北地区不少矿井用废旧巷道及采空区进风，利用地热预热进风温度获得良好的效果。必要时还可开凿专用预热进风巷道，进风井深度越大，预热效果越好。

b 空气预冷

我国南方夏季进风温度高达36~38℃，直接引起井下高温现象。如矿井深度很大，岩石温度很高，也会引起井下高温。故必须冷却进风温度，用循环冷水在进风井巷或井底喷成水雾，由于水分蒸发吸收热量，可使空气温度下降。

为了降低进风温度，亦可利用进风井附近的废旧巷道或在进风井筒附近开凿几条通至恒温带的专用小井，并用平巷与井筒联通，形成并联进风，可即使空气沿小井冷却后再进入井下，又有利于降低通风阻力。

影响井下空气温度升高的热源主要来自老硐、崩落带及采空区发热矿石和坑木氧化散热，其次是新暴露的矿石表面的氧化散热；地表气温也有所影响。因此，降低作业面温度，改善作业条件，可采取下列措施：

(1) 消除老硐和崩落带的热源。消除热源目前较为有效的方法是对老硐和崩落带实行灌浆抑制氧化。如湘潭锰矿、铜骨山铜矿及向山硫铁矿均采用过此种方法。但有的地点不可能全部灌到，应配合密闭隔离及其他综合方法。

（2）及时消除热量的积聚。良好的通风是及时排出工作面热量，改善作业点气候条件的有效措施之一。

（3）利用低温脉外巷道吸热。脉外进风井巷有着明显的调热作用，它夏季吸热，冬季放热，可以适当利用。

（4）局部降低温度。冷水喷雾、压气风管加隔热材料、电扇空气淋浴等，都是改善高温作业面劳动条件的有效措施。

6.2.5 矿井通风设施的管理

6.2.5.1 矿井主要扇风机工况的测定

A 矿井主扇工况测定的目的与任务

矿井生产条件的变化（例如因工作面的推移使巷道长度增加或缩短、矿井开采深度的增加等），必然引起矿井总风阻的变化。矿井总风阻的变化又将引起矿井主扇工况的改变，从而导致主扇风量和矿井总风量的改变。为了合理地运用主扇，使主扇造成的矿井总风量能适应生产条件的变化而经常地满足实际生产的需要；为了保证主扇实际运转在经济上的合理性，以减少主扇电机的电能消耗，必须定期进行主扇工况的测定。

主扇工况测定的主要任务是：

（1）测定主扇的风量和风压，分析主扇风量是否满足矿山生产的实际需要；计算矿井通风阻力与矿井总风阻或矿井等积孔。

（2）测定拖动主扇的电机的输入功率，计算主扇的运转效率，分析主扇的运转参数与矿井通风网路的匹配是否适当，确定是否需要进行主扇的工况调节。

B 主扇风量和风压的测定

a 主扇风量的测定

主扇的风量通常是在风硐内预先选定的适当断面上进行测定。由于通过风硐的风量和风速较大，一般使用高速风表测定断面上的平均风速；有时也将该断面分成若干等份，用皮托管、压差计、胶皮管测定每个等份中心的动压，然后将动压换算成相应的速度后，再计算出若干个速度的算术平均值作为断面的平均风速。断面平均风速与风硐断面面积的乘积等于通过风硐的风量，也就是主扇的风量（m^3/s）。

b 主扇风压的测定

主扇风压的测定，通常也是在风硐内测定风速的断面上进行。先在该断面上设置静压管或皮托管，再用胶皮管将静压管或皮托管的静压端与安设在主扇房内的压差计连接起来，当胶皮管无堵塞、无漏气时，即可在压差计上读数，此读数就是风硐内该断面上的相对静压。在抽出式通风条件下，将设置静压管或皮托管的断面视为扇风机的入风口，而在压入式通风条件下，将风硐内设置静压管或皮托管的断面视为扇风机的出风口。当测得了风硐内该断面上的相对静压、动压以及主扇风量之后，即可根据主扇全压等于主扇出风口全压与入风口全压之差的关系将主扇全压计算出来。无论抽出式还是压入式通风，主扇的全压中除了主扇扩散器出口的动压（抽出式）或矿井出风口的动压（压入式）消耗之外，其余的全部可以用来克服矿井通风阻力。因此，可以计算出矿井通风阻力。求得了矿井通风阻力和矿井风量之后，可算得矿井等积孔或矿井总风阻。

C 主扇电动机功率的测定

为了计算主扇效率，应将拖动主扇的电动机的输入功率测定出来。三相交流电机的功率通常采用两瓦特表法或电流表、电压表及功率因数表法进行测定，并按下式计算：

$$N = \sqrt{3}UI\cos\varphi$$

式中 U——线电压，kV；

I——线电流，A；

$\cos\varphi$——电动机功率因数；

N——电动机输入功率，kW。

D 主扇效率的计算

将有关的数据测定、计算出来后，按下式计算主扇效率：

$$\eta = \frac{QH}{102N\eta_e\eta_d}100\%$$

式中 η——主扇效率；

Q——主扇风量，m^3/s；

H——主扇风压（若以主扇全压代入则得主扇全压效率，若以主扇静压代入则得主扇静压效率），Pa；

N——拖动主扇的电动机的输入功率，kW；

η_e——拖动主扇的电动机的效率；

η_d——拖动主扇的电动机与主扇间的传动效率。

6.2.5.2 井下通风设施的管理

良好的通风系统，可使新鲜空气按规定路线送到工作面，这在很大程度上要用通风构筑物来保证。

A 风桥

当新鲜空气与废空气都需要通过某一点（如巷道交叉处）而风流又不能相混时，需设置风桥。风桥可用砖石修建，也可用混凝土修建。在一些次要的风流中，可用铁风筒架设风桥，如图6-49所示。对风桥的要求是风阻小、漏风少、具有足够的坚固性。

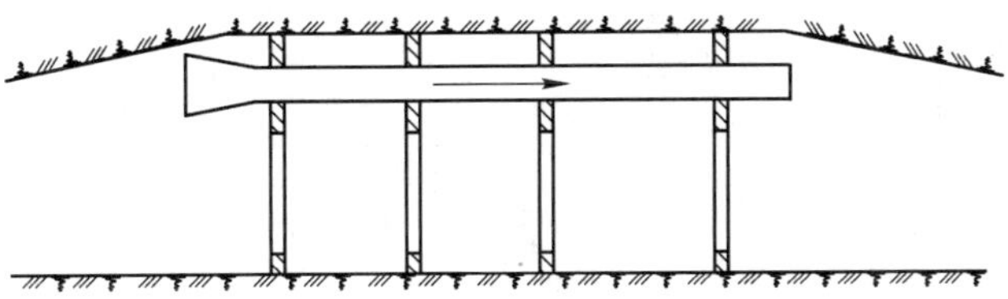

图6-49 铁风筒风桥

B 风墙

不通过风流的废巷道及采空区，需设置风墙。风墙又称密闭。根据使用年限不同，风墙分为永久风墙与临时风墙两种。

在建造永久风墙时可根据材料来源选用砖或石料建成，也可用混凝土建造。风墙应尽量建在岩石稳固及漏风少的地点。若在巷道周边刻槽使风墙镶入围岩中，并在风墙表面及四周抹水泥砂浆，能有效地提高风墙的严密性。

临时风墙可用木板建造，也可用帆布作成风帘临时遮断风流。

C 风门

某些巷道既不让风流通过，又要保证人员及车辆通行，就得设置风门。在主要巷道中，运输频繁时应构筑自动风门。目前广泛使用的风门是光电控制的自动风门。为了使风门开启时不破坏通风系统；必须设置两道风门，人员或矿车通过风门时应使一道风门关闭后，另一道风门才开启。因此，两道风门之间要间隔一定的距离。次要巷道中可修筑简易风门，有手动式及碰撞式，图 6-50 为了保证风门能自动关闭，风门应沿风流方向略微倾斜。

D 空气幕

利用特制的供风器（包括扇风机），由巷道的一侧或两侧，以很高的风速和一定的方向喷出空气，形成门板式的气流来遮断或减弱巷道中通过的风流，称为空气幕。它可克服使用调节风窗或辅扇时存在的某些不可避免的缺点，特别是在运输巷道中采用空气幕时，既不妨碍运输，工作又可靠。

空气幕布置方式如图 6-51 所示，若改变空气幕的喷射方向及出风量，可以调节巷道中的风量。

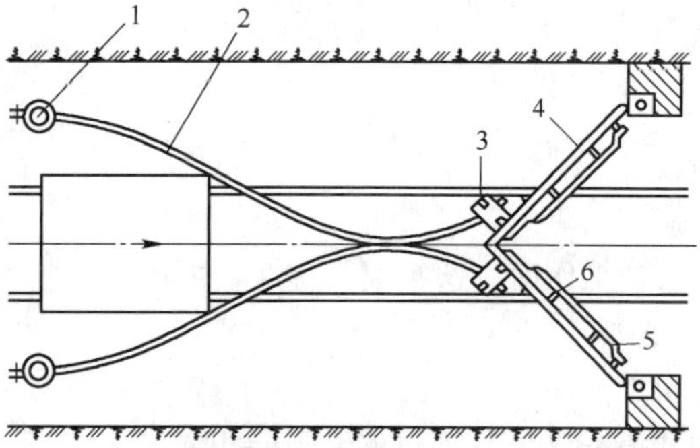

图 6-50 碰撞式自动风门

1—杠杆回转轴；2—碰撞推门杠杆；3—门耳；4—门板；5—推门弓；6—缓冲弹簧

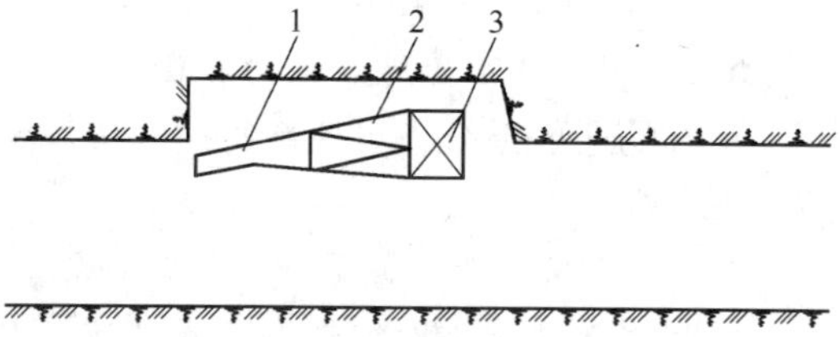

图 6-51 空气幕的布置

1—供风器；2—整流器；3—风机

7 井下排水供水技术

7.1 井下排水技术

7.1.1 水仓水泵房

7.1.1.1 地下水泵房及水仓的设置

用竖井、斜井或斜坡道开拓地平面以下的矿床，均需在地下设置水泵房及水仓；使矿坑水能从井底车场汇流至水仓，澄清后由水泵房的水泵排出至地表。

水泵房及水仓的设置由矿井总的排水系统来决定，并与矿井的开拓系统有着密切的关系。一般矿井的排水系统分直接式、分段式及主水泵站式。

直接式是指各个阶段单独排水，此时需要在每个阶段开掘水泵房及水仓，其排水设备分散，排水管道复杂，从技术和经济上是不合理的，应用也较少。

分段式是指串接排水，各个阶段也都设置水泵房，由下一阶段排至上一阶段，再由上一阶段连同本阶段的矿坑水，排至更上一阶段，最后集中排出地表。这种方式的水头是没有损失，但管理非常复杂。

多阶段开拓的矿山，普遍采用主水泵站式，即选择涌水量较大的阶段作为主排水阶段，设置主水泵房及水仓，让上部未设水泵房阶段的水下放至主排水阶段，并由此汇总后一齐排出地表、这种方式虽然损失一部分水头能量，但可简化排水设施，且便于集中管理。

7.1.1.2 主排水阶段水泵房及水仓的布置形式

图 7-1 为主排水阶段水泵房及水仓的布置形式，时常设在井底车场内副井的一侧，以其水沟坡度最低处将涌水汇流至内、外水仓。内、外水仓作用相同，供轮流清泥使用。水仓的容积应按不小于 8h 正常涌水量计算。水仓断面积需根据围岩的稳固程度、矿井水量大小、水仓的布置情况和清理设备的外形尺寸等作综合考虑确定，一般为 5 ~ 10m^2，断面高度不小于 2m。水仓入口处应设置水箅子。但采用水砂充填采矿法或矿岩含泥量大的崩落法矿山，水仓入口通道内应设立沉淀池。沉淀池的规格一般为长 3m、宽 3m、深 1m。水仓顶板的标高应比水泵硐室地坪标高低 1 ~ 2m。经水仓澄清的净水，导流至吸水井供水泵排送至上一主水泵站或地表。水泵房内必须设置两套排水管道，由管子道、井管子间接出地面。有关水泵房及水仓的详细设计规定，可参阅有关的设计参考资料。

7.1.2 排水变电硐室设计

排水变电系统主要有水仓、吸水井、水泵房变电所、排水斜巷硐室门等工程组成。水仓、水泵房平面布置示意图，如图 7-2 所示。

7.1.2.1 水仓

（1）常用水仓的类型。水仓多为巷道型，有两条组成。一条正常工作，一条备用清泥，

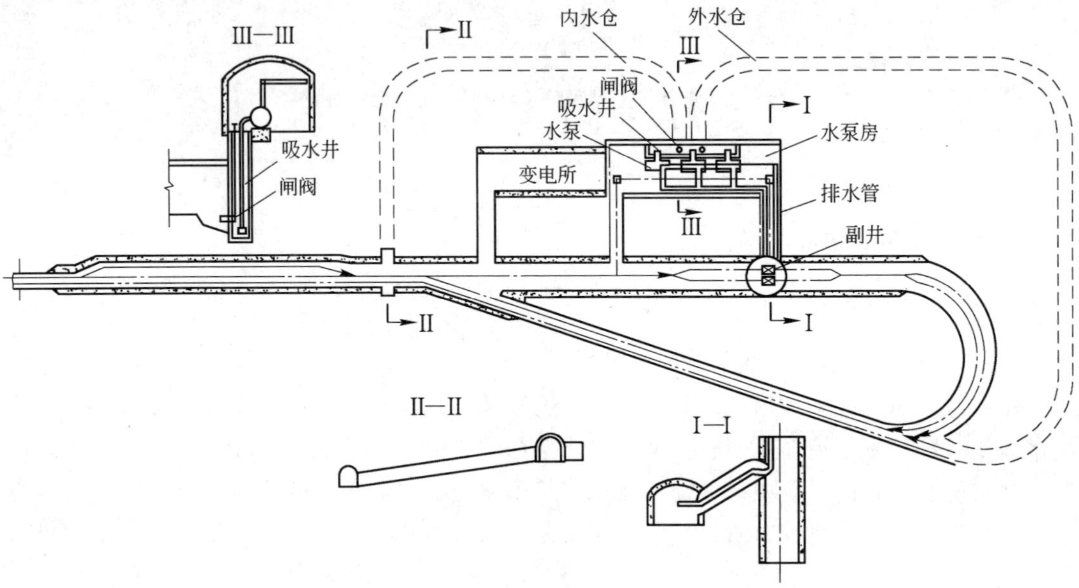

图 7-1 主排水站阶段排水系统

每条均单独与吸水井相通。水仓由沉淀段和储水段组成。沉淀段也称沉淀池，是专门用来沉淀泥沙的，内设有排泥装置，储水段与配水井相通完成储存和向配水井输送的任务。

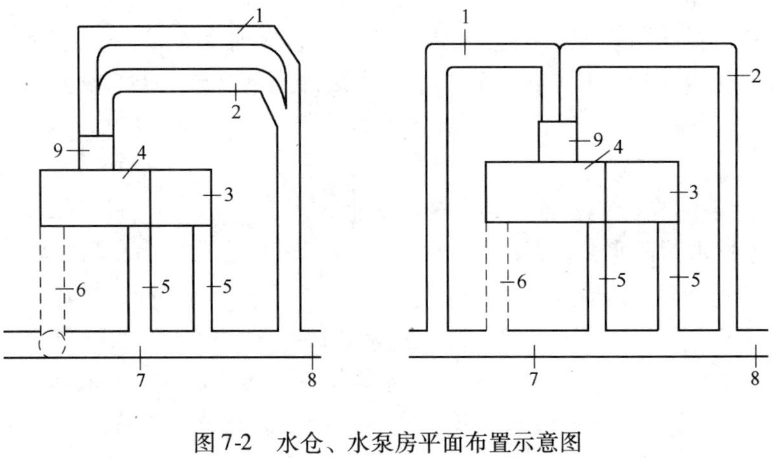

图 7-2 水仓、水泵房平面布置示意图

1—水仓；2—备用水仓；3—变电所；4—水泵房；5—通道；
6—斜巷；7—井底车场；8—石门；9—配水井

（2）水仓设计的一般规定：

1）水仓应有两个独立的巷道系统组成。

2）水仓的容积在涌水量小于 $1000m^3/h$ 时，按 8h 正常涌水量计算，当涌水量大于 $1000m^3/h$ 时，按 4 ~ 6h 正常涌水量计算。

3）水仓的沉淀段应有 8° ~ 12°下坡，其他应有 3‰左右反坡。

4）两条水仓相距大于 8m，平面曲线半径 8 ~ 10m。

5）水仓顶板应比水仓入口低，水泵房地面应高于水仓顶板 1m。

6）水仓的流速为5～7mm/s。

（3）水仓的设计：

1）水仓断面：

$$S = \frac{Q}{v}$$

式中　S——水仓断面面积；

Q——单位时间涌水量；

v——水仓水流允许速度。

得出的断面面积应按施工要求调整只能扩大不能缩小。

2）水仓长度：

$$L = \frac{QTK}{S_{调}}$$

式中　T——要求存放时间4～8h；

K——水仓利用系数，$K = 1.1 \sim 1.2$；

$S_{调}$——调整后的水仓断面面积；

L——水仓总长度。

（4）其他说明。水仓的沉淀方式有平流式沉淀和竖流式沉淀。水仓的清泥方式有人工清泥、电耙清泥、产运机清泥、压气罐排泥、射流泵清泥、潜流泵清泥、链板式刮泥机清泥。沉淀池和清泥等内容参看其他设计参考资料。

7.1.2.2　水泵房

（1）常用水泵房的形式（见图7-3）。常用水泵房有普通式和潜没式两种。多数应用普通式。水从水仓进入配水井，通过配水巷进入吸水小井，水泵从吸水小井吸水，通过排水斜巷进入排水井，排往地表或上阶段。

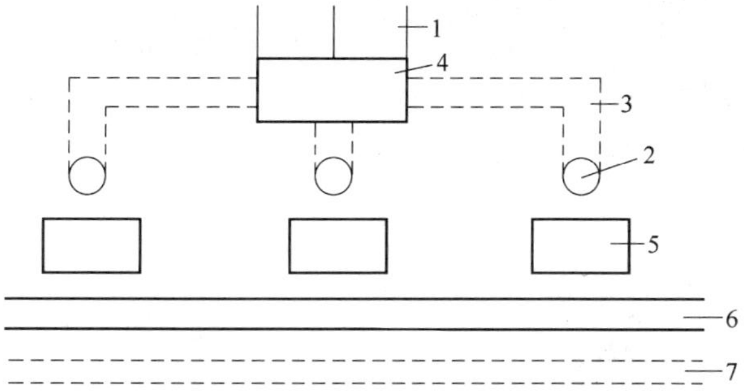

图7-3　水泵房平面布置示意图

1—水仓；2—吸水小井；3—配水巷；4—配水井；
5—水泵；6—管线暗沟；7—轨道

（2）水泵房硐室设计的一般规定：

1）水泵房应靠近排水井，并与中央变电所毗邻。

2）水泵房水泵应由三组组成，其中任意一组能在20h内排出24h正常涌水。

3）水泵房与中央变电所应有三个出口，两个通井底车场，一个由斜巷道排水井。

4）水泵房内应设有起重设备和轨道。

5）每台水泵应有独立的吸水小井，排水管应有两条（一条备用检修）。

6）对涌水量较大、水文地质复杂的矿山中，泵房应留有余地。

7）水泵房地面应高于井底车场0.5m。

（3）水泵房硐室的设计：

1）硐室宽度： $B = b_1 + b_2 + b_3$ m

式中 b_1——水泵基础宽，m；

b_2——基础到轨道侧墙的距离，$b_2 = 2.0 \sim 2.5$m；

b_3——基础到吹水井侧墙的距离，$b_3 = 0.8 \sim 1.2$m。

2）硐室长度： $L = nl + A(n+1)$ m

式中 n——水泵总台数；

l——机组长度，m；

A——设备间距，$A = 1.5 \sim 2.0$m。

3）硐室高度。硐室高度根据水泵及排水管的高度、起吊水泵要求高度确定，一般为3～5m。

4）配水井。一般为2.7×3×5的矩形，吸水井为ϕ1.2×5的圆形，配水巷的宽度应为1.5m。

5）管子斜巷的宽应为2～3m，高为2m，倾角为25°～30°。

（4）其他说明。水泵房应有一定的流水坡，应设有排水沟，关于泵的排水能力、扬程型号选择基础尺寸确定等内容。

7.1.2.3 中央变电硐室

（1）中央变电硐室设计的一般规定：

1）中央变电硐室与水泵房毗邻，变电硐室应有两个出口，一个通井底车场，另一个通水泵房，中间设防火门。

2）中央变电硐室的支护应注意防火门，应向外开硐室支护应不漏水。

3）变电硐室通风要良好，室温应小于30°。

4）中央变电硐室地面应高于水泵房0.5m，高出井底车场1.0m。

（2）中央变电硐室的设计：

1）宽度： $B = b_1 + b_2 + b_3$

式中 B——变电硐室的宽度，m；

b_1——变电设备的最宽处的宽度；

b_2——设备到墙根的距离，$b_2 = 0.5 \sim 0.8$m；

b_3——设备到人行通道侧墙根的距离，$b_3 = 1.5 \sim 2.0$m。

2）长度： $L = L_1 + L_2(n+1)$

式中 L——变电硐室的长度；

L_1——各种设备在长度方向上的长度；

L_2——各种设备的间隙，$L_2 = 0.5 \sim 0.8$m。

3）中央变电硐室的高应在设备的基础上留1.2～1.5m的间隙，其高度应大于5m。

7.1.3 水泵的选择

（1）排水方式选择：

1）矿井深度不超过200m时，宜采用一段排水，否则应采用分段排水。

2）一般水泵应有同类型三台组成，一台工作，一台检修，另一台备用，其中一台能20h内排出24h正常涌水，两台能在20h排出24h最大涌水。

3）中小型矿山涌水量较小时，可安放两台同类型的水泵，其中一台能在20h排出24h涌水。

4）排水管线必须有两套，一套工作，另一套检修（排水管在斜井时可以一条排水管线）。

5）水泵的总台数不宜太多，一般2～6台。

（2）选择水泵的型号和台数：

1）确定水泵的排水能力：

$$Q' = \frac{Q_{zh}}{20}$$

式中　Q'——正常情况下需要的排水能力，m^3/h；

Q_{zh}——矿井正常时需排出的水量，m^3/h。

2）确定水泵需要的扬程：

$$H' = KH_p$$

式中　H'——水泵需要的扬程；

H_p——排水高度，水仓底板到出水口的垂直距离；

K——扬程损失系数：

竖井 $K=1.08\sim1.1$ 随深度增加而减少；

斜井 $K=1.1\sim1.26$ 随倾斜增大而减小。

3）根据排水能力和扬程选择水泵。参考水泵性能表和水泵性能曲线图选择。

4）确定水泵总台数，根据涌水量和选择水泵排水能力得出需要的水泵数，再根据选择原则确定水泵总台数。

（3）排水管径的选择确定：

$$D'_p = \sqrt{\frac{4nQ}{3600\pi v_{ji}}}$$

式中　D'_p——排水管直径，m；

n——输送水的水泵台数；

Q——一台水泵的流量，m^3/h；

v_{ji}——水管水流的经济流速，1.2～2.2m/s。

$$d'_c = d_{ch} + (25 \sim 50)$$

式中　d'_c——吸水管直径，mm；

d_{ch}——水泵出口直径，mm。

根据计算确定实用的标准管直径。

（4）电动机功率的确定：

$$N_a = \frac{HQ\rho gK}{\eta_c \eta_d}$$

式中　N_a——电动机的功率，kW；

H——一台单独工作时的扬程；

Q——一台单独工作时的流量；

η_c——一台单独工作时的效率；

ρ——矿井水的密度，$\rho = 10020\text{kg/m}^3$；

g——重力加速度，$g = 9.18\text{m/s}^2$；

η_d——传动效率：

直联时 $\eta_d = 1$；

联轴节时 $\eta_d = 0.95 \sim 0.98$；

K——富裕系数：

当 $Q < 20\text{m}^3/\text{h}$ 时，　　$K = 1.5$；

当 $Q = 25 \sim 80\text{m}^3/\text{h}$ 时，　　$K = 1.2 \sim 1.3$；

当 $Q = 80 \sim 300\text{m}^3/\text{h}$ 时，　　$K = 1.15 \sim 1.2$；

当 $Q > 300\text{m}^3/\text{h}$ 时，　　$K = 1.1$。

根据电动机的转数和功率选择应用的电动机。

7.2 供水

7.2.1 供水的一般要求

供水的一般要求如下：

（1）大肠杆菌不超过 500 个/L。

（2）pH 值应在 6.5 ~ 8.5 之间。

（3）固体悬浮物不大于 150mg/L。

（4）地面供水池应保有 100m^3 防火用水。

（5）各地点水压应满足相应的用水设备对水压的要求。

（6）一般均采用地表水池自流集中供水。

7.2.2 井下供水的用处

（1）防尘用水。如凿岩用水、洒水润湿、冲洗巷道、洒水降尘、冲洗矿车等。

（2）灭火用水。在各巷道内每隔 50 ~ 100m 安设接头。

7.2.3 供水管径的选择

供水管径的选择：

$$d = 4 \sim 5\sqrt{\frac{Q}{v}}$$

式中　d——供水管直径；

Q——水管流量；

v——水管流速：

竖井中立管 $v = 1.0 \sim 2.0\text{m/s}$；

其他 $v = 0.5 \sim 1.2\text{m/s}$。

管径最小应为 100mm，计算得到的管径要选用标准的钢管。

7.2.4 调压措施

当自流供水不符合井下用水设备，对水压的要求时，要调整水压，以满足用水设备的要求。

（1）减压方法。可以使用减压阀减压、减压水箱减压和孔板减压。

（2）增压方法。可以采用气压水箱加压和水泵加压。

8 露天开采技术

8.1 穿孔爆破技术

8.1.1 露天凿岩设备

8.1.1.1 露天潜孔钻机

潜孔钻机是我国金属露天矿的重要钻孔设备，潜孔钻除钻凿露天矿的主爆破孔外，还用于预裂孔、锚杆孔、地下水疏干孔及边坡处理孔的钻凿。

露天潜孔钻机按吨位和钻孔直径不同，分为三种：

（1）轻型潜孔钻机。机体质量小于10t，钻孔直径80~100mm，由管路供给压气，电动履带自行。

（2）中型潜孔钻机。机体质量10~15t，钻孔直径150mm，由管路供给压气，电动履带自行。

（3）重型潜孔钻机。机体质量大于20t，钻孔直径200~250mm，自带空气压缩机，电动履带自行。

A KQ-150型潜孔钻机

KQ-150型潜孔钻机的外貌如图8-1所示。履带行走装置上是型钢焊接的机架，机架右侧为司机室，内装钻机的操纵装置；机架左侧是除尘器，被压气从孔内吹出的岩粉，经防尘罩吸入除尘器，除尘后的废气从排气管排出。钻架由两根槽钢和连接钢件焊接制成，铰接在机架前端，可用主轴带动钻架起落机构使之俯仰，定位后将销子插入撑杆的内外套管内，使之固定。回转机构用滑板装在钻架上，可以操纵推压提升机构使之沿钻架上下移动。主钻杆的上下端分别扭接在回转机构和冲击器上，冲击器在回转机构带动下旋转，并由推压提升机构给予轴推力，为了增加钻进时的稳定性，在钻架下端装有托钎器和千斤顶。在主钻杆旁边的下送杆器和上送杆器上装有副钻杆，主钻杆钻完后，可用送杆器将它送至主钻杆上面，扭接在回转机构和主钻杆上，两根钻杆连接后的钻孔深度可达17.5m。机架后端的上部装有推压提升机构的电动绞车，下部装有主电动机。主电动机通过皮带驱动主轴，主轴可通过齿轮和链传动使履带行走，还可以通过齿轮传动使钻架起落机构运转。

图8-1 KQ-150型潜孔钻机外貌图

a 回转供风机构

回转供风机构由电动机、减速箱、供风装置和钻杆接头组成。电动机经减速箱内的斜齿轮减速后带动空心轴旋转，空心轴经钻杆接头驱动钻杆转动。供风套套装在空心轴外侧，其上的环形槽与空心轴上的径向孔相连，用液压凿岩机旁侧供水相似的方法，将固定风管供给的压气，输入转动的空心轴，经钻杆中心孔供给冲击器。

b　推压提升机构

推压提升机构由电动绞车、气缸组、滑轮组和传动钢绳组成，如图 8-2 所示。电动绞车 1 装在机架后端，气缸 3 和 5 装在钻架下部，两个气缸的活塞杆连接在托架 4 上，传动钢绳绕过电动绞车和滑轮组，两端绳头分别连接在滑板 8 的上下端。

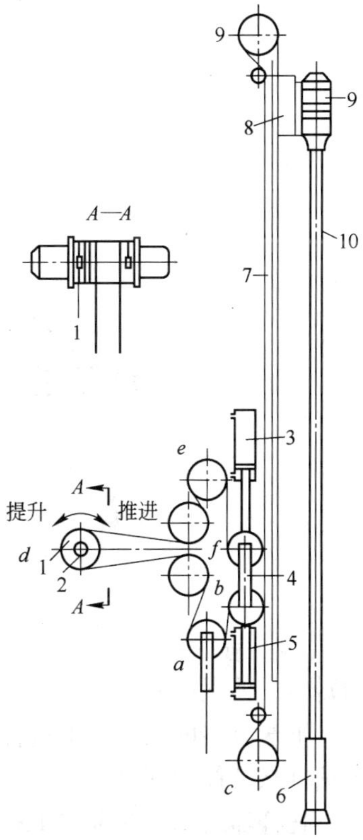

图 8-2　推压提升机构工作原理图

1—电动绞车；2—制动轮；3，5—气缸；4—托架；6—冲击器；7—钻架；8—滑板；9—回转机构；10—钻杆

加压钻进时，向气缸 3 和 5 的下腔输入压气，使托架 4 上升。托架从起点上升，触动起点开关；电动绞车断电，绞车轴上的制动轮 2 被闸瓦制动，此时 *ade* 范围内的钢绳不动，钢绳的 *abc* 段被拉紧，*efg* 段被放松，滑板 8 在钢绳牵引下，带动回转机构，推动钻杆 10 和冲击器 6 向下移动。当托架上升到终点，触动终点开关，闸瓦松开，电动绞车启动，卷筒顺时针旋转，钢绳的 *dbac* 段被拉紧，*defg* 段被放松，冲击器继续向下移动，但因钻进速度远小于电动绞车的牵引速度，钢绳将托架压下，此时气缸下腔中的压气被挤压，经操纵阀反馈到气路中或从操纵阀的安全阀逸出。当托架被压回到行程起点时，触动起点开关，电动绞车断电，绞车轴上的制动轮被闸瓦制动，压气又使托架上升，冲击器继续向下移动。如此反复循环，使冲击器在推压下不断向下钻进。

若轴推力过大，可减少气缸的供气量，直至停止供气，让冲击器利用钻具和回转机构的自重钻进。必要时甚至可以向气缸上腔反向输入压气，使之减压。

当钻进结束后，使气缸上下腔与大气连通，反向启动电动绞车，卷筒逆时针旋转，此时钢绳的 *defg* 段被拉紧，*dbac* 段被放松，钻具在钢绳牵引下快速提升。

c　接卸钻杆机构

接卸钻杆机构由上送杆器，下送杆器和托杆器组成。

上送杆器的结构如图 8-3 所示，支臂架 7 用螺栓 8 固定在钻架上部，气缸 9 装在支臂架内，转臂 2 分别用轴 3 和小轴 5 与支臂架 7 及活塞杆 6 铰接，在转臂端部有逆止爪 1。当转臂转到接杆位置时，逆止爪打开，让副钻杆接在主钻杆上；当转臂退出接杆位置时，逆止爪关闭，夹紧副钻杆，使之悬挂在钻架上。

当向气缸 9 的右腔输入压气时，活塞杆 6 伸出，转臂 2 转到图上的接杆位置。反向输入压气时，活塞杆缩回，转臂绕轴 3 逆时针旋转，逆止爪夹紧副钻杆退出接杆位置。此时，小轴 5 在转臂槽中滑动。

在上送杆器上装有调节螺钉 4，当上、下送杆器不同心时，可扭动螺钉 4，改变转臂 2

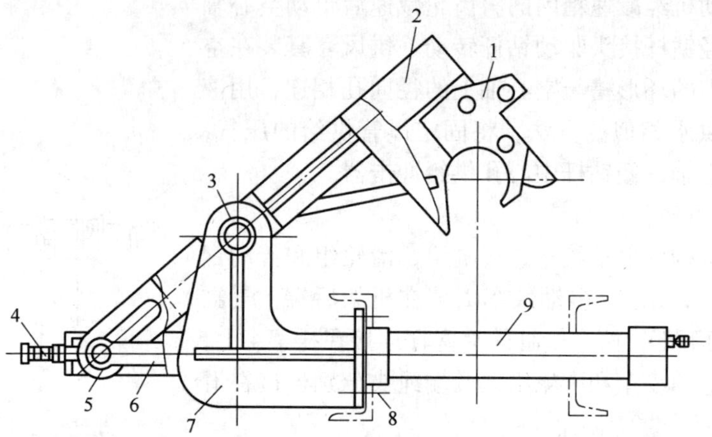

图 8-3 上送杆器结构图

1—逆止爪；2—转臂；3—轴；4—调节螺钉；5—小轴；
6—活塞杆；7—支臂架；8—螺栓；9—气缸

的转角，使之同心。

下送杆器的结构与上送杆器相似，不同之处是转臂端部没有逆止爪而装有一个套筒，副钻杆从套筒中穿过。

托杆器的结构与 KQJ-100 型钻机的托杆器相似，接卸钻杆时可用托杆器夹住主钻杆，使副钻杆在回转机构带动下，与主钻杆接入或卸出。

d 行走机构和钻架起落机构

行走机构和钻架起落机构如图 8-4 所示。这两个机构共用一台电动机和一根主轴，主轴 3 由电动机 1 通过传动皮带 2 驱动。齿轮 9 和 14 空套在主轴 3 上，其是否运转用摩擦离合器 8 和 15 控制。齿轮 4 可在主轴 3 上移动，平时齿轮 4 与齿轮 5 脱离，只有钻架起落时，才让齿轮 4 和 5 啮合。若同时抱紧摩擦离合器 8 和 15，主轴 3 带动齿轮 9 和 10 旋转，通过传动链 11 和 12 带动履带驱动轮 13 转动，驱动右履带运转；同时主轴 3 带动齿轮 14 旋转，通过相同的机构（图中未画出）驱动右履带运转，使钻机前进。若只抱紧一侧的摩擦离合器，因只有一侧履带运转，则钻机向另一侧转弯。若反转电动机，可使钻机后退或转弯。

钻架起落前，移动齿轮 4 使之与齿轮 5 啮合，同时松开摩擦离合器 8 和 15，主轴 3 通过齿轮 4、5 和蜗杆蜗轮 6 带动卷筒 7 转动，卷筒缠绕钢绳，拖动钻架，使钻架立起。若反转电动机，则卷筒放松钢绳，使钻架下落，直至平放在机架上。钻架立起时，因蜗杆蜗轮能反向制动，可防止钻架倾倒，再将销子插入撑杆的内外套管孔中，即可使钻架固定。

e 气动系统

从外管路输来的压气，经 ZH5. 5 型注油器和操纵阀组，分别输送到冲击器、推压气缸和送杆器气缸。

冲击器操纵阀的手柄有“开”，“关”两个位置，控制冲击器的启动和停止。由“关”向“开”转动手柄，供气量逐渐加大。

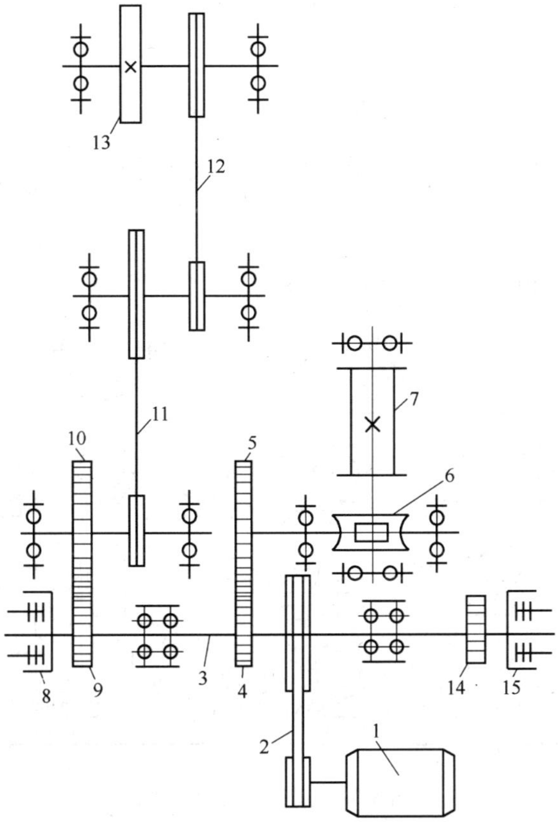

图 8-4 行走机构和钻架起落机构工作原理图

1—电动机；2—皮带传动；3—主轴；4，5，9，10，14—齿轮；6—蜗杆蜗轮；
7—卷筒；8，15—摩擦离合器；11，12—链传动；13—履带驱动轮；

推压气缸操纵阀的手柄有五个位置。手柄放在0位，气缸停止工作，逆时针转动手柄是推进，顺时针转动手柄是后退。逆时针旋转手柄45°为全压推进位置，旋转90°为调压推进位置；顺时针旋转手柄45°为全压后退位置，旋转90°为调压后退位置。

送杆器气缸操纵阀有两个手柄。接杆时应将小手柄扳到接杆位置，此时大手柄如在0位，整个机构不动；顺时针将大手柄扳到位置Ⅰ，上、下送杆器送入；顺时针扳到位置Ⅱ，逆止爪打开；顺时针扳到位置Ⅲ，上、下送杆器退出；顺时针扳回0位，机构不动作。卸杆时应将小手柄扳到卸杆位置，此时顺时针将大手柄扳到位置Ⅰ，上、下送杆器送入；顺时针扳到位置Ⅱ，逆止爪关闭夹住钻杆；顺时针扳到位置Ⅲ，上、下送杆器夹住钻杆退出；顺时针扳回0位，机构不动作。

f 电气系统

钻机的电气元件装在司机室内的控制盘上，全部操作开关均装在操纵台面上，如图8-5所示。

合上操纵台左侧面的总电源空气开关1ZD后，钻机即接入电源。

各电动机的操作方法如下：

(1) 行走电动机。按下按钮$1A_1$或$1A_2$，行走电动机正转或反转；按下按钮1AD，行

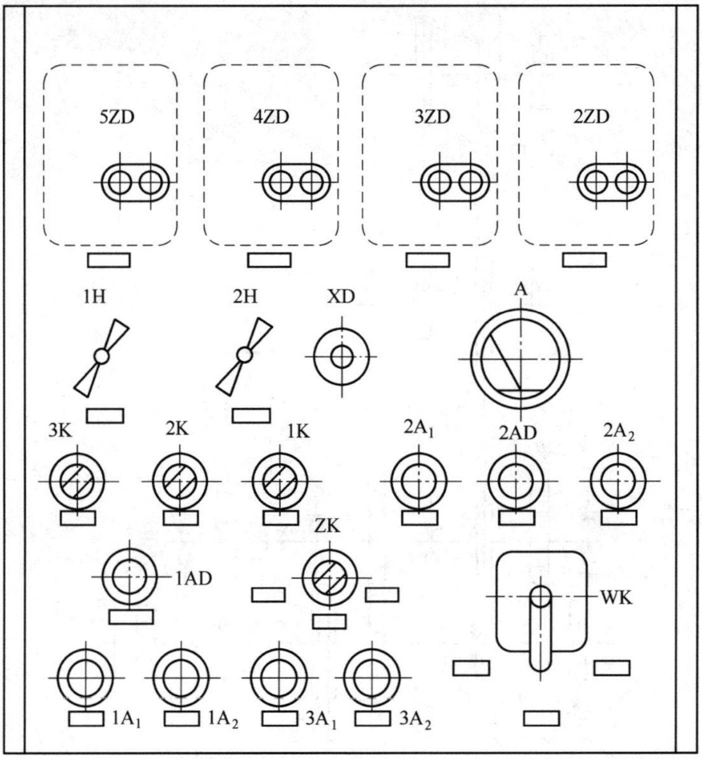

图 8-5 电气操纵台平面图

走电动机断电。

（2）回转电动机。先扳动转换开关 WK，使之放在高速、中速或低速位置，然后合上空气开关 2ZD，按下按钮 $2A_1$ 或 $2A_2$，回转电动机即正转或反转；按下按钮 2AD，回转电动机断电。在使用中，如需变换电动机转数，应先让电动机断电，再扳动转换开关 WK，不允许在运行中变速。在卸钻杆时，回转电动机的反转为“点动”。在操作时应防止按错按钮，以免将钻杆卸脱孔内。

（3）推压提升电动机。此电动机分手动和自动控制两种方法，可旋转主令开关 ZK 选择。两种控制方法都需先合上空气开关 3ZD。

当主令开关 ZK 旋至手动位置时，可按下按钮 $3A_1$ 或 $3A_2$，使电动机正转或反转。这两个按钮为点动控制，松开按钮电动机立即断电。

当主令开关 ZK 旋至自控位置时，电动机的启动或停止，由托架触动起点开关或终点开关实现。在钻架顶端还装有限位开关，当钻具提升到极限位置时，触动限位开关，电动机断电，以防止过卷。

（4）除尘电动机。合上或断开空气开关 4ZD，除尘扇风机的电动机启动或停转。

（5）砂轮电动机。钻机上装有修磨钻具的砂轮。合上空气开关 5ZD，转动转换开关 1H、2H，可实现砂轮电动机的启动或停转。

板面上的 XD 是红色信号灯，1K、2K、3K 是照明灯开关。板面上的电流表 A 指示回转电动机的工作电流，用来观察钻孔的情况。

露天潜孔钻机的冲击器和钻头与地下潜孔钻机相似，不再介绍。

B KQ-200 型潜孔钻机

KQ-200 型潜孔钻机的外形结构如图 8-6 所示，其主体结构与 KQ-150 型潜孔钻机相似，但结构更为完善，因而更为复杂。图 8-7 是该钻机的平台布置图，平台前端右侧是司机室 2，内装操纵台 1 及 1 号电控柜 3；前端左侧有悬臂吊 14、高压离心通风机 15 及干式除尘器 16；平台中部是 2 号电控柜 4、行走传动机构 5、空压机 10 及水泵 17，水泵右侧有水箱 8；平台后端右侧是机棚空气净化装置 9 及变压器 13；后端左侧是空压机电控柜 12 及空压机油冷却器 18。回转供风机构，推压提升机构及接卸钻杆机构安装在钻架上，起落钻架机构安装在机棚顶部，机棚后面还有电焊机。

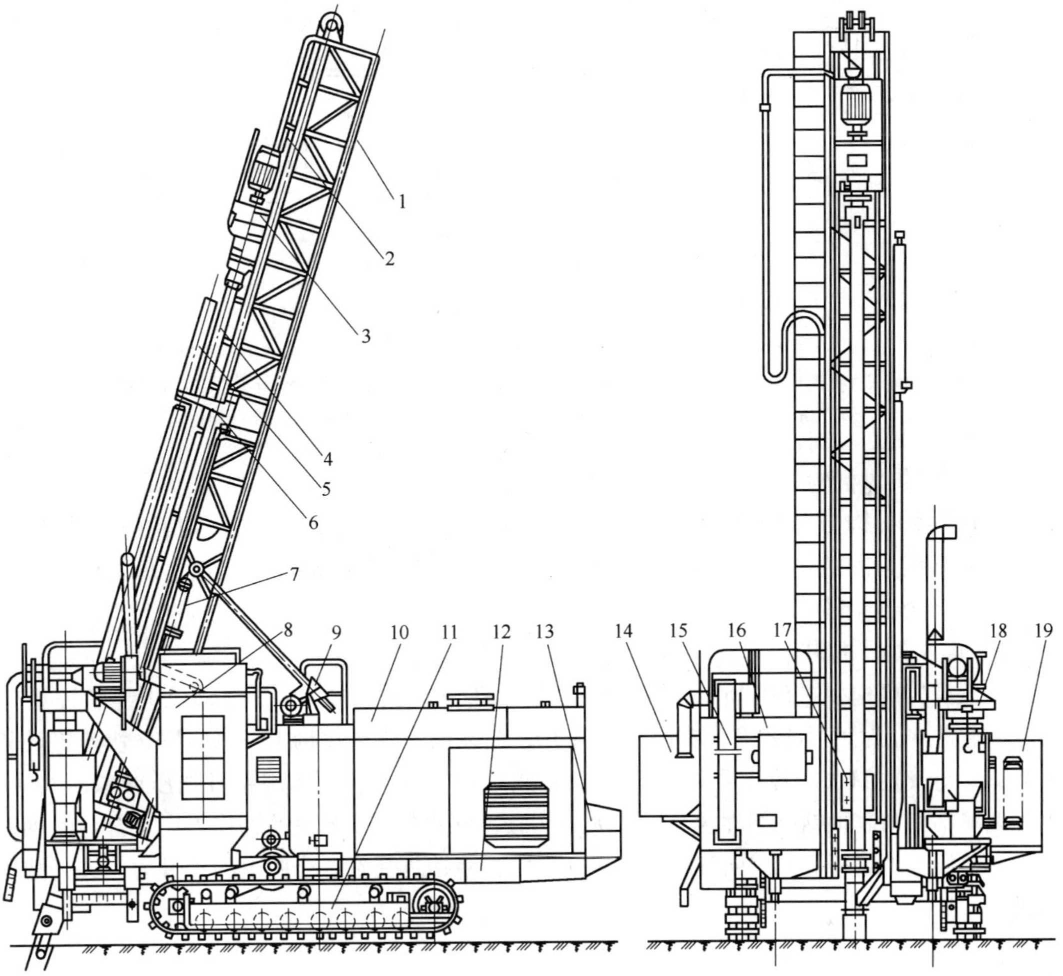

图 8-6 KQ-200 型潜孔钻机外形结构图

1—滑架；2—推进提升链条；3—回转供风机构；4—钻具；5—副钻杆；6—送杆机构；7—调压气缸；8—除尘系统；9—起落钻架机构；10—机棚；11—行走机构；12—机架；13—电焊机；14—机棚净化装置；15—司机室净化装置；16—司机室；17—托杆器；18—悬臂吊；19—空压机散热器

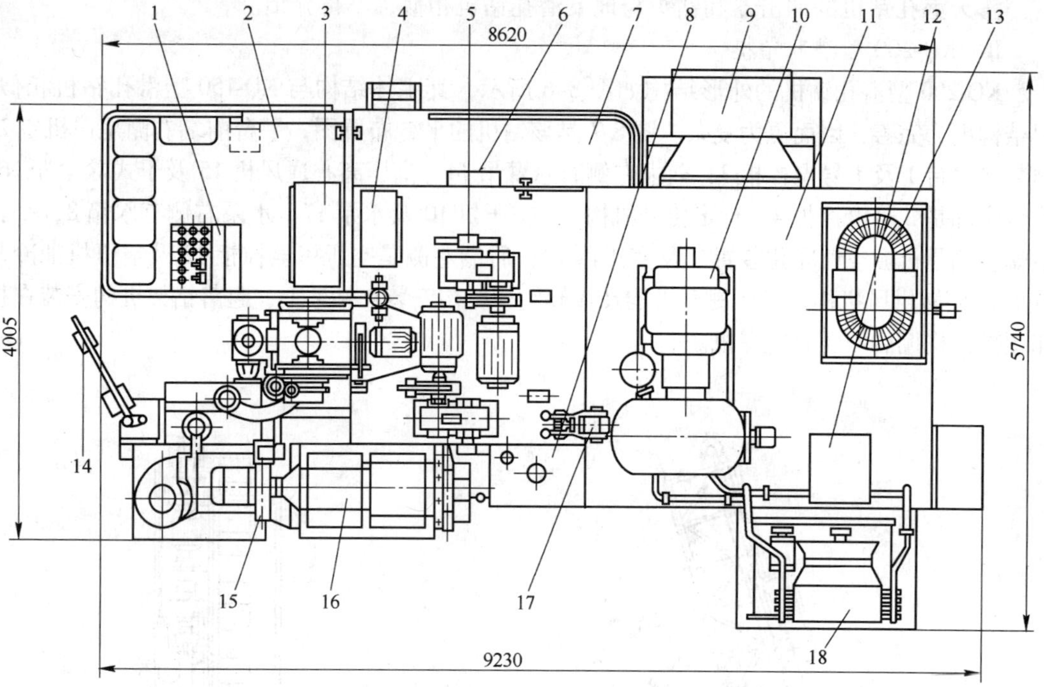

图 8-7　KQ-200 型潜孔钻机平台布置图（单位：mm）

1—操纵台；2—司机室；3—1 号电控柜；4—2 号电控柜；5—行走传动机构；6—梯子；7—走台；8—水箱；9—机棚空气净化装置；10—空压机；11—底盘；12—空压机电控柜；13—变压器；14—悬臂吊；15—高压离心通风机；16—干式除尘器；17—水泵；18—空压机油冷却器

a　回转供风机构

回转供风机构与 KQ-150 型钻机相似，但原动机为三速交流电动机，可获得三种转速；减速器的末级为内啮合传动，速比大、体积小；在钻杆接头前端装有气动卡爪，用来夹住钻杆，可避免连接螺纹自动脱扣造成事故。

b　推压提升机构

推压提升机构如图 8-8 所示，其工作原理与 KQ-150 型钻机相似。电动机 1 经联轴器 2、蜗轮减速器 4、封闭短链条 7 和封闭长链条 10，驱动回转供风机构 15 和钻具 19 快速提升和下放；又与气缸 11、行程开关 16、18 和电磁制动器 3 等配合，实现钻具加压或减压给进。由于两根钻杆与其他钻进部件的总质量达 2750kg，自重施加于孔底的轴推力大于合理的轴推力，因此接上副钻杆后，应向气缸上腔输入压气，使钻具受到一个向上的提升力，进行减压给进。

c　接卸钻杆机构

接卸钻杆机构安装在钻架上，如图 8-9 所示。当钻机不工作或只用主钻杆钻进时，送杆器 3、4 处于退出位置，副钻杆存放于其上；需要接杆时，使电动机正转，通过蜗轮减速器 1 及传动轴 2，让送杆器转动送入副钻杆，托杆器 5 在接杆过程中保证钻杆的平行和对中，定心环 6 则对钻杆限位使之对准主钻杆。卸杆时只需进行反向操作。蜗轮减速器具有逆止性能，可防止送杆器在振动时移位。

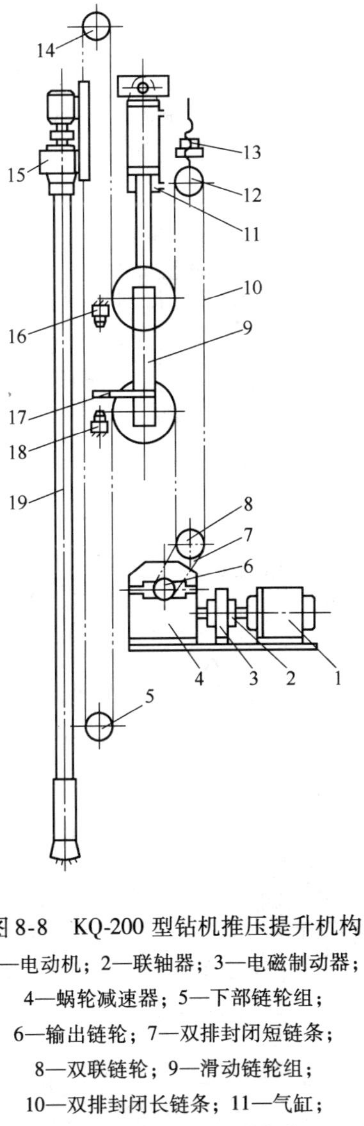

图 8-8 KQ-200 型钻机推压提升机构

1—电动机；2—联轴器；3—电磁制动器；4—蜗轮减速器；5—下部链轮组；6—输出链轮；7—双排封闭短链条；8—双联链轮；9—滑动链轮组；10—双排封闭长链条；11—气缸；12—张紧链轮；13—调整螺栓；14—上部链轮组；15—回转供风机构；16—上行程开关；17—碰头；18—下行程开关；19—钻具

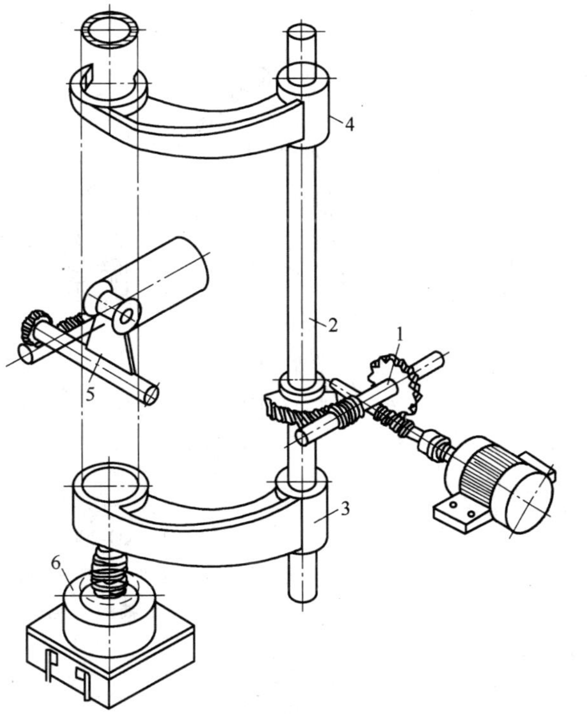

图 8-9 KQ-200 型钻机接卸钻杆机构

1—蜗轮减速器；2—传动轴；3—下送杆器；4—上送杆器；5—托杆器；6—定心环

d 起落钻架机构

起落钻架机构安装在机棚顶部，如图 8-10 所示。电动机 6 经两级蜗轮减速器 3、长轴 5 及两侧小齿轮 4，驱动齿条 1 伸缩，钻架即随之俯仰。因蜗轮减速器的逆止性能，再用电磁闸 7 制动，可保证钻架不会自行移位。

e 行走机构

钻机采用双履带行走机构，如图 8-11 所示。左、右履带各有自己的驱动装置，两台电动机正转或反转，钻机直线前进或后退；一侧电动机运转，钻机向另一侧转弯；两台电动机反向旋转，钻机在原地转动。

f 除尘装置

除尘方式有干式和湿式两种：干式除尘直接对孔中吹出的尘气混合物分离、捕集；湿式除尘用气水混合物供给冲击器，在孔内湿润岩粉，使之成为湿的岩粉球团排出孔外。干式除尘的效果较差、设备复杂，但凿岩效率较高，在低温地区不需设置防冻装置，KQ-200 型钻机配置了干式及湿式两套除尘装置，供用户选用。

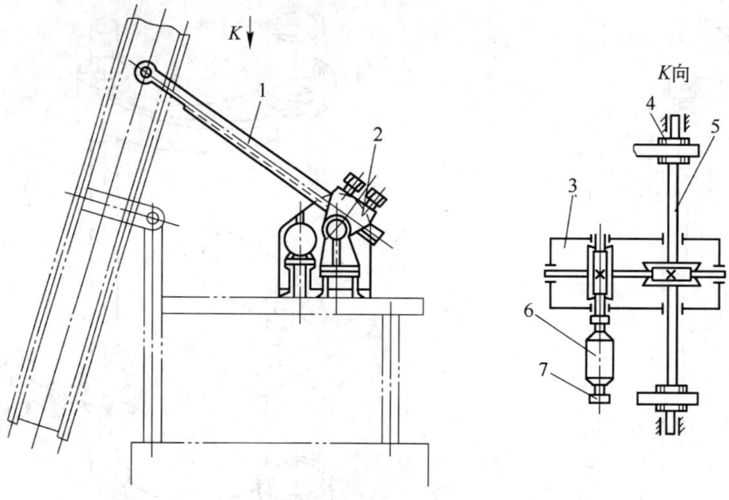

图 8-10 KQ-200 型钻机起落钻架机构

1—齿条；2—鞍形座；3—两级蜗轮减速器；4—小齿轮；
5—长轴；6—电动机；7—电磁闸

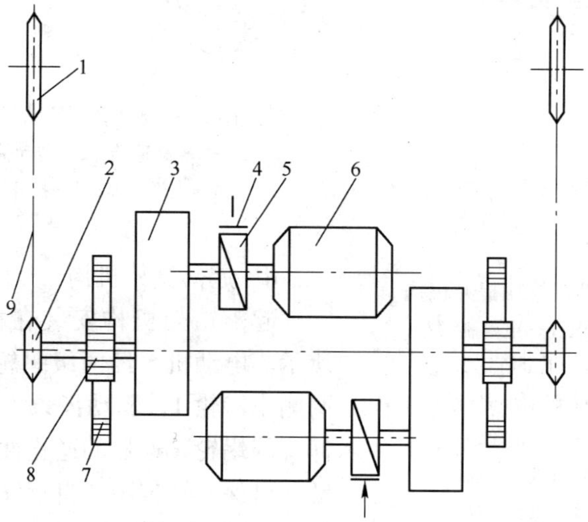

图 8-11 KQ-200 型钻机行走机构

1—从动链轮；2—主动链轮；3—减速器；4—电磁闸；5—带制动轮的弹性联轴器；
6—电动机；7—大齿轮；8—小齿轮；9—链条

g 司机室和机棚的净化空调装置

司机室的净化空调装置位于司机室顶部，完成司机室的空气净化和温度调节。

8.1.1.2 牙轮钻机

以 KY-250A 型牙轮钻机为例介绍牙轮钻机结构。它能在 $f = 6 \sim 20$ 的岩石中钻垂直孔，孔径为 220 ~ 250mm，孔深为 17m。适用于大中型露天矿山。KY-250A 型钻机的外形如图 8-12 所示。它的构造特点是，以三牙轮钻头作钻具，滑架式顶部回转，钻具转速能无级调节，封闭链条-齿条连续加压，进给速度能无级调节，可选用干式或湿式除尘并具有履带自行式行走机构。它主要由钻具、钻架与机架、回转供风机构、加压提升机构、接卸及存放钻杆机构、起落钻架机构、稳车千斤顶、行走机构、除尘系统、司机室和机棚的净化装置以及风、水、油、电的控制系统等部分组成。

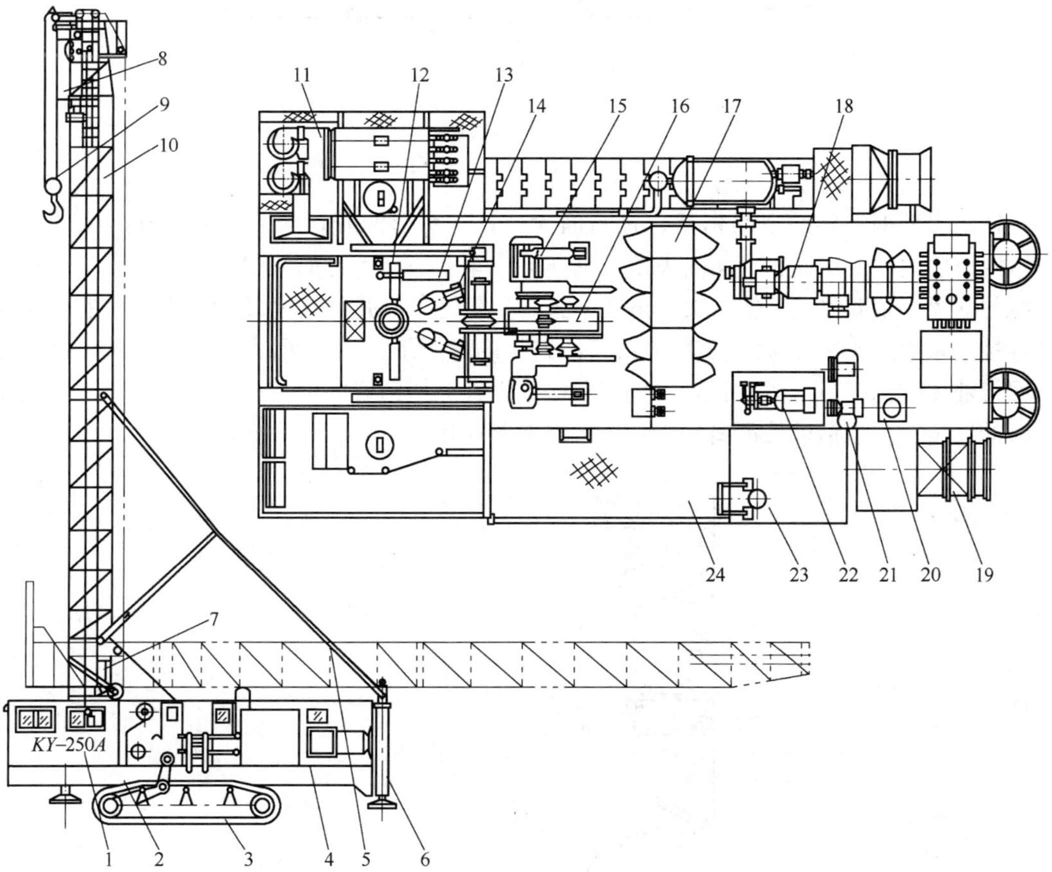

图 8-12 KY-250A 型牙轮钻机

1—司机室；2—平台；3—行走机构；4—机棚；5—拉杆；6—千斤顶；7—链条张紧装置；8—回转小车；9—辅助卷扬；10—钻架；11—干式除尘系统；12—液压卡头；13—吊钳装置；14—钻杆架；15—起落钻架油缸；16—主传动机构；17—电气系统；18—压气系统；19—机棚净化器；20—干油集中润滑系统；21—压气控制系统；22—液压系统；23—湿式除尘系统；24—走台

A 钻具

钻具由上钻杆、下钻杆及牙轮钻头组成。钻杆是由无缝钢管和两端的接头焊接而成的中空杆件。钻杆的构造如图 8-13 所示。下钻杆的下端圆锥管螺纹与钻头相连接，上端的圆锥管螺纹与上钻杆或回转供风机构的回转接头相连接；而上钻杆的上端只与回转接头连接。为了保证排渣风速，应适当选择钻杆外径。通常当钻直径 220mm 孔时，采用外径为 180mm 或 194mm 的钻杆，而钻直径 250mm 孔时，采用外径为 219mm 的钻杆。

B 钻架和机架

KV-250A 型钻机采用高钻架，将上、下钻杆连接后，可一次连续钻完一个钻孔，有利于提高钻孔作业率。

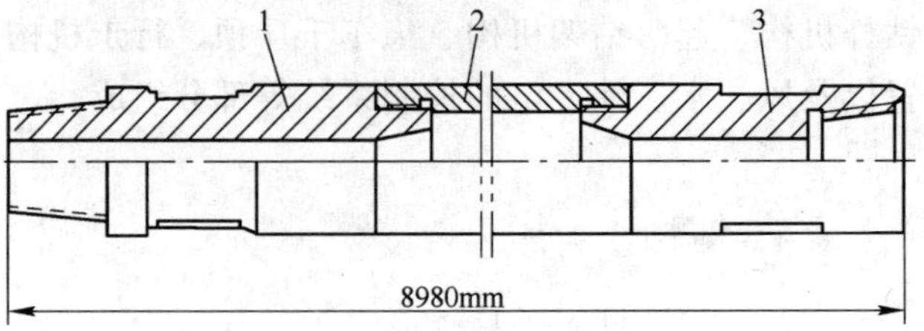

图 8-13 钻杆

1—上接头；2—钢管；3—下接头

钻架为型钢焊接的空间桁架；是断面为“Π”字形的开口架。前后立柱断面均为方形。两根前立柱及焊在它上面的齿条，是回转小车上、下运行的轨道，亦是加压提升传动系统的支撑。钻架内装有钻杆架、液压卡头、加压链条的张紧均衡装置等部件。它与机架的连接关系如图 8-14 所示。在起落钻架油缸 4 的作用下，钻架可以绕安装在 A 形架 3 上的回转轴 2 回转。当钻架立起后，用两根锥形销轴 7 把钻架固定在机架上，以增加钻架工作时的稳定性。当钻机长距离运行时，将钻架落在托架 6 上。

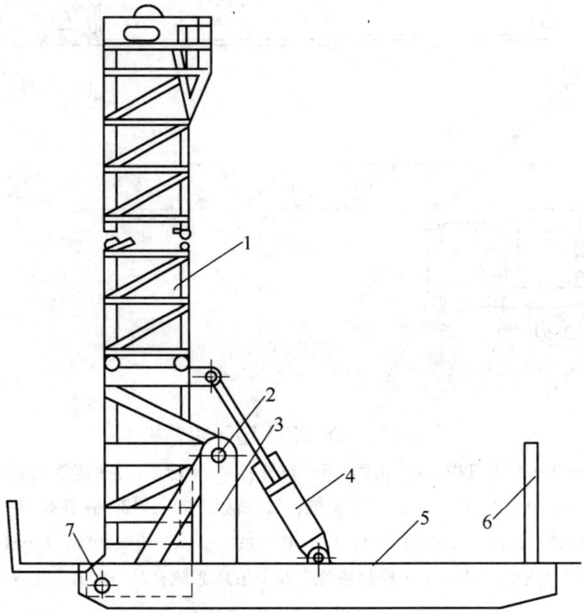

图 8-14 钻架和机架

1—钻架；2—钻架回转轴；3—A 形架；4—起落钻架油缸；

5—平台；6—托架；7—锥形销轴

机架是钻机各种机构和装置的安装基础。它是以工字钢为主梁的焊接结构。主要由 A 形架、托架以及平台组成。A 形架上支撑着加压提升机构传动系统的主轴和钻架的回转轴。平台上安装有各种机构和装置，其布置如图 8-12 所示。机架的前部支撑在平衡梁上，两者通过一根铰接轴铰接在一起。这样，钻机运行时可以自动调整因地面不平而造成的偏斜，保证钻机运行平稳。机架的后部支撑在横轴上，两者用两根 U 形螺栓紧固在一起。平衡梁和横轴的两端支撑在履带架上。

C 回转供风机构

如图 8-15 所示，回转供风机构由回转减振装置 1、减速器 2、直流电动机 5、进风管 9 等组成，并与左、右立板、大链轮、横轴、上下滚轮、加压齿轮、小车防坠制动器等组成回转小车。回转供风机构的作用是驱动钻具回转，并将压气输送给中空钻杆。回转机构原动机是 ZYZ-50/15 型直流电机，由磁放大器供电并调速，钻具转速能在 0 ~ 88r/min 范围内无级调节。因此，能很好地满足在不同岩石硬度条件下对钻具调速的要求。左、右立板 13 和 4 安装在减速器 2 的两边，其间装有一对导向链轮 8 和一对大链轮 11。大链轮装在横轴 7 上，横轴的两端安装有可以沿着钻架两边的齿条滚动的加压齿轮 6。当封闭链条带动大链轮 U 转动时，整个回转小车就沿钻架立柱升降。

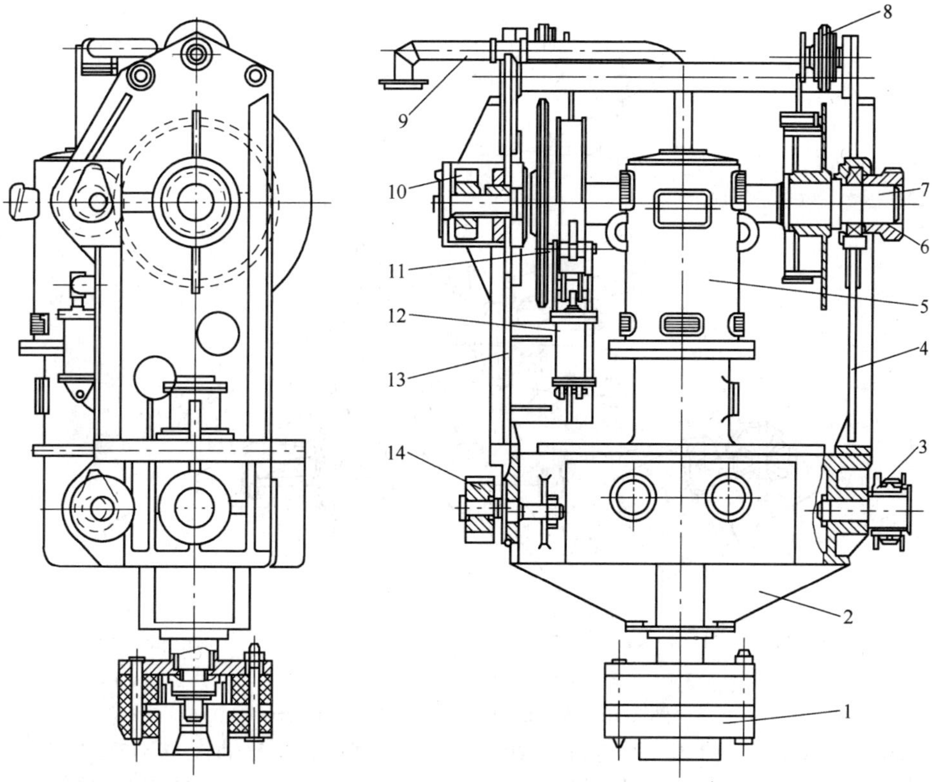

图 8-15 回转系统

1—回转减振装置；2—减速器；3—齿轮；4—右立板；5—直流电动机；6—加压齿轮；7—横轴；8—导向链轮；9—进风管；10—上滚轮；11—大链轮；12—小车防坠制动器；13—左立板；14—下滚轮

D 加压提升机构

图 8-16 为 KY-250A 型钻机的传动系统示意图。钻孔时，回转机构带动钻具回转，加压机构通过封闭链条向钻头施加轴压力并推进钻具，进行连续凿岩；由空压机供给的压缩空气，通过回转供风机构进入中空钻杆，然后由钻头的喷嘴喷向孔底，岩渣沿钻杆与孔壁之间的环形空间吹到孔外。当钻完一个孔后，开动行走机构使钻机移位，再钻另一个孔。

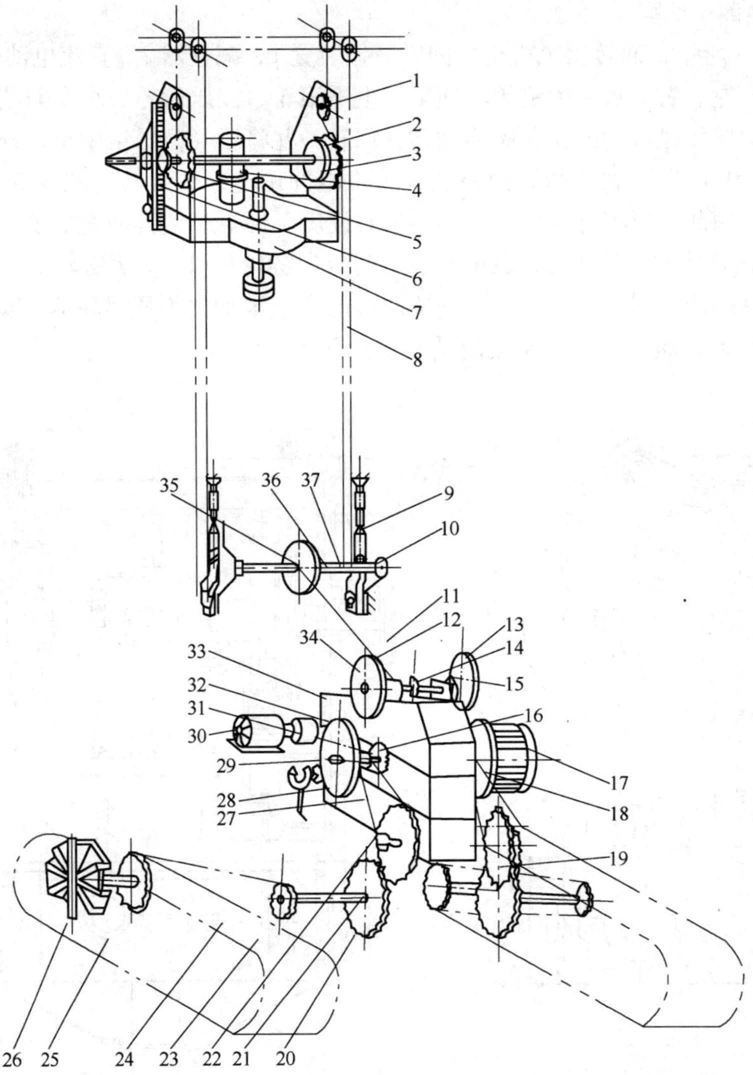

图 8-16　KY-250A 型牙轮钻机传动系统

1—链轮（Z=15）；2—大链轮（Z=58）；3—断链制动器；4—回转电机；5—齿轮（Z=15）；6—齿条；7—回转减速器；8—封闭链条；9—链条张紧均衡装置；10—链轮（Z=15）；11—链条；12—气胎离合器Ⅳ；13—气胎离合器Ⅲ；14，16，34—链轮（Z=18）；15，31，36—链轮（Z=27）；17—提升行走电机；18—气胎离合器Ⅰ；19—链轮（Z=57）；20—链轮（Z=47）；21—行走二级链条；22—链轮（Z=13）；23—链轮（Z=8）；24—行走末级链条；25—链轮（Z=16）；26—驱动轮；27—链条；28—气胎离合器Ⅱ；29—加压齿轮离合器；30—滑差电机；32—链条；33—立式主减速器；35—主制动器；37—A 形架轴

加压提升机构由主传动机构、主制动器、封闭链条传动系统组成。该机构的作用是推进钻具并给钻具以足够大的轴压力，以及实现回转小车连同钻具的快速提升和下放。如图 3-31 所示，加压时合上加压齿轮离合器 29，打开主制动器 35，同时使行走气胎离合器 18 和 28 排气，快、慢速加压提升气胎离合器 12 或 13 充气，然后开动滑差电机 30，则动力经立式主减速器 33、链轮 15 或 34、链轮 14、36 和 10、封闭链条 8，从而驱动大链轮 2 旋转，使回转小车以一定速度向下加压。提升时只要使加压齿轮离合器 29 脱开，并开动提升行走电机 17，

传动过程与加压时相同，就可实现钻具的快速升降。

E 行走机构

KY-250A 型钻机采用履带自行式行走机构，由底盘和行走传动机构组成。

行走传动机构与加压提升机构共用主传动机构，其传动过程如图 8-16 所示。行走时加压齿轮离合器 29 脱开、主制动器 35 处于制动状态，快、慢速加压提升气胎离合器 12、13 处于排气状态，并使行走气胎离合器充气，然后开动提升行走电机 17，则动力经三级链轮减速后，驱动履带装置的驱动轮，从而实现钻机的移位或长距离行走。

F 接卸及存放钻杆机构

在使钻架落下或检修回转小车时，都要把回转小车放下来。因此，要把钻杆拆开，并将上、下钻杆分别存放起来。接卸及存放钻杆机构，主要由液压卡头和钻杆架组成。

在钻架底部的小平台上，左右对称地安装着两只液压卡头，以便在接卸钻杆时卡住钻杆，其构造如图 8-17 所示。活塞杆端部和外壳通过销轴 1 铰接在小平台上。当缸体 4 沿外壳 3 伸出时，缸体前端的弧形卡块 6 顶住钻杆的细颈，钻杆靠细颈上部的台阶可坐落在左、右卡头的卡块上。此时，卡爪 7 被压缩到缸体的孔内。当钻杆反转时，卡爪就被弹簧推入钻杆卡槽内，卡住钻杆，即可卸开钻杆螺纹。钻孔时，油缸体收缩，躲开钻杆。当钻杆正转相接时，钻杆卡槽的坡面就把卡爪推到缸体孔内。

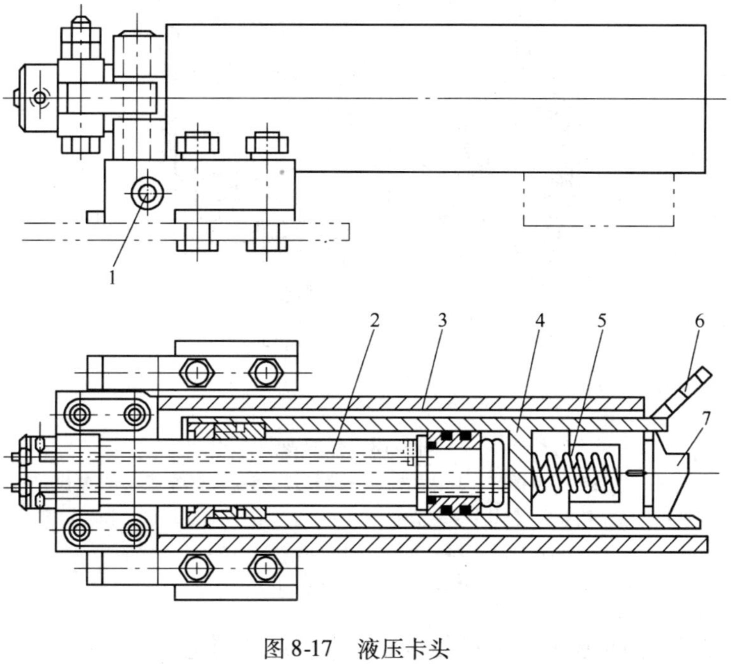

图 8-17 液压卡头

1—销轴；2—活塞杆；3—外壳；4—缸体；5—弹簧；6—卡块；7—卡爪

KY-250A 型钻机的钻架内安装有两副钻杆架，分别用来存取上钻杆和下钻杆，它由送杆机构、盛杆装置、抱杆机构及气动锁销等组成，其构造如图 8-18 所示。

送杆机构是一个平行四连杆机构，在送出或缩回的过程中，架体始终保持相互平行状态，易于对准孔位。钻杆存放在钻杆架下部的盛杆装置中，并依靠其重量压下夹紧拉钩 7 及拉杆 3，使叉形拉板 17 和拉板 18 往外张开，十字接头 16 推动抱爪 1 将钻杆围抱起来；

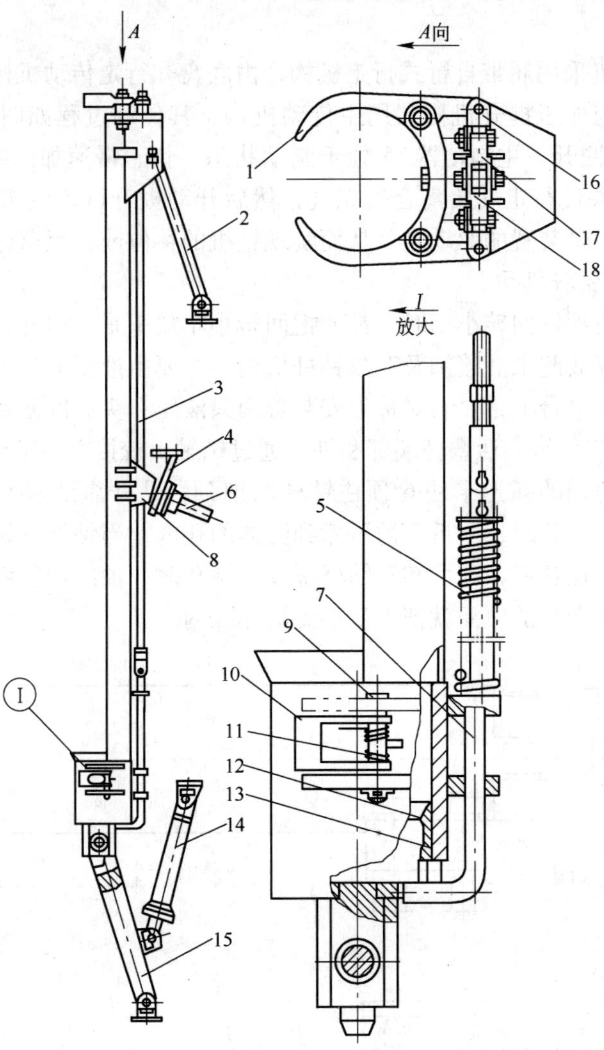

图 8-18　钻杆架

1—抱爪；2—上摇臂；3—拉杆；4—吊挂座；5—拉杆弹簧；6—气缸；
7—夹紧拉钩；8—挡块；9—销轴；10—卡爪；11—弹簧；12—托杆衬套；
13—钻杆架体；14—油缸；15—下摇臂；16—十字接头；
17—叉形拉板；18—拉板

反之，提起钻杆时，抱爪张开，钻杆便可取出。气动锁销是用来固定处于存放位置的钻杆架，使之避免由于液压传动系统的故障而落下，造成被回转小车压坏的事故。

G　除尘系统

KY-250A 型钻机，配置了干式除尘和湿式除尘系统，以适应不同工作环境。

H　液压千斤顶

液压千斤顶是用来抬起并调平钻机，使钻机钻孔作业时支撑在稳固的基础上。此外，利用千斤顶抬起机身，便于检修钻机底部。KY-250A 型钻机在机架上对称安装了四个液压千斤顶。

KY-250A 型钻机的起落钻架机构、封闭链条张紧均衡装置、接卸及存放钻杆机构、孔口围帘的升降以及液压千斤顶等均采用液压传动，所以还有传动系统。

为钻机各气缸、气胎离合器、干式和湿式除尘系统、干油集中润滑站等提供控制风源，所以还装有压气控制系统。另外，还有回转小车行程控制装置、司机室及机棚的空气净化、供电系统。

8.1.2 穿孔技术

穿孔工作是露天矿开采的第一个工序，其目的是为随后的爆破工作提供装放炸药的孔穴。在整个露天矿开采过程中，穿孔费用大约占生产总费用的10% ~15%。穿孔质量的好坏，将对后序的爆破、采装等工作产生很大的影响。特别是矿岩坚硬，穿孔技术不够完善的冶金矿山，它往往成为露天开采的薄弱环节，制约矿山的生产与发展。因此改善穿孔工作，可强化露天矿床的开采，具有着重大的意义。

目前，露天矿开采中使用的穿孔设备主要有潜孔钻机、牙轮钻机。

8.1.2.1 潜孔钻机穿孔技术

A 简介

潜孔钻机是一种大孔径深孔钻孔设备，和牙轮钻机相比，具有结构简单，使用方便，成本低，不受孔深限制，可以钻凿斜孔等优点，但钻孔效率没有牙轮钻机高。它主要由冲击机构、回转供风机构、推压提升机构、接卸钻杆机构、行走机构和钻架起落机构、气动系统、电气系统组成。其主要特点是，钻机置于孔外，只负担钻具的进退和回转，产生冲击动作的冲击器紧随钻头潜入孔底，故称为潜孔钻机。冲击功能量的传递损失小，穿孔速度不因孔深的增加而降低，所以钻凿的孔深和孔径都较大，适用于露天钻孔，其钻凿深度主要取决于推进力、回转力矩和排岩粉能力。

露天潜孔钻机按机体重量和可穿凿的钻孔直径的不同分为轻型、中型和重型三种。

轻型露天潜孔钻机一般本身不带空压机和行走机构，另配空压机和钻架，近几年生产的也有自带行走机构的，机体质量在10t以下，钻孔直径为100mm左右，常见的有KQ-100型钻机，适用于小型露天矿山。

中型露天潜孔钻机一般自带履带式行走机构，不带空压机，机体质量15 ~20t，钻孔直径为150 ~170mm，常见的有KQ-150型钻机，T-170型钻机，适用于中、小型露天矿山。

重型露天潜孔钻机，自带空压机，电动履带自行，机体质量30 ~50t，钻孔直径为200 ~320mm，常见的有KQ-200型钻机，KQ-250型钻机，适用于大型露天矿山。

露天潜孔钻机的凿岩工作原理如下（见图8-19）：

（1）推进机构将一定的轴向压力施加于钻头，使钻头与孔底相接触。

（2）风动马达和减速箱构成的回转供风机构使钻具连续回转，并将压缩空气经中空钻杆输入孔底。

（3）冲击机构在压缩空气的作用下，使活塞往返运动，冲击钻头，完成对岩石的冲击作用。

（4）压缩空气将岩粉吹出孔外。

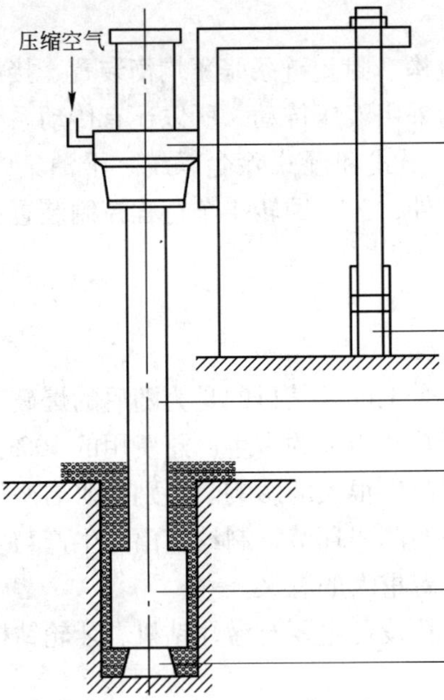

图 8-19 潜孔钻机工作原理

潜孔钻机的凿岩过程实质上是在轴向压力的作用下，冲击和回转联合作用的过程。其中，冲击是断续的，回转是连续的，并且以冲击为主，回转为辅。

露天潜孔钻机的钻具包括钻头和钻杆，钻头与浅孔和接杆式凿岩机所用的钻头相似，但不同的是钻头直接连接在冲击器上。连接方式有扁销和花键两种。按镶焊硬质合金的形状，潜孔钻机的钻头可分为刃片钻头、柱齿钻头、混合型钻头。其中刃片钻头通常制成超前刃式，而混合型钻头为中心布置柱齿，周边布置片齿的形式。钻杆有两根，即主钻杆和副钻杆，其结构尺寸完全一样，钻杆之间用方形螺纹直接连接，每根长约 9m。

B 提高潜孔钻机穿孔效率的途径

类似于牙轮钻机，潜孔钻机的台班生产能力可按下式计算：

$$A = 0.6 vT\eta \tag{8-1}$$

式中 A——潜孔钻机的生产能力，m/（台·班）；

v——潜孔钻机的机械钻速，cm/min；

T——每班工作时间，h；

η——工作时间利用系数。

式（8-1）中的机械钻速 v 可近似用下式表示：

$$v = \frac{4ank}{\pi D_1^2 E} \tag{8-2}$$

式中 a——冲击功，N·m；

n——冲击频率，次/min；

k——冲击能利用系数，0.6～0.8；

D_1——钻孔直径，cm；

E——消耗的岩石凿碎功，N·m/cm³。

下面依据式（8-1）和式（8-2），来分析提高潜孔钻机效率的途径。

a 冲击功（a）和冲击频率（n）

从式（8-2）中可以看出，为了提高机械钻速 v，希望同时增加冲击功 a 和冲击频率 n。然而，在潜孔钻机的风动冲击器中，冲击功 a 和冲击频率 n 是两个相互制约的工作参数。欲增大冲击功，就需要增加活塞重量和活塞行程式，相应的就使冲击频率减少，反之亦然。

对待这两个参数，存在两种不同的技术观点：一个是大冲击功、低频率；另一个是小冲击功、高频率。实践证明，前一种技术观点比较合理。因为岩石只有在足够大的冲击功作用下才能有效地进行体积破碎，若冲击功不足，单纯提高冲击频率无非使岩石疲劳破碎而已。所以，在选择潜孔钻机时，首先注意冲击器的这两个技术参数。

b 风压

潜孔钻机的冲击器是一种风动工具，为了达到额定的冲击功 a 和冲击频率 n，风压是一个重要的因素。表 8-1 为 KQ-200 型潜孔钻机效率随风压的变化情况。随着风压的增大，穿孔速度和钻头寿命都有不同程度的提高。所以应尽量减小管路的风压降。

表 8-1 风压对潜孔钻机效率的影响

压气气压/$kg \cdot cm^{-2}$	钻头平均寿命/m	平均穿孔速度/$cm \cdot min^{-1}$
3 ~ 3.5	9.3	2.1
4.0	13.8	2.5
4.5 ~ 5	46.0	4.5

c 钻孔直径（D_1）

类似于牙轮钻机的分析，也不要墨守式（8-2）来观察钻孔直径 D_1。随着钻孔直径 D_1 的增大，冲击器的活塞直径也可增大，相应的冲击功 a 和冲击频率 n 也可提高，从而使钻速 v 并不是单纯和钻孔直径 D_1 成反比关系。另一方面，当增大钻孔直径时，爆破孔网参数也可加大，相应提高了钻孔的延米爆破量。

d 轴压（P）和钻头转速（n）

潜孔钻机的轴压，主要是克服冲击器的后作力，因而压力一般都不大，远小于牙轮钻机的轴压。轴压过大，既妨碍钻具回转，也容易损坏钻头。对于大孔径的潜孔钻机来说，由于钻具重量较大，一般都采用减压钻进，即钻机的提升推进机构应起减小轴压的作用。相反，小孔径的中、轻型潜孔钻机，钻具重量小，常用提升推进机构作增压钻进。

潜孔钻具的回转，既是为了改变钻头每一次凿痕的位置，也是用以使钻头切削岩石。转速过低，会降低穿孔速度，但转速过高，过分磨损钻头，也会使穿孔速度下降。所以，在硬岩钻进中有趋于采用低转速的倾向，使转速保持在 15 ~ 20r/min 之间。当然，随着高压、高频率、大冲击功的冲击器的出现，钻具的回转速度也会相应提高。

e 工作时间利用系数（η）

与牙轮钻机一样，工作时间利用系数是影响穿孔速度的另一个重要因素。目前，各露天矿山中潜孔钻机的工作时间利用系数也是不高的。在非作业时间中，大部分消耗在检修、等待备件及待风、待电等项目上。所以在今后的生产中有必要继续从钻机、钻具、工作参数及组织管理上进行改进。

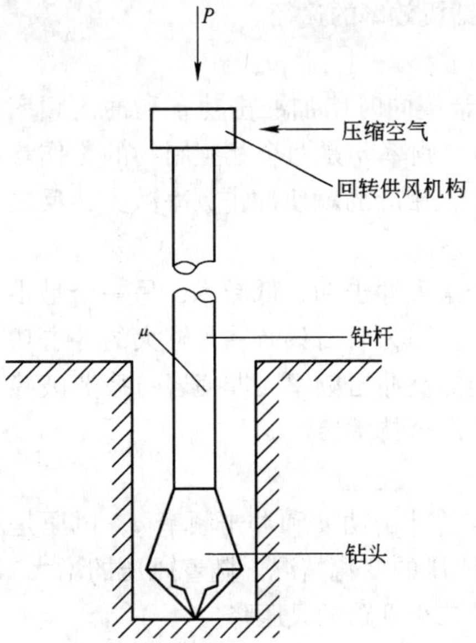

图 8-20 牙轮钻机工作原理

8.1.2.2 牙轮钻机穿孔技术

A 简介

牙轮钻机是露天矿开采的主要穿孔设备，同其他类型的穿孔设备相比，它具有穿孔效率高、成本低、安全可靠和使用范围广等特点，能适用于各类岩石的穿凿。

牙轮钻机主要由回转机构、供风机构、加压提升机构、行走机构、接卸钻具机构等组成。

露天牙轮钻机的凿岩工作原理如下（见图8-20）：

（1）钻孔时，回转机构带动钻杆、钻头回转，同时加压机构向钻杆施加轴向压力，使其向孔底运动。

（2）供风机构使压缩空气通过中空钻杆从钻头的喷嘴喷向孔底，将破碎下来的岩渣沿钻杆与孔壁之间的环状空间吹至孔外。

根据回转和加压方式的不同，牙轮钻机可分为底部回转间断加压式、底部回转连续加压式、顶部回转连续加压式三种基本类型。

牙轮钻机的凿岩原理是通过加压机构施加在牙轮上压力使岩石承受压应力，同时回转机构使牙轮在岩石上产生滚动挤压，两种联合作用使岩石发生剪切破碎。

B 提高牙轮钻机穿孔效率的途径

牙轮钻机的合理生产能力，可按下式近似计算：

$$A = 0.6vT\eta \tag{8-3}$$

式中 A——牙轮钻机的生产能力，m/(台·班)；

v——牙轮钻机的机械钻速，cm/min；

T——每班工作时间，h；

η——工作时间利用系数。

机械钻速 v，又可近似用下式表示：

$$v = 3.75\frac{Pn}{Df} \tag{8-4}$$

式中 P——轴压，t；

n——钻头转速，r/min；

D——钻头直径，cm；

f——岩石坚固性系数。

虽然式（8-4）的计算结果和实际有一定的差距，但是可以利用上述两个公式在选定钻机、钻头的前提下，探讨提高牙轮钻机穿孔效率的途径。

a 轴压（P）

轴压 P 与机械钻速 v 近似成正比，但却不是严格的直线关系，具体取决于钻头单位面积上的作用力 P/F（F 为钻头与岩石的接触面积）和岩石抗压强度 σ 之间的关系，如图 8-21 所示的四种情况：

（1）当轴压 P 很小，P/F 小于 σ 时，岩石反从表面磨蚀的方式进行破碎。此时，轴压 P 与机械钻速 v 呈直线关系（见图 8-21 中 ab 段）。

（2）随着轴压 P 的增加，虽然 P/F 还小于 σ，但因钻头轮齿多次频繁冲击岩石，使岩石产生疲劳破坏，出现局部的体积破碎。此时，机械钻速 v 随轴压 P 的 m 次方而变化，钻硬岩时 $1.25 \leqslant m \leqslant 2$，钻软岩时 $m < 3$（见图 8-21 中 bc 段）。

（3）当轴压 P 增大到 $P/F = \sigma$ 后，钻头轮齿对岩石每冲击一次就产生有效的体积破碎，此时破碎效果最佳，能量消耗最低（见图 8-21 中 cd 段）。

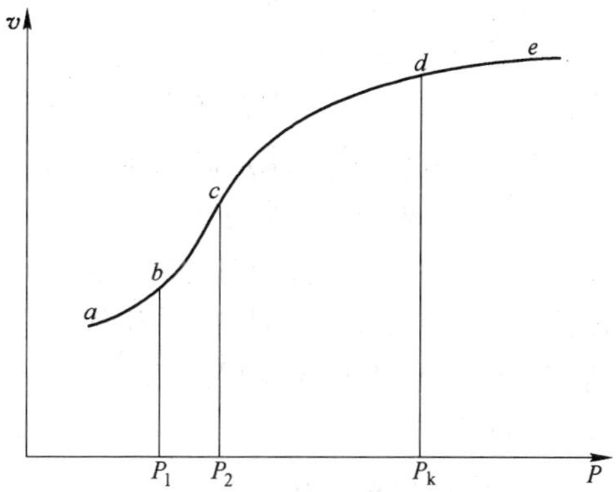

图 8-21　轴压 P 与钻速 v 的关系

（4）当轴压 P 达到极限轴压 P_k 后，钻头轮齿整个被压入岩石，牙轮体与岩石表面接触，即使再增加轴压 P 也不会提高机械钻速 v 了（见图 8-21 中 de 段）。

从上面分析可知，轴压 P 不能太小，也不宜过高，大小要适宜。合理的轴压可按下式计算：

$$P = \frac{fkD}{D_9} \tag{8-5}$$

式中　f——岩石坚固性系数；

k——系数，1.4；

D——使用的钻头直径；

D_9——9 号钻头直径，214mm。

b　钻头转速（n）

从式（8-4）中可以看出，钻头转速 n 与机械钻速 v 之间成正比关系。其实，它们之间也不是一个简单的线性关系，具体关系如图 8-22 所示。

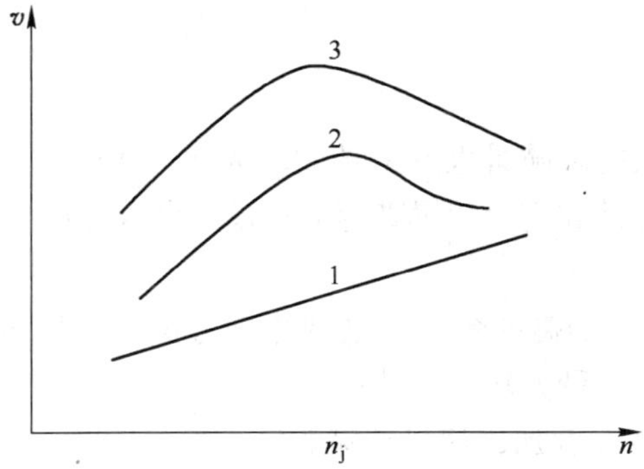

图 8-22　钻速 n 对钻速 v 的影响

图 8-22 中直线 1 表示当轴压 P 较小时钻头转速 n 与机械钻速 v 的关系。这时，岩石以“表面磨蚀”的方式破碎，随着钻头转速 n 的增加，机械钻速 v 也相应加大，两者呈直线关系。

图 8-22 中曲线 2 表示轴压 P 增大后，钻头转速 n 与机械钻速 v 的关系。此时，岩石呈体积破碎，初始时随着钻头转速 n 的增大机械钻速 v 也提高，但当超过钻头极限转速 n_j 后，机械钻速 v 却随着钻头转速 n 的增加而降低，这是因为钻头转速 n 太大，轮齿与孔底岩石的作用时间太短（小于 0.02～0.03s），未能充分发挥轮齿对岩石的压碎作用。此外，由于钻头转速 n 过大，也加速了钻头的磨损和钻机的振动，给穿孔带来不良的影响。在实际生产中，对于软岩常选用 70～120（r/min）的转速，中硬岩石选用 60～100（r/min）的转速，硬岩石选用 40～70（r/min）的转速。

图8-23中曲线3表示轴压 P 继续增大后钻头转速 n 对机械钻速 v 的影响，其情况和曲线2差不多。从线段1、2、3之间的关系可以看出，机械钻速 v 受轴压 P 和钻头转速 n 两者的综合影响，需要统筹兼顾。在牙轮钻机穿孔中存在两种工作制度：

（1）强制钻进。采用高轴压（30～60t）和低转速（150r/min以内）；

（2）高速钻进。采用低轴压（10～20t）和高转速（300r/min）。

显然，无论从合理利用能量还是提高钻头、钻机的使用寿命来衡量，高速钻进的工作制度有许多缺点，特别是在硬岩中更是如此。所以牙轮钻机应向强制钻进方面发展。目前普遍使用的HYI-250C型及KY-310型钻机，其轴压分别为32t和45t，而转速都控制在100r/min以内。

c　排渣风量（Q）

式（8-4）是在及时排渣、没有重复破碎的前提下得出。为了彻底排渣，要求压缩空气有足够的风量，使孔壁与钻杆之间的环形空间有适宜的回风速度，从而对岩渣颗粒产生一定的升力以排除出孔。若风速太小，升力不足，岩渣在孔底反复被破碎，既降低钻孔速度，又加剧钻头的磨损，甚至会造成卡钻事故；若风速过大，则浪费空压机的功率，也加剧钻杆的磨损。

d　钻孔直径（D_1）

从式（8-4）中可知，当轴压 P 和钻头转速 n 固定时，钻孔直径 D_1 与机械钻速 v 成反比。实际上，当钻孔直径 D_1 增大后，钻头的直径和强度也加大，只要相应采用更大的轴压和转速，机械钻速 v 并不会降低。另一方面，当钻孔直径增大，爆破孔网参数也可相应的扩大，从而提高延米爆破量。

e　工作时间利用系数（η）

从式（8-3）中可以看出，为了提高牙轮钻机的效率，另一个重要的因素就是提高钻机的工作时间利用系数 η。影响工作时间利用系数的因素主要有两个方面：一个是组织管理缺陷所带来的外因停歇；另一个是钻机本身故障所引起的内因停歇。

总之，为了提高牙轮钻机的穿孔效率，应该从钻机、钻头、工作参数和组织管理四个方面进行改革。

8.1.3　露天台阶爆破技术

随着挖掘机斗容和生产能力的增大，要求每次的爆破量也越来越大。为此，在露天开采中广泛使用多排孔微差爆破、多排孔微差挤压爆破和高台阶爆破等大规模的爆破方法。

8.1.3.1　*多排孔微差爆破*

多排孔微差爆破，是排数一般在4～7排或更多的微差爆破。这种爆破方法一次爆破量大，矿岩破碎效果好，是露天开采中普遍使用的一种方法，其特点：

（1）通过药包不同时间起爆，使爆炸应力波相互叠加，加强破碎效果。

（2）创造新的动态自由面，减少岩石夹制作用，提高矿岩的破碎程度和均匀性，减少了炮孔的前冲和后冲作用。

（3）爆后矿岩碎块之间的相互碰撞，产生补充破碎，提高爆堆的集中程度。

（4）由于相应炮孔先后以毫秒间隔起爆，爆破产生的地震波的能量在时间与空间上分散，地震波强度大大降低。

目前，关于多排孔微差爆破参数的确定，主要还是依据经验，尚无成熟的理论指导。一般的原则如下：

A　孔网参数

a　底盘抵抗线（W_d）

在露天深孔爆破中抵抗线有两种表示方式法，即最小抵抗线（W）和底盘抵抗线（W_d）。前者是指由装药中心到台阶坡面的最小距离；后者是指第一排炮孔中心线至台阶坡底线的水平距离。为了计算方便和有利于减少根底，在生产中通常不用最小抵抗线（W），而用底盘抵抗线（W_d）为爆破参数。底盘抵抗线（W_d）是一个很重要的爆破参数，它对爆破质量和经济效果影响很大。若底盘抵抗线（W_d）过大，将残留底根，后冲现象也会严重；若底盘抵抗线（W_d）过小，不仅增加穿孔工作量，也浪费炸药，使爆堆分散，并且穿孔设备距台阶坡顶线过近作业时不够安全。

底盘抵抗线可按下面几种方法来确定：

（1）按穿孔设备的安全作业条件确定，即

$$W_d = C + H\cot\alpha \tag{8-6}$$

式中　C——前排炮孔中心至台阶坡顶线的安全距离，一般为2.5～3.0m；

H——台阶高度，m；

α——台阶坡面角，(°)。

（2）按装药条件确定，即

$$W = d\sqrt{\frac{7.85\rho\eta}{mq}} \tag{8-7}$$

式中　W——最小抵抗线，m；

d——孔径，dm；

ρ——炸药密度，kg/dm^3 或 g/cm^3；

η——装药系数；

m——密集系数；

q——单位炸药消耗量，kg/m^3。

按台阶高度确定：

$$W_d = (0.6 \sim 0.9)H \tag{8-8}$$

可参考的经验公式有：

$$W_d = 0.024d + 0.85 \tag{8-9}$$

$$W_d = (0.24HK + 3.6)\frac{d}{150} \tag{8-10}$$

式中　d——钻孔直径，mm；

K——与岩石坚固性有关的系数，如表8-2所示。

表8-2　与岩石坚固性有关的系数 K

f	6	8	10	12	14	16	18	20
K	1.17	0.87	0.70	0.58	0.50	0.44	0.39	0.35

注：f为岩石坚固性系数。

b　钻孔间距（a）和排距（b）

它们是根据底盘抵抗线和邻近系数来计算，即：

$$a = mW_d \tag{8-11}$$

$$b = (0.9 \sim 0.95)W_d \tag{8-12}$$

式中　a——钻孔间距，m；

b——钻孔排距，m；

m——邻近系数；

W_d——底盘抵抗线，m。

有关邻近系数 m，一般取值为1.0～1.4。此外，在国内外一些矿山采用大孔距爆破技术。据称这样能改善矿岩的破碎效果。这种技术是在保持每个钻孔担负面积 $a \times b$ 不变的前提下，减小 b 而增大 a，使 m 值可达2～8。

c　超深（h_c）

超深的作用是降低装药位置，为了克服因底盘抵抗线过大而影响爆破效果。超深的长度应适当，若超深过小将产生根底或抬高底部平盘的标高，而影响装运工作；若超深过大，不仅增加了钻孔工作量，也浪费了炸药，而且也破坏了下一台阶完整性，给下次钻孔带来了困难。

根据经验，超深值通常按下式确定：

$$h_c = (0.15 \sim 0.35)W_d \tag{8-13}$$

$$h_c = (10 \sim 15)d \tag{8-14}$$

式中　h_c——超深，m；

W_d——底盘抵抗线，m；

d——钻孔直径，m。

当矿岩松软时取小值，矿岩坚硬时取大值。如果采用组合装药，底部使用高威力炸药时可适当降低超深。在我国露天矿山的超深值波动一般在0.5～3.6m之间。但在某些情况下，如底盘有天然分离面或底盘需要保护，则可不留超深或留下一定厚度的保护层。

B　施工参数

a　填塞长度

装药后孔口部分的长度通常全部用充填料堵塞，故叫做填塞长度。填塞长度确定的合理和保证填塞质量，对改善爆破效果和提高炸药能量利用率是非常重要的。

合理的填塞长度能降低爆炸气体能量损失和尽可能增加钻孔装药量。填塞长度过长将会降低延米爆破量，增加钻孔成本，并造成台阶顶部矿岩破碎不好；填塞长度过短，则炸药能量损失大，将产生较强的空气冲击波、噪声和个别飞石的危害，也影响钻孔下部的破碎效果。一般在台阶深孔爆破时，填塞长度不小于底盘抵抗线的0.75倍，或者取20～40倍的钻孔直径。因此爆破安全规程中规定禁止无填塞爆破。

填塞物料一般多为就地取材，以钻孔排出的岩粉或选矿厂的尾砂做填塞物料。

b　单位炸药消耗量（q）和每孔装药量（Q）

影响单位炸药消耗量的因素很多，主要有矿岩的可爆性，炸药种类，自由面条件，起爆方式和块度要求等。因此，选取合理的单位炸药消耗量 q 值需要通过试验或生产实践来验证。单纯的增加单耗对爆破质量不一定有很大的改善，只能消耗在矿岩的过粉碎和增加爆破有害效应上。实际上对于每一种矿岩，在一定的炸药与爆破参数和起爆方式下，都有一个合理的单耗。所以单位炸药消耗量的确定应根据生产实验，按不同矿岩爆破性分类确定或采用工程实践总结的经验公式进行计算。在爆破设计时可以参照类似矿岩条件下的实际单耗，也可以按表 8-3 选取单位炸药消耗量。该表数据是以 2 号岩石硝铵炸药为标准。

表 8-3　单位炸药消耗量 q 值

岩石坚固性系数 f	0.8～2	3～4	5	6	8	10	12	14	16	20
q 值/kg·m^{-3}	0.4	0.43	0.46	0.5	0.53	0.56	0.6	0.64	0.67	0.7

关于每个钻孔的装药量，目前露天矿山普遍采用体积法计算药量。即：

$$Q = qW_d aH \tag{8-15}$$

式中　Q——单排孔或多排孔爆破的第一排的每孔装药量，kg；

q——单位炸药消耗量，kg/m^3；

W_d——底盘抵抗线，m；

a——钻孔间距，m；

H——台阶高度，m。

多排孔爆破时，从第二排起，以后各排孔的装药量，可按下式计算：

$$Q = KqabH \tag{8-16}$$

式中　K——矿岩阻力夹制系数，一般取 1.1～1.2；

b——钻孔排距，m。

至于钻孔的装药结构，在露天台阶深孔爆破工程中普遍采用连续柱状装药形式。

c　微差间隔时间

确定合理的微差爆破间隔时间，对改善爆破效果与降低地震效应具有重要作用。在确定间隔时间时主要应考虑岩石性质，布孔参数，岩体破碎和运动的特征等因素。微差间隔时间过长则可能会造成先爆孔破坏后爆孔的起爆网路，过短则后爆孔可能因先爆孔未形成新自由面而影响爆破质量。关于微差间隔时间的计算公式很多，其中可供参考的公式如：

$$\Delta t = KW_d \tag{8-17}$$

式中　Δt——微差间隔时间，ms；

K——与岩石性质有关的系数，ms/m，当岩石 f 值大时，取 $K=3$，当 f 值小时，取 $K=6$；

W_d——底盘抵抗线，m。

$$\Delta t = K'W_d(24-f) \tag{8-18}$$

式中　Δt——微差间隔时间，ms；

K'——岩石裂隙系数。对于裂隙少的矿岩，$K'=0.5$；对于中等裂隙的矿岩，$K'=0.75$，对于裂隙发育的矿岩，$K'=0.9$；

W_d——底盘抵抗线，m；

f——岩石坚固性系数。

目前，多排孔微差爆破微差间隔时间一般为 25～50ms。

d　布孔形式和起爆顺序

露天台阶深孔的布孔形式有三种：三角形、正方形和矩形。布孔时应考虑钻孔方便、爆破质量良好，适应爆破顺序的要求。

多排孔微差爆破的起爆顺序是多种多样的，可根据工程所需的爆破效果及工程技术条件选用。较常见的起爆顺序有排间顺序起爆、孔间顺序起爆、波浪式起爆、“V”形起爆、梯形起爆、中间掏槽横向起爆、对角线（或斜线）起爆。如图 8-23 所示。

排间顺序起爆法如图 8-23（a）所示，它的网路连接简单，也有利于克服根底，是正

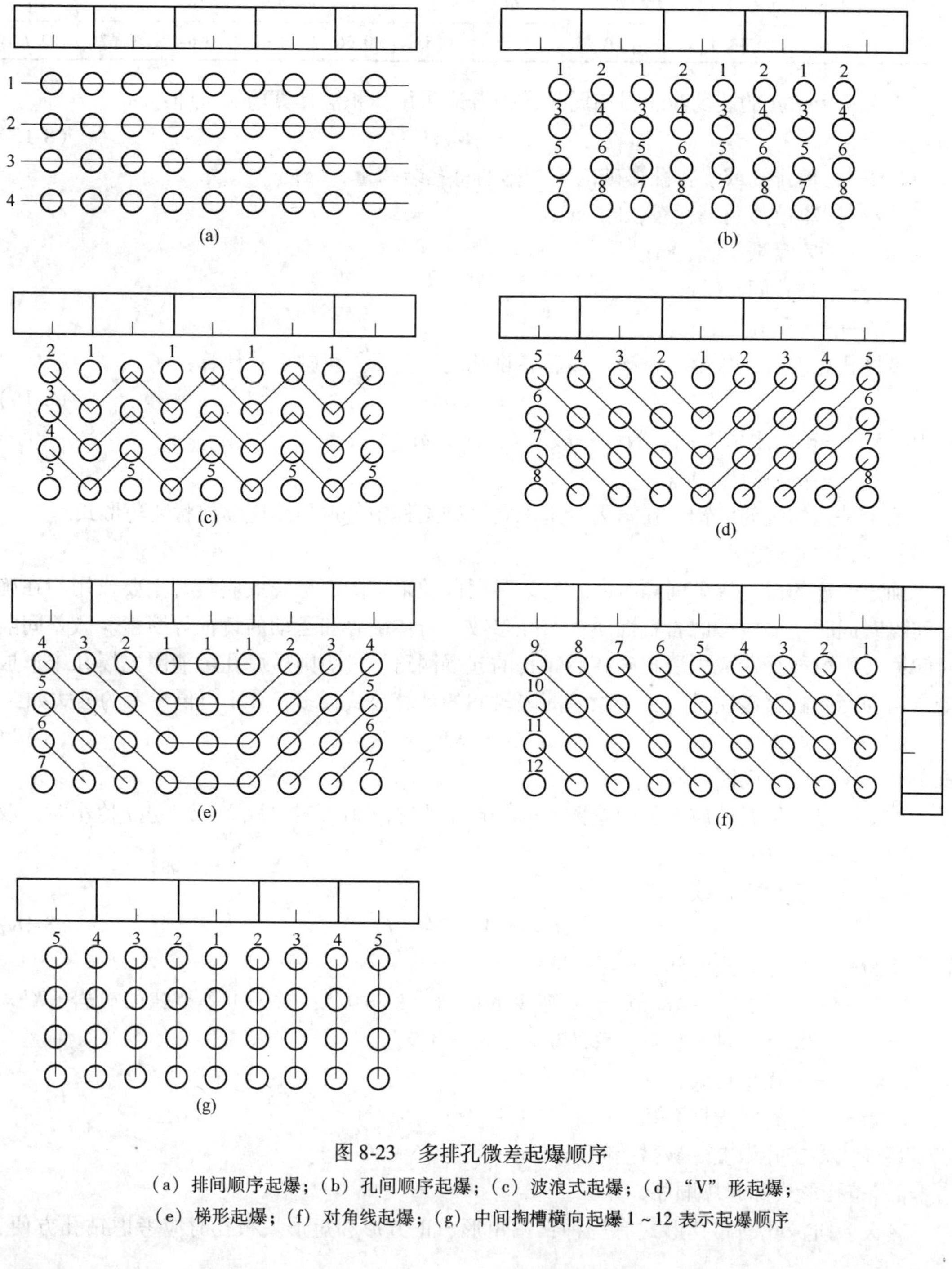

图 8-23　多排孔微差起爆顺序

（a）排间顺序起爆；（b）孔间顺序起爆；（c）波浪式起爆；（d）“V”形起爆；（e）梯形起爆；（f）对角线起爆；（g）中间掏槽横向起爆 1～12 表示起爆顺序

常采掘爆破时常用的一种形式，但在使用此法时也要注意，每排钻孔数不宜过多，装药量也不宜过大。

孔间顺序起爆法如图 8-23（b）所示，这种方法每个钻孔的自由面较多，有利于矿岩充分碰击破碎。

波浪式起爆如图 8-23（c）所示，“V”形起爆［见图 8-23（d）］和梯形起爆［见图 8-23（e）］，这三种方法均有利于新自由面的扩展，并可缩短最小抵抗线和改变爆破作用方向，增加矿岩互相碰撞的机会，爆堆集中，但网路连接较复杂。

对角起爆法如图 8-23（f）所示，因工作线长，炮孔多，装药量大而不宜使用排间起爆时，可用这种爆序安排。

中间掏槽起爆法如图 8-23（g）所示，它是首先用中间那排掏槽孔形成槽沟状自由面，然后再依次起爆两侧各排钻孔。使用此法时要注意掏槽孔的孔距一般要缩小 20%，超深也需增加，装药量也需增大约 20% ~25%。掏槽孔的排列方向，宜顺着结构面走向。这种形式常用于堑沟掘进或挤压爆破。表 8-4 列举几个露天矿多排孔微差爆破的参数，供使用时参考。

表 8-4 露天矿多排孔微差爆破的参数

参数名称	吉林珲春金铜矿	福建紫金山金铜矿	新疆金宝铁矿	大孤山铁矿	眼前山铁矿
岩石硬度系数 f	10 ~ 12	6 ~ 8	10 ~ 14	12 ~ 16	8 ~ 12
台阶高度/m	12	12	12	12	12
钻孔深度/m	14 ~ 15	14 ~ 15	14 ~ 15	14.5 ~ 15.5	14 ~ 14.5
钻孔直径/mm	150	150	150	250	250
底盘抵抗线/m	5 ~ 6	7 ~ 8	6 ~ 7	8 ~ 9	7 ~ 9
钻孔间距/m	4.5 ~ 5	6 ~ 7	5 ~ 6	6 ~ 7	7.5 ~ 8
钻孔排距/m	4 ~ 4.5	5 ~ 6	4 ~ 5	5.5 ~ 6.5	5.5 ~ 6
单位炸药消耗量/$kg \cdot m^{-3}$	0.53 ~ 0.56	0.28 ~ 0.32	0.56 ~ 0.58	0.56 ~ 0.76	0.45 ~ 0.55
微差间隔时间/ms	25 ~ 50	25 ~ 65	25 ~ 50	25 ~ 50	50 ~ 75

总之，在露天矿采用多排孔微差的优点是：

（1）一次爆破量大、减少爆破次数和避炮时间，提高采场设备的利用率。

（2）改善矿岩破碎质量，其大块率比单排孔爆破少约 40% ~50%。

（3）增加穿孔设备的工作时间利用系数和减少穿孔设备在爆破后冲区作业次数，可大大提高穿孔设备的效率。

（4）可提高采装、运输设备的效率约 10% ~15%。

但是，多排孔微差爆破要求及时穿凿出足够数量的钻孔，因此必须采用高效率的穿孔设备，如牙轮钻机。其次，这种爆破也要求工作平台宽度较大，以便能容纳相应的爆堆。此外，多排孔微差爆破工作较集中，为了能及时施爆，最好使装、填工作机械化。如成立专门的爆破组，配备成套的制药、装药和填塞设备，来承担矿山的爆破工作。或采用预先预装药的形式，当每个钻孔穿凿完毕随即装药填塞，最后再集中连线起爆。

8.1.3.2 多排孔微差挤压爆破

多排孔微差挤压爆破，是工作面残留有爆渣的情况下的多排孔微差爆破。渣堆的存在，是为挤压创造的必要条件，一方面能延长爆破的有效作用时间，改善炸药能的利用率和破碎效果，另一方面，能控制爆堆宽度，避免矿岩飞散。

根据我国一些矿山使用多排孔微差挤压爆破的经验，应注意下列几个问题。

A 渣堆厚度及松散系数

首先，渣堆厚度决定了挤压爆破时刚性支撑的强弱，从最大限度的利用爆炸能出发，可按下式求得：

$$B = K_c W_d \left(\frac{\sqrt{2\varepsilon q E E_0}}{\sigma} - 1 \right) \tag{8-19}$$

式中 B——渣堆厚度，m；

K_c——矿岩松散系数；

W_d——底盘抵抗线，m；

ε——爆炸能利用系数，一般取0.04～0.2；

q——单位炸药消耗量，kg/m^3；

E——岩体弹性模量，kg/m^2；

E_0——炸药的热能，kJ·m/kg；

σ——岩体挤压强度，kg/m^2。

在露天矿中对于较弱的岩体，一般$B=10～15m$；对于较硬的岩体，一般$B=20～25m$。

其次，渣堆厚度也决定了爆破后的爆堆宽度。随着渣堆厚度的增加，爆堆前冲距离减少，如表8-5是渣堆厚度对爆堆宽度的影响。为了保护台阶工作面线路，可参照表中数据选取渣堆厚度。

表8-5 渣堆厚度对爆堆宽度的影响

岩石坚固性系数f	单位炸药消耗量/kg·m^{-3}	下述渣堆厚度时爆堆前移距离/m						
		10	15	20	25	30	35	40
17～20	0.70～0.95	31	27	20	15	10	5	0
13～17	0.50～0.80	27	21	13	5	0		
8～13	0.30～0.60	15	11	0				

此外，挤压爆破的应力波在岩体与渣堆界面上，部分反射成拉伸波继续破坏岩体，部分呈透过波传入渣堆而被吸收。因此，在保证渣堆挤压作用的前提下，要提高反射波的比例，以保证渣堆适当松散。根据一些矿山经验，当渣堆松散系数大于1.15时爆破效果良好；当小于1.15时，应力波透过太多，使第一排钻孔处常常出现“硬墙”。

应该指出，上述有关渣堆松散系数和厚度的要求并不是绝对的。当渣堆密实又厚时，只要增大炸药量，也能够保证挤压爆破的效果。例如某镁矿就曾在100m的厚渣堆下成功地进行了爆破。

B 单位炸药消耗量和药量分配

多排孔微差挤压爆破的单位炸药消耗量，比清渣多排孔微差爆破要大20%～30%。如果单耗过大则爆效难以保证。关键在第一排钻孔，由于它紧贴渣堆，会产生较大的透过波损失，而且还要推压渣堆为后续的爆破创造空间，因而需要适当增大第一排钻孔的药量或使用高威力炸药，缩小抵抗线和孔间距，增加超深值，对于最后一排钻孔的爆破，它涉及到下一循环爆破的渣堆松散系数。为了使这部分渣堆松散，最后一排钻孔也要适当增大药量。为此需要：（1）缩小钻孔间距或排距约 10%；（2）增加装药量 10% ~20% 或使用高威力炸药；（3）延长微差间隔时间 15% ~20%。

C 孔网参数

多排孔微差挤压爆破的孔网参数，与多排孔微差爆破的原则相似。其主要差别是第一排孔和最后一排孔的参数宜小一些。

D 微差间隔时间

由于挤压爆破要推压前面的渣堆，因而它的起爆间隔时间要比清渣微差爆破宜长些。如果间隔时间过短，推压作用不够，则爆破受到限制；如果间隔时间过长，则推压出来的空间被破碎的矿岩充填，起不到应有的作用。实践表明，多排孔挤压爆破的微差间隔时间应较常规爆破时增大 30% ~60% 为宜，当岩石坚硬且岩渣堆较密时应取上限。在我国露天矿山中，通常取 50 ~100ms。

E 爆破排数和起爆顺序

多排孔微差挤压爆破的排数，较适宜一次爆破排数多为 3 ~7 排，不宜采用单排，但采用更多的排数也会增大药耗，爆效也难以保证。各排的起爆顺序与多排孔清渣爆破相类似。表 8-6 列举了我国几个露天矿多排孔微差挤压爆破的参数，供使用时参考。

表 8-6 我国几个露天矿多排孔微差挤压爆破的参数

参数名称	齐大山铁矿	眼前山铁矿	大孤山铁矿	大连石灰石矿	珲春金铜矿
岩石硬度系数 f	10 ~18	16 ~18	12 ~16	6 ~8	8 ~12
台阶高度/m	12	12	12	12	12
钻孔深度/m	15	14 ~15	14 ~15	14 ~15	14
钻孔直径/mm	250	250	250	250	150
底盘抵抗线/m	6 ~9	14 ~10	7 ~8	7.5 ~9	6 ~7
钻孔间距/m	5 ~6	5.5	5 ~5.5	10 ~12	[illegible]5 ~5
钻孔排距/m	5 ~5.5	5.5	5 ~5.5	6 ~7	3.5 ~4
单位炸药消耗量/kg · m^{-3}	0.7 ~1.0	0.77	0.55 ~0.57	0.12	0.56 ~0.60
渣堆厚度/m	10 ~12	6 ~22	15 ~20	10 ~15	>6
微差间隔时间/ms	50	50	50	25	50

相对多排孔微差爆破而言，多排孔微差挤压爆破的优点是：

（1）矿岩破碎效果更好。这主要是由于前面有渣堆阻挡，包含第一排孔在内的各排钻孔都可以增加装药量，并在渣堆的挤压下充分破碎。

（2）爆堆更集中。特别是对于采用铁路运输的露天矿。爆破前可以不用拆轨，从而提高采装、运输设备的效率。

多排孔微差挤压爆破也存在着缺点：

（1）炸药消耗量大。

（2）工作平台要求更宽，以便容纳渣堆。

（3）爆堆高度较大，特别是当渣堆厚度大而妨碍爆堆向前发展时，将可能影响挖掘机作业的安全。

8.1.3.3　高台阶爆破

高台阶爆破，就是将约等于目前使用的2~3个台阶并在一起作为一个台阶进行穿爆工作，爆破后再按原有的台阶高度逐层产装，上部台阶的装运是在已爆破的浮渣上进行的。爆破时，上一个台阶留有渣堆，连同下一台阶采用多排孔微差挤压爆破，如图8-24所示。高台阶爆破是一种爆破量最大的微差爆破。

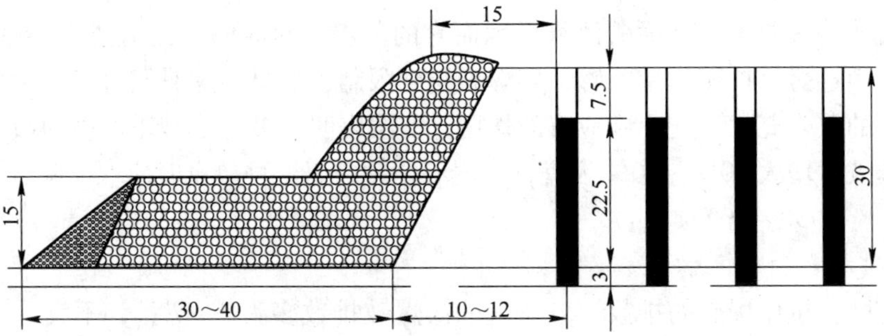

图8-24　高台阶爆破（单位：m）

采用高台阶爆破时的基本要求是：

（1）一次爆破的钻孔排数最少为3~4排，一般以8~10排效果较好，使爆堆能更集中。

（2）由于钻孔底部夹制现象严重，宜采用掏槽爆破。

（3）在坚硬矿岩中，宜提高单位炸药消耗量。

（4）钻孔超深，一般可按台阶高度的0.05~0.25计算。

（5）由于钻孔较长，宜采用分段间隔装药结构，使炸药能均匀分布。同一孔内各段装药之间的起爆，也可按孔内微差爆破。

高台阶爆破的优点是：

（1）充分实现穿爆、采装、运输工作的平行作业，有利于提高钻、装、运等设备的效率。

（2）相对减少超深和填塞长度，也相对的减少超钻、开孔的数量。

（3）由于有效装药长度相对增加，炸药能在深孔中分布均匀，故改善矿岩破碎质量，大块率降低，基本上无根底。

（4）后冲与对下部台阶的破坏作用也相对减少。

但是采用高台阶爆破也存在一些严重的弱点，要求穿孔深度大，对于一般钻机作业较困难；台阶下部夹制严重，质量不易保证。因此，目前高台阶爆破仍在探索和改进中。

8.1.4　临近边坡爆破技术

随着露天矿向下延伸，边坡稳定问题日益突出。为了保护边坡，临近边坡的爆破应严格控制。根据国内外矿山的经验，目前主要采用的措施是：采用微差爆破、预裂爆破和光面爆破。

8.1.4.1　采用微差爆破减小震动

微差爆破的主要作用之一，是可以减少爆破的地震效应。为了充分发挥微差爆破的减震作用，关键是设法增加爆破的段数和控制微差间隔时间。

A 采用多段微差爆破减震

爆破所引起的质点震动，一般可以粗略的分为一个阶段，即最先出现的“初始相”，它的特点是频率高、振幅小、作用时间短；随后出现的是“震相”，它的特点是频率低、振幅大、作用时间长，具有较大的破坏作用；最后出现的是震后的“余震相”。在采用微差爆破中增加起爆段数，即使不能完全分离各段爆破的震波，起码也可以使各段震波的“主震相”得到某种程度上的分离，从而呈现各段爆破的单独作用，使得多段微差爆破所引起的震动不决定于总炸药量，而是取决于每一段炸药量的大小。例如，凤凰山铁矿，曾用12～15段的微差爆破和齐发爆破进行过对比试验，其地震效应减少了50%，又如珲春金铜矿用15～20段的对角起爆代替原有的3～4段逐排起爆的微差爆破，使每段药量减少50%～70%，地震效应也比原来减少31.8%～51.2%。因此，多段微差爆破的实质是通过增加起爆段数来减少每段爆破药量，从而借各段爆破的独立作用来实现减震的。

目前在露天矿山中选择多段微差爆破时，一般是采用斜线（对角）起爆方式。当爆破孔数较少时，起爆是从爆区的一端开始，如图8-25（a）所示；当孔数较多时，可从爆区中间，如图8-25（b）所示或爆区的两端起爆；当孔数更多时，则可进行分区多处掏槽起爆。这样的起爆方式，既可以增加起爆段数，又可以加强已破碎矿岩之间的挤压碰撞作用。值得注意的是：在安排雷管段数时，最好使后排孔比前排孔高两段，以防偶然出现的跳段事故，当然近年来随着科技的发展，高精度起爆器材的出现，可以采用逐孔起爆，其减震效果更好。

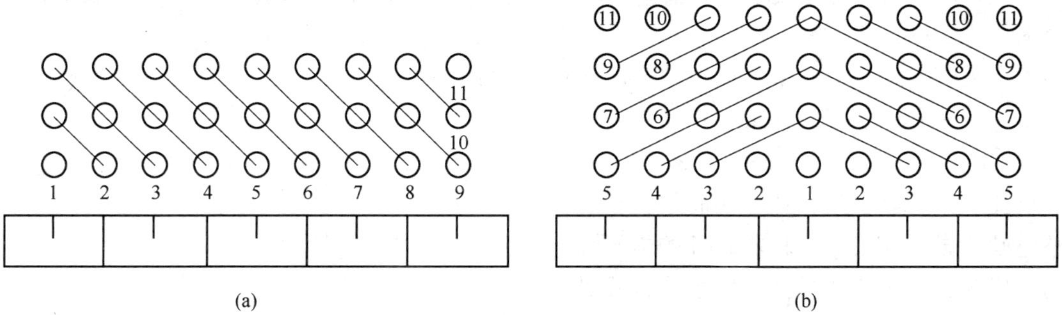

图8-25 多段斜线起爆方案

（a）侧面掏槽；（b）中央掏槽

B 选择微差间隔时间干扰降震

在微差爆破中，间隔时间的确定是一个很重要的问题。假如间隔时间确定合适，不仅仅是分离爆破地震波，而且可以使它们互相干扰抵消。假如时间选择不当，也可能出现叠加增震。所以，采用多段微差爆破时，一定要正确的选择微差间隔时间。

8.1.4.2 采用预裂爆破隔离边坡

预裂爆破就是沿边坡界线钻凿一排较密集的平行钻孔，每孔装入少量炸药，在正常采掘爆破之前先行起爆，而获得一条有一定宽度并贯穿各钻孔的裂缝。由于有这条预裂缝将采掘区与边坡分隔开来，使采掘区正常爆破的地震波在裂缝面上将产生较强的反射，使得透过裂缝的地震波强度大大削弱，从而保护了边坡的稳定。

根据国内外矿山的预裂爆破经验，为了取得良好的预裂爆破效果，应注意下列几方面。

A　对预裂缝的要求

（1）预裂缝要连续，且能达到一定的宽度，能够充分反射采掘区爆破的地震波，以便控制它们对边坡的破坏作用。通常要求，这个宽度应不小于1～2cm。

（2）预裂面要比较平整，为了获得整齐而稳定的边坡面。一般要求预裂面的不平整度不超过±15～20cm。

（3）在预裂面附近的岩体无明显爆破裂隙，最好的情况是在预裂壁面上能留下较完整的半个钻孔壁，一般要求孔痕率大于50%～80%。

B　基本参数

为了实现上述要求，关键是合理地确定孔径、孔距。

a　孔径和不耦合系数

所谓不耦合系数就是钻孔直径与药柱直径的比值。在预裂爆破中药柱外壁与孔壁之间的环形间隙的作用，主要是降低爆轰波的初始压力，保护孔壁及防止其周围岩石出现过度粉碎。此外，还可以延长爆破作用时间，有利于预裂缝的发展。生产实践表明，不耦合系数一般要求大于2，才能获得较好的效果。

至于对预裂钻孔孔径的要求，一般宜取小一些。这既是为了提高穿孔速度，也是便于缩小孔距及每孔装药量，从而提高预裂爆破的效果。一般在露天矿中，通常用ϕ100～200mm的潜孔钻机或ϕ60～80mm的凿岩台车来穿凿预裂孔。

b　孔距

预裂爆破的孔距比较小，可根据选定的孔径按一定的比值选取孔距，一般可取钻孔直径的7～12倍。即：

$$a = (7 \sim 12)d \tag{8-20}$$

式中　a——钻孔间距，mm；

d——钻孔直径，mm。

孔径大时取小值，孔径小时取大值；完整坚硬的岩石取大值，软弱破碎的岩石取小值。应该注意，最佳的钻孔间距不只是一个，而是在一个合理范围内变动。如图8-26所示是马鞍山矿山研究院在实验室提出的孔距-不耦合系数的关系曲线。图8-26中1线表示可实现预裂爆破的最大孔距，2线表示可实现预裂爆破的最小孔距，在1、2线所夹部分就是较合理的孔距取值范围。

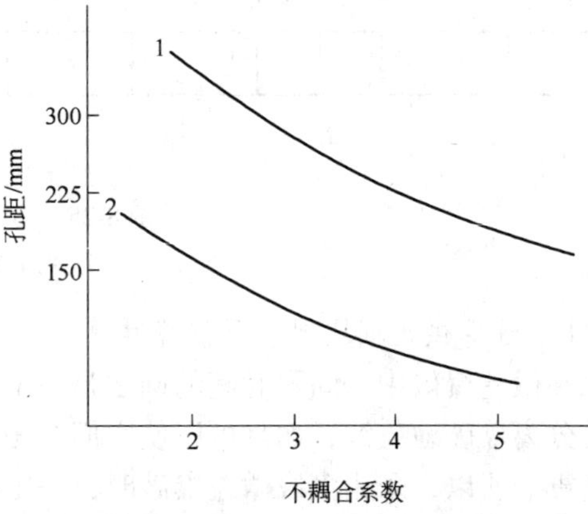

图8-26　孔距与不耦合系数的关系

C　药量计算

钻孔的装药量及其药量分布，是影响预裂爆破质量的重要因素。目前在矿山预裂爆破设计中，钻孔的装药量计算主要是采用一些经验公式及参考某些已成工程的实际经验数据，进行分析对比。如常见的公式有：

（1）长办长科院提出的计算公式

$$q = 0.34\sigma_{压}^{0.63} \cdot a^{0.67} \tag{8-21}$$

（2）葛洲坝工程局提出的计算公式

$$q = 0.367\sigma_{压}^{0.5} \cdot d^{0.86} \tag{8-22}$$

（3）武汉水利电力学院提出的计算公式

$$q = 0.127\sigma_{压}^{0.5} \cdot a^{0.84} \cdot \left(\frac{d}{2}\right)^{0.24} \tag{8-23}$$

式中 q——线装药密度，等于钻孔正常装药量（不包括底部增加的药量）除以装药段长度（不包括堵塞长度），kg/m^3；

$\sigma_{压}$——岩石抗压强度，kg/cm^2

a——钻孔间距，m；

d——钻孔直径，m。

用上述公式计算出来的药量，是预裂孔正常的线装药密度。在钻孔的底部由于受到夹制作用，必须加大装药量，才能达到预期的效果。钻孔越深，岩石越坚硬，夹制作用越明显。底部需增加装药量的范围，自孔底起约为0.5～1.5m。在实际生产工作中，底部装药的增量多半以该孔线装药密度的倍数来衡量，孔深5～10m时，增加2～3倍；当孔深超过10m时，增加3～5倍；坚硬的岩石取大值，松软的岩石取小值。

对于预裂爆破的基本参数的确定，除了取决于矿岩的物理力学性质外，还与所保护边坡的重要程度有关。一般是临近运输干线等地段的边坡参数宜取小些，对于不太重要的地段参数可取大些。表8-7是马鞍山矿山研究院推荐的预裂爆破参数。

表8-7 预裂爆破的参数

普通预裂爆破				重要预裂爆破			
孔径/mm	炸药	孔距/m	线装药密度/$kg \cdot m^{-1}$	孔径/mm	炸药	孔距/m	线装药密度/$kg \cdot m^{-1}$
80	2号岩石或铵油炸药	0.7～1.5	0.4～1.0	32	2号岩石或铵油炸药	0.3～0.5	0.15～0.25
100		1.0～1.8	0.7～1.4	42		0.4～0.6	0.15～0.3
125		1.2～2.1	0.9～1.7	50		0.5～0.8	0.2～0.35
150		1.5～2.5	1.1～2.0	80		0.6～1.0	0.25～0.5
				100		0.7～1.2	0.3～0.7

D 装药和起爆

预裂爆破用的炸药，应该是爆速低、传爆性能好的炸药，国外用专门的预裂炸药，如瑞典的古立特炸药、纳比特炸药等，而我国一般是用岩石炸药或铵油炸药。

在预裂钻孔内填装炸药，药卷最好是均匀连续地布置在钻孔的中心线上，使周围形成环形空隙，其效果最理想。国外的专用预裂炸药都有翼状套筒定位，国内没有专门的预裂爆破药卷，很难达到这样要求，在实际施工中，通常都需要在现场加工制备。一般是采用两种方法，一是将炸药装填在一定直径的硬塑料管内连续装药，为了能顺利引爆和传爆，在整个管内贯穿一根导爆索；另一种方法是采用间隔装药，即根据计算的线装药密度，将药卷按一定的距离绑扎在导爆索上，形成一断续的炸药串。为了将药串置于炮孔中心，通常是用竹皮或木板在侧壁隔垫，使药串不与被保护的孔壁直接接触。在我国的预裂隙爆破中，孔口的不装药部分应用砂子或岩粉堵塞，堵塞长度一般为0.6～2.0m。

在预裂爆破中，为了能使各钻孔中的炸药同时起爆，保证爆破能量的充分利用，一般都是采用导爆索起爆。

E 施工技术

为了获得整齐的预裂壁面，必须确保钻孔的精度，国内外预裂爆破的实践表明，孔底的钻孔偏差不应超过15～20cm。对于沿预裂面方向的偏差可以放松一些，但是对于垂直预裂面方向的偏差要严格控制，只有这样才能保证壁面的平整。

预裂钻孔的下部，通常距孔底约0.7m处仍有裂隙。若底部也需要保护，可适当减小孔深。为了防止主爆孔爆破地震波从预裂线端部绕过，通常预裂线端部应比主爆区伸长50～100d（d为钻孔直径）。

为了更好地保护边坡，临近预裂线的几排主爆孔，应适当缩小孔距、排距和装药量。假若预裂孔和主爆孔一次起爆，预裂孔至少超前主爆孔100ms以上起爆。

总之，预裂爆破是保护露天矿边坡的有效措施，特别是对于稳固性差或意义重大的边坡，更要精心使用预裂爆破。当然，相对于正常的采掘爆破来说，预裂爆破的穿孔、爆破工作量大，费用也高，这也是预裂爆破的最大缺点。

8.1.4.3 采用光面爆破保护边坡

光面爆破就是沿边界线钻凿一排较密的平行钻孔，往孔内装入少量炸药，在主爆孔爆破之后再进行起爆，从而沿密集钻孔形成平整的岩壁。

如图8-27所示，是某铁矿采用光面爆破法清理边坡示意图。

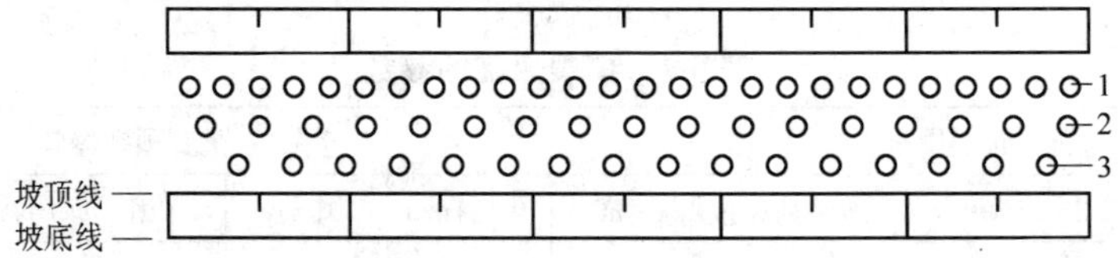

图8-27 用光面爆破清理边坡

1—光面孔；2，3—辅助孔

首先，用150型潜孔钻机沿边界线打一排较密的光面炮孔，其孔径为150mm，孔距1.7～2.0m。倾角75°，斜长16.5m。在光面孔距离台阶坡面大于2.5m的地方，再适当布置一些辅助钻孔，使光面钻孔排与辅助钻孔排的间距为2～2.3m。而后，往光面孔装入比孔径小的细药卷，线装药密度为1.5kg/m，在药包与孔壁之间沿径向和轴向方向上都留有空隙，平均装药量为1.3kg/m。辅助孔按3kg/m的线装药密度装药，并适当增加底部装药量。起爆时，辅助孔先爆，间隔50ms后光面孔再爆。这样，爆破后坡壁面平整，不平整度仅为10～20cm，壁面上留有半个光面孔。

采用光面爆破时，应注意以下几个问题。

A 合理选择爆破参数

光面爆破的参数选择与预裂爆破很类似。不过由于光面爆破是最后起爆，受岩石的夹制作用较小些，所以参数也就比较大。根据经验，光面爆破的最小抵抗线，一般是正常采掘爆破的0.6～0.8倍，间距是自身抵抗线的0.7～0.8倍，即：

$$W_G = (0.6 \sim 0.8)W \tag{8-24}$$

$$a_G = (0.7 \sim 0.8)W_G \tag{8-25}$$

式中 W_G——光面爆破的最小抵抗线，m；

W——正常采掘爆破的最小抵抗线，m；

a_G——光面爆破的钻孔间距，m。

光面爆破的孔径，一般是等于正常炮孔作业的钻孔直径，若条件允许时宜取小一些的。其不耦合系数同样在2～5范围之间。线装药密度通常在0.8～2kg/m。如表8-8所示，列举国外不同炮孔直径时的光爆参数，供使用时参考。

表8-8 国外不同炮孔直径时的光爆参数

孔径/mm	线装药密度/kg·m^{-1}	炸药类型	最小抵抗线/m	炮孔间距/m
50	0.25	古利特	1.1	0.8
62	0.35	纳比特	1.5	1.0
75	0.5	纳比特	1.6	1.2
87	0.7	狄纳米特	1.9	1.4
100	0.9	狄纳米特	2.1	1.6
125	1.4	狄纳米特	2.7	2.4
150	2.0	狄纳米特	3.2	2.4
200	3.0	狄纳米特	4.0	3,2

B 妥善进行装药与起爆

光面爆破用的炸药，最好也是爆速低、传爆性能好的炸药，我国一般用岩石炸药或铵油炸药。药卷尽量固定钻孔中央，使周围留有环形空隙等这些方面的要求，与预裂爆破相似，与预裂爆破不同的地方主要是在起爆时间上。光面钻孔的起爆时间必须迟于主炮孔的起爆时间，通常是滞后50～75ms。

至于光面钻孔的起爆方式，为了使光面孔同时起爆，最好也是采用导爆索起爆。

C 控制最后几排的爆破

光面爆破的作用主要是形成平整的壁面，其并不能抵制或反射正常主炮孔爆破的地震效应，所以临近边坡时的最后几排钻孔的装药量和抵抗线都应减小。最后几排孔最好是采用缓冲爆破。

D 严格施工要求

光面钻孔的施工同样也要做到“平”、“正”、“齐”。特别是在边界平面的垂直方向上，钻孔偏差不许超过±15～20cm，否则壁面很难平整。

总之，光面爆破和预裂爆破有很多相似之处，其根本区别在于起爆时间上。光面爆破孔距较大，穿孔工作量相对少一些，但其降震效果不如预裂爆破。所以临近边坡的爆破，可以概括为：微差爆破是基础，临近边坡宜采用“缓冲爆破”，重要地段采用预裂爆破，清理边坡应采用光面爆破。

8.2 露天矿采装技术

采装工作是指用装载机械将矿、岩从其实体中或爆堆中挖掘出来，并装入运输容器内或直接倒卸到一定地点的工作。它是露天开采全部生产过程的中心环节。采装工作的好坏，直接影响到矿床的开采强度、露天矿生产能力和最终的经济效果。因此，如何正确选择采装设备，采用良好的采装方法，以提高采装工作效率，对搞好露天矿生产具有极其重要的意义。

采装工作所用的设备包括各种挖掘机和土方工程机械。一些小型露天矿还用装岩机、电耙等设备装载。然而，目前在国内外金属露天矿中，均以使用单斗挖掘机为主，虽然近几年来前端式装载机和轮斗式挖掘机有了较大的发展，但仍然没有改变单斗挖掘机采装在露天矿的统治地位。

8.2.1 常用采装设备

挖掘机是露天矿主要挖掘设备。其种类较多，以电力为动力的挖掘机称为电铲，以柴油为动力的挖掘机称为柴油铲，采用液压传动控制机构运行的称为液压铲。

按照工作装置的支持方法不同，有刚性和挠性之分。挠性支持的有索斗铲、抓斗铲等；刚性支持的有正铲、反铲和刨铲等。

目前，大多数矿山使用的是刚性支持的单斗正向电铲和单斗反向液压铲。

挖掘机是用铲斗挖掘高于或低于承机面的物料，并装入运输车辆或卸至堆料场链斗式挖掘机的土方机械。挖掘的物料主要是土壤、煤、泥沙及经过预松后的岩石和矿石。

露天矿山 80% 的剥离量和采掘量是用挖掘机械完成的。挖掘机械分为单斗挖掘机和多斗挖掘机两类，单斗挖掘机的作业是周期性的，多斗挖掘机的作业是连续性的。

挖掘机械一般由动力装置、传动装置、行走装置和工作装置等组成。单斗挖掘机和斗轮挖掘机还有转台，多斗挖掘机还有物料输送装置。

动力装置有柴油机、电动机、柴油发电机组或外电源变流机组。柴油机和电动机大多用于中、小型挖掘机械，用一台原动机集中驱动，两者可互换。柴油发电机组和外电源变流机组用于大、中型挖掘机械，用多台电机分散驱动。

行走装置主要用来支撑机器、使机器变换工作位置和转移作业场地；另外，链斗式挖掘机和环轮式挖掘机的铲斗，随着行走装置的连续行走而切削土壤。行走装置有履带式、轮胎式、步行式、轨行式、浮游式和拖挂式等几种。

作业场地固定、要求接地比压较低时用履带式；作业场地多变时用轮胎式；因施工条件特殊而必须架设专用轨道时，用轨行式；挖掘水下泥土用浮游式；小型单斗挖掘机的行走装置无动力源时，用拖挂式；作业场地固定、机器重量大时，用步行式。步行式行走装置大多用于单斗挖掘机中的大、中型拉铲挖掘机和斗轮挖掘机。

8.2.1.1 单斗挖掘机

现代露天矿生产中，电铲担负着极其繁重的任务。在穿孔、爆破、铲装和运输四大环节中，铲装这一主要环节就主要是由电铲完成的。

在生产作业的过程中，电铲的主要动作有：挖掘、回转、卸载、铲斗返回工作面和车体行走等。电铲的机械机构必须能完成以上动作，为此，电铲在结构上大致可分为工作装置、传动机构和控制系统几个部分。

现代矿山的各个生产环节之间需相互协调。运输方面，国内外已广泛使用汽车运输。矿用载重汽车的载重量小则 20t，大型矿山则在 100t 以上。因此，目前铲斗容量在 4 ~ 10m^3 的中型电铲在中小型矿山广泛使用，而大型矿山的电铲铲斗容积则更大。

目前，国内露天矿使用较为广泛的是 WK-4 型及 WD-800 型电铲。

A　WK-4 型单斗正向电铲

WK-4 型单斗正向电铲是我国露天矿使用最为广泛的电铲，其外形结构如图 8-28 所示，外形见图 8-29。电铲下部的履带行走装置负责电铲的行走，其上的回转平台可绕回转轴 360°回转，主要工作机构为电铲前端的动臂、斗柄以及铲斗，负责挖掘及卸载。电铲回转平台上各种设备的布置如图 8-30 所示。司机室 14 位于电铲最前端，方便司机观察铲斗的工作状况。

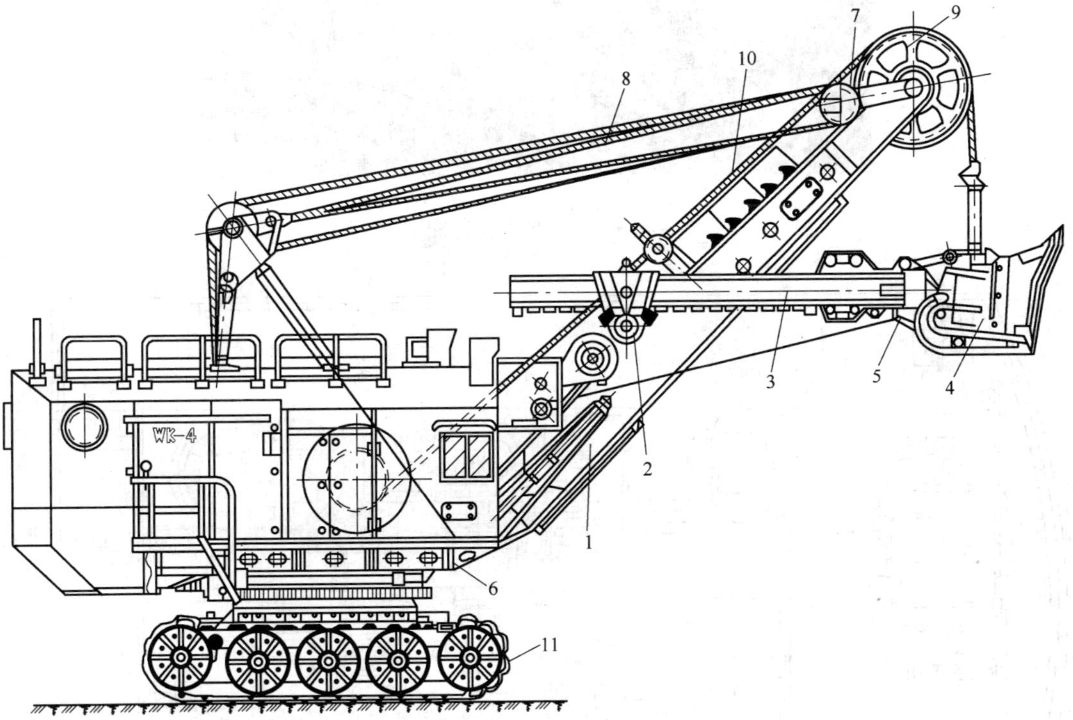

图 8-28　WK-4 型单斗正向电铲示意图

1—动臂；2—推压机构；3—斗柄；4—铲斗；5—开斗机构；6—回转平台；7—绷绳轮；8—绷绳；9—天轮；10—提升钢绳；11—履带行走机构

a　回转、行走机构

WK-4 型电铲的回转、行走机构图如图 8-31 所示。行走电动机通过多级齿轮传动驱动轴 11 回转，轴 11 通过牙嵌式离合器分别与左右驱动轮相连。这样除可完成履带行走装置的前后运动之外，还可以通过断开一侧离合实现机身的转弯。

齿圈 3 与支撑架 1 相连，回转平台通过左右两小齿轮及回转轴与行走机构相连。当回转电机通过齿轮传动驱动小齿轮围绕大齿圈转动时，回转平台即可绕大齿圈中心的回转轴完成 360 度回转。

b　装载挖掘机构

装载挖掘机构的结构如图 8-32 所示，由动臂、斗柄、铲斗及相应的传动装置组成。

图 8-29　电铲实物图

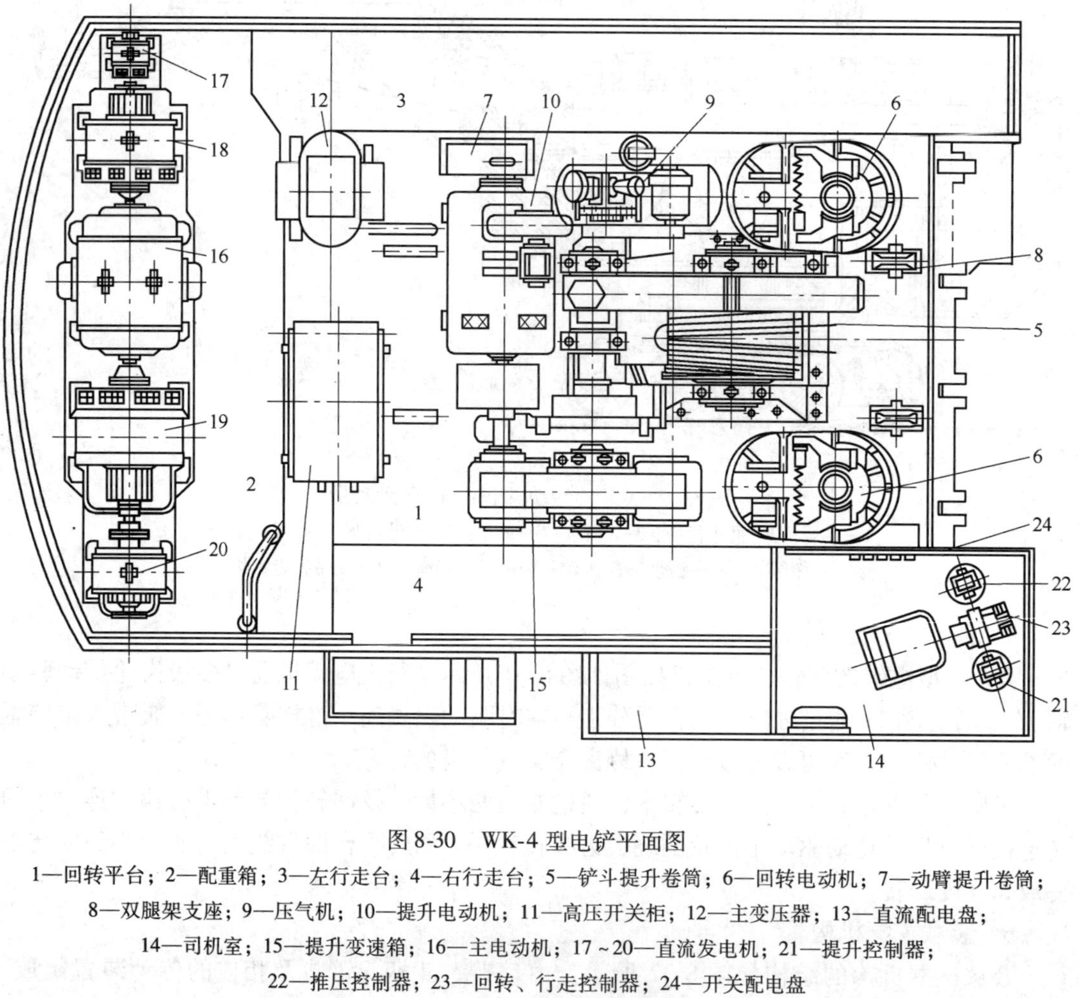

图 8-30　WK-4 型电铲平面图

1—回转平台；2—配重箱；3—左行走台；4—右行走台；5—铲斗提升卷筒；6—回转电动机；7—动臂提升卷筒；8—双腿架支座；9—压气机；10—提升电动机；11—高压开关柜；12—主变压器；13—直流配电盘；14—司机室；15—提升变速箱；16—主电动机；17～20—直流发电机；21—提升控制器；22—推压控制器；23—回转、行走控制器；24—开关配电盘

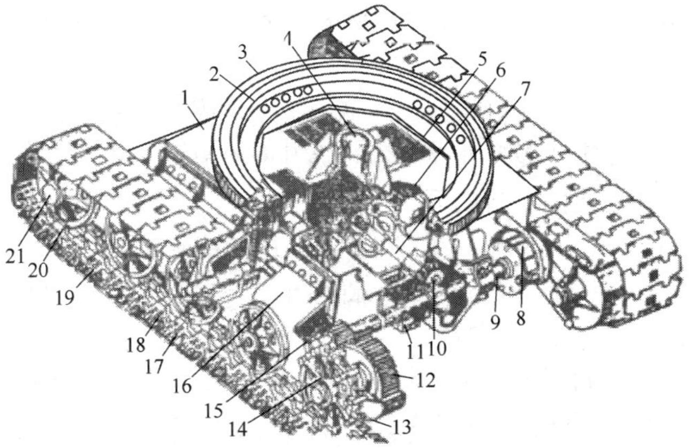

图 8-31　回转、行走机构图

1—支撑架；2—滚道；3—齿圈；4—中心轴；5，6，12，15—圆柱齿轮；7，9，11—传动轴；8—牙嵌离合器；
10—锥形齿轮；13—驱动轮轴；14—驱动轮；16—履带架；17—支重轮轴；
18—支重轮；19—履带板；20—引导轮；21—引导轮轴

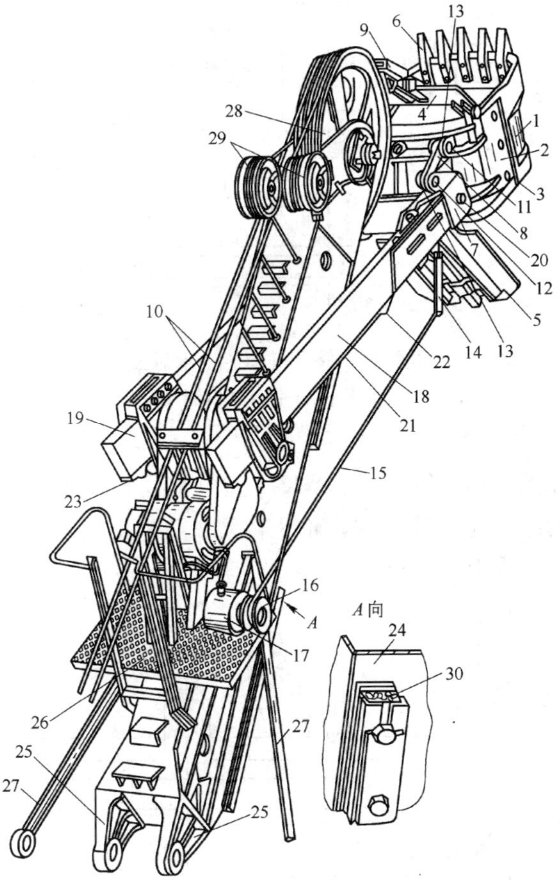

图 8-32　装载挖掘机构图

1—斗前壁；2—斗后壁；3—塞柱；4—半环杆；5—斗底；6—斗齿；7—铸造横梁；8—拉杆；
9—斗滑轮夹套；10—提升绳；11，12—销杆；13—耳孔；14—斗底开启杠杆；15—斗底开启绳；
16—开斗卷筒；17—开斗电动机；18，19—斗柄；20—螺栓；21—推压齿条；22，23—齿条限位块；
24—动臂；25—动臂脚踵；26—动臂中部平台；27—侧拉杆；28—天轮；29—绷绳轮；30—缓冲器

当提升电动机转动时，动臂上的崩绳轮29被钢绳牵引，使动臂围绕其末端转动，实现动臂角度的调节。

动臂通过推压提升装置与斗柄相连。斗柄前端刚性固定挖掘机铲斗，铲斗后部钢绳绕过动臂前端的天轮连接在铲斗提升卷筒上。当提升电机驱动铲斗提升卷筒卷绳时，斗柄即绕其后部扶套下转动轴完成提升与放下。

铲斗底板与铲斗后部铰接，可通过钢绳牵引斗底的插销使斗底打开，完成卸载。放下斗柄时，斗柄受重力作用与铲斗合拢，放开钢绳，插销插入，斗底再次与铲斗固定，即可再次挖掘。

c　挖掘提升机构

提升机构传动系统，如图8-33所示，提升电机同时连接动臂提升卷筒与斗柄提升卷筒。正常工作时，断开左侧连接，电机驱动斗柄升降；特殊情况下（如检修动臂）断开右侧连接，电机驱动动臂升降。

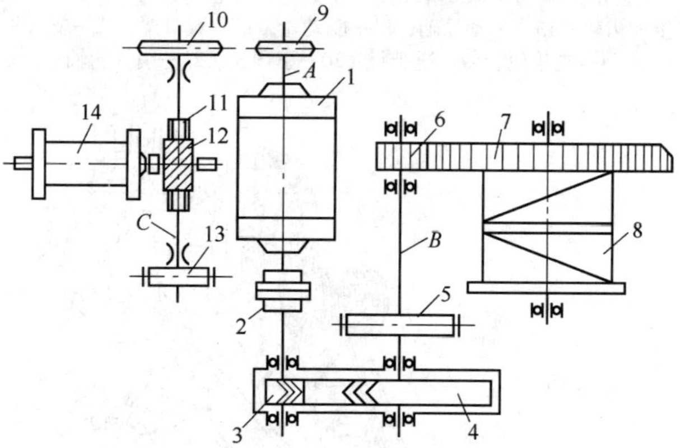

图8-33　提升机构传动示意图

1—提升电动机；2—联轴器；3，4—人字齿轮；5—铲斗提升制动轮；6，7—正齿轮；8—铲斗提升卷筒；9，10—链轮；11—蜗轮；12—蜗杆；13—动臂提升制动轮；14—动臂提升卷筒；*A*，*B*，*C*—轴

由于有时要使铲斗的斗齿切入岩堆，WK-4型电铲还设计了推压提升装置，如图8-34所示。推压电机通过两级齿轮减速驱动齿轮8转动，斗柄上的齿条9即完成前后运动，实现斗柄相对动臂的推压和提升。

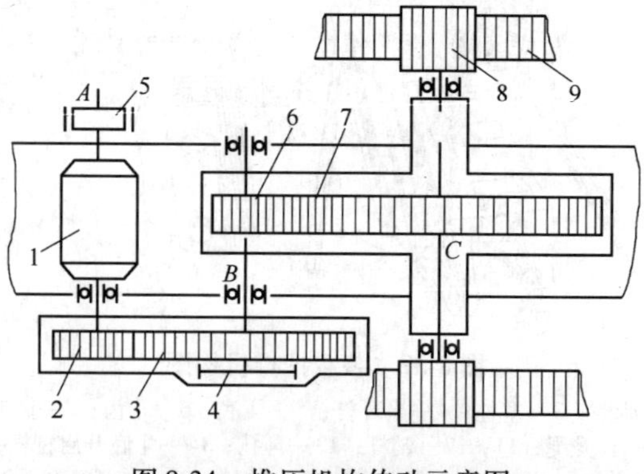

图8-34　推压机构传动示意图

1—推压电动机；2，3—正齿轮；4—过负荷保险闸；5—推压制动轮；6，7，8—正齿轮；9—齿条；*A*，*B*，*C*—轴

铲斗提升装置、推压提升装置均有相应制动装置。此外，WK-4 型电铲还设计了过载保护装置，如图 8-35 所示，以免电机发生过载。

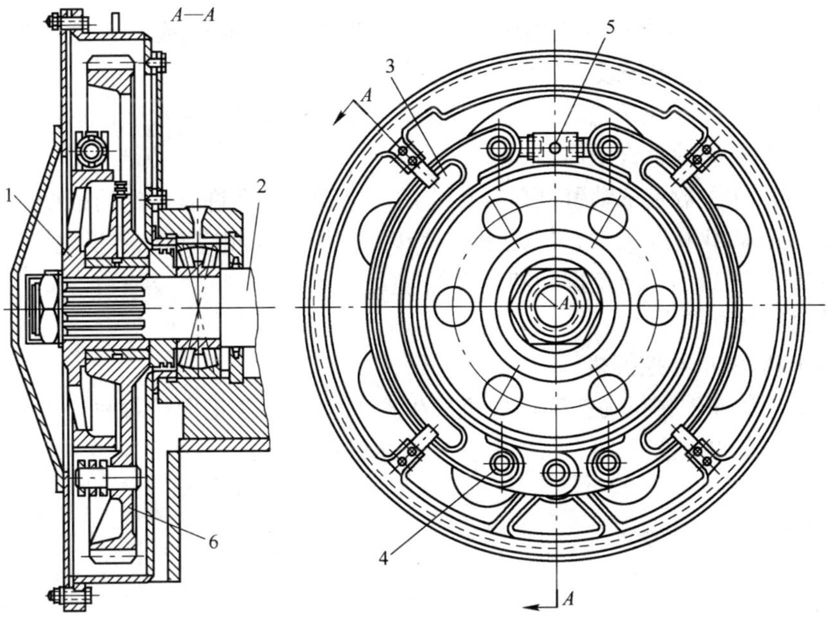

图 8-35 过负荷保险闸结构图

1—光轮；2—轴；3—闸瓦；4—销子；5—螺旋套；6—齿轮

d 挖掘机工作参数

挖掘机的工作范围决定于其工作参数。机械铲的主要工作参数如图 8-36 所示。

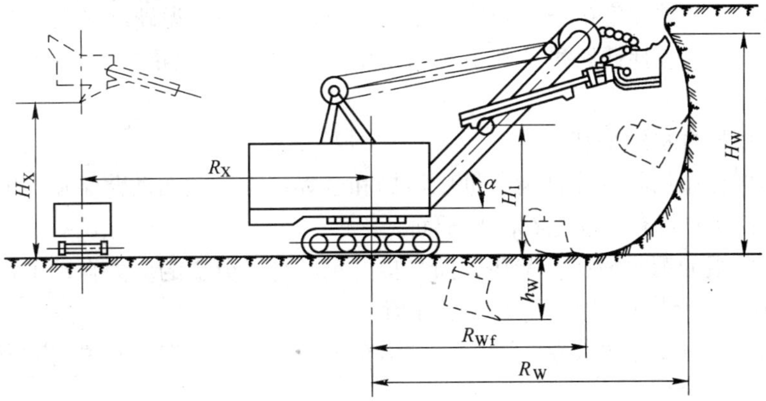

图 8-36 机械铲主要工作参数

挖掘半径（R_W）挖掘时从机械铲回转中心线至铲齿切割边缘的水平距离；最大挖掘半径（R_{WM}）是铲杆最大水平伸出时的挖掘半径；站立水平上的挖掘半径（R_{Wf}）是铲斗平放在机械铲站立水平时的最大挖掘半径。

挖掘高度（H_W）挖掘时机械铲站立水平到铲齿切割边缘的垂直距离；最大挖掘高度

(H_{WM})是铲杆最大伸出并提到最高位置时的挖掘高度。

卸载半径(R_X)卸载时从机械铲回转中心线到铲斗中心的水平距离；最大卸载半径(R_{XM})是铲杆最大水平伸出时的卸载半径。

卸载高度(H_X)卸载时从机械铲站立水平到铲斗打开的斗底下边缘的垂直距离；最大卸载高度(H_{XM})是铲杆最大伸出并提至最高位置时的卸载高度。

挖掘机推压轴高度(H_t)；下挖深度(h_W)在向机械铲所在水平以下挖掘时，从站立水平到铲齿切割边缘的垂直距离。

机械铲的工作参数是依动臂倾角 α 而定的。动臂倾角允许有一定的改变，较陡的动臂可使挖掘高度和卸载高度加大，但挖掘半径和卸载半径则相应减小。反之，动臂较缓时，则挖掘和卸载高度减小，而挖掘和卸载半径增大。

B 其他挖掘机简介

a WD1200 型单斗挖掘机

WD1200 型单斗挖掘机为抚顺挖掘机厂生产的中型单斗正向挖掘机，其结构与 WK-4 型电铲相似，故不再重复介绍，仅将其主要技术性能列出：

铲斗容量，$12m^3$；

最大挖掘半径，19m；

最大挖掘高度，13.5m；

最大卸载半径，17m；

最大卸载高度，8.3m；

最大爬坡角度，20°；

工作重量，465t。

b EKG-20A 矿用挖掘机

EKG-20A 型矿用履带式挖掘机，又称 EKG-20A 型露天矿用履带式电铲，用于开采无需预先疏松的Ⅰ、Ⅱ类硬度矿石，开采预先疏松的Ⅲ、Ⅳ和Ⅴ类硬度矿石并将矿石卸载到堆放场或运输工具，包括铁路翻斗车。EKG-20A 型挖掘机和载重量为 180t 的自卸载重卡车是最佳的组合。

EKG-20A 型挖掘机结构特点：

(1) 工作机构布局是双斗杆齿条推压机构和全焊接箱形截面动臂保障，能更好地处理大块和没有爆破好岩石有坚硬土石的掌子面。

(2) 无滑轮组的钢丝绳提升铲斗，而且提升钢丝绳各分支的应力自动平衡。双层后壁的铸焊结构的铲斗，带有自行锁紧的楔形斗齿。

(3) 挖掘机有过滤通风装置，能保障清洁车体中加热了的空气并关门时车内创造高些的大气压。

(4) 主要机构的刹车系垫块型是用来松闸的气动驱动。

(5) 行驶装置-双履带式，开放的少支点式履带装置的每条履带都单独驱动，便于检查和维修。主动轮(星轮)抬起且去掉了支撑力的作用。行驶装置配备有容量不低于 250m 的供电电缆滚筒。借助位于摇杆轴线上的液压缸实现轨链的张紧。行驶电机采用强制通风。驱动轮上的凸爪块是可更换的。

(6) 挖掘机的主要金属结构，即下部、回转和履带框架、杆架都由低合金钢制造，动臂和斗杆由高合金钢制造。

（7）驾驶室密封，绝热隔音，双层，底层用于布置钳工用具和保存备件，上层由工作间和休息间两间构成。

（8）回转平台装备有防火系统，包括自动信号系统和二氧化碳灭火器。回转装置包括紧固在底架上的中间轴颈、整体的齿环和滚柱圈，滚柱环的支架在中间轴颈上对准，滚柱圈有在悬臂轴上旋转的一些锥形单边滚柱。

（9）挖掘机的主要机构具有单独可调节按可控硅变流器-电动机系统的直流电驱动，电机用半导体励磁。

（10）主要机构的驱动控制由两个手动无接触的单和双配位主令控制器（单配位用于推压-行程，双配位用于回转和提升-行程）。

EKG-20A 型挖掘机的主要技术性能：

铲斗容量，$20m^3$；

最大挖掘半径，23.4m；

最大挖掘高度，17m；

最大卸载半径，20.9m；

最大卸载高度，11.5m；

最大爬坡角度，12°；

供电电压，6000V；

工作重量，1075t。

c　WK-20 电铲

WK-20 电铲，是太原重工最新研制的大型矿山采装设备。它汇集了 $4m^3$、$8m^3$、$10m^3$ 挖掘机的成功经验，同时采用了多项国内外新技术、新工艺，可适用两千万吨级的大型露天矿、铁矿、有色金属矿的剥离和采装作业。配套设备有 170～190t 矿用汽车。WK-20 电铲外形见图 8-37，主要性能参数见表 8-9。

图 8-37　WK-20 电铲实物图

表 8-9 WK-20 电铲的主要性能参数

标准斗容	$20m^3$	主电机功率	2×560kW/690VAC
斗容范围	$16\sim34m^3$	最大挖掘半径	21.20m
提升速度	0.96m/s	最大挖掘高度	14.40m
推压速度	0.47m/s	最大卸载半径	18.70m
行走速度	1.08km/h	最大卸载高度	9.10m
最大提升力	2028kN	挖掘深度	5.51m
最大推压力	1120kN	工作重量	731t
最大爬坡角度	13°	理论生产率	$2400m^3/h$

8.2.1.2 液压挖掘机

单斗液压挖掘机是在机械传动式正铲挖掘机的基础上发展起来的高效率装载设备。它们都由工作机构、回转机构和运行机构三大部分组成，而且工作过程也基本相同。两者的主要区别在于动力装置和工作装置上的不同。液压挖掘机在动力装置与工作装置之间采用了容积式液压传动，直接控制各机构的运动，进行挖掘动作。

图 8-38 液压挖掘机实物图

同机械式挖掘机相比，液压挖掘机的特点是，结构紧凑、重量轻，能在较大的范围内实现无级调速，传动平稳，操作简单，易于实现标准化、系列化和通用化。液压挖掘机是一种性能和结构比较先进的挖掘机，外形如图 8-38 所示，中小型机械式挖掘机正在逐步被液压挖掘机所取代，随着液压技术的发展，大中型液压挖掘机也正在迅速的发展起来。

液压挖掘机根据其液压系统的不同可分为全液压传动和非全液压传动两种；根据挖掘机工作装置的结构，又可分为铰接式和伸缩臂式两种；根据其行走装置结构的不同，又可分为履带式、轮胎式、汽车式和悬挂式等；根据其铲斗方向的不同，又有正铲和反铲之分。目前使用最为广泛的是全液压传动铰接式履带行走单斗反向液压铲。

A 液压挖掘机的组成和工作原理

图 8-39 为 WY-100 型液压反铲挖掘机的结构示意图。可以看出，与电铲基本相同，液压挖掘机的结构也是由履带行走装置 1，上部回转装置 2 与前部工作装置组成。其前两部分与电铲几乎完全相同，其不同就在于液压铲的工作装置是由若干油缸控制关节状动臂的运动

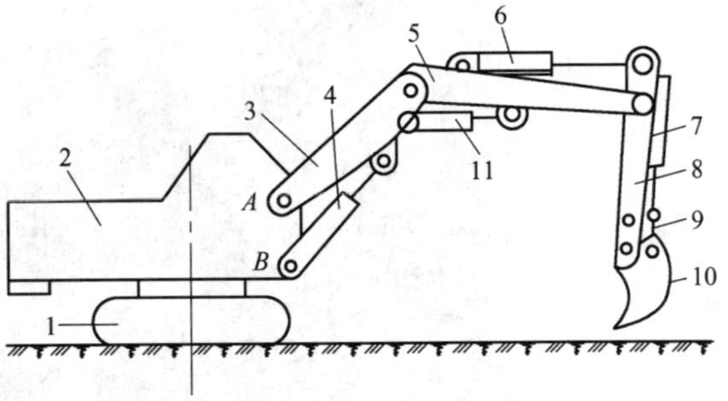

图 8-39 WY-100 型液压反铲挖掘机的结构示意图
1—履带装置；2—上部回转装置；3—下动臂；4—动臂油缸；5—上动臂；6—斗柄油缸；7—转斗油缸；8—斗柄；9—连杆；10—反铲斗；11—辅助油缸

实现工作的。图 8-40 为液压反铲工作示意图，图 8-41 为液压正铲工作示意图。为扩大使用范围，也可将正铲和反铲互相改装使用。

B WY-100 型单斗反向液压铲

WY-100 型单斗反向液压铲是我国使用较多的液压铲，其外形如图 8-39 所示。其工作机构由下动臂 3 及其控制油缸 4、上动臂 5 及其调整辅助油缸 11、斗柄 8 及斗柄油缸 6 以及铲斗 10 和转斗油缸 7 组成。通过控制液压控制阀，可使各构件在相应油缸的驱动下，产生所需的各种运动状态。图 8-40 ~ 图 8-43 分别为用单斗反向液压铲挖沟、液压正铲挖沟、平整边坡以及挖掘巷道。

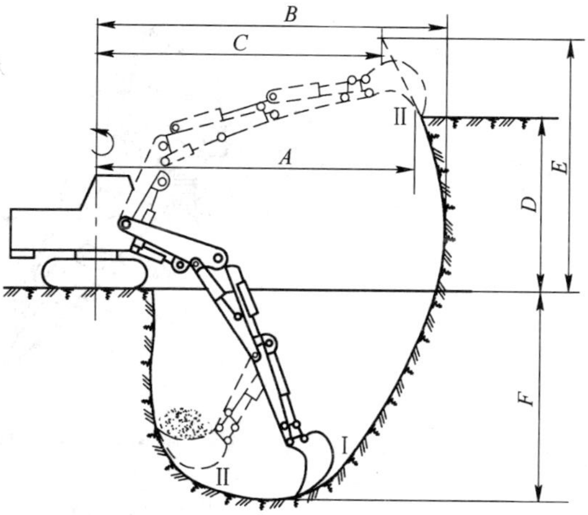

图 8-40 液压反铲挖沟示意图

A—标准挖掘高度工作半径；*B*—最大挖掘半径；*C*—最大挖掘高度的工作半径；*D*—标准最大挖掘高度；*E*—最大挖掘高度；*F*—最大挖掘深度

反铲挖掘机每一作业循环包括挖掘、回转、卸料和返回等四个过程。挖掘时先将铲斗向前伸出，动臂带着铲斗落在工作面上，然后铲斗向着挖掘机方向拉转，铲斗在工作面上挖出一条弧形挖掘带并装满土壤。随后将铲斗连同动臂一起升起，上部转台带动铲斗及动臂回转到卸土处。将铲斗向前推出，使斗口朝下进行卸土。卸土后将动臂及铲斗回转并下放至工作面，准备下一循环的挖掘作业。

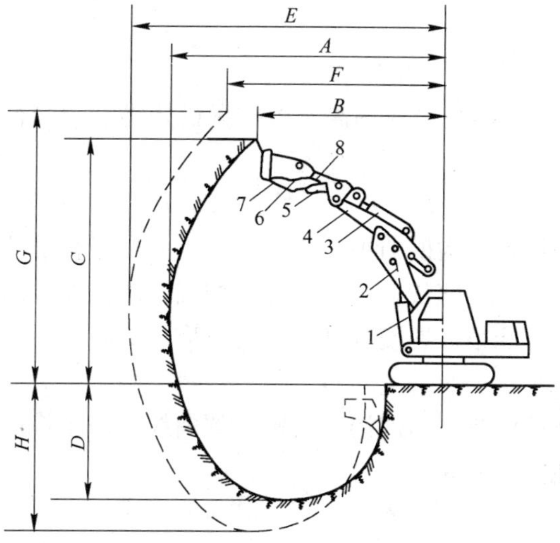

图 8-41 液压正铲挖沟示意图

1—动臂油缸；2—下动臂；3—斗柄油缸；4—上动臂；5—铲斗油缸；6—斗门；7—铲斗；8—斗柄；*A*—最大挖掘半径；*B*—最大挖掘高度时的工作半径；*C*—最大挖掘高度；*D*—在停机面以下作业时的挖掘深度；*E* ~ *H*—动臂长度增大时的工作尺寸

反铲挖掘机的基本作业方式有沟端挖掘、沟侧挖掘、直线挖掘、曲线挖掘、保持一定角度挖掘、超深沟挖掘和沟坡挖掘等。

a 沟端挖掘

挖掘机从沟槽的一端开始挖掘，然后沿沟槽的中心线倒退挖掘，自卸车停在沟槽一侧，挖掘机动臂及铲斗回转 40° ~45°即可卸料。如果沟宽为挖掘机最大回转半径的两倍时，自卸车只能停在挖掘机的侧面，动臂及铲斗要回转 90°方可卸料。若挖掘的沟槽较宽，可分段挖掘，待挖掘到尽头时调头挖掘毗邻邦的一段。分段开挖的每段挖掘宽度不宜过大，以自卸车能在沟槽一侧行驶为原则，这样可减少作业循环的时间，提高作业效率。

b 沟侧挖掘

沟侧挖掘与沟端挖掘不同的是，自卸车停在沟槽端部，挖掘机停在沟槽一侧，动臂及

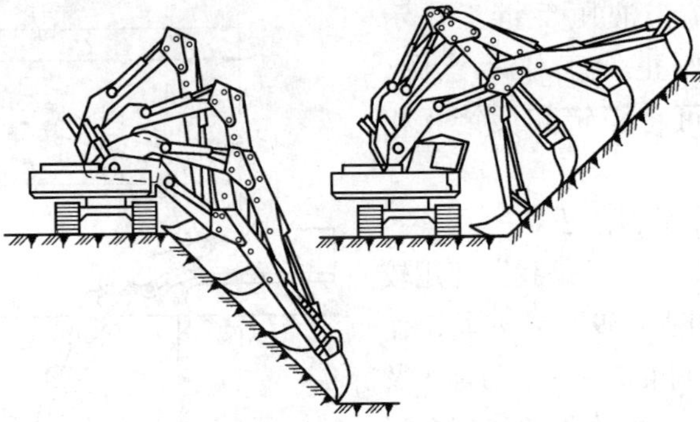

图 8-42 液压反铲平整边坡示意图

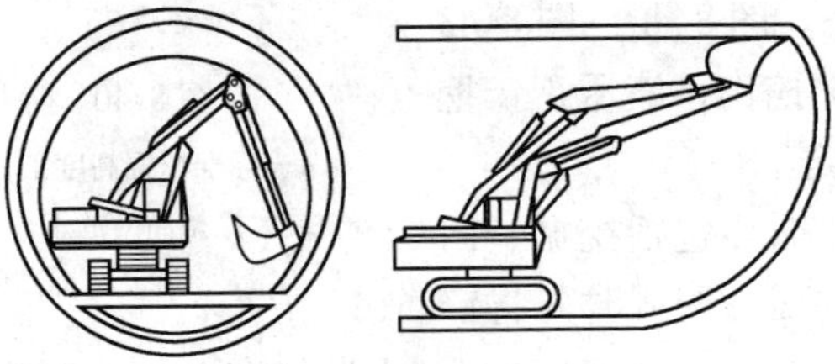

图 8-43 液压反铲挖掘巷道示意图

铲斗回转小于90°可卸料。沟侧挖掘的作业循环时间短、效率高，但挖掘机始终沿沟侧行驶，因此挖掘过的沟边坡较大。

c 直线挖掘

当沟槽宽度与铲斗宽度相同时，可将挖掘机置于沟槽的中心线上，从正面进行直线挖掘。挖到所要求的深度后再后退挖掘机，直至挖完全部长度。利用这种挖掘方法挖掘浅沟槽时挖掘机移动的速度较快，反之则较慢，但都能很好地使沟槽底部挖得符合要求。

d 曲线挖掘

挖掘曲线沟槽时可用短的直线挖掘相继连接而成。为使沟廓有圆滑的曲线，需要将挖掘机中心线稍微向外偏斜，同时挖掘机缓慢地向后移动。

e 保持一定角度的挖掘

保持一定角度的挖掘方法通常用于铺设管道的沟槽挖掘，多数情况下挖掘机与直线沟槽保持一定的角度，而曲线部分很小。

f 超深沟挖掘

当需要挖掘面积很大、深度也很大的沟槽时，可采用分层挖掘方法或正、反铲双机联合作业。

g 沟坡挖掘

挖掘沟坡时将挖掘机位于沟槽一侧，最好用可调的加长斗杆进行挖掘，这样可以使挖出的沟坡不需要作任何修整。

由图 8-39 ~ 图 8-43 可以看出，液压铲的各项工作尺寸决定于各液压缸的状态，故操作时只需根据需要调整各液压缸的状态即可。

8.2.1.3 前端装载机

A 挖掘装载机分类

挖掘装载机俗称“两头忙”，同时具备装载、挖掘两种功能。挖掘装载机分类如下：

（1）从结构上来分，挖掘装载机有两种形式：一种是带侧移架；另一种不带侧移架。前者的最大特点是挖掘工作装置可以侧移，便于在特殊场地作业，它在运输状态时重心较低，有利于装载和运输。缺点是：由于结构上的限制，支腿多为直腿，支撑点在车轮边缘以内，两支撑点距离较小，挖掘时整机稳定性差（特别是挖掘工作装置侧移到一侧时）。这种形式的挖掘装载机功能重点在装载方面，在欧洲生产得较多；后者的挖掘工作装置不能侧移，整个挖掘工作装置可通过回转支撑绕车架后部中心作180°回转，支腿为蛙腿式支撑，支撑点可伸到车轮外侧偏后，挖掘时稳定性好，有利于挖掘能力的提高。由于没有侧移架，整机造价相应降低。缺点是收斗时铲斗悬挂在车后部，外形尺寸长，机车处于运输和装载状态时，稳定性差，对装载和运输有一定影响，此种机型功能重点在挖掘方面，以美国生产居多。

（2）从动力分配上来分，挖掘装载机有两轮（后轮）驱动和四轮（全轮）驱动两种形式。前者不能完全利用附着重量，使机车与地面的附着力以及牵引力比后者下降，但造价比后者低得多。

（3）从底盘上来分：小型多功能工程机械常用的三种底盘中，微型挖掘机的动力大多在20kW以下，整机质量1000～3000kg、采用履带行走机构，行走速度不足5km/h，多用于农场、园林等小规模的土方作业。由于其机型偏小，造价较高，目前在国内尚难以普及；挖掘装载机的动力多在30～60kW机重较大，质量约在5000～8000kg之间，挖掘能力较强，多采用轮式行走机构，全轮驱动，利用转向驱动桥或铰接转向，车速较高，达20km/h以上，国外大量用于农场、基建、道路维修等工程的土石方作业和大型施工现场的辅助性作业。该机型外形较大，灵活性较差，一般难以适应狭小场地的作业。

B 前端装载机简介

以铲斗在装载机前端进行铲装和向前卸载的装载机，称为前端式转载机，如图8-44所示。井下矿山用的一种低车身、铰接转向、轮胎行走的前端装载机。

图8-44 前端装载机实物图

近年来，由于液力变矩器和铰接转向等新技术的应用，使前端式装载机得到迅速发展，而且，日益趋向于大型化。国外已经生产了功率为295～934kW、斗容为7．6～23m^3的露天矿用前端式装载机。井下用的铲运机斗容亦达到9～10m^3，最大功率达220kW。

通常情况下，在露天矿山，前端装载机是一种重要的辅助设备，用以清理岩堆，从工作面搬移大块矿岩，建筑和搬运重型机器部件及材料等。在一定的条件下，如开采相距不远而又分散的矿体或多品种矿石分采的矿山，以及在中小型露天矿山，前端式装载机可代替挖掘机作为主要的生产设备。在无轨作业的井下矿山，井下铲运机适用于阶段崩落法、分段崩落法、空场法、房柱法等采矿方法的回采出矿和巷道出渣。在中、短距离运输条件下（小于200m)，可单人单机独立进行装运卸作业。在长距离运输条件下（大于200m)，可作为装载设备，配合井下自行汽车进行工作。

前端式装载机一般多采用柴油机作动力，在井下也有采用电作为动力的。前端式装载机多数采用液压—机械传动方式，也有采用静液传动方式和柴油-电力传动方式。前端式装载机是一种灵活机动，生产费用低的高效能装载设备。

图8-45为我国生产的ZL型地面用前端式装载机，它主要由柴油发动机1、液力变矩器2、变速箱3、驾驶室4、车架5、前后桥6、转向铰接装置7、车轮8和工作机构9等部件组成。

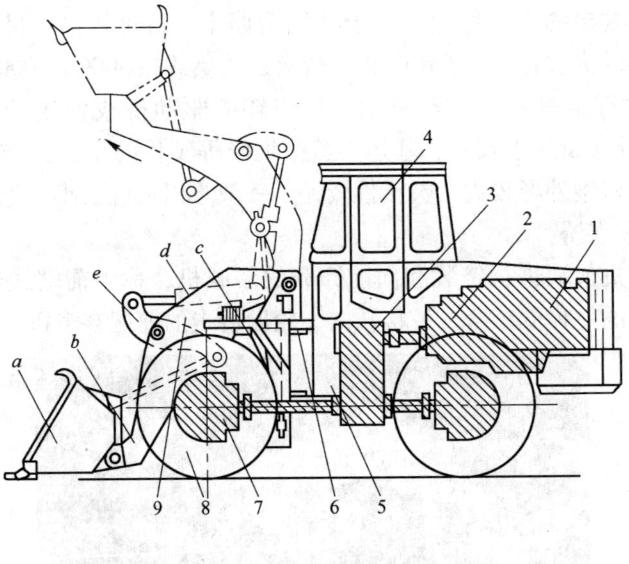

图8-45 前端式装载机示意图

1—发动机；2—变矩器；3—变速箱；4—驾驶室；5—车架；
6—前、后桥；7—转向铰接装置；8—车轮；9—工作机构；
a—铲斗；*b*—动臂；*c*—举升油缸；*d*—转斗油缸；*e*—转斗摇臂

a 铲斗

前端式装载机的铲斗除作装卸工作外，运输时还兼作车厢，所以容积较大。我国的ZL系列前端装载机铲斗容积有1m^3、2m^3、3m^3和5m^3等数种。铲斗由钢板焊成，斗底和斗唇采用耐磨合金钢。斗唇有带齿的和不带齿的两种，前者适于装载大块坚硬的矿岩；后者适于装载比重较轻的物料，如卵石、煤炭等。铲斗的几何尺寸应有一定比例关系，铲斗的宽度应比两轮之间的外宽大 50 ~ 100mm，以便清道和保护轮胎。

b 动臂

动臂是铲斗的支撑和升降机构，一般有左右两个（小型装载机可设一个）。动臂的一端铰接在车架上，另一端铰接在铲斗上。动臂多做成曲线形状，使铲斗尽量靠近前轴，降低倾覆力矩。动臂断面形状有单板、工字形、双板和箱形四种。箱形断面的动臂受力情况较好，多用于大、中型前端装载机上。

c 举升油缸和转斗油缸

举升油缸的动作是使动臂连同铲斗实现升降以满足铲装和卸载的要求。举升油缸活塞杆铰接于动臂上，另一端油缸则铰接于机架上。一般是一个动臂配制一个举升油缸。

转斗油缸的作用是使铲斗绕其与动臂的铰接点上下翻转，以满足铲装和卸料的要求。转斗油缸一般配制 1 ~ 2 个。

d 转斗杆件

转斗杆件连接于转斗油缸与铲斗之间，其作用是将转斗油缸的动力传给铲斗。转斗杆件有连杆、摇臂等，其数量依配制方式而定。常用的转斗杆件的配置方式有反转连杆式、平行四边形式。

（1）反转连杆式配置见图 8-46，其转斗油缸一端铰接于车架上，另一端铰接于摇臂上。摇臂的另一端经连杆铰接于铲斗。摇臂的中间回转点铰接于动臂上。转斗油缸活塞杆伸出时铲斗铲取矿岩，活塞收缩时卸载。在相同的油缸直径和油压条件下，活塞伸出时铲取矿岩比活塞杆收缩时铲取矿岩的配制方式能使铲斗获得较大的铲取力，因此应用较多。但是，“反转连杆式”配置杆件数较多，如果配置不当会使铲斗在举升过程中产生前后摆动而撒落矿岩。

（2）平行四边形配置的转斗杆件，如图 8-46 所示。在动臂举升的过程中，铲斗上口始终保持水平位置而不发生摆动，铲斗中的矿岩不致因举升而撒落，从而有利于提高装载效率。

e 行走机构

前端式装载机大部分采用轮胎行走机构，只有少数采用履带式行走机构。

轮胎式行走机构包括车架、发动机、液力变矩器、驱动桥、行走轮、转向装置和制动装置等。

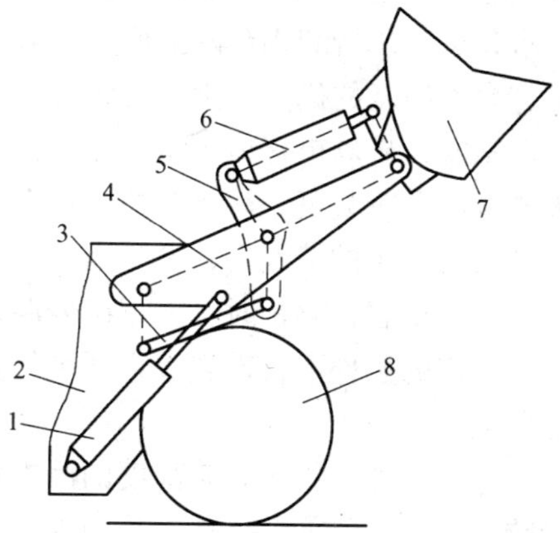

图 8-46 转斗运行配置

1—举升油缸；2—前车架；3—连杆；4—动臂；5—摇臂；6—转斗油缸；7—铲斗；8—车轮

8.2.2 采装工艺

8.2.2.1 采装工作面参数

机械铲工作水平的采掘要素主要包括台阶工作面高度、采掘带宽度、采区长度和工作平盘宽度。这些要素确定合理与否，不仅影响挖掘机的采装工作，而且也影响露天矿其他生产工艺过程的顺利进行。

A 工作面高度

机械铲工作面高度直接取决于露天矿场的台阶高度。台阶高度的大小受各方面的因素所限制，如矿床的埋藏条件和矿岩性质、采用的穿爆方法、挖掘机工作参数、损失贫化、矿床的开采强度以及运输条件等。

在确定露天开采境界之前必须首先确定台阶高度，因为台阶高度对开拓方法，基建工程量，矿山生产能力等都有很大影响，同时，合理的台阶高度对露天开采的技术经济指标和作业的安全都具有重要的意义。

合理的台阶高度首先应保证台阶的稳定性，以便矿山工程能安全进行。台阶高度对工作线推进速度和掘沟速度都有很大的影响，因而也影响到露天矿的开采强度。出入沟和开段沟的掘进工程量分别与台阶高度的立方和平方成正比，这就是说台阶高度增加，掘沟工程量也急剧增加，因而延长了新水平的准备时间，影响矿山工程的发展速度。所以，在实践中为加速矿山建设，尽快投入生产和达到设计生产能力，在露天矿的初期，最好采用较小的台阶高度，以保证在初期的矿山工程进展较快，而当露天矿转入正常生产后，台阶高度可适当增加。

台阶高度的增加，能提高爆破效率，但往往增加不合格大块的产出率和根底，使挖掘机生产能力降低。另外，台阶的高度还影响穿孔人员和设备的工作安全。装药条件对台阶高度也有一定的限制，即钻孔的容药能力必须大于所需的装药量。

采掘工作的要求是影响台阶高度的重要因素之一。用挖掘机采装矿岩时，它对台阶的高度有一定要求，一般爆堆的高度可能为台阶高度的 1.2 ~ 1.3 倍，采装工作要求爆堆高度不应大于挖掘机最大挖掘高度。采用上装车时，台阶高度应满足挖掘机最大卸载高度的要求，保证矿岩卸入台阶上面的运输设备内。用小型机械化（装岩机、电耙）或人工装矿时，台阶高度的确定，则主要考虑工作的安全性，一般都在 10m 以下。

从露天矿场更好地组织运输工作来看，台阶高度较大是有利的，因为这样可以减少露天矿场的台阶数目，简化开拓运输系统，从而能减少铺设和移设线路的工程量，但在露天矿场长度较小的情况下，台阶高度又受运输设备所要求的出入沟长度的限制。

开采矿岩接触带时，由于矿岩混杂而引起矿石的损失贫化。在矿体倾角和工作线推进方向一定的条件下，矿岩混合开采的宽度随台阶高度的增加而增加，矿石的损失贫化也随之增大。

综上所述，影响台阶高度的因素较多，这些因素往往既互相矛盾，又互相联系，互相影响，因此，不能单纯地、片面地以某一个因素来确定台阶高度，应当由技术经济的综合分析来确定。

一般来说，采掘工作方式及其使用的设备规格，往往是确定台阶高度的主要因素。目前我国大多数露天矿，在采用铲斗容积为 1 ~ 8m^3的挖掘机时，台阶高度一般为 10 ~ 14m。对于山坡露天矿，在岩石较稳定的条件下，如储量大和有发展前途的矿山，台阶高度应取 10 ~ 14m 左右，为今后采用大型设备准备条件。

采用平装车方法挖掘不需爆破的土岩时，如图 8-47 所示，台阶高度就是机械铲工作面高度。若台阶高度过大，在挖掘高度以上的土岩容易突然塌落，可能会局部埋住或砸坏挖掘机。为了保证工作安全，便于控制挖掘，台阶高度一般不应大于机械铲的最大挖掘高度。

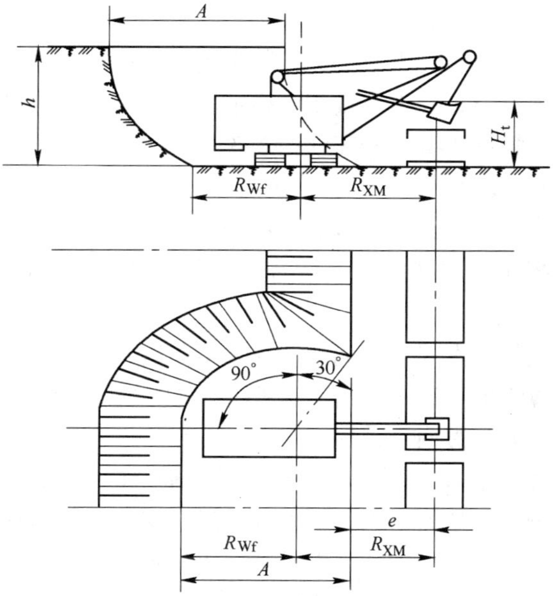

图 8-47　松软土岩的采掘工作面

h—台阶高度；e—道路中心到爆堆距离；R_{wf}—挖掘机站立水平挖掘半径；R_{XM}—挖掘机最大卸载半径；A—采掘带宽度；H_t—挖掘机推压轴高度

只有在开采松散的岩土时，工作面随采随塌落，不形成伞檐，不威胁人员和设备安全的条件下，台阶工作面的高度才可以超过最大挖掘高度，但最多不得大于最大挖掘高度的一倍半。

挖掘经爆破的坚硬矿岩爆堆时如图 8-48 所示，爆堆高度应与挖掘机工作参数相适应，

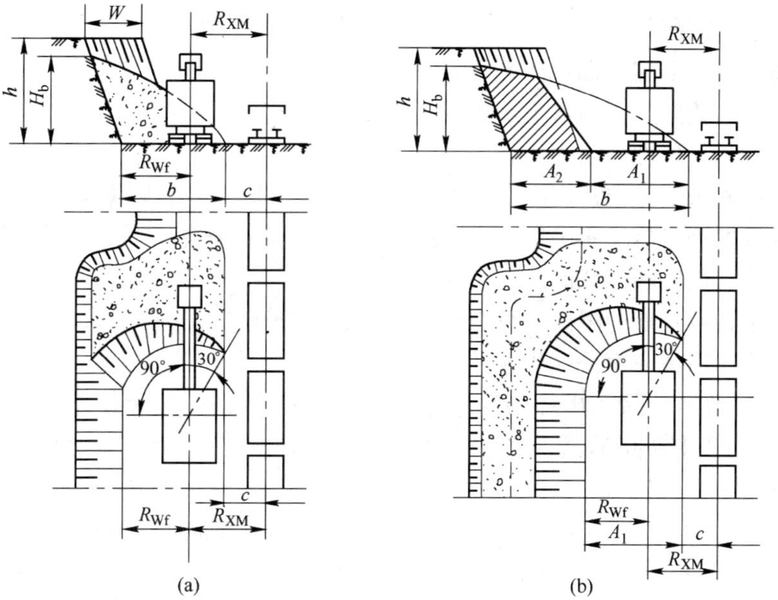

图 8-48　坚硬矿岩的采掘工作面

(a) 一爆一采；(b) 一爆两采

要求爆破后的爆堆高度也不大于最大挖掘高度。

台阶高度也不应过低。否则，由于铲斗铲装不满，使挖掘机效率降低，同时使台阶数目增多，铁道及管线等铺设与维护工作量相应增加。因此，松软土岩的台阶高度和坚硬矿岩的爆堆高度都不应低于挖掘机推压轴高度的2/3。

B 采区宽度与采掘带宽度

采区就是爆破带的实体宽度，采区宽度取决于挖掘机的工作参数（见图8-47）。为了保证满斗挖掘，提高挖掘机工作效率，采区宽度应保持使挖掘机向里侧回转角度不大于90°，向外侧回转角度不大于30°。

采掘带宽度就是挖掘机一次采掘的宽度，挖掘不需爆破的松软土岩时，采掘带宽度等于采区宽度，挖掘需要爆破的坚硬矿岩时，采掘带宽度一般是指一次采掘的爆堆的宽度。两者的关系分为一爆一采和一爆两采，如图8-48所示。

采掘带过宽，将有部分土岩不能挖入铲斗内，使清理工作面的辅助作业时间增加。采掘带过窄，挖掘机移动频繁，从而影响挖掘机的采掘效率。当采用铁道运输时，还应考虑装载条件，为了减少移道次数，合理的采掘带宽度更为重要。

在开采需要爆破的坚硬矿岩时，挖掘机挖掘的是爆堆，这就要求爆堆宽度应与挖掘机工作参数相适应。因此，应合理地确定爆破参数、装药量、装药结构以及起爆方法等，以控制爆堆宽度为挖掘机采掘带宽度的整数倍。

在实际工作中，爆堆宽度往往大于采掘带所限制的数值。因此，爆破后常需用挖掘机或推土机清理工作面，然后再进行采装。为了控制爆堆，我国一些露天矿成功地应用了多排孔微差挤压爆破的方法，大大改善了装运条件，提高了装运效率。

C 采区长度

采区是台阶工作线的一部分。采区长度（又称挖掘机工作线长度）就是把工作台阶划归一台挖掘机采掘的那部分长度。采区长度的大小应根据需要和可能来确定。较短的采区使每一台阶可设置较多的挖掘机工作面，从而能加强工作线推进，但采区长度不能过短，应依据穿爆与采装的配合、各水平工作线的长度、矿岩分布及矿石品级变化、台阶的计划开采以及运输方式等条件确定。

为了使穿爆和采装工作密切配合，保证挖掘机的正常作业，根据露天矿生产经验，每爆破一次应保证挖掘机有5~10天的采装爆破量。为此，通常将采区划分为三个作业分区，即采装区、待爆区和穿孔区。

有时，由于台阶长度的限制，只能分成两个作业分区或一个作业区。此时就应特别注意加强穿孔能力，以适应短采区作业的需要。

采区长度的确定，除考虑穿爆与采装工作的配合外，还应满足不同运输方式对采区长度的要求。采用铁路运输时，采区长度一般不应小于列车长度的2~3倍，以适应运输调车的需要。若工作水平上为尽头式运输时，则一个水平上同时工作的挖掘机数不得超过两台；若采用环形运输时，则同时工作的挖掘机数不超过3台。汽车运输时，由于各生产工艺之间配合灵活，采区长度可大大缩短，同一水平上的工作挖掘机数可为2~4台。

此外，对于矿石需要分采和质量中和的露天矿，采区长度可适当增大。对于中小型露天矿，开采条件困难，需要加大开采强度时，则采区长度可适当缩短。

D 工作平盘宽度

工作平盘是工作台阶的水平部分，其宽度应按采掘、运输及动力管线等设备的安置和通行等条件加以确定。

铁路运输和汽车运输时的正常台阶工作平盘如图 8-49 所示。

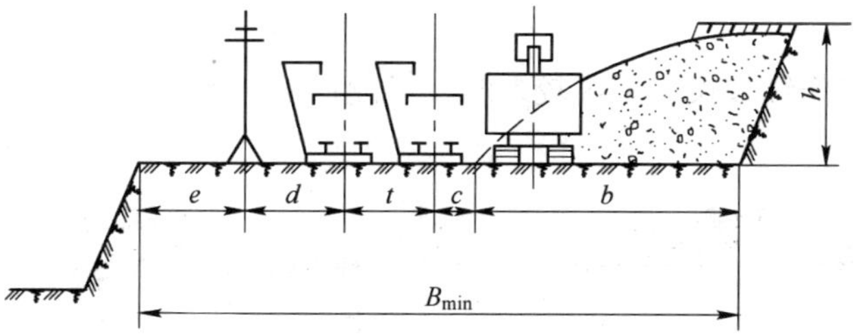

图 8-49 最小工作平盘宽度

b—爆堆宽度；c—爆堆与铁路（公路）中心线间距，一般取 $c=3$m；
d—铁路（公路）中心线与动力电杆的间距，铁路和公路运输不同，一般取 4～8m；
t—两条铁路（公路）中心线间距；e—动力线杆至台阶坡顶线间距，一般为 3～4m

根据实际经验，最小工作平盘宽度约为台阶高度的 3～4 倍，如表 8-10 所示。

表 8-10 最小工作平盘宽度

矿岩硬度系数	台阶高度/m			
	10	12	14	16
≥12	39～42	44～48	49～53	54～60
6～12	34～39	38～44	42～49	46～54
≤6	29～34	32～38	35～42	38～46

8.2.2.2 采装方式

单斗挖掘机是露天矿最主要的装载机械，其装车方式见图 8-50。它包括：向布置在挖掘机所在水平侧面的铁路车辆或自卸汽车卸载的侧面平装车见图 8-50 中（b）、(c)；向上水平铁路车辆的侧面上装车见图 8-50 中（d）；以及端工作面尽头式平装车见图 8-50 中（e）。此外，也可以进行捣堆作业见图 8-50 中（a）。

运输工具与挖掘机布置在同一水平上的侧装车工作方式，是露天矿最常用的采装方法。这种方法采装条件较好，调车方便，挖掘机生产能力较高。上装车与平装车比较，司机操作较困难，挖掘循环时间长，因而挖掘机生产能力要降低一些。然而，在铁路运输条件下，用上装车掘沟可以简化运输组织，加速列车周转，对加强新水平准备具有重要意义。尽头式装车时，装载条件恶化，循环时间加长。挖掘机生产能力低于平装车。仅用于掘沟，复杂成分矿床的选择开采，以及不规则形状矿体和露天矿最后一个水平的开采。

工作平盘上的配线方式和行车组织。合理的工作平盘配线方式，应满足使列车入换时间最短，线路移设方便，移设线路时不影响采掘工作，尽量减少线路数，使线路移设工作量及工作平盘宽度最小。按行车方式，工作平盘配线可分为尽头式（对向行车）和环行式

（同向行车）两种，如图 8-51 所示。

图 8-51（a）是单采区尽头式配线方式。平盘上只有一个采掘工作面和一个出入口。列车在工作面装完以后，驶出工作面至入换站，然后空车驶入工作面。

当开采台阶的工作线较长时，可划分成几个采区同时开采［见图 8-51（b）］。为了提高各采区的装运效率，工作平盘可设双线，即行车线和各采区的装车线，各采区可以独立入换。

当开采台阶的工作线较长、采区较多时，可设置两个运输出入口，采用环行式配线方

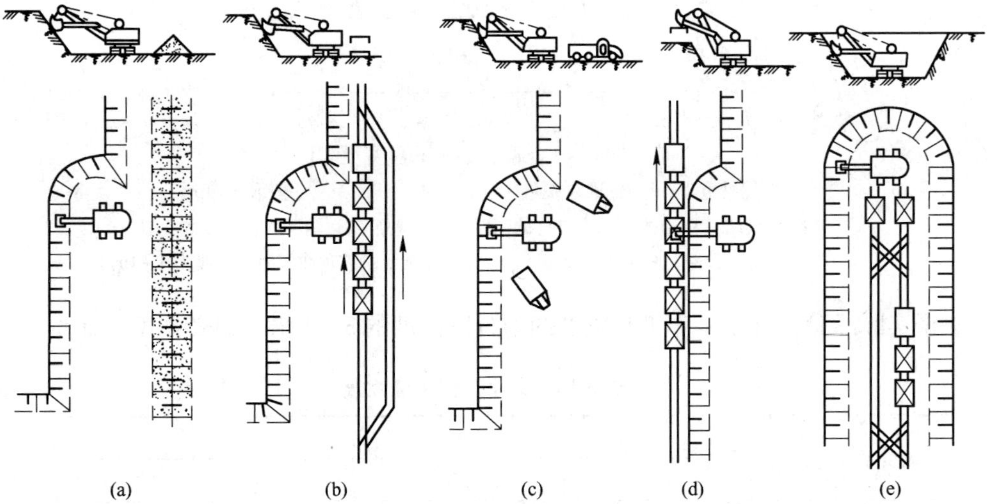

图 8-50 装载机械铲的工作方式

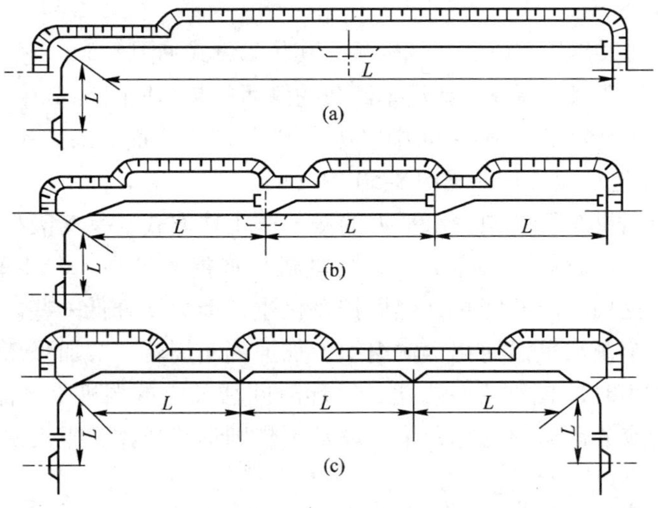

图 8-51 工作平盘配线方式

（a）单采区尽头式配线；（b）多采区尽头式配线；（c）多采区环形式配线

式，如图 8-51（c）所示。这种配线方式在工作平盘上设有行车线和各采区装车线，列车在行车线上同向运行。这样可以减少列车入换时间及各采区的相互干扰，提高平盘通过能力，从而可提高挖掘机效率。

采用汽车运输与挖掘机配合作业时，由于灵活性高，故汽车在工作面的入换与铁路运输有明显的区别。为发挥挖掘机和汽车的效率，保证汽车司机的安全，汽车在工作面的配置和入换方式，汽车在工作面的配置和入换方式有同向行车、折返式和回返式，如图 8-52 所示。

同向行车［见图 8-52（a）］是汽车在工作平盘上不改变运行方向，这对入换和装车均有利，工作平盘上只需单车道，所占平盘宽度小，但台阶需有两个出入口。

折返式入换［见图 8-52（b）、（c）］是汽车在工作面换向倒退至装车地点，而回返式入换［见图 8-52（d）、（e）］是汽车在工作面迂回换向。它们都是在台阶只有一个出入口的条件下应用，工作平盘上需设双车道。但由于入换方式不同，入换时间和所占工作平盘宽度也有差异。折返倒车的入换时间较长，而工作平盘宽度较窄；回返行车则与之相反。这两种入换方式要根据生产中实际的工作平盘宽度灵活运用。

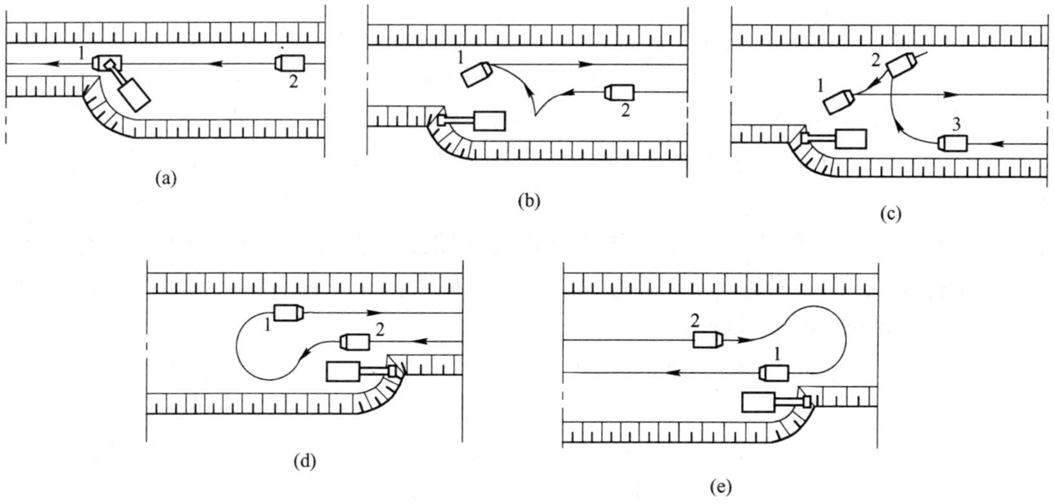

图 8-52　汽车在工作面的入换方式

由于汽车运输机动灵活，汽车入换时间较短，即使采用入换时间较长的折返式，但只要车辆充足，便可按图 8-52（c）那样的方式入换。当挖掘机装 1 号车时，2 号车停在附近待装，当 1 号车装满开出后，2 号车立即倒入装车，3 号即可倒退至待装地点。

8.2.2.3　提高电铲生产能力

A　缩短挖掘机工作循环时间

挖掘机工作循环时间是从铲斗挖掘矿岩到卸载后再返回工作面准备下一次挖掘所需要的时间。它是由挖掘、重斗向卸载地点回转、下放铲斗对准卸载位置、卸载、空斗转回挖掘地点、下放铲斗准备挖掘等几个工序组成。在生产实践中通常采取部分操作合并的工作方法，即在挖掘机向卸载和挖掘地点回转的同时，完成下放铲斗对准卸载位置和下放铲斗准备挖掘，这可减少循环时间。

挖掘机工作循环时间的长短主要取决于各操作工序的速度、爆破质量、装载条件及工作面准备程度。据统计，挖掘时间约占循环时间的20%~30%，两次回转时间占60%~70%，卸载时间占10%~20%。减少每一操作时间，是缩短工作循环时间的关键。

矿岩的爆破质量对挖掘时间有很大影响。为了减少挖掘时间，首先要求有足够爆破块度均匀的矿岩，工作面不留根底，不合格大块要少。此外，采用合理的工作面采掘顺序，即由外向内，由下向上地采掘，以便增加自由面，减少采掘阻力，加快挖掘过程。不少先进司机都采用压渣铲取法，即每次铲取矿岩时，铲斗的前壁有20%的宽度重复前一次铲取的轨迹，80%的宽度插入矿堆中，这样就减少了铲取的阻力，增加了铲取力量和提升速度。

回转操作时间一般占整个循环时间的60%以上。旋转角度与回转时间成直正比，故减小挖掘机的回转角对缩短循环时间具有很大意义。汽车运输时采取适当的装车位置，铁路运输时尽量缩小铁道中心线到爆堆底边的距离，都有利于小角度回转装车。此外，利用等车时间，进行工作面的矿岩松动和捣置，把位于工作面内侧的矿岩捣至外侧堆置，也能减少挖掘机的回转角度。

减少挖掘机工作循环时间的措施：

(1) 正确进行施工组织设计。与挖掘机配合的自卸车数量及承载能力应满足挖掘机生产能力的要求，且自卸车的容量应为挖掘机铲斗容量的整数倍。同时尽量采用双放装车法，使挖掘机装满一辆，紧接着又装下一辆，由于两辆自卸车分别停放在挖掘机铲斗卸土所能及的圆弧线上，这样铲斗顺转装满一车，反转又可装满另一车，从而提高装车效率。

(2) 在施工组织中应事先拟定好自卸车的行驶路线，清除不必要的上坡道。对于挖掘机的各掘进道，必须要做到各有一条空车回程道，以免自卸车进出时相互干扰。各运行道应保持良好，以利自卸车运行。

(3) 挖掘机驾驶员应具有熟练的操作技术，并尽量采用复合操作，以缩短挖掘机作业循环时间。

(4) 挖掘机的技术状况对其生产率有较大影响，特别是发动机的动力性。此外，斗齿磨损时铲斗切削阻力将增加60%~90%，因此磨钝的斗齿应予以更换。

B 提高满斗程度

满斗系数是铲斗挖入松散矿岩的体积与铲斗容积之比。其大小主要取决于矿岩的物理机械性质、爆破质量、工作面高度以及司机操作技术水平。为使挖掘机正常满斗，首先要保证挖掘工作面有足够的高度，一般要求大于挖掘机推压轴高度的2/3。此外，利用等车间隙松动捣置矿岩，及时挑出不合格的大块，也能提高装载时的满斗系数。

综上所述，从挖掘机采装工作本身来说，为缩短工作循环时间，提高满斗程度，可采取下列措施：

(1) 充分发挥挖掘机司机的积极性和创造性，不断提高操作技能，使每项操作工序迅速而准确。

(2) 加强设备的维护保养，保证机器各部性能良好，使之运转快速而稳定。

(3) 采用合理的采装方式和工作面尺寸，使挖掘机和车辆的位置配置适当，保证小角度回转装车。

（4）充分利用等车间隙时间，做好装车前的准备工作，包括松动、捣置和清理工作面的矿岩、挑选不合格的大块等。

C 改善爆破质量，保证穿爆储备量

穿爆是采掘硬岩的预备工序。从保证挖掘机充分发挥效率的角度，对穿爆的要求，主要有两方面：一是改善爆破质量；二是保证采装所需的爆破储量。

爆破质量的好坏，对挖掘机生产能力影响很大。为提高作业效率，对爆破质量的要求是：爆破后爆堆的形状和尺寸有利于挖掘机安全高效率作业；矿岩块度均匀，力求减少不合格的大块；保证工作平盘平整，不留根底或根底较少；不产生“伞檐”。

改善爆破质量，大体上可采取以下措施：

（1）正确确定爆破参数。

（2）采用高威力的新型炸药。

（3）采用小直径钻孔加密孔网、微差爆破、挤压爆破等技术措施。

（4）及时处理大块进行二次破碎，以创造良好的工作面。

足够的采装所需的爆破量，是保证挖掘机发挥最大效率的另一个重要方面。爆破储备量的不足，会形成穿孔紧张，爆破频繁，挖掘机避炮次数增加，甚至要停工待爆，使挖掘机工作时间利用系数降低。因此，合理地安排穿爆储量，在生产中是一项经常性的工作。在可能的情况下，可采用高效率的穿孔设备，使用多排孔微差爆破技术，这不仅减少爆破次数，而且能改善爆破质量，使大块率、根底以及后冲明显减少，同时又能为采装工作提供足够的爆破储量。

D 及时供应空车，提高挖掘机工时利用率

挖掘机工作班时间利用系数是扣除班内发生的等车、交接班、挖掘机移动、设备维护、事故处理等中断时间后，纯挖掘时间与工作班延续时间的比值。它取决于运输方式、检修工作组织、动力供应、穿爆、采、运工艺配合等多方面的因素。

在生产实践中，等车（即入换及欠车）时间往往占挖掘机非工作时间相当大的比重，它是影响挖掘机工作时间利用系数的主要因素，其次为其他因素的影响。因此，要提高空车供应率，就必须缩短列（汽）车入换时间，减少欠车时间，加大车辆载重量，增加装载时间。然而，一个露天矿的列车（或汽车）载重量往往是已定的，因此，减少列（汽）车入换时间和欠车时间对提高挖掘机工作时间利用系数就具有重要意义。下面分别研究铁路运输和汽车运输的空车供应问题。

铁路运输的列车入换时间取决于工作平盘上的配线方式和行车组织。而工作平盘配线方式的确定，则受露天矿开拓运输系统、台阶工作线长度、平盘上同时工作的挖掘机数以及工作线发展方式等具体条件所制约。合理的工作平盘配线方式，不但应满足使列车入换时间最短，还要考虑线路移设方便，移设线路时不影响采掘工作，同时要尽量减少线路数，使线路移设工作量及工作平盘宽度最小。但这些要求往往是互相矛盾的。因此只有根据具体条件综合分析，在解决主要矛盾的基础上，适当照顾其他要求，才能获得合理解决。

当开采台阶的工作线较长、采区较多时，可设置两个运输出入口，采用环行式配线方式。这样可以减少列车入换时间及各采区的相互干扰，提高平盘通过能力，从而可提高挖掘机效率。

如前所述，欠车时间是影响挖掘机生产能力的一项重要因素，尤其铁路运输更为重要。欠车时间多少，决定于来车的密度，而来车密度的大小，在一定线路系统下，主要与列车出动数量有关，其次也与列车周转时间有关。在生产实际中，往往由于运输设备不足或运输调度不合理而发生欠车现象，使挖掘机工作时间利用系数降低。因此，应合理地配备列车，做到既使挖掘机利用率高又使机车车辆得到充分利用。配备合理的车铲比。

采用汽车运输与挖掘机配合作业时，由于汽车灵活性高，故汽车在工作面的入换与铁路运输有明显的区别。为发挥挖掘机和汽车的效率，保证汽车司机的安全，汽车在工作面的配置和入换应力求：

（1）汽车停放的位置应尽量减小挖掘机装车时的回转角。

（2）汽车在工作面的入换时间要短，有条件时可在工作面并列两辆汽车，使挖掘机能不间断地工作。

（3）装载时，挖掘机铲斗不得由汽车司机室上方经过。

由于入换方式不同，入换时间和所占工作平盘宽度也有差异。折返倒车的入换时间较长，而工作平盘宽度较窄；回返行车则与之相反。这两种入换方式要根据生产中实际的工作平盘宽度灵活运用。

由于汽车运输机动灵活，汽车入换时间较短，即使采用入换时间较长的折返式，但只要车辆充足，汽车完全可以利用挖掘机挖掘时间进行入换，从而减少挖掘机因汽车入换而造成的等车时间。因此，在汽车运输条件下，保证足够的车辆是发挥挖掘机效率的重要一环，为不断地向挖掘机供应空车，应合理配备车铲比。

在生产中，汽车运输一般采用定铲配车制，故合理的车铲比应分采区分别确定。值得注意的是，在生产实际中，因汽车故障较多，出车率较低，为使挖掘机有效作业，车铲比还应考虑足够的备用量。

综上所述，合理地确定车铲比，加强运输工作的组织和调度，加快列（汽）车在工作平盘上的入换，是保证较高的空车供应率，提高挖掘机工时利用系数的重要措施。

E 加强设备维修，提高出勤率

正确处理设备使用与维修的关系，使设备经常保持完好状态，是提高挖掘机工作时间利用系数的一个重要方面。设备的技术状况好坏，关键在于维修。挖掘机的维护检修，包括定期的计划预防检修、日常维护和临时故障修理。其中应以预防为主。平时对设备要勤检查、勤维护和勤调整，认真执行计划预防检修制度。

专业机修队伍和电铲司机分工合作，是搞好维修的好办法。我国许多矿山采用电铲司机组分工保养的方法，各班分别负责保养电铲某一部位，并学会一些维修技能，逐步做到自行小检小修，这对于保持设备完好，提高挖掘机出勤率起着重要作用。

提高检修技术，缩短检修工期，也是提高挖掘机出勤率的一个方面。例如，迁安铁矿采用统筹法组织检修工作，使挖掘机大修工期由 720h 减至 320h，即缩短工期 65.6%，从而增加了挖掘机的有效工作时间。

以上叙述了与提高挖掘机生产能力有关的几个主要技术问题，着重于分析了穿爆、采掘、运输这几个主要生产环节的影响。然而，在实际生产中，还有更多方面的因素，例如，风、水、电线路的移设、工作面的清理以及排土、卸矿能力等，均对挖掘机生产能力有较大影响。

综上所述，挖掘机生产能力是反映露天矿生产的一项综合指标，它受多方面因素的影响。因此，我们在设计新矿山时，就要通过对各影响因素的细致分析，才能确定出符合实际情况的先进指标。而在组织生产时，需在繁多的矛盾中，找出主要矛盾，加以解决，以使露天矿生产效率有较大的提高。

F 提高电铲司机的操作水平

以上都是从生产工艺的角度介绍了提高电铲生产能力的方法，电铲司机要利用入换时间清理大块，堆整爆破，准确铲取，旋转与提斗同时进行，准确卸载，返回与降臂同时进行等方法。降低好转时间。在实际过程中，司机的操作水平、熟练程度更是提高生产能力的重要途径，矿山要注重司机的培养，开展各种劳动竞赛，采用计量工资等方法培养优秀的电铲司机。

8.2.2.4 前端装载机的应用

前端式装载机（简称前装机）是一种用柴油发动机驱动（或柴油发动机—电动机）和液压操作的一机多能装运设备，除可用作向运输容器装载外，还可以自铲自运、牵引货载。行走部分一般多为轮胎式。

轮式前装机的主要组成部分包括：工作机构、柴油发动机或柴油发动机—电动机、传动装置、自行胶轮底盘、操纵台等。其车身结构有两种基本形式，即铰接式和整体式。

轮式前装机与单斗挖掘机一样，都属于间断作业式的采装设备。其操作程序：铲臂下放，使铲斗处于水平位置；铲斗在装载机推压力的推动下插入矿（岩）堆；铲斗向上提起，铲取矿岩，并把铲臂连同铲斗举起一定高度；前装机驶向卸载地点；铲斗向下翻转卸载；前装机返回装载地点，并将铲斗下放至初始位置，然后重复同样过程。

与单斗挖掘机比较，轮胎式前装机具有以下主要优点：

（1）重量轻，制造成本低。

（2）行走速度快，最大运行速度每小时可达35km。因此，在一定的运距范围内，可用它直接进行装载和运输。

（3）尺寸小、机动灵活可在挖掘机不能运行的复杂条件下进行工作；对采装地点分散和复杂矿床的分采适应性强。

（4）作业效率不受台阶（或爆堆）低的影响。

（5）爬坡能力大，可在20°左右的坡道上运行。

（6）除完成主要采运作业外，还可更换各种工作机构，完成露天矿的各项辅助作业：堆垒爆堆、清雪、修路、运送零件及电缆。

前装机的主要缺点是：

（1）对矿岩块度适应性差，使生产能力受影响。

（2）工作规格较小，适应的台阶高度有限，一般不超过10m。

（3）轮胎磨损较快，使用寿命短。因此，在挖掘坚硬矿岩时，应采取措施减少轮胎的磨损，如经常清理工作面的矿岩，尽量避免轮胎打滑，在轮胎上加装保护链或采用履带垫轮胎等。

由于轮胎式前装机具有机动灵活、设备投资少等优点，因此用途的广泛性远远超过其他采装机械。近年来它在一些露天矿山使用已日益增多。

前装机在国内外大型露天矿中，主要作为辅助设备，而在中、小型露天矿，尤其是一些非金属露天矿，一般常用它进行装载作业。轮胎式前装机在露天矿可有以下几种使用情况：

（1）作为主要采装设备直接向自卸汽车、铁路车辆、移动式胶带运输机的受矿漏斗装载。

（2）当运距不大时，作为主要采装运输设备取代挖掘机和自卸汽车，将矿石直接运往溜井、铁路车辆的转载平台，以及从储矿场向固定破碎设备运矿或从爆堆中采装矿石运至移动式或半固定式破碎设备。

（3）当剥离工作面距排土场较近或剥离工作量不大时，可用前装机将岩石直接运到排土场。在大型露天矿中，可作高台阶排土场的倒运设备。

（4）在大型露天矿可用作辅助设备。如代替推土机堆集爆破后飞散的矿岩，从工作面将不合格大块运往二次破碎地点，建筑和维护道路，平整排土场，向挖掘机和钻机运送燃料、润滑材料和重型零件，清除积雪等。

（5）在大型露天矿和多金属矿体、多工作面开采时，可用前装机与挖掘机配合工作，以减少装载时间和降低采装成本。例如用前装机采装爆堆高度小的部分；用前装机将爆破后飞散的矿岩堆集起来并装入汽车，为大型挖掘机创造良好的工作条件。

（6）用前装机代替挖掘机和自卸汽车掘进露天堑沟，可减少堑沟宽度和掘沟工程量，提高掘沟速度。

（7）在电铲移动过程中，可以参加辅助作业移动电缆，移动电杆。在铁路运输的矿山可以用来移道等辅助作业。

8.3 露天矿运输

露天开采，其生产的特点还在于不仅要采掘和运输有用矿物，而且要采掘和运输大量的废石。露天矿生产过程是以完成一定量的剥离岩石量和采出矿石量为目的。

露天矿运输工作所担负的任务，是将露天采场内采出的矿石运至选矿厂、破碎厂或储矿场，将剥离的废石运至排土场，以及把材料、设备、人员运送至所需的工作地点。因此，露天矿运输系统是由采场运输、采矿场至地面的堑沟运输和地面运输（指工业场地、排土场、破碎厂或选矿厂之间的运输）所组成。这也叫做露天矿内部运输，而破碎厂或选矿厂、铁路装车站、转运站至精矿粉或矿石的用户之间的运输叫做外部运输。如果选矿厂或破碎厂等距矿山较远，则矿山至它们之间的运输也属于外部运输的范围。本章主要介绍露天矿内部运输的方法。

露天矿运输是一种专业性运输，与一般的运输工作比较，有如下一些特点：

（1）冶金露天矿山运输量较大，剥离岩石量常是采出矿石量的数倍，无论是矿石或岩石，它们的体重大、硬度高、块度不一；

（2）露天采矿范围不大、运输距离小、运输线路坡度大、行车速度低、行车密度大；

（3）露天矿运输与装卸工作有密切联系，采场和排土场中的运输线路需随采掘工作线的推进而经常移设，运输线路质量较低；

（4）露天矿运输工作复杂，由山坡露天转入深凹露天后，运输工作条件发生很大变化，为了适应各种不同的工作条件，需要采用不同类型的运输设备，也就是说，运输方式的改变，会给运输组织工作带来许多新的问题。

根据以上特点，对露天矿运输应提出下列要求：

（1）运输线路要简单，避免反向运输，尽量减少分段运输。因此，在决定开拓系统时，必须保证有合理的运输系统。

（2）运输设备要有足够的坚固性，但不能过分笨重和复杂。要有较高的制造质量，以保证安全可靠的运转。

（3）运输设备的能力要有一定的备用量，以适应超产的需要。设备数量也应有一定的备用量，特别是易损零件和部件，以便运转中损坏时能及时更换。

（4）要进行经常和有计划的维护和检修，以确保运输设备技术状态良好。

（5）要有合理的调度管理和组织工作，使运输工作与矿山生产各工艺过程紧密配合，确保采掘工作正常进行。

露天矿运输方式可分为铁路运输、汽车运输、带式运输机运输、提升机运输、架空索道运输、无极绳运输、自溜运输和水力运输等。其中以铁路运输、汽车运输和带式运输机应用广泛，特别是前两者最多。提升机运输和自溜运输只能在一定条件下作为露天矿整个运输过程的一环，常常需要和其他运输方式相配合。水力运输用于水力冲采细粒软质土岩时，工艺简单，效率很高，但受运输货载条件的严格限制，应用的局限性很大。近年来，露天矿运输除了在上述各类常用的运输方式中向大型和自动化发展外，还创造了一些新的方式，如胶轮驱动运输机等。

铁路运输曾经是我国露天矿最广泛应用的一种运输方式，但近年来，汽车运输的应用已有了较大的增加。目前，绝大多数有色金属露天矿都采用汽车运输，露天铁矿汽车运输量也占铁矿石总量的30%左右。可以预料，随着我国汽车制造工业和橡胶工业的进一步发展，增大汽车运输比重的趋势必将继续增长下去。

8.3.1 露天矿铁路运输

铁路运输量大，成本低；但允许坡度小，一般只有1.5%～4%，最大6%～8%；曲率半径大，灵活性差；基建速度慢，适用于地形不复杂、矿体走向长、运距长、运量大的露天矿。铁路运输的牵引设备有牵引机组、电机车、内燃机车。中国生产的标准轨电机车有100t和150t两种；窄轨电机车有8t、14t、20t、40t四种。窄轨内燃机车有80马力、120马力、240马力等。矿车种类较多，准轨矿车有60t、100t和180t三种，窄轨矿车有1.2～2.5m^3、4～10m^3、20m^3等。中国用1435mm标准轨距，窄轨轨距主要有900mm、750mm、762mm和600mm四种。

铁路运输是一种通用性较强的运输方式。在运量大、运距长、地形坡度缓、比高不大的矿山，采用铁路运输方式有着明显的优越性。其主要优点是：

（1）运输能力大，能满足大中型矿山矿岩量运输要求。运输成本较低。

（2）能和国有铁路直接办理行车业务，简化装卸工作。

（3）设备结构坚固，备件供应可靠，维修、养护较易。

（4）线路和设备的通用性强，必要时可拆移至其他地方使用。

但铁路运输也有其致命的缺点：

（1）基建投资大，建设速度慢，线路工程和辅助工作量大。

（2）受地形和矿床赋存条件影响较大，对线路坡度、曲线半径要求较严，爬坡能力小，灵活性较差。

(3) 线路系统、运输组织、调度工作较复杂。

(4) 随着露天开采深度的增加，运输效率显著降低，据认为，铁路运输的合理运输深度只在 120~150m 以内。

铁路运输工作包括：车务（列车运行组织工作）；机务（机车车辆的出乘、维护及检修）；工务（线路的维修和拆铺）；电务（信号、架线、供电及通讯联络等）。

8.3.1.1　铁路运输线路建设

铁路线路是机车车辆运行所不可缺少的工程结构体。为确保机车车辆在规定的最大速度下运行安全、平稳和不中断，铁路线路所有部分应有足够的坚固性、稳定性和良好的技术状态。

露天矿铁路与铁道部所属国有铁路相比，具有如下特点：

(1) 线路坡度陡、弯道多、曲线半径小。

(2) 线路区间短、技术标准低、行车速度低。

(3) 线路级别复杂，大量移动线路。

(4) 运输距离短，运输周期中的装卸时间长。

(5) 行车密度大，不按固定运行图行车。

因此，它与国有铁路在结构标准、技术条件、服务年限、行车密度等方面的要求均有所区别。

根据露天矿生产工艺过程的特点，露天矿铁路线路分为固定线路、半固定线路和移动线路三类。联结露天采矿场、排土场、储矿场、选矿厂或破碎厂及工业场地之间服务年限在 3 年以上的矿山内部干线，称之为固定线；采场的移动干线、平盘联络线及使用年限在 3 年以下的其他线路，称之为半固定线；采场工作面装车线及排土场的翻车线则属于移动线。

A　钢轨

钢轨的功用是支持和引导机车车辆的车轮，并直接承受来自车轮的压力传之于轨枕。它的型号用每米长的重量来表示。国产钢轨型号有 50kg、43kg、38kg、24kg、18kg 和 15kg 等多种。其标准长度一般为 12.5m 和 25m。

大型露天矿准轨机车运输时，一般是采用轴荷重为 25t 的机车车辆，故应选用实际重量为 43kg/m 以上的钢轨。中、小型露天矿采用窄轨机车运输时，在选用范围内，可依其行车速度和年货运量来决定钢轨类型。即行车速度高、年货运量大时，可采用较重的钢轨，否则采用较轻的钢轨。

B　钢轨连接零件

钢轨的连接零件按其功用可分为两类：中间连接零件和钢轨接头连接零件。中间连接零件包括道钉和垫板。道钉有普通道钉和螺栓道钉之分。使用木轨枕时常用普通道钉，采用钢筋混凝土轨枕时常用螺栓道钉。垫板的功用是把钢轨传来的压力传递到较大的轨枕支撑面上，使行车平稳，并把轨条两侧的道钉联系为一体以增强道钉抵抗钢轨横向移动力。

钢轨接头零件有鱼尾板、螺栓及弹簧垫圈等。鱼尾板的形式很多，我国生产的标准鱼尾板为双头鱼尾板。

C 轨枕

轨枕是钢轨的支座，其功用是承受自钢轨通过中间连接零件传来的竖直力和纵横水平力，并将其分布于道床，保持钢轨位置、方向和轨距，以及起弹性缓冲动荷载的作用。铁路线路上轨枕的布置，应根据运量和行车速度等因素考虑。一般运量大、速度高的线路，轨枕应布置得密一些；在露天矿山每 1km 准轨线路轨枕的根数为 1440、1520、1600、1680、1760、1840 等标准。

D 道床

道床是轨枕与路基间传递压力的媒介。其功用是传递并均布压力于路基基面，作缓和冲力的缓冲层；排泄基面地表水；固定轨枕位置以增加线路的稳定性。故要求道砟材料是坚硬、稳定、利于排水的物质。

道砟材料有碎石、砂、砾石、矿渣。一般以就地取材为原则。我国露天矿固定线路上多用剥离岩石破碎为 25 ~ 30mm 的碎块。

道床的断面如图 8-53 所示，由顶面宽、厚度和边坡这三个要素组成，它们的尺寸依道砟材料、上部建筑类型、线路平面（直线或曲线）、路基土壤性质和线路等级而定。一般准轨道床顶面宽为 2.7 ~ 2.9m，厚度 0.15 ~ 0.35m；窄轨道床顶面宽为 1.4 ~ 1.9m，厚度 0.1 ~ 0.25m。轨枕应埋入道砟内，其表面一般高出道砟表面 3cm。

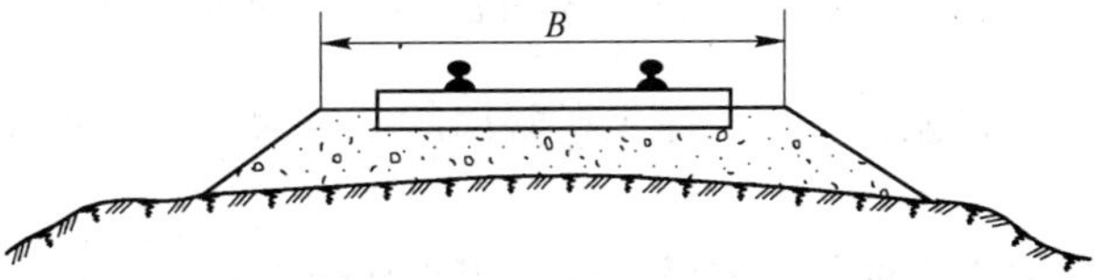

图 8-53 道床断面图

E 线路防爬及加强设备

在列车运行时，由于多种因素的影响，例如：轨轮间的摩擦阻力，列车车轮对轨缝的冲击，列车制动时在轨面上的滑动等，都对钢轨产生一种纵向作用力，该力能使钢轨产生纵向移动，有时带动轨枕一起移动。这就是所谓线路爬行。线路爬行是极其有害的，它能引起轨枕歪斜，枕间隔不正，轨缝不匀，增大扣件磨损等恶果。

防止线路爬行的根本措施是加强整个线路的上部建筑，如加强中间连接件，采用碎石道床，增加每公里轨枕数目，安设防爬设备等。

防爬设备主要包括防爬器和防爬撑。我国露天矿铁路线路上常用穿销式防爬器，每对销式防爬器配备三对防爬撑。每节钢轨安装防爬器的组数，视线路特征和行车情况，一般为 2 ~ 4 对。

线路加强设备有轨距杆和护轮轨。在固定线路曲线半径小于 300m 的区段以及移动线路，均应装设轨距杆，以维持轨距不变。在曲线半径小于 120 ~ 150m 以下的地段和反向曲线端点间距小于 25 米的地段之内侧，均设护轮轨，以保证行车安全。

F 道岔

连接两条线路或自一条铁路转入另一条铁路时的连接设备称为道岔。道岔的种类很多，露天矿大量而普遍采用的是单式普通道岔，其结构和表示方法如图 8-54 所示。

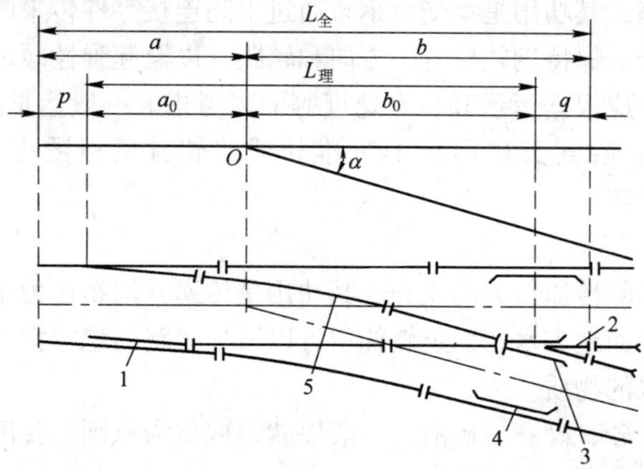

图 8-54 单式道岔构造和表示法

单式普通道岔由转辙器、导轨、辙叉三部分组成。转辙器包括一对基轨、一对尖轨、连接杆和整套转辙机械。辙叉由辙叉心（α 为辙叉角）、翼轨和护轨组成。连接部分是两根直轨和曲导轨，它将转辙器和辙叉连成一组完整的道岔。

道岔的型号由辙叉角的正切决定。设 $\frac{1}{N}=\tan\alpha$，则 N 即为道岔号数。N 值愈大，辙岔角愈小，列车通过道岔时也就愈平稳。露天矿常用的道岔为 7、8、9 号。

G　路基

路基是铁路线路主要下部建筑，它承受线路上部建筑的重量及机车车辆的荷重，是铁路的基础。它的技术状态如何及完整与否，关系到整个线路的质量。因此建筑路基时应当保证坚固、稳定、可靠而耐久，要有排水和防水设施，以免受水的危害，建筑费用要低，维修要简单。

根据路基面与地面的相对位置和修筑方式不同，路基的横断面可分为路堤、路堑、零位路基、半路堤、半路堑和半堤半堑。各种路基结构如图 8-55 所示。

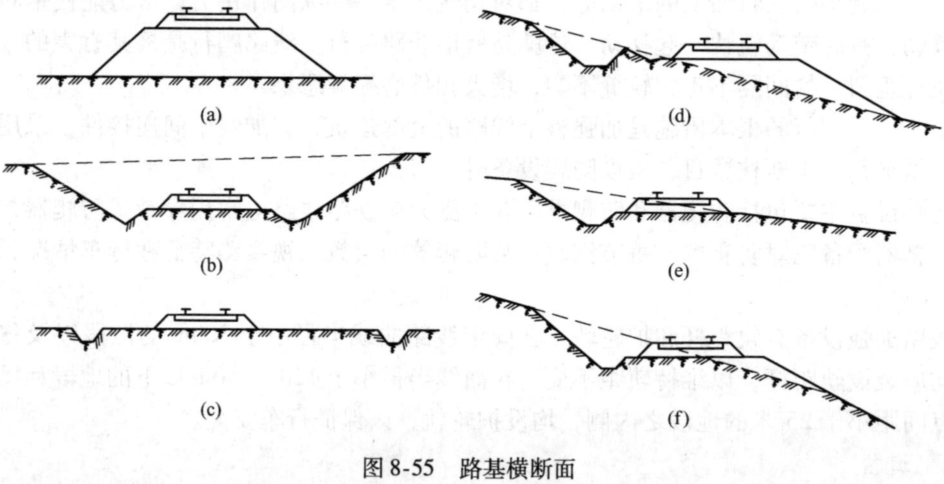

图 8-55　路基横断面

（a）路堤；（b）路堑；（c）零位路基；（d）半路堤；（e）半路堑；（f）半堤半堑

路基上铺设上部建筑的部分称为路基基面，基面两边没有铺设道砟的部分称为路肩。其作用是加强路基的稳定性，保持道砟不致落向边坡，供安设标志和信号，存放器材以及供工作人员通行往来。路肩宽度一般不小于0.6m，最小不得小于0.4m。路基边坡是指路基两侧的斜面坡度，用垂直距离与水平距离的比数表示。边坡的坡度取决于构成边坡的土岩性质和路基断面，路堤边坡一般为1∶1.5～1∶1.75，路堑边坡为1∶0.11～1∶1.5。

路基的主要构成要素是它的宽度。路基宽度是指路基基面的宽度，其大小取决于轨距、线路数目、线路间距、路肩宽度以及构成路基的土岩性质和线路级别。在曲线地段，由于外轨抬高，道床呈倾斜状，道床的下宽增大，要求路基也要相应加宽，其值视曲线半径大小而异，一般为0.1～0.3m。

水是铁路之大害，为保证路基边坡经常处于稳定状态，必须使路基的土体以及接近路基的地基和路堑边坡处于密实干燥状态。因此，路堑基面两侧需设侧沟，用以排泄路堑中的雨水。侧沟的坡度一般与路堑纵坡相同，但不应小于2‰。路堤两侧无取土坑时，需在路堤地形较高的一侧修纵向排水沟，当地面横坡不明显，路堤高小于2m时，两侧均设纵向排水沟。纵沟与路堤间留护道不小于2m。水沟断面需根据排水的流量计算确定，但沟底最小宽度不小于0.4m，深度不小于0.6m。

H 桥隧建筑物

桥隧建筑物也属于铁路的下部建筑，包括桥梁、涵洞、隧道、挡土墙等建筑物。涵洞是铁路跨越小溪流、沟渠时用以排泄地面水的小型建筑物。在露天矿应用混凝土涵管或钢筋混凝土涵管较多。桥梁为跨越江河、洼地和其他路线的大型建筑物。隧道常用于线路穿越高山障碍，它能节省土石方量，缩短线路里程。在填筑路堤和挖掘路堑时，受地形限制或因边坡不稳定，常用挡土墙来保证路基的稳定和预防滑坡，这在我国露天矿铁路线路工程中均很常见。

8.3.1.2 铁路运输站场建设

A 线路区间的设定

为了保证行车安全和必要的通过能力，露天矿铁路线必须适当地划分为若干个段落，每个段落皆称为区间，以隔离运行列车。区间和区间的分界地点为分界点。

分界点分无配线的和有配线的两种。无配线的分界点包括自动闭塞区段内的通过色灯信号机和非自动闭塞区段内的线路所。有配线的分界点系指各种车站而言。两个分界点之间的距离叫做区间长度。为了行车安全，提高行车速度，一个区间（分区）只能有一列列车占用。从行车方面来看，区间长度愈小，则通过能力愈大，但最小长度不应小于列车全制动距离。无限地缩短区间长度，将会使分界点过多，造成设备、基建投资和运营费用都增大，这是不合理的，应根据通过能力的需要来确定区间长度，一般为800～1000m之间。

露天矿车站按其用途不同可分为矿山站、排土站、破碎站和工业场地站等。其分布应能满足内外部运输的需要和运营期内通过能力的要求。矿山站一般应设在露天采场附近，靠近运量大的地方，为运送矿石和废石服务。当露天矿规模较大时，也可以单独设立排土站，排土站设在排土场附近。破碎站和工业场地站分别设在破碎车间和工业场地旁边。这些车站除了起配车作用、控制车流外，还可以办理入换作业及其他技术作业，如列车检查、上砂、上油等。

露天矿坑内的车站和山坡采场中的车站，多作会让和列车转换方向之用，故称会让站和折返站，它们只进行会让、折返和向工作面配车等作业。

在采用自动闭塞时，用色灯信号机把站间区间划分为闭塞分区。信号机借助于列车的位置和轨道电路，自动转换显示。闭塞分区的长度应大于列车制动距离。在采用半自动闭塞时，利用线路所将站间区间划分为两个“所间区间”。线路所设置半自动闭塞信号机，列车必须得到线路所值班员的许可，并由他开放信号后，方能由一个所间区间，通往另一个所间区间。当列车尾部进入某一所间区间后，防护该区的信号即自动变为红色，禁止续行列车通过。

区间的划分直接影响线路的通过能力。露天矿内各种分界点的分布，决定着铁路运输的系统。当露天矿规模很大时，应随采掘量的增长而分期增设分界点，以满足行车密度增大的要求。

B 站场线路的确定

站场主要包括车站股道数目、站线长度、股道间距、道岔配列以及车站的平面及纵断面等。

车站的配线应根据本站车流的特点和技术作业性质。一般车站除越行线（正线）外，还要根据需要配置其他站线及特别用途线，如到发线、调车线、牵出线、装卸线、日检线、杂作业车停留线以及工业广场和车库的联络线等。露天矿车站的站线数目主要是计算到发线的数量。其余的按需要进行配置。到发线数量应根据接发车的车流量和每列列车所占用的时间来确定。因露天矿运输车流单纯、调车作业较少，一般均为直通列车（见图8-56）。故各种列车占用到发线时间是等值的。

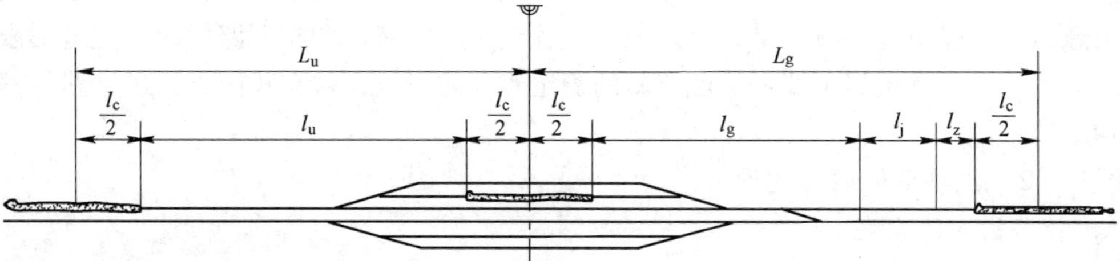

图8-56 到发车进路长度示意图

l_c—列车全长；l_j—列车制动距离；l_z—司机确认信号时列车运行距离；

l_u—列车出站长度；l_g—列车进站长度；L_u—列车出站总长度；L_g—列车进站总长度

站线长度分为全长和有效长度。站线全长是指股道两端道岔的基本轨接头间的距离，如尽头线则为道岔的基本轨接头到车挡的距离。有效长度是指股道全长范围内可以停留列车，且不妨碍邻线作业的部分长度，其限制因素为警冲标、出站或调车信号机、道岔尖轨的起点或基本轨接缝的绝缘节等。

站内直线段相邻站线间的中心距视机车车辆类型而定。对于准轨一般站线为5.0m，次要站线为4.6m；窄轨线间距一般为4.0m。其他技术作业线间距根据工作需要来确定。车站处在曲线地段上时，站线间的距离应加宽。

根据运转作业的要求，车站应设置在直线上。但由于矿山地形复杂，线路使用年限不长，为减少基建工程量和满足矿山开拓的要求，在困难条件下，也可将站线设计为曲线，但必须满足一定曲线半径的要求。

到发线的有效长度范围，一般应设计在平道上。在困难条件下，车站才设在坡道上，但其纵断面必须保证列车在最不利的位置时能够启动。

8.3.1.3 铁路运输常用车辆

A 车辆

露天矿铁路运输用的车辆种类很多，按其用途来说有供运载矿岩的矿车；运送设备、材料的平板车；运送炸药的专用棚车；送水专用的水车；以及职工通勤用的客车、代客车等。其中用量最多的是大载重的自卸矿车（自翻车）。

自卸车由走行部分、车架、车体、车钩及缓冲装置、制动装置和卸车装置等部分组成（见图8-57，KF60AK型自翻车如图8-58所示）。

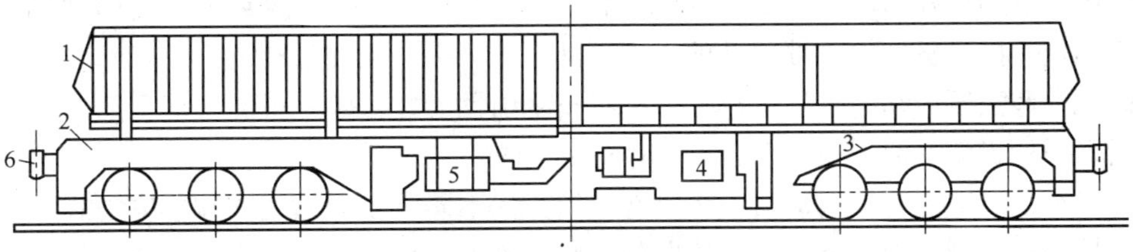

图8-57 宽轨自翻车示意图

1—车厢；2—车底架；3—转向架；4—倾翻机构；5—制动装置；6—车钩

图8-58 KF60AK型自翻车

走行部分包括轮对、安置轴瓦和润滑用的轴箱、弹簧、转向架。所谓轴距是指轮轴之间的距离。最前轴与最后轴之间的水平距离称为全轴距；转向架前后两轴间的距离称为固定轴距（也称刚距）；两轴车的全轴距即为固定轴距。线路最小曲线半径就是由刚距决定的，刚距越大，要求的最小曲线半径也大。

车钩为牵引、连接、缓冲之用。在车辆设置的缓冲装置，一般为弹簧缓冲器。

制动装置是由制动机和传递制动的传动装置组成。矿用自翻车上装有手制动机和气制动机。气制动机用压气是由机车的压风机供给。通常为送风缓解，放气制动。

卸载装置主要由卸载（举升）缸及其与车厢和车架相连接的杠杆连接机构等组成。卸载可借助于压气（或液压）来实现。卸载时，压气由机车上的压风机经管路送入同侧的两个卸载缸，而活塞杆将车厢的一侧举起，当举到一定高度时，车厢自动倾翻，货载随即卸出。货载卸完后，排出卸载缸中的压气，车厢靠其自重下落而还原位。卸车的动力除了压气以外，还有用液压的。

矿用自卸车的主要技术指标有：载重、车厢容积、自重和自重系数（自重与标记载重之比）等。

B 机车

露天矿铁路机车，按其所用的动力不同可分为内燃机车、电机车和双能源机车。

内燃机车是以内燃机为发动机，以液体燃料（柴油、汽油等）为能源。它由车体、转向架、内燃发动机及其向主动轴传递动力的传动装置、辅助装置和机车操纵装置所组成。内燃机车依其内燃机向主动轴传动的方式不同，可分为：机械传动的内燃机车、电力传动的内燃机车和液压传动的内燃机车。这种机车牵引性能好，效率最高，不需要架线和牵引变电所，因而机动灵活，很适合露天矿生产的需要。

电机车是以电能为牵引动力。按电能供给方法不同可分为架线式和蓄电池式。按牵引电网采用的电流制不同又可分为直流电机车和交流电机车。电机车机动灵活性较差，但具有牵引性能好，爬坡能力大，准备作业时间少等优点，因而在露天矿都获得了广泛的应用。我国金属露天矿常用的是直流架线式电机车。图 8-59 为内燃机车。

东风 8B 型内燃机车柴油机的最大运用功率为 3680kW，通过驱动一台三相交流同步牵引发电机，产生三相交流电，经硅整流后输送给牵引电动机，经牵引齿轮驱动轮对。

机车车体为棚式侧壁承载结构，两端设司机室，任何一端均可操纵机车。机车从前至后分为第 1 司机室，电气室、动力室、冷却室、辅助室和第 2 司机室。燃油箱设在主车架中部下方，蓄电池组装在燃油箱两侧。机车走行部为两台可互换的三轴转向架，采用低位四连杆机构牵引和橡胶堆旁承，橡胶堆旁承与轴箱弹簧组成两系悬挂。牵引电动机为轴悬式安装。机车制动系统采用 JZ-7 型制动机，可单独制动机车或整个列车，可在长大坡道上实施电阻制动。如图 8-60 所示，为电力机车。

图 8-59 内燃机车实物图

图 8-60 电力机车实物图

SS4 改进型电力机车是由各自独立的又互相联系的两节车组成，每一节车均为一完整的系统。它的电路采用三段不等分半控调压整流电路。采用转向架独立供电方式，且每台转向架有相应独立的相控式主整流器，可提高粘着利用。电制动采用加馈制动，每台车四台牵引电机主极绕组串联，由一台励磁半桥式整流器供电。机车设有防空转防滑装置。

每节车有两个 B0 转向架，采用推挽式牵引方式，固定轴距较短，电机悬挂为抱轴式半悬挂，一是采用螺旋圆弹簧，二是为橡胶叠层簧。牵引力由牵引梁下部的斜杆直接传递到车体。空气制动机采用 DK-1 型制动机。

主要技术参数：额定功率：6400kW；持续牵引力：450kN；最大牵引力：628kN；持续速度：50km/h；最大速度：100km/h；悬挂方式：半悬挂式；制动方式：电阻制动，空气制动；电制动功率：5300kW；机车总重：184t；轴荷重：23t；车钩中心距：2×16416mm；

电机车的重量分配到动轮上的重量叫电机车的粘着重量，矿山用的电机车所有轮轴一般都是主动轮，即每一轮轴上都装有一台电动机来带动轮轴转动，没有导轮和从轮。所以它的粘着重量即等于电机车的重量。为了增加电机车的粘着重量，准轨电机车广泛使用配重。但配重受牵引电动机的容量限制。大型电机车的配重不得超过机车重量的 20%～25%，小型电机车的配重不得超过机车重量的 30%～40%。

8.3.2　露天矿公路运输

公路运输主要设备是汽车，爬坡能力大，一般为 8%，最大达 15%。道路曲率半径小，机动灵活，适用于各种条件的露天采场。采用汽车运输的露天矿，投产快，但经营费高，运距不宜过长，一般在 2～3km 以下。需有良好的道路和完善的维修保养设施，以保证汽车的正常运行。矿山常用自卸汽车的载重量多在 20t 以上。20 世纪 60 年代发展的电动轮自卸汽车，常用载重量为 109～154t，最大达 318t。汽车型号按矿岩运量、装车设备规格和运距等条件选取。车斗和电铲斗容之比，以 3～5 为宜。

与铁路运输相比，汽车运输有如下优点：

（1）汽车转弯半径小，因而所需通过的曲线半径小，最小可达 10～15m；爬坡能力大，最大可达 10%～15%。因此，运距可大大缩短，减少基建工程量，加快建设速度。

（2）机动灵活，有利于开采分散的和不规则的矿体，特别是多品种矿石的分采；能与挖掘机密切配合，使挖掘机效率提高，若用于掘沟可提高掘沟速度，加大矿床开采强度与简化排土工艺。

（3）生产组织工作及公路修筑、维修简单。

（4）线路工程和设备投资一般比铁路运输低。

汽车运输的缺点：

（1）运输成本较高。

（2）合理的经济运距较小，且与车辆的载重关系甚大，随着运距的增大经营效果显著变化。

（3）受气候条件影响较大，在风雨、冰雪天行车困难。

（4）道路和汽车的维修、保养工作量大，所需工人人数多、费用高，汽车出勤率较低。

从上述优缺点表明，对于地形复杂的陡峻高山、丘陵地带的孤峰、沟谷纵横地带、走向长度较小、分散和不规则的矿体、多品种矿石分采的矿体以及要求加速矿山建设和开拓准备新水平的露天矿，采用汽车运输较为适宜。此外，它还可用作联合运输系统中的主要运输设备。因此，当前汽车运输在国内外金属露天矿运输中占据着最为重要的地位。汽车运输的经济效果，在很大程度上取决于矿山线路的合理布置、公路的质量和状态、自卸汽车的性能以及维护管理水平。

8.3.2.1 公路运输线路建设

露天矿的汽车公路与一般公路及工厂道路不同，它的应用特点是运距短、行车密度大、传至路面轴压力大。因此汽车公路应保证：

(1) 道路坚固，能承受较大荷载。

(2) 路面平坦而不滑，以保证与轮胎有足够的粘着力。

(3) 不因降雨、冰冻等而改变质量。

(4) 有合理的坡度和曲线半径，以保证行车安全。

露天矿公路按生产性质可分为：运输干线、运输支线和联络线；按服务年限可分为：固定公路、半固定公路和临时公路。运输干线是指采矿场出入沟和通往卸矿点及废石场的道路，通常都是服务年限在3年以上的固定公路。固定公路按行车密度和车速可分为三级，对各级公路有不同的技术要求。

A 公路线路建设

公路的基本结构是路基和路面，它们共同承受行车的作用。路基是路面的基础。行车条件的好坏，不仅取决于路面的质量，而且也取决于路基的强度和稳定性。若路基强度不够，会引起路面沉陷而被破坏，从而影响行车速度和汽车的磨损。因此公路路基应根据使用要求、当地自然条件以及修建公路的材料、施工和养护方法进行设计，使其具有足够的强度和稳定性，并达到经济适用。

路基材料一般是就地取材，根据露天矿有利条件，常采用整体或碎块岩石修筑路基，这种石质路基坚固而稳定，水稳定性也较好。

路基的布置随地形而异，其横断面的基本形式如图8-61所示。

为了便于排水，行车部分表面形状通常修筑成路拱，路面和路肩都应有一定横坡。路面横坡值视路面类型而异，一般为1%～4%，路肩横坡一般比路面横坡大1%～2%，在少雨地区可减至0.5%或与路面横坡相同。

路基边坡坡度取决于土壤种类和填挖高度，必要时，应进行边坡稳定性计算。当路堤很高（大于6m）时，下部路基的边坡应减缓为1:1.75。为使路基稳固，还应有排水设施，其要求与铁路路基的排水设施相同。

路面是路基上用坚硬材料铺成的结构层，用以加固行车部分，为汽车通行提供坚固而平整的表面。路面条件的好坏直接影响轮胎的磨损、燃料和润滑材料的消耗、行车安全以及汽车的寿命。因此对路面要有以下基本要求：

(1) 要有足够的强度和稳定性。

(2) 具有一定的平整性和粗糙度，能保证在一定行车速度下，不发生冲击和车辆振动，并保证车轮与路面之间具有必要的粘着系数。

(3) 行车过程中产生的灰尘尽量少。

路面由面层、基层和垫层构成。面层又称磨耗层，是路面直接承受车轮和大气因素作用的部分，一般用强度较高的石料和具有结合料的混合料（如沥青混合料）做成。基层又

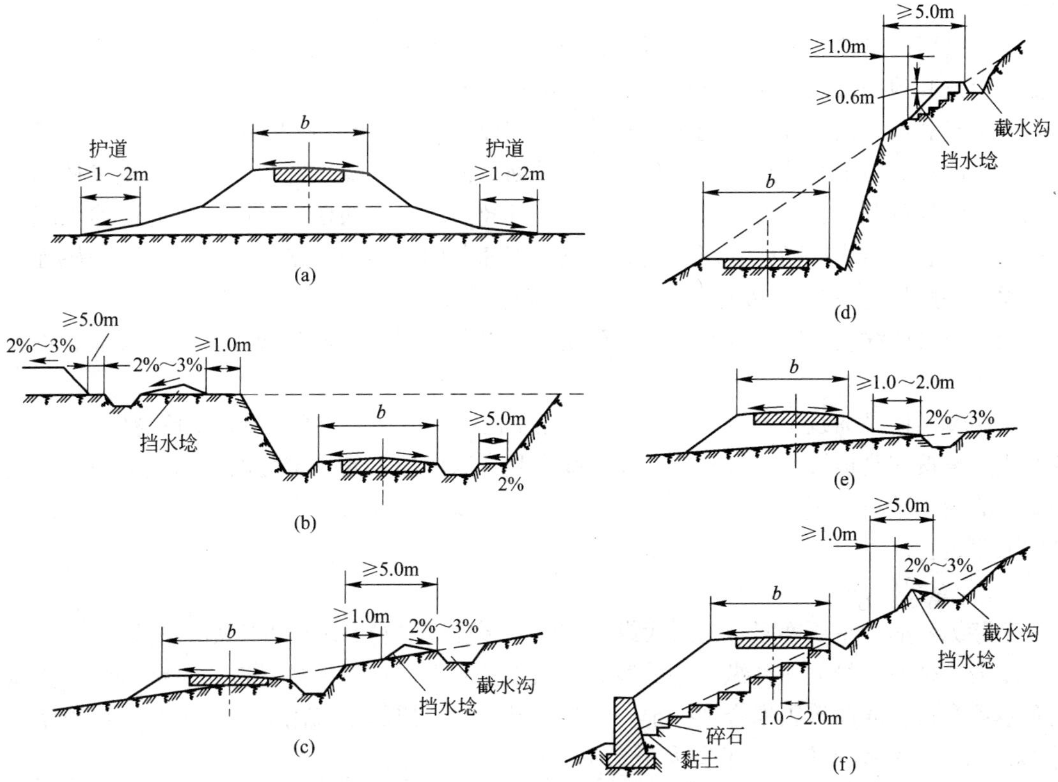

图 8-61　路基横断面

（a）填方路基；（b）挖方路基；（c）半填半挖山坡路基；（d）挖方山坡路基；（e）缓坡路堤；（f）陡坡路堤

称取重层，主要承受由于行车作用的动垂直力，此层用石料或用结合料处治的土壤铺筑而成。垫层又称辅助层，其作用是协助基层承受荷载，同时对路面起稳定作用。该层可以用砾石、砂、炉渣等铺筑。

路面按采用的建筑材料不同，可分混凝土路面、沥青路面、碎石路面和石材路面等。矿山公路路面的建筑，应本着就地取材的原则，根据露天矿汽车运输的特点选择。一般说，运量大、汽车载重大，使用时间长的干线公路应选用高级路面，也可以随运输量的增长情况分期建设，即由低级路面过渡到高级路面，而把低级的旧路面作为高级路面的基层。

移动线公路一般多在强度较高的矿岩基础上修筑，可就地采用矿岩碎石做路面，但当移动线公路位于土壤及普氏硬度系数小于 4 的风化岩石上时，可采用装配式预应力混凝土路面，以便根据需要移设。如铜录山铜矿采场底板岩石为风化高岭土，曾使用过装配式钢筋混凝土路面，取得一定效果。

B　公路线路设计

公路设计要求与铁路线路设计基本相同、包括平面设计和纵断面设计两部分。平面设计的主要任务就是根据矿山地形、车型以及生产作业的需要，绘制平面图。纵断面设计则是根据公路平面图，沿所定线路绘制公路纵断面图。

a　线路平面

公路平面设计参数包括：平曲线、超高、超高缓和长度、曲线加宽、平面视距、两相邻平曲线的连接以及错车道等。

各级公路的平曲线依据车型、行车速度、路面类型而定，原则上应采用较大的半径，当受地形或其他条件限制时，方可采用允许的最小半径。

为了克服汽车在曲线上运行时的横向离心力，公路曲线段在曲线半径小于100m时，一般要设超高。由于直线行车道部分为双斜坡断面而曲线段要设置超高，这就要求从邻近曲线的直线外侧开始逐渐升高，使双面坡过渡到超高所要求的单向坡面，该坡面称为超高横坡，用以表示曲线超高值。超高横坡按设计车速、曲线半径、路面种类及气候条件等因素考虑，一般规定在2%～6%之间，最大不超过10%。

当汽车沿曲线运行时，其车轮所占路面的宽度要比在直线段时增大，此增大部分称为加宽。

两相邻同向平曲线均不设超高或设超高相同时，可直接连接，当所设超高值不同时，两曲线间需按超高横坡差设置超高缓和长度，其长度应插入较大半径的平曲线之内。两相邻反向曲线均不设超高时，中间宜设不小于汽车长度的直线段，在困难条件下可不设，但必须减速运行。

b 公路纵断面

公路纵断面的主要要素包括最大纵向坡度、竖曲线半径和坡道的限制长度等。

露天矿公路的最大允许纵坡，应根据采掘工艺要求、地形条件、道路等级、汽车类型以及空重车运行方向等因素合理确定。在条件允许时，应尽量采用较缓坡度。干线长度超过1km时，其平均坡度一般不宜大于5.5%。

当坡度位于平曲线处时，该坡段的最大纵坡应按平曲线半径之大小进行折减。对露天矿公路而言，平面曲线半径一般在50m以下时才折减，其折减值可参阅有关资料按规定进行。

为防止汽车在长大坡段上运行时发动机过热，对坡长应有所限制。当坡长超过限制坡长时，应在限制坡段间，插入坡度不大于3%的缓和坡段，其最小长度不应小于40～60m。

c 视距

为了行车安全，汽车司机应能看到前方相当距离的道路，以便能及时采取措施，防止撞上前方的车辆或障碍物。但汽车在遮蔽地段的弯道上或在坡线急剧转折处时，常会发生视距障碍。因此，在设计线路时，必须有视距要求。视距，即汽车司机能看到的前方道路或道路上障碍物的最短距离。确定视距的条件，是以设计车速运行的汽车能在到达障碍物以前完全停住或绕过障碍物。

视距的组成包括：反应距离、制动距离及安全距离。反应距离是从司机看到障碍物到开始刹车经过的反应时间，在该时间内汽车所运行的距离。制动距离是从汽车开始刹车到完全停止时所经过的距离。安全距离是为防止汽车万一到障碍物前不能停住而考虑的距离。

d 回头曲线

在山区或深凹露天矿布置线路时，由于地形条件及采场帮坡的限制，迂回修筑公路时必须选用锐角转折，这种弯道称为回头曲线。

回头曲线［见图8-62（a）］由主曲线 *AB*、两条直线 *AE* 及 *BC* 和两条辅助曲线 *CD* 和 *EF* 组成。在个别情况下，主辅曲线间可不插入直线。若两条辅助曲线的半径和插入直线段的长度相等时称对称回头曲线，如图 8-62（a），（b）所示，否则称非对称回头曲线，如图 8-62（c）、（d）所示。各种形状可根据具体地形条件选用。

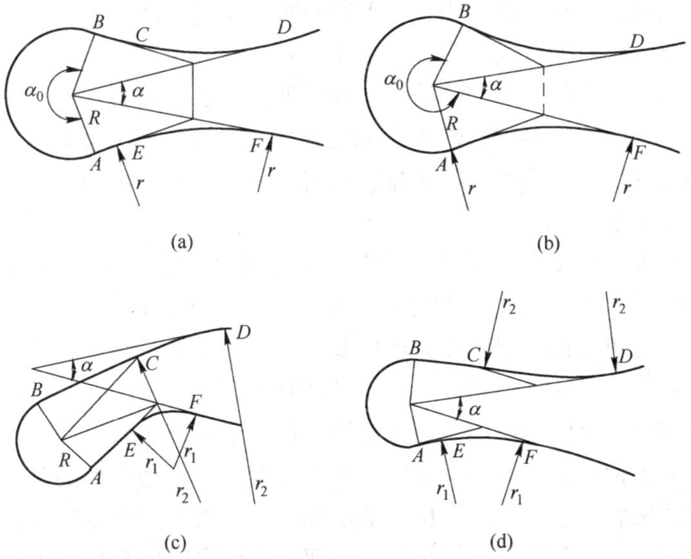

图 8-62　回头曲线平面布线形式

（a）有插入直线段对称回头曲线；（b）无插入直线段对称回头曲线；（c），（d）不对称回头曲线

8.3.2.2　公路运输自卸汽车

自卸汽车按货厢倾卸方向分为后倾卸式和三面倾卸式（可以向左、向右或后面倾卸）两种。货厢翻倾一般是靠安装在货厢下面的液压举升机完成。

自卸汽车的货厢和车架既要承受装载时的冲击负荷，又要适当降低自重，因而主要部分均用高强度钢板焊成。自卸汽车行驶的道路条件一般较差，尘土飞扬，因而驾驶室要有良好的密封性，并装设空气调节装置；驾驶操作机构应力求轻便。冬季运输潮湿物料时，货物易冻结于车厢底板上，造成自动卸货不彻底，因此有的货厢底板制成夹层，使发动机排出的废气通过夹层为货厢加温。自卸汽车在不断向大吨位发展。现在矿山运输用自卸汽车已发展到 150～200t 级，最大载重量已达 350～500t。

A　普通矿用自卸汽车

普通自卸汽车主要由车厢、内燃发动机和底盘三部分组成。底盘包括传动装置、走行部分、操纵机构和卸载机构等，如图 8-63 所示。

图 8-63　普通型自卸汽车

汽车传动系统的作用主要是把发动机所发出的扭矩传递给主动轮。目前国内外载重自卸车的传动方式主要有机械传动、液力传动和电力传动。

离合器是用于使发动机和传动装置作暂时的分离，随后又逐渐接合，以保证汽车平稳启动，变速器换挡时减轻齿轮的冲击，以及防止传动系统过载。

变速器是变化传动比的机构，它使在一个传动系统中具有多个传动比值（排挡），以便司机根据行车阻力大小的情况交替选用，获得所需要的牵引力。

在汽车传动系统中，有些相邻部件（如变速器和主减速器）之间，它们的轴线并不在一条线上而是相交的，且交角经常在变化，这就必须装用万向传动装置。万向传动装置是由万向节和传动轴所组成。

主减速器接在万向传动装置后部，用途是把扭矩由万向传动装置传向与汽车纵轴成90°的主动半轴上，并在传动系统中增加一个固定不变的传动比，以加大主动轮扭矩。

差速器通常和主减速器一起装在后桥中部壳中，由几个行星齿轮和两个半轴齿轮所组成。差速器的用途是把主减速器传来的扭矩分别传给左右两个与两侧主动轮相连的半轴上，并保证两侧主动轮能以不同的角速度旋转，以利于汽车转向运行。

汽车行走部分包括车架、车桥、车轮与悬挂装置。车架是汽车的基体，汽车所有部件及车厢都直接或间接装在它上面。车桥分前桥和后桥，用以支持车架并向车轮传递垂直载荷，同时也将牵引力、制动力等传给车架。车架与车桥之间用悬挂装置作弹性连接，以缓和及吸收车轮在不平道路上运行时所受的冲击和振动。

操纵机构包括转向系和制动系两部分。转向系用于控制汽车行驶方向，制动系使汽车减速或停车。制动装置一般多采用蹄式制动器，通过机械、液压或压气来操纵。在一些汽车上采用了盘式制动器，这种制动器摩擦面较大，可以得到较大的制动力矩，同时还可防止灰尘污泥浸入。

卸载装置主要是由举升缸及其与车厢和底盘相连接的机构等组成。卸载时，司机开动油泵并打开卸载阀，压力油路与举升缸接通，举起车厢并使之向后倾翻，卸出货载。货载卸完后，司机通过操纵装置使油泵停转，即停止供油，并使举升缸与回油路相通，因而举升缸中的油可流回油箱，车厢随压力油的流出，借自重而慢慢下落至原位为止。

B 电动轮自卸汽车

图 8-64 电动轮自卸汽车

采矿工业的技术发展，需要载重量大、爬坡能力强、机动灵活、性能完好的运输设备。近年来，随着汽车载重和车速的进一步提高，为了简化结构和改善牵引性能，对于大载重量汽车，采用电动轮驱动，故称电动轮汽车，如图 8-64 所示。当前大型露天矿几乎全部采用这种汽车运输，常用载重量为 100 ~ 200t。

电动轮汽车即发动机电力传动汽车。电动轮就是安装有直流牵引电动机的驱动轮，其中有一套行星齿轮，构成车轮减速器。电动轮汽车的工作原理是：由作为动力源的高速柴油发动机，经挠性联轴器直接驱动一台交流主发电机，将机械能转变为电能，然后经硅整流系统把交流电整流为直流电，再经电控系统控制的电磁接触器馈送至安装在电动轮轮壳内的牵引电动机将电能变为机械能，并通过由太阳轮、行星轮、内齿圈组成的轮边减速齿轮系带动车轮运转。汽车利用直流电动机的固有特性变换扭矩（电流）和调节单速（电压），低速时，直流电动机能产生高扭矩，当电动机扭矩减少时速度提高，从而在一定的负荷和坡度下，汽车能自动调速，并在下坡时，能通过动力制动或电阻制动获得极佳的制动效果。

电动轮汽车的总体结构与普通自卸汽车相似。但由于它的传动方式和工作原理不同，因而在工作机构和布置形式方面与普通自卸汽车相比有较大的差异。根据电动轮汽车的传动特点，可概括为五大组成部分：

（1）动力部分。主要是高速柴油发动机，多采用12缸V型四冲程的柴油机。

（2）电机部分。包括一台三相交流主发电机、直流牵引电动机和励磁与充电两用的辅助发电机等。

（3）电控部分。包括电器柜、整流柜、电阻箱、制动电阻和牵引、制动控制器等。

（4）液压传动部分。包括转向液压控制机构、卸载举升机构、车架油气悬挂机构和液压制动机构。

（5）车体及齿轮减速装置。车体包括驾驶室和斗厢；齿轮减速装置为太阳轮、行星轮、由齿圈组成的轮边减速齿轮系，它与牵引电动机、工作制动器、停车制动器集装于后轮毂中。

从上述电动轮汽车的工作特点可见，它与普通自卸汽车相比有以下主要优点：

（1）电动轮汽车采用电传动，结构比较简单，没有机械传动的离合器、液力变扭器、变速箱、传动轴、差速器等机械零部件，因而维修量少。

（2）牵引性能好，能充分利用柴油发动机的最大功率，因而爬坡能力强、速度快、运输效率较高。

（3）实现无级调速，因而操作比较简单而且平稳，可以减少发动机、电力传动系统和底盘的振动，从而延长其部件的寿命，减少维修费用，提高汽车的完好率。

（4）电动轮汽车还可利用电力回馈的方法进行制动，通过控制发电机转速达到限制发动机超速的目的（而机械传动的汽车在制动时容易使发动机过热、损坏）。这样，既保护了发动机，延长了大修间隔期，又使行车比较安全可靠，特别是在长大坡道上行驶时，可减少制动器的负荷，延长制动器的寿命。

8.4 露天矿排土技术

露天采矿的一个重要特点就是必须剥离覆盖在矿体上部及其周围的岩石，并运至一定地点排弃，为此要设置专门的排土场地。排土工作的任务就是在排土场上，运用合理的工艺，排弃从露天矿场采出的废石和表土，以保证采矿作业持续均衡地进行。因此，排土工作也是露天矿主要的生产工艺环节之一。

根据排土场与露天矿场的相对位置，把位于露天矿境界以外的排土场称为外部排土场，处于露天矿采空区内的叫内部排土场。按照在排土工艺中所用的设备不同，有以下几种主要的排土方法：排土犁排土、单斗挖掘机排土、前端装载机（铲运机）排土、推土机排土、带式排土机排土和人工造山排土。

8.4.1 排土方式

8.4.1.1 推土机排土方式

露天矿推土机（见图8-65）排土大多数采用汽车运输。推土机的排土作业包括：汽车翻卸土岩；推土机推土；平整场地和整修排土场公路。汽车运输推土机排土场的布置如图8-66所示。

图8-65 推土机外形图

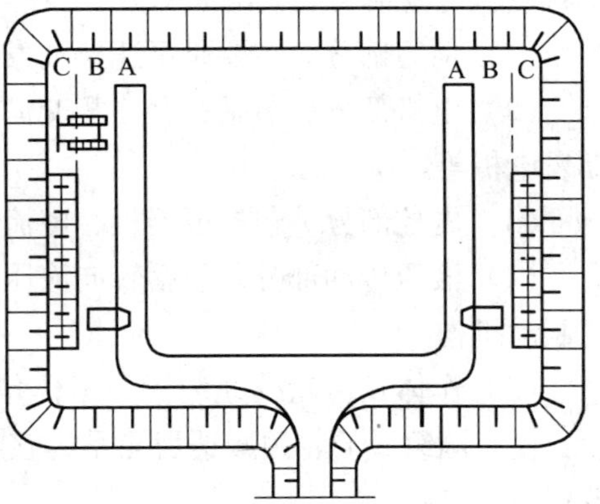

图8-66 汽车运输推土机排土场

推土机是一种多用途的自行式土方工程建设机械，它能铲挖并移运土壤。例如，在道路建设施工中，推土机可完成路基基底的处理，路侧取土横向填筑高度不大于1m的路堤，沿道路中心线向铲挖移运土壤的路基挖填工程，傍山取土修筑半堤半堑的路基。此外，推土机还可用于平整场地，堆集松散材料，清除作业地段内的障碍物等。

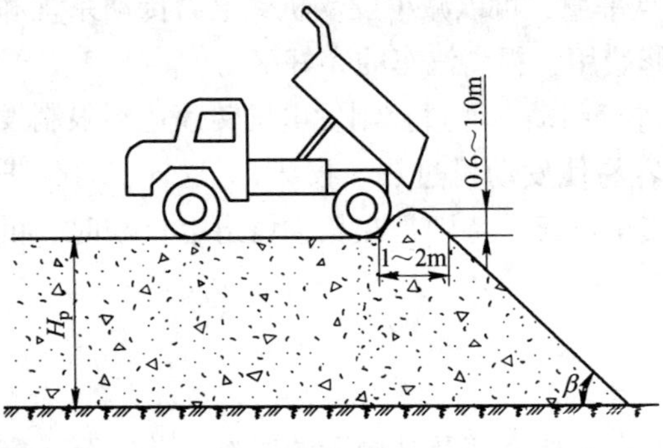

图8-67 汽车在排土场卸载

汽车进入排土场后，沿排土场公路到达卸土段，并进行调车，使汽车后退停于卸土带背向排土台阶坡面翻卸土岩。为此，排土场上部平盘需沿全长分成行车带（A）、调车带（B）和卸土带（C）。调车带的宽度要大于汽车的最小转弯半径，一般为5～6m；卸土带的宽度则取决于岩土性质和翻卸条件，一般为3～5m。为了保证卸车安全和防止雨水冲刷坡面，排土场应保持2%以上的反向坡，如图8-67所示。在汽车后退卸车时，要有专设的调车员进行指挥。

当汽车在卸土带翻卸土岩后，由推土机进行推土。

推土机的推土工作量包括两部分，推排汽车卸载时残留在平台上的土岩和为克服下沉塌落进行整平工作。

在雨季、解冻期、大风雪、大雾天和夜班，汽车卸土时应距台阶坡顶线远些，因为这时边坡的稳定性和行车视线都比较差。特别是在夜班，有时推土机的推土量几乎与汽车卸土量相等。

推土机排土方法具有工序简单、堆置高度大，能充分利用排土场容积、排弃设备机动性较高、基建和经营费少等优点，因而它在汽车运输露天矿中得到了广泛的应用。

8.4.1.2　排土犁排土

排土犁排土方法的主要设备是排土犁，如图 8-68 所示。它是一种行走在轨道上的特殊车辆，车身一侧或两侧装有大翅板和小犁板，前部有分土犁板。不工作时，翅板和犁板紧贴车体，排土时靠气缸压气将它顶开而伸张成一定角度。随着排土犁在轨道上行走，翅板就将堆置在旁侧的土岩向下推排。小犁板可下放低于轨面，这样可防止旁侧的岩块滚入轨道。排土犁自身没有行走动力，全靠机车牵引，所需压气亦由牵引机车供给。

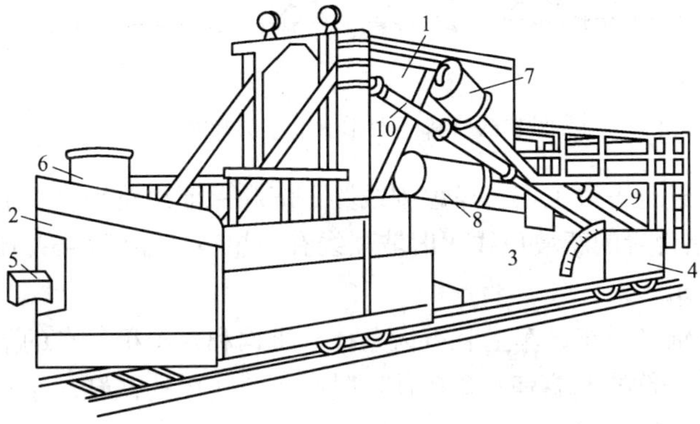

图 8-68　KT-1 型排土犁示意图

1—操纵室；2—前鼻保护犁板；3—主翅板；4—小翅板；5—挂钩；
6—前鼻保护犁板升降气缸；7，8—犁板控制气缸；9，10—拉杆

排土犁排土的工序是：列车翻卸土岩；排土犁推排土岩；整修平台及边坡；移设线路。而其中第一项和第二项在二次线路移设之间交替重复地进行。

在新移设的线路上，如图 8-69（a）所示，因路基尚未压实稳固，为使排土台阶坡面上形成支撑土体，保证行车及翻土作业的安全，最初列车应以减速慢行，采取机车推顶的方式进入排土线，自排土线起点向终点方向，在一个列车长度上逐列翻卸土岩。各列车的车厢翻卸顺序，则应由车尾开始逐渐向前端进行，如此沿排土线全长都翻卸一次土岩后，列车就可改由排土线终端起向入口处后退式翻卸土岩，直至填满全线。此时，应在排土台阶坡面上多堆置坚硬岩石，以提高其稳定性，尤其是对于松软土岩更为重要。

当排土场沿排土线全长的初期容积已排满而形成石垄时，如图 8-69（b）所示，便开始用排土犁推土，将高出的石垄推掉，使排土台阶上部形成一个缓坡断面而产生新的受土容积，如图 8-69（c）所示。列车又可继续沿排土线全长翻卸土岩，直到排土线新的受土容积再被填满为止，如图 8-69（d）所示，这时再进行推土。应该注意的是，从各车辆翻下的岩堆不是连续的，一般都留有 0.5～1.0m 左右的间距，所以在列车翻土时要注意填补空隙。

按上述过程反复进行，直到线路外侧形成的平台宽度超过或等于排土犁翅板伸张的最大允许宽度，排土犁已不能进行排土作业时为止，如图 8-69（e）所示，此时需移设排土线路。为了保证新路基的平整和稳定，最后一列车翻卸时应保证全线翻卸均匀，土堆连

续，同时要翻卸一些稳定性高、透水性好的岩石，作为新线路的路基。在最后一次卸土前的推土工作中，应将排土犁翅板位置稍加提起一些，以保证最后一次翻车能填满坡顶。排土线每移设一次，通常需推土8次左右，而每推一次土的行走次数在2~6次左右。

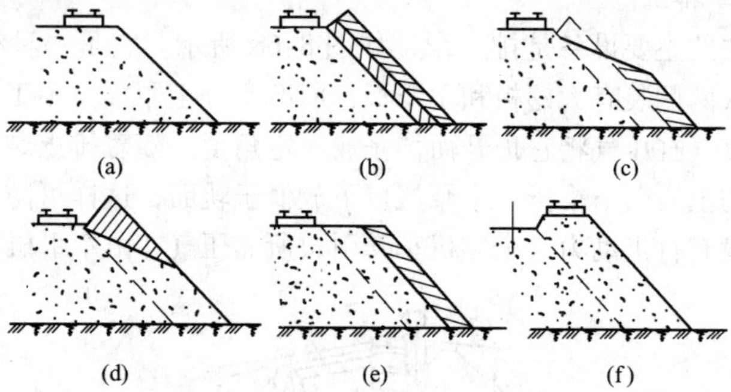

图8-69 排土犁排土工序示意图

排土线移道前应进行平整工作，考虑到线路下沉和保证线路平直，需将排土犁翅板提起30~50cm，使排土台阶的新坡顶线比旧坡顶线有一超高，如图8-69（f）所示，其超高值一般为100~200mm。

移道机是一种二轴平板车，车上装有齿条提升机构和发动机，车的下部挂有用以抓吊钢轨的卡子，在提升齿条的下端有一个在移道时起支撑作用的铁鞋，车身后架上有一小齿轮。其动作原理如图8-70所示。

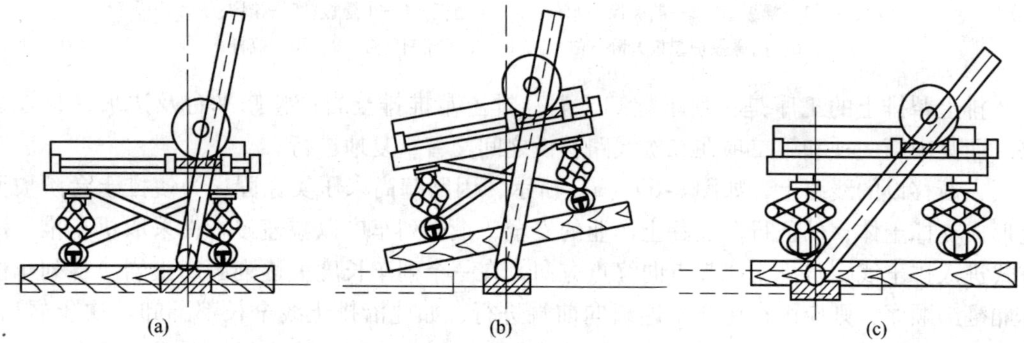

图8-70 移动机工作原理
（a）开始位置；（b）抬起铁道；（c）终了位置

移道机工作时，先将卡子抓住钢轨，开动发动机使小齿轮沿齿条向上移动，此时铁鞋支撑地表，移道机连同钢轨被小齿轮的带动而向上提起，待提至一定高度时，由于移道机和钢轨的重心向一侧偏移而失去平衡，则靠其自重力而向外侧下落，结果使钢轨和枕木横向移动一个距离。当上述过程结束后，移道机沿线路移行10~15m距离，在新的位置上重复上述步骤直到全线都移动一次。一次提升的移道距离一般在0.7~0.8m左右，所以移道机要沿排土线全长往返多次进行移道才能将线路横移到规定的位置上。

用移道机移设线路时不拆道，因此钢轨的弯曲损伤比较大，而且移设过程中要克服很大的阻力。为减轻上述缺点，可采用双机联合作业的方法，使两台移道机相距10~15m，同时操作，这样能使移道时间大为缩短。

8.4.1.3 前装机（铲运机）排土

前装机（铲运机）排土方法就是以前装机作为转排设备。其作业方式如图8-71所示。在排土段高上设立转排平台。车辆在台阶上部向平台翻卸土岩，前装机在平台上向外进行转排。由于前装机机动灵活，其转排距离和排土高度都可达到很大值。

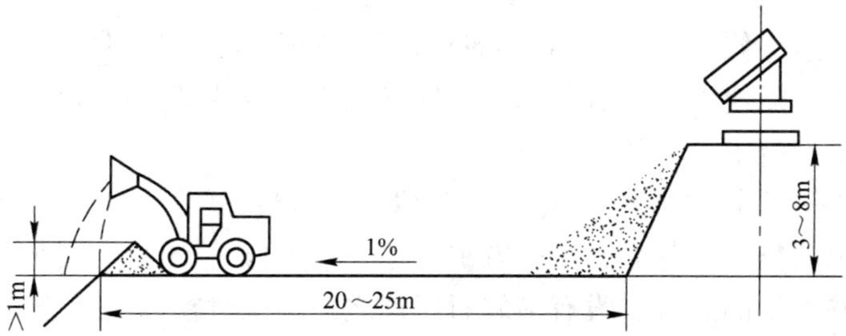

图8-71 前装机排土作业示意图

前装机的工作平台可在排土线建设初期，由前装机与列车配合先建成一段，然后纵横发展。平台边缘留一高度大于1m的临时车挡，以保证前装机卸土时的安全。为了排泄雨水，平台应向外侧有一定排水坡度，并每隔一段距离在车挡上留有缺口。临时车挡随排、随填、随设。

转排平台高度应根据岩石松散程度，发挥设备效率和作业安全性确定。一般4~8m。为了使列车翻卸与前装机转排工作互不影响，每台前装机作业线的长度应为150m左右。

前装机运转灵活，一机多用，用它进行排土，可使铁路线路长期固定不动，路基比较稳固，因而适应高排土场作业的要求，效率高，安全可靠。

8.4.1.4 挖掘机排土

单斗挖掘机排土的工作情况，如图8-72所示。排土段分成上、下两个分台阶，挖掘机站在下部分台阶的平盘上。车辆位于上部分台阶的线路上，将土翻入受土坑，由挖掘机挖掘并堆垒。在堆垒过程中，挖掘机沿排土工作线移动。由此可见，单斗挖掘机排土工序和排土犁排土相似，包括列车翻卸土岩、挖掘机堆垒、移设铁路。

首先，列车进入排土线后，逐辆对位将土岩翻卸到受土坑内。受土坑的长度不应小于一辆自翻车的长度。它设在电铲与排土线之间，坑底标高应比电铲行走平台低1.0~1.5m，这主要为防止大块岩石滚落直接冲撞电铲。为保证排土线路基的稳固，受土坑靠路基一侧的坡面角应小于60°，其坡顶距线路枕木端头不少于0.3m。

列车翻卸土岩时有两种翻卸方式，一种是前进式翻卸，即自排土线入口处向终端进行翻卸。该翻

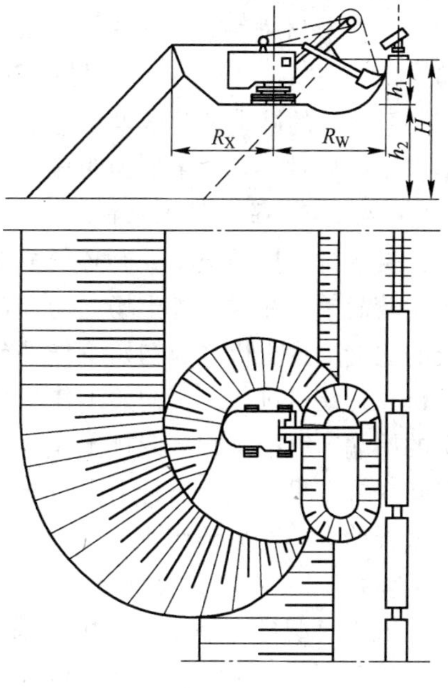

图8-72 单斗挖掘机排土工作面

卸方式由于从排土线入口开始，电铲也是前进式堆垒，故列车经过的排土线较短，线路维护工作量小，列车是在已经堆垒很宽的线路上运行，路基踏实，质量较好，可提高行车速度。对松软土岩的排土场在雨季适用此法。它的最大缺点是线路移设不能与电铲同时作业。另一种是后退式翻卸，即从排土线的终端开始向入口处方向翻卸，电铲也是后退式堆垒。

随着列车翻卸土岩，电铲从受土坑内取土，分上、下两个台阶堆垒。向前及侧面堆垒下部分台阶的目的，是为给电铲本身修筑可靠的行走道路，向后方堆垒上部分台阶的目的，则为新设排土线路修筑路基。由于新堆弃的土岩未经压实沉降，密实性小，孔隙大，考虑到其沉降因素，需使上部分台阶的顶面标高比所规定的排土场顶面标高要高。

在实践中，电铲有下列三种堆垒方法：

（1）分层堆垒。电铲先从排土线的起点开始，以前进式先堆完下部分台阶，然后从排土线的终端以后退式堆完上部分台阶，电铲一往一返完成一个移道步距的排土量。这种方法电缆可以始终在电铲的后方，没有被岩石压埋之虑，同时在以后退方式堆垒上部分台阶时，线路即可从终端开始逐段向新排土线位置移设，使移道和排土能平行作业，当电铲在排土线全长上排完排土台阶的全高后，新排土线也就跟着移设完毕，这时电铲再从起点开始按上述顺序堆垒新的排土带。该法的缺点是电铲堆垒一条排土带需要多走一倍的路程，增加耗电量，且挖掘机工作效率不均衡，一般在堆垒下部分台阶时效率较高，而堆垒上部分台阶时效率较低。

（2）一次堆垒。电铲在一个排土行程里，对上、下分台阶同时堆垒，电铲相对一条排土带始终沿一个方向移动（前进式或后退式）。如果第一条排土带采取前进式，则第二条排土带必然就采取后退式，这样交替进行，使电铲的移动量最小。当电铲采取前进式堆垒时，线路的移设工作只有在电铲移动到终端排完一条排土带之后才能进行。这时电铲要停歇一段时间。当采取后退式堆垒时，排土和移道则可同时进行。这种堆垒方法电铲行程最短，但需要经常前后移动电缆。

（3）分区堆垒。把排土线分成几个区段，每个区段长通常为电铲电缆长度的2倍，即50~150m左右。每个分区的堆垒方法按分层堆垒方式进行，一个分区堆垒完毕，再进行下一个分区的堆垒。分区堆垒是上述两种堆垒方式的结合，它具有前者的优点，特别是当排土线很长时，其效果最为明显。

8.4.1.5 带式排土机排土

带式排土机排土是一种连续式的排土方法，如图8-73所示。带式排土机排土工艺过程比较简单。在建立排土场之初，首先要为移动式运输机修筑原始路堤，并在横移式运输机的起端为排土机修建初始工作平台。修筑的方法通常是利用运输机的头部卸料，配以推土机和前装机进行。当初始工作平台筑成后，排土机就可驶进工作平台上，由横移式运输机的始端向终端进行下向排土作业，至运输机的尽头后再返回。在回程途中，为了不浪费时间，排土机一般都进行上向排土返回始端。随后移设运输机和修筑新的工作平台，排土机又开始下一次循环作业。

8.4.1.6 人工自溜排土

人工自溜排土是在排土场内采用自溜运输的方式，人工配合进行排土。如图8-74所示，矿车利用一定坡度，自溜至排土工作线，由人工或自动翻车装置将土岩翻于一侧，然后空车又依一定坡度溜离排土场。排土场的平整及移道工作则由人工进行。

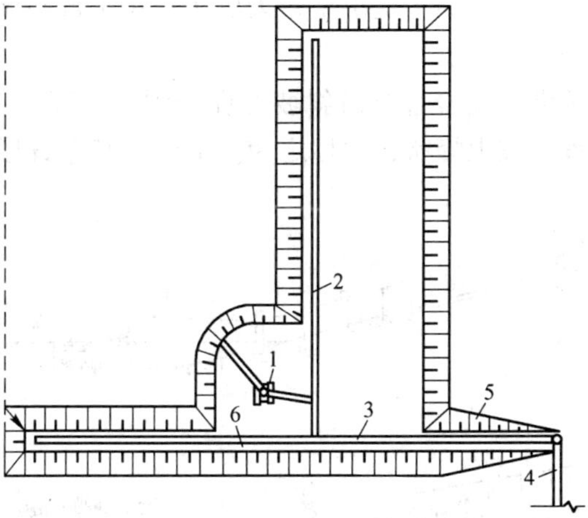

图 8-73　带式排土机排土场

1—履带排土机；2—横移式胶带运输机；3—延伸式胶带运输机；4—固定式胶带运输机；5—斜坡路堤；6—原始路堤

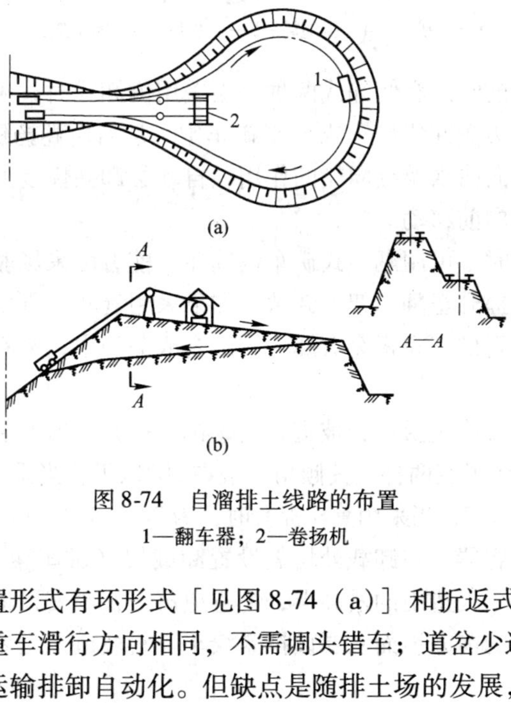

图 8-74　自溜排土线路的布置

1—翻车器；2—卷扬机

自溜排土线路的布置形式有环形式［见图 8-74（a）］和折返式［见图 8-74（b）］两种。环形式的优点是空重车滑行方向相同，不需调头错车；道岔少运行安全；便于采用自动翻车复位装置，实现运输排卸自动化。但缺点是随排土场的发展，自溜线路要经常移设调整；占地面积比较大；当线路中间发生故障时，全线受影响。折返式的自溜线路占地少，但进入排土地点后需要人力推车和翻车。

当采矿场与排土场间的高差较大，且排土场居于高处时，往往需用绞车把岩石重车提升至排土场和把空车下放回采矿场，而在排土场内空重车道的高度差，则由设在空车线上的爬车器来补偿。

自溜排土一般只设置一个排土阶段。由于矿车较小，因此堆置高度较高。这种排土方法需用设备少，排土成本低。但排土能力不大，且要有足够的排土场地，只能用于窄轨运输的小型露天矿，只要条件适宜，它是小型露天矿实现排土自动化的有效途径。

8.4.1.7 人造山排土

人造山排土是用卷扬机将土岩重车沿斜坡道提升到一定高度，在翻车架上进行翻卸，翻卸的土岩逐步向上堆置而成山峰状，故称之为人造山，其布置形式如图8-75所示。

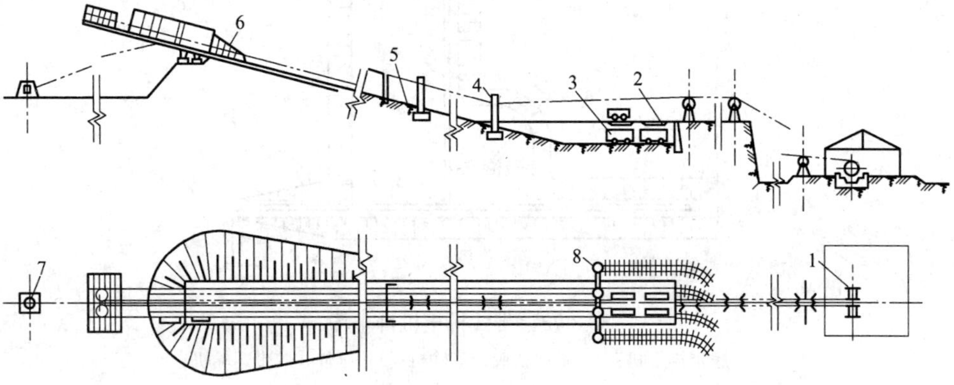

图8-75 人造山排土场

1—卷扬机；2—漏斗；3—矿车；4—压绳轮；5—保护网；6—翻车架；7—拉紧绞车；8—转盘

土岩的排卸形式有前倾式和侧卸式两种。当采用侧卸式时，来自采场的重车需经漏斗将土岩转载至特制的双边侧卸式矿车或V形矿车中，然后由卷扬机将矿车沿钢轨提升到自动翻车架，矿车借助导向曲铁及导向轮的作用，自动翻卸并恢复原位。翻车架可随土岩堆积高度的增高而沿斜坡向前移动。

当采用前倾式卸载时，可用翻斗式矿车或箕斗。前者由采场驶来的矿车就不需倒装转载，而直接挂车由卷扬提升至翻车架上卸载。如果采用箕斗，则中间必须设有转载仓或转载漏斗，来自采场的废石矿车先将废石卸入转载仓或漏斗中，废石经转载设施进入箕斗再提升翻卸。

人造山排土的主要设施包括：斜坡道、卷扬机、提升容器、装卸设备和安全装置等。

斜坡道有单车道和双车道两种。其倾角一般在30°以下。当采用矿车提升时，根据矿山使用经验，以18°~22°为宜，当采用箕斗提升时，为20°~30°。卸载架倾斜角为8°~10°。

无论采用何种提升容器，在卸载处均需设置卸载架（翻车架），使容器进入卸载架后能自动卸载。卸载架位于人造山的最高点，为避免雷击，要安设避雷器。同时为使卸载架和导向轮牢固，人造山的前方地面上要设拉紧绞车。斜坡道上也要设置安全道岔及防跑车装置。

8.4.2 排土场的建设

8.4.2.1 排土场初期建设

排土场建造是露天矿建设时期的主要工程之一，同时，随着露天矿生产的发展，也需要改造或新建排土场。排土场的建设与其所用的排土方法有密切的联系。对大多数排土方法来说，排土场的建设主要是修筑原始路堤，以便建立排土线进行排土。

在山坡地形上修筑原始路堤的方法比较简单，只要沿山坡修成半挖半填的半路堤形式即可。当路基宽度小于8m时可用推土机推平，路基宽度8～12m时，则用电铲或柴油铲挖掘修筑，经推土机平整后即可铺上排土线路，如图8-76所示。

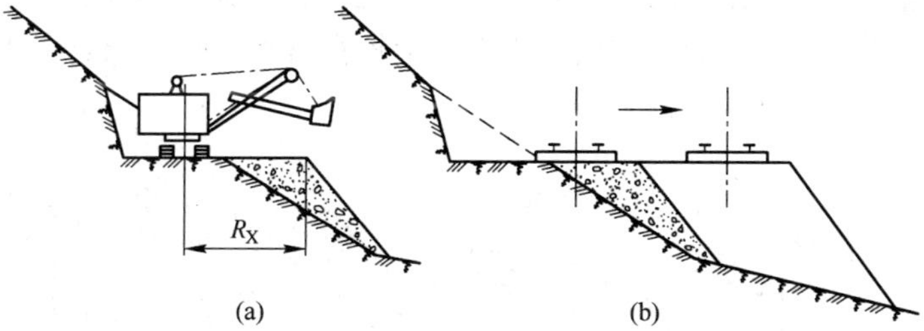

图8-76 在山坡上修筑路堤示意图
（a）电铲修筑；（b）铺设排土线

由于地形条件的限制，常遇到排土线需横跨深谷的情况，为了避免一次修筑高路堤或修建桥梁而花费大量投资，可采取先开辟局部排土段，加宽排土带宽度，用废石逐渐填平深谷后，再贯通排土线的方法，鉴于深谷和冲沟通常是汇水的通路。在雨季里，排土场滑坡的地段往往是在冲沟的地方。为此，在用上述方法填平深沟时，应排弃透水性较好的岩石，以保证排土场的稳定。

在平地上修筑原始路堤比在山坡上复杂。这时需要分层堆垒和逐渐涨道。根据具体情况，可采用不同方法。

A 人工修筑

如图8-77所示，这种方法是先在地面修筑路基，铺上线路，然后向两侧翻土。翻土后用人力配合起道机将线路抬起，向枕木下及道床上填土，并作捣固使线路结实。接着又按上述方式重复进行，以达所需的高度。每次起道可提高0.2～0.4m。对于排土量小的小型矿山，限于设备条件可用此法。

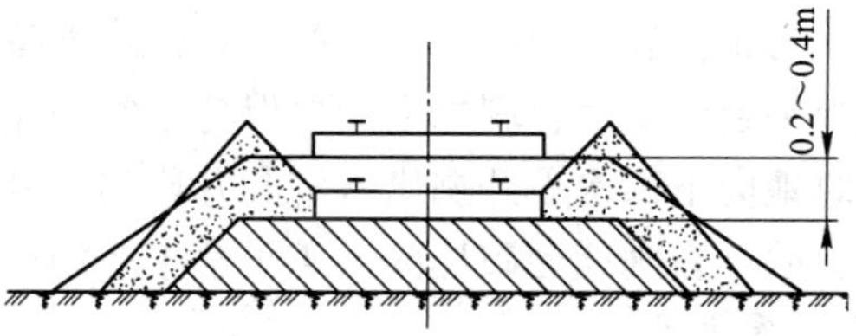

图8-77 人工修筑原始路堤

B 排土犁修筑

如图8-78所示，排土犁采取交错堆垒的方式。每次涨道的高度可达0.4～0.5m。

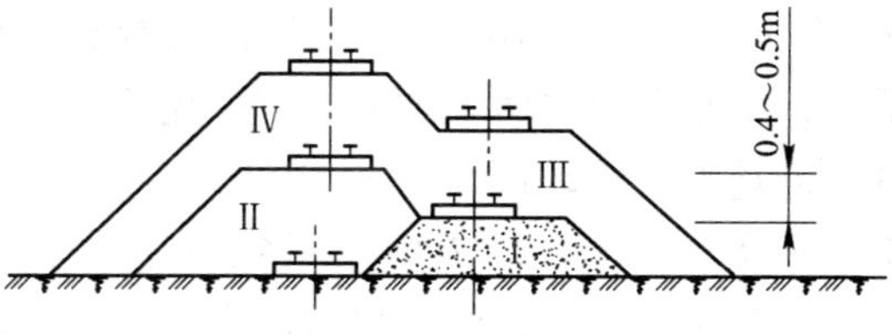

图8-78 排土犁修筑原始路堤

C 电铲修筑

如图8-79所示，电铲先自取土坑挖土在旁侧堆筑路堤，为了加大第一次堆垒的高度，电铲也可在两侧取土，即在两侧均设取土坑。路堤平整后铺上线路，然后由列车翻土，再按照电铲排土堆垒上部分台阶的方法，逐次向上堆垒各个分层。有条件时可采用长臂电铲或索斗铲堆垒。

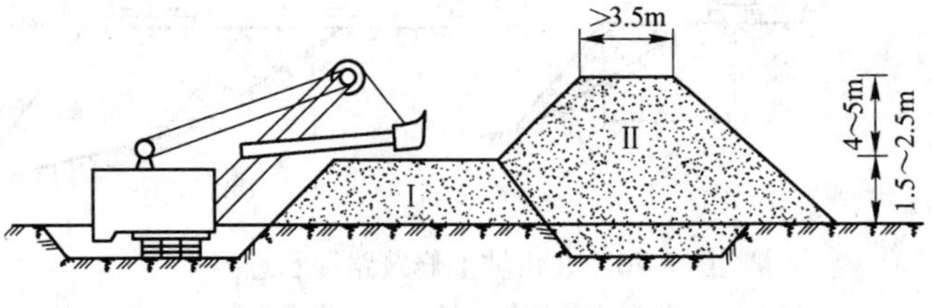

图8-79 电铲修筑原始路堤

D 推土机修筑

用推土机堆垒的方法如图8-80所示。一般是用两台推土机从两侧将土推向路堤，使之逐渐增高。这种方法适用于修筑高度在5m以下的路堤。

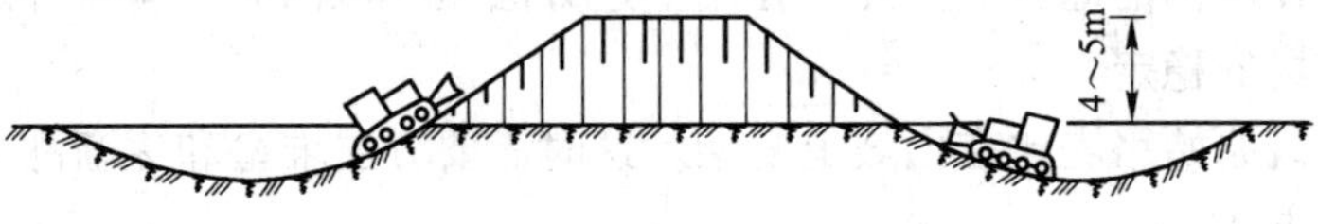

图8-80 推土机修筑原始路堤

8.5 露天开采新水平准备

8.5.1 新水平准备方式

如前所述，在露天开采过程中，随着矿山工程的发展，工作台阶的生产必将逐渐结束而转为非工作台阶。因此，为了保证矿山的持续生产，就必须准备新的工作台阶，即新水平准备，新水平的准备与上平台的采矿、剥岩之间要保持正常的超前关系。即在上部工作水平扩帮生产的同时，及时地向下部水平开掘出入沟和开段沟，开辟新的工作水平，以便使露天矿保持足够的作业台阶。否则就会破坏露天矿正常生产的条件而造成严重的恶果。

8.5.1.1 新水平平面布置方式

新水平平面布置方式是研究新水平准备过程中，露天矿床开拓初始出入沟、开段沟位置的确定。初始出入沟、开段沟位置的选择决定着扩帮时工作线的推进方向。不同的出入沟、开段沟位置，影响采用的生产工艺、开拓工程布置，对于同一露天矿，不同的出入沟、开段沟位置，又影响着基建工程量、投产时间、生产剥采比，如图8-81所示。

如图8-81（b）、（c）所示，将初始出入沟、开段沟位置布置在上盘或下盘矿岩接触处，出入沟、开段沟形成后，扩帮可以向两个方向进行，无论是汽车运输开拓，还是铁路运输开拓，从坑线布置的角度均形成移动坑线开拓方法。

如图8-81（a）、（d）所示，如果开拓布线时，将初始出入沟和段沟布置在上盘或下盘境界边帮上，出入沟和段沟的位置是固定的。出入沟和开段沟形成后，扩帮工作线只能向一个方向推进。形成固定坑线开拓方法。

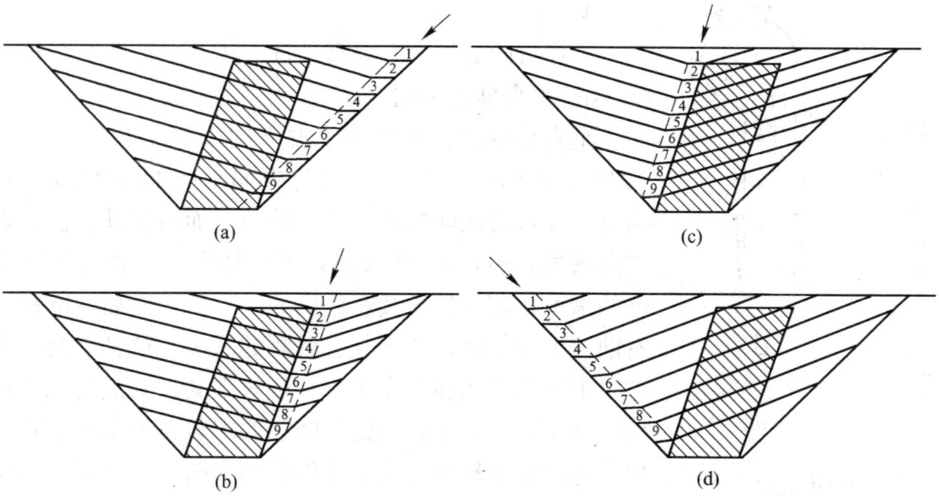

图 8-81　开拓沟道位置的四个方案

8.5.1.2　新水平垂直布置方式

新水平垂直布置方式研究的是，当本水平的出入沟和开段沟形成后，扩帮工作线推进到一定位置，达到工作平盘要求宽度时，将要开始下一个水平的准备工作。此时出入沟和开段沟的位置将决定开拓坑线的方向和方式，由此决定形成的露天矿开拓坑线形式。

采用汽车运输开拓时，由于汽车调车机动灵活，爬坡能力强，出入沟和开段沟的长度相对较短，使坑线具有多种布置方式。如前所述，根据下水平出入沟和段沟的位置有直进式坑线开拓方式，下水平的出入沟方向和上水平一致（山坡深凹）。直进回返式开拓方式，回返时下水平的出入沟与上水平的出入沟方向相反。螺旋式开拓方式，下水平的出入沟与上水平的出入沟方向一致成一定的角度，出入沟和开段沟本身具有一定的弧度。

采用铁路运输开拓时，由于火车转弯半径比较大，爬坡能力小，因此出入沟和开段沟的长度较大，无法回返调车。只能采取折返调车的方式布置运输坑线。无论是山坡露天矿还是深挖露天矿，铁路坑线开拓方式有折返式和直进折返式。折返时下水平的出入沟与上水平的出入沟方向相反，直进时上水平的出入沟与下水平的出入沟方向相同。

8.5.1.3　台阶的推进方式

简单地讲，露天开采是从地表开始逐层向下进行的，每一水平分层称为一个台阶。一个台阶的开采使其下面的台阶被揭露出来，当揭露面积足够大时，就可开始下一个台阶的开采即掘沟。掘沟为一个新台阶的开采提供了运输通道和初始作业空间，完成掘沟后即可开始台阶的侧向推进。随着开采的进行，采场不断向外扩展和向下延伸，直至到达设计的最终境界。

刚完成出入沟和开段沟掘进时，沟内的作业空间非常有限，汽车须在沟口外进行调车，倒入沟内装车，如图 8-82（a）所示；当在沟底采出足够的空间时，汽车可直接开到工作面进行调车，如图 8-82（b）所示；随着工作面的不断推进，作业空间不断扩大，从新水平掘沟开始，到新工作台阶形成预定的生产能力的过程，叫做新水平准备。

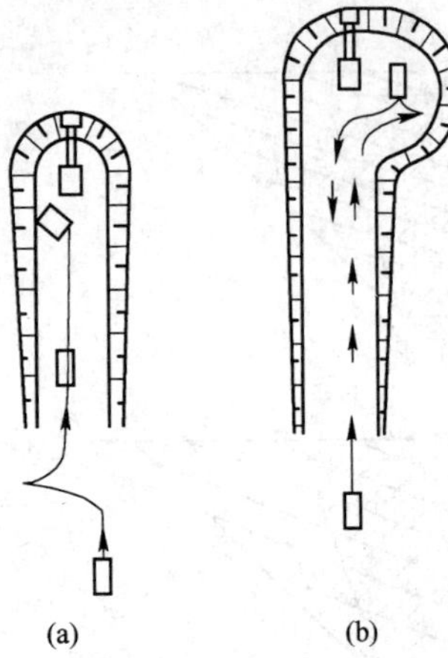

图 8-82　台阶推进示意图

A　台阶水平推进

工作台阶的推进有垂直推进方式和平行推进方式。

a　垂直推进采掘

垂直采掘时，电铲的采掘方向垂直于台阶工作线走向（即采区走向），与台阶的推进方向平行如图 8-83 所示。开始时，在台阶坡面掘出一个小缺口，而后向前、左、右三个方向采掘。图 8-83 是双点装车的情形。电铲先采掘其左前侧的爆堆，装入位于其左后侧的汽车；装满后，电铲转向其右前侧采掘，装入位于其右后侧的汽车。这种采装方式的优点是电铲装载回转角度小，装载效率高；缺点是汽车在电铲周围调车对位需要较大的空间，要求较宽的工作平盘。当采掘到电铲的回转中心位于采掘前的台阶坡底线时，电铲沿工作线移动到下一个位置，开始下一轮采掘。

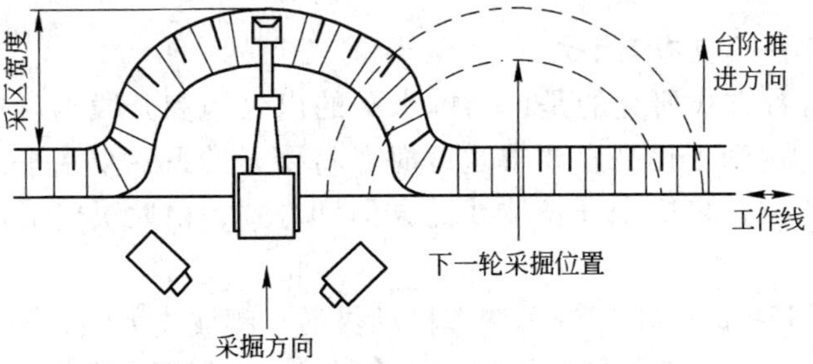

图 8-83　垂直采掘示意图

b　平行推进采掘

平行采掘时，电铲的采掘方向与台阶工作线的方向平行，与台阶推进方向垂直。如图 8-84 所示，即为平行采掘推进。根据汽车的调头与行驶方式（统称为供车方式），平行采掘可进一步细分为许多不同的类型。分为单向行车不调头和双向行车折返调头。

单向行车不调头平行采掘，如图 8-85 所示，汽车沿工作面直接驶到装车位置，装满后沿同一方向驶离工作面。这种供车方式的优点是调车简单，工作平盘只需设单车道。缺点是电铲回转角度大，在工作平盘的两端都需出口（即双出入沟），因而增加了掘沟工作量。

双向行车折返调车平行采掘，如图 8-86 所示，空载汽车从电铲尾部接近电铲，在电铲附近停车、调头，倒退到装车位置，装载后重车沿原路驶离工作面。这种供车方式只需在工作平盘一端设有出入沟，但需要双车道。图 8-86 所示是单点装车的情形。空车到来时，常常需等待上一辆车装满驶离后，才能开始调头对位；而在汽车调车时，电铲也处于等待状态。为减少等待时间，可采用双点装车。

如图 8-87 所示，汽车 1 正在电铲右侧装车。汽车 2 驶入工作面时，不需等待即可调头、对位，停在电铲左侧的装车位置。装满汽车 1 后，电铲可立即为汽车 2 装载。当下一辆汽车（汽车 3）驶入时，汽车 1 已驶离工作面，汽车 3 可立即调车到电铲右侧的装车位置。这样左右交替供车、装车，大大减少了车、铲的等待时间，提高了作业效率。

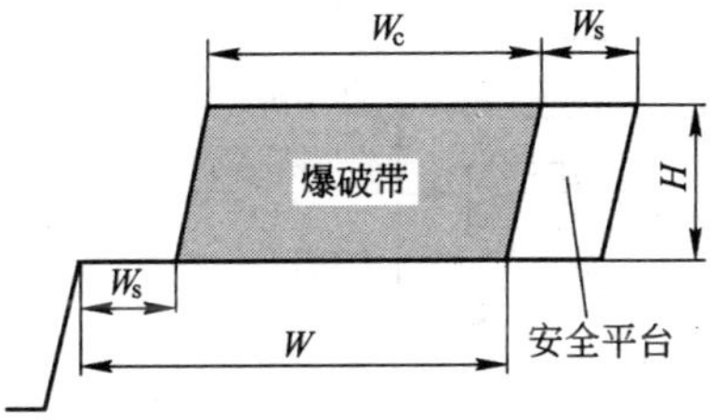

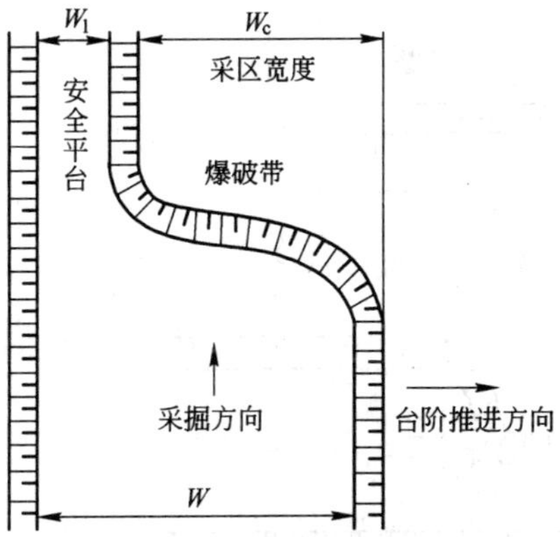

图 8-84　平行采掘推进

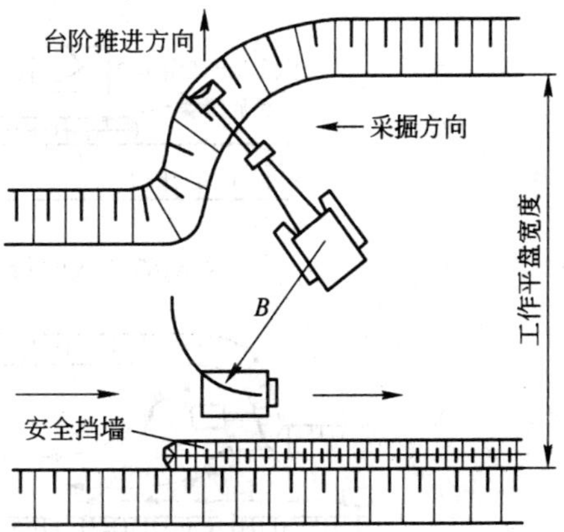

图 8-85　单向行车不调头平行采掘

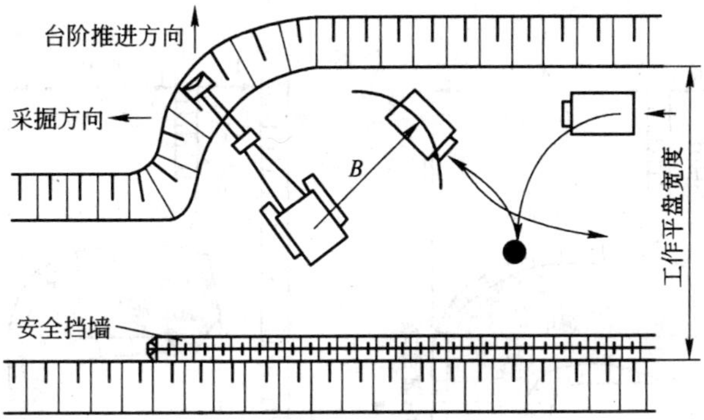

图 8-86　双向行车折返调车平行采掘（单点装车）

其他两种供车方式如图 8-88 所示。图 8-88（a）为单向行车—折返调车双点装车，图 8-88（b）为双向行车—迂回调车单点装车。由于汽车运输的灵活性，还有许多可行的供车方式。

B　采区、采掘、平盘三者关系

采区宽度是爆破带的实体宽度，采掘带宽度是挖掘机一次采掘的宽度。当矿岩松软无需爆破时，采区宽度等于采掘带宽度。绝大多数金属矿山都需要爆破，故采掘带宽度一般指一次采掘的爆堆宽度。如图 8-89 所示，图 8-89（a）为一次穿爆两次采掘，图 8-89（b）为一次穿爆一次采掘。有的矿山采用大区微差爆破，采区宽度很大。这时可以采用横向采掘，如图 8-90 所示。

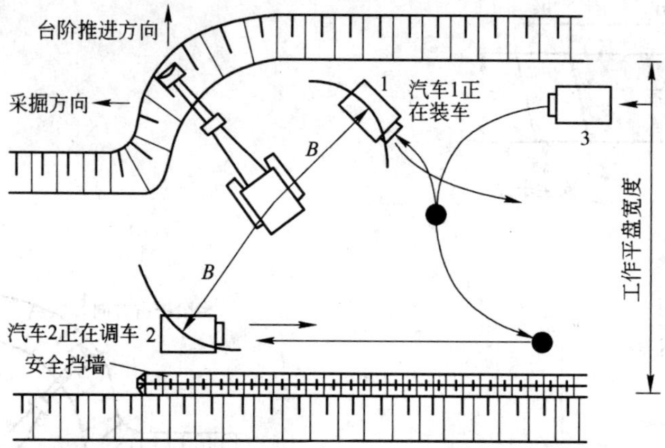

图 8-87 双向行车折返调车平行采掘（双点装车）

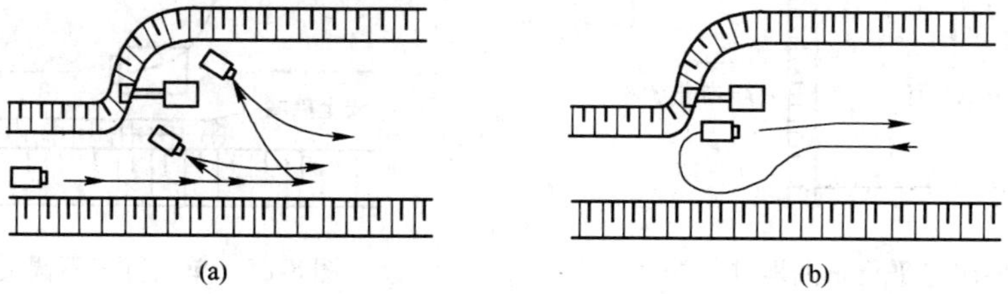

图 8-88 其他供车方式示意图

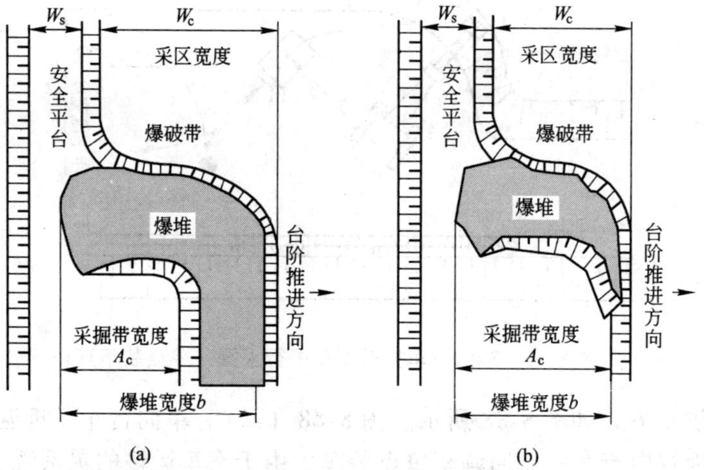

图 8-89 采区与采掘带示意图

最小工作平盘宽度是刚好满足采运设备正常作业要求的工作平盘宽度，其取值需依据采运设备的作业技术规格、采掘方式和供车方式确定。采用单向行车、不调头供车的平行采掘方式时，最小工作平盘宽度可根据装车条件确定，如图 8-91 所示。当采用折返调车，单点装车时，装车位置一般在电铲的右后侧，远离工作面外缘，最小工作平盘宽度主要取决于调车所需空间的大小。如图 8-86 所示，若采用双点装车，当汽车位于电铲右后侧时，所需的最小平盘宽度与上述单点装车相同。但当汽车向电铲左侧（靠近工作平盘外缘）的装车位置调车对位时，为节省调车时间，汽车一般回转近180°后退到装车位置，如图8-92所示。

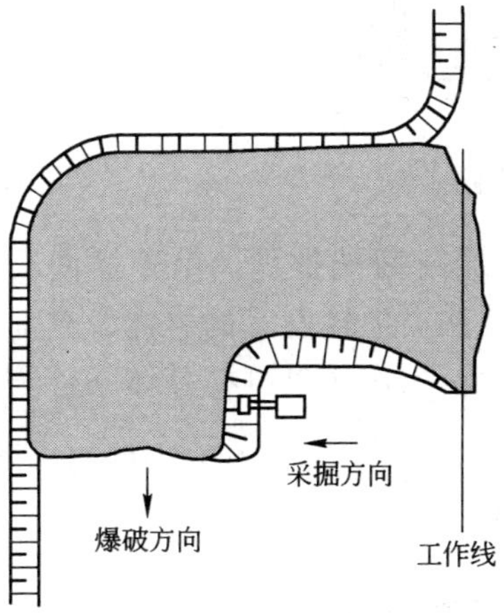

图8-90 垂直工作线横向采掘

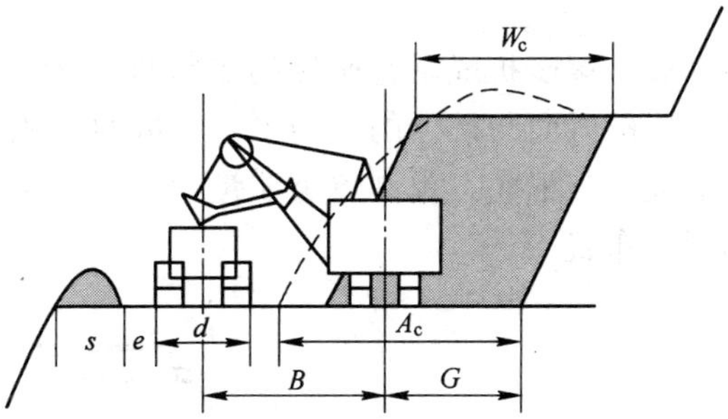

图8-91 按铲装条件确定最小工作平盘宽度

G—挖掘机站立水平挖掘半径；B—最大卸载高度时的卸载半径；d—汽车车体宽度；e—汽车到安全挡墙距离；s—安全挡墙宽度

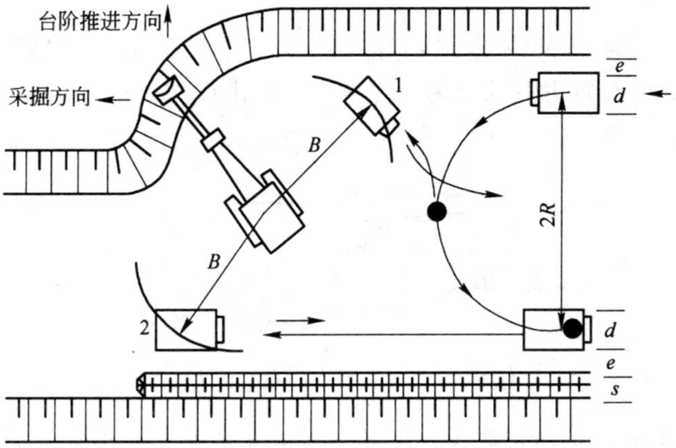

图8-92 折返调车双点装车时最小工作平盘宽度

C 工作线的布置与扩展

依据工作线的方向与台阶走向的关系，工作线的布置方式可分为纵向、横向和扇形三种。

纵向布置时，工作线的方向与矿体走向平行，如图8-93所示。这种方式一般是沿矿体走向掘出入沟，并按采场全长开段沟形成初始工作面，之后依据沟的位置（上盘最终边帮、下盘最终边帮或中间开沟），自上盘向下盘、自下盘向上盘或从中间向上、下盘推进。

横向布置时，工作线与矿体走向垂直，如图8-94所示。这种方式一般是沿矿体走向掘出入沟，垂直于矿体掘短段沟形成初始工作面，或不掘段沟直接在出入沟底端向四

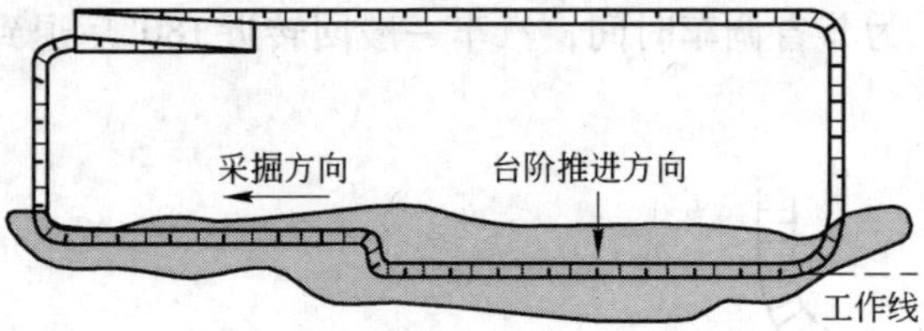

图 8-93 纵向工作面布置示意图

周扩展，逐步扩成垂直矿体的工作面，沿矿体走向向一端或两端推进。由于横向布置时，爆破方向与矿体的走向平行，故对于顺矿层节理爆破和层理较发育的岩体，会显著降低大块与根底，提高爆破质量。由于汽车运输的灵活性，工作线也可视具体条件与矿体斜交布置。

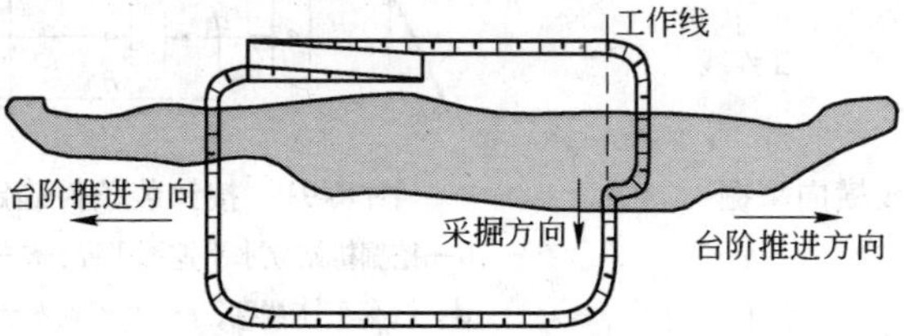

图 8-94 横向工作面布置示意图

扇形布置时，工作线与矿体走向不存在固定的相交关系，而是呈扇形向四周推进，如图 8-95 所示。这种布置方式灵活机动，充分利用了汽车运输的灵活性，可使开采工作面尽快到达矿体。

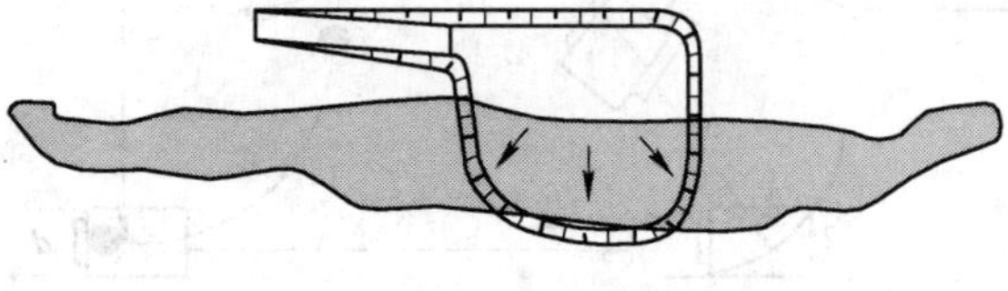

图 8-95 扇形工作面布置示意图

一个台阶的水平推进，使其所在水平的采场不断扩大，并为其下面台阶的开采创造条件；新台阶工作面的拉开，使采场得以延深。台阶的水平推进和新水平的拉开，构成了露天采场的扩展与延深。

图 8-96 所示的采场扩延过程是，新水平的掘沟位置选在最终边帮上，出入沟固定在最终边帮上不再改变位置。这种布线方式称为固定式布线。由于矿体一般位于采场中部（缓倾斜矿体除外），固定布线时的掘沟位置离矿体远，开采工作线需较长时间才能到达矿体。为尽快采出矿石，可将掘沟位置选在采场中间（一般为上盘或下盘矿岩接触带），在台阶推进过程中，出入沟始终保留在工作帮上，随工作帮的推进而移动，直至到达最终边帮位置才固定下来。这种方式称为移动式布线。采用移动式布线时，台阶向两侧推进或呈扇形推进如图 8-97 所示。无论是固定式布线还是移动式布线，新水平准备的掘沟位置都受到一定的限制。

图 8-98 所示的采场扩延过程的一个特点是，新水平的掘沟位置选在最终边帮上，台

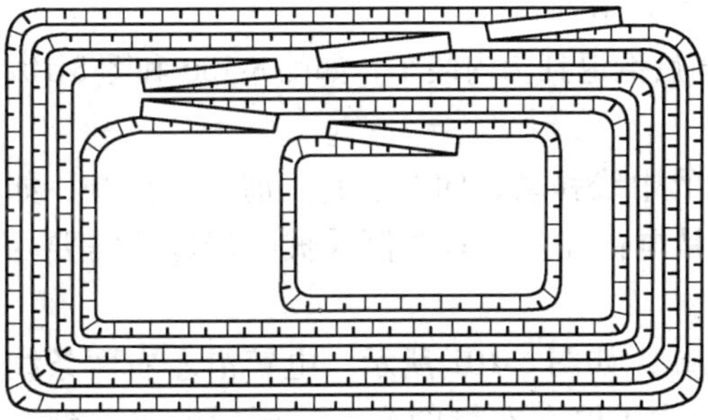

图 8-96 直进-回（折）返式固定布线示意图

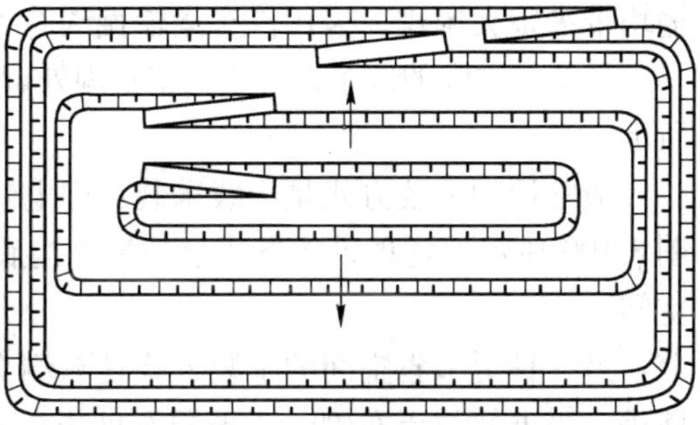

图 8-97 直进-回（折）返式移动式布线示意图

阶的出入沟沿最终边帮成螺旋状布置故称为螺旋布线。

8.5.1.4 新水平准备方法

如前所述，露天开采是分台阶进行的。采装与运输设备是在台阶的下部平面水平作业，为使采运设备到达作业水平，必须在新台阶开始位置开一道斜沟，而后掘进开段沟形成初始工作面向前、向外推进。因此，掘沟是新台阶开采的开始。

按运输方式的不同，掘沟方法可分为不同的类型，如汽车运输掘沟、铁路运输掘沟、无运输掘沟等。现在大部分露天矿掘沟都采用汽车运输，山坡露天矿与深凹露天矿的掘沟方式有所不同。

A 深凹露天矿掘沟

如图 8-99 所示，假设 152m 水平已被揭露出足够的面积，根据采掘计划，现需要在被揭露区域的一侧开挖通达 140m 水平的出入沟，以便开采 140 ~ 152m 台阶。掘沟工作一般分为两阶段进行：首先挖掘出入沟，以建立起上、下两个台阶水平的运输联系；然后开掘段沟，为新台阶的开采推进提供初始作业空间。

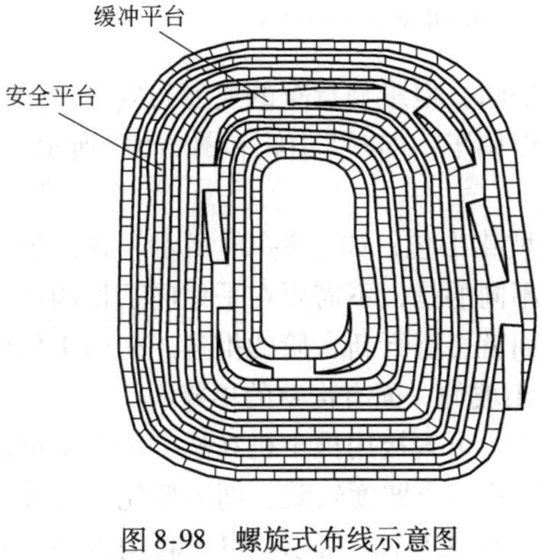

图 8-98 螺旋式布线示意图

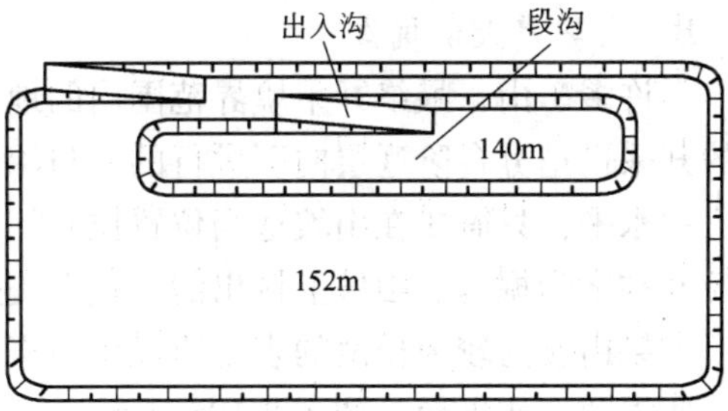

图 8-99 出入沟与段沟示意图

出入沟的坡度取决于汽车的爬坡能力和运输安全要求。现代大型露天矿多采用载重 100t 以上的大吨位矿用汽车，出入沟的坡度一般在 8% ~10% 左右。出入沟的长度等于台阶高度除以出入沟的坡度。

出入沟由于工作面倾斜，工作空间狭窄，推进台阶深度变化给穿孔、爆破、采装、运输均带来很大困难。采用汽车运输掘沟有下列几种调车方式。

最节省空间的调车方式是汽车在沟外调头，而后倒退到沟内装车，如图 8-100 和图 8-101 所示。

最常用的采装方式是中线采装，即电铲沿沟的中线移动，向左、右、前三方挖掘，如图 8-100 所示。这种采装方式下的最小沟底宽度是电铲在左、右两侧采掘时清底所需要的空间。

另一种更节省空间的采装方式是双侧交替采装，如图 8-101 所示。电铲沿左右两条线前进，当电铲位于左侧时，采掘右前方的岩石，装入停在右侧的汽车；而后电铲移到右侧，采装左前方的岩石，装入停在左侧的汽车。

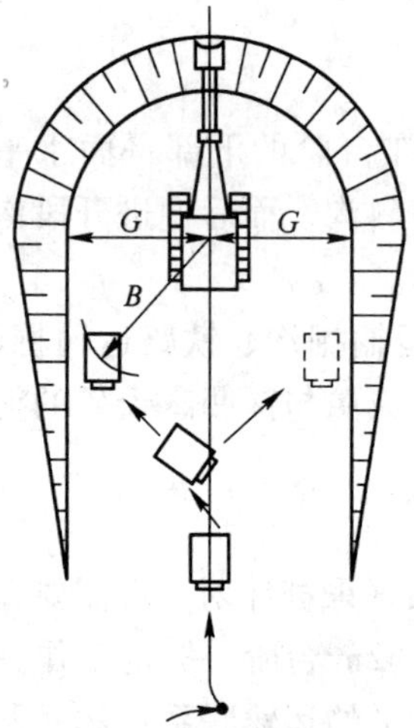

图 8-100 沟外调头中线采装

G—电铲站立水平挖掘半径；

B—最大卸载半径

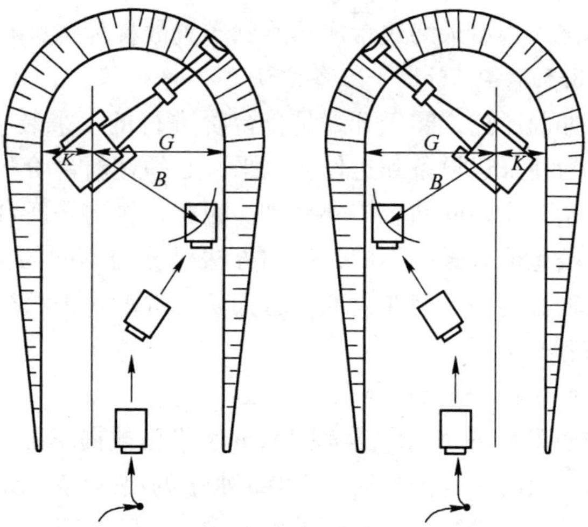

图 8-101 沟外调头双侧交替采装

G—电铲站立水平挖掘半径；*B*—最大卸载半径；

K—电铲尾部回转半径

采用沟外调头、倒车入沟的调车方式虽然节省空间，但影响行车的速度与安全，因此有的矿山采用沟内调车的方式，包括沟内折返和环形调车，如图 8-102 和图 8-103 所示。

B 山坡露天矿掘沟

在许多矿山，最终开采境界范围内的地表是山坡或山包，如图 8-104 所示，在山坡地带的开采也是分台阶逐层向下进行的。与深凹开采不同的是，不需要在平地向下掘沟以到达下一水平，只需要在山坡适当位置拉开初始工作面就可进行新台阶的推进。初始工作面的拉开称之为掘沟。山坡上掘出的“沟”是仅在向山坡的一面有沟壁的单壁沟。

如果山坡为较为松散的表土或风化的岩石覆盖层，可直接用推土机在选定的水平推出开采所需的工作平台，如图 8-105 所示。如果山坡为硬岩或坡度较陡。则需要先进行穿孔爆破，然后再行推平。山坡单壁沟也可用电铲掘出，如图 8-106 所示，电铲将沟内的岩石直接倒在沟外的山坡堆置，不再装车运走。

C 采场的延深

现在以螺旋坑线为例说明采场的延深方法，假设一露天矿最终境界内的地表地形较为平坦，地表标高为 200m，台阶高度为 12m，图 8-107 是该露天矿扩延过程示意图。首先在

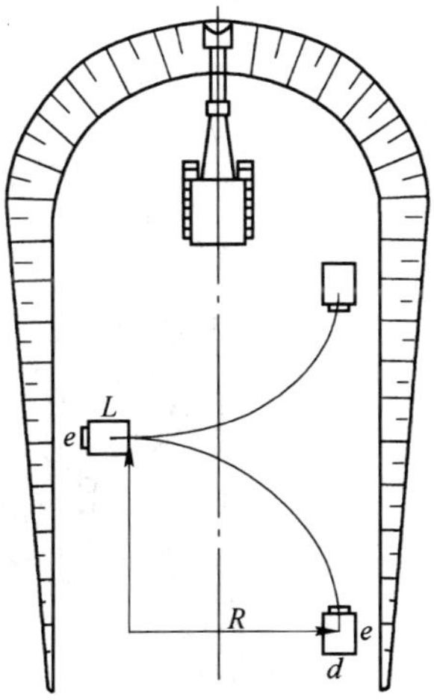

图 8-102 沟内折返调车

R—汽车最小转弯半径；*L*—汽车车身长度；
d—汽车车身宽度；*e*—安全距离

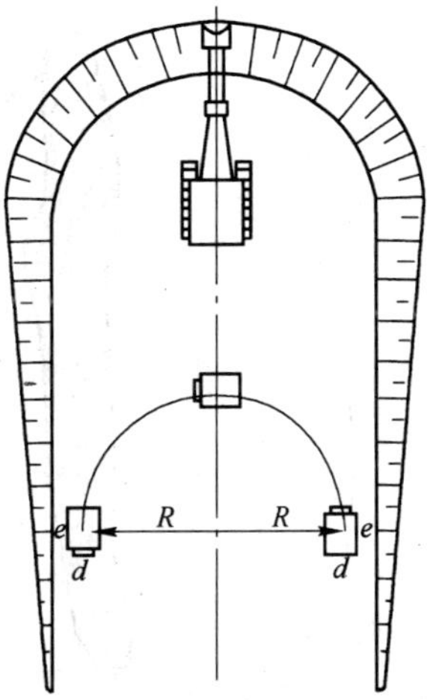

图 8-103 沟内环形调车

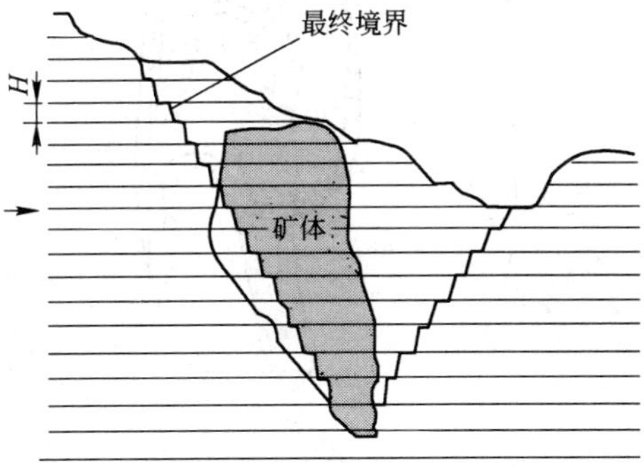

图 8-104 山坡露天矿剖面示意图

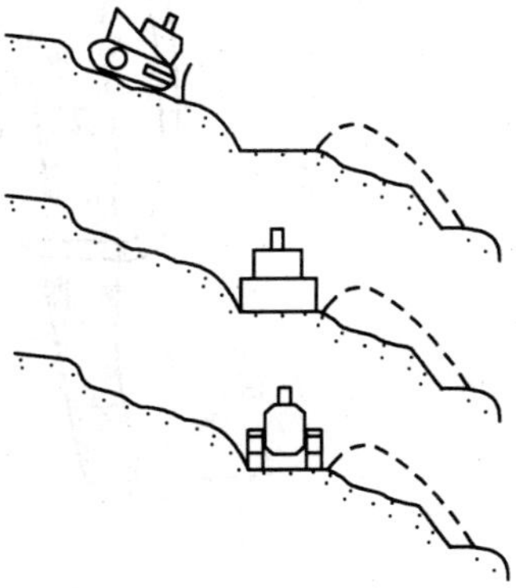

图 8-105 推土机开掘单壁沟

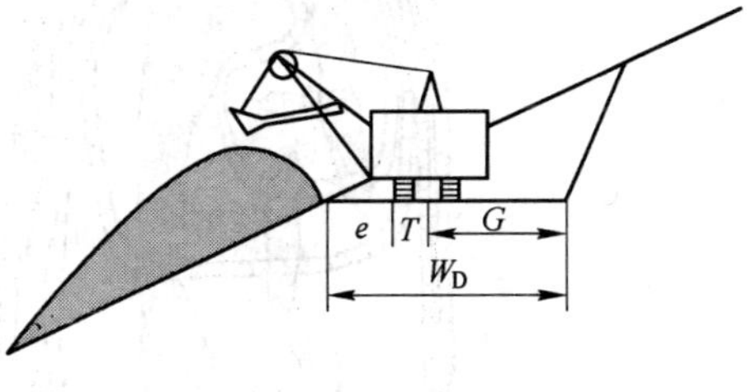

图 8-106 电铲开掘单壁沟

G—电铲站立水平挖掘半径；
T—电铲回转中心到履带外缘距离；
e—安全距离；W_D—沟底宽度

地表境界线的一端沿矿体走向掘沟到 188m 水平，如图 8-107（a）所示。出入沟掘完后在沟底以扇形工作面推进，如图 8-107（b）所示。当 188m 水平被揭露出足够面积时，向 176m 水平掘沟，掘沟位置仍在右侧最终边帮，如图 8-107（c）所示。之后，形成了 188 ~ 200m 台阶和 176 ~ 188m 台阶同时推进的局面，如图 8-107（d）所示。随着开采的进行，新的工作台阶不断投入生产，上部一些台阶推进到最终边帮（即已靠帮）。若干年后，采场现状变为如图 8-107（e）所示。当整个矿山开采完毕时便形成了如图 8-107（f）所示的最终境界。从图 8-107 可以看出，在斜坡道之间留有一段水平（或坡度很缓的）道路，称为缓冲平台。

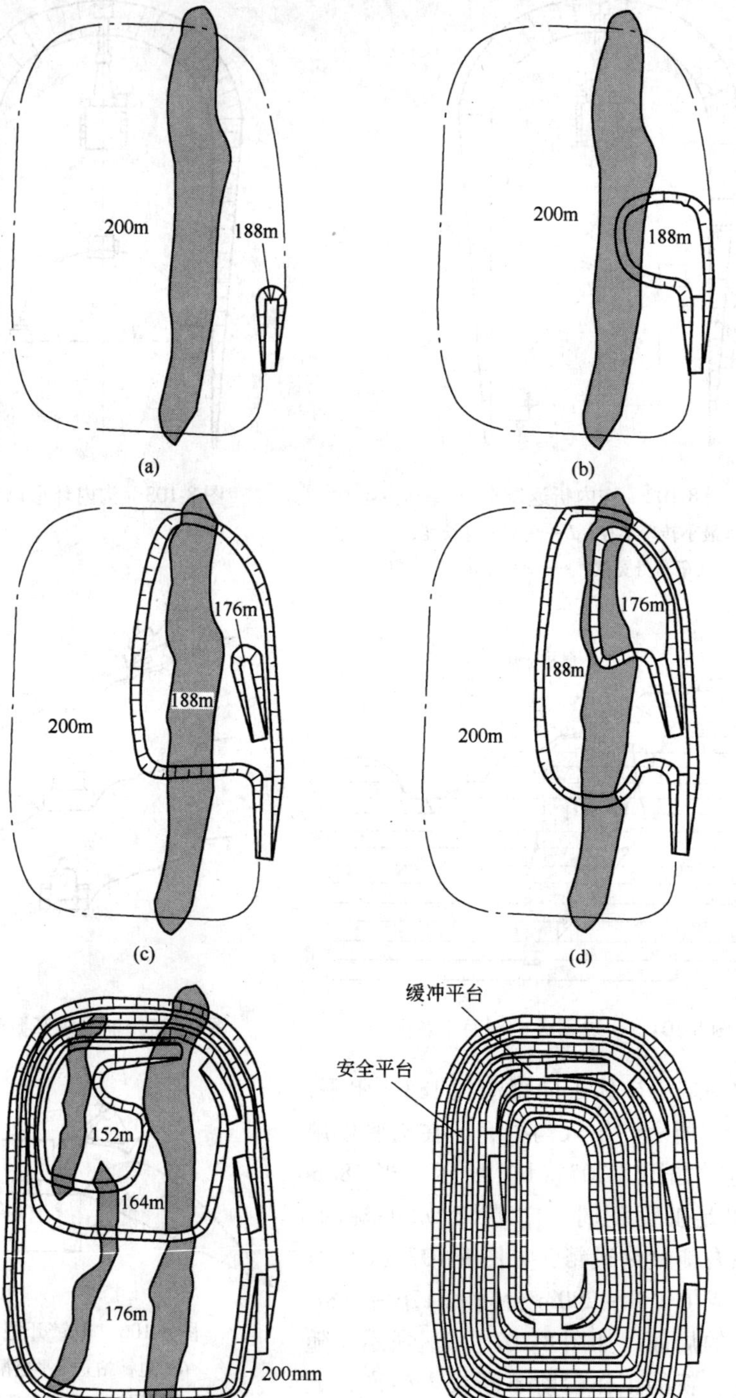

图 8-107　采场延深过程示意图

无论是固定式布线还是移动式布线，以及螺旋坑线开拓，新水平准备的掘沟位置都受到一定的限制，这在固定螺旋式布线时尤为明显。这种限制会使新水平准备延缓，影响开采强度。在实践中，可充分利用汽车运输灵活机动的特点，以掘进临时出入沟的方式，尽早进行新水平准备。临时出入沟一般布置在既有足够的空间又急需开采的区段，如图8-108（a）所示。临时出入沟到达新水平标高后，以短段沟或无段沟扇形扩展，如图8-108（b）所示。临时出入沟一般不随工作线的推进而移动。当固定出入沟掘进到新水平并与工作面贯通后，汽车改用固定出入沟，临时出入沟随工作线的推进而被采掉，如图8-108（c）所示。在采场扩延过程中，每一台阶推进到最终边帮时，均与上部台阶之间留有安全平台。在实际生产中，常常在最终边帮上每隔两个或三个台阶留一个安全平台，将安全平台之间的台阶合并为一个“高台阶”，称为并段。图8-108（c）中，152 ~ 164m 台阶与 164 ~ 176m 台阶。

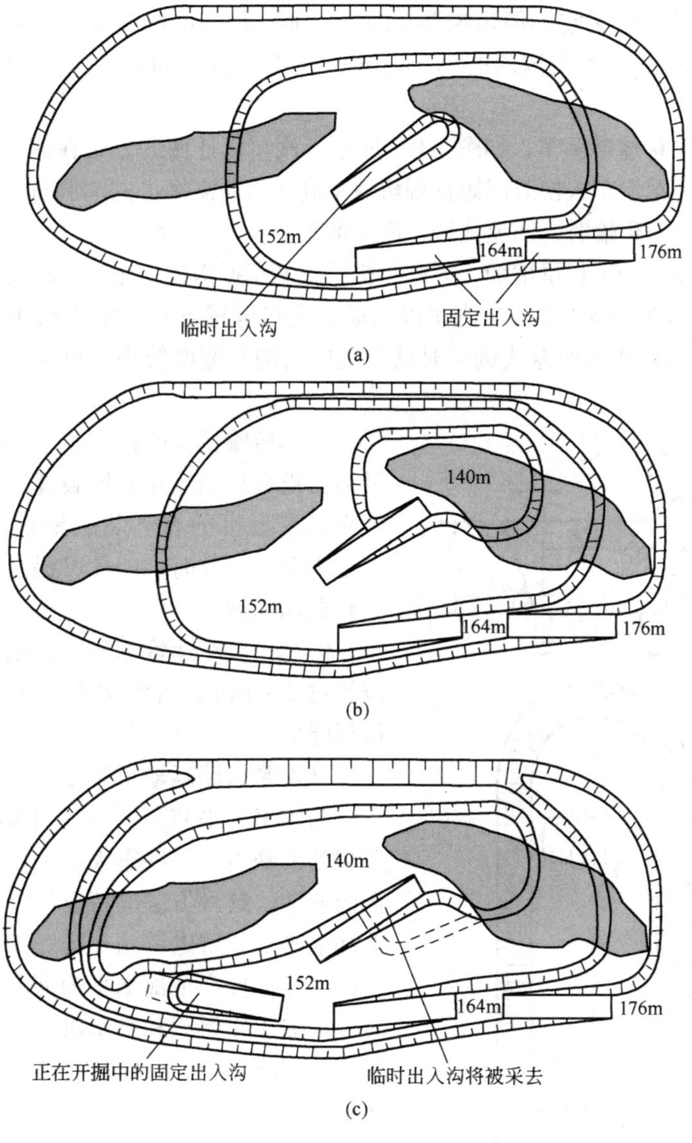

图8-108 采用临时出入沟的采场扩延过程示意图

8.5.2 新水平掘进方式

8.5.2.1 开段沟的掘进

在大型金属露天矿中，主要的掘沟设备是单斗挖掘机。按其配用的运输方式不同，掘沟方法有铁路运输掘沟、汽车运输掘沟、汽车-铁路运输掘沟以及无运输掘沟等。此外，对于采用斜坡串车提升运输的中小型矿山，还有其他一些与之相配合的掘沟方法。

目前使用最多的是汽车运输电铲采装掘沟法

汽车运输掘沟是采用平装车全断面掘进的方法。汽车运输具有高度的灵活性，适合于在狭窄的掘沟工作面工作，使挖掘机装车效率能得到充分的发挥。因此，它是提高掘沟速度的有效方法。

为了提高掘沟速度，要求穿孔、爆破、采装、运输各工艺要密切配合外，关键还应确定合理的调车方式。因为它不但影响调车时间，而且是确定掘进时沟底宽度的重要因素。

正如上节所述，汽车在沟内的调车方式，常用回返式和折返式两种，如图 8-102 和图 8-103 所示。

回返式调车又称环形调车，如图 8-103 所示。汽车以迂回的方法在掘沟工作面附近改变运行方向，此法空重汽车入换时间短挖掘机效率高。但所需掘进的沟底宽度较大，实际应用表明，采用自卸汽车运输时，回返式调车需要的沟底宽度大约为 25 ~ 27m，这需要加大出入沟的设计断面，使掘沟工程量增加，因此与折返式调车掘沟速度相比有时反而降低。

折返式调车（见图 8-102）是汽车以倒退方式接近挖掘机，空重汽车入换时间比回返式调车长，挖掘机效率比回返式调车时低。但所需沟底宽度较小，掘沟工程量减少，掘沟速度有时会增加。

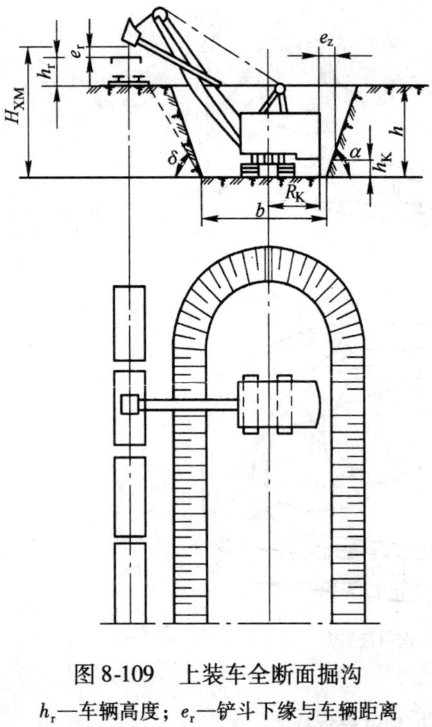

图 8-109 上装车全断面掘沟

h_r—车辆高度；e_r—铲斗下缘与车辆距离

汽车运输掘沟的优点很多，主要是工作机动灵活，没有移设线路和爆破埋道的问题，汽车可停靠至挖掘机的有利装载地点，所需入换时间短，供车比较及时。因此可提高挖掘机的生产能力和掘沟速度。

但是，汽车运输掘沟受运距的限制，一般不应超过 2 ~ 3km，否则运输成本增高，技术经济指标降低。

其次是铁路运输上装车全断面掘沟。

为了避免平装车掘沟时列车在沟内解体和调车频繁的缺点，一些露天矿采用了上装车全断面掘沟方法，这种方法的特点是，装车线设在沟帮上部水平，长臂电铲站在沟底按沟的全断面挖掘岩石，并向停在上部水平的列车进行侧装。掘沟时的运输工作组织和空车供应条件与工作台阶开采基本相同，列车无需解体调动，如图 8-109 所示。

上装车全断面掘沟的主要优点是：

(1) 因装载时列车不需解体，故工作组织简单，线路工程量少，挖掘机利用率较高，掘沟速度较快。

(2) 在开采水平的工作平盘宽度不足的情况下，用上装车法可先掘进开段沟，至一定长度后，与掘开段沟的同时，平行掘进出入沟，这样可加快新水平的准备。

(3) 减少了用于掘沟的运输设备及人员。

这种掘沟方法的主要缺点是：

(1) 由于卸载高度大，操作不方便，装载工作循环时间增加，因而挖掘机的小时技术生产能力降低。

(2) 为采用这种掘沟方法需特制的长臂铲。但是，只要设备条件允许，这还是一种提高掘沟速度的有效方法。

8.5.2.2 出入沟的掘进

出入沟掘进的主要特点是工作面的高度不断变化，要求穿孔、爆破、采装、运输等作业均有相应的变化。

露天开采出入沟的掘进是新水平准备工作中重要的生产环节，新水平准备的及时与否，关键在于出入沟的掘进速度。由于出入沟的高度不断变化，使穿孔、爆破、采装、运输等各生产环节都有不同程度的改变。

A 出入沟上三角掌的掘进

在出入沟的上三角掌施工时，穿孔的深度不断变化，相对增加了设备的移动时间，减少了钻孔时间，穿孔效率下降。采装、运输工作的工作面是倾斜的，增加了电铲移动的困难程度，采装的爆堆不够规整，也增加了电铲采装的难度。使电铲的生产效率下降。运输车辆处于倾斜的工作面，给车辆启动、制动带来不安全的因素。

出入沟上三角掌的穿孔爆破工作，当段高小于1.5m时，如果矿岩允许，一般采用电铲直接铲掘，否则采用移动式手持凿岩机凿岩爆破，当段高超过1.5m时，使用潜孔钻机或牙轮钻机穿孔，由于炮孔深度是变化的，随着炮孔深度的增加，凿岩机的凿岩效率逐渐提高，爆破可以采用多排孔齐发爆破或多排孔短延爆破。由于炮孔深度不同，自由面数目少，在布置炮孔时、计算装药量时要充分考虑到这些不利因素。

出入沟上三掌的采装运输工作，出入沟的高度在0~25m范围内时，如铁路运输掘沟可以采用上装车。4~8m^3电铲采装，如果采用汽车运输掘沟，由于汽车机动灵活的调车方式，采用折返、回返调车均可，掘进出入沟过程中，由于运输车辆处于倾斜的工作面上，运输司机在采装、调车过程中一定要精力集中，防止运输工具发生移动出现事故。

B 出入沟下三角掌的掘进

当采用移动坑线方式开拓矿床时，由于随着回采工作线的推进，出入沟也随着推进，出现了下三角掌需要掘进的情况，此时上三角掌的掘进方式与上述讲述的相同，只是在爆破的时候自由面数目增加了，爆破效果会比较好。

下三角掌的掘进特点是穿孔机械处于倾斜的工作面，穿凿的炮孔深度也是变化的，这给穿孔工作带来极大的困难，由于炮孔本身是垂直的，而穿孔设备是倾斜的，穿孔工作开始前需要将穿孔机械的大臂倾斜，由此炮孔深度的变化，增加了钻机移动、准备的时间，这使穿孔机械的效率下降很大，穿孔机械在倾斜工作面上移动，也增加了不安全的因素。

下三角掌的采装、运输工作同正常台阶的推进相同，只是由于爆堆高度的降低，使采装运输设备的效率略有下降。

C 出入沟掘进的排水

由于出入沟和段沟是露天坑的最低点，掘进过程中要排水，初始掘进出入沟时，要将水泵临时布置在沟底，距离掘进工作面50~60m处，固定水泵布置在上水平。当出入沟掘进到300~600m时，临时水泵布置在距离掘进工作面50~60m处，固定水泵距离400~500m处布置。

8.5.3 出入沟、开段沟的规格

露天堑沟按其断面形状可分为双壁沟和单壁沟。在平坦地形或地表以下挖掘的沟都具有完整的梯形断面，叫做双壁沟。沿山坡等高线挖掘的沟，只有一侧有帮壁，其断面多呈近似三角形，故称作单壁沟。深凹露天矿境界内的出入沟掘进时是双壁沟，但随着开段沟的形成，出入沟的一帮被挖掉而成单侧。无论是双壁沟或单壁沟，其几何要素都包括沟的底宽、沟帮坡面角、沟深、沟的纵断面坡度和沟的长度。

A 沟底宽度

沟底宽的确定主要应考虑沟的用途、掘沟时所用的设备类型和掘沟方法。从堑沟的用途出发，出入沟的开掘是用以铺设运输线路的，因此其底宽取决于露天矿的开拓运输方式和沟内运输线路的数目。

a 汽车运输回返调车

所需掘进的沟底宽度较大，最小沟底宽度为：

$$b_{min} = 2(R_a + 0.5B_a + e) \quad m$$

式中 R_a——汽车转弯半径，m；

B_a——汽车车厢宽度，m；

e——汽车边缘至沟帮的间隙，一般为0.4~0.6m。

b 汽车运输折返调车

所需最小沟底宽可按下式确定：

$$b_{min} = R_a + 0.5B_a + l_a + 2e \quad m$$

式中 l_a——汽车后轴至前端的距离，m。

而开段沟是用于准备新水平的最初工作线的，其沟底宽应保证初次扩帮爆破时不埋装车线路，如图8-110所示，可按下式确定：

$$b \geqslant B + a - W \quad m$$

式中 B——扩帮爆堆宽度，m；

a——线路要求的宽度，m；

W——一次爆破进尺，m。

此外，堑沟的底宽尚应满足所采用的掘沟方法的要求。这将在下面结合各种掘沟方法予以叙述。

B 堑沟的深度和沟帮坡面角

在两水平之间开掘双壁沟时，出入沟是连接上下水平的一条倾斜堑沟，所以其沟深沿纵向是一变化值，即最小值为零，最大值等于台阶高度。而开段沟的沟深即为台阶高度。在山坡掘进的单壁沟，如图8-111所示，出入沟和开段沟的沟深均按下式确定：

$$h' = \frac{b}{\cot\beta - \cot\alpha} = \psi b \quad \text{m}$$

式中 b——沟底宽度，m；

β——山坡坡面角，(°)；

α——沟帮坡面角，(°)；

ψ——削坡系数。

$$\psi = \frac{1}{\cot\beta - \cot\alpha} = \frac{\sin\alpha \times \sin\beta}{\sin(\alpha - \beta)}$$

沟帮坡面角取决于岩石性质和沟帮存在期限。对于将来不进行扩帮采掘的一帮，其坡面角与非工作台阶坡面角相同，而进行扩帮采掘的一帮与工作台阶坡面角相同。其具体数据可参照类似矿山确定。

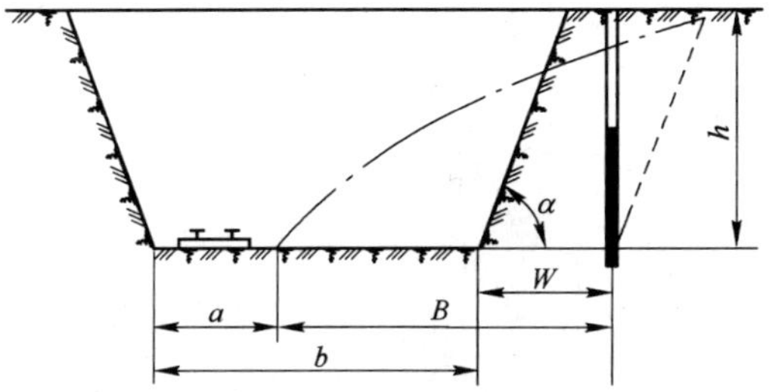

图 8-110 开段沟横断面要素图

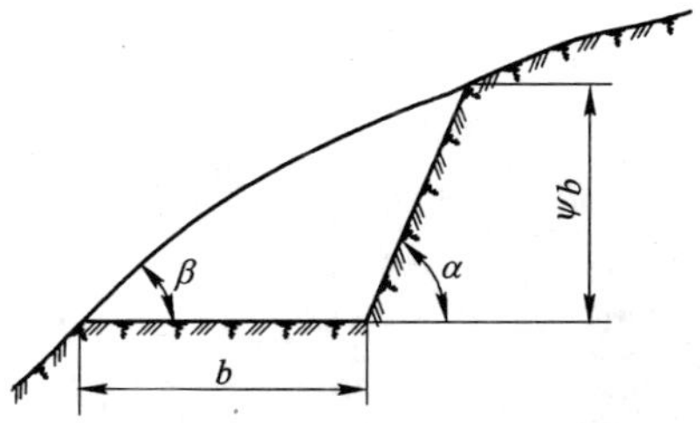

图 8-111 单壁沟横断面要素图

C 沟的纵向坡度及长度

出入沟的纵向坡度取决于露天矿采用的开拓运输方式和运输设备类型。其值应综合考虑对运输及采掘工作的影响并结合生产实际经验确定。

两水平间出入沟的长度 L 取决于台阶高度 h 和沟的纵向坡度 i，其关系式为：

$$L = \frac{h}{i} \quad \text{m}$$

开段沟通常是水平的，有时为了便于排水而采用3‰~5‰的坡度。其长度一般和准备水平的长度大致相等。

参考文献

[1] 王青．采矿学［M］．北京：冶金工业出版社，2005.
[2] 翁春林，叶加冕．工程爆破［M］．北京：冶金工业出版社，2008.
[3] 张敢生，戚文革．矿山爆破［M］．北京：冶金工业出版社，2009.
[4] 陈国山，翁春林．金属矿地下开采［M］．北京：冶金工业出版社，2008.
[5] 李长权．井巷施工技术［M］．北京：冶金工业出版社，2008.
[6] 戚文革．矿山爆破技术［M］．北京：冶金工业出版社，2010.
[7] 陈国山．地下采矿技术［M］．北京：冶金工业出版社，2009.
[8] 陈国山．露天采矿技术［M］．北京：冶金工业出版社，2008.